“十二五”职业教育国家规划教材
经全国职业教育教材审定委员会审定
普通高等教育“十一五”国家级规划教材
2007年度普通高等教育国家精品教材

机械设计基础

第2版

主　编　李海萍
副主编　章志芳　姚志平
参　编　樊爱珍　张长英　史建华
　　　　龚晓群　张沈宏
主　审　严汉桥

机 械 工 业 出 版 社

本教材为“十二五”职业教育国家规划教材，经全国职业教育教材审定委员会审定。

本教材是在第1版基础上修订而成。第1版教材自出版以来，重印多次，受到读者欢迎，2007年被确定为普通高等教育“十一五”国家级规划教材，同年被评为国家精品教材。2013年被评为2010—2012年度机械工业出版社畅销书。

近年来，国家对高职教育提出了更高的要求，高职教育的改革也需要更多的教材能与时俱进，因此，为了使教材不断完善，适应近年来国家对高职教育的要求和教学改革的需要，编者对本教材进行了修订。修订版教材主要从体现工学结合、理实一体化方面做了较大的改进，增加了大量的工程应用实例。本教材分为五个模块：静力学在工程中的应用、材料力学在工程中的应用、常用机构、通用零部件的设计与选用、创新设计。

模块一包括静力学基础、平面力系、空间力系、摩擦四部分内容；模块二包括杆件的内力分析、应力与变形分析、组合变形的强度计算、压杆稳定、循环应力五个部分；模块三包括常用机构概述、平面连杆机构、凸轮机构、圆柱齿轮机构、蜗杆传动机构、轮系、带传动、链传动、其他常用机构九部分内容；模块四包括连接、轴承、轴、其他常用零部件、机械的平衡与调整；模块五作为拓展模块，用少量篇幅介绍常用的创新技法，将前述各种机构的创新点加以提炼，旨在提高学生的创新意识。

本教材既可作为高等职业教育机电类教材，也可作为成人教育机电类教材，还可作为工程技术人员的参考读物。

本教材配有电子课件，凡使用本教材的教师可登录机械工业出版社教育服务网 www. cmpedu. com 注册后下载。咨询邮箱：cmpgaozhi@ sina. com。咨询电话：010-88379375。

图书在版编目（CIP）数据

机械设计基础/李海萍主编. —2版. —北京：机械工业出版社，2015.11（2025.1重印）
“十二五”职业教育国家规划教材 经全国职业教育教材审定委员会审定 普通高等教育“十一五”国家级规划教材 2007年度普通高等教育国家精品教材
ISBN 978-7-111-51782-5

Ⅰ.①机… Ⅱ.①李… Ⅲ.①机械设计-高等职业教育-教材 Ⅳ.①TH122

中国版本图书馆CIP数据核字（2015）第256013号

机械工业出版社（北京市百万庄大街22号 邮政编码100037）
策划编辑：王海峰 责任编辑：王海峰
版式设计：鞠 杨 责任校对：程俊巧 陈秀丽
责任印制：郜 敏
北京富资园科技发展有限公司印刷
2025年1月第2版·第14次印刷
184mm×260mm·23.5印张·582千字
标准书号：ISBN 978-7-111-51782-5
定价：59.80元

电话服务	网络服务
客服电话：010-88361066	机 工 官 网：www. cmpbook. com
010-88379833	机 工 官 博：weibo. com/cmp1952
010-68326294	金 书 网：www. golden-book. com
封底无防伪标均为盗版	机工教育服务网：www. cmpedu. com

修订说明

一、修订原因

2006年1月本教材初版问世，重印多次，受到读者欢迎。近几年来，教育部出台多个有关教学改革的文件，《关于全面提高高等职业教育教学质量的若干意见》（教高［2006］16号）文件指出："课程建设与改革是提高教学质量的核心，也是教学改革的重点和难点。高等职业院校要积极与行业企业合作开发课程，根据技术领域和职业岗位（群）的任职要求，参照相关的职业资格标准，改革课程体系和教学内容。建立突出职业能力培养的课程标准，规范课程教学的基本要求，提高课程教学质量。"高职教育定位的进一步明确，人才培养模式的变化等对课程及教材的要求，教材内容与社会需要及课程改革相关度的提高，使得高职教育需要大量与行业企业共同开发的，与生产实际相结合的，具有丰富的现代技术信息内涵，体现优质教学资源和网络信息资源利用的教材，因此有必要对已出版教材进行修订。

二、修订内容

本次修订主要从体现工学结合、理实一体化方面做了较大的改进。教材分为五个模块：静力学在工程中的应用（第1~4章），材料力学在工程中的应用（第5~9章），常用机构（第10~18章），通用零部件的设计与选用（第19~23章），创新设计（第24章）。修订版教材较过去版本更注重大量引进工程案例，在平面连杆机构设计中体现了将传统的图解法设计与计算机辅助图解法结合的思路，体现了传统图解法的创新设计；凸轮机构设计中引入了参数设计的理念和思想，拓展了学生的视野；在力学知识的相关内容中增加了大量工程应用实例。修订版教材在突出知识的应用，体现现代技术等方面有较大突破性改进。

三、参与人员

本教材的修订编写团队是长期在职业教育一线工作的教师，双师型教师比例达到90%，同时还聘请企业专家为主审。聘请的专家已有30年企业工作的经验，为教材提供了大量生产实际的案例。

在此，谨对参与本教材编写的原作者、修订人员及主审人员所付出的努力表示衷心感谢。

编者

前　言

“机械设计基础”是打破传统的理论力学、材料力学、机械原理和机械零件课程的界限，将工程力学和常用机构及通用机械融合而成的一门应用型的基础课程。该课程是高等职业院校机械类和近机械类专业中培养学生常用机械和通用零件的认知能力、应用能力及创新能力的一门主干技术基础课，具有理论性和实践性很强的特点，是学习专业课程以及从事机械类和近机械类技术工作必备的基础。

本教材分为五大模块：静力学在工程中的应用，材料力学在工程中的应用，常用机构，通用零部件的设计与选用，创新设计。修订版教材较过去版本更注重大量引进工程案例，加强了教材内容与工程实际结合的紧密度，同时在传统设计方法上引入了新的创新设计思路。

模块一静力学在工程中的应用，主要介绍在工程实际中的常用机构和机械中的有关力学方面的必要知识，力学模型的概念，力学模型的受力分析方法，力、力矩、力偶的概念及其基本性质，平面一般力系平衡问题的解法。特别注意将经典的力学原理与工程实际中的应用结合起来，加强对力学基本概念的感性认识。

模块二材料力学在工程中的应用，主要介绍各种材料应力-应变图的分析，脆性材料和低碳钢、圆轴扭转试验比较，四种基本变形的内力和应力分析、强度计算，轴的弯扭组合变形分析及强度计算。

模块三常用机构，主要介绍 机构的类型、工作原理、运动特点、运动参数及几何尺寸计算等内容，传统的设计方法及如何将传统设计方法用现代设计手段实现的理念和方法。常用机构指连杆机构、凸轮机构、齿轮传动机构、蜗杆传动机构、带传动机构、间歇运动机构及其他常用机构等。这些机构是传动系统和执行系统的基本组成单元，用于实现运动和动力的传递及运动形式的改变。

模块四通用零部件的设计与选用，主要介绍工程中用于连接和支承的常用零部件的类型、特点、工作原理，包括：通用零部件的受力分析、失效分析、工作能力分析，建立工程零部件的设计准则，通用零部件的结构设计、材料选择、润滑、组合设计以及标准零部件的选用等。

模块五创新设计，主要介绍常用的创新技法，结合前面所讲过的大量机械结构的创新过程及案例分析使学生了解什么是创新设计，知道怎样进行机械创新设计，拓展设计思路，提高创新意识，旨在通过学生熟悉的实例认识到人人都可以创新，点燃同学们头脑中潜在的创新意识的火花。

本教材的参考学时数为120～140学时。

参加本教材第1版编写的有：李海萍（第11、13、24章），章志芳（第6、20章），姚志平（第17、21、22、23章），罗怀晓（第1、2、3、8、9章），朱风芹（第10、12、15章），史建华（第14、16、18、19章），庄亚红（第4、5、7章）。

参加本教材修订编写的有：李海萍（第10、11、12、13、15、24章），姚志平（第17、22、23章），樊爱珍（第1、2、3、8、9章），史建华（第14、16、18、19章），张沈宏

(第6章)、张长英(第4、5、7章)、龚晓群(第20、21章)。本教材由李海萍任主编，章志芳、姚志平任副主编，严汉桥任主审。

本教材中带*号的章节可作为选修内容，根据学时及要求的不同进行增删。由于编者水平有限，疏漏及不当之处，敬请读者批评指正。

编　者

目 录

模块三 常 用 机 构

模块四　通用零部件的设计与选用

模块五　创 新 设 计

模块一　静力学在工程中的应用

第1章　静力学基础

学习目标：正确理解力的概念及静力学基本公理；正确理解常见的约束力及约束力的特点；能够正确进行物体的受力分析，并熟练画出研究对象的受力图。

1.1　静力学的基本概念

1.1.1　力的基本概念及其性质

人们在生产实践中，经过长期的观察和总结，建立起了力的概念：力是物体间相互的机械作用，这种作用使物体的运动状态或形状发生改变。物体运动状态的改变是力的外效应，物体形状发生的改变是力的内效应。静力学主要研究的是力的外效应，而材料力学则主要研究的是力的内效应。

实践证明，力对物体的作用效应取决于三个要素，即力的大小、方向和作用点。这三个要素中，有任何一个要素改变时，力的作用效果就会改变。按照国际单位制规定，力的单位是牛顿（N）或千牛顿（kN）。

力是具有大小和方向且按平行四边形法则进行合成或分解的物理量，所以力是矢量。如图1-1所示，力可以用一具有方向的线段表示。线段的起点 A 或终点 B 表示力的作用点；线段的长度（按一定的比例尺）表示力的大小，通过力的作用点沿力的方向的直线，称为力的作用线；箭头的指向表示力的方向；力的矢量在本书中用黑体字表示，例如 $\boldsymbol{F}$、$\boldsymbol{F}_P$、$\boldsymbol{F}_S$ 等，并以同一非黑体字母 F、F_P、F_S 等代表力的大小；手写时可在普通字母上画一箭头表示矢量。

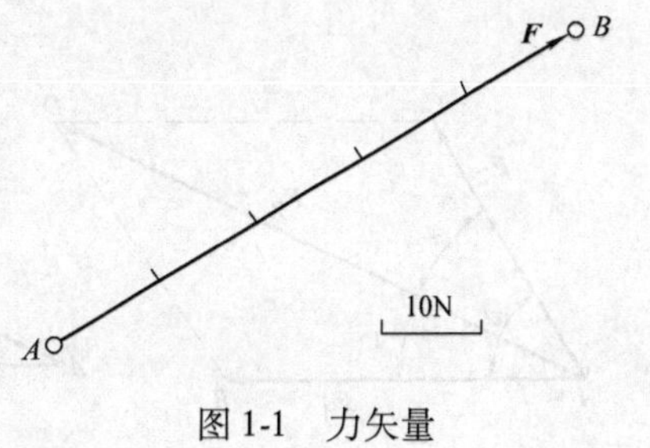

图1-1　力矢量

作用在物体上的一组力称为力系。对物体作用效果相同的力系称为等效力系。在不改变力系对物体作用效果的前提下，用一个简单的力系代替复杂的力系，这一过程称为力系的简化。特殊情况下，若一个力与一个力系等效，则该力称为力系的合力，而力系中各力称为合力的分力。

平衡是指物体相对于惯性参考系处于静止或做匀速直线运动的状态。对于一般工程问题，可以把固结在地球上的参考系作为惯性参考系来研究相对于地球的平衡问题。例如，机床的床身、在直线轨道上匀速运动的火车等。使物体保持平衡的力系称为平衡力系，平衡力系所应满足的条件称为力系的平衡条件。

静力学就是研究物体在力系作用下的平衡规律的科学。物体是指人们在工程及生活实践中所接触到的具体对象的统称，例如机械的零部件，建筑中的梁、柱以及各类工具等。

在大多数情况下，物体的变形对研究的物体平衡问题来说影响极微，也可忽略不计，而近似认为这些物体在受力状态下是不变形的。这种假想的代替真实物体的力学模型称为刚体。静力学是研究刚体在力系作用下平衡的规律，所以又称刚体静力学。

静力学在机械工程中有着广泛的应用，例如在设计平衡的机械零部件时，首先要分析其受力，再应用平衡条件求出未知力，最后研究机械零部件的承载力。因此，静力学是机械工程力学的基础。

在静力学中，主要研究三类问题：

1）力系的简化。

2）力系的等效替换。

3）力系的平衡条件。

1.1.2　静力学公理

静力学公理是人们经过长期的观察和实验，根据大量的事实，概括和总结得到的客观规律，它的正确性已被人们所公认。静力学的全部理论就是在下述四个公理的基础上建立起来的。

公理一　力的平行四边形法则

作用在物体上某一点的两个力，可以合成为一个合力，合力的作用点也在该点，合力的大小和方向由这两个力为邻边所构成的平行四边形的对角线来表示。

如图 1-2 所示，根据这个公理作出的平行四边形，称为力的平行四边形。这个求合力的方法称为矢量加法，合力矢等于原来两力的矢量和，即

$$\boldsymbol{F}_R=\boldsymbol{F}_1+\boldsymbol{F}_2$$

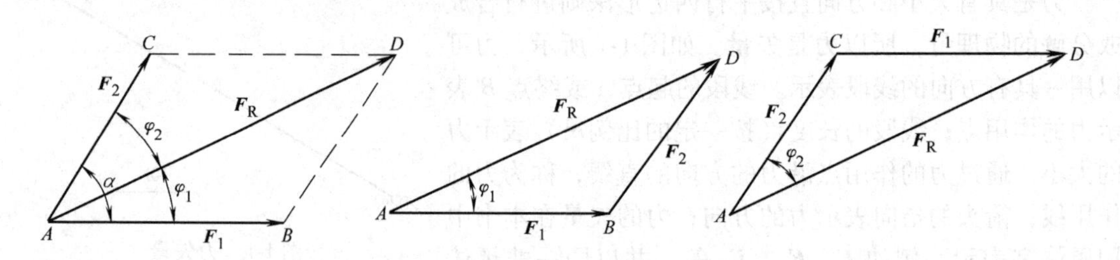

图 1-2　力的平行四边形

用平行四边形法则求合力时，可以不画出整个力的平行四边形，而只要以力矢 $\boldsymbol{F}_1$ 的终点为力矢 $\boldsymbol{F}_2$ 的起点画出力矢 $\boldsymbol{F}_2$（即分力首尾相接），则 AD 矢量就是合力 $\boldsymbol{F}_R$。这个三角形 ABD 就称为力三角形，这种求合力的方法称为力三角形方法。如果先画 $\boldsymbol{F}_2$，后画 $\boldsymbol{F}_1$，也能得到相同的合力 $\boldsymbol{F}_R$。可见画分力的先后次序不同，并不影响合力 $\boldsymbol{F}_R$ 的大小和方向。

力的平行四边形法则是研究力系简化问题的重要依据。

公理二　作用与反作用公理

两物体间相互作用的力，总是同时存在，这两个力大小相等，方向相反，沿同一直线，

分别作用在两个物体上。

以一对相互啮合的直齿圆柱齿轮为例，如图 1-3 所示，主动轮 1 给从动轮 2 一个作用力 $\boldsymbol{F}_{\mathrm{n}}$，推动齿轮 2 绕轴 O_2 转动，同时从动轮 2 也会给主动轮 1 一个反作用力 F_{n}'，这两个力是等值、反向、共线，但分别作用在两个齿轮上。

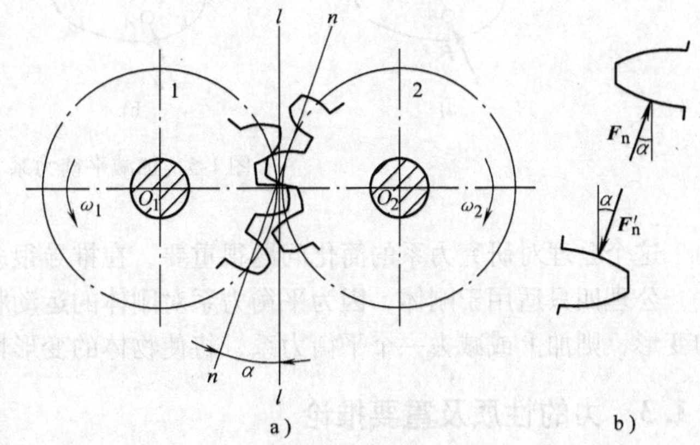

图 1-3　直齿圆柱齿轮啮合过程受力

这个公理就是牛顿第三定律，它说明力永远是成对出现的，物体间的作用总是相互的，有作用力就有反作用力，两者总是同时存在，又同时消失。

公理三　二力平衡公理（二力平衡条件）

作用于刚体上的两个力，使刚体处于平衡的必要和充分条件是这两个力大小相等、方向相反且作用在同一直线上。

对于变形体来说，二力平衡公理只是必要条件，但不是充分条件。例如绳索的两端受到等值、反向、共线的两个拉力时可以平衡，但受到等值、反向、共线的两个压力作用就不能平衡。

在两个力作用下并处于平衡的物体称为二力体，通常将受两个力作用而处于平衡的构件称为二力构件。工程上有些构件可以不计自重。

二力构件的判断方法：

1）构件上除了受到两个约束以外，再没受到其他力的作用。如图 1-4 所示的结构中，*BC* 杆虽然形状不相同，但都属于二力构件。

2）欲判断杆件受拉还是受压，可假想将杆件切断（或抽掉），如两点靠拢，则杆件受压；若两点相离，则杆件受拉。

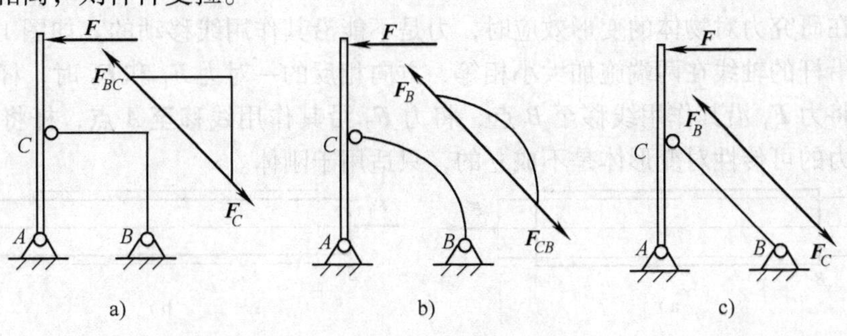

图 1-4　二力构件

公理四　加减平衡力系公理

在力系作用的刚体上，加上或减去任何平衡力系，不会改变原力系对刚体的外效应。应用加或减平衡力系后所得到的力系与原力系互为等效力系。此公理只适用于刚体，如图 1-5 所示。

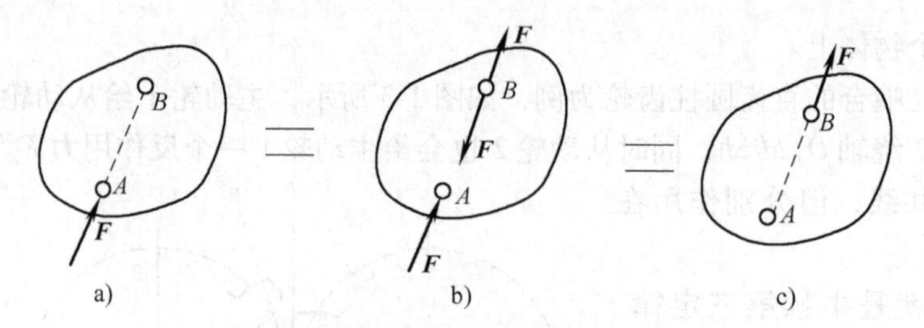

图 1-5　加减平衡力系

这个公理对研究力系的简化问题很重要，在推导很多定律时经常会用到。

公理四只适用于刚体，因为平衡力系对刚体的运动状态改变没有影响。如果考虑到物体的变形，则加上或减去一个平衡力系，将使物体的变形情况发生改变。

1.1.3　力的性质及重要推论

推论一　力的可传性

作用于刚体上某点的力，只要保持力的大小和方向不变，可以沿着力的作用线在刚体内任意移动，不会改变力对刚体的外效应，这一性质称为力的可传性（见图 1-5a、c）。

如图 1-6 所示，以等量的力 $\boldsymbol{F}$ 在车后 A 点推和车前 B 点拉，效果是一样的。由力的可传性可以看出，对刚体而言力的三要素中力的作用点可由力的作用线代替，因此，作用于刚体上的力的三要素为：力的大小、方向和作用线的位置。

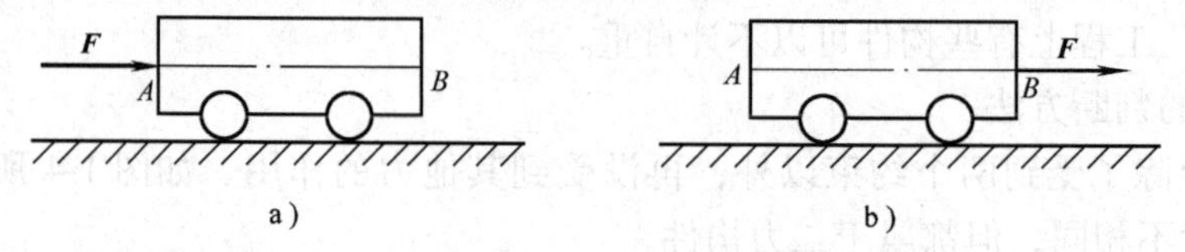

图 1-6　力的可传性

但是，在研究力对物体的变形效应时，力是不能沿其作用线移动的。如图 1-7 所示的可变形直杆，沿杆的轴线在两端施加大小相等、方向相反的一对力 $\boldsymbol{F}_1$ 和 $\boldsymbol{F}_2$ 时，杆将产生拉伸变形。如果将力 $\boldsymbol{F}_1$ 沿其作用线移至 B 点，将力 $\boldsymbol{F}_2$ 沿其作用线移至 A 点，杆将产生压缩变形。因此，力的可传性对变形体是不成立的，只适用于刚体。

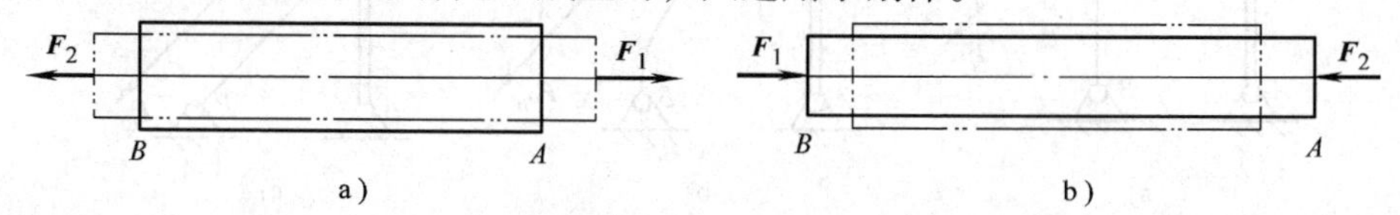

图 1-7　可变形直杆

推论二　三力平衡汇交定理

如图 1-8 所示，设在同一平面内有三个互不平行的力 $\boldsymbol{F}_1$、$\boldsymbol{F}_2$ 和 $\boldsymbol{F}_3$ 分别作用于刚体上 A、B、C 三点并保持平衡。根据力的可传性，可将力 $\boldsymbol{F}_1$ 和 $\boldsymbol{F}_2$ 沿其作用线移动到它们的交点 O，根据公理一，此二力可合成为一合力 $\boldsymbol{F}_\mathrm{R}$，$\boldsymbol{F}_\mathrm{R}=\boldsymbol{F}_1+\boldsymbol{F}_2$，再根据二力平衡公理，可知 $\boldsymbol{F}_\mathrm{R}$ 和

$\boldsymbol{F}_3$ 必共线、等值、反向。所以，力 $\boldsymbol{F}_3$ 的作用线也必通过 $\boldsymbol{F}_1$ 和 $\boldsymbol{F}_2$ 的交点 O，即此三个力的作用线汇交于一点。

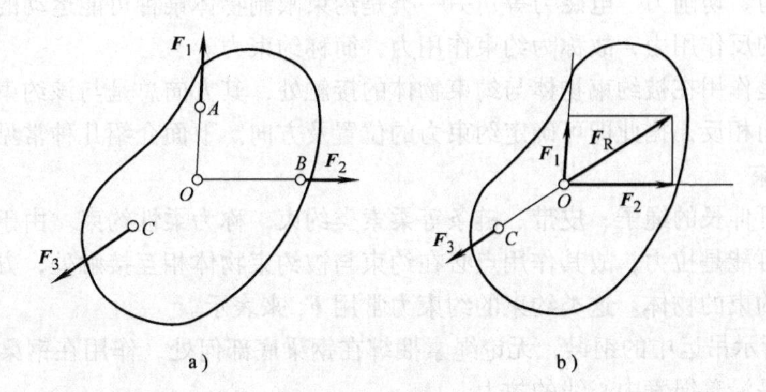

图1-8　三力平衡汇交

所以，刚体受同一平面且互不平行的三个力作用而平衡时，这三个力的作用线必汇交于一点。

1.1.4　集中力和分布力

力总是作用在一定的面积或体积内的，称为分布力（又称分布载荷）。当力的作用范围与体积相比很小时，可以近似地看作一个点，该点为力的作用点，作用于一点的力称为集中力。当力均匀地分布在某一线段上时，称为线均布载荷；当力均匀地分布在某一面上时，称为面均布载荷；当力均匀地分布在某一体积上时，称为体均布载荷。对均布载荷的强弱程度，通常用 q 来表示，称为载荷集度，单位为 N/m（或 $\mathrm{N/m^2}$、$\mathrm{N/m^3}$）或 kN/m（或 $\mathrm{kN/m^2}$、$\mathrm{kN/m^3}$）。载荷集度为 q 的均布载荷，可以证明其合力的大小等于载荷集度与其分布区域的乘积，即 $F_\mathrm{q}=ql$（或 $F_\mathrm{q}=qA$、$F_\mathrm{q}=qV$），合力的作用线过分布区域的几何中心，方向与均布载荷相同。

1.1.5　力系的分类

通常根据力系中各力作用线的分布情况将力系分为：各力的作用线都在同一平面内的力系称为平面力系；各力的作用线不在同一平面内的力系称为空间力系。在这两类力系中，各力的作用线相交于一点的力系称为汇交力系；各力的作用线互相平行的力系称为平行力系；各力的作用线不全交于一点的力系称为任意力系。

1.2　约束和约束力的概念和类型

工程上所遇到的物体通常分为两种，如果物体在空间沿任何方向的运动都不受限制，这种物体称为自由体，例如飞行的飞机、炮弹等。如果物体的运动受到其他物体的限制，导致其在某些方向的运动成为不可能，则这种运动受到限制的物体称为非自由体，例如火车、轴等。限制非自由体运动的物体称为非自由体的约束，如铁轨是火车的约束、轴承是轴的约束等。

为此，一般将物体所受的力分为两类：一类是使物体产生运动或运动趋势的力，称为主动力，例如重力、切削力、电磁力等；另一类是约束限制物体某种可能运动的力，又因它是由主动力引起的反作用力，故称为约束作用力，简称约束力。

约束力总是作用在被约束物体与约束物体的接触处，其方向总是与该约束所限制的运动或运动趋势方向相反，据此即可确定约束力的位置及方向。下面介绍几种常见的约束。

1. 柔性约束

柔软且不可伸长的绳子、皮带、链条等柔索类约束，称为柔性约束。由于柔性约束对物体的约束力只可能是拉力，故其作用点必在约束与被约束物体相互接触处，方向沿约束的中心线且背离被约束的物体。这类约束的约束力常用 $\boldsymbol{F}_T$ 来表示。

如图 1-9 所示吊运中的钢梁，无论绳索捆绑在钢梁底部何处，作用在钢梁和吊钩上的柔性约束力，总是沿着绳索中心线的拉力。

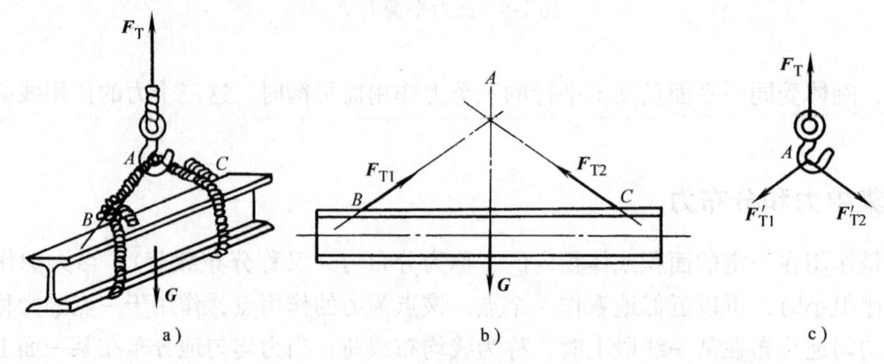

图 1-9　吊运中的钢梁

如图 1-10 所示的带传动，无论轮子的转向如何，每个带轮两边总是受到带的拉力，其作用点在带与轮缘的相切点。

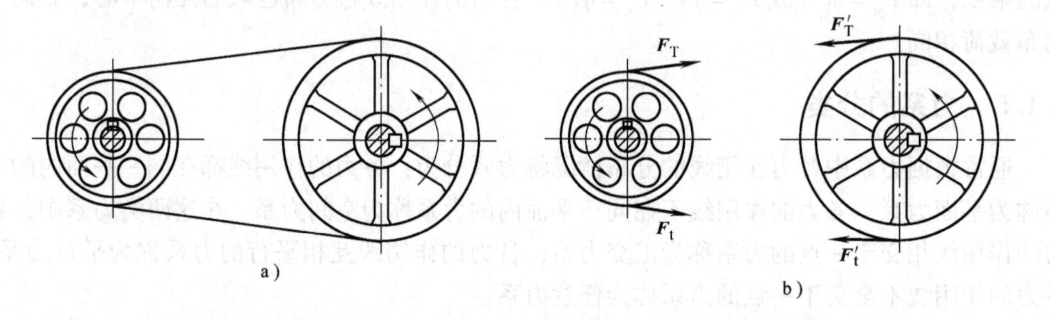

图 1-10　带传动

2. 光滑面约束

当物体与约束的接触面之间摩擦很小可以忽略不计时，则认为接触面是光滑的，这种光滑的平面或曲面对物体的约束，称为光滑面约束。光滑面约束只能限制物体沿接触点公法线且指向约束物体的运动，对于物体沿接触面切线方向的运动却不能限制，故约束力必过接触点沿接触面法向并指向被约束物体。这类约束的约束力常用 $\boldsymbol{F}_N$ 来表示，如图 1-11 所示。

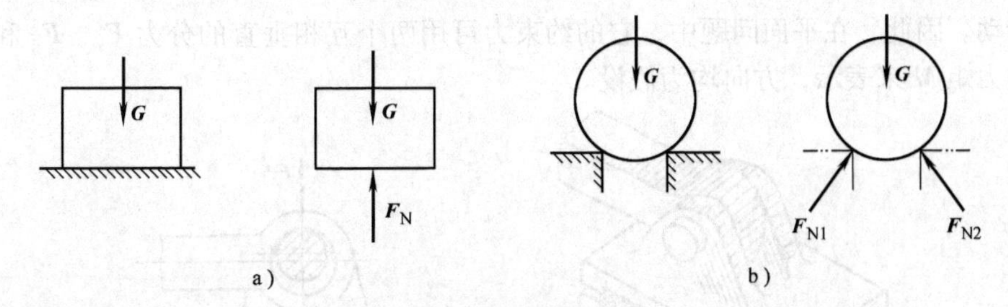

图 1-11　光滑面约束

3. 铰链约束

如图 1-12 所示工程上常用的圆柱形铰链约束，它用一个圆柱销将两个构件连接在一起，即构成圆柱铰链，简称铰链。物体受这种约束，彼此间只能绕圆柱销的轴线相对转动，但不能发生任何方向的移动。因此，约束力一定沿接触点处的公法线方向，其作用线必通过圆孔中心。一般情况下，由于接触点的位置与构件所受的载荷有关，所以约束力的方向是未知的。为计算方便，通常用经过圆孔中心的两个正交分力 $\boldsymbol{F}_x$，$\boldsymbol{F}_y$ 来表示。

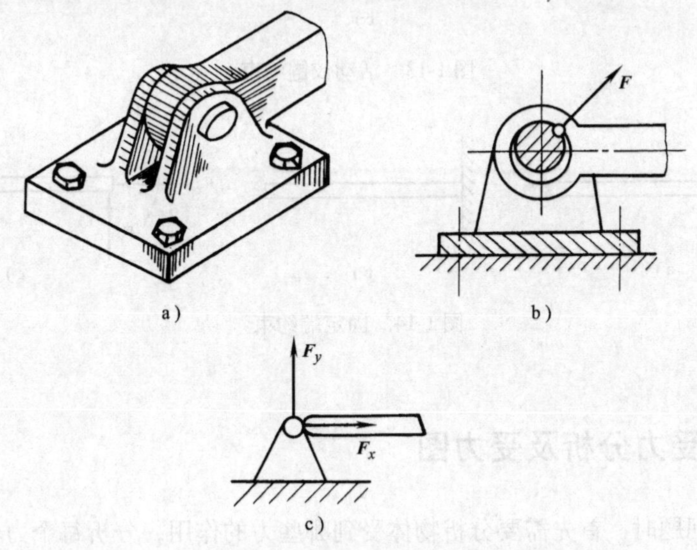

图 1-12　圆柱形铰链约束

若铰链的两个构件中有一个固定，则称为固定铰链；若均未固定，则称为中间铰链。固定铰链及中间铰链的约束力，如属于下列情况，则约束力的方向是可以确定的。

1）铰链所连接的构件中，有一个是二力构件。

2）铰链所连接的构件中，受有一组平行力系作用，则铰链的约束力必与该力系平行。

如图 1-13 所示，如果在铰链支座与支承面之间安装有辊轴，则这种约束称为活动铰链支座。活动铰链支座只能限制构件沿支承面法线方向的运动，故活动铰链约束力的方向应垂直于支承面，且作用线通过铰链中心。

4. 固定端约束

如图 1-14 所示构件焊接或铆接在固定的机架上或基础上，构件的固定端既不能移动，也不能转动。因此，在平面问题中，它的约束力可用两个互相垂直的分力 $\boldsymbol{F}_x$、$\boldsymbol{F}_y$ 和一个阻止转动的力矩 M 来表示，方向均为假设。

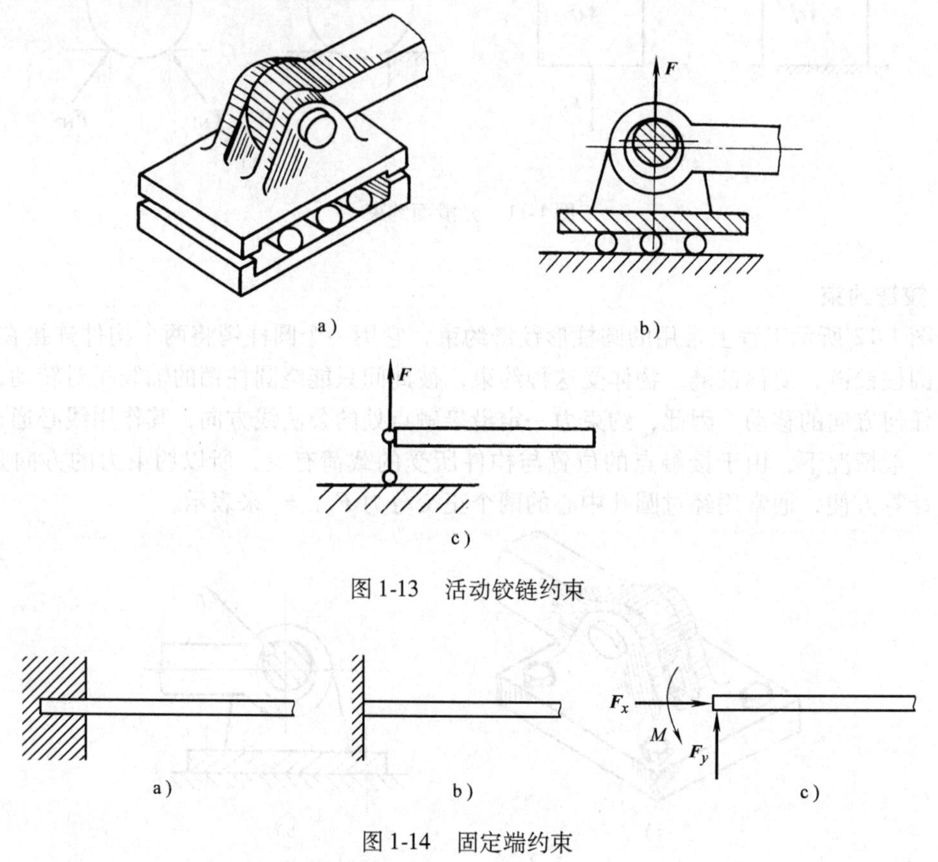

图 1-13　活动铰链约束

图 1-14　固定端约束

1.3　物体的受力分析及受力图

求解静力学问题时，首先需要分析物体受到哪些力的作用，分析每个力作用线的位置和方向，这一过程称为物体的受力分析。

进行受力分析时，根据求解问题的需要，需选定某一个或几个物体作为研究对象，并首先将这些研究对象从与周围联系的物体（约束）中分离出来，单独画出其简图，这一过程叫做取分离体。在分离体上画出作用在其上的全部主动力和约束力，从而形象地表达出研究对象受力情况的全貌，这种图形称为受力图。

对物体进行受力分析，画受力图的步骤和要点为：

1）根据题意，确定研究对象。

2）画研究对象的分离体。分离体的形状和方位应和原来的物体一致。

3）在研究对象的分离体的相应位置逐一画出全部主动力。

4）在研究对象的分离体解除约束的地方，逐一画出约束力。约束力的方向或分量，必须根据约束的类型及性质来画，而不能凭主观想象出现多画或漏画。

5）画整个物体系统的受力图时，物体系统内部的相互作用力（或内力）不必画出。

6）画物体系统中某个物体的受力图时，应注意作用力和反作用力的关系。

7）同一约束力，在整体或部分受力图中指向必须一致。

8）要正确判断二力构件，二力构件的受力必连两力作用点的连线。

下面举例说明物体受力分析的过程和受力图的画法。

例1-1　如图1-15所示，用一根绳子将一重为$\boldsymbol{G}$的圆球拴住并放置在光滑斜面上，试画出圆球的受力图。

解　（1）根据题意，研究对象为圆球，除去约束单独画出其分离体。

（2）画主动力，即圆球的重力$\boldsymbol{G}$。

（3）画约束力。绳子的柔性约束力$\boldsymbol{F}_B$，其沿绳子的中心线并背离圆球；在A点的光滑面约束力$\boldsymbol{F}_{NA}$，其垂直于斜面并指向圆球。

例1-2　如图1-16所示，简支梁AB的A端为固定铰链支座，B端为活动铰链支座，在梁的中点受到主动力$\boldsymbol{F}$的作用，试画出梁AB的受力图。

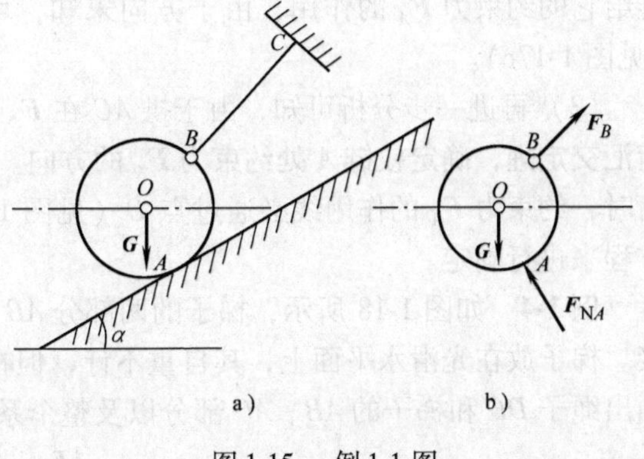

图1-15　例1-1图

解　（1）根据题意，研究对象为梁AB，除去约束，单独画出其分离体。

（2）画主动力，即外力$\boldsymbol{F}$。

（3）画约束力。活动铰链B对梁的约束力$\boldsymbol{F}_B$，其通过铰链B的中心，铅垂向上；固定铰链A的约束力用两个分力$\boldsymbol{F}_{Ax}$和$\boldsymbol{F}_{Ay}$表示。

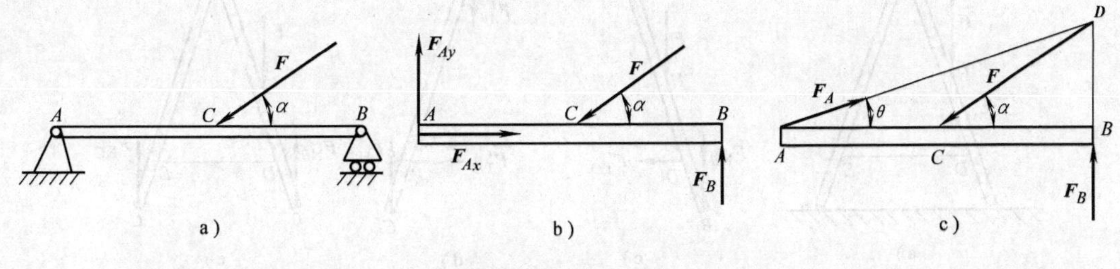

图1-16　例1-2图

因为梁AB在受到固定铰链A和活动铰链B处的两个约束力及一个主动力$\boldsymbol{F}$的作用下而处于平衡状态，其中力$\boldsymbol{F}_B$和$\boldsymbol{F}$方向已知，由三力平衡汇交定理可知，固定铰链A处对梁AB的约束力$\boldsymbol{F}_A$的作用线必通过力$\boldsymbol{F}_B$和F的交点D，故力$\boldsymbol{F}_A$的方向是可以确定的。

例1-3　如图1-17所示，三铰拱桥由左右两拱铰接而成。设各拱自重不计，在AC拱上作用有载荷$\boldsymbol{F}$，试画出拱AC、BC的受力图。

解　（1）先分析拱BC的受力。由于拱BC自重不计，且只在B、C两处受到铰链约束，因此拱BC为二力构件。在铰链中心B、C处分别受$\boldsymbol{F}_B$、$\boldsymbol{F}_C$两力的作用，且$\boldsymbol{F}_B=-\boldsymbol{F}_C$（见图1-17b）。

（2）取拱AC为研究对象。由于自重不计，因此主动力只有载荷$\boldsymbol{F}$。拱在铰链C处受到

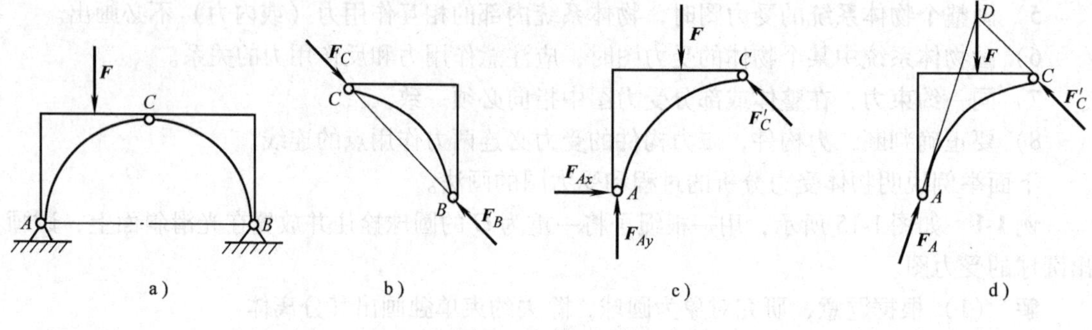

图 1-17　例 1-3 图

拱 BC 给它的约束力 $\boldsymbol{F}_C'$ 的作用，根据作用和反作用公理，$\boldsymbol{F}_C' = -\boldsymbol{F}_C$。拱在 A 处受到固定铰链给它的约束力 $\boldsymbol{F}_A$ 的作用，由于方向未知，可用两个大小未知的正交分力 $\boldsymbol{F}_{Ax}$ 和 $\boldsymbol{F}_{Ay}$ 代替（见图 1-17c）。

（3）再进一步分析可知，由于拱 AC 在 $\boldsymbol{F}$、$\boldsymbol{F}_C'$ 和 $\boldsymbol{F}_A$ 三个力作用下平衡，故可据三力平衡汇交定理，确定铰链 A 处约束力 $\boldsymbol{F}_A$ 的方向。点 D 为力 $\boldsymbol{F}$ 和 $\boldsymbol{F}_C'$ 作用线的交点，当拱 AC 平衡时，约束力 $\boldsymbol{F}_A$ 的作用线必通过点 D（见图 1-17d），至于 $\boldsymbol{F}_A$ 的实际指向在以后可由平衡方程来进行确定。

例 1-4　如图 1-18 所示，梯子的两部分 AB 和 AC 在点 A 铰接，在 D、E 两点用水平绳连接。梯子放在光滑水平面上，其自重不计，但在 AB 的中点 H 处作用一铅直载荷 $\boldsymbol{F}$。试分别画出绳子 DE 和梯子的 AB、AC 部分以及整个系统的受力图。

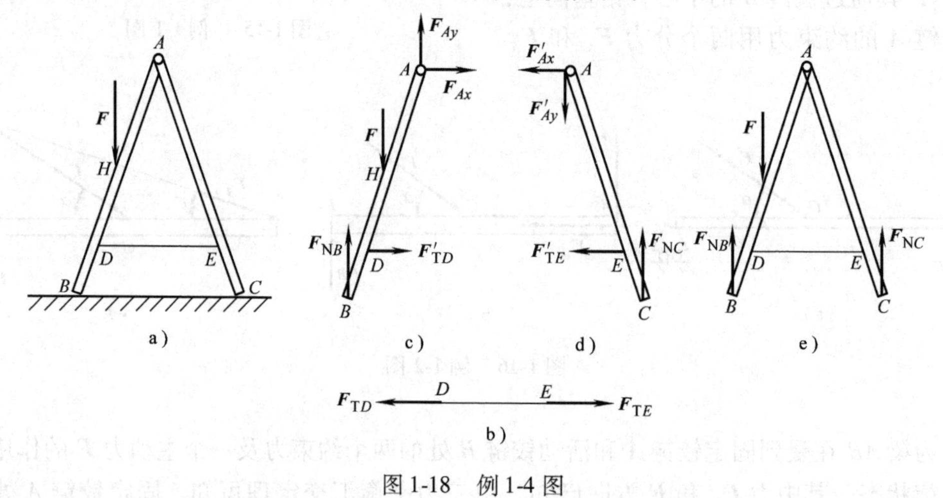

图 1-18　例 1-4 图

解　（1）绳子 DE 的受力分析。绳子两端 D、E 分别受到梯子对它的拉力 $\boldsymbol{F}_{TD}$、$\boldsymbol{F}_{TE}$ 的作用（见图 1-18b）。

（2）梯子 AB 部分的受力分析。它在 H 处受到载荷 $\boldsymbol{F}$ 的作用，在铰链 A 处受到 AC 部分给它的约束力 $\boldsymbol{F}_{Ax}$ 和 $\boldsymbol{F}_{Ay}$ 的作用。在点 D 受到绳子对它的拉力 $\boldsymbol{F}_{TD}'$ 的作用。在点 B 受到光滑地面对它的法向约束力 $\boldsymbol{F}_{NB}$ 的作用（见图 1-18c）。

（3）梯子 AC 部分的受力分析。在铰链 A 处受到 AB 部分对它的作用力 $\boldsymbol{F}_{Ax}'$ 和 $\boldsymbol{F}_{Ay}'$ 的作

用。在点 E 受到绳子对它的拉力 $\boldsymbol{F}'_{TE}$ 的作用。在 C 处受到光滑地面对它的法向约束力 $\boldsymbol{F}_{NC}$ 的作用（见图 1-18d）。

（4）整个系统的受力分析（见图 1-18e）。当选整个系统为研究对象时，由于铰链 A 处所受的力互为作用力和反作用力的关系，即 $\boldsymbol{F}_{Ax} = -\boldsymbol{F}'_{Ax}$、$\boldsymbol{F}_{Ay} = -\boldsymbol{F}'_{Ay}$；绳子与梯子的连接点 D 和 E 所受的力也分别互为作用力和反作用力的关系，即 $\boldsymbol{F}_{TD} = -\boldsymbol{F}'_{TD}$，$\boldsymbol{F}_{TE} = -\boldsymbol{F}'_{TE}$，这些力都成对地作用在整个系统内，故为内力。内力对系统的作用效果互相抵消，因此可以除去，并不影响整个系统的平衡，故在受力图上只需画出系统以外的物体给系统的作用力，这种力称为外力。这里，载荷 $\boldsymbol{F}$ 和约束力 $\boldsymbol{F}_{NB}$、$\boldsymbol{F}_{NC}$ 都是作用于整个系统的外力。

1.4　工程应用实例

静力学公理是人类在生产和生活中总结出来的最基本的规律，它正确地反映了作用于物体上的力的基本性质。因此，运用静力学的二力平衡公理和作用与反作用公理，可以分析一些简单机械装置和机械加工中的力学问题。

例 1-5　巧对中心。

车工巧对中心的方法如图 1-19 所示。向前摇动中滑板，使刀尖将扁料轻轻地顶在圆棒料上。观察扁料的倾斜方向，若扁料位于图 1-19b 所示左倾斜位置，说明刀尖在工件中心的下方；若扁料位于图 1-19c 所示右倾斜位置，表明刀尖在工件中心的上方；若扁料位于图 1-19a 所示铅垂位置，刀尖与圆棒料中心等高，即为刀具的正确位置。该方法运用了二力平衡公理。

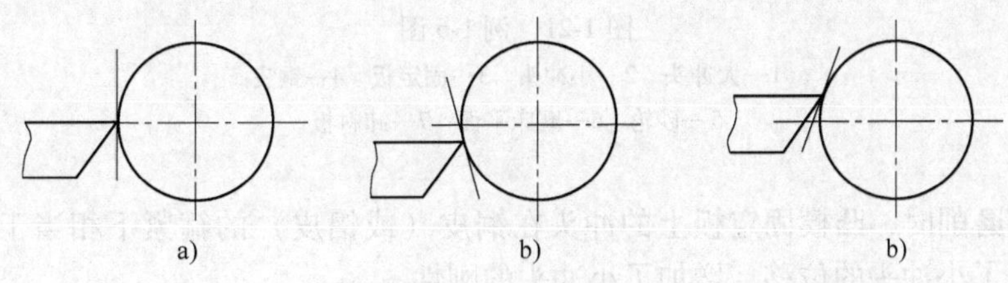

图 1-19　例 1-5 图

刀尖的圆弧半径一般都小于 0.1 mm，它与圆棒料为光滑圆弧面接触。若扁料的自重忽略不计，它受到的力是刀尖圆弧的主动力 $\boldsymbol{F}$ 和圆棒料工件的约束力 $\boldsymbol{F}_N$。扁料处于二力平衡状态，主动力 $\boldsymbol{F}$ 和约束力 $\boldsymbol{F}_N$ 就必然在同一直线上。图 1-20 所示为扁料在三种位置的受力图。显然，只有图 1-20a 所示位置刀尖与圆棒料中心等高，即刀具位于正确位置。

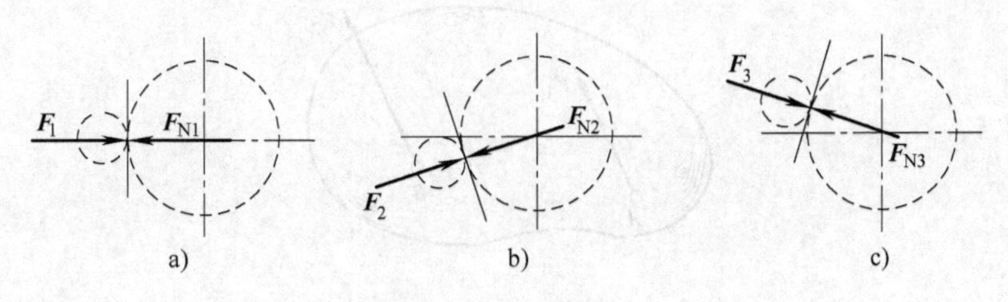

图 1-20　例 1-5 图

例 1-6　细小冲头的磨削。

在仪表、轻工行业中，成千上万的各种小型零件上的小孔，都是由模具上细小的冲头和凹模冲制而成，图 1-21a 所示为一台模具的简图。这些细小的冲头直径一般都在 ϕ0.5 ~ ϕ3mm 范围内，既不容易制作，又往往在最后一道工序磨刃口时折断而造成前功尽弃。在一副复杂的复合模和级进模上，有许多这样的小冲头，只要其中一个冲头折断，整套模具必须进行修复。

为了防止磨刃口时小冲头发生折断，可以在磨刃口时，取下卸料板，在凹模上铺上一块平整的铜皮 4 或铝皮（厚度根据冲头直径大小在 0.1 ~ 0.5 mm 范围内选取），利用模架进行人工试冲，使铜皮（或铝皮）箍在冲头上（冲头露出铜皮或铝皮 1 ~ 2 mm），如图 1-21b 所示。这样，凸模固定板上的冲头在铜皮（或铝皮）的箍紧下形成一个整体，从而较好地改善了小冲头 2 的受力情况，提高了它的刚性，使小冲头在刃磨时不易变形折断。磨削完成后轻轻取下铜皮（或铝皮）。

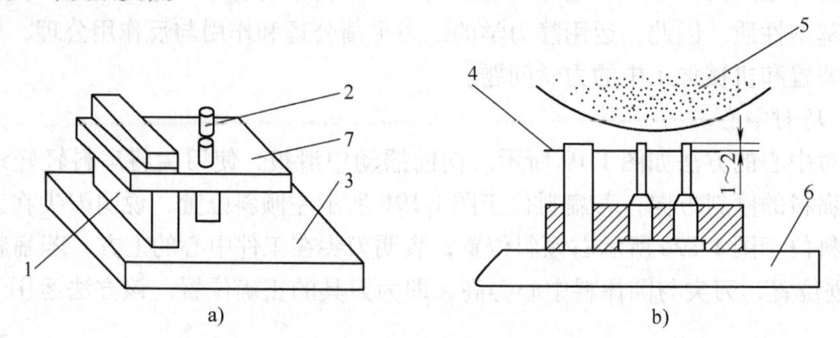

图 1-21　例 1-6 图

1—大冲头　2—小冲头　3—固定板　4—铜皮
5—砂轮　6—磨床平面　7—卸料板

细小冲头磨削时，凸模固定板上的冲头在铜皮（或铝皮）的箍紧下相当于给小冲头一个约束，限制了小冲头的位移，增加了小冲头的刚性。

1.5　思考题与习题

1-1　力的三要素是什么？两个力相等的条件是什么？图 1-22 所示的两个力矢量 $\boldsymbol{F}_1$ 和 $\boldsymbol{F}_2$ 是否相等？这两个力对物体的作用是否相等？

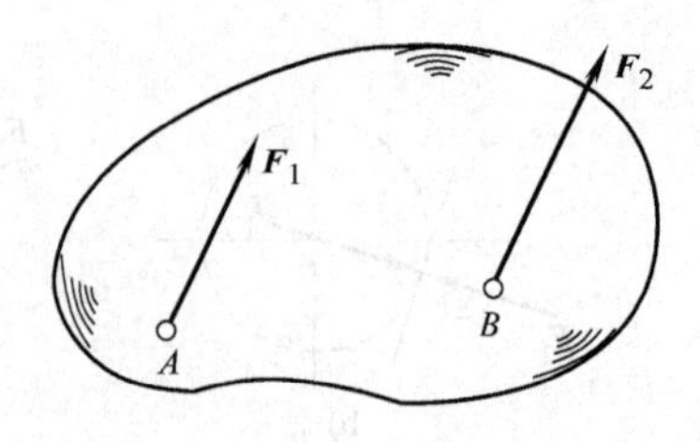

图 1-22　题 1-1 图

1-2　说明下列式子的意义和区别：

(1) $F_1=F_2$，(2) $\boldsymbol{F}_1=\boldsymbol{F}_2$，(3) 力 $\boldsymbol{F}_1$ 等于力 $\boldsymbol{F}_2$。

1-3　二力平衡条件与作用和反作用公理都是说二力等值、反向、共线，问二者有什么区别？

1-4　为什么说二力平衡条件、加减平衡力系公理和力的可传性等都只能适用于刚体？

1-5　试区别 $\boldsymbol{F}_R=\boldsymbol{F}_1+\boldsymbol{F}_2$ 和 $F_R=F_1+F_2$ 两个等式代表的意义。

1-6　什么叫二力构件？分析二力构件受力时与构件的形状有无关系？

1-7　作用于刚体上的平衡力系，如果作用到变形体上，这变形体是否也一定平衡？

1-8　合力是否一定比分力大？为什么？

1-9　在图1-23所示的平面汇交力系三个力的多边形中，判断哪个力系是平衡力系？哪个力系有合力？哪个力是合力？

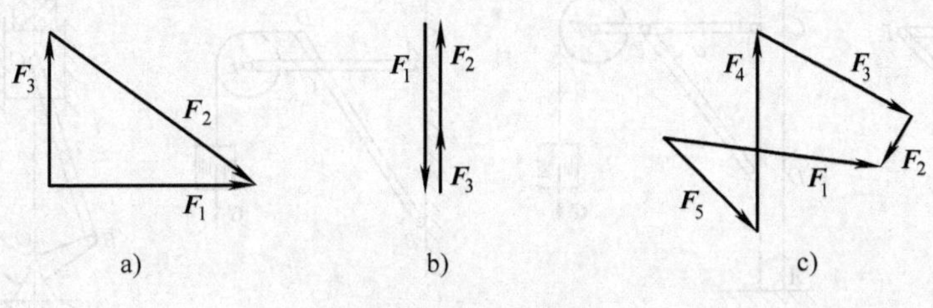

图1-23　题1-9图

1-10　分析图1-24中的小车，作用在牵引缆绳上的力 $\boldsymbol{F}$ 沿缆绳从 A 点沿着作用线传至 B 点，对小车和缆绳有无影响。

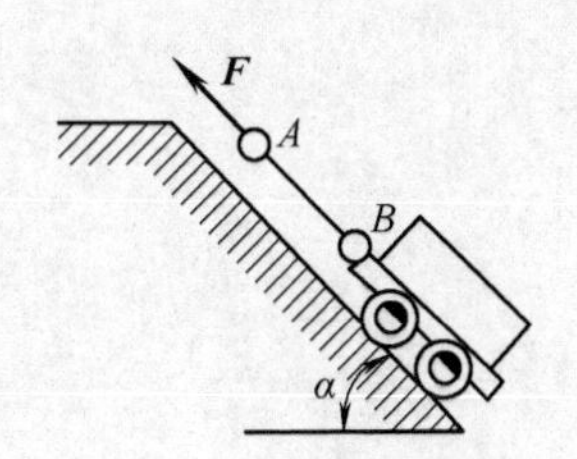

图1-24　题1-10图

1-11　指出图1-25所示的结构中，那些构件是二力构件？其约束力的方向能否确定？

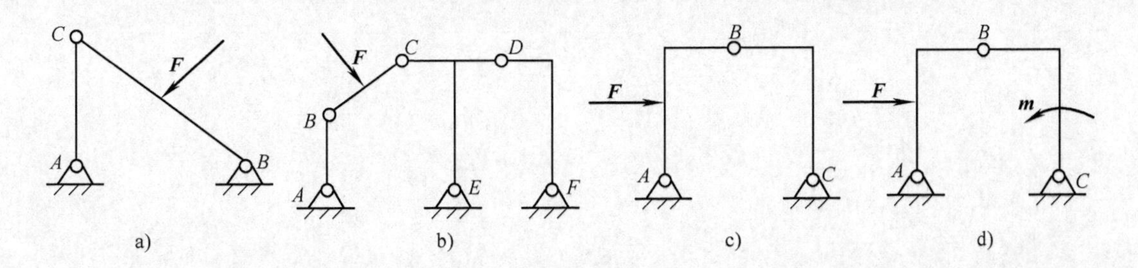

图1-25　题1-11图

1-12　画出图1-26中各物体的受力图，未画重力的物体的重量均不计，所有接触面均为光滑面。

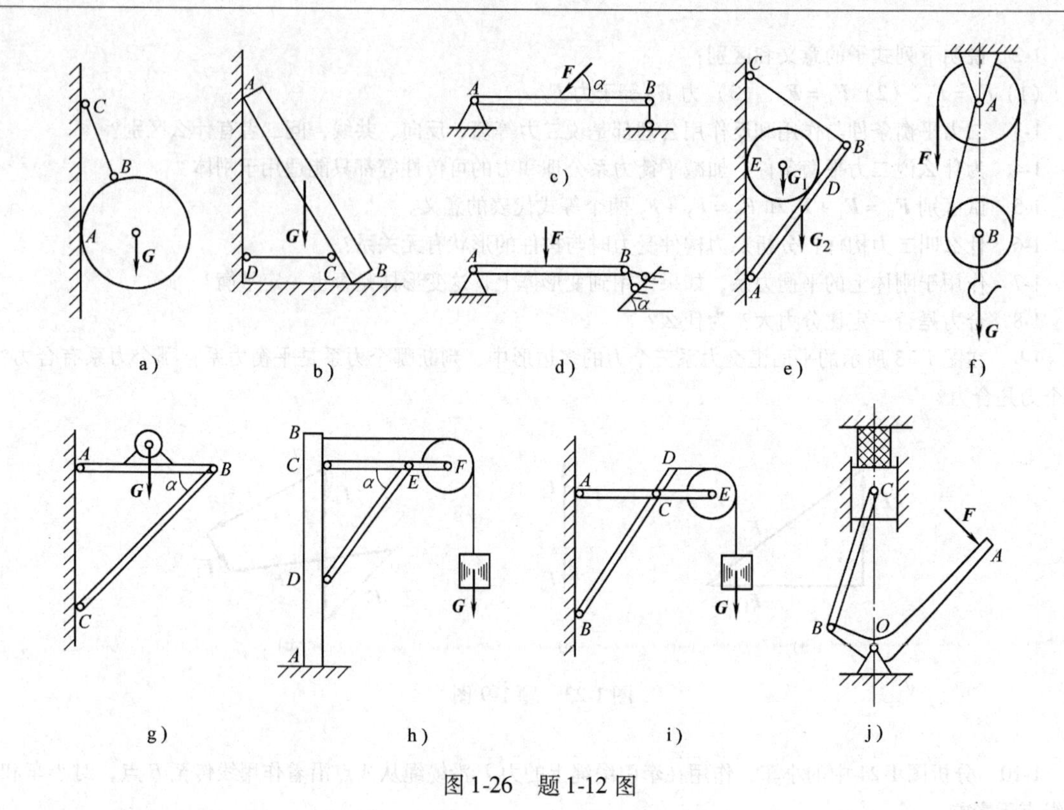

C
B
A
G
a）
A
G
D
C
B
b）
F
α
A
B
c）
F
A
B
α
d）
C
B
E
G1
D
G2
A
e）
A
F
B
G
f）
A
G
α
B
C
g）
B
C
α
E
F
D
G
A
h）
D
A
C
E
G
B
i）
C
F
A
B
O
j）

图 1-26　题 1-12 图

第2章　平 面 力 系

学习目标：力在轴上的投影计算和合力投影定理的运用；正确理解力矩、力偶、力偶矩的概念和合力矩、合力偶矩定律；能够利用解析法对平面力系的平衡方程进行计算。

力系有各种不同的类型，它们的合成结果和平衡条件也不相同。按照力系中各力的作用线是否在同一平面内来分，可将力系分为平面力系和空间力系两类；按照力系中各力的作用线的分布情况，力系又可分为汇交力系、力偶系、平行力系和任意力系四类。各种类型的力系在工程实际中都会遇到。下面分别介绍平面力系的各种类型及其平衡方程。

2.1　平面汇交力系

平面汇交力系是指物体所受各力的作用线都在同一平面内且汇交于一点的力系。

2.1.1　力在轴上的投影

设在刚体上的点 A 作用一力 $\boldsymbol{F}$，如图 2-1 所示。在力的同一平面内取 x 轴，从力矢 $\boldsymbol{F}$ 的两端 A 和 B 分别向 x 轴作垂线，垂足为 a 和 b，线段 AB 的长度冠以适当的正负号，就表示这个力在 x 轴上的投影，记为 F_x，如果从 a 到 b 的指向与投影轴 x 的正向一致，则力 $\boldsymbol{F}$ 在 x 轴上的投影 $\boldsymbol{F}_x$ 定为正值，反之为负值。如力 $\boldsymbol{F}$ 与 x 轴的正向间的夹角为 α，则有

$$F_x = F\cos\alpha$$

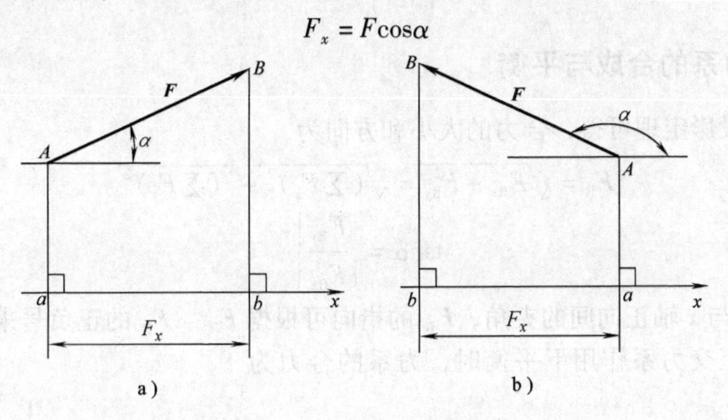

图 2-1　力在轴上的投影

上式表明，力在某轴上的投影等于力的大小乘以力于投影轴正向间夹角的余弦。当 α 为锐角时，F_x 为正值；当 α 为钝角时，F_x 为负值。所以力在某轴上的投影是个代数量。

同理，力 $\boldsymbol{F}$ 在平面直角坐标系的 y 轴上投影则为

$$F_y = F\sin\alpha$$

这样，若已知一力在平面直角坐标系的 x、y 轴上的投影 F_x、F_y，则该力的大小和方

向为

$$F=\sqrt{F_x^2+F_y^2}$$

$$\tan\alpha=\left|\frac{F_y}{F_x}\right|$$

式中　α——力 $\boldsymbol{F}$ 与 x 轴正向间的夹角，$\boldsymbol{F}$ 的指向可根据 $\boldsymbol{F}_x$、$\boldsymbol{F}_y$ 的正负号来确定。

2.1.2　合力投影定理

合力的投影定理建立了合力的投影与分力的投影之间的关系。图 2-2 表示物体上受一平面汇交力系 $\boldsymbol{F}_1$、$\boldsymbol{F}_2$、$\boldsymbol{F}_3$ 作用，$\boldsymbol{F}_R$ 为合力。将各力向 x 轴上进行投影，由图可见

$$ad=ab+bc-cd$$

按投影定义，上式左端为合力 $\boldsymbol{F}_R$ 的投影，右端为三个分力的投影的代数和，所以

$$F_{Rx}=F_{1x}+F_{2x}+F_{3x}$$

同理可以证明

$$F_{Ry}=F_{1y}+F_{2y}+F_{3y}$$

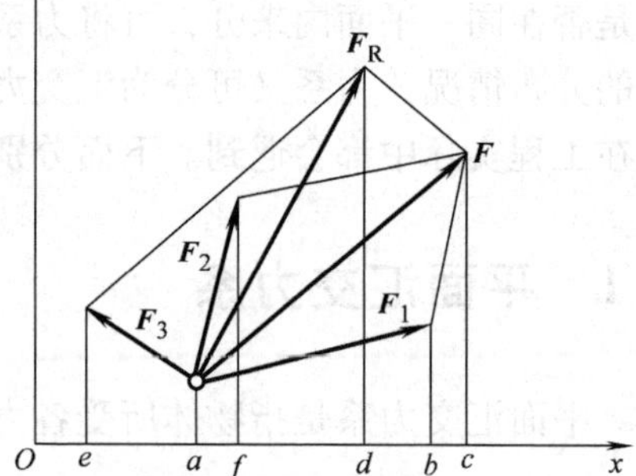

图 2-2　合力投影定理

显然，上面的结果可以推广到平面汇交力系有 n 个力的情况，即

$$\boldsymbol{F}_{Rx}=F_{1x}+F_{2x}+\cdots+F_{nx}=\Sigma F_x$$

$$\boldsymbol{F}_{Ry}=F_{1y}+F_{2y}+\cdots+F_{ny}=\Sigma F_y$$

于是可得结论：合力在任一轴上的投影等于各分力在同一轴上投影的代数和，这就是合力投影定理。

2.1.3　汇交力系的合成与平衡

1）由合力投影定理可得，合力的大小和方向为

$$F_R=\sqrt{F_{Rx}^2+F_{Ry}^2}=\sqrt{(\sum F_x)^2+(\sum F_y)^2}$$

$$\tan\alpha=\left|\frac{F_{Ry}}{F_{Rx}}\right|$$

式中　α——$\boldsymbol{F}_R$ 与 x 轴正向间的夹角，$\boldsymbol{F}_R$ 的指向可根据 F_{Rx}、F_{Ry}的正负号来确定。

2）物体在汇交力系作用下平衡时，力系的合力为零，即

$$F_R=\sqrt{(\sum F_x)^2+(\sum F_y)^2}=0$$

或

$$\begin{cases}\sum F_x=0\\ \sum F_y=0\end{cases}$$

上式表示平面汇交力系中各力在两个坐标轴上投影的代数和均为零，可求得两个未知量。

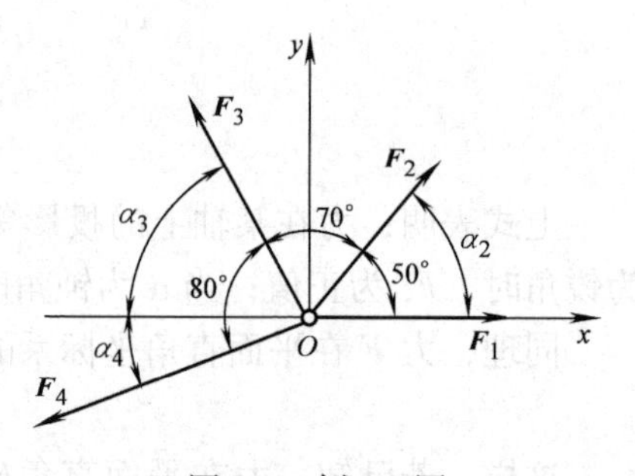

图 2-3　例 2-1 图

例 2-1　如图 2-3 所示，在 O 点作用有四个平面汇

交力，已知 $F_1=100\text{N}$，$F_2=100\text{N}$，$F_3=150\text{N}$，$F_4=200\text{N}$，试求该力系的合力。

解　根据题意有

$$
\begin{aligned}
F_{Rx} &= \Sigma F_x = F_{1x}+F_{2x}+F_{3x}+F_{4x}\\
&= F_1\cos0^\circ + F_2\cos50^\circ - F_3\cos60^\circ - F_4\cos20^\circ\\
&= 100\text{N}\times\cos0^\circ + 100\text{N}\times\cos50^\circ - 150\text{N}\times\cos60^\circ - 200\text{N}\times\cos20^\circ\\
&= -98.7\text{N}
\end{aligned}
$$

$$
\begin{aligned}
F_{Ry} &= \Sigma F_y = F_{1y}+F_{2y}+F_{3y}+F_{4y}\\
&= F_1\sin0^\circ + F_2\sin50^\circ - F_3\sin60^\circ - F_4\sin20^\circ\\
&= 100\text{N}\times\sin0^\circ + 100\text{N}\times\sin50^\circ + 150\text{N}\times\sin60^\circ - 200\text{N}\times\sin20^\circ\\
&= 138\text{N}
\end{aligned}
$$

$$F_R=\sqrt{F_{Rx}^2+F_{Ry}^2}=\sqrt{(-98.7\text{N})^2+(138\text{N})^2}=170\text{N}$$

$$\tan\alpha=\left|\frac{F_{Ry}}{F_{Rx}}\right|=\left|\frac{138\text{N}}{-98.7\text{N}}\right|=1.4$$

故得合力 $\boldsymbol{F}_R$ 与 x 轴正向间的夹角 $\alpha=125.5^\circ$。根据 F_{Rx}，F_{Ry} 的正负，可知合力在第二象限。

2.2　力矩和力偶

2.2.1　力矩和合力矩定理

1. 力对点之矩

用扳手拧螺母时，螺母的轴线固定不动，轴线在图面上的投影为点 O，如图 2-4a 所示，若在扳手上作用一个力 $\boldsymbol{F}$，该力在垂直于固定轴的平面内。由经验知，拧动螺母的作用不仅与力 $\boldsymbol{F}$ 的大小有关，而且与点 O 到力的作用线的垂直距离 d 有关。因此力 $\boldsymbol{F}$ 通过扳手对螺母的转动作用可用两者的乘积 Fd 来度量。O 点至力 $\boldsymbol{F}$ 作用线的垂直距离 d 称为力臂，O 点称为矩心。

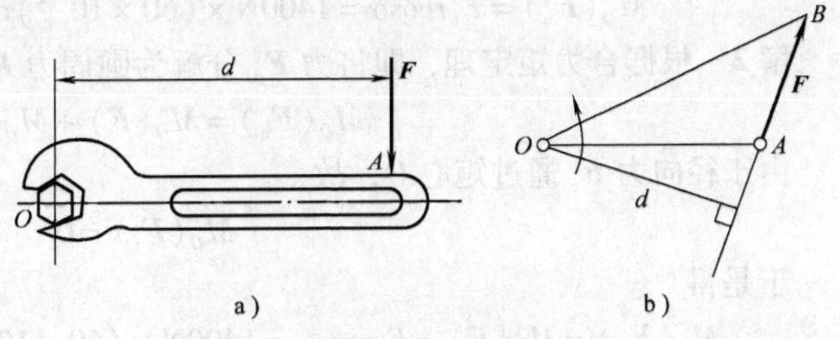

图 2-4　力矩

显然，力 $\boldsymbol{F}$ 使扳手绕点 O 转动的方向不同，作用效果也不同。

由此可见，力 $\boldsymbol{F}$ 使物体绕点 O 转动的效果，完全由下列两个因素决定：

1）$\boldsymbol{F}$ 的大小与力臂的乘积 Fd。

2）力 $\boldsymbol{F}$ 使物体绕点 O 转动的方向。

这两个因素可用一个代数量表示，这个代数量称为力对点的矩，简称力矩。

力矩是一个代数量，它的绝对值等于力的大小与力臂的乘积，它的正负可按下法确定：力 $\boldsymbol{F}$ 使物体绕矩心逆时针转向转动时为正，反之为负。

力 $\boldsymbol{F}$ 对点 O 的矩以记号 M_O（$\boldsymbol{F}$）或 m_O（$\boldsymbol{F}$）表示，于是计算公式为

$$M_O(\boldsymbol{F}) = \pm Fd$$

力矩的国际单位是牛顿·米（N·m）或千牛·米（kN·m）。

由上式可以看出，力矩在下列两种情况下等于零：

1）力等于零。

2）力的作用线通过矩心，即力臂等于零。

2. 合力矩定理

平面汇交力系的合力对平面内任一点的矩，等于其所有分力对于同一点的矩的代数和。即

$$M_O(\boldsymbol{F}_R) = \sum M_O(\boldsymbol{F})$$

这一定理建立了平面汇交力系中各个分力的矩与其合力的矩之间的一个非常重要的关系，不仅适用于平面汇交力系，也适合于其他各种力系。

例 2-2　如图 2-5 所示直齿圆柱齿轮，受到啮合力 $\boldsymbol{F}_n$ 的作用。已知 $\boldsymbol{F}_n = 1400\text{N}$，压力角 $\alpha = 20°$，齿轮节圆（啮合圆）的半径 $r = 60\text{cm}$，试计算力 $\boldsymbol{F}_n$ 对于轴心 O 的力矩。

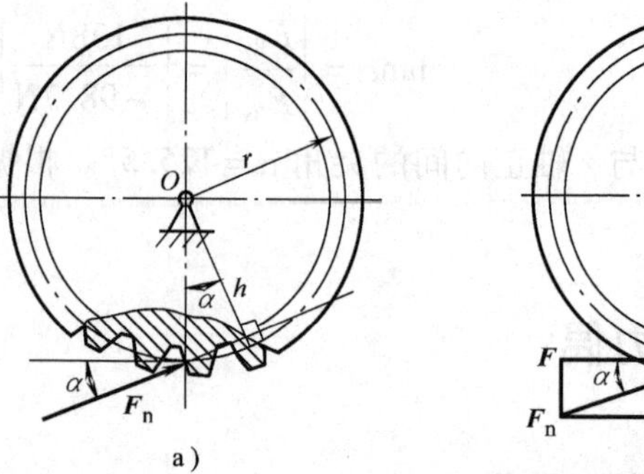

图 2-5　例 2-2 图

解 1　根据力矩的定义，即

$$M_O(\boldsymbol{F}_n) = F_n h$$

其中力臂 $h = r\cos\alpha$，故

$$M_O(\boldsymbol{F}_n) = F_n r\cos\alpha = 1400\text{N} \times (60 \times 10^{-2})\text{m} \times \cos 20° = 789.3\text{N} \cdot \text{m}$$

解 2　根据合力矩定理，即将力 $\boldsymbol{F}_n$ 分解为圆周力 $\boldsymbol{F}$ 和径向力 $\boldsymbol{F}_r$，则有

$$M_O(\boldsymbol{F}_n) = M_O(\boldsymbol{F}) + M_O(\boldsymbol{F}_r)$$

由于径向力 $\boldsymbol{F}_r$ 通过矩心 O，故

$$M_O(\boldsymbol{F}_r) = 0$$

于是得

$$M_O(\boldsymbol{F}_n) = M_O(\boldsymbol{F}) = F_n r\cos\alpha = 1400\text{N} \times (60 \times 10^{-2})\text{m} \times \cos 20° = 789.3\text{N} \cdot \text{m}$$

2.2.2　力偶

1. 力偶的概念

在实际中，经常见到诸如双手转动水阀柄（见图 2-6a）、汽车司机用双手转动方向盘（见图 2-6b）、钳工用丝锥攻螺纹、人们用两个手指旋转钥匙开门等情况，在水阀柄、方向盘、丝锥、钥匙等物体上，作用了一对等值反向的平行力。等值反向平行力的合力显然等于零，但是由于它们不共线而不能相互平衡，它们能使物体改变转动状态。

这种由两个大小相等、方向相反的平行力组成的力系，称为力偶，如图 2-6c 所示，记作（$\boldsymbol{F}$，$\boldsymbol{F}'$）。力偶的两力之间的垂直距离 d 称为力偶臂，力偶所在的平面称为力偶的作用面。

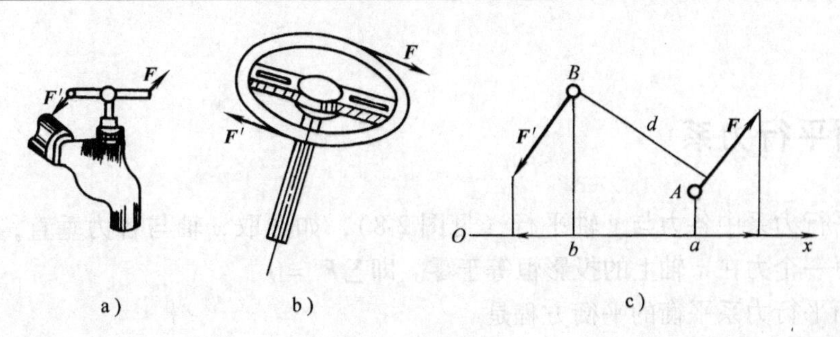

图2-6 力偶

2. 力偶矩

既然力偶由两个力组成，它们的作用是改变物体的转动状态。因此，力偶对物体的转动效果，可用力偶的两个力对其作用面内某点的矩的代数和来度量。

设有力偶（$\boldsymbol{F}$，$\boldsymbol{F}'$），其力偶臂为 d，力偶对点 O 的矩为 M_O（$\boldsymbol{F}$，$\boldsymbol{F}'$），如图2-6c所示。则

$$M_O(\boldsymbol{F},\boldsymbol{F}') = M_O(\boldsymbol{F}) + M_O(\boldsymbol{F}') = FaO - F'bO = F(aO - bO) = Fd$$

由上式可以看出，力偶的作用效果决定于力的大小和力偶臂的长短，与矩心的位置无关。力与力偶臂的乘积称为力偶矩，记作 M（$\boldsymbol{F}$，$\boldsymbol{F}'$）或 m（$\boldsymbol{F}$，$\boldsymbol{F}'$），简记为 M 或 m。

由于力偶在平面内的转向不同，作用效果也不相同。因此，力偶对物体的作用效果，由以下两个因素决定：

1）力偶矩的大小。

2）力偶在作用平面内的转向。

若把力偶矩视为代数量，就可以包括这两个因素，即

$$M = \pm Fd$$

于是得到结论：力偶矩是一个代数量，其绝对值等于力的大小与力偶臂的乘积。正负号表示力偶的转向：逆时针转向为正，反之为负。力偶矩的单位与力矩相同，也是牛顿·米（N·m）或千牛·米（kN·m）。

3. 力偶的基本性质

从以上所述，容易得出力偶具有以下基本性质：

性质1 力偶无合力。

性质2 力偶的力偶矩大小与矩心的具体位置无关。

性质3 同一平面内的两个力偶，若其力偶矩相等，则两力偶等效。

根据力偶的上述性质可得以下推论：

1）任一力偶可以在它的作用平面内任意移动，而不改变它对物体的作用。因此，力偶对物体的作用与力偶在其作用面内的位置无关。

2）只要保持力偶矩的大小和力偶的转向不变，可以同时改变力偶中力的大小和力偶臂的长短，而不改变力偶对物体的作用。常用图2-7所示的符号表示力偶。M 表

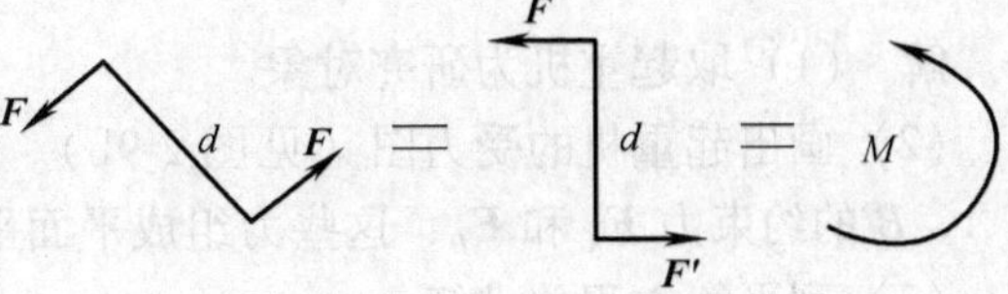

图2-7 力偶的符号

示力偶的矩。

2.3 平面平行力系

设平面平行力系中各力与 y 轴平行（见图 2-8），如选取 x 轴与各力垂直，则不论力系是否平衡，每一个力在 x 轴上的投影恒等于零。即 $\sum F_x = 0$

所以平面平行力系平衡的平衡方程是

$$\begin{cases} \sum \boldsymbol{F}_y = 0 \\ \sum \boldsymbol{M}_O(\boldsymbol{F}) = 0 \end{cases}$$

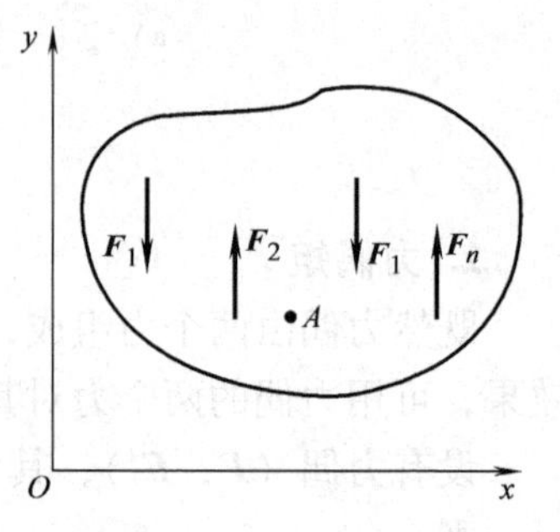

图 2-8　平面平行力系

平面平行力系的平衡方程也可用两个力矩方程的形式表示，即

$$\begin{cases} \sum \boldsymbol{M}_A(\boldsymbol{F}) = 0 \\ \sum \boldsymbol{M}_B(\boldsymbol{F}) = 0 \end{cases}$$

其中，A、B 两点的连线不能与各力作用线平行。

例 2-3　如图 2-9 所示塔式起重机，已知机身重 $G = 700\text{kN}$，作用线通过塔架的中心。最大起重量 $F_P = 50\text{kN}$，最大悬臂长为 12m，轨道 AB 的间距为 4m，平衡块重 $F_Q = 30\text{kN}$，且到机身中心线距离为 6m，试求：满载和空载时轨道 A、B 给起重机轮子的约束力，并判断起重机在使用过程中会不会翻倒。

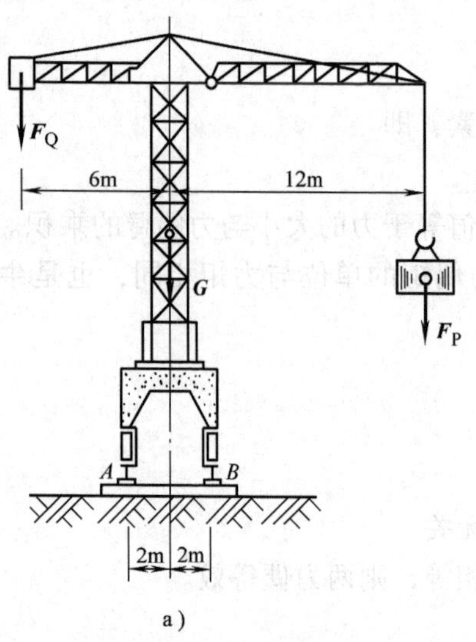

a）

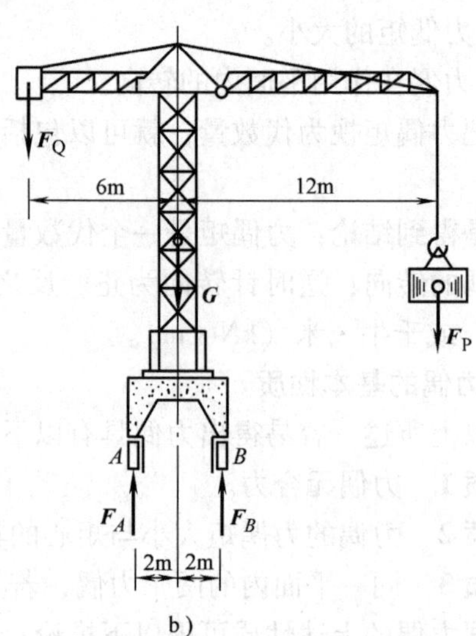

b）

图 2-9　例 2-3 图

解　（1）取起重机为研究对象。

（2）画出起重机的受力图（见图 2-9b）。作用在起重机上的力有重力 $\boldsymbol{G}$、$\boldsymbol{F}_P$、$\boldsymbol{F}_Q$，轨道 A、B 的约束力 $\boldsymbol{F}_A$ 和 $\boldsymbol{F}_B$，这些力组成平面平行力系。

（3）列平衡方程并求解

$$\sum M_B(\boldsymbol{F}) = 0, F_Q(6+2)\text{m} + G \times 2\text{m} - F_P(12-2)\text{m} - F_A \times 4\text{m} = 0$$

$$\sum M_A(\boldsymbol{F})=0, F_Q(6-2)\text{m}-G\times 2\text{m}-F_P(12+2)\text{m}+F_B\times 4\text{m}=0$$

解得

$$F_A=2F_Q+0.5G-2.5F_P$$
$$F_B=-F_Q+0.5G+3.5F_P$$

当满载时，$F_P=50\text{kN}$，代入上式得

$$F_A=45\text{kN},\ F_B=255\text{kN}$$

当空载时，$F_P=0$，代入上式得

$$F_A=170\text{kN},\ F_B=80\text{kN}$$

满载时，为使起重机不绕点 B 翻倒，必须使 $\boldsymbol{F}_A>0$；空载时，为使起重机不绕点 $\boldsymbol{A}$ 翻倒，必须使 $\boldsymbol{F}_B>0$。由上述计算结果可知，满载时，$\boldsymbol{F}_A=45\text{kN}>0$；空载时，$\boldsymbol{F}_B=80\text{kN}>0$。因此，起重机在使用过程中不会翻倒。

2.4 平面力偶系

1. 平面力偶系的合成

作用在物体同一平面内的各力偶组成平面力偶系（见图2-10a）。

平面力偶系合成的结果为一合力偶，合力偶矩等于各分力偶矩的代数和，即

$$M=m_1+m_1+\cdots+m_n=\sum M_i$$

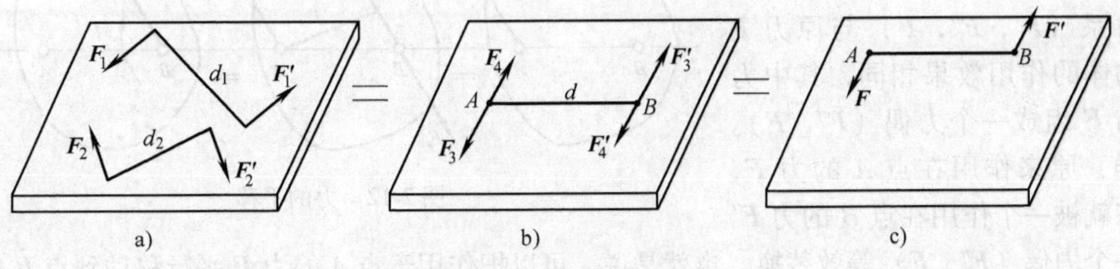

图2-10 力偶系的合成

2. 平面力偶系的平衡条件

平面力偶系合成的结果既然为一合力偶，要使力偶系平衡，则合力偶矩必须等于零，即所有各力偶矩的代数和等于零，也就是

$$M=0$$

例2-4 如图2-11所示，用多轴钻床在水平工件上钻孔时，每个钻头对工件施加一压力和一力偶。已知：三个力偶的矩分别为 $M_1=M_2=10\text{N}\cdot\text{m}$，$M_3=20\text{N}\cdot\text{m}$；固定螺柱 A 和 B 的距离 $l=200\text{mm}$，求两个光滑螺柱所受的水平力。

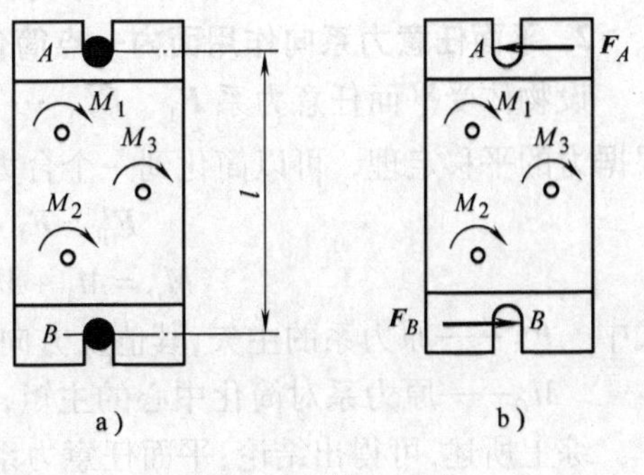

图2-11 例2-4图

解 选工件为研究对象。工件在水平面内受三个力偶和两个螺柱的水平约束力的作用。根据力偶系的合成定理，三个力偶合成后仍为一力偶，如果工件平衡，必有一约束力偶与它相平衡。因

此螺柱 A 和 B 的水平约束力 $\boldsymbol{F}_A$ 和 $\boldsymbol{F}_B$ 必组成一力偶，它们的方向如图 2-11b 所示，则 $F_A=F_B$，由平面力偶系的平衡条件可知

$$\sum M=0,\qquad F_A l-M_1-M_2-M_3=0$$

代入数据可求得

$$F_A=F_B=200\mathrm{kN}$$

因为 F_A 是正值，故所假设的方向是正确的。

2.5 平面任意力系

2.5.1 平面任意力系向作用面内一点简化

设在物体上作用着一个平面任意力系 $\boldsymbol{F}_1$、$\boldsymbol{F}_2$、…、$\boldsymbol{F}_n$，则力系的简化问题可以应用依次合成的方法来解决，即可按平行四边形规则，将力系简化为一个合力或一个力偶，或者原力系恰好为平衡力系。但是，当力的数目很多时，这样处理将会非常麻烦，若采用将力系向一点简化的方法就会变得比较简单。

1. 力的平移定理

如图 2-12 所示，力 $\boldsymbol{F}$ 作用在物体上的 A 点。再在物体上任取一点 B，并在点 B 加上两个等值反向的力 $\boldsymbol{F}'$ 和 $\boldsymbol{F}''$，使它们与力 $\boldsymbol{F}$ 平行，且 $F'=F''=F$，显然力系（$\boldsymbol{F}'$，$\boldsymbol{F}''$，$\boldsymbol{F}$）与原力 $\boldsymbol{F}$ 对物体的作用效果相同，其中力 $\boldsymbol{F}''$ 与 $\boldsymbol{F}$ 组成一个力偶（$\boldsymbol{F}''$，$\boldsymbol{F}$）。这样，原来作用在点 A 的力 $\boldsymbol{F}$，现在就被一个作用在点 B 的力 $\boldsymbol{F}'$ 和一个力偶（$\boldsymbol{F}''$，$\boldsymbol{F}$）等效替换。也就是说，可以把作用于点 A 的力 $\boldsymbol{F}$ 平行移动到点 B，但必须同时附加一个相应的力偶，这个力偶称为附加力偶。显然附加力偶的矩为

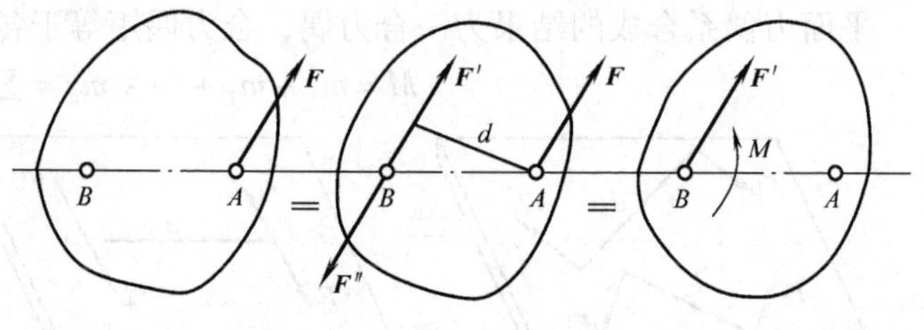

图 2-12 力的平移

$$M=Fd$$

式中 d——附加力偶的臂。

由此可得力的平移定理为：可以把作用在物体上一点 A 的力 $\boldsymbol{F}$ 平行移动到物体上任一点 B，但必须同时附加一个力偶，这个附加力偶的矩 M 等于原来的力 $\boldsymbol{F}$ 对 B 点的矩。

同理，在平面内的一个力和一个力偶，可以用一个力来等效替换。

2. 平面任意力系向作用面内一点简化

设物体受平面任意力系 $\boldsymbol{F}_1$、$\boldsymbol{F}_2$、…、$\boldsymbol{F}_n$ 作用，如图 2-13 所示。根据力的平移定理，可以简化到一个合力和一个力偶，即

$$\boldsymbol{F}'_{\mathrm{R}}=\boldsymbol{F}_1+\boldsymbol{F}_2+\cdots+\boldsymbol{F}_n=\sum\boldsymbol{F}$$

$$M_O=M_1+M_2+\cdots+M_n=\sum M_O(\boldsymbol{F})$$

式中 $\boldsymbol{F}'_{\mathrm{R}}$——原力系的主矢，其值及方向与简化中心的位置无关；

M_O——原力系对简化中心的主矩，其值与简化中心的位置有关。

综上所述，可得出结论：平面任意力系向作用面内任一点简化可得到一个力和一个力偶。这个力等于原力系中各力的矢量和，称为平面任意力系的主矢；这个力偶的力偶矩等于原力系

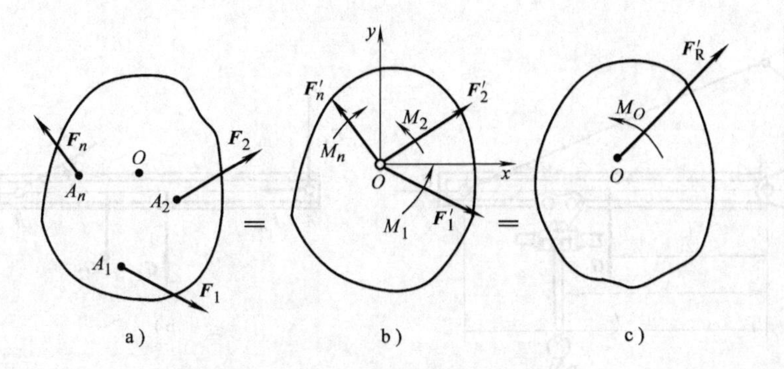

图 2-13 平面任意力系向一点简化

中各力对简化中心的力矩的代数和,称为平面任意力系的主矩。显然,主矢和主矩的单独作用都不能代替原力系对物体的作用,只有共同作用,才能与原力系的作用等效。

2.5.2 平面任意力系的平衡方程

若平面任意力系向作用平面内任一点简化后,所得到的主矢和主矩均等于零,则物体必处于平衡状态。反之,若平面任意力系是平衡力系,则它向任意一点简化后,主矢和主矩必然为零。故平面任意力系平衡的必要和充分条件为

$$\boldsymbol{F}'_{\mathrm{R}} = 0$$
$$M_O = 0$$

由此可得平面任意力系的平衡方程为

$$\begin{cases} \sum F_x = 0 \\ \sum F_y = 0 \\ \sum M_O(\boldsymbol{F}) = 0 \end{cases}$$

它表明：力系中各力在任选的直角坐标系两个坐标轴上的投影的代数和分别等于零；各力对作用平面内任一点力矩的代数和等于零。这三个方程是完全独立的，它有两个投影式和一个力矩式。投影式说明力系对物体无任何方向的移动作用，力矩式说明力系使物体绕任一点没有转动作用。因而用它求解平面任意力系的平衡问题时，最多只能求出三个未知量。

例 2-5 起重机的水平梁 AB，A 端以铰链固定，B 端用拉杆 BC 拉住。如图 2-14 所示。梁重 $G_1 = 4\text{kN}$，载荷重 $G_2 = 12\text{kN}$。梁长 $l = 6\text{m}$，$x = 2l/3$，尺寸如图所示，试求拉杆的拉力和铰链 A 的约束力。

解 (1) 选取梁 AB 为研究对象，画受力图（见图 2-14b），可知该力系为平面任意力系。

(2) BC 杆为二力杆，其方向见图 2-14b。

(3) 取坐标轴如图所示，列平衡方程求解

$$\sum F_x = 0, \quad F_{Ax} - F_B\cos30^\circ = 0$$
$$\sum F_y = 0, \quad F_{Ay} + F_B\sin30^\circ - G_1 - G_2 = 0$$
$$\sum M_A(\boldsymbol{F}) = 0, \quad F_B l\sin30^\circ - G_2 x - G_1 l/2 = 0$$

(4) 解联立方程，得

$$F_{Ax} = 17.32\text{kN}, \ F_{Ay} = 6\text{kN}, \ F_B = 20\text{kN}$$

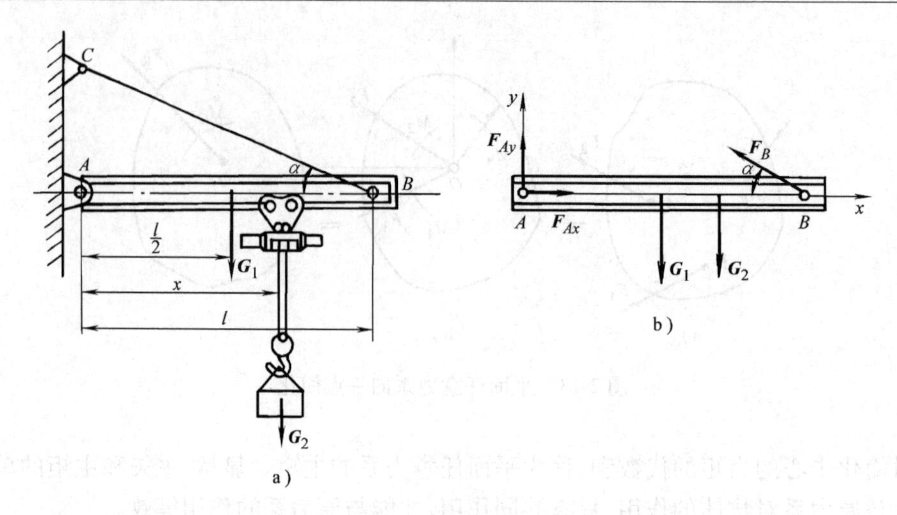

图 2-14　例 2-5 图

例 2-6　如图 2-15 所示的水平横梁 AB，在 A 端用铰链固定，在 B 端为一滚动支座。梁的长为 $4a$，梁重 G，重心在梁的中点 C。在梁的 AB 段上受均布载荷 q 的作用，力偶矩 $M=Ga$，试求 A 和 B 处的支座约束力。

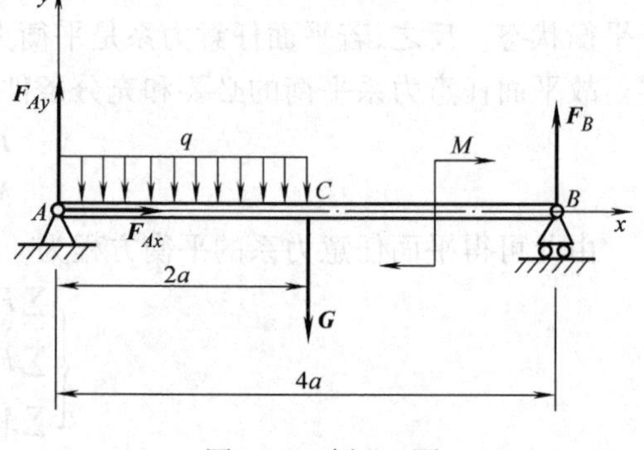

图 2-15　例 2-6 图

解　选梁 AB 为研究对象。它所受的主动力有：均布载荷 q，重力 $\boldsymbol{G}$ 和力偶矩 M。它所受的约束力有：铰链 A 处的约束力，通过点 A，但方向不定，故用两个分力 $\boldsymbol{F}_{Ax}$ 和 $\boldsymbol{F}_{Ay}$ 代替；滚动支座 B 处的约束力 $\boldsymbol{F}_B$，铅直向上。

取坐标系如图 2-15 所示，列出平衡方程，得

$$\sum F_x=0,\quad F_{Ax}=0$$
$$\sum F_y=0,\quad F_{Ay}-q\times 2a-G+F_B=0$$
$$\sum M_A(\boldsymbol{F})=0,\quad F_B\times 4a-M-G\times 2a-q\times 2a\times a=0$$

解联立方程，得

$$F_{Ax}=0,\ F_{Ay}=0.25G+1.5qa,\ F_B=0.75G+0.5qa$$

从上述例题可以看出，选取适当的坐标轴和力矩中心，可以减少每个平衡方程中的未知量数目。在平面任意力系情形下，力矩中心应取在两个未知力的交点上，而坐标轴应当与尽可能多的未知力相垂直。

例 2-7　如图 2-16a 所示的压榨机中，杆 AB 和 BC 的长度相等，自重忽略不计。A、B、C 处为铰链连接。已知活塞 D 上受到液压缸内的总压力为 $F_P=3000\text{N}$，$h=200\text{mm}$，$l=1500\text{mm}$。试求压块 C 加于工件的压力。

解　根据作用力和反作用力的关系，求压块对工件的压力，可通过求工件对压块的约束力 F_Q 而得到。而已知液压缸的总压力作用在活塞上，因此要分别研究活塞杆 DB 和压块 C 的平衡才能解决问题。

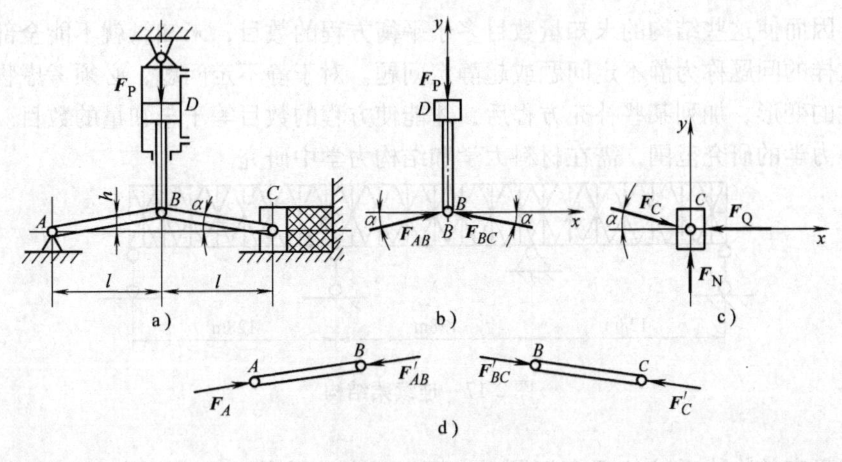

图2-16　例2-7图

先选活塞杆 DB 为研究对象。设二力杆 AB，BC 均受压力（见图2-16d），则活塞杆的受力图如图2-16b所示。按图示坐标轴列出平衡方程，即

$$\sum F_x = 0,\ F_{AB}\cos\alpha - F_{BC}\cos\alpha = 0$$

解得

$$F_{AB} = F_{BC}$$

$$\sum F_y = 0,\ F_{AB}\sin\alpha + F_{BC}\sin\alpha - F_P = 0$$

解得

$$F_{AB} = F_{BC} = \frac{F_P}{2\sin\alpha}$$

再选压块 C 为研究对象，其受力如图2-16c所示。通过二力杆 BC 的平衡，可知 $F_C = F_{BC}$。按图示坐标轴列出平衡方程，即

$$\sum F_x = 0,\qquad -F_Q + F_C\cos\alpha = 0$$

故

$$F_Q = \frac{F_P\cos\alpha}{2\sin\alpha} = \frac{F_P}{2}\text{arctan}\alpha = \frac{F_P l}{2h} = 11.25\text{kN}$$

压块对工件的压力就是力 F_Q 的反作用力，也等于11.25kN。

2.6　物体系统的平衡

在工程实际中，如组合构架、三铰拱等结构，都是由几个物体组成的系统。研究它们的平衡问题，不仅要求出系统所受的未知外力，而且还要求出它们中间相互作用的内力，这时，就要把某些物体分开来单独研究。此外，即使不要求计算内力，对于物体系统的平衡问题，有时也要把一些物体分开来研究，才能求出所有的未知外力。

当物体系统平衡时，组成该系统的每一个物体都处于平衡状态，因此对于每一个受平面任意力系作用的物体，均可写出三个平衡方程。如物体系统由 n 个物体组成，则共有 $3n$ 个独立方程。如果系统中有的物体受平面汇交力系或平面平行力系作用时，则系统的平衡方程数目相应地减少。当系统中的未知量数目等于独立平衡方程的数目时，则所有未知数都能由平衡方程求出，这样的问题称为静定问题。在工程实际中，有时为了提高结构的刚度和坚固性，常常增加多余的约束，如武汉长江大桥采用三联三孔连续梁结构，图2-17所示为其一

联三孔梁，因而使这些结构的未知量数目多于平衡方程的数目，未知量就不能全部由平衡方程求出，这样的问题称为静不定问题或超静定问题。对于静不定问题，必须考虑物体因受力作用而产生的变形，加列某些补充方程后，才能使方程的数目等于未知量的数目。静不定问题已超出静力学的研究范围，需在材料力学和结构力学中研究。

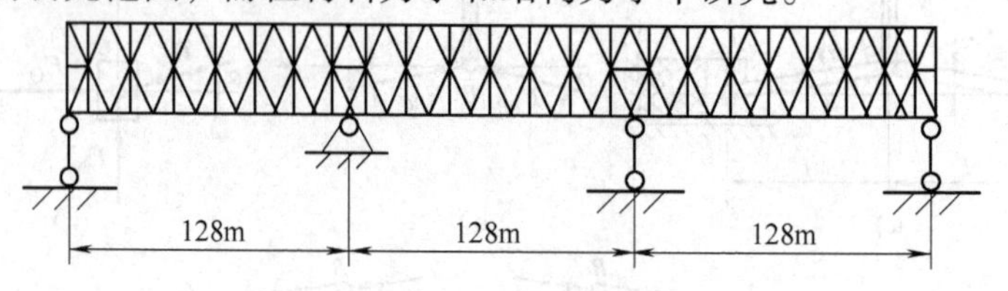

图 2-17　连续梁结构

在求解静定的物体系统的平衡问题时，可以选每个物体为研究对象，列出全部平衡方程，然后求解；也可先取整个系统为研究对象，列出平衡方程，这样的方程因不包含内力，式中未知量较少，解出部分未知量后，再从系统中选取某些物体作为研究对象，列出另外的平衡方程，直到求出所有的未知量为止。总的原则是：使每一个平衡方程中的未知量尽可能地减少，最好是只含有一个未知量，以避免求解联立方程。

例 2-8　如图 2-18 所示为曲轴冲床简图，由轮Ⅰ、连杆 AB 和冲头 B 组成。A、B 两处为铰链连接。$OA=R$，$AB=l$。如忽略摩擦和物体的自重，当 OA 为水平位置、冲头压力为 $\boldsymbol{F}$ 时，求：（1）作用在轮Ⅰ上的力偶矩 M 的大小；（2）轴承 O 处的约束力；（3）连杆 AB 受的力；（4）冲头给导轨的侧压力。

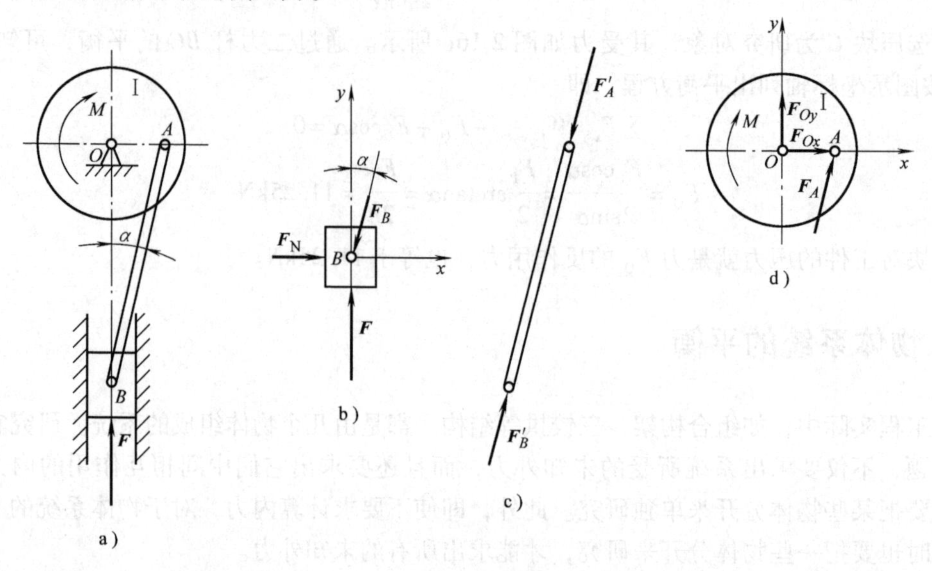

图 2-18　例 2-8 图

解　（1）首先以冲头为研究对象。冲头受压阻力 $\boldsymbol{F}$、导轨约束力 $\boldsymbol{F}_{\mathrm{N}}$ 以及连杆（二力杆）的作用力 $\boldsymbol{F}_B$ 的作用，方向如图 2-18b 所示，为一平面汇交力系。

设连杆与铅直线间的夹角为 α，按图示坐标轴列平衡方程，得

$$\sum F_x=0,\ F_{\mathrm{N}}-F_B\sin\alpha=0$$

$$\sum F_y = 0,\ F - F_B\cos\alpha = 0$$

可求得
$$F_B = \frac{F}{\cos\alpha},\qquad F_N = F\tan\alpha$$

(2) 再以轮Ⅰ为研究对象（见图2-18d）。轮Ⅰ受平面任意力系作用，包括矩为M的力偶，连杆作用力$\boldsymbol{F}_A$以及轴承的约束力$\boldsymbol{F}_{Ox}$和$\boldsymbol{F}_{Oy}$。按图示坐标轴列平衡方程，得

$$\sum F_x = 0,\ F_{Ox} + F_A\sin\alpha = 0$$
$$\sum F_y = 0,\ F_{Oy} + F_A\cos\alpha = 0$$
$$\sum M_O(\boldsymbol{F}) = 0,\ R\,F_A\cos\alpha - M = 0$$

求解联立方程，得

$$M = FR,\qquad F_{Ox} = -F\tan\alpha,\qquad F_{Oy} = -F$$

负号说明力$\boldsymbol{F}_{Ox}$和$\boldsymbol{F}_{Oy}$的方向与图示假设的方向相反。

例 2-9 如图2-19a所示，水平梁由AC和CD两部分组成，它们在C处用铰链连接。梁的A端固定在墙上，在B处受滚动支座支持，已知：$F_1 = 10\text{kN}$，$F_2 = 20\text{kN}$，均布载荷$p = 5\text{kN/m}$，梁的BD段受线性分布载荷，在D端为零，在B处达到最大值$q = 6\text{kN/m}$。试求A和B处的约束力。

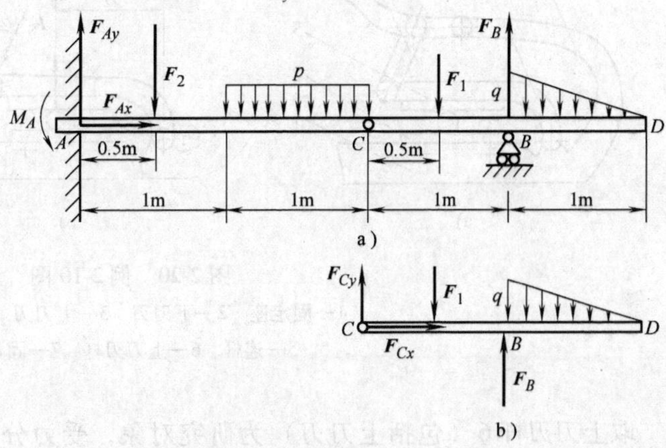

图2-19 例2-9图

解 选整体为研究对象。水平梁受力如图所示。注意到三角形分布载荷的合力作用在离点B的$BD/3$处，它的大小等于三角形面积，即$q/2$。按图示坐标轴列平衡方程，有

$$\sum F_x = 0,\quad F_{Ax} = 0$$

$$\sum F_y = 0,\quad F_{Ax} + F_B - F_2 - F_1 - p\times 1\text{m} - \frac{1}{2}q\times 1\text{m} = 0$$

$$\sum M_A(\boldsymbol{F}) = 0, M_A + F_B\times 3\text{m} - F_2\times 0.5\text{m} - F_1\times 2.5\text{m} - p\times 1\text{m}\times 1.5\text{m} - q\times 1\text{m}\times\left(3+\frac{1}{3}\right)\text{m} = 0$$

以上三个方程包含四个未知量，故再选梁CD为研究对象，受力图如图2-19b所示，列平衡方程如下：

$$\sum M_C(\boldsymbol{F}) = 0,\quad F_B\times 1\text{m} - \frac{1}{2}q\times 1\text{m}\times\left(1+\frac{1}{3}\right)\text{m} - F_1\times 0.5\text{m} = 0$$

解得

$$F_B = 9\text{kN}$$

代入前面三个方程，解得

$$M_A = 25.5\text{kN},\qquad F_{Ay} = 29\text{kN},\qquad F_{Ax} = 0$$

如果需要，可由$\sum F_x = 0$和$\sum F_y = 0$两个平衡方程求出C处的铰链约束力F_{Cx}和F_{Cy}。

2.7 工程应用实例

例 2-10 省力的压剪

一种自制的省力压剪工具如图 2-20a 所示。这种工具构造简单，容易自制，并可提高剪切的质量。它由固定座 1、下刀刃 2、上刀刃 3、手把 4、连杆 5、上刀刃杆 6 与固定杆 7 等组成。其中，上、下刀刃是由 T10 工具钢经热处理后刃磨而成，手把是由 ϕ40mm 的钢管制成，固定座由 45 钢制造。由于利用了二级杠杆放大原理，使用很省力。

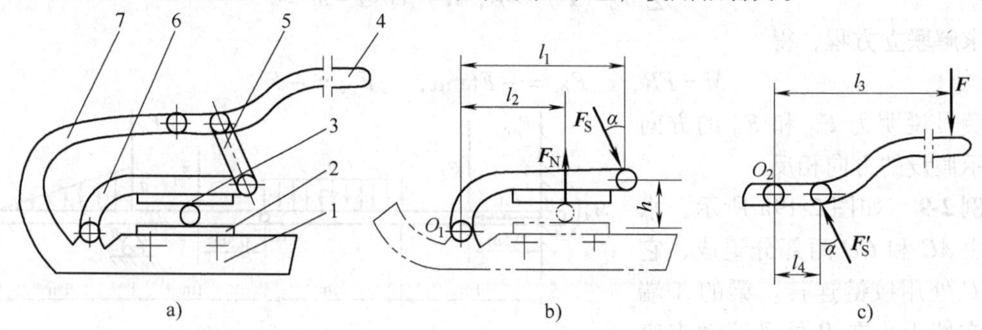

图 2-20 例 2-10 图

1—固定座 2—下刀刃 3—上刀刃 4—手把

5—连杆 6—上刀刃杆 7—固定杆

取上刀刃杆 6（包括上刀刃）为研究对象，受力分析如图 2-20b 所示。连杆 5 为二力杆，$\boldsymbol{F}_S$ 为二力杆的作用力，沿杆向与铅垂线夹角为 α，F_N 为被剪物体对上刀刃的作用力。

由力矩平衡方程

$$\sum M_{O1}(\boldsymbol{F})=0,\quad -F_S\cos\alpha l_1-F_S\sin\alpha h+F_N l_2=0 \tag{1}$$

再取手把 4 为研究对象，受力分析如图 2-20c 所示。$\boldsymbol{F}'_S$ 为连杆对手把的反作用力，且 $\boldsymbol{F}_S=\boldsymbol{F}'_S$，$\boldsymbol{F}$ 为手对手把的作用力。由力矩平衡方程

$$\sum M_{O2}(\boldsymbol{F})=0,\quad F'_S\cos\alpha l_4-Fl_3=0 \tag{2}$$

由式（1）得
$$F_S=\frac{l_2}{l_1\cos\alpha+h\sin\alpha}F_N \tag{3}$$

由式（2）得
$$F=\frac{l_4}{l_3}\cos\alpha F'_S=\frac{l_2 l_4\cos\alpha}{l_3(l_1\cos\alpha+h\sin\alpha)}F_N \tag{4}$$

由式(3)、式(4)可知：若力臂 $l_1>l_2$，$l_3>l_4$，则 $F_S<F_N$，$F<F_S$，结果达到了省力的目的。如设 $\alpha=0$，$l_1/l_2=3$，$l_3/l_4=3$，则 $F=F_N/12$，即手把的作用力 F 只有剪切力的 1/12。

例 2-11 鲤鱼钳

图 2-21a 所示鲤鱼钳由钳夹 1、连杆 2、上钳头 3 与下钳头 4 等组成。若钳夹手握力为 $\boldsymbol{F}$，不计各杆自重与摩擦，试求钳头的夹紧力 $\boldsymbol{F}_1$ 的大小。设图中的尺寸单位是 mm，连杆 2 与水平线夹角 $\alpha=20°$。

先取钳夹 1 为研究对象，它所受的力有手握力 $\boldsymbol{F}$，连杆（二力杆）的作用力 $\boldsymbol{F}_S$，下钳头与钳夹铰链 D 的约束反力 $\boldsymbol{F}_{Dx}$、$\boldsymbol{F}_{Dy}$。受力图如图 2-21b 所示。列出平衡方程

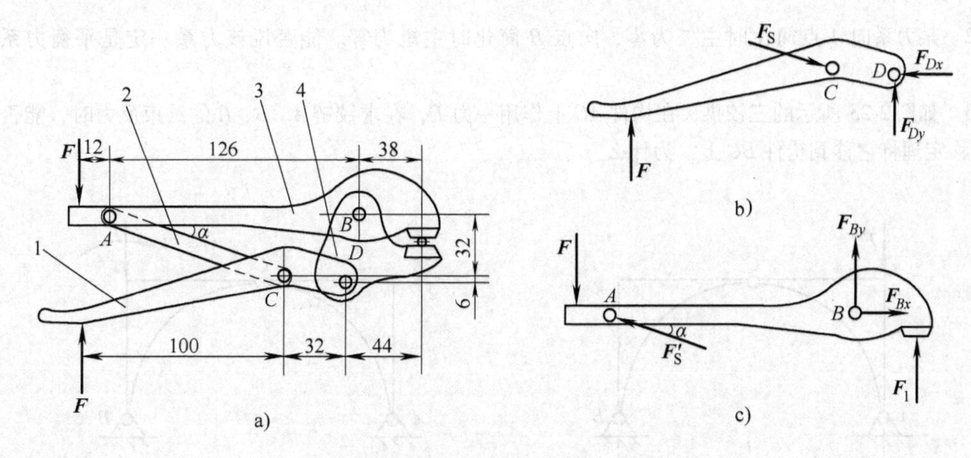

图 2-21　例 2-11 图

1—钳夹　2—链杆　3—上钳头　4—下钳头

$$\sum M_D\ (\boldsymbol{F}_i)\ =0,\qquad -F\ (100+32)\ +F_{\mathrm{S}}\sin\alpha\times 32-F_{\mathrm{S}}\cos\alpha\times 6=0$$

解得

$$F_{\mathrm{S}}=\frac{132F}{32\sin\alpha-6\cos\alpha}=\frac{132}{32\sin 20^{\circ}-6\cos 20^{\circ}}=24.88F \tag{1}$$

再取上钳头 3 为研究对象，它所受的力有手握力 $\boldsymbol{F}$，连杆的作用力 $\boldsymbol{F}_{\mathrm{S}}'$，上、下钳夹头铰链 B 的约束反力 $\boldsymbol{F}_{Bx}$、$\boldsymbol{F}_{By}$，钳头夹紧力 $\boldsymbol{F}_1$，受力图如图 2-21c 所示。列出平衡方程

$$\sum M_B\ (\boldsymbol{F}_i)\ =0,\qquad F\ (126+12)\ -F_{\mathrm{S}}'\sin\alpha\times 126+F_1\times 38=0$$

得

$$F_1=\frac{126F_{\mathrm{S}}'\sin\alpha-138F}{38} \tag{2}$$

考虑到 $F_{\mathrm{S}}=F_{\mathrm{S}}'$，将（1）式代入（2）式，得

$$F_1=\frac{126F_{\mathrm{S}}'\sin\alpha-138F}{38}=\frac{126\times 24.88\times\sin 20^{\circ}-138}{38}F=24.6F$$

由此可见：鲤鱼钳通过巧妙的设计，使剪切力为手握力的 24.6 倍，达到了省力的目的。

2.8　思考题与习题

2-1　怎样判断静定和静不定问题？图 2-22 所示的中哪些是静定的？哪些是静不定的？

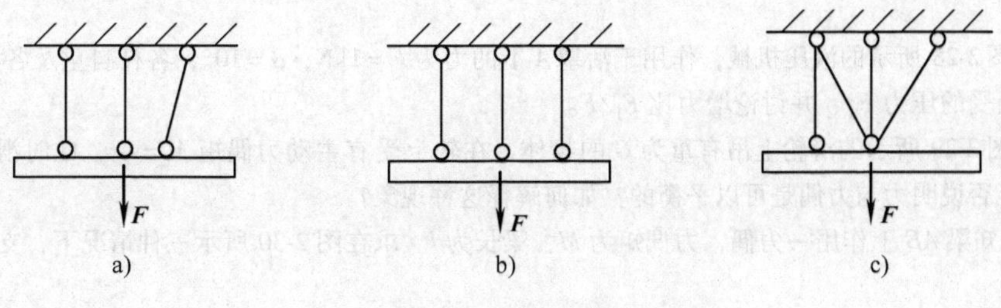

图 2-22　题 2-1 图

2-2　某力系向 A 点简化时主矢为零，向点 B 简化时主矩为零。能否说该力系一定是平衡力系？为什么？

2-3　如图 2-23 所示的三铰拱，在构件 AC 上作用一力 $\boldsymbol{F}$，在求铰链 A、B、C 的约束反力时，能否按照力的平移定理将它移到构件 BC 上？为什么？

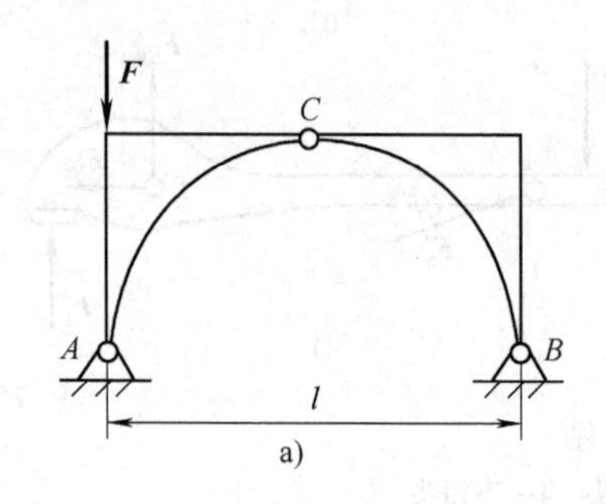

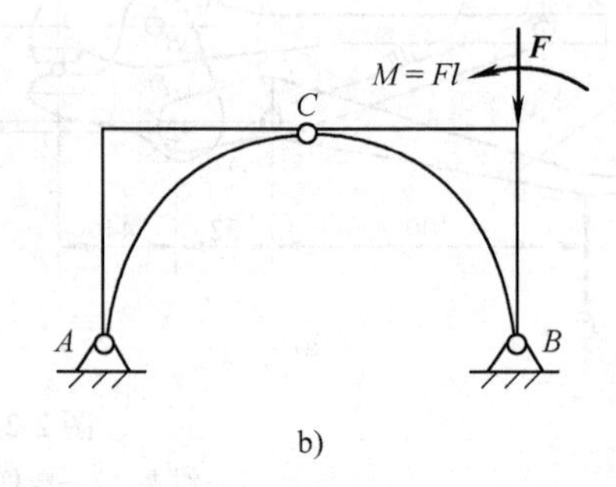

图 2-23　题 2-3 图

2-4　起重机吊钩受力如图 2-24 所示，若将向下的外力 $\boldsymbol{F}$ 向弯曲处的 B 截面中心简化，得到一力和一力偶。已知力偶矩 $M = 4\text{kN} \cdot \text{m}$，求：外力 $\boldsymbol{F}$ 的大小。

2-5　杆 AB 的支座和受力如图 2-25 所示，若力偶矩 M 的大小为已知，求支座的约束力。

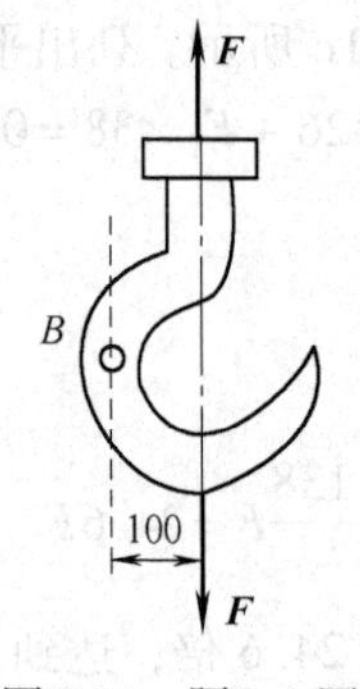

图 2-24　题 2-4 图

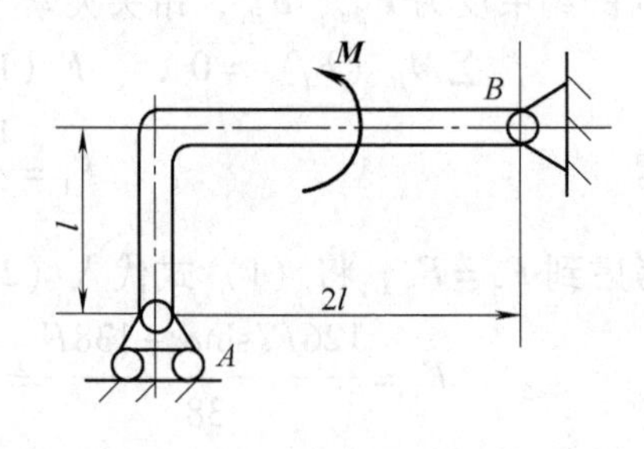

图 2-25　题 2-5 图

2-6　图 2-26 所示为自重 $G = 160\text{kN}$ 的水塔固定在钢架上，A 为固定铰链支座，B 为活动铰链支座，若水塔左侧面受到的最大的风力为分布载荷 $q = 16\text{kN/m}$，为保证水塔不致翻倒，求 A、B 之间 l 的最小值。

2-7　图 2-27 所示吊杆中 A、B、C 均为铰链连接，已知主动力 $\boldsymbol{F}$，$AB = BC = l$，$BO = h$。试求两吊杆受力的大小。

2-8　如图 2-28 所示的液压机械，作用于活塞 A 上的力为 $F = 1\text{kN}$，$\alpha = 10°$，各杆自重及各处摩擦不计。试求工件上所受的压力 $\boldsymbol{F}_1$，并讨论增力比 F_1/F。

2-9　如图 2-29 所示的滑轮上吊有重为 G 的物体，在轮上受有主动力偶矩 $M = Gr$，此时滑轮处于平衡状态。试问能否说明力与力偶是可以平衡的？如何解释这种现象？

2-10　已知梁 AB 上作用一力偶，力偶矩为 M，梁长为 l。求在图 2-30 所示三种情况下，支座 A 和 B 的约束力。

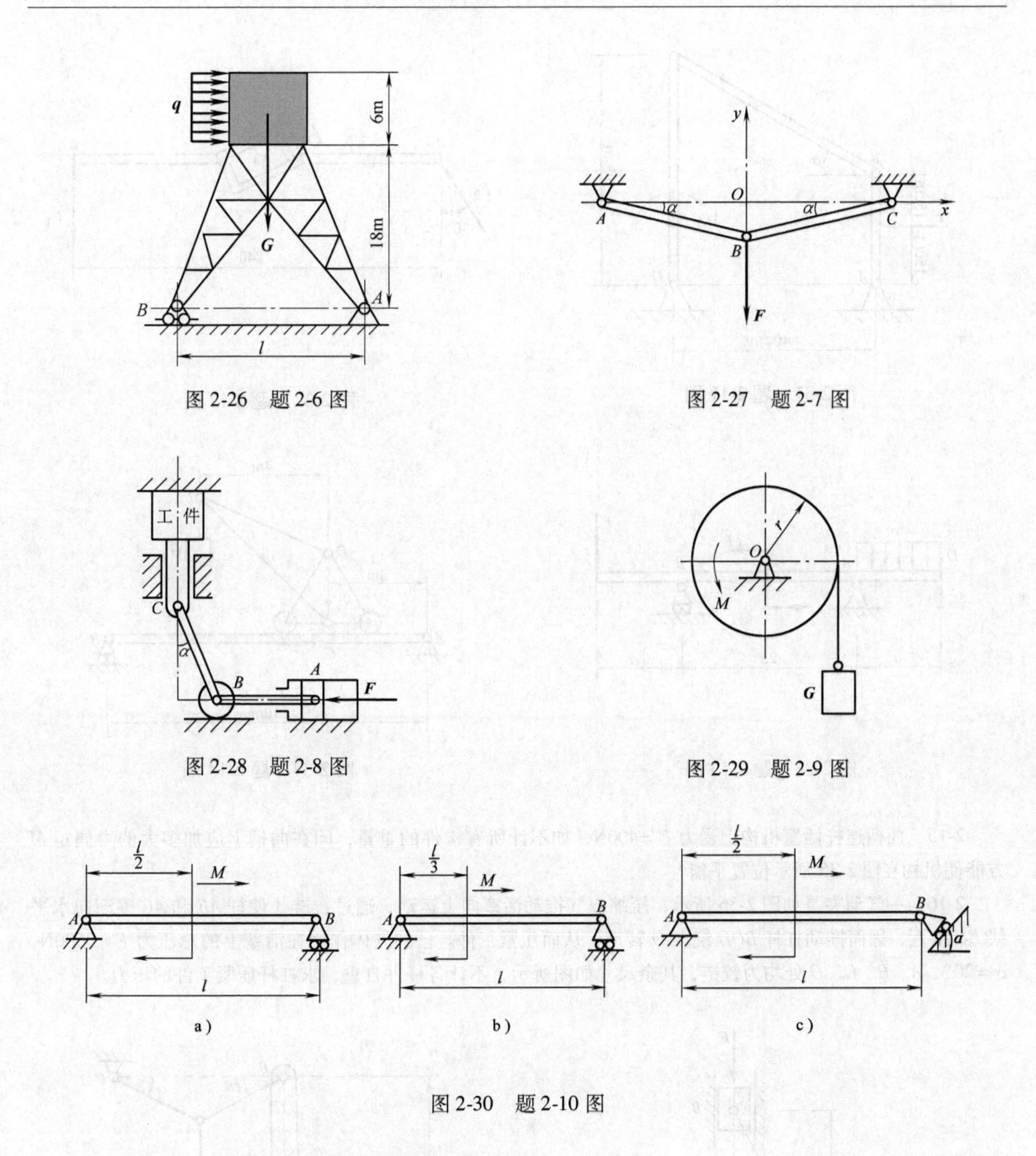

图2-26 题2-6图

图2-27 题2-7图

图2-28 题2-8图

图2-29 题2-9图

图2-30 题2-10图

2-11 图2-31所示铰链四杆机构在图示位置平衡。已知主动力 $F=400\text{N}$，各杆的重量不计，尺寸如图所示。试求平衡时力偶矩 M_O 的大小和 A、D 处的约束力。

2-12 用丝锥攻螺纹时，若作用在丝锥铰杠上的力分别为 $F_1=20\text{N}$，$F_2=15\text{N}$，方向如图2-32所示。试求作用于丝锥 C 上的力 F_R 和力偶矩 M。

2-13 水平梁的支承和载荷如图2-33所示。已知力 $\boldsymbol{F}$、力偶矩为 M 的力偶和强度为 p 的均布载荷。求支座 A 和 B 处的约束力。

2-14 如图2-34所示，梁 AB 长10m，在梁上铺设有起重机轨道。起重机重50kN，其重心在铅垂线 CD 上，重物的重量为 $G=10\text{kN}$，梁重30kN，点 L 到铅直线 CD 的距离为4m，$AC=3\text{m}$。求当起重机的伸臂和梁 AB 在同一铅垂面内时，支座 A 和 B 的约束力。

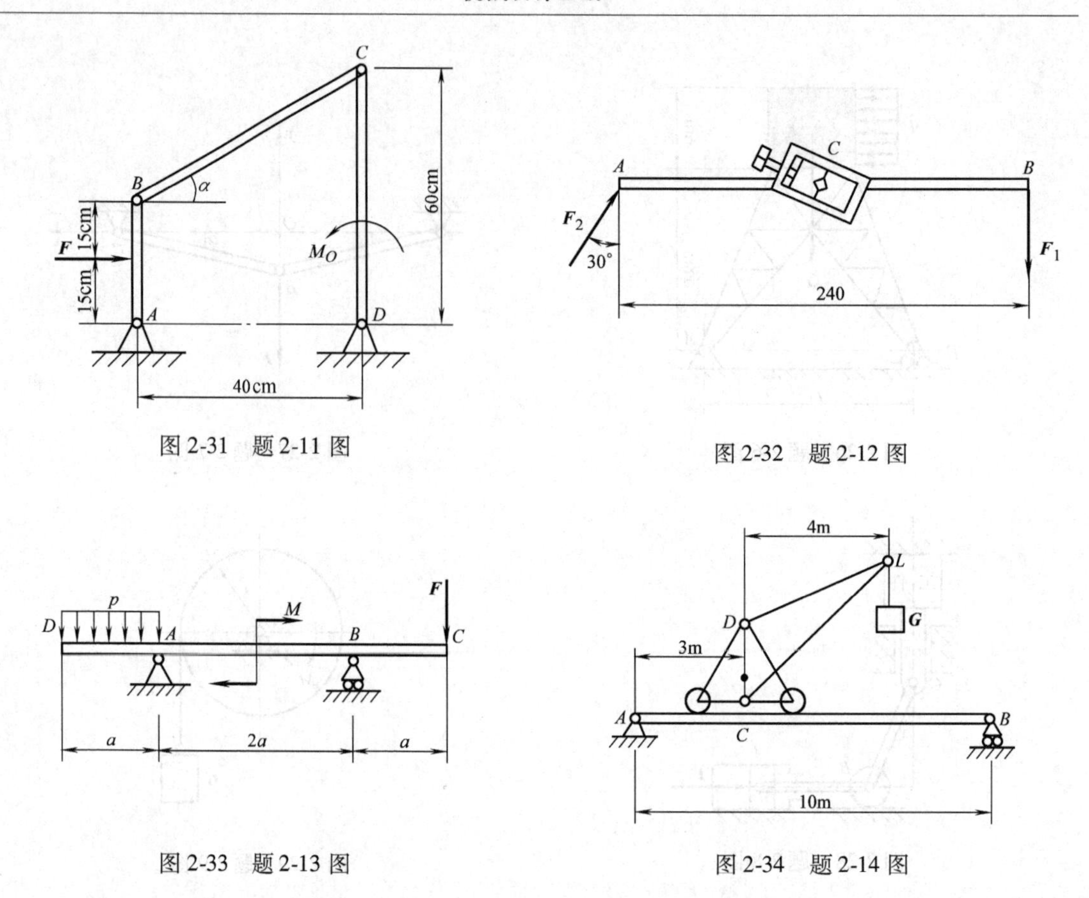

图 2-31　题 2-11 图

图 2-32　题 2-12 图

图 2-33　题 2-13 图

图 2-34　题 2-14 图

2-15　曲柄连杆活塞机构上受力 $F=400\mathrm{N}$，如不计所有构件的重量，问在曲柄上应加多大的力偶矩 M 方能使机构在图 2-35 所示位置平衡？

2-16　一气动夹具如图 2-36 所示，压缩空气推动活塞向上运动，通过铰链 A 使杆 AB 和 AC 逐渐向水平线 BC 接近，因而推动杠杆 BOD 绕点 O 转动，从而压紧工件。已知气体作用在活塞上的总压力 $F=3500\mathrm{N}$，$\alpha=20°$，A、B、C、O 处均为铰链，其余尺寸如图所示，不计各杆件自重，求杠杆压紧工件的压力。

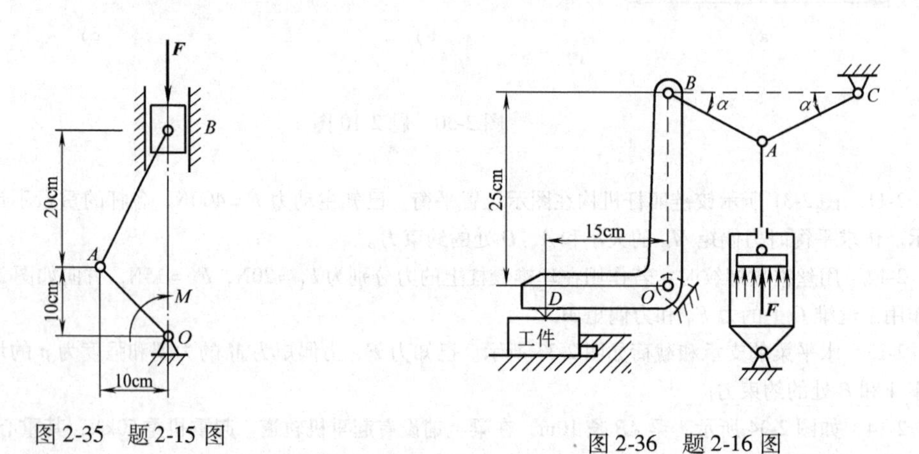

图 2-35　题 2-15 图

图 2-36　题 2-16 图

2-17　如图 2-37 所示，轧碎机的活动颚板 AB 长 60cm。设机构工作时石块施与板的合力作用在离 A 点 40cm 处，其垂直分力 $F=1000\mathrm{N}$，又杆 BC、CD 的长各为 60cm，OE 长 10cm。略去各杆的重量，试根据平衡条件计算在图示位置时电动机作用转矩 M 的大小。

2-18 如图2-38所示，物体 G 重1200N，由三杆 AB、BC 和 CE 所组成的构架和滑轮 E 支持。已知 $AD=DB=2\text{m}$，$CD=DE=1.5\text{m}$。不计杆和滑轮重量，求支承 A 和 B 处的约束力。

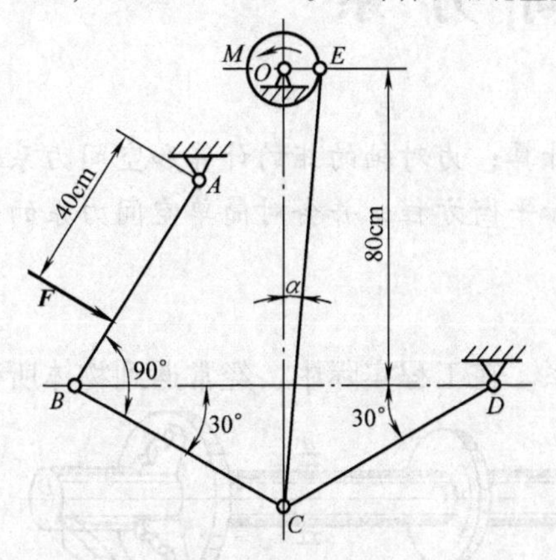

图2-37 题2-17图

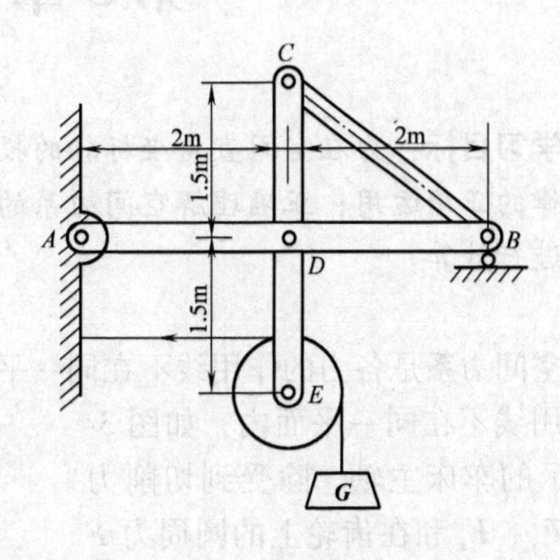

图2-38 题2-18图

*第3章 空 间 力 系

学习目标：力在空间直角坐标轴的投影的正确计算；力对轴的矩的计算和空间力系合力矩定律的正确运用；正确理解空间力系的平衡条件和平衡方程，并会对简单空间力系的平衡问题进行计算。

空间力系是各力的作用线不在同一平面内的力系。在工程实际中，经常遇到物体所受力的作用线不在同一平面内，如图3-1所示的车床主轴，除受到切削力$\boldsymbol{F}_x$、$\boldsymbol{F}_y$、$\boldsymbol{F}_z$和在齿轮上的圆周力$\boldsymbol{F}$及径向力$\boldsymbol{F}_r$的作用外，在轴承A和止推轴承B处还受到约束力的作用，这些力构成一空间力系。

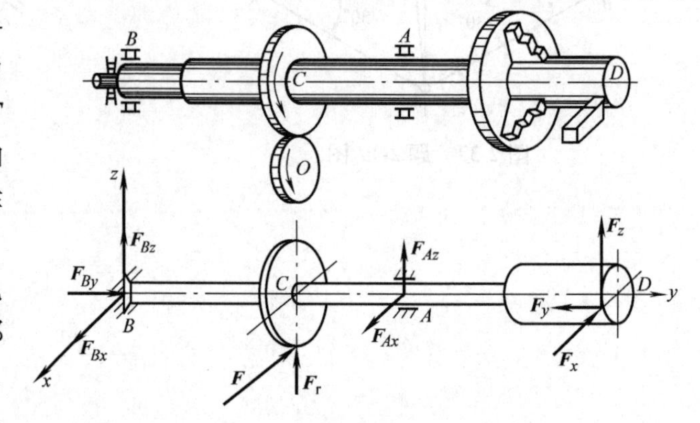

图3-1　车床主轴受力分析

在起重设备、绞车、高压输电线塔和飞机的起落架等结构中，都采用空间结构。设计这些结构时，需用空间力系的平衡条件进行计算。

与平面力系一样，空间力系也可分为空间汇交力系、空间平行力系、空间力偶系和空间任意力系来研究。

3.1　力在空间直角坐标轴上的投影

为了分析力对物体的作用，需要将力沿空间直角坐标轴进行投影。力在空间直角坐标轴的投影，一般有两种方法。

3.1.1　直接投影法

如图3-2所示，设空间直角坐标系的三个坐标轴，已知力$\boldsymbol{F}$与三轴间的夹角分别为α、β、γ，则力在轴上的投影等于力的大小乘以力$\boldsymbol{F}$与坐标轴的正向夹角的余弦，即

$$F_x = F\cos\alpha,\quad F_y = F\cos\beta,\quad F_z = F\cos\gamma$$

式中，力$\boldsymbol{F}$与坐标轴的正向夹角为锐角时，力的投影为正，否则为负。

如果已知力$\boldsymbol{F}$在空间直角坐标轴上的投影F_x、F_y、F_z，则力$\boldsymbol{F}$的大小和力$\boldsymbol{F}$与坐标轴的正向夹角分别为

$$F = \sqrt{F_x^2 + F_y^2 + F_z^2}$$

$$\cos\alpha = \frac{F_x}{F},\qquad \cos\beta = \frac{F_y}{F},\qquad \cos\gamma = \frac{F_z}{F}$$

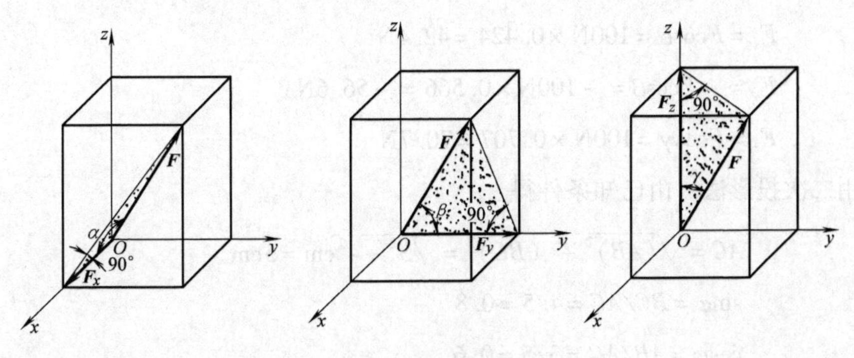

图3-2　直接投影

3.1.2　二次投影法

当力 $\boldsymbol{F}$ 与 z 轴的夹角为 γ，且力 $\boldsymbol{F}$ 与 x 轴和 y 轴的夹角不易确定时，可将力 $\boldsymbol{F}$ 先投影到 xOy 平面上，得到一力 $\boldsymbol{F}_{xy}$，然后再将 $\boldsymbol{F}_{xy}$ 分别投影到 x 轴和 y 轴。在图3-3中，已知 $\boldsymbol{F}_{xy}$ 与 x 轴的夹角为 φ，则

$$F_x = F_{xy}\cos\varphi = F\sin\gamma\cos\varphi$$
$$F_y = F_{xy}\sin\varphi = F\sin\gamma\sin\varphi$$
$$F_z = F\cos\gamma$$

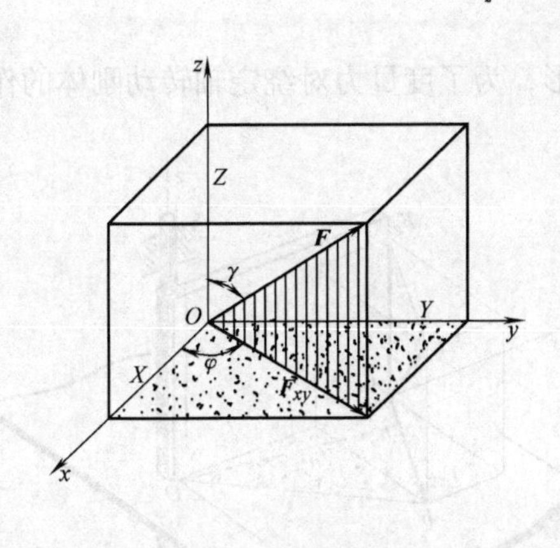

图3-3　二次投影

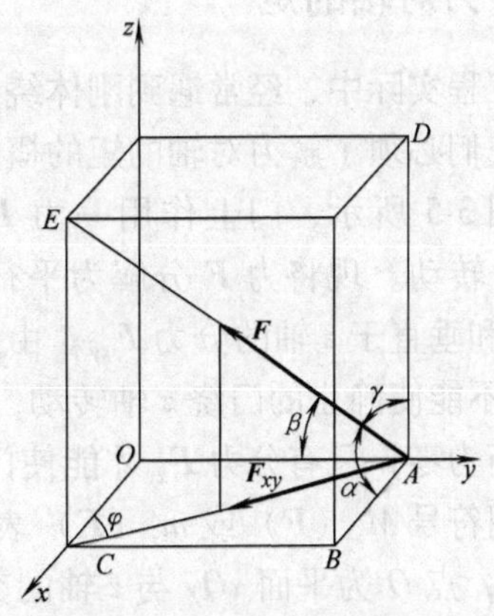

图3-4　例3-1图

例3-1　设力 $F=100\text{N}$，作用在如图3-4所示的正六面体的 A 点，力 $\boldsymbol{F}$ 与正六面体的对角线 AE 重合。已知 $AB=3\text{cm}$，$BC=4\text{cm}$，$AD=5\text{cm}$，求力 $\boldsymbol{F}$ 在图示坐标轴上的投影。

解　(1) 用直接投影法。由已知条件得

$$AE=\sqrt{(AB)^2+(BC)^2+(AD)^2}=\sqrt{3^2+4^2+5^2}\text{cm}=7.07\text{cm}$$
$$\cos\alpha = AB/AE = 3/7.07 = 0.424$$
$$\cos\beta = BC/AE = 4/7.07 = 0.566$$
$$\cos\gamma = AD/AE = 5/7.07 = 0.707$$

$$F_x = F\cos\alpha = 100\text{N} \times 0.424 = 42.4\text{N}$$

$$F_y = -F\cos\beta = -100\text{N} \times 0.566 = -56.6\text{N}$$

$$F_z = F\cos\gamma = 100\text{N} \times 0.707 = 70.7\text{N}$$

（2）用二次投影法。由已知条件得

$$AC = \sqrt{(AB)^2 + (BC)^2} = \sqrt{3^2 + 4^2}\text{cm} = 5\text{cm}$$

$$\sin\varphi = BC/AC = 4/5 = 0.8$$

$$\cos\varphi = AB/AC = 3/5 = 0.6$$

$$\cos\gamma = \sin\gamma = 0.707$$

$$F_x = F\sin\gamma\cos\varphi = 100\text{N} \times 0.707 \times 0.6 = 42.4\text{N}$$

$$F_y = -F\sin\gamma\sin\varphi = -100\text{N} \times 0.707 \times 0.8 = -56.6\text{N}$$

$$F_z = F\cos\gamma = 100\text{N} \times 0.707 = 70.7\text{N}$$

3.2 力对轴的矩和空间力系合力矩定律

3.2.1 力对轴的矩

在工程实际中，经常遇到刚体绕定轴转动的情形，为了度量力对绕定轴转动刚体的作用效果，我们必须了解力对轴的矩的概念。

如图 3-5 所示，门上作用一力 $\boldsymbol{F}$，使其绕固定轴 z 转动。现将力 $\boldsymbol{F}$ 分解为平行于 z 轴的分力 $\boldsymbol{F}_z$ 和垂直于 z 轴的分力 $\boldsymbol{F}_{xy}$。由经验可知，分力 $\boldsymbol{F}_z$ 不能使静止的门绕 z 轴转动，力 $\boldsymbol{F}_z$ 对 z 轴的力矩为零；只有分力 $\boldsymbol{F}_{xy}$ 才能使门绕 z 轴转动。现用符号 M_z（$\boldsymbol{F}$）或 m_z（$\boldsymbol{F}$）表示力 $\boldsymbol{F}$ 对 z 轴的矩，点 O 为平面 xOy 与 z 轴的交点，h 为点 O 到力 $\boldsymbol{F}_{xy}$ 作用线的距离。因此，力 $\boldsymbol{F}$ 对 z 轴的矩就是分力 $\boldsymbol{F}_{xy}$ 对点 O 的矩，即

$$M_z(\boldsymbol{F}) = M_O(\boldsymbol{F}_{xy}) = \pm F_{xy}h$$

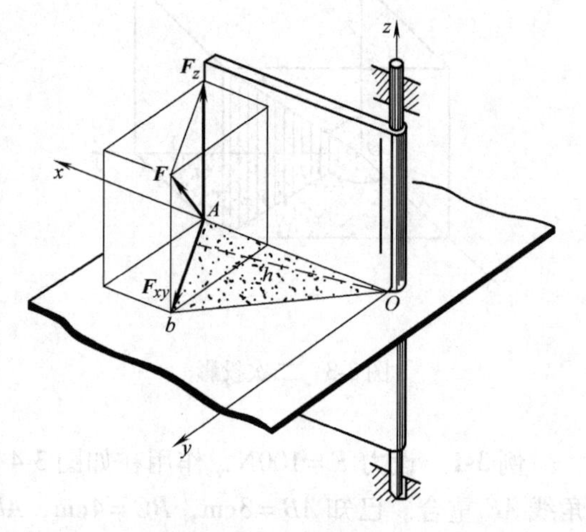

图 3-5　力对轴之矩

力对轴的矩是力使刚体绕该轴转动效果的度量，是一个代数量，其绝对值等于力在垂直于该轴的平面上的投影对于这个平面与该轴的交点的矩。其正负号用下法确定：从 z 轴正端来看，若力的这个投影使物体绕该轴按逆时针转向转动，则取正号，反之取负号。也可按右手螺旋规则来确定其正负号：右手拇指指向轴的正方向，四指自然弯曲的方向取为正，反之取负号。

力对轴的矩等于零的情形：

1）当力与轴相交时（此时 $h=0$）。

2）当力与轴平行时（此时 $|F_{xy}|=0$）。

即当力与轴在同一平面时，力对该轴的矩等于零。

力对轴的矩的单位为牛·米（N·m）。

3.2.2 空间力系合力矩定律

设有空间力系 $\boldsymbol{F}_1$、$\boldsymbol{F}_2$、…、$\boldsymbol{F}_n$，合力为 $\boldsymbol{F}_R$，则合力对任一轴的矩等于各分力对同一轴矩的代数和，记作

$$M_z(\boldsymbol{F}_R)=\sum M_z(\boldsymbol{F})$$

在计算力对某轴的矩时，利用合力矩定理是比较方便的。可将力分解为沿空间直角坐标轴方向的分力，然后计算每个分力对该轴的矩，最后求出这些力矩的代数和。

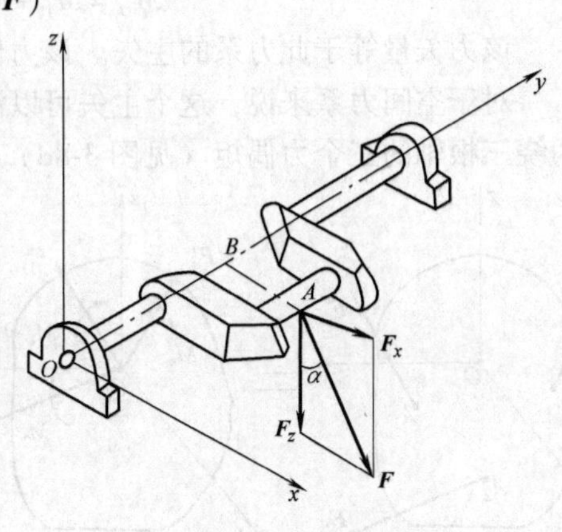

图3-6 例3-2图

例3-2 如图3-6所示的曲轴，在 A 点作用一力 $\boldsymbol{F}$，其作用线在垂直于 y 轴的平面内且与铅垂线方向夹角 $\alpha=10°$。已知 $F=1\text{kN}$，$AB=r=5\text{cm}$，$OB=l=15\text{cm}$，试求曲柄位于 xOy 平面内时，力 $\boldsymbol{F}$ 对图中各坐标轴的矩。

解 根据题意，力 F 对 x 轴的矩，等于力 F 在垂直于 x 轴平面内的投影对 x 轴与该平面交点的矩，即

$$M_x(\boldsymbol{F})=-Fl\cos\alpha=-1000\text{N}\times0.15\text{m}\times\cos10°=-147.8\text{N}\cdot\text{m}$$

同理

$$M_y(\boldsymbol{F})=Fr\cos\alpha=1000\text{N}\times0.05\text{m}\times\cos10°=49.3\text{N}\cdot\text{m}$$

$$M_z(\boldsymbol{F})=-Fl\sin\alpha=-1000\text{N}\times0.15\text{m}\times\sin10°=-26.1\text{N}\cdot\text{m}$$

3.3 空间力系的简化

3.3.1 空间力的平移定理

设有一力 F，其作用点为 A，在空间中任取一点 B，如图3-7所示。利用加减平衡力系可将 A 点的力平移到 B 点而保持其等效。具体做法是：在点 B 加上两个等值反向的力 $\boldsymbol{F}'$ 和 $\boldsymbol{F}''$，使它们与力 $\boldsymbol{F}$ 平行，且 $F'=F''=F$，不难看出，力 $\boldsymbol{F}''$ 与 $\boldsymbol{F}$ 组成一个力偶（$\boldsymbol{F}''$，$\boldsymbol{F}$）。这样，原来作用在点 A 的力 $\boldsymbol{F}$，现在就被一个作用在点 B 的力 $\boldsymbol{F}'$ 和一个力偶（$\boldsymbol{F}''$，$\boldsymbol{F}$）等效替换。也就是说，可以把作用于点 A 的力 $\boldsymbol{F}$ 平行移动到点 B，但必须同时附加一个相应的力偶，这个力偶称为附加力偶。显然附加力偶

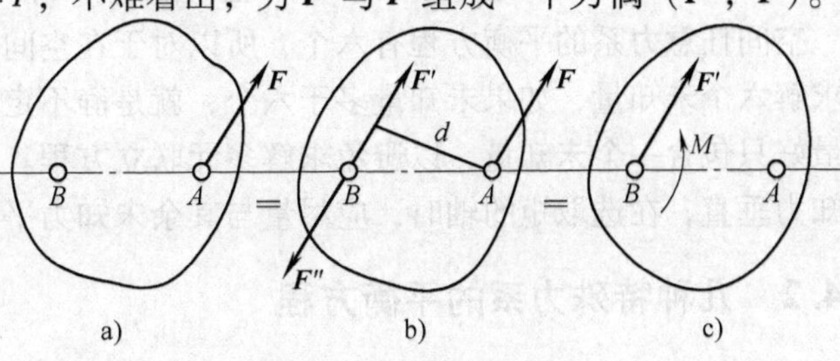

图3-7 空间力的平移

的矩为原力对 B 点的力矩，即

$$M = Fd$$

3.3.2　空间力系的简化

设物体受空间任意力系 $\boldsymbol{F}_1$、$\boldsymbol{F}_2$、…、$\boldsymbol{F}_n$ 作用，如图3-8所示，任取一点 O 为简化中心。根据力的平移定理，空间力系向指定点 O 简化可以得到一个力和一个力偶。即

$$\boldsymbol{F}_R' = \boldsymbol{F}_1 + \boldsymbol{F}_2 + \cdots + \boldsymbol{F}_n = \sum \boldsymbol{F}$$

$$M_O = M_1 + M_2 + \cdots + M_n = \sum M_O(\boldsymbol{F})$$

该力矢量等于此力系的主矢。该力偶的力偶矩矢量等于此力系对简化中心 O 的主矩。

对于空间力系来说，这个主矢可以沿着三个坐标轴分解为三个力，该力偶矩矢可以分解为绕三根轴的三个力偶矩（见图3-8d）。

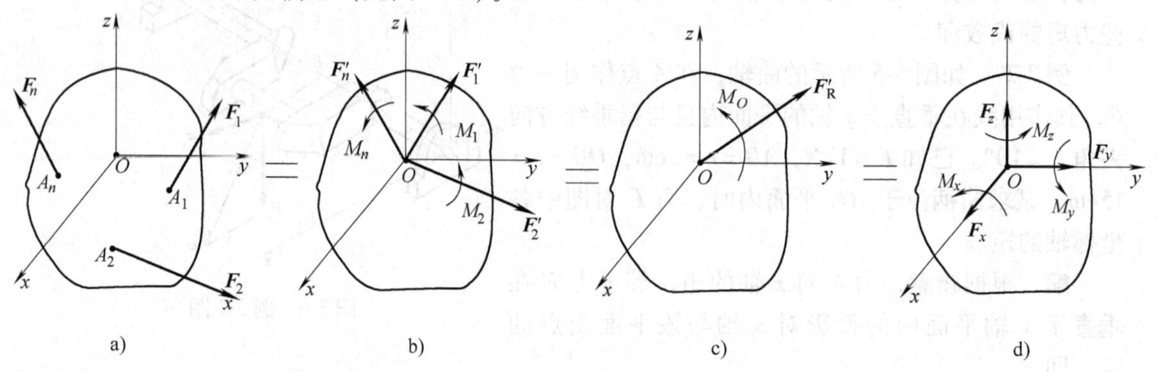

图3-8　空间力系的简化

3.4　空间力系的平衡方程及其应用

3.4.1　空间力系的平衡方程

由简化结果可以知道：在空间任意力系作用下平衡，沿三个空间坐标轴的力分别为零，并且绕空间坐标轴的三个力偶矩也分别为零。也就是说，空间力系处于平衡的必要和充分条件是：所有各力在三个坐标轴上的投影代数和等于零，以及这些力对于每一个坐标轴的矩的代数和也等于零。即

$$\sum F_x = 0,\quad \sum F_y = 0,\quad \sum F_z = 0$$

$$\sum M_x(\boldsymbol{F}) = 0,\quad \sum M_y(\boldsymbol{F}) = 0,\quad \sum M_z(\boldsymbol{F}) = 0$$

空间任意力系的平衡方程有六个，所以对于在空间任意力系作用下平衡的物体，最多只能求解六个未知量，如果未知量多于六个，就是静不定问题。为使解题比较简便，每个方程中最好只包含一个未知量，以避免求解多元联立方程。为此，在选投影轴时，应尽量与其余未知力垂直，在选取矩的轴时，应尽量与其余未知力平行或相交。

3.4.2　几种特殊力系的平衡方程

与平面力系一样，空间力系的平衡方程也有其他形式。可以从空间任意力系的普遍平衡

规律中导出特殊情况的平衡规律，例如空间汇交力系、空间平行力系、空间力偶系等力系的平衡方程，下面直接给出几种特殊空间力系平衡方程的基本形式，读者可自行推导。

1. 空间汇交力系

对于空间汇交力系，如果取汇交点为坐标原点，则力系中各力对通过汇交点的任一轴的合力均为零，故其独立平衡方程的基本形式为

$$\sum F_x=0,\quad \sum F_y=0,\quad \sum F_z=0$$

2. 空间平行力系

若力系中各力与 z 轴平行，则

$$\sum F_x\equiv 0,\sum F_y\equiv 0,\sum M_z(\boldsymbol{F})\equiv 0$$

其独立平衡方程的基本形式为

$$\sum F_z=0,\quad \sum M_x(\boldsymbol{F})=0,\quad \sum M_y(\boldsymbol{F})=0$$

3. 空间力偶系

因为，$\sum F_x\equiv 0$，$\sum F_y\equiv 0$，$\sum F_z\equiv 0$，所以其独立平衡方程的基本形式为

$$\sum M_x(\boldsymbol{F})=0,\sum M_y(\boldsymbol{F})=0,\sum M_z(\boldsymbol{F})=0$$

4. 平面任意力系

若力系中各力都在 xOy 平面内，则

$$\sum F_z\equiv 0,\ \sum M_x(\boldsymbol{F})\equiv 0,\ \sum M_y(\boldsymbol{F})\equiv 0$$

所以其独立平衡方程的基本形式为

$$\sum F_x=0,\sum F_y=0,\sum M_z(\boldsymbol{F})=0$$

综上所述，对于受空间汇交力系、空间平行力系、空间力偶系作用而处于平衡状态的刚体，都只有三个独立的平衡方程。表3-1列出了不同约束对应的约束力。

表3-1　空间约束类型及其相应的约束力

序号	空间约束类型	相应的约束力
1	径向轴承(向心轴承)　圆柱铰链　铁轨　蝶铰链(合页)	F_{Az}, F_{Ax}
2	球形铰链　推力轴承(径向推力轴承)	F_{Az}, F_{Ax}, F_{Ay}

（续）

序号	空间约束类型	相应的约束力
3	空间固定支座	

例 3-3　在车床上用自定心卡盘夹固工件。设车刀对工件的切削力 $F=1000\text{N}$，方向如图 3-9 所示，$\alpha=10°$，$\beta=70°$（α 为力 $\boldsymbol{F}$ 与铅垂面间的夹角，β 为力 $\boldsymbol{F}$ 在铅垂面上的投影与水平线间的夹角）。工件的半径 $R=5\text{cm}$。求当工件做匀速转动时，卡盘对工件的约束力。

解　以工件为研究对象。工件除受切削力 $\boldsymbol{F}$ 作用之外，还受卡盘的约束力作用。卡盘限制工件相对它实现任意方向的位移和绕任意轴的转动，因此它的约束性质与空间固定端一样，其约束力可用三个相互垂直的分力 $\boldsymbol{F}_{Ax}$、$\boldsymbol{F}_{Ay}$ 和 $\boldsymbol{F}_{Az}$ 表示，其约束力偶可用在三个坐标平面内的分力偶表示，它们的矩分别为 m_x、m_y 和 m_z。这些约束力、约束力偶和切削力 $\boldsymbol{F}$ 组成空间的平衡力系。

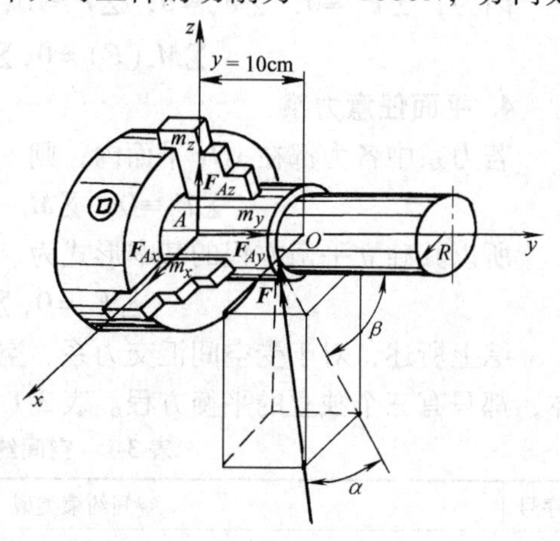

图 3-9　例 3-3 图

以 $\boldsymbol{F}_x$、$\boldsymbol{F}_y$ 和 $\boldsymbol{F}_z$ 表示力 $\boldsymbol{F}$ 在三个坐标轴上的分力的大小，则

$$F_x=F\sin\alpha$$
$$F_y=F\cos\alpha\cos\beta$$
$$F_z=F\cos\alpha\sin\beta$$

列平衡方程，得

$$\sum F_x=0,\qquad F_{Ax}-F_x=0$$
$$\sum F_y=0,\qquad F_{Ay}-F_y=0$$
$$\sum F_z=0,\qquad F_{Az}+F_z=0$$
$$\sum M_x(\boldsymbol{F})=0,\qquad m_x+F_zy=0$$
$$\sum M_y(\boldsymbol{F})=0,\qquad m_y-F_zR=0$$
$$\sum M_z(\boldsymbol{F})=0,\qquad m_z+F_xy-F_yR=0$$

解以上方程，得

$F_{Ax}=174\text{N}$，　　$F_{Ay}=337\text{N}$，　　$F_{Az}=-925\text{N}$

$m_x=-92.5\text{N}\cdot\text{m}$，　$m_y=46.3\text{N}\cdot\text{m}$，　$m_z=-0.55\text{N}\cdot\text{m}$

由上式可以看出，当车刀沿轴线 y 移动时，力偶矩 m_x、m_z 的大小将会改变，这将使轴的弯曲程度改变而影响切削精度。

在工程实际中计算轴类零件的受力时，常将轴上受到的各力分别投影到三个坐标平面上，得到三个平面力系。这样，可把空间任意力系的平衡问题简化为三个坐标平面内的平面力系的平衡问题来进行处理。

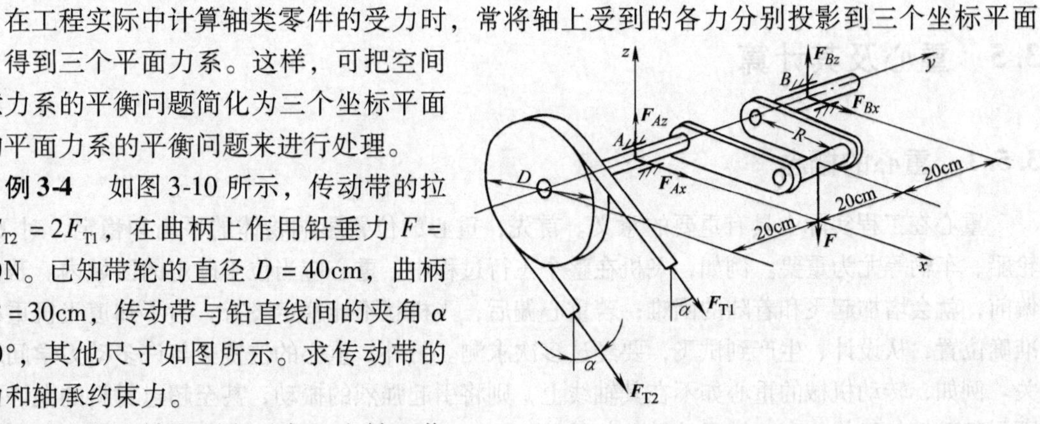

图 3-10　例 3-4 图

例 3-4　如图 3-10 所示，传动带的拉力 $F_{T2}=2F_{T1}$，在曲柄上作用铅垂力 $F=2000\text{N}$。已知带轮的直径 $D=40\text{cm}$，曲柄长 $R=30\text{cm}$，传动带与铅直线间的夹角 $\alpha=30°$，其他尺寸如图所示。求传动带的拉力和轴承约束力。

解　以整个轴为研究对象。在轴上作用的力有：传动带拉力 $\boldsymbol{F}_{T1}$、$\boldsymbol{F}_{T2}$；作用在曲轴上的力 $\boldsymbol{F}$；轴承约束力 $\boldsymbol{F}_{Ax}$、$\boldsymbol{F}_{Az}$ 和 $\boldsymbol{F}_{Bx}$、$\boldsymbol{F}_{Bz}$。轴受空间任意力系作用，选坐标轴如图所示。为了清楚起见，将各力在轴上的投影和对轴的矩列表如下：

力	ΣF_x	ΣF_y	ΣF_z	Σm_x	Σm_y	Σm_z
F	0	0	$-F$	$-20F$	$30F$	0
F_{T1}	$F_{T1}\sin30°$	0	$-F_{T1}\cos30°$	$20F_{T1}\cos30°$	$F_{T1}D/2$	$20F_{T1}\sin30°$
F_{T2}	$F_{T2}\sin30°$	0	$-F_{T2}\cos30°$	$20F_{T2}\cos30°$	$-F_{T2}D/2$	$20F_{T2}\sin30°$
F_{Ax}	F_{Ax}	0	0	0	0	0
F_{Az}	0	0	F_{Az}	0	0	0
F_{Bx}	F_{Bx}	0	0	0	0	$-40F_{Bx}$
F_{Bz}	0	0	F_{Bz}	$40F_{Bz}$	0	0

列平衡方程，得

$$\Sigma F_x=0,\quad F_{T1}\sin30°+F_{T2}\sin30°+F_{Ax}+F_{Bx}=0$$

$$\Sigma F_z=0,\quad -F_{T1}\cos30°-F_{T2}\cos30°-F+F_{Az}+F_{Bz}=0$$

$$\Sigma M_x=0,\quad 20F_{T1}\cos30°+20F_{T2}\cos30°+40F_{Bz}-20F=0$$

$$\Sigma M_y=0,\quad 30F+F_{T1}D/2-F_{T2}D/2=0$$

$$\Sigma M_z=0,\quad 20F_{T1}\sin30°+20F_{T2}\sin30°-40F_{Bx}=0$$

本题中由于 y 轴方向不受力，故平衡方程 $\Sigma F_y\equiv0$。上面五个方程可求得五个未知数，得

$$F_{T1}=3000\text{N},\quad F_{T2}=6000\text{N}$$

$$F_{Ax}=-6750\text{N},\quad F_{Az}=12680\text{N}$$

$$F_{Bx}=2250\text{N},\quad F_{Bz}=-2890\text{N}$$

因假设未知约束力沿坐标轴的正向，所以解出的负值表示该约束力的实际方向与假设的相反。

由本例题可以看出，求解空间力系的平衡问题中，一般情况下，已知量和未知量数目比

较多，具体列平衡方程时，容易出现混淆而导致错误。为此可采用按照一定的项目，先列出表格并将对应项的量填入，这样就会一目了然，然后再写出平衡方程即可。

3.5 重心及其计算

3.5.1 重心的概念

重心在工程实际中具有重要的意义。首先，重心的位置影响物体的平衡和稳定，对飞机、轮船、车辆等尤为重要。例如，飞机在整个飞行过程中，重心应当位于确定的区域内。若重心偏前，就会增加起飞和着陆的困难；若重心偏后，飞机就不能稳定飞行。为了知道飞机重心的准确位置，从设计、生产到试飞，要经过多次求测。另外，重心的位置又与许多动力学问题有关。例如，转动机械的重心如不在其轴线上，则将引起强烈的振动，甚至超过材料的允许强度而引起破坏。又如，高速转子的转速如达到 10000r/min 以上，转子的装配中心与转轴中心的误差不得超过头发直径的 1/20，而且还要根据重心偏移的数据进行强度计算。

求物体的重心问题，实质上是求平行力系的合力问题。设一物体，在它的每一微小部分上，都作用一个铅直向下的地心引力（即重力）。严格地说，这些力组成一个汇交力系，因为它们相交于一点（在地心附近）。但由于地面上的物体与地球本身相比非常小，而且距离地心也极远，因此，把这些重力看成相互平行是足够准确的。此平行力系的合力称为物体的重力，其方向铅垂向下，其作用点即为物体的重心。无论物体怎样放置，重心相对于物体的位置是固定不变的。若物体是均质的，其重心的位置完全取决于物体的几何形状和尺寸，而与质量无关，因此均质物体的重心即为形心。

求重心的公式也可用于求物体的质量中心、面积的形心等。

3.5.2 重心的求法

为了描述物体重心的位置，建立如图 3-11 所示空间直角坐标系 $Oxyz$，x、y、z 三个坐标轴相互垂直，xOy 平面是一个水平面。

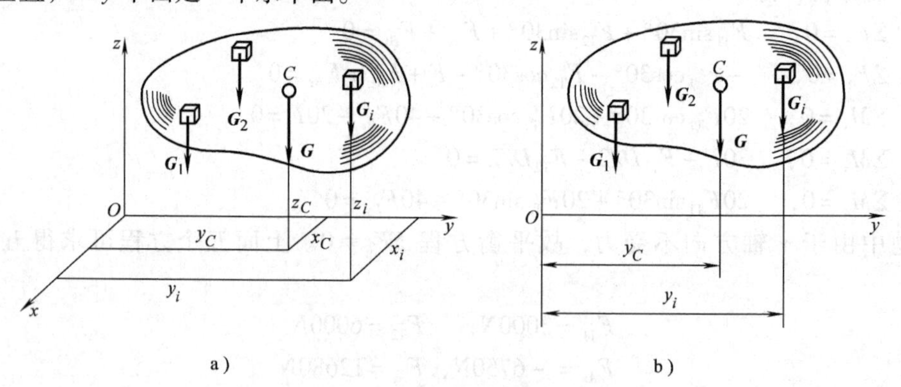

图 3-11 物体的重心

假想将物体分割成 n 个微小的部分，每一部分的重量为 $\boldsymbol{G}_1$、$\boldsymbol{G}_2$、…、$\boldsymbol{G}_n$，其中任一部分的重量为 $\boldsymbol{G}_i$，重力作用点位置坐标为 $(x_i,\ y_i,\ z_i)$。设 C 点是该物体的重心，其位置坐

标为（x_C，y_C，z_C），作用在重心的重力 $\boldsymbol{G}$ 就是各微小部分重力 $\boldsymbol{G}_i$ 的合力，即

$$\boldsymbol{G} = \sum \boldsymbol{G}_i$$

在计算重力对 x 轴的力矩时，将各力投影到与 x 轴垂直的 yOz 平面上，计算合力和分力对 O 点的力矩，根据合力矩定理有

$$M_O(\boldsymbol{G}) = \sum M_O(\boldsymbol{G}_i)$$

$$-Gy_C = \sum(-G_i y_i)$$

$$y_C = \frac{\sum G_i y_i}{G}$$

同理，通过计算重力对 y 轴的力矩可以求得 x_C。再把物体连同直角坐标系 $Oxyz$ 绕 y 轴（或 x 轴）旋转 90°，使重力和 z 轴垂直，也可以求得 z_C。

故得到物体重心位置的坐标公式为

$$x_C = \frac{\sum G_i x_i}{G}$$

$$y_C = \frac{\sum G_i y_i}{G}$$

$$z_C = \frac{\sum G_i z_i}{G}$$

对于均质物体若有对称面、对称轴或对称中心，不难看出，该物体的重心必相应地在这对称面、对称轴或对称中心上。例如平行四边形的重心在其对角线的交点上等。

形状简单的物体重心，可以从工程手册上查到。表 3-2 列出几种简单形状物体的重心位置。

表 3-2　简单形状物体的重心位置

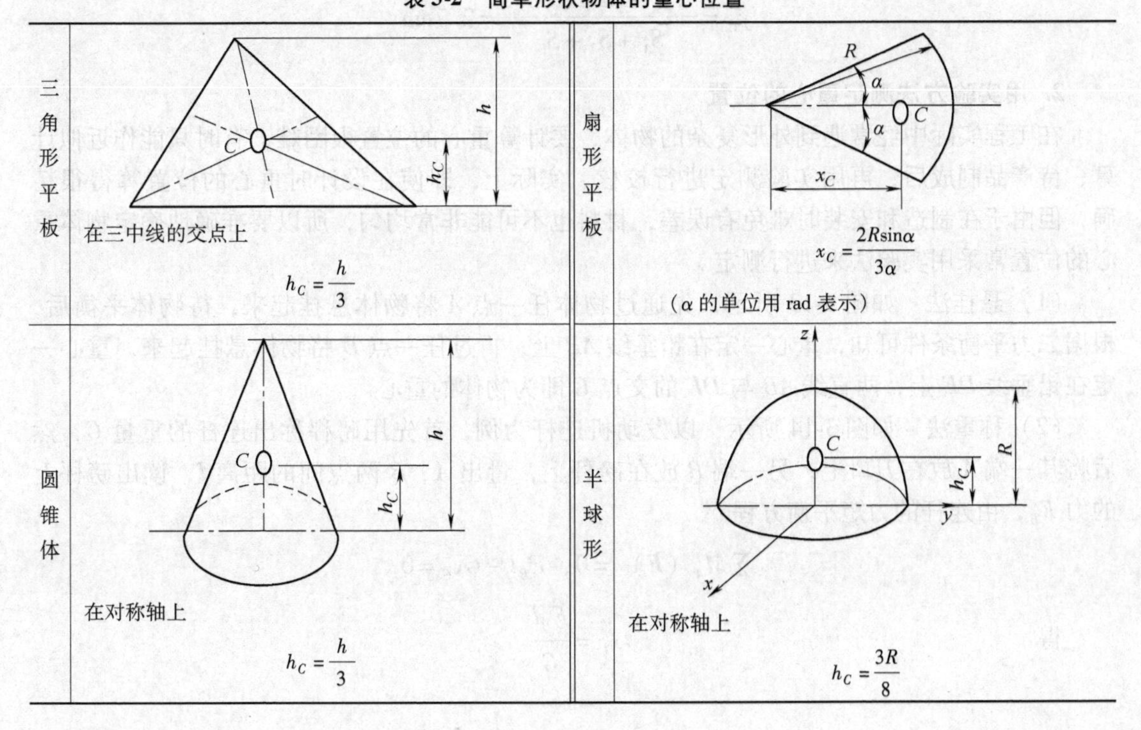

1. 用组合法求重心

在工程实际中，经常遇到所研究的物体是由一些简单的几何形状所构成的，对于这样的物体可采用组合法求重心。对于有孔洞的物体，仍然可以用这一方法计算，此时应将孔洞部分的体积或者面积取负值，故也称为负体积法或负面积法。

例 3-5 试求 Z 形截面形心的位置，其尺寸如图 3-12 所示。

解 取坐标轴如图 3-12 所示，将该图形分割为三个矩形。以 C_1、C_2、C_3 表示这些矩形的重心，而以 S_1、S_2、S_3 表示它们的面积；以 (x_1, y_1)、(x_2, y_2)、(x_3, y_3) 分别表示 C_1、C_2、C_3 的坐标。由图得

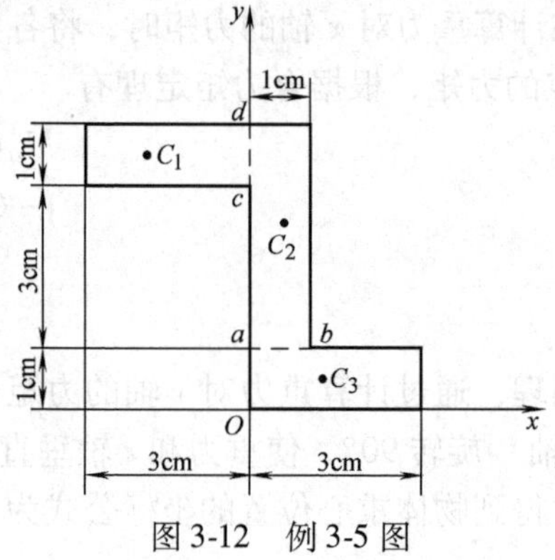

图 3-12 例 3-5 图

$$x_1 = -1.5\text{cm}, \quad y_1 = 4.5\text{cm}, \quad S_1 = 3\text{cm}^2$$

$$x_2 = 0.5\text{cm}, \quad y_2 = 3.0\text{cm}, \quad S_2 = 4\text{cm}^2$$

$$x_3 = 1.5\text{cm}, \quad y_3 = 0.5\text{cm}, \quad S_3 = 3\text{cm}^2$$

按公式求得该截面重心的坐标 x_C、y_C 为

$$x_C = \frac{S_1x_1 + S_2x_2 + S_3x_3}{S_1 + S_2 + S_3} = 0.2\text{cm}$$

$$y_C = \frac{S_1y_1 + S_2y_2 + S_3y_3}{S_1 + S_2 + S_3} = 2.7\text{cm}$$

2. 用实验方法测定重心的位置

在工程实际中经常遇到外形复杂的物体，要计算重心的位置很困难，有时只能作近似计算，待产品制成后，再用实验测定进行校核。实际上，即使在设计时重心的位置算得很精确，但由于在制造和安装时难免有误差，材料也不可能非常均匀，所以要准确地确定物体重心的位置常采用实验法来进行测定。

（1）悬挂法　如图 3-13 所示，先通过物体任一点 A 将物体悬挂起来，待物体平衡后，根据二力平衡条件可知，重心一定在铅垂线 AB 上；再过任一点 D 将物体悬挂起来，重心一定在铅垂线 DE 上，两直线 AB 与 DE 的交点 C 即为物体的重心。

（2）称重法　如图 3-14 所示，以发动机连杆为例，首先用磅秤称出连杆的重量 G，然后将其一端 A 放在刀口上，另一端 B 放在磅秤上，量出 A、B 两点间的距离 l，读出磅秤上的力 F_B，由连杆的力矩平衡方程

$$\sum M_A(\boldsymbol{F}) = 0, \quad F_Bl - Gx_C = 0$$

得

$$x_C = \frac{F_Bl}{G}$$

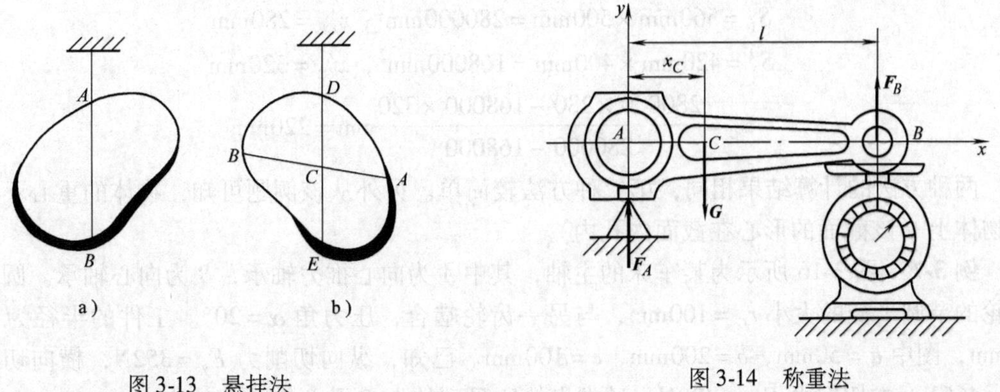

图 3-13 悬挂法　　图 3-14 称重法

3.6 工程应用实例

例 3-6 某压力机床身的横截面如图 3-15 所示。试求该截面形心的位置。

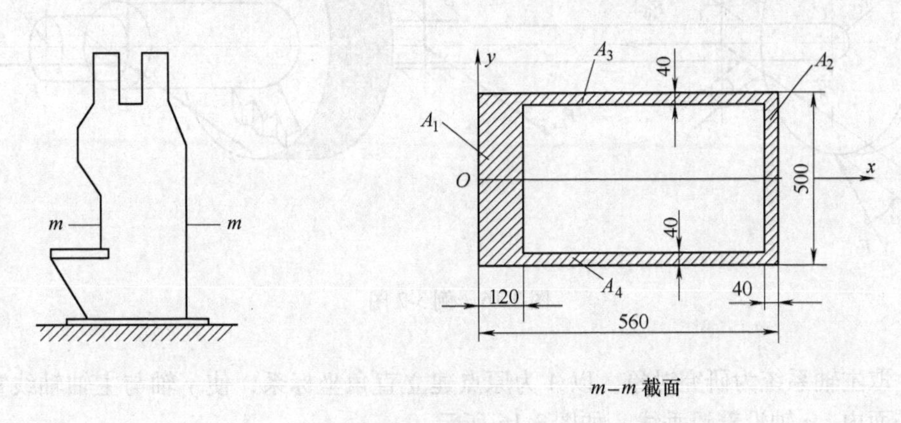

图 3-15 例 3-6 图

解 该截面为对称图形，故取坐标系如图所示，x 轴为截面的对称轴，故 $y_C=0$，下面用两种方法计算形心的 x 坐标 x_C。

方法一，将图形分割为四个小矩形如图，各矩形的面积和形心 x_C 的坐标如下：

$$S_1=500\text{mm}\times120\text{mm}=60000\text{mm}^2,\quad x_{C1}=60\text{mm}$$

$$S_2=500\text{mm}\times40\text{mm}=20000\text{mm}^2,\quad x_{C2}=540\text{mm}$$

$$S_3=400\text{mm}\times40\text{mm}=16000\text{mm}^2,\quad x_{C3}=320\text{mm}$$

$$S_4=400\text{mm}\times40\text{mm}=16000\text{mm}^2,\quad x_{C4}=320\text{mm}$$

按公式求得该截面形心的坐标 x_C 为

$$x_C=\frac{60000\times60+20000\times540+16000\times320+16000\times320}{60000+20000+16000+16000}\text{mm}=220\text{mm}$$

方法二，将图形看作是一个大矩形中减去一个小矩形构成，小矩形面积按负值处理。大小矩形的面积及其形心的 x 坐标分别为

$$S_1' = 560\text{mm} \times 500\text{mm} = 280000\text{mm}^2,\ x'_{C1} = 280\text{mm}$$

$$S_2' = 420\text{mm} \times 400\text{mm} = 168000\text{mm}^2,\ x'_{C2} = 320\text{mm}$$

$$x_C = \frac{280000 \times 280 - 168000 \times 320}{280000 - 168000}\text{mm} = 220\text{mm}$$

两种方法的计算结果相同，第二种方法较简单。另外从该例题可知，物体的重心不一定在物体上（该截面的形心在截面内孔内）。

例 3-7　图 3-16 所示为某车床的主轴，其中 A 为向心推力轴承，B 为向心轴承。圆柱直齿轮的节圆半径的大小 $r_C = 100\text{mm}$，与另一齿轮啮合，压力角 $\alpha = 20°$。工件的半径为 $r_D = 50\text{mm}$，图中 $a = 50\text{mm}$，$b = 200\text{mm}$，$c = 100\text{mm}$。已知，纵向切削力 $F_y = 352\text{N}$，横向切削力 $F_x = 466\text{N}$，主切削力 $F_z = 1400\text{N}$，试求齿轮所受到的力 $\boldsymbol{F}$ 及两轴承的约束力。

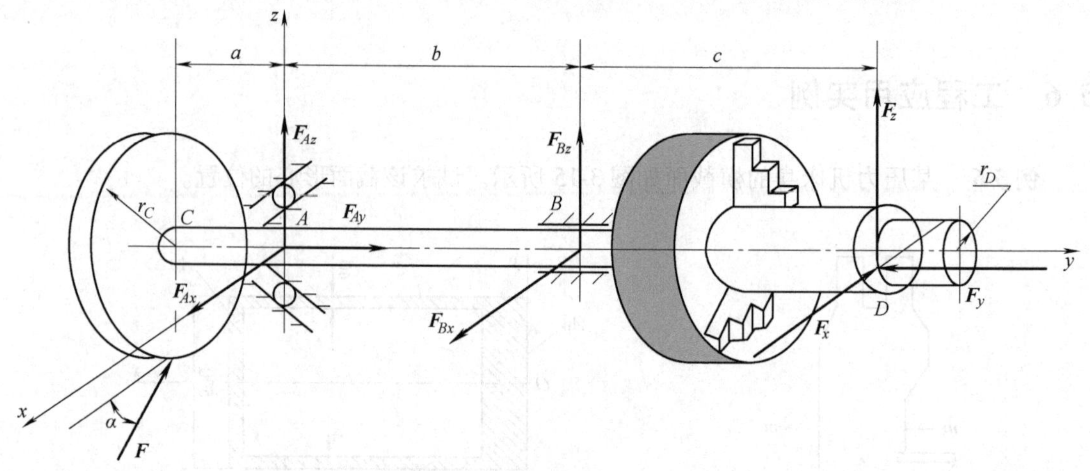

图 3-16　例 3-7 图

解　取主轴系统为研究对象，以 A 为原点建立直角坐标系，使 y 轴与主轴轴线重合，x 轴在水平面内，z 轴沿着铅垂线，如图 3-16 所示。

系统受力有：切削力 $\boldsymbol{F}_x$、$\boldsymbol{F}_y$、$\boldsymbol{F}_z$ 作用于 D 点，轴承约束力 $\boldsymbol{F}_{Ax}$、$\boldsymbol{F}_{Ay}$、$\boldsymbol{F}_{Az}$ 作用于 A 处，轴承约束力 $\boldsymbol{F}_{Bx}$、$\boldsymbol{F}_{Bz}$ 作用于 B 处，齿轮啮合力 $\boldsymbol{F}$ 作用于齿轮 C 下方并与水平面成 20°。这九个力构成空间任意力系，共有六个未知量，根据空间任意力系的平衡条件，建立平衡方程

$$\sum M_y(\boldsymbol{F}) = 0,\quad F\cos20° \times 100\text{mm} - F_z \times 50\text{mm} = 0$$

得

$$F = \frac{F_z \times 50\text{mm}}{100\text{mm} \times \cos20°} = \frac{1400\text{N} \times 50\text{mm}}{100\text{mm} \times \cos20°} = 745\text{N}$$

$$\sum \boldsymbol{F}_y = 0,\quad F_{Ay} - F_y = 0$$

得

$$F_{Ay} = F_y = 352\text{N}$$

$$\sum M_x(\boldsymbol{F}) = 0,\quad F_{Bz} \times 200\text{mm} + F_z \times 300\text{mm} - F\sin20° \times 50\text{mm} = 0$$

$$\sum \boldsymbol{F}_z = 0,\quad F_{Az} + F_{Bz} + F_z + F\sin20° = 0$$

得

$$F_{Az} = -F_{Bz} - F_z - F\sin20° = 2036\text{N} - 1400\text{N} - 745\text{N} \times \sin20° = -381\text{N}$$

$$\sum M_z(\boldsymbol{F})=0,\ -F_{Bx}\times200\text{mm}-F\cos20°\times50\text{mm}+F_x\times300\text{mm}-F_y\times50\text{mm}=0$$

得
$$F_{Bx}=\frac{-F\cos20°\times50\text{mm}+F_x\times300\text{mm}-F_y\times50\text{mm}}{200\text{mm}}$$
$$=\frac{-745\text{N}\times\cos20°\times50\text{mm}+466\text{N}\times300\text{mm}-352\text{N}\times50\text{mm}}{200\text{mm}}=436\text{N}$$
$$\sum \boldsymbol{F}_x=0,\quad F_{Ax}+F_{Bx}-F_x-F\cos20°=0$$

得
$$F_{Ax}=F_x+F\cos20°-F_{Bx}=466\text{N}+745\text{N}\times\cos20°-436\text{N}=730\text{N}$$

求解空间力系的平衡问题时，解题步骤与求解平面力系平衡问题相同：首先确定研究对象，画出受力图；然后列出平衡方程，求解未知量。解方程时，先求解只含一个未知量的方程，然后将求得的数值代入其他方程，依次求出其他未知量。

3.7 思考题与习题

3-1 在什么情况下力对轴的矩为零？如何判断力对轴的矩的正负号？

3-2 若（1）空间力系中各力的作用线平行于某一固定平面；（2）空间力系中各力的作用线分别汇交于两个固定点。试分析这两种力系各有几个平衡方程。

3-3 空间任意力系向三个相互垂直的坐标平面投影，得到三个平面任意力系。为什么其独立的平衡方程数只有六个？

3-4 当物体质量分布不均匀时，重心和几何中心还重合吗？为什么？

3-5 将均质重物沿过重心的平面切开，两边是否一定等重？

3-6 物体的重心是否一定在物体的内部？

3-7 在边长为 a 的正方形的顶角 A 和 B 处，分别作用有力 F_1 和 F_2，如图3-17所示，求此两力在 x、y、z 轴的投影和对 x、y、z 轴的矩。

3-8 如图3-18所示挂物架，三杆的重量不计，用铰链连接于 O 点，平面 BOC 是水平的，且 $OB=OC$，角度如图所示。若在 O 点挂一重物 $G=1000\text{N}$，求三杆所受的力。

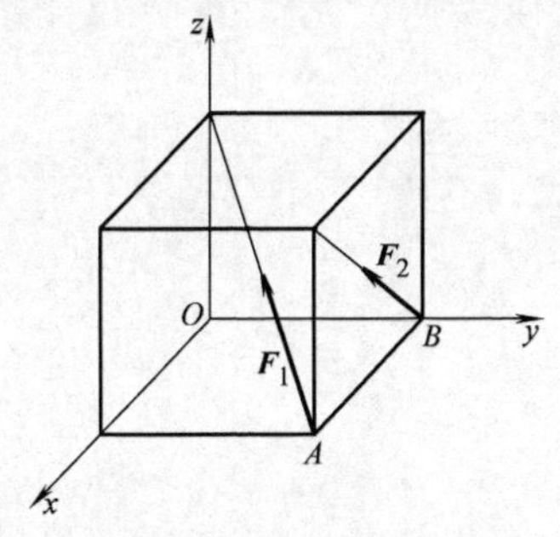

图3-17　题3-7图

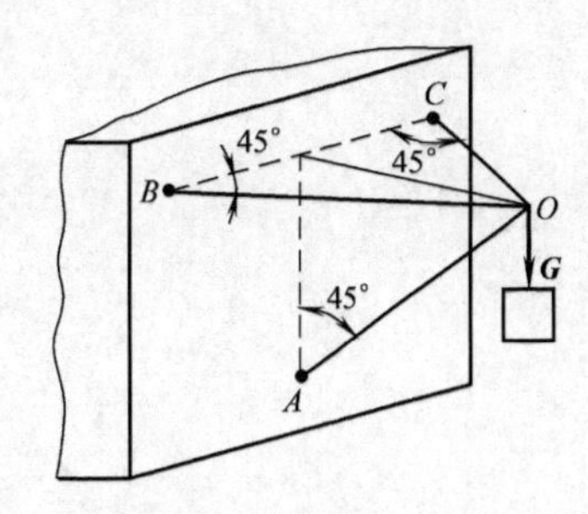

图3-18　题3-8图

3-9 如图3-19所示，三圆盘 A、B、C 的半径分别为15cm、10cm、5cm。三轴 OA、OB、OC 在同一平面内。在这三个圆盘上分别作用力偶，组成各力偶的力作用在轮缘上，大小分别为10N、20N和 F。如三圆盘所构成的物体系统是自由的，求能使此物体系统平衡的力 F 的大小和角度 α。

3-10 如图3-20所示曲杆 $ABCD$，且平面 ABC 与 BCD 垂直。在曲杆的 AB、BC、CD 上分别作用着三个力偶，力偶所在的平面分别与 AB、BC、CD 垂直，若已知力偶矩 m_2 和 m_3，求使曲杆处于平衡的力偶矩 m_1

和支座约束力。

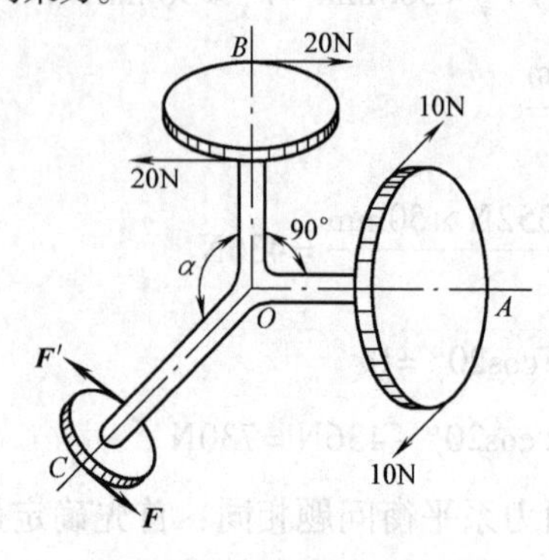

图 3-19　题 3-9 图

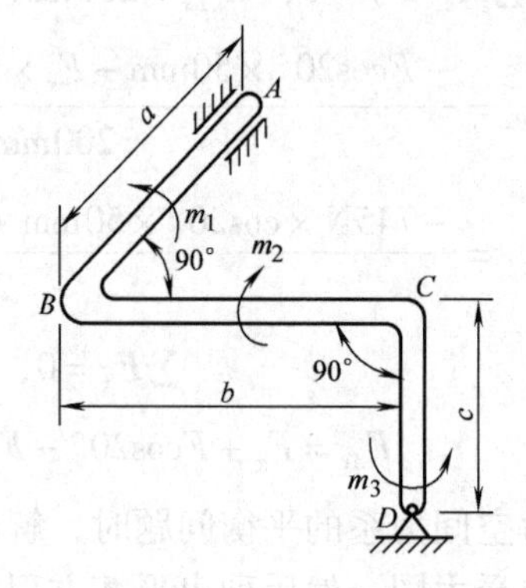

图 3-20　题 3-10 图

3-11　如图 3-21 所示，四个半径为 r 的均质球在光滑的水平面上堆成锥堆，下面的三个球 A、B、C 用绳索缚住。绳和三个球的球心处于同一平面内。如各球均重 G，求绳的拉力，绳内的初始内力可忽略不计。

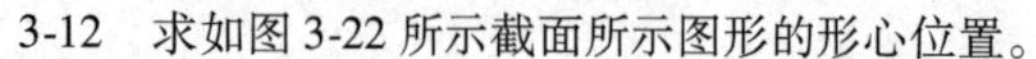

3-12　求如图 3-22 所示截面所示图形的形心位置。

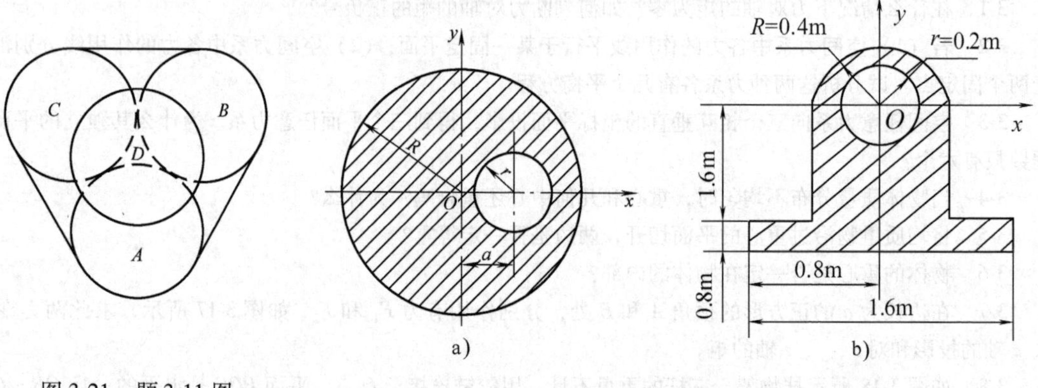

图 3-21　题 3-11 图

图 3-22　题 3-12 图

第4章 摩 擦

学习目标：掌握滑动摩擦和滑动摩擦力以及滑动摩擦力变化的三个阶段。掌握摩擦角和自锁的概念、原理和运用。能够在考虑摩擦时，求解物体平衡问题。

在前几章中，没有考虑摩擦对物体的影响。事实上，摩擦是自然界普遍存在的一种客观物理现象，在现实生活中起着重要的作用。例如，人在地面上能够轻松地行走，而在冰面上却行走困难，这是因为冰面与人之间的摩擦较小造成的，这是摩擦有利的一面。此外，摩擦还有不利的一面，例如，工厂中的机器通常在工作一段时间后就会发热、零件发生磨损，致使工作效率降低，这是由于机器内相互接触的零件之间存在摩擦现象造成的。因此，需要正确认识和掌握摩擦的规律，充分利用摩擦的有利之处、尽量消除其带来的不利影响。

按照接触物体之间是相对滑动还是相对滚动，摩擦可分为滑动摩擦和滚动摩擦。本章只研究滑动摩擦及在其影响下的物体受力平衡问题。

4.1 滑动摩擦

两个表面粗糙的物体，当其接触面之间有相对滑动或相对滑动趋势时，彼此作用有阻碍相对滑动的切向阻力，称为滑动摩擦力。滑动摩擦力作用于相互接触处，其方向与相对滑动或相对滑动趋势相反，其大小随着主动力的变化而变化。为研究两个相互接触的物体有相对滑动或相对滑动趋势时滑动摩擦的基本规律，在粗糙的水平面上放置一重为 G 的物体，该物体在重力 $\boldsymbol{G}$ 和法向约束力 $\boldsymbol{F}_N$ 的作用下处于静止状态（见图4-1a）。在该物体上作用一个大小可变化的水平拉力 $\boldsymbol{F}$（见图4-1b），当拉力 $\boldsymbol{F}$ 由零逐渐增加时，该物体的滑动摩擦力变化存在三种状态：静滑动摩擦力、最大静滑动摩擦力和动滑动摩擦力。以下分别对这三个阶段的摩擦力进行分析和研究。

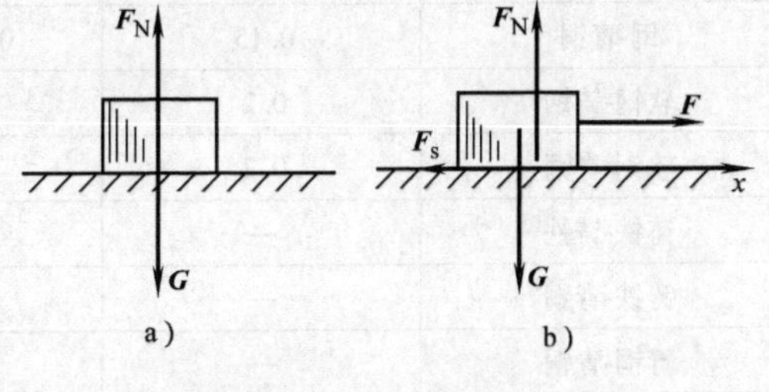

图4-1 滑动摩擦

1. 静滑动摩擦力

当拉力 $\boldsymbol{F}$ 由零逐渐增大但不很大时，物体虽有滑动趋势，但仍保持静止。说明支承面上有阻碍物体沿水平面向右滑动的切向阻力，该力即为静滑动摩擦力，简称静摩擦力，其方向向左，常用 $\boldsymbol{F}_s$ 表示，如图4-1b所示。

静摩擦力产生于两个相互接触、有相对滑动趋势的物体之间，其方向与物体滑动的趋势相反，其大小由平衡条件确定，即

$$\sum F_x = 0, \quad F - F_s = 0$$

$$F_s = F$$

由上式可知，静摩擦力的大小随拉力 $\boldsymbol{F}$ 的增大而增大。

2. 最大静滑动摩擦力

静摩擦力 $\boldsymbol{F}_s$ 的大小随拉力 $\boldsymbol{F}$ 的变化不是无限度的。当力 F 增大到一定数值时，物体处于将要滑动但尚未开始滑动的临界状态。此时，静摩擦力达到最大值，即为最大静滑动摩擦力，简称最大静摩擦力，以 $\boldsymbol{F}_{max}$ 表示。当静摩擦力达到最大静摩擦力时，如果继续增大拉力 $\boldsymbol{F}$，静摩擦力将不再随之增大，物体将失去平衡而滑动。因此，静摩擦力 $\boldsymbol{F}_s$ 的大小在零与最大静摩擦力之间，即

$$0 \leqslant F_s \leqslant F_{max} \tag{4-1}$$

大量实验证明：最大静摩擦力的大小与两物体间的正压力（或法向约束力）成正比，即

$$F_{max} = f_s F_N \tag{4-2}$$

这就是静滑动摩擦定律，又称为库仑摩擦定律。式（4-2）中 f_s 是比例常数，称为静摩擦因数，量纲为 1。其值与两接触物体的材料及表面情况（如粗糙度、温度等）有关，可由实验测定。各种材料的静摩擦因数可在工程手册中查得，表 4-1 中列出了部分材料的静摩擦因数。

表 4-1　常用材料的滑动摩擦因数

材料名称	静摩擦因数		动摩擦因数	
	无润滑	有润滑	无润滑	有润滑
钢-钢	0.15	0.1~0.12	0.15	0.05~0.1
钢-软钢	—	—	0.2	0.1~0.2
钢-铸钢	0.3	—	0.18	0.05~0.15
钢-青铜	0.15	0.1~0.15	0.15	0.1~0.15
软钢-铸钢	0.2	—	0.18	0.05~0.15
软钢-青铜	0.2	—	0.18	0.07~0.15
铸铁-铸铁	—	0.18	0.15	0.07~0.12
铸铁-青铜	—	—	0.15~0.2	0.07~0.15
青铜-青铜	—	0.1	0.2	0.07~0.1
皮革-铸铁	0.3~0.5	0.15	0.6	0.15
橡胶-铸铁	—	—	0.8	0.5
木材-木材	0.4~0.6	0.1	0.2~0.5	0.07~0.15

3. 动滑动摩擦力

当静摩擦力达到最大静摩擦力时，如果拉力 F 继续增大，则物体不再保持平衡而出现相对滑动。此时，相互接触的物体之间作用有阻碍相对滑动的阻力，这种阻力称为动滑动摩擦力，简称为动摩擦力，用 $\boldsymbol{F}_d$ 表示。其方向与相对滑动的方向相反，大小与两物体接触面之间的正压力成正比，即

$$F_d = fF_N \tag{4-3}$$

式中，f 为动摩擦因数，它与接触物体的材料和表面情况有关，还与接触物体之间相对滑动

的速度大小有关，但在一般工程计算中影响很小，可近似地认为是个常数，部分材料的动摩擦因数见表4-1。一般来讲，动摩擦因数小于静摩擦因数，即$f<f_s$。

摩擦力是一种约束力，它具有一般约束力的共性，即随主动力的增大而增大。但是，它与一般约束力又有不同之处：摩擦力不能随主动力的增大而无限度地增大。

4.2 摩擦角和自锁

1. 摩擦角

在考虑摩擦力的情况下，物体处于静止。水平面对该物体的约束力由法向约束力$\boldsymbol{F}_N$与切向静摩擦力$\boldsymbol{F}_s$组成。这两个分力的合力$\boldsymbol{F}_{RA}$称为全约束力，它的作用线与接触面的公法线成一夹角α，如图4-2a所示。夹角α的值随静摩擦力的增大而增大。当物体处于平衡的临界状态，即静摩擦力达到最大静摩擦力时，夹角α也达到最大值φ，如图4-2b所示。全约束力与法线间的夹角的最大值φ，称为摩擦角。由图可知

$$\tan\varphi=\frac{F_{max}}{F_N}=\frac{f_sF_N}{F_N}=f_s \tag{4-4}$$

上式表明，摩擦角的正切值等于静摩擦因数。可见，摩擦角与摩擦因数一样，都是表示材料表面性质的物理量。

当物体的滑动趋势方向发生改变时，全约束力作用线的方向也随之改变。在临界状态下，$\boldsymbol{F}_{RA}$的作用线将是一个以接触点A为顶点的锥面，如图4-2c所示，称为摩擦锥。若物体与水平面间沿任意方向的摩擦因数都相同，即摩擦角相同时，则摩擦锥是一个顶角为2φ的圆锥。

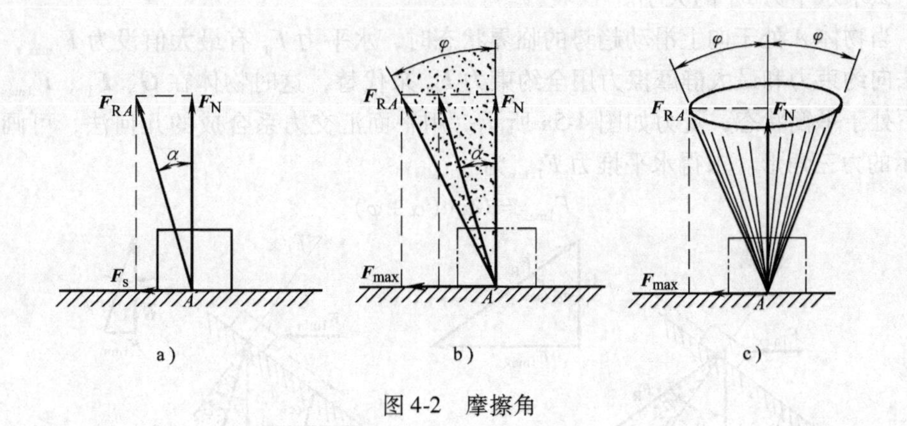

图4-2 摩擦角

2. 自锁

物体静止时，静摩擦力在零与最大静摩擦力之间变化，所以全约束力与法线间的夹角α也在零与摩擦角之间变化，即

$$0\leqslant\alpha\leqslant\varphi$$

由于静摩擦力不可能超过最大静摩擦力，所以全约束力的作用线也不可能超出摩擦角，即全约束力必在摩擦角之内。由此可知，如果作用于物体的所有主动力的合力$\boldsymbol{F}_R$的作用线

在摩擦角 φ 之内，则无论该合力多大，总有全约束力 F_{RA} 与其平衡，物体始终保持静止。这种现象称为自锁现象。

例如，将一重为 G 的物体放在斜面上，逐渐增大斜面的倾角 α，直至物体在主动力（即重力 $\boldsymbol{G}$）作用下处于即将下滑而又未下滑的临界静止状态，如图 4-3 所示。由物体的平衡条件可知，重力 $\boldsymbol{G}$ 与全约束力 F_{RA} 必共线，且有 $\alpha=\varphi$。在此过程中，全约束力 F_{RA} 与斜面法线的夹角 α 从零逐渐增大到摩擦角 φ，无论物体的重力 $\boldsymbol{G}$ 多大，总有全约束力 F_{RA} 与其平衡，物体自锁。反之，若重力的作用线与斜面的法线之间的夹角超过摩擦角，则不论重力多小，物体必会向下滑。

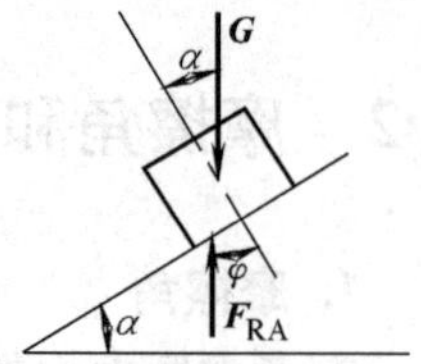

图 4-3　自锁

由此可得出物体的自锁条件：当作用在物体上的主动力的合力 $\boldsymbol{F}_R$ 的作用线与接触面法线之间的夹角小于或等于摩擦角时，物体总能保持静止。这就是物体在一般情况下的自锁条件，即

$$\alpha \leqslant \varphi$$

在工程实际中，很多设计都应用自锁的原理。例如在图 4-4 所示的螺旋装置中，螺纹可以看成绕在一个圆柱体上的斜面，螺母相当于斜面上的物体，当利用该装置顶起重物时，在满足自锁条件，即 $\alpha \leqslant \varphi$ 的情况下，顶起的重物就不会掉下来。

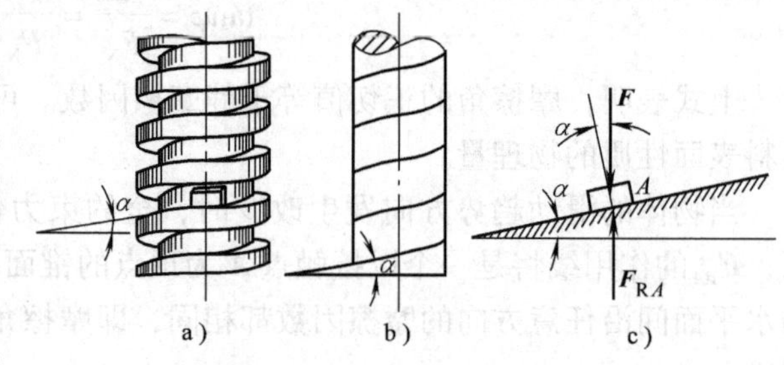

图 4-4　螺旋装置

例 4-1　物体 A 重为 G，放在倾角为 α 的斜面上，它与斜面间的静摩擦因数为 f_s，如图 4-5a 所示。当物体 A 处于平衡时，试求水平力 $\boldsymbol{F}_1$ 的大小。

解　当物体 A 处于向上滑动趋势的临界状态时，水平力 F_1 有最大值设为 F_{1max}，将物体所受的法向约束力和最大静摩擦力用全约束力 $\boldsymbol{F}_R$ 来代替，这时物体在 $\boldsymbol{G}$、$\boldsymbol{F}_R$、$\boldsymbol{F}_{1max}$ 三个力的作用下处于平衡状态，受力如图 4-5a 所示。用平面汇交力系合成的几何法，可画得如图 4-5b 所示的力三角形。求得水平推力 F_{1max} 为

$$F_{1max}=G\tan(\alpha+\varphi)$$

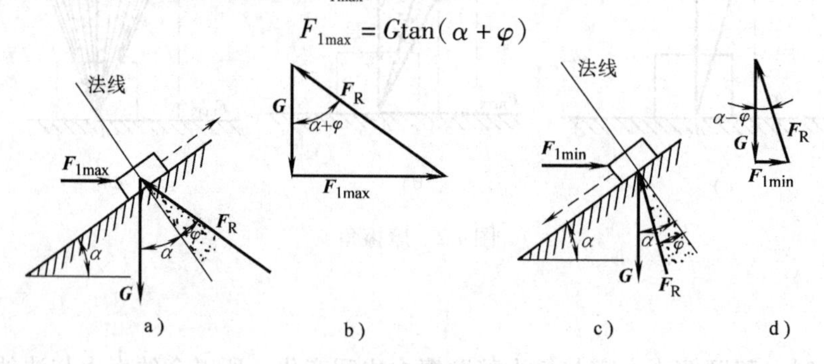

图 4-5　例 4-1 图

当物体 A 处于向下滑动趋势的临界状态时，如图 4-5c 所示，水平力 F_1 有最小值设为 F_{1min}。同理，可画得如图 4-5d 所示的力三角形。求得水平推力 F_{1min} 为

$$F_{1min}=G\tan(\alpha-\varphi)$$

综合上述两个结果，可得力 F_1 的平衡范围 $F_{1\min} \leqslant F_1 \leqslant F_{1\max}$，即

$$G\tan(\alpha-\varphi) \leqslant F_1 \leqslant G\tan(\alpha+\varphi)$$

按三角函数公式展开上式中的 $\tan(\alpha-\varphi)$ 和 $\tan(\alpha+\varphi)$，得

$$G\frac{\tan\alpha-\tan\varphi}{1+\tan\alpha\tan\varphi} \leqslant F_1 \leqslant G\frac{\tan\alpha+\tan\varphi}{1-\tan\alpha\tan\varphi}$$

由摩擦角定义可得，$\tan\varphi=f_s$，又 $\tan\alpha=\sin\alpha/\cos\alpha$，代入上式，得

$$G\frac{\sin\alpha-f_s\cos\alpha}{\cos\alpha+f_s\sin\alpha} \leqslant F_1 \leqslant G\frac{\sin\alpha+f_s\cos\alpha}{\cos\alpha-f_s\sin\alpha}$$

此例中，若斜面的倾角小于摩擦角，即 $\alpha<\varphi$ 时，水平推力 $F_{1\min}$ 为负值。说明，此时物体不需要力 $\boldsymbol{F}_1$ 就能静止于斜面上，并且不论重力 $\boldsymbol{G}$ 多大，物体也不会下滑，物体自锁。

4.3 考虑摩擦时的平衡问题

考虑摩擦时，物体平衡问题的解法和步骤与前几章不计摩擦时的平衡问题一样，但是这类问题有其以下几个特点：①分析物体受力时，除主动力、约束力外还必须考虑摩擦力，通常增加了未知量的数目；②为确定这些未知量，需补充方程，即 $F_s \leqslant f_s F_N$，但所得的结果不是确定值，而是一个范围；③有时为避免解不等式，可以解临界状态，即补充方程 $F_{\max}=f_s F_N$，解完后再判断平衡范围，并将结果写成不等式。

例 4-2 如图 4-6a 所示，一梯子重为 G_1，长为 l，上端 B 靠在光滑的铅直墙面上，梯子与水平面的夹角为 α，其间的静摩擦因数为 f_s。一重为 G_2 的人沿梯子向上攀登。试求：

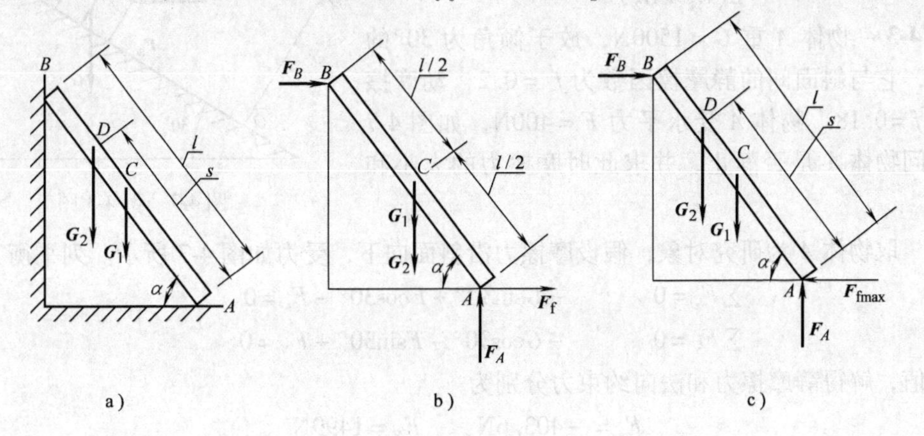

图 4-6 例 4-2 图

(1) 人攀登到梯子的中点 C 时，梯子所受的摩擦力的大小和方向及 A、B 处法向约束力 $\boldsymbol{F}_A$、$\boldsymbol{F}_B$ 的大小，设此时摩擦力未达到最大值。

(2) 人所能达到的最高点 D 与 A 点间的距离 s。

(3) 欲使人攀登到梯子的顶点 B 处，此时梯子与地面间摩擦因数 f_s 最少应为多少才不至于发生危险。

解 (1) 梯子受力如图 4-6b 所示。人攀登到 C 点时，根据题意摩擦力未达到最大值，故梯子处于静止平衡状态，此时，摩擦力 $\boldsymbol{F}_f$ 的方向可任意假设。列平衡方程

$$\sum F_x = 0 \qquad F_B + F_f = 0$$
$$\sum F_y = 0 \qquad F_A - G_1 - G_2 = 0$$
$$\sum M_A(F) = 0 \qquad (G_1 + G_2) \times \frac{l}{2}\cos\alpha - F_B l\sin\alpha = 0$$

联立以上三式，解得 $F_A = G_1 + G_2, F_B = \frac{G_1 + G_2}{2}\cot\alpha, F_f = -\frac{G_1 + G_2}{2}\cot\alpha$

力 F_f 为负号，表明图中假设的方向与其实际方向相反。

（2）根据题意，当人到达 D 点时，梯子处于临界平衡状态，梯子 A 端与地面的摩擦力达到最大静摩擦力 F_{fmax}，此时，摩擦力的方向与 A 端运动的趋势（水平向右）相反，即 F_{fmax}的方向为水平向左，则梯子的受力如图 4-6c 所示。列平衡方程

$$\sum F_x = 0 \qquad F_B - F_{fmax} = 0$$
$$\sum F_y = 0 \qquad F_A - G_1 - G_2 = 0$$
$$\sum M_A(\boldsymbol{F}) = 0 \qquad G_1 \times \frac{l}{2}\cos\alpha + G_2 s\cos\alpha - F_B l\sin\alpha = 0$$

补充方程　$F_{fmax} = f_s F_A$

联立以上四式,解得　$s = \frac{2f_s(G_1 + G_2)\tan\alpha - G_1}{2G_2}l$

(3)当人攀登到 B 点时不致发生危险,显然此时应有 $s = l$,摩擦因数的最小值 f_{smin} 为

$$f_{smin} = \frac{G_1 + 2G_2}{2(G_1 + G_2)}\cot\alpha$$

例 4-3　物体 A 重 $G = 1500\text{N}$，放于倾角为 30°的斜面上，它与斜面间的静摩擦因数为 $f_s = 0.2$，动摩擦因数为 $f = 0.18$。物体 A 受水平力 $F = 400\text{N}$，如图 4-7 所示。问物体 A 是否静止，并求此时摩擦力的大小和方向。

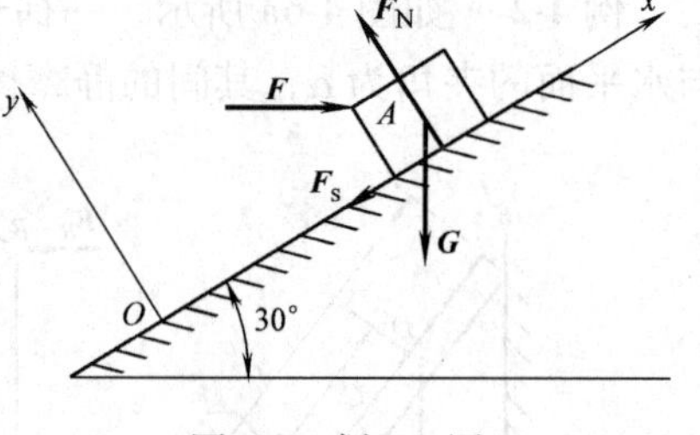

图 4-7　例 4-3 图

解　取物体 A 为研究对象，假设摩擦力沿斜面向下，受力如图 4-7 所示。列平衡方程

$$\sum F_x = 0 \qquad -G\sin30° + F\cos30° - F_s = 0$$
$$\sum F_y = 0 \qquad -G\cos30° - F\sin30° + F_N = 0$$

代入数值，解得静摩擦力和法向约束力分别为

$$F_s = -403.6\text{N}, \qquad F_N = 1499\text{N}$$

F_s 为负值，说明平衡时摩擦力与所假设的方向相反，即沿斜面向上。此时最大静摩擦力为

$$F_{max} = f_s F_N = 299.8\text{N}$$

由于 $|F_s| > F_{max}$，这是不可能的，所以此物体 A 不可能静止在斜面上，而是沿斜面下滑。此时的摩擦力应为动滑动摩擦力，方向沿斜面向上，其大小为

$$F_d = fF_N = 269.8\text{N}$$

此题为判别物体静止与否的问题。解此类问题时，可以先假定物体为静止，并假设摩擦力的方向。应用平衡方程求得物体的摩擦力，将求得的静摩擦力与最大静摩擦力比较，可确

定物体是否静止，以及相对应的摩擦力种类和大小。

例4-4 如图4-8所示的摩擦制动器的制动轮半径 $R=0.4\text{m}$，鼓轮半径 $r=0.2\text{m}$，两轮为一整体。制动轮与闸瓦之间的静摩擦因数 $f_s=0.6$，重物的重量 $G=300\text{N}$。尺寸 $a=0.6\text{m}$，$b=0.8\text{m}$，$c=0.3\text{m}$。试求能使鼓轮停止转动所必需的最小压力 F_P。

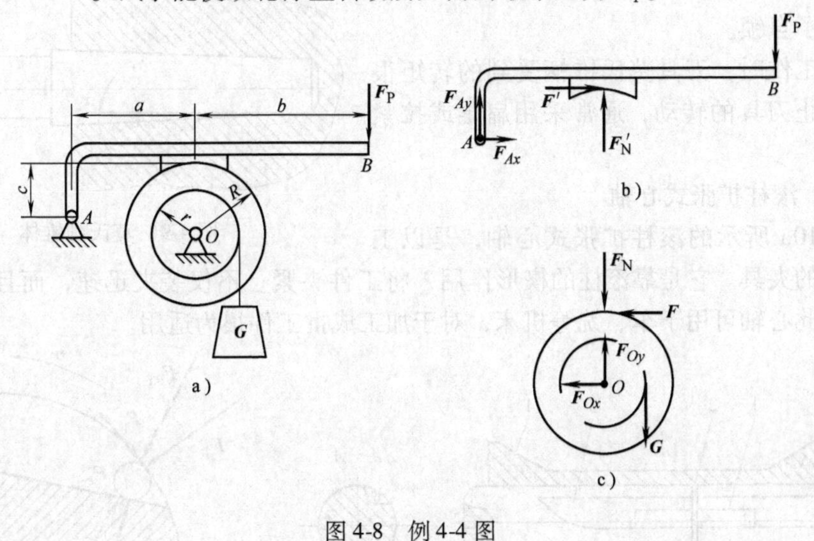

图4-8 例4-4图

解 （1）选择两轮为研究对象，画受力图，如图4-8c所示，列平衡方程

$$\sum M_O(\boldsymbol{F})=0 \quad -Gr+FR=0$$

$$F=\frac{Gr}{R}=\frac{300\text{N}\times 0.2\text{m}}{0.4\text{m}}=150\text{N}$$

根据题意可知，$\boldsymbol{F}$ 就是在最小压力 $\boldsymbol{F}_P$ 作用下，使轮子处于将动而未动的临界状态时，在制动轮与闸瓦之间的法向压力 $\boldsymbol{F}_N$ 作用下的最大静摩擦力 $\boldsymbol{F}_{max}$，即 $F=F_{max}$。

由公式 $F_{max}=F_N f_s$ 有

$$F_N=\frac{F_{max}}{f_s}=\frac{150\text{N}}{0.6}=250\text{N}$$

（2）选择制动杆为研究对象，画受力图，如图4-8b所示，列平衡方程

$$\sum M_A(\boldsymbol{F})=0, F'_N a-F'c-F_P(a+b)=0$$

其中

$$F'_N=F_N,\ F'=F$$

代入数据可求得 $F_P=75\text{N}$。

在临界状态下求解有摩擦的平衡问题时，一般先分析运动物体的运动趋势，正确判断摩擦力的方向，不能任意假设其方向。对另一物体受力分析时，则可根据作用力与反作用力的关系，分析其摩擦力。

4.4 工程应用实例

例4-5 莫氏圆锥体

莫氏圆锥体是在机械工程中利用摩擦自锁原理的一种定位工具，应用十分广泛，常见的有刀具锥柄、顶尖，如图 4-9 所示。将莫氏圆锥体装进圆锥孔后，在重力的作用下，莫氏圆锥体有滑出圆锥孔的趋势，由于莫氏圆锥体的斜角 $\alpha<2°$，而钢与钢的摩擦角 $\varphi=8°30'$，所以在静摩擦力的作用下，能保证莫氏体的平衡状态，即产生了自锁。

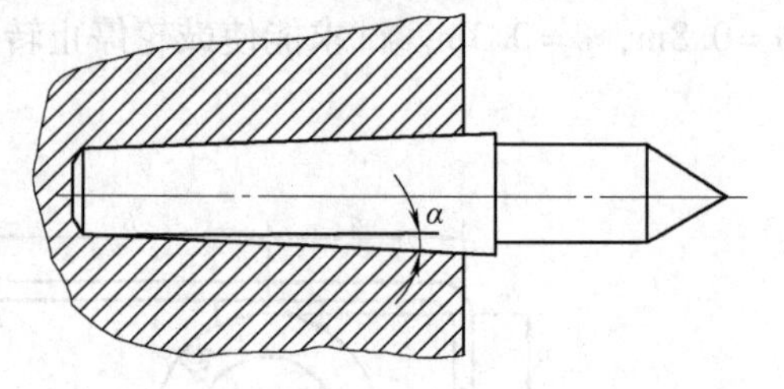

图 4-9　莫氏圆锥体

刀具在工作时，刀具莫氏锥柄受到的转矩很大，为了防止刀具的转动，通常采用扁尾或拉紧螺杆等。

例 4-6　滚柱扩张式心轴

如图 4-10a 所示的滚柱扩张式心轴，是以工件内孔定位的夹具。它是靠滚柱的楔形作用，将工件夹紧。不仅装夹迅速，而且安装简单，制造方便。此心轴可用于车、铣等机床，对于加工成批工件很为适用。

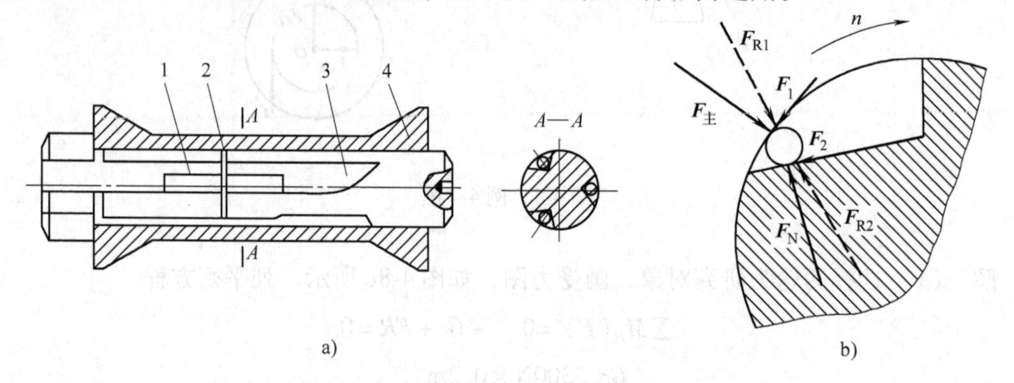

图 4-10　滚柱扩张式心轴

1—滚柱　2—铅丝　3—心轴槽　4—工件

取滚柱 1 为研究对象，滚柱有移动滑出的趋势，滚柱共受四个力的作用（图 4-10b）。工件内孔对滚柱的正压力 $\boldsymbol{F}_{主}$ 和静摩擦力 $\boldsymbol{F}_1$，心轴槽对滚柱的法向反力 $\boldsymbol{F}_N$ 和静摩擦力 $\boldsymbol{F}_2$，$\boldsymbol{F}_{主}$ 和 $\boldsymbol{F}_1$ 合成为全反力 $\boldsymbol{F}_{R1}$，$\boldsymbol{F}_N$ 和 $\boldsymbol{F}_2$ 的全反力为 $\boldsymbol{F}_{R2}$。显然，要使滚柱处于临界平衡状态，$\boldsymbol{F}_{R1}$ 与 $\boldsymbol{F}_{R2}$ 必须共线，欲使滚柱不滑向空隙大的地方，必须合理选择滚柱直径和槽形，使 $\boldsymbol{F}_{R1}$ 与 $\boldsymbol{F}_{R2}$ 的合力指向空隙小的方向，即自锁。滚柱扩张式心轴，依靠滚柱对工件的静摩擦力，产生对旋转中心的力矩带动了工件的旋转。

4.5　思考题与习题

4-1　填空题

（1）两个相互接触的物体有相对滑动或有相对________时，在接触面之间产生的彼此阻碍其滑动的力，称为滑动摩擦力。

（2）按两物体接触面间有相对滑动趋势或相对滑动的情况，通常将摩擦分为________滑动摩擦和________滑动摩擦两类。

（3）临界摩擦力的大小与两接触物体间的________成正比。

（4）物体在有静摩擦平衡时，其静摩擦力 F_s 的大小是由物体的平衡条件来决定的，而它的大小范围是________。

（5）最大静摩擦力和法向反力可合成为一个全约束力，这个力的作用线与接触面的________间的夹角称为摩擦角。

（6）依靠摩擦平衡的物体，不论所受到的主动力的大小如何，物体总能保持静止，这种现象称为________。

4-2 判断题

（1）摩擦力的方向总与物体之间相对滑动或相对滑动趋势的方向相反。（ ）

（2）具有摩擦而平衡的物体，它所受到的静摩擦力 F_s 的大小，总是等于法向反力 F_N 的大小与静滑动摩擦系数 f_s 的乘积，即 $F_s=f_sF_N$。（ ）

（3）动摩擦力的大小总与法向反力成正比，方向与物体相对滑动速度方向相反。（ ）

（4）物体在任何时候受到摩擦力与反向力都可以合成为一个力，这个力的作用线与支承面法向间的夹角就是摩擦角。（ ）

（5）摩擦角就是表征材料摩擦性质的物理量。（ ）

（6）全约束反力的作用线必须位于摩擦锥顶角以外的范围，物体才不致滑动。（ ）

4-3 如图4-11所示，已知一重为 $G=100\text{N}$ 的物体放在水平面上，其摩擦因素 $f_s=0.3$。当作用在物体上的水平力 $\boldsymbol{F}$ 大小分别为10N、20N、40N时，试分析这三种情形下，物体是否平衡，摩擦力等于多少。

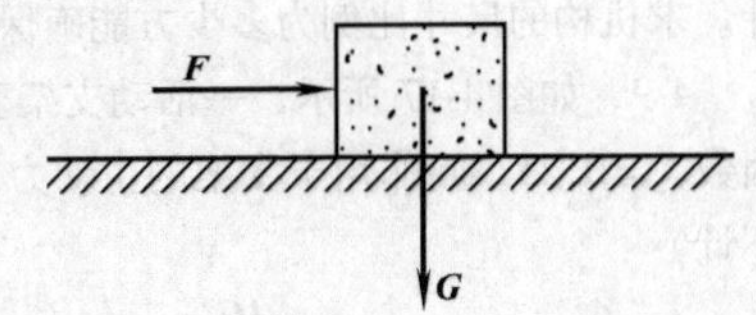

图4-11 题4-3图

4-4 已知物体重 $G=100\text{N}$，斜面的倾角 $\alpha=30°$，物体与斜面间的静摩擦因素 $f_s=0.38$，动摩擦因素 $f=0.38$。求如图4-12a所示物体与斜面间的摩擦力为多大，并求此时物体在斜面上是否静止。如图4-12b所示，如要使物体沿斜面向上运动，求施加在物体上的与斜面平行的力 $\boldsymbol{F}$ 至少应为多大。

4-5 如图4-13所示，梯子 AB 靠在墙上，其重为 $G_1=200\text{N}$，梯长为 l，与水平面间的夹角 $\theta=60°$。已知接触面间的摩擦因数均为 $f_s=0.25$。今有一重为 $G_2=650\text{N}$ 的人沿梯上爬，问人所能达到的最高点 C 到 A 点的距离 s 应为多少？

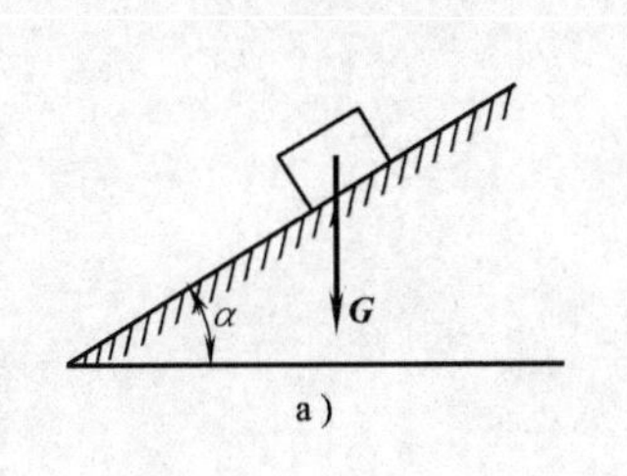

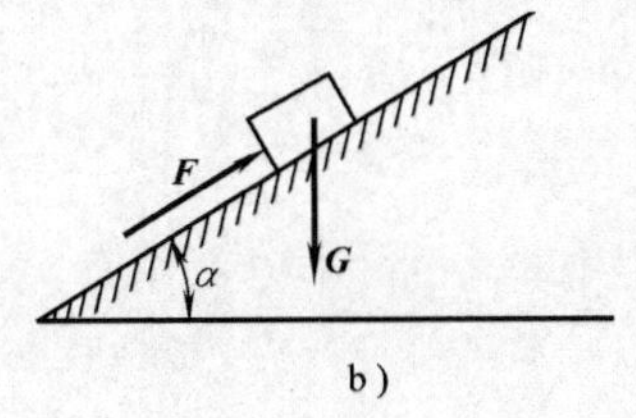

图4-12 题4-4图

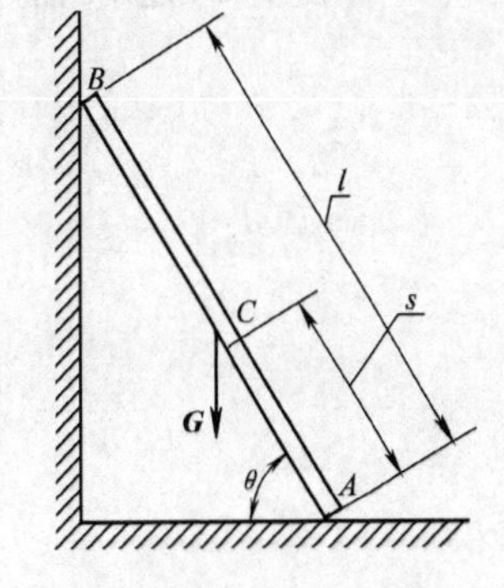

图4-13 题4-5图

4-6 一重 $G=980\text{N}$ 的物体，放在倾角 $\alpha=20°$ 的斜面上，如图4-14所示。已知物体与斜面间的静摩擦因素 $f_s=0.2$，动摩擦因素 $f=0.17$。当水平作用力分别为 $F=500\text{N}$ 和 $F=100\text{N}$ 时，物体是否会滑动？并求出摩擦力的大小和方向。

4-7 一起重绞车和制动块如图4-15所示，已知鼓轮半径 $r=10\text{cm}$，制动轮半径 $R=20\text{cm}$，被提升物体重 $G=2\text{kN}$，制动块受压力 $F_N=1.5\text{kN}$，制动块与制动轮之间的摩擦因素最小为多大时才能使绞车制动？（制动轮与鼓轮固结在一起）

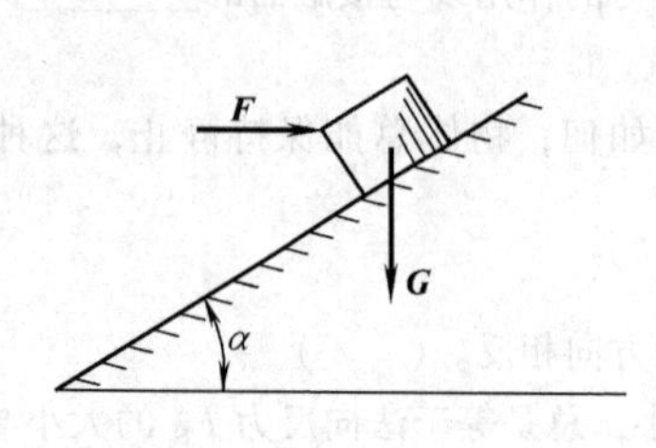

图 4-14　题 4-6 图

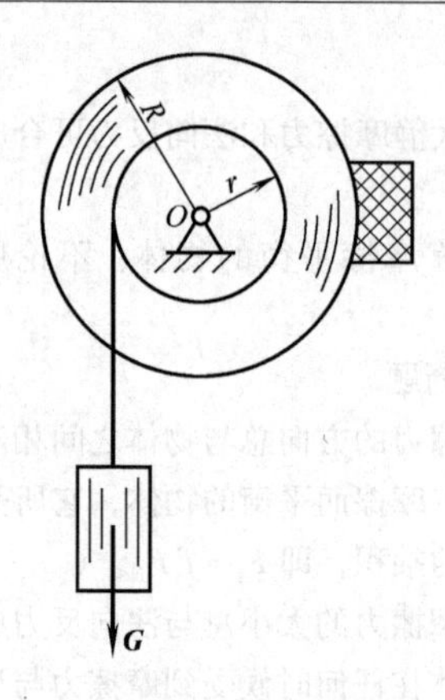

图 4-15　题 4-7 图

4-8　图 4-16 所示为升降机安全装置的计算简图。已知墙壁与滑块间的摩擦因素 $f_s=0.5$，构件自重不计。求机构的尺寸比例为多少方能确保安全制动，并求 α 与摩擦角 φ 的关系。

4-9　如图 4-17 所示，一活动支架套在固定圆柱的外表面，且 $h=20\text{cm}$。假设支架和圆柱之间的静摩擦因数 $f_s=0.25$。问作用于支架的主动力 F 的作用线距圆柱中心线至少多远才能使支架不致下滑？（支架自重不计）

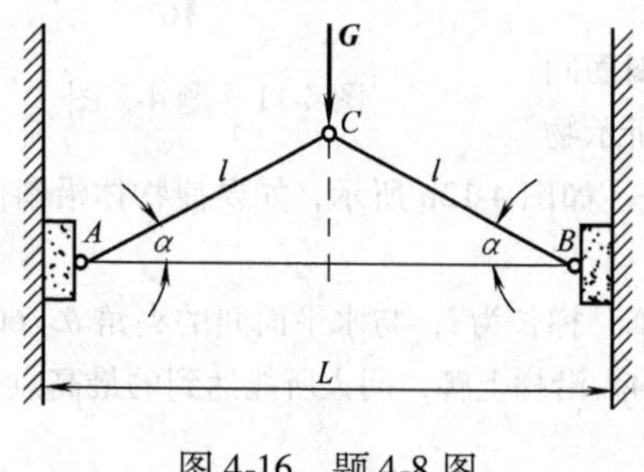

图 4-16　题 4-8 图

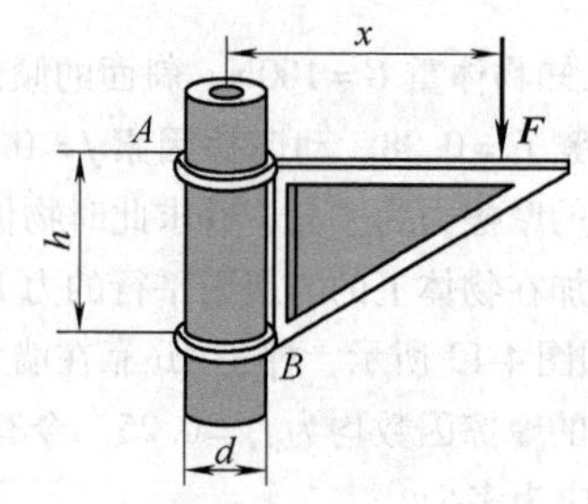

图 4-17　题 4-9 图

模块二　材料力学在工程中的应用

第5章　杆件的内力分析

学习目标：掌握内力的概念和内力分析的方法，即截面法。掌握杆件轴向拉伸压缩、杆件剪切变形、圆轴扭转变形和梁弯曲变形时，杆件的变形特点和内力特点。能够利用截面法求解以上几种变形时各个横截面上的内力的大小，并且会画出内力图。

静力学中研究的是刚体，即认为物体在力的作用下不变形。显然，刚体是一个理想化的力学模型。事实上，物体在力的作用下，总会有程度不同的变形。工程实际中，工程结构或机器设备的各部分，都是由构件组成的。构件的变形是一个不能忽略的问题，在载荷的作用下，构件不但会产生变形，而且还可能发生破坏。因此，将工程中的构件看成刚体是不合适的，只有将物体看成是变形体，通过建立力与变形的关系，获得使构件安全和可靠工作的准则，从而保证构件在力的作用下不发生变形或破坏。

为了保证工程结构或机器设备的正常工作，构件应满足三个方面的要求：①强度要求，即构件具有足够的抵抗破坏的能力；②刚度要求，即构件具有足够的抵抗变形的能力；③稳定性要求，即构件具有足够的保持原有平衡状态的能力。

一方面，为了保证构件在载荷作用下安全地工作，构件要有足够的强度、刚度和稳定性；另一方面，构件还应符合经济性原则，尽可能节约材料。因此，构件的设计要求形状尺寸合理、选材得当。

工程实际中的各种构件，其材料的结构和性质是很复杂的。为了便于研究构件的强度、刚度和稳定性等，只保留它的主要特征、忽略其次要因素，将构件抽象为变形固体，并提出两个基本假设：①连续均匀性假设，即认为变形固体的物质毫无空隙地充满其整个几何空间，且其内部各部分的力学性能相同；②各向同性假设，即认为变形固体在各个方向上具有相同的力学性能。

5.1　内力的概念

物体因受外力的作用而变形，其内部各部分之间因为相对位置的改变而引起的相互作用即是内力。实际上，即使不受外力的作用，物体的各部分之间依然存在相互作用力，即分子物理学中所讨论的物质结构微粒之间的内力。本节所研究的内力，是指因外力引起的附加相互作用力，内力的大小及其在构件内部的分布方式与构件的强度、刚度和稳定性有着密切的关系，内力分析是材料力学的基础。

为了分析内力，可假想将构件用一个截面 $m\text{-}m$ 切开，使之分为 A 和 B 两个部分，如图

5-1a 所示。任取其中一部分，如 A 作为研究对象，以截面 m-m 上的力来代替 B 对 A 的作用，如图 5-1b 所示。根据变形固体连续均匀性假设，截面上的力应是连续分布的。把这种在截面上连续分布的力向截面的某一点简化后得到的力及力偶，称为截面的内力。由于研究对象 A 处于平衡状态，故可以通过建立平衡方程来计算截面上的内力大小。

这种用假想的截面将构件分成两部分，任取其一建立平衡方程，以确定截面上内力的方法称为截面法，其全部过程可归纳如下：

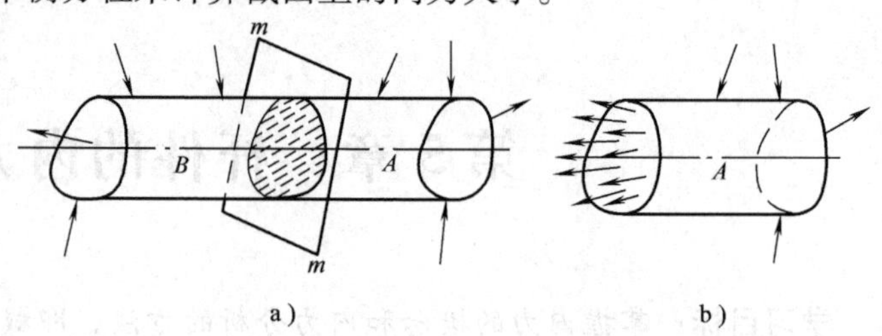

图 5-1　内力

1）用假想的截面把构件分成两部分，任意留下其中的一部分作为研究对象，将另一部分移去。

2）用作用于截面上的内力代替移去部分对留下部分的作用。

3）对留下的部分建立平衡方程，以确定未知的内力。

截面法是材料力学研究构件内力的基本方法。

5.2　轴向拉伸或压缩时的内力

工程实际中，常见承受拉伸或者压缩的杆件，这是杆件基本变形中最简单的一种。如图 5-2 所示的机构中，AB 杆与 BC 杆铰接于 B 点，在 B 点铰接处悬挂一重为 G 的物体。由静力学分析可知，AB 杆和 BC 杆均为二力杆，分别受拉和受压。

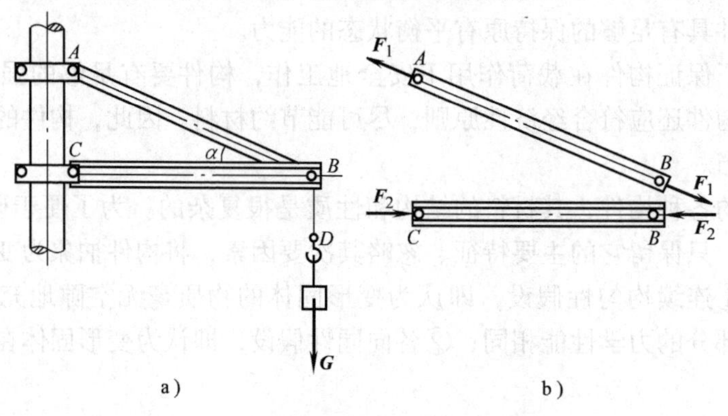

图 5-2　轴向拉伸与压缩

这些受拉伸或压缩的杆件虽然形状和加载方式各不相同，但是，它们的受力和变形却具有共同的特点：作用于杆件上的外力合力的作用线总是与杆件的轴线重合，杆件的变形总是沿着杆件的轴线方向伸长或缩短，这种变形形式称为轴向拉伸或轴向压缩。发生轴向拉伸或轴向压缩的杆件一般称为拉（压）杆，如图 5-3a 中所示的拉（压）杆可以简化成如图 5-3b 所示的力学模型。

图 5-4a 所示是一受拉的杆件，假想将其沿横截面 m-m 分成Ⅰ、Ⅱ两部分。杆件在外力作用下处于平衡状态，则Ⅰ和Ⅱ两部分必然处于平衡状态。取其中Ⅰ作为研究对象，如图

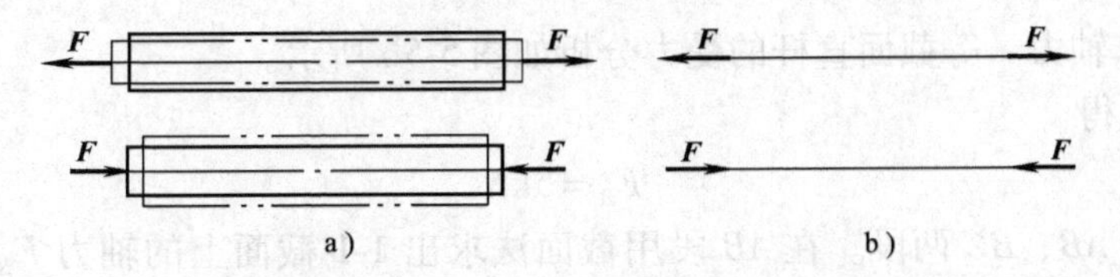

图 5-3　拉（压）杆及其简化后的力学模型

5-4b 所示，Ⅰ上有外力 $\boldsymbol{F}$ 和横截面 m-m 上内力的作用，由二力平衡条件可知，该内力的合力必与外力 $\boldsymbol{F}$ 共线，且沿杆件的轴线方向，固将其称为轴力，用符号 F_{N} 表示。其大小可由平衡方程求出

$$\sum F_x = 0 \qquad F_{\mathrm{N}} - F = 0$$

$$F_{\mathrm{N}} = F$$

求轴力时，采用截面法将杆件分成两部分，任取其一作为研究对象，截去部分用轴力代替，列平衡方程，即可求出轴力。习惯上，由杆件的变形确定轴力的符号：杆件受拉伸，其轴力为正；杆件受压缩，其轴力为负。

为了能够形象、直观地表示出整个杆件各横截面处轴力的大小，往往采用轴力图来表示。轴力图用平行于杆件轴线的坐标轴 Ox 表示横截面的位置，用垂直于杆件轴线的坐标轴表示横截面轴力 $\boldsymbol{F}_{\mathrm{N}}$ 的大小，正的轴力画在 x 轴的上方，负的轴力画在 x 轴的下方，然后按适当的比例，把轴力的变化表现在坐标系中，如图 5-4c 所示。

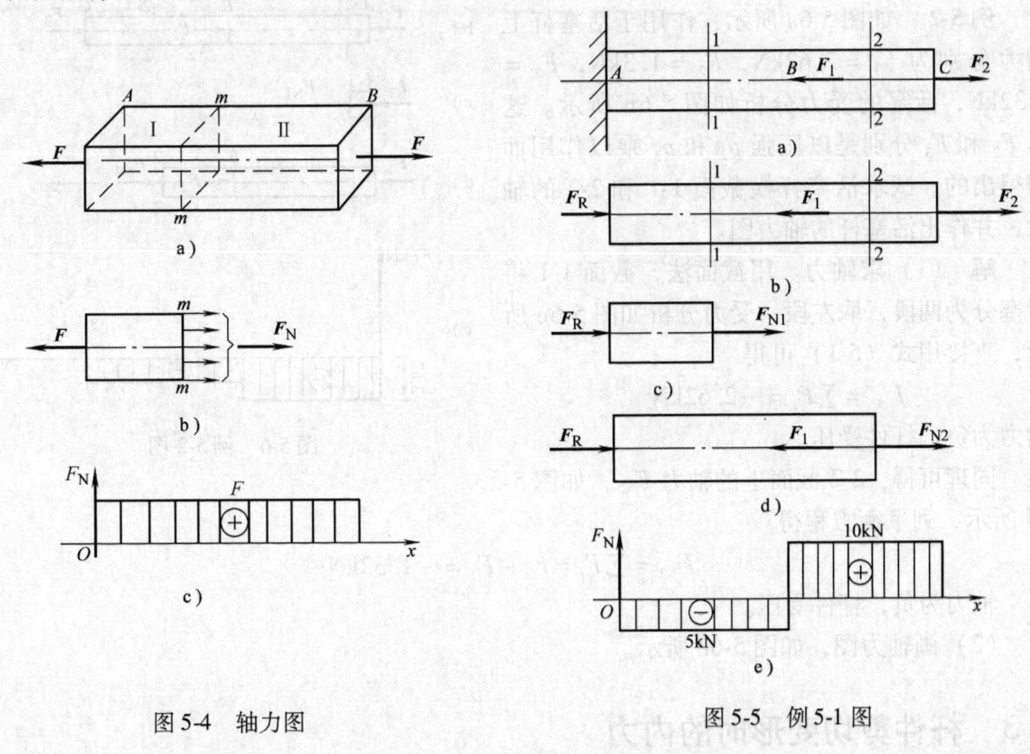

图 5-4　轴力图　　　　图 5-5　例 5-1 图

例 5-1　如图 5-5a 所示的等截面直杆，受轴向作用力为 $F_1 = 15\mathrm{kN}$，$F_2 = 10\mathrm{kN}$，请画出该直杆的轴力图。

解　（1）求轴力。等截面直杆的受力分析如图 5-5b 所示。

由平衡方程得

$$F_R = 5\text{kN}$$

将杆件分为 AB、BC 两段。在 AB 段用截面法求出 1-1 截面上的轴力 F_{N1}，如图 5-5c 所示，列平衡方程得

$$F_{N1} = -F_R = -5\text{kN}$$

负号表示 F_{N1} 的实际方向与图示方向相反，截面受压。

同理可得，2-2 截面上的轴力 F_{N2}，如图 5-5d 所示，列平衡方程得

$$F_{N2} = -F_R + F_1 = 10\ \text{kN}$$

轴力为正，说明截面受拉。

（2）画轴力图，如图 5-5e 所示。

运用截面法计算轴力时，还可得出这样的结论：

拉（压）杆各截面上的轴力在数值上等于该截面一侧（研究对象）所有外力的代数和，外力离开截面时取正号，指向该截面时取负号。即

$$F_N = \sum F_i \tag{5-1}$$

轴力为正时，表示轴力离开截面，杆件受拉；轴力为负时，表示轴力指向截面，杆件受压。

例 5-2　如图 5-6a 所示，作用于活塞杆上的力分别为 $F_1 = 2.62\text{kN}$，$F_2 = 1.3\text{kN}$，$F_3 = 1.32\text{kN}$，活塞的受力分析如图 5-6b 所示。这里 F_2 和 F_3 分别是以压强 p_2 和 p_3 乘以作用面积得出的。试求活塞杆横截面 1-1 和 2-2 的轴力，并作出活塞杆的轴力图。

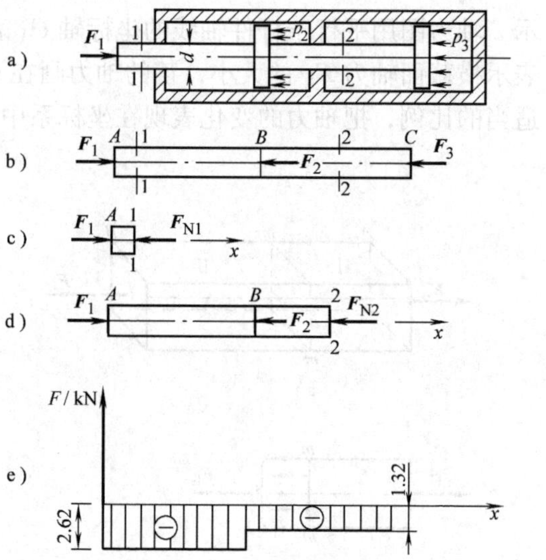

图 5-6　例 5-2 图

解　（1）求轴力。用截面法，截面 1-1 将活塞分为两段，取左段，受力分析如图 5-6c 所示，直接用式（5-1）可得

$$F_{N1} = \sum F_i = -2.62\text{kN}$$

轴力为负，杆件受压。

同理可得，2-2 截面上的轴力 F_{N2}，如图 5-6d 所示，列平衡方程得

$$F_{N2} = \sum F_i = F_2 - F_1 = -1.32\text{kN}$$

轴力为负，杆件受压。

（2）画轴力图，如图 5-6e 所示。

5.3　杆件剪切变形时的内力

工程上，常见两个零件用螺栓、键等连接。例如两块钢板用螺栓连接在一起，如图 5-7a 所示。上、下两块板以大小相等、方向相反、垂直于螺栓轴线且作用线很近的两个力 $\boldsymbol{F}$ 作

用于螺栓，如图5-7b所示。当外力逐渐增大时，螺栓在中间部分的截面 m-m 将发生错动，直至断裂，如图5-7c、d所示，这种破坏称为剪切破坏。发生相互错动的截面 m-m 称为剪切面，剪切面平行于受力方向。

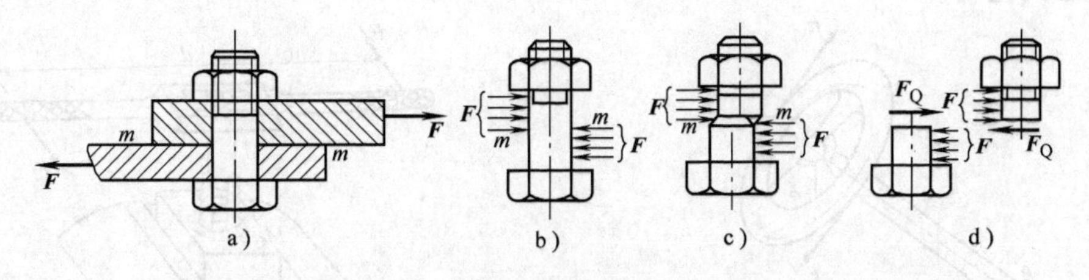

图5-7　用螺栓连接时两钢板间的剪切受力

又例如用于轮毂与轴连接的键，如图5-8a所示，作用于轮毂与轴上的传动力偶 m 和阻抗力偶大小相等、方向相反，键的受力情况如图5-8b所示。作用于键左右两个侧面上的力 $\boldsymbol{F}$，使键的上、下两部分沿 n-n 截面发生相对错动，如图5-8c所示。

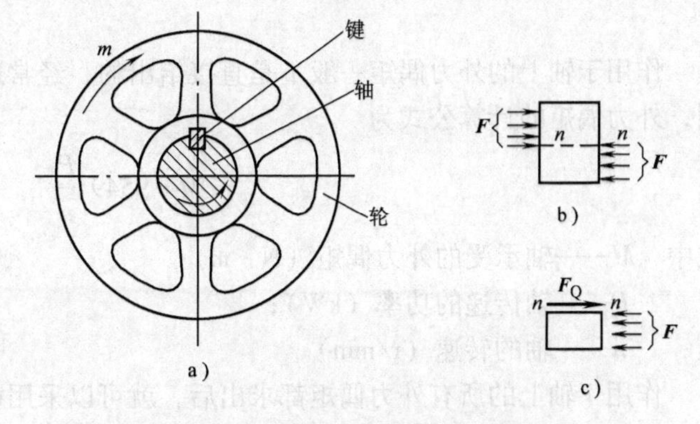

图5-8　连接轮毂与轴的键及其剪切受力

研究剪切的内力时，用截面法假想将被剪切件分成两部分，任取其一作为研究对象，由平衡方程求出剪切面上的内力，这个内力称为剪力，以 $\boldsymbol{F}_Q$ 表示。以上面螺栓受剪切为例，如图5-7d所示，则剪力 $F_Q = F$。

例5-3　如图5-9a所示，已知轴径 $d = 56\text{mm}$，键的尺寸为 $l \times b \times h = 80\text{mm} \times 16\text{mm} \times 10\text{mm}$，轴的转矩 $M = 1\text{kN} \cdot \text{m}$，求键所受的剪力。

解　由平衡方程得出键的受力为

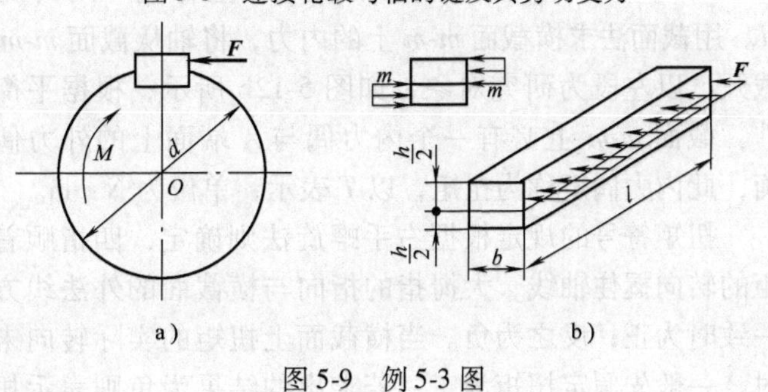

图5-9　例5-3图

$$F = \frac{2M}{d} = \frac{2 \times 1 \times 10^6 \text{N} \cdot \text{mm}}{56\text{mm}} = 35.71 \times 10^3 \text{N} = 35.71\text{kN}$$

由图5-9b可知，键可能沿 m-m 截面被剪断，剪力为

$$F_Q = F = 35.71\text{kN}$$

5.4　圆轴扭转时的内力

工程中有许多杆件承受扭转变形，例如图5-10所示的方向盘操纵杆，方向盘受到一对力 $\boldsymbol{F}$ 组成的力偶作用，在操纵杆的底部受到相同大小的反力偶 M_C 的作用，操纵杆发生扭转

变形。再以攻螺纹时的丝锥为例，如图 5-11 所示，在绞杠上受到一对力 **F** 组成的力偶作用，丝锥下端则受到工件的阻抗力偶 M_C 作用。丝锥发生扭转变形的受力特点是杆件受到作用平面与轴线垂直的外力偶作用，其变形特点是杆件的各横截面绕轴线发生相对转动。本节只研究圆截面轴的扭转。

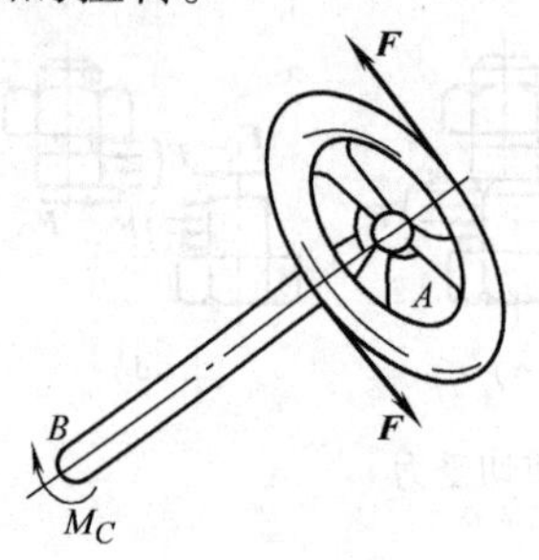

图 5-10　方向盘操纵杆

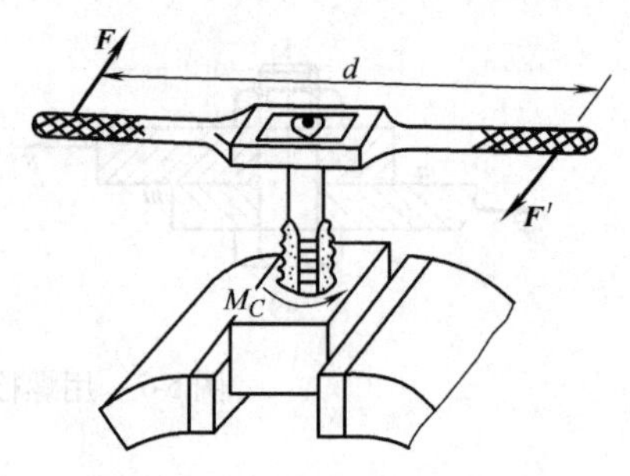

图 5-11　攻螺纹的丝锥及绞杠

作用于轴上的外力偶矩一般不是直接给出的，经常通过轴所传送的功率及其转速计算得到，外力偶矩的计算公式为

$$M = 9549\ \frac{P}{n}$$

式中　M——轴承受的外力偶矩（N · m）；

P——轴传递的功率（kW）；

n——轴的转速（r/min）。

作用于轴上的所有外力偶矩都求出后，就可以采用截面法计算出横截面上的内力。如图 5-12a 所示，等截面圆轴 AB 的两端面上作用一对外力偶 M。用截面法求横截面 m-m 上的内力，将轴从截面 m-m 处截开，以左段为研究对象，如图 5-12b 所示，根据平衡条件，截面 m-m 上必有一个内力偶与 A 端面上的外力偶平衡，此内力偶矩称为扭矩，以 T 表示，单位为 N · m。

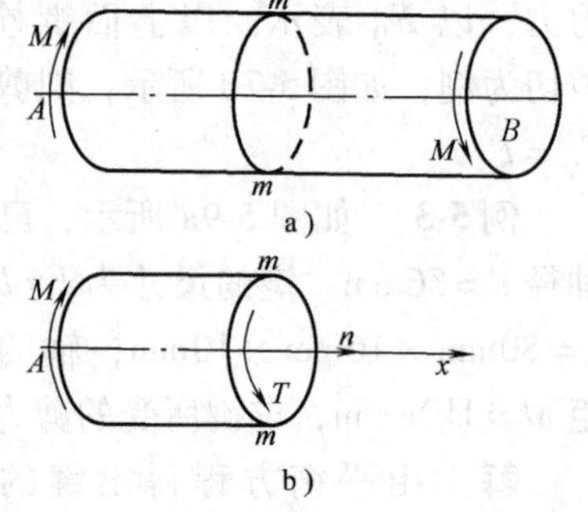

图 5-12　等截面圆轴的内力分析

扭矩符号的规定根据右手螺旋法则确定，四指顺着扭矩的转向握住轴线，大拇指的指向与横截面的外法线方向一致时为正；反之为负。当横截面上扭矩的实际转向未知时，一般先假定扭矩为正。若求出的结果为负则表示扭矩实际转向与假设相反。

若作用于轴上的外力偶多于两个，可用图线来表示各横截面上扭矩沿轴线变化的情况，该图线称为扭矩图，其横坐标表示横截面的位置，纵坐标表示相应截面上的扭矩。

例 5-4　如图 5-13a 所示，圆截面杆各截面处的外力偶矩大小分别为 $M_1 = 6M$，$M_2 = M$，$M_3 = 2M$，$M_4 = 3M$。求杆在横截面 1-1，2-2，3-3 处的扭矩，并画出扭矩图。

解　（1）取 1-1 截面左段为研究对象，如图 5-13b 所示，求其截面上的扭矩，列平衡方程得

$$\sum M_x = 0,\quad T_1 + M_2 - M_1 = 0$$

$$T_1 = M_1 - M_2 = 5M$$

正号表示扭矩方向与假设的方向相同。

(2)同理,得到2-2截面上的扭矩

$$T_2 = M_1 = 6M$$

3-3截面上的扭矩

$$T_3 = M_1 - M_2 - M_3 = 3M$$

由上例还可总结出这样的结论:

圆轴在扭转作用下,其横截面上的扭矩在数值上等于该截面一侧所有外力偶矩的代数和。即

$$T = \sum M_i \tag{5-2}$$

外力偶矩之方向离开截面时为正,指向截面为负,按上式得出的扭矩同样也服从符合右手螺旋定则。

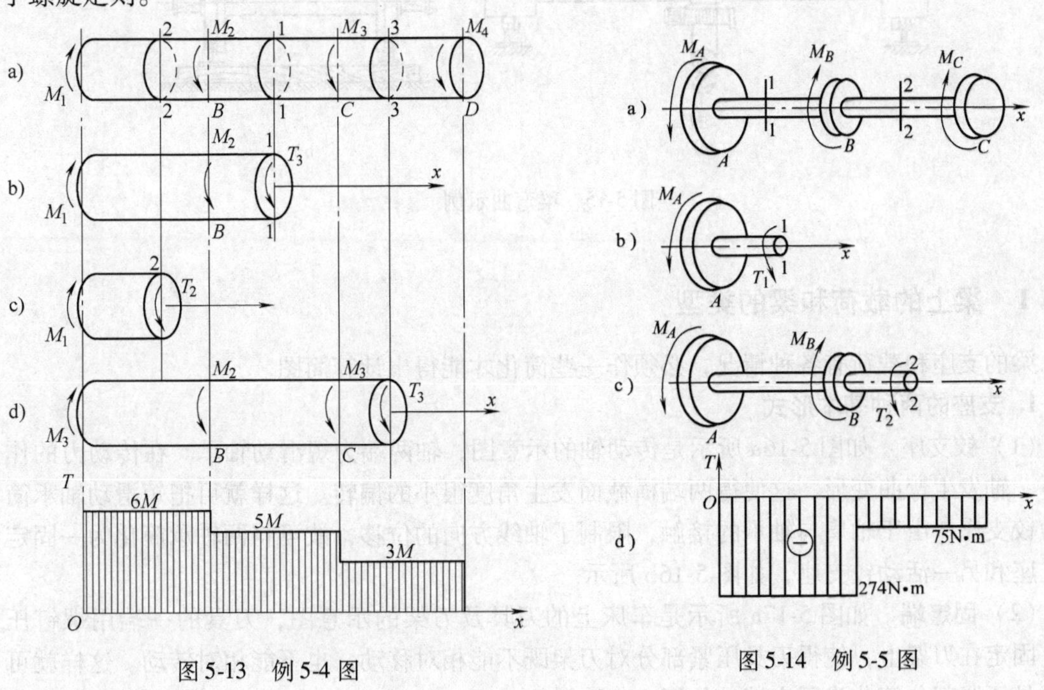

图5-13 例5-4图

图5-14 例5-5图

例5-5 如图5-14a所示,传动轴的转速 $n=960\text{r/min}$,输入功率 $P_A=27.5\text{kW}$,输出功率 $P_B=20\text{kW}$,$P_C=7.5\text{kW}$,计算传动轴的扭矩,并画出扭矩图。

解 (1)计算外力偶矩

$$M_A = 9549 \times \frac{27.5}{960}\text{N}\cdot\text{m} = 274\text{N}\cdot\text{m}$$

同理可得

$$M_B = 199\text{N}\cdot\text{m},\ M_C = 75\text{N}\cdot\text{m}$$

(2)计算扭矩,将轴分为 AB 段和 BC 段,用截面法任取1-1截面,如图5-14b所示,应用式(5-2),求其截面上的扭矩得

$$T_1 = \sum M_i = -M_A = -274\text{N} \cdot \text{m}$$

同理可得，如图 5-14c 所示，2-2 截面上的扭矩 T_2 为

$$T_2 = -M_A - M_B = (-274 + 199)\ \text{N} \cdot \text{m} = -75\text{N} \cdot \text{m}$$

（3）画扭矩图，如图 5-14d 所示。

5.5 梁弯曲时的内力

工程中经常见到像桥式起重机、火车轮轴这样的杆件，如图 5-15 所示。这种杆件的受力特点为作用于杆件上的外力垂直于杆件的轴线或外力偶作用于杆件轴线所在的平面内，其变形特点是杆的轴线由直线变成曲线。这种形式的变形称为弯曲变形，习惯上将产生这种弯曲变形的杆件称为梁。

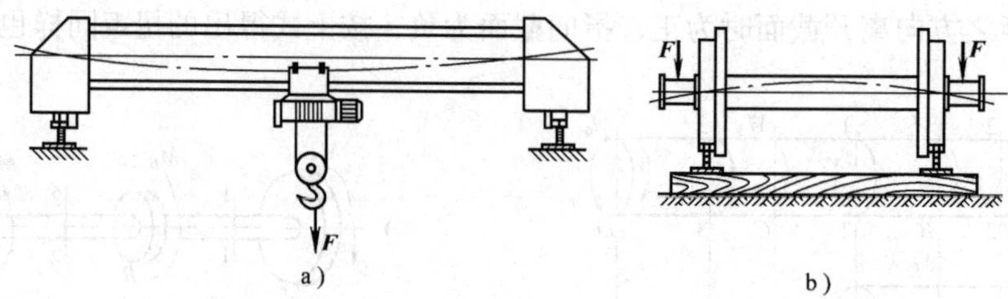

图 5-15 梁弯曲示例

5.5.1 梁上的载荷和梁的类型

梁的支座和载荷有各种情况，必须作一些简化才能得出计算简图。

1. 支座的两种基本形式

（1）铰支座 如图 5-16a 所示是传动轴的示意图，轴两端为短滑动轴承。在传动力的作用下，轴发生弯曲变形，这使得两端横截面发生角度很小的偏转。这样就可把短滑动轴承简化为铰支座。由于轴肩与轴承的接触，限制了轴线方向的位移，故可将两轴承简化为一固定铰支座和另一活动铰支座，如图 5-16b 所示。

（2）固定端 如图 5-17a 所示是车床上的刀具及刀架的示意图，刀具的一端用螺钉压紧、固定在刀架上，使得刀具压紧部分对刀架既不能相对移动，也不能相对转动。这样就可把刀具压紧部分简化为固定端，如图 5-17b 所示。

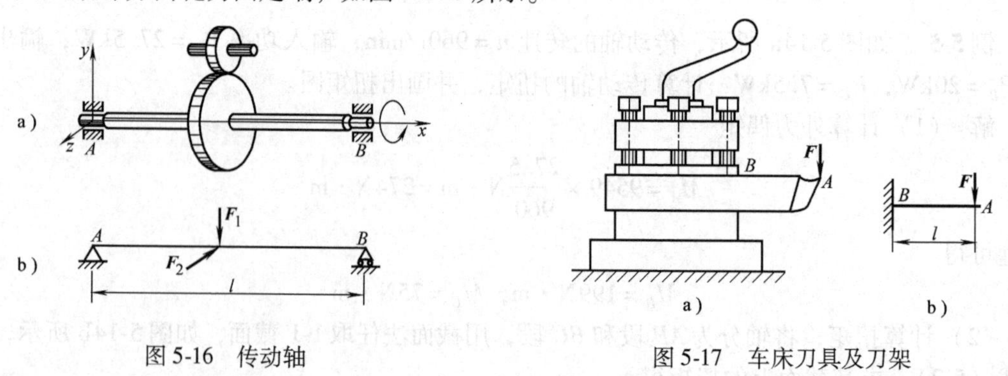

图 5-16 传动轴

图 5-17 车床刀具及刀架

2. 载荷的简化

（1）集中力　作用在纵向对称面内的力，如图 5-18a 所示。

（2）集中力偶　作用在纵向对称平面内的力偶，如图 5-18b 所示。

（3）分布载荷　作用线垂直于梁轴线的线分布力。若载荷集度 q 沿梁轴线不发生变化，即 $q=$ 常数，这种分布载荷称为均布载荷，如图 5-18c 所示。

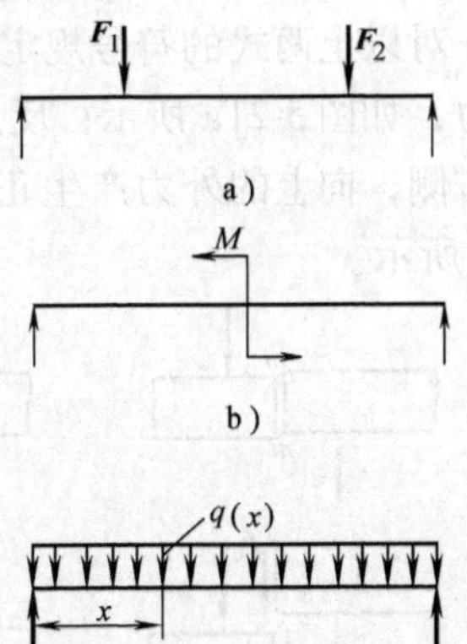

图 5-18　梁上载荷的三种形式

3. 静定梁的三种基本形式

若梁在载荷作用下，其全部约束力均能采用静力平衡方程确定时，则这种梁称为静定梁。静定梁主要分为三种基本形式：

（1）悬臂梁　如图 5-19a 所示，一端为固定端，另一端为自由的梁。

（2）简支梁　如图 5-19b 所示，一端为固定铰支座，另一端为活动铰支座。

（3）外伸梁　如图 5-19c 所示，一端或两端伸出支座之外的简支梁。

5.5.2　剪力和弯矩

根据静力学方法可以求得静定梁在载荷作用下的约束力，在外力已知条件下，由截面法求得各横截面上的内力。

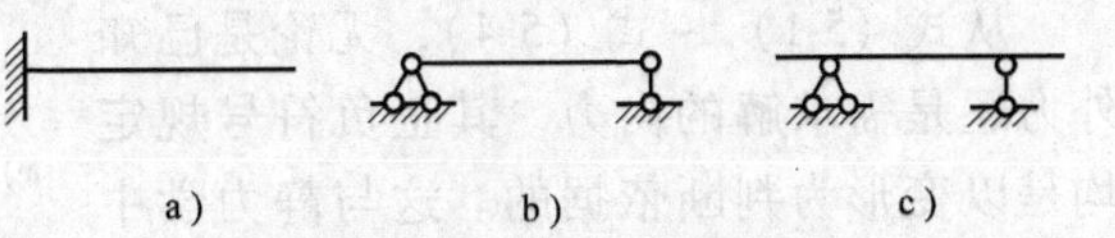

现以图 5-20a 所示的简支梁为例，为了求出横截面上的内力，用截面 m-m 假想地把梁分为两段，取左段为研究对象。由于原来的梁处于平衡状态，所以梁的左段也应处于平衡状态。在截面 m-m 上有一个与横截面相切的内力 $\boldsymbol{F}_Q$，如图 5-20b 所示，列平衡方程

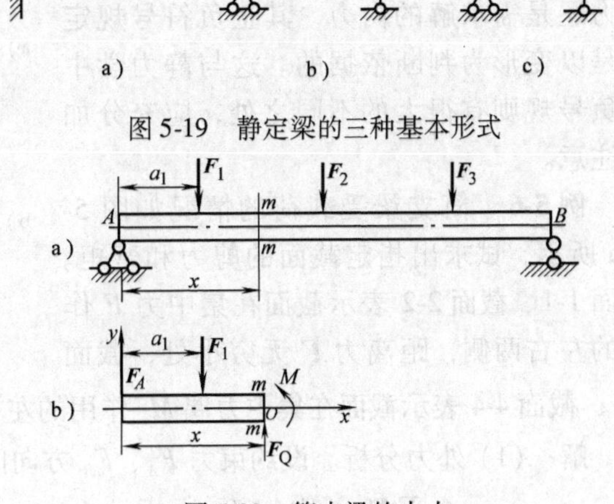

图 5-19　静定梁的三种基本形式

图 5-20　简支梁的内力

$$\sum F_y=0,\quad F_Q+F_A-F_1=0$$

得
$$F_Q=F_1-F_A$$

$\boldsymbol{F}_Q$ 称为横截面 m-m 上的剪力。

若把左段上的所有外力和内力对截面 m-m 的形心 O 取矩，其力矩总和应为零，因此在截面 m-m 上有一个内力偶 M，如图 5-20b 所示，列平衡方程

$$\sum M_O(\boldsymbol{F})=0,\quad M+F_1(x-a_1)-F_Ax=0$$

得
$$M=F_Ax-F_1(x-a_1)$$

M 称为横截面 m-m 上的弯矩。剪力和弯矩同为梁横截面上的内力。

根据上述的分析和计算，可以得到这样的结论：

1）弯曲时梁横截面上的剪力在数值上等于该截面一侧外力的代数和，即

$$F_Q = \sum F_i \tag{5-3}$$

2）横截面上的弯矩在数值上等于该截面一侧外力对该截面形心的力矩的代数和，即

$$M = \sum (F_i x_i + M_i) \tag{5-4}$$

对以上两式的符号规定为：在截面左侧的向上外力，或右侧的向下的外力，将产生正的剪力，如图5-21a所示；反之，将产生负的剪力，如图5-21b所示。无论在指定截面的左侧或右侧，向上的外力产生正的弯矩，如图5-21c所示；向下的外力产生负的弯矩，如图5-21d所示。

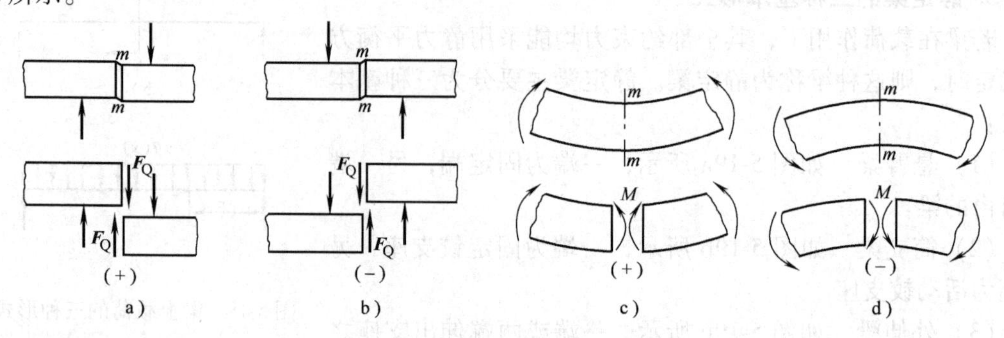

图5-21　剪力和弯矩的符号规定

因此在数值上，剪力 F_Q 等于截面 m-m 以左所有外力在梁轴线的垂线上投影的代数和；弯矩 M 等于截面 m-m 以左所有外力对截面形心的力矩的代数和。同理，对截面 m-m 以右作研究对象，也可得到相同的结果。

从式（5-1）～式（5-4），无论是已知外力还是需求解的内力，其正负符号规定均是以变形为判断依据的。这与静力学中正负号规则有很大的不同之处，应充分加以注意。

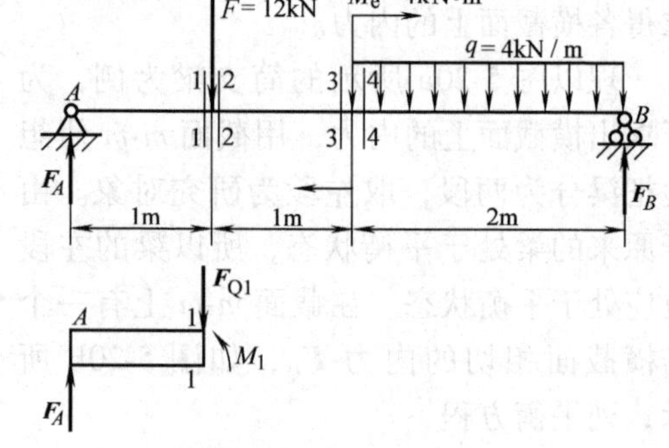

图5-22　例5-6图

例5-6　简支梁受载荷的情况如图5-22a所示，试求出指定截面的剪力和弯矩。截面1-1、截面2-2表示截面在集中力 $\boldsymbol{F}$ 作用的左右两侧，距离力 $\boldsymbol{F}$ 无穷小处，截面3-3、截面4-4表示截面在集中力偶 M_e 作用的左右两侧，距离力偶 M_e 无穷小处。

解　（1）外力分析。设约束力 F_A、F_B 方向向上，由平衡方程得

$$\sum M_A(F) = 0, \quad F_B \times 4\text{m} - q \times 2\text{m} \times 3\text{m} - M_e - F \times 1\text{m} = 0$$

$$\sum F_y = 0, \quad F_B - q \times 2\text{m} - F = 0$$

解得

$$F_A = 10\text{kN} \quad F_B = 10\text{kN}$$

（2）内力分析。取截面1-1的左段为研究对象，如图5-22b所示，直接应用式（5-3）和式（5-4）得

$$F_{Q1} = F_A = 10\text{kN}$$

$$M_1 = F_A \times 1\text{m} = 10\text{kN} \times 1\text{m} = 10\text{kN} \cdot \text{m}$$

同理可得

2-2 截面的剪力和弯矩 $F_{Q2}=F_A-F=10\text{kN}-12\text{kN}=-2\text{kN}$

$$M_2=F_A\times 1\text{m}=10\text{kN}\cdot\text{m}$$

3-3 截面的剪力和弯矩 $F_{Q3}=F_A-F=10\text{kN}-12\text{kN}=-2\text{kN}$

$$M_3=F_A\times 2\text{m}-F\times 1\text{m}$$
$$=10\text{kN}\times 2\text{m}-12\text{kN}\times 1\text{m}=8\text{kN}\cdot\text{m}$$

4-4 截面的剪力和弯矩 $F_{Q4}=F_A-F=10\text{kN}-12\text{kN}=-2\text{kN}$

$$M_4=F_A\times 2\text{m}-F\times 1\text{m}+M_e$$
$$=10\text{kN}\times 2\text{m}-12\text{kN}\times 1\text{m}+4\text{kN}\cdot\text{m}=12\text{kN}\cdot\text{m}$$

以上均是以截面左段为研究对象来计算剪力和弯矩的，同样也可以截面右段为研究对象来完成。实际计算中，以研究段的力数量少且简单，便于计算为原则。

5.5.3 剪力图和弯矩图

一般情况下，梁的横截面上的剪力和弯矩随截面位置的不同而变化。若以横坐标 x 表示横截面在梁轴线上的位置，则各横截面上的剪力和弯矩可表示为 x 的函数，即

$$F_Q=F_Q(x)$$
$$M=M(x)$$

以上的函数表达式即为梁的剪力方程和弯矩方程。

为了表明梁各横截面上的剪力和弯矩的变化情况，以截面沿梁轴线的位置为横坐标，以横截面上的剪力或弯矩为纵坐标，按选定的比例尺绘出剪力或弯矩的线图称为剪力图或弯矩图。

例 5-7 简支梁受载荷的情况如图 5-23a 所示，试列出它的剪力方程和弯矩方程，并做出剪力图和弯矩图。

解 （1）外力分析。选取坐标系，受力分析如图 5-23a 所示，由平衡方程得

$$\sum M_A(F)=0 \qquad F_Bl-Fa=0$$
$$\sum M_B(F)=0 \qquad Fb-F_Al=0$$
$$F_A=\frac{Fb}{l},\quad F_B=\frac{Fa}{l}$$

（2）内力分析。以梁的左端为坐标原点。列剪力方程和弯矩方程。

AC 段：任取距原点距离为 x 的截面，求该截面上的剪力和弯矩分别为

$$F_Q(x)=\frac{Fb}{l}\quad (0<x<a)$$

$$M(x)=\frac{Fb}{l}x\quad (0\leqslant x\leqslant a)$$

CB 段：任取距原点距离为 x 的截面，求该截面上的剪力和弯矩分别为

$$F_{Q}(x)=\frac{Fb}{l}-F=-\frac{Fa}{l}\quad(a<x<l)$$

$$M(x)=\frac{Fb}{l}x-F(x-a)=\frac{Fa}{l}(l-x)\quad(a\leqslant x\leqslant l)$$

（3）画剪力图和弯矩图。根据剪力方程和弯矩方程，画出剪力图和弯矩图分别如图5-23b、图5-23c所示。

例5-8　在均布载荷作用下的悬臂梁如图5-24a所示。试作出梁的剪力图和弯矩图。

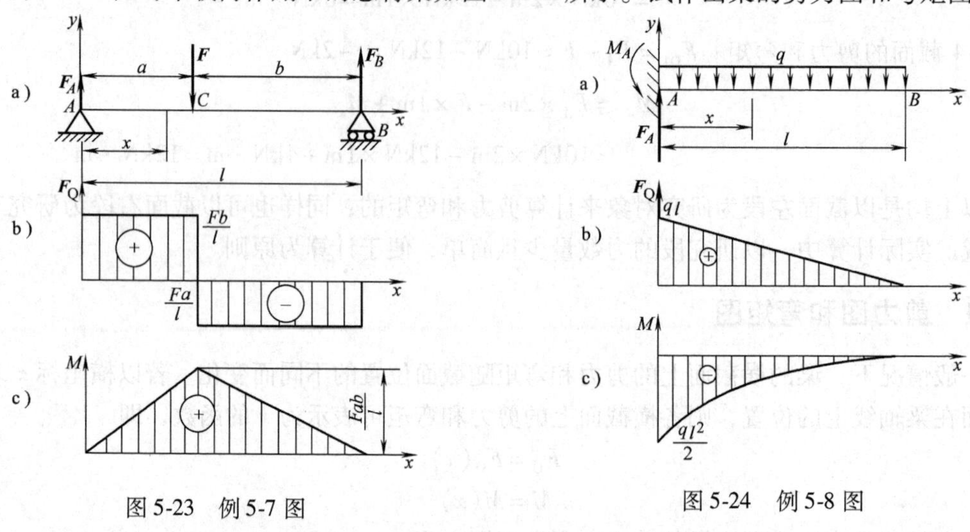

图5-23　例5-7图　　　　图5-24　例5-8图

解　建立坐标系，受力分析如图5-24a所示。

(1) 外力分析。由平衡方程得

$$\sum F=0,\quad \sum M_{A}(F)=0,$$

$$F_{A}=ql,\quad M_{A}=\frac{ql^{2}}{2}$$

(2) 内力分析。取距坐标原点为x的截面，列剪力方程和弯矩方程

在梁上任取距原点距离为x的截面，求该截面上的剪力和弯矩分别为

$$F_{Q}(x)=q(l-x)$$

$$M(x)=-q(l-x)\frac{(l-x)}{2}=-\frac{q(l-x)^{2}}{2}$$

由上式可知,剪力图是一斜直线,弯矩图是一抛物线，确定图线上的几个特殊点为

$$x=0,F_{Q}(0)=ql;x=l,F_{Q}(l)=ql$$

$$x=0,M(0)=-\frac{ql^{2}}{2};\ x=\frac{l}{4},M\left(\frac{l}{4}\right)=-\frac{9ql^{2}}{32}$$

$$x=\frac{l}{2},M\left(\frac{l}{2}\right)=-\frac{ql^{2}}{8};x=l,M(l)=0$$

(3) 画弯矩图。连接以上特殊点画出剪力图和弯矩图如图5-24b、图5-24c所示。

例5-9　图5-25a所示为简支梁，在C点处作用有一集中力偶M_{e}。试作其剪力图和弯矩

图。

解 （1）外力分析。选取坐标系，受力分析如图5-23a所示，由于梁上仅有一外力偶作用，所以支座两端约束力必构成一力偶与之平衡，故有

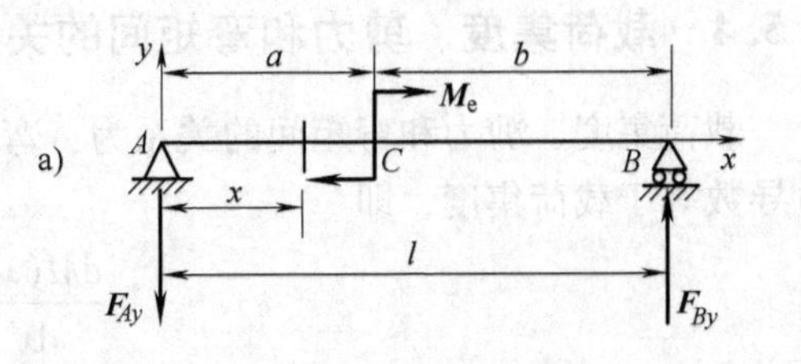

$$F_{Ay}=F_{By}=\frac{M_e}{l}$$

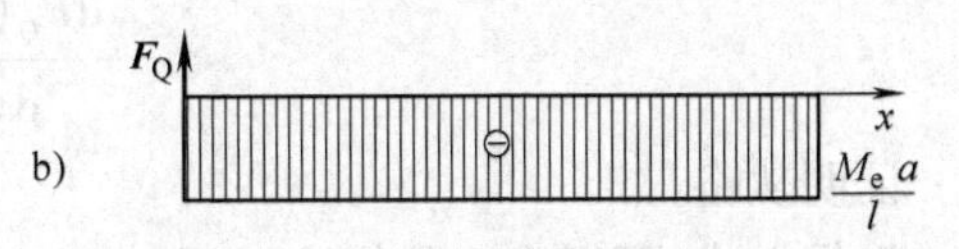

（2）内力分析。取距坐标原点为 x 的截面，列剪力方程和弯矩方程列弯矩方程。

因梁在 C 点处有集中力偶，故弯矩应分段考虑。

在梁的 AC 段上，任取距原点距离为 x 的截面，求该截面上的剪力和弯矩分别为

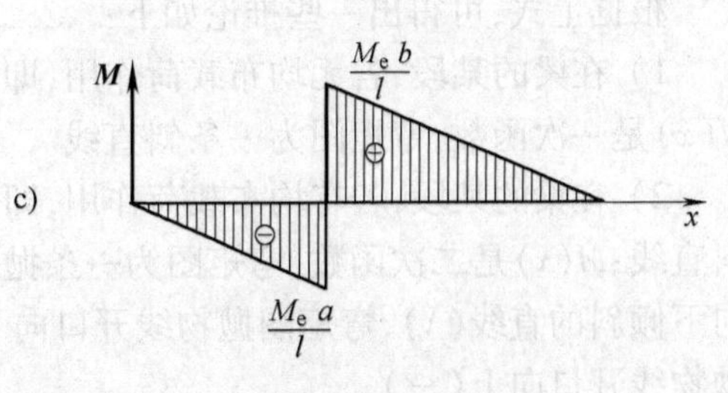

图5-25 例5-9图

AC 段，$C^{左}$

$$F_Q(x)=-\frac{M_e}{l}\quad(0\leqslant x\leqslant a)$$

$$M(x)=-F_{Ay}x=-\frac{M_e}{l}x\quad(0\leqslant x\leqslant a)$$

BC 段，$C^{右}$

$$F_Q(x)=-\frac{M_e}{l}\quad(a\leqslant x\leqslant l)$$

$$M(x)=F_{By}(l-x)=-\frac{M_e}{l}(l-x)\quad(a\leqslant x\leqslant l)$$

（3）画剪力图和弯矩图。由剪力方程和弯矩方程可知，剪力图应为一水平线，C 截面左右均为斜直线。只需确定弯矩图上的特殊点

AC 段　$x=0$，$M=0$；　$x=a$，$M=-\dfrac{M_e a}{l}$。

BC 段　$x=a$，$M=\dfrac{M_e b}{l}$；　$x=l$，$M=0$。

（4）画剪力图和弯矩图如图5-25b、c所示，如 $b>a$，则最大弯矩发生在集中力偶作用处右侧横截面上，$M_{max}=\dfrac{M_e b}{l}$。

以上几例是通过列剪力方程和弯矩方程的方法，求任一位置上的剪力和弯矩值，然后确定特殊点的值，画出剪力图和弯矩图。但若不需要求出某一截面上的剪力和弯矩，只要求画剪力图和弯矩图时，则不需采用列方程的方式来求剪力和弯矩，只需按截面法，应用式（5-3）、式（5-4），直接求出一些特殊点，如集中力、集中力偶、约束力作用点位置的剪力和弯矩值即可，连接这些特殊点的就可画出剪力图和弯矩图。

5.5.4　载荷集度、剪力和弯矩间的关系

载荷集度、剪力和弯矩间的关系为：弯矩方程的一阶导数等于剪力方程，剪力方程的一阶导数等于载荷集度，即

$$\frac{dM(x)}{dx}=F_Q(x)$$

$$\frac{dF_Q(x)}{dx}=q(x)$$

证明从略。

根据上式,可得出一些推论如下：

1）在梁的某段,若无均布载荷作用,即 $q(x)=0$,则 $F_Q(x)$ = 常数,剪力图是一条水平线；$M(x)$是一次函数,弯矩图为一条斜直线。

2）在梁的某段,若有均布载荷作用,即 $q(x)$ = 常数,则 $F_Q(x)$是一次函数,剪力图为一条斜直线;$M(x)$是二次函数,弯矩图为一条抛物线。当均布载荷 $q(x)<0$ 向下时,则剪力图为右向下倾斜的直线(\),弯矩图抛物线开口向下(⌒);反之,剪力图为斜向上的直线(/),弯矩图抛物线开口向上(⌣)。

3）在集中力作用截面的左右两侧，剪力 F_Q 发生突变，突变值的大小为集中力的大小，突变的方向与剪力的方向一致，即剪力向上时，向上突变，反之，则向下突变。此时弯矩图上有转折点。

4）梁上集中力偶作用处，弯矩图有突变，突变的值即为该处集中力偶的力偶矩。从左至右，若力偶为顺时针转向，弯矩图向上突变，反之若力偶为逆时针转向，则弯矩图向下突变。

5）绝对值最大的弯矩总是出现在：剪力为零的截面上、集中力作用处、集中力偶作用处。

利用上述特点，可以不列梁的内力方程，而简捷地画出梁的弯矩图。其方法是：以梁上的界点将梁分为若干段，求出各界点处的内力值，最后根据上面归纳的特点画出各段弯矩图。

5.6　思考题与习题

5-1　变形固体的基本假设是什么？

5-2　什么是截面法？应用截面法的步骤是什么？

5-3　什么是轴力？如何确定轴力的正负号？

5-4　什么是扭矩？如何确定扭矩的正负号？

5-5　什么是静定梁？静定梁有哪几种典型形式？

5-6　剪力和弯矩的符号规则是什么？

5-7　在梁的集中力和集中力偶作用处，剪力图和弯矩图有什么变化？

5-8　载荷集度、剪力和弯矩之间的微分关系是什么？剪力图和弯矩图有哪些规律？

5-9　填空题

(1) 杆件轴向拉伸或压缩时，其受力特点是：作用于杆件外力的合力的作用线与杆件轴线相________。

（2）当杆件受到轴向拉力时，其横截面轴力的方向总是________截面法向的。

（3）剪切的受力特点，是作用于构件某一截面两侧的外力大小相等、方向相反、作用线相互________且相距________。

（4）剪切的变形特点是：位于两力间的构件截面沿外力方向发生________。

（5）构件受剪时，剪切面的方位与两外力的作用线相________。

（6）圆轴扭转时的受力特点是：一对外力偶的作用面均________于轴的轴线，其转向________。

（7）圆轴扭转变形的特点是：轴的横截面积绕其轴线发生________。

（8）圆轴承受扭转时，其横截面上扭矩的大小等于该截面一侧（左侧或右侧）轴段上所有外力偶矩的________。

（9）梁产生弯曲变形时的受力特点，是梁在过轴线的平面内受到和梁轴线相________的外力或外力偶的作用。

（10）梁弯曲时，任一横截面上的弯矩可通过该截面一侧（左侧或右侧）的外力确定，它等于该一侧所有外力对________力矩的代数和。

（11）梁上某横截面弯矩的正负，可根据该截面附近的变形情况来确定，若梁在该截面附近弯成上凹下凸，则弯矩为________。

（12）用截面法确定梁横截面上的剪力时，若截面右侧的外力合力向上，则剪力为________。

5-10　判断题

（1）杆件两端受到等值，反向和共线的外力作用时，一定产生轴向拉伸或压缩变形。（　　）

（2）只产生轴向拉伸或压缩的杆件，其横截面上的内力一定是轴力。（　　）

（3）若沿杆件轴线方向作用的外力多于两个，则杆件各段横截面上的轴力不尽相同。（　　）

（4）若在构件上作用有两个大小相等、方向相反、相互平行的外力，则此构件一定产生剪切变形。（　　）

（5）用剪刀剪的纸张和用刀切的菜，均受到了剪切破坏。（　　）

（6）只要在杆件的两端作用两个大小相等、方向相反的外力偶，杆件就会发生扭转变形。（　　）

（7）传递一定功率的传动轴的转速越高，其横截面上所受的扭矩也就越大。（　　）

（8）一正方形截面的梁，当外力作用在通过梁轴线的任一方位纵向平面内时，梁都将发生平面弯曲。（　　）

（9）通常将安装在车床刀架上的车刀简化为悬臂梁。（　　）

（10）梁横截面上的剪力，在数值上等于作用在此截面任一侧（左侧或右侧）梁上所有外力的代数和。（　　）

（11）用截面法确定梁横截面的剪力或弯矩时，若分别取截面以左或以右为研究对象，则所得到的剪力或弯矩的符号通常是相反的。（　　）

（12）研究梁横截面上的内力时，沿横截面假想地把梁横截为左段梁或右段两部分，由于原来的梁处于平衡状态，所以作用于左段或右段上的外力垂直于梁轴线方向的投影之和为零，即各外力对截面形心的力矩可相互抵消。（　　）

5-11　如图 5-26 所示，用截面法计算指定截面 1-1、2-2、3-3 上的轴力。

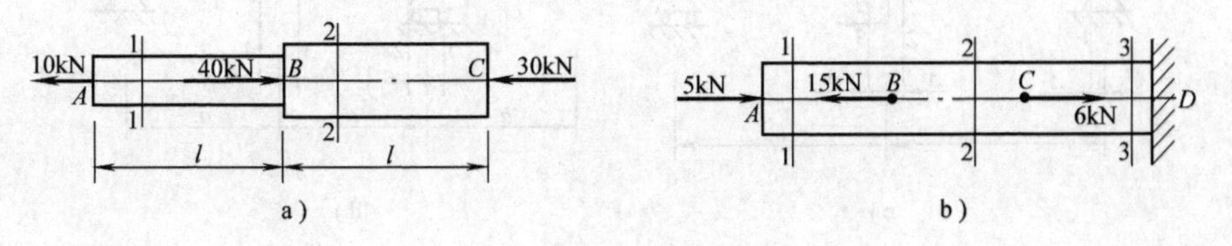

图 5-26　题 5-11 图

5-12　如图 5-27 所示，用截面法计算指定截面的轴力，并画出杆件的轴力图。

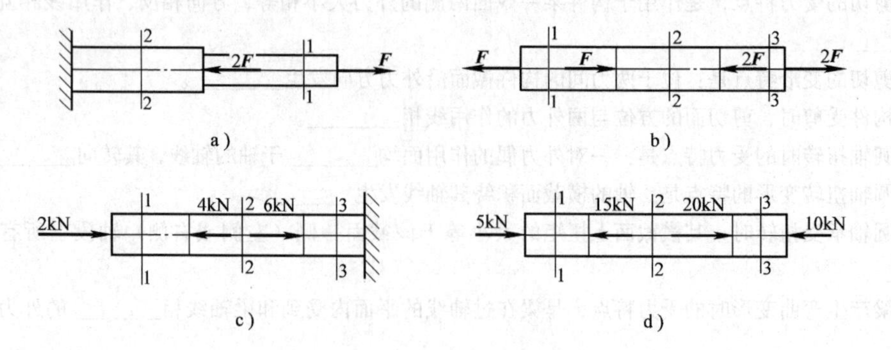

图 5-27　题 5-12 图

5-13　如图 5-28 所示，传动轴在 C、A、B 处的功率分别为 $P_1 = 100\text{kW}$，$P_2 = 30\text{kW}$，$P_3 = 70\text{kW}$，轴的转速 $n = 100\text{r/min}$，画出轴的扭矩图。

5-14　如图 5-29 所示，画出轴的扭矩图。

5-15　如图 5-30 所示，梁上的 q、F、a 和 l 均为已知，求各指定截面的剪力和弯矩。

5-16　如图 5-31 所示，梁上的 q、F、M_O、a 和 l 均为已知，画出剪力图和弯矩图，并利用载荷与剪力、弯矩的关系进行校核。

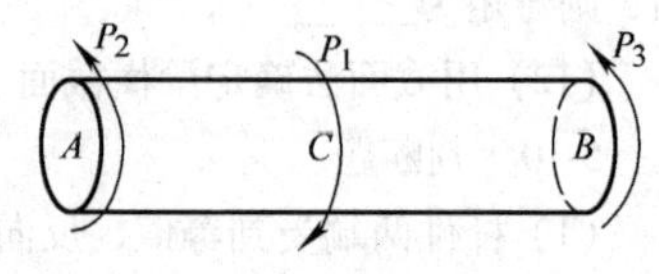

图 5-28　题 5-13 图

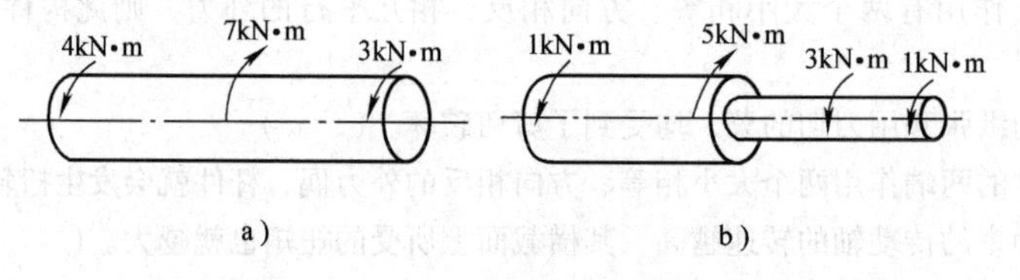

图 5-29　题 5-14 图

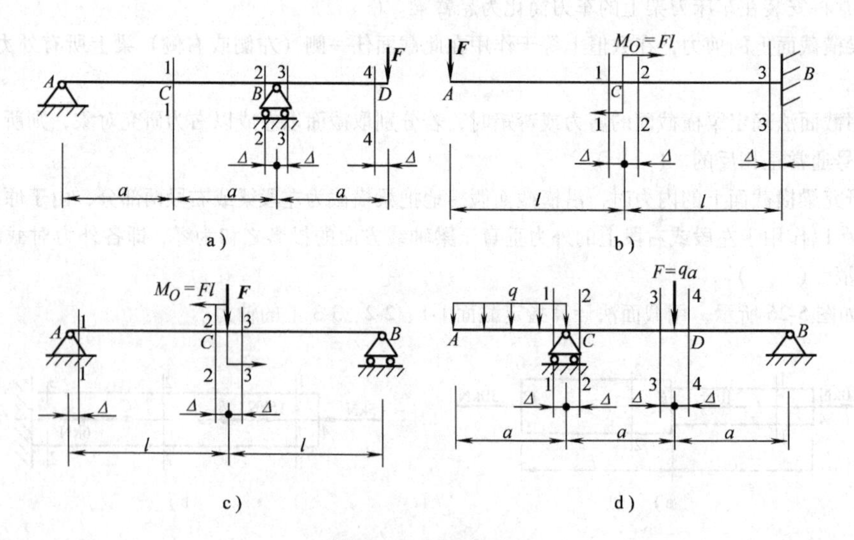

图 5-30　题 5-15 图

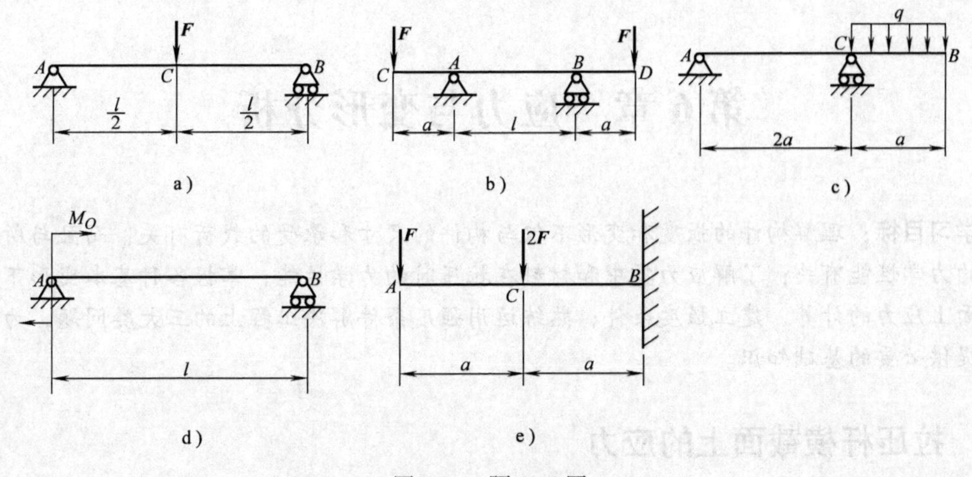

图5-31　题5-16图

5-17　如图5-32所示，外伸梁上均布载荷的集度为 $q=3\mathrm{kN/m}$，集中力偶矩 $m=30\mathrm{kN\cdot m}$。列出剪力方程和弯矩方程，并绘制剪力图和弯矩图。

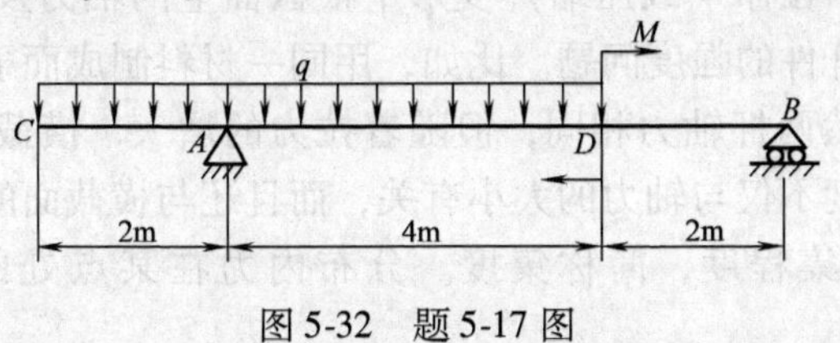

图5-32　题5-17图

第6章　应力与变形分析

学习目标：理解构件的强度和变形不仅与构件的尺寸和承受的载荷有关，而且与所选择材料的力学性能有关；了解应力集中和材料在拉压时的力学性能；掌握各种基本变形下构件横截面上应力的计算，建立强度条件；熟练运用强度条件解决工程上的三大类问题，为机械设计提供必要的基础知识。

6.1　拉压杆横截面上的应力

6.1.1　应力的概念

前面我们已经学习了拉伸（或压缩）变形下横截面上的轴力及其求解方法，在确定了轴力以后，还不能解决杆件的强度问题。比如，用同一材料制成而横截面积不同的两杆，在相同拉力的作用下，虽然两杆轴力相同，但随着拉力的增大，横截面小的杆件必然先被拉断。这说明，杆件的强度不仅与轴力的大小有关，而且还与横截面的大小有关，即取决于内力在横截面上分布的密集程度，简称集度。分布内力在某点处的集度，即为该点处的应力。

研究图6-1a所示杆件。在截面 m-m 上任一点 O 的周围取一个微小面积 ΔA，设在 ΔA 上分布内力的合力为 $\Delta \boldsymbol{F}$，一般情况下 $\Delta \boldsymbol{F}$ 不与截面垂直，则 $\Delta \boldsymbol{F}$ 与 ΔA 的比值称为 ΔA 上的平均应力，用 p_{m} 表示

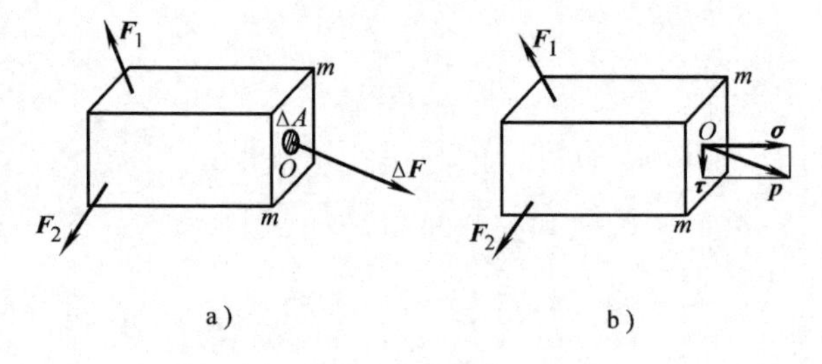

图6-1　截面应力

$$p_{\mathrm{m}} = \frac{\Delta F}{\Delta A}$$

一般情况下，内力在截面上的分布是不均匀的，为了更真实地描述内力的实际分布情况，应使 ΔA 面积缩小并趋近于零，则平均应力 p_{m} 的极限值称为 m-m 截面上 O 点处的全应力，并用 $\boldsymbol{p}$ 表示，即

$$\boldsymbol{p} = \lim_{\Delta A \to 0} \frac{\Delta \boldsymbol{F}}{\Delta A} = \frac{\mathrm{d}\boldsymbol{F}}{\mathrm{d}A}$$

全应力 $\boldsymbol{p}$ 是一个矢量，使用中常将其分解成与截面垂直的分量 $\boldsymbol{\sigma}$ 和与截面相切的分量 $\boldsymbol{\tau}$，$\boldsymbol{\sigma}$ 称为正应力，$\boldsymbol{\tau}$ 称为切应力，如图6-1b所示。

在我国的法定计量单位中，应力的单位为Pa（帕），$1\mathrm{Pa} = 1\mathrm{N/m^2}$。在工程实际中，这一单位太小，常用MPa（兆帕）和GPa（吉帕），其关系为 $1\mathrm{MPa} = 1\mathrm{N/mm^2} = 10^6\mathrm{Pa}$，$1\mathrm{GPa} = 10^9\mathrm{Pa}$。

6.1.2　横截面上的正应力

为了求得截面上任意一点的应力，必须了解内力在截面上的分布规律，一般常用实验的方法观察杆件受力后的变形情况，并分析杆横截面上的应力。

为了研究轴向拉（压）杆的变形规律，可以做以下实验。

取一等截面直杆，在杆上画上与杆轴垂直的横线 ab 和 cd，再画上与杆轴平行的纵向线，形成大小相同的正方形网格（见图 6-2a），然后沿杆的轴线作用拉力 $\boldsymbol{F}$ 使杆件产生拉伸变形。此时可以观察到：横线在变形前后均为垂直于杆轴线的直线，其横向间距增大；纵线在变形前后也均为平行于轴线的直线，其纵向间距减小，即所有正方形的网格均变成大小相同的长方形网格，如图 6-2b 所示。

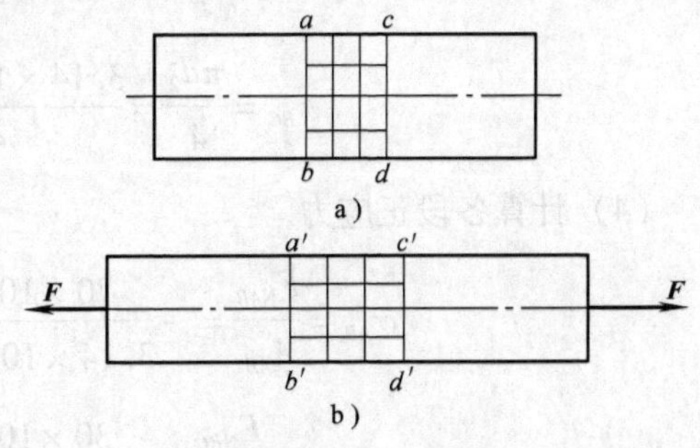

图 6-2　拉杆变形

根据上述现象，通过由表及里的分析，可作如下假设：变形前的横截面，变形后仍为平面，仅沿轴线产生了相对平移，并仍与杆的轴线垂直，这个假设称为平面假设。平面假设意味着拉杆的任意两个横截面之间所有纵向线段的伸长量相同，即变形相同。由材料的均匀连续性假设，可以推断出内力在横截面上的分布是均匀的，即横截面上各点处的应力大小相等，其方向与 $\boldsymbol{F}_{\mathrm{N}}$ 一致，垂直于横截面，故为正应力（见图 6-3），其计算式为

$$\sigma = \frac{F_{\mathrm{N}}}{A} \tag{6-1}$$

式中　F_{N}——横截面上的轴力（N）；

A——杆横截面面积（mm^2）。

正应力的正负号与轴力的相对应，即拉应力为正，压应力为负。

例 6-1　如图 6-4a 所示一变截面直杆，横截面为圆形，$d_1 = 200\mathrm{mm}$，$d_2 = 150\mathrm{mm}$。承受轴向载荷 $F_1 = 30\mathrm{kN}$，$F_2 = 100\mathrm{kN}$ 的作用，试求各段横截面上的正应力。

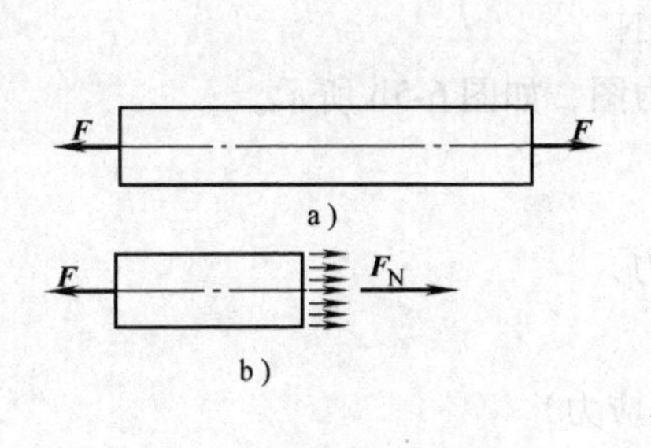

图 6-3　横截面上的正应力

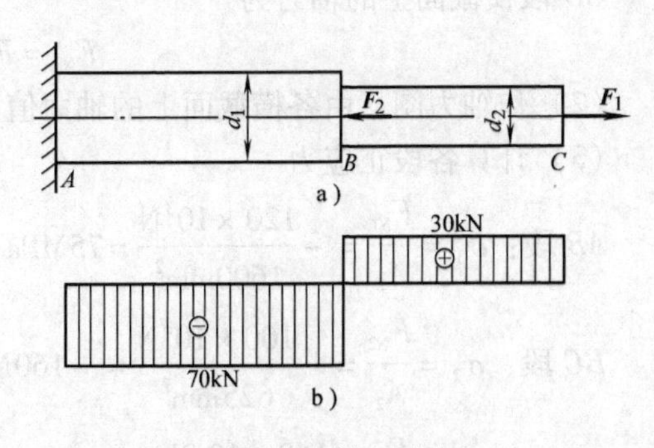

图 6-4　例 6-1 图

解　（1）计算各段轴力。AB 段横截面上的轴力为

$$F_{\mathrm{N}AB} = -70\mathrm{kN}$$

BC 段横截面上的轴力为

$$F_{NBC}=30\text{kN}$$

（2）作轴力图。由各横截面上的轴力值，作轴力图，如图 6-4b 所示。

（3）求横截面面积

$$A_{AB}=\frac{\pi d_1^2}{4}=\frac{3.14\times200^2\text{mm}^2}{4}=3.14\times10^4\text{mm}^2$$

$$A_{BC}=\frac{\pi d_2^2}{4}=\frac{3.14\times150^2\text{mm}^2}{4}=1.77\times10^4\text{mm}^2$$

（4）计算各段正应力

$$\sigma_{AB}=\frac{F_{NAB}}{A_{AB}}=-\frac{70\times10^3\text{N}}{3.14\times10^4\text{mm}^2}=-2.23\text{MPa}\text{（压应力）}$$

$$\sigma_{BC}=\frac{F_{NBC}}{A_{BC}}=\frac{30\times10^3\text{N}}{1.77\times10^4\text{mm}^2}=1.69\text{MPa}\text{（拉应力）}$$

例 6-2　钢制阶梯杆的受力如图6-5a 所示。各段杆的横截面面积为：$A_1=1600\text{mm}^2$，$A_2=625\text{mm}^2$，$A_3=900\text{mm}^2$，试画出轴力图，并求出此杆的最大工作应力。

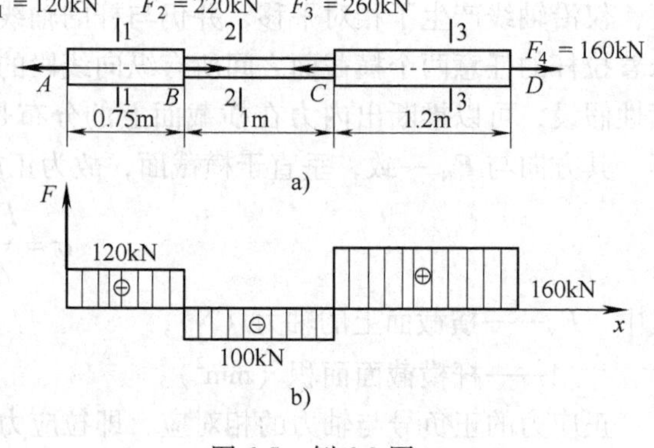

图 6-5　例 6-2 图

解　（1）计算各段轴力。*AB* 段横截面上的轴力为

$$F_{N1}=F_1=120\text{kN}$$

BC 段横截面上的轴力为

$$F_{N2}=F_1-F_2=120\text{kN}-220\text{kN}=-100\text{kN}$$

CD 段横截面上的轴力为

$$F_{N3}=F_4=160\text{kN}$$

（2）作轴力图。由各横截面上的轴力值，作轴力图，如图 6-5b 所示。

（3）计算各段正应力

AB 段：$\sigma_1=\frac{F_{N1}}{A_1}=-\frac{120\times10^3\text{N}}{1600\text{mm}^2}=75\text{MPa}$（拉应力）

BC 段：$\sigma_2=\frac{F_{N2}}{A_2}=-\frac{100\times10^3\text{N}}{625\text{mm}^2}=-160\text{MPa}$（压应力）

CD 段：$\sigma_3=\frac{F_{N3}}{A_3}=\frac{160\times10^3\text{N}}{900\text{mm}^2}=178\text{MPa}$（拉应力）

由此可知，杆的最大应力在 *CD* 段，$\sigma_{max}=\sigma_3=178\text{MPa}$，为拉应力。

6.1.3　斜截面上的应力

轴向拉（压）杆的破坏有时不沿着横截面，例如铸铁压缩时沿着大约与轴线成45°的斜截面发生破坏。为了全面了解杆件各处的应力情况，有必要研究轴向拉（压）杆斜截面上的应力。设图6-6a所示拉杆的横截面面积为A，任意斜截面$k-k'$的外法线方向n与轴线x的夹角为α。用截面法可求得斜截面上的内力为

$$F_\alpha = F$$

斜截面上的应力显然也是均匀分布的，故斜截面上任一点的应力为p_α（见图6-6b）。

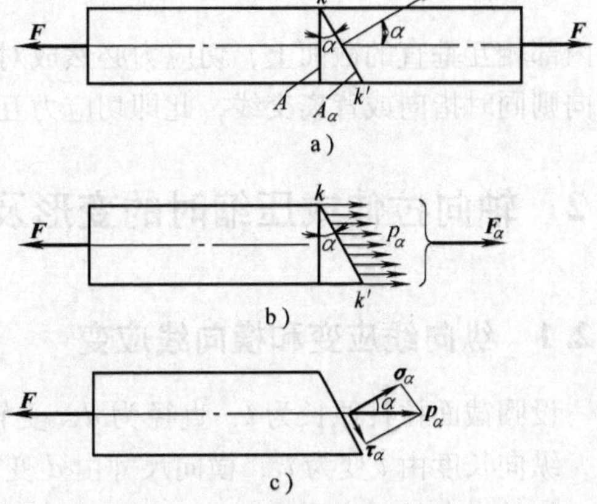

图6-6　斜截面上的应力

$$p_\alpha = \frac{F_\alpha}{A_\alpha} = \frac{F}{A_\alpha}$$

式中　A_α——斜截面的面积。

$A_\alpha = \dfrac{A}{\cos\alpha}$，代入上式后有

$$p_\alpha = \frac{F}{A_\alpha} = \frac{F}{\dfrac{A}{\cos\alpha}} = \frac{F}{A}\cos\alpha = \sigma\cos\alpha \tag{6-2}$$

式中　$\sigma = \dfrac{F}{A}$——横截面上的正应力。

将斜截面上的全应力p_α分解为与斜截面垂直的正应力σ_α和与斜截面相切的切应力τ_α（见图6-6c），由几何关系得到

$$\begin{cases} \sigma_\alpha = p_\alpha\cos\alpha = \sigma\cos^2\alpha \\ \tau_\alpha = p_\alpha\sin\alpha = \sigma\cos\alpha\sin\alpha = \dfrac{\sigma}{2}\sin2\alpha \end{cases} \tag{6-3}$$

从式（6-3）可以看出，斜截面上的正应力σ_α和切应力τ_α都是α的函数。这表明，过杆内同一点的不同斜截面上的应力是不同的，显然：

$\alpha=0°$时，$\sigma_{\alpha\max}=\sigma$，$\tau_\alpha=0$

$\alpha=45°$时，$\sigma_\alpha=\dfrac{\sigma}{2}$，$\tau_{\alpha\max}=\dfrac{\sigma}{2}$

$\alpha=90°$时，$\sigma_\alpha=0$，$\tau_\alpha=0$。

由此可得出以下结论：

1）轴向拉（压）杆在平行于杆轴的纵向截面上无任何应力。

2）在杆的斜截面上，既有正应力，又有切应力。

3）最大切应力发生在与横截面成45°的斜截面上。

在应用式（6-3）时，须注意角度α和σ_α、τ_α的正负号。现规定如下：由x轴逆时针转到斜截面外法线时，角α为正值（见图6-6a），反之由x轴顺时针转到斜截面外法线时，角

α 为负值；σ_α 仍以拉应力为正，压应力为负；在保留段内任取一点，如果 τ_α 对该点之矩为顺时针方向，则规定 τ_α 为正值，反之为负值。

由式（6-3）中的切应力计算公式 $\tau_\alpha = \dfrac{\sigma}{2}\sin 2\alpha$，可以看到，必有 $\tau_\alpha = -\tau_{\alpha+90^\circ}$，说明杆件内部相互垂直的截面上，切应力必然成对地出现，两者等值，都垂直于两平面的交线，其方向则同时指向或背离交线，此即切应力互等定理。

6.2 轴向拉伸或压缩时的变形及胡克定律

6.2.1 纵向线应变和横向线应变

设圆截面拉杆原长为 l，直径为 d，受轴向拉力 $\boldsymbol{F}$ 后，变形为图 6-7 双点画线所示的形状，纵向长度由 l 变为 l_1，横向尺寸由 d 变为 d_1，则

杆的纵向绝对变形为

$$\Delta l = l_1 - l$$

横向绝对变形为

$$\Delta d = d_1 - d$$

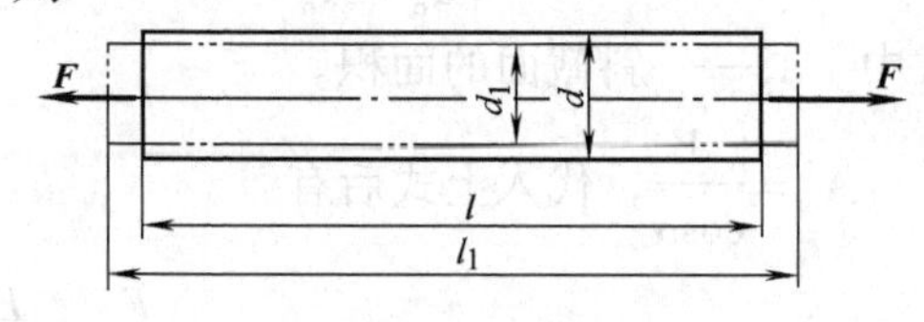

图 6-7 拉杆变形

为了度量杆的变形程度，用单位长度内杆的绝对变形即线应变来衡量。与上述两种绝对变形相对应的线应变为

纵向线应变
$$\varepsilon = \frac{\Delta l}{l} = \frac{l_1 - l}{l} \tag{6-4a}$$

横向线应变
$$\varepsilon' = \frac{\Delta d}{d} = \frac{d_1 - d}{d} \tag{6-4b}$$

实验表明，对于同一种材料，当应力不超过某一限度时，横向线应变 ε' 和纵向线 ε 应变之间存在比例关系且符号相反，即

$$\varepsilon' = -\mu\varepsilon \tag{6-5}$$

式中 μ——比例常数，称为材料的横向变形系数，或称泊松比，由实验测得，与杆件的材料有关。

6.2.2 胡克定律

实验表明，当杆的正应力 σ 不超过某一限度时，杆的绝对变形 Δl 与轴力 F_N 和杆长 l 成正比，而与横截面面积 A 成反比，即

$$\Delta l \propto \frac{F_N l}{A}$$

引进比例常数 E，得

$$\Delta l = \frac{F_N l}{EA} \tag{6-6}$$

上式称为胡克定律，比例常数 E 称为材料的弹性模量。对同一种材料来说，E 为常数。

弹性模量的单位与应力单位相同，常用 GPa 表示。分母 EA 称为杆的抗拉（压）刚度，它表示杆件抵抗拉伸（压缩）变形能力的大小。

对于变截面（如阶梯形）或轴力有变化的杆件，其在拉（压）时总的变形量

$$\Delta l = \sum \Delta l_i = \sum \frac{F_{Ni} l_i}{EA_i} \tag{6-7}$$

若将式（6-1）和式（6-4a）代入式（6-6），则得胡克定律的另一表达式

$$\sigma = E\varepsilon \tag{6-8}$$

因此，胡克定律又可简述为：若应力未超过某一极限值，则应力与应变成正比。

弹性模量 E 和泊松比 μ 都是表征材料的弹性常数，可由实验测定。几种常用材料的 E 和 μ 值见表 6-1。

表 6-1　几种常用材料的 E、μ 值

材料名称	E/GPa	μ	材料名称	E/GPa	μ
碳钢	196 ~ 216	0.24 ~ 0.28	铜及铜合金	72.6 ~ 128	0.31 ~ 0.42
合金钢	186 ~ 206	0.25 ~ 0.30	铝合金	70	0.33
灰铸铁	78.5 ~ 157	0.23 ~ 0.27			

例 6-3　图 6-8a 所示阶梯杆，已知横截面面积 $A_{AB} = A_{BC} = 500\text{mm}^2$，$A_{CD} = 300\text{mm}^2$，弹性模量 $E = 200\text{GPa}$。试求杆的伸长量。

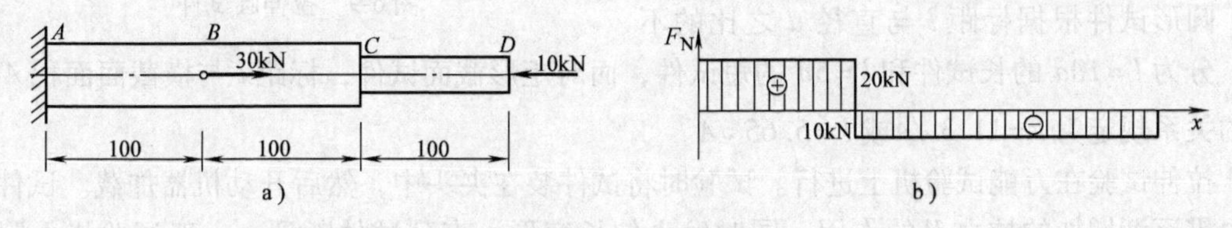

图 6-8　例 6-3 图

解　(1) 作轴力图。用截面法求得 CD 段和 BC 段的轴力

$$F_{NCD} = F_{NBC} = -10\text{kN}$$

AB 段的轴力为

$$F_{NAB} = 20\text{kN}$$

画出杆的轴力图（见图 6-8b）。

(2) 计算各段杆的变形量。应用胡克定律分别求各段杆的变形量

$$\Delta l_{AB} = \frac{F_{NAB} l_{AB}}{EA_{AB}} = \frac{20 \times 10^3 \text{N} \times 100\text{mm}}{200 \times 10^3 \text{MPa} \times 500\text{mm}^2} = 0.02\text{mm}$$

$$\Delta l_{BC} = \frac{F_{NBC} l_{BC}}{EA_{BC}} = \frac{-10 \times 10^3 \text{N} \times 100\text{mm}}{200 \times 10^3 \text{MPa} \times 500\text{mm}^2} = -0.01\text{mm}$$

$$\Delta l_{CD} = \frac{F_{NCD} l_{CD}}{EA_{CD}} = \frac{-10 \times 10^3 \text{N} \times 100\text{mm}}{200 \times 10^3 \text{MPa} \times 300\text{mm}^2} = -0.0167\text{mm}$$

（3）计算杆的总伸长。杆的总变形量等于各段变形之和

$$\Delta l = \Delta l_{AB} + \Delta l_{BC} + \Delta l_{CD} = (0.02 - 0.01 - 0.0167)\,\text{mm} = -0.0067\,\text{mm}$$

计算的结果为负，说明杆的总变形为缩短。

6.3　材料在拉伸或压缩时的力学性能

由前两节的学习可知，构件的强度和变形不仅与构件的尺寸和承受的载荷有关，而且与所选用材料的力学性能有关。材料的力学性能是指材料在外力作用下其强度和变形方面所表现的性能，一般由试验来确定。本节只讨论在常温和静载条件下材料的力学性能。所谓常温就是指室温，静载是指载荷从零开始缓慢地增加到一定数值后不再改变（或变化极不明显）的载荷。

6.3.1　拉伸试验和应力-应变曲线

拉伸试验是研究材料的力学性能时最基本最常用的试验。为便于比较试验结果，试件必须按照国家标准加工成标准试件。一种圆截面的拉伸标准试件如图 6-9 所示。试件的中间等直杆部分为试验段，其长度 l 称为标距，试件两端较粗的部分用来装夹。

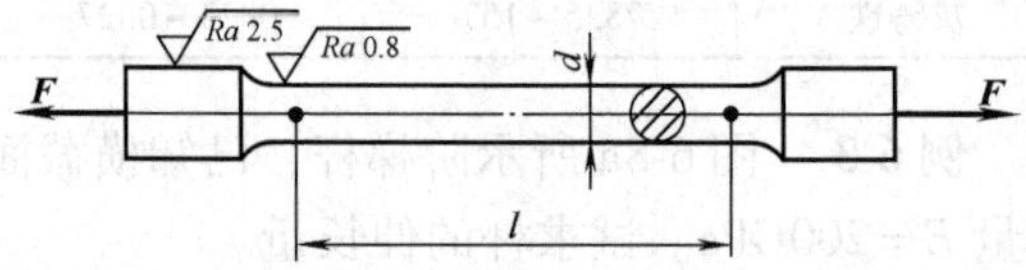

图 6-9　拉伸圆试件

圆形试件根据标距 l 与直径 d 之比的不同，分为 $l=10d$ 的长试件和 $l=5d$ 的短试件，而对矩形截面试件，标距 l 与横截面面积 A 之间的关系规定为 $l=11.3\sqrt{A}$或 $l=5.65\sqrt{A}$。

拉伸试验在万能试验机上进行。试验时将试件装在夹头中，然后开动机器加载。试件受到由零逐渐增加的拉力 F 的作用，同时发生伸长变形，直到试件断裂。一般试验机上附有自动绘图装置，在试验过程中能自动绘出载荷 F 和相应的伸长变形 Δl 的关系曲线，称为力-伸长曲线或 F-Δl 曲线（见图 6-10a）。

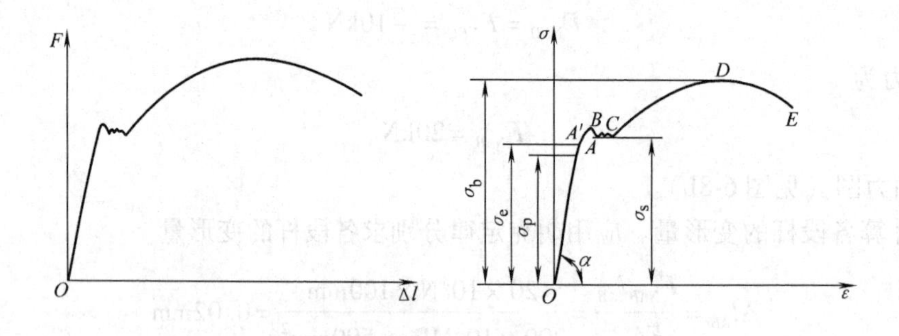

图 6-10　低碳钢的 F-Δl 和 σ-ε 曲线

力-伸长曲线的形状与试件的尺寸有关。为了消除试件横截面尺寸和长度的影响，将载荷 F 除以试件原来的横截面面积 A，得到应力 σ；将变形 Δl 除以试件原长 l，得到应变 ε，

这样的曲线称为应力-应变曲线（σ-ε 曲线）。σ-ε 曲线的形状与 F-Δl 曲线相似，但仅反映材料本身的特性（见图 6-10b）。

6.3.2　低碳钢拉伸时的力学性能

低碳钢是工程上广泛使用的金属材料，它在拉伸时表现出来的力学性能具有典型性。图 6-10b 是低碳钢拉伸时的应力-应变曲线，整个拉伸过程大致可分为四个阶段，现分别说明如下。

1. 线弹性阶段

在试件拉伸的初始阶段，应力 σ 与应变 ε 的关系表现在图中 OA 为一直线段，这说明该段内应力 σ 和应变 ε 成正比，这就是前面所述的胡克定律 $\sigma = E\varepsilon$。OA 直线的倾角为 α，其斜率 $\tan\alpha = \sigma/\varepsilon = E$，$E$ 为材料的弹性模量。

试件在这一段中的变形是完全弹性的，载荷卸去后，变形会全部消失而恢复到原试件的长度。直线部分的最高点 A 所对应的应力值 σ_p 称为比例极限，只有应力低于比例极限时，胡克定律才适用。

当应力超过比例极限 σ_p 后，图中的 AA' 段已不是直线，而是一段微弯的曲线，胡克定律已不再适用。但当应力值不超过 A' 点所对应的应力 σ_e 时，如将外力卸去，试件的变形仍然会随之全部消失，A' 点是材料保持弹性变形的极限点，其对应的应力值 σ_e 称为弹性极限。比例极限和弹性极限的概念不同，但实际上 A 点和 A' 点非常接近，可统称为弹性极限，没有严格的区分。在工程应用中，一般均使构件在弹性范围内工作。

2. 屈服阶段

当应力超过弹性极限后，6-10b 图上出现接近水平的小锯齿形波动段 BC，说明此时应力虽有小的波动，但基本保持不变，而应变却迅速增加，材料暂时失去了低抗变形的能力。这种应力变化不大而应变显著增加的现象称为材料的屈服或流动，BC 段对应的过程称为屈服阶段，如果试件表面光滑，可以看到试件表面出现了与轴线大约成 45°的条纹，它是由于材料沿试件的最大切应力面发生滑移的结果，称为滑移线（见图 6-11a）。

在屈服阶段，当金属材料呈现屈服现象时，在试验期间达到塑性变形而不增加力时的应力点称为屈服强度 σ_s，其指标包括对应于曲线的最高点和最低点的应力，分别称为上屈服强度 σ_{sU} 和下屈服强度 σ_{sL}。通常下屈服强度比较稳定，故将下屈服强度作为材料的屈服强度。

屈服阶段的变形不会随外载荷的卸去而消失，这表明材料已开始产生显著的塑性变形，变形是永久的。通常在工程中，不允许材料在塑性变形的情况下工作的，所以 σ_s 是衡量材料强度的一个重要指标。

3. 强化阶段

屈服阶段后，图中的 CD 曲线又开始上升，这表明，若要使材料继续变形，必须增加应力，即材料又恢复了抵抗变形的能力，这一阶段称为材料的强化阶段。曲线最高点 D 所对应的应力值称为材料的强度极限或抗拉强度，用 σ_b 表示，它是材料所能承受的最大应力，也是衡量材料强度的另一个重要指标，在这一阶段，试件的横向尺寸明显变小。

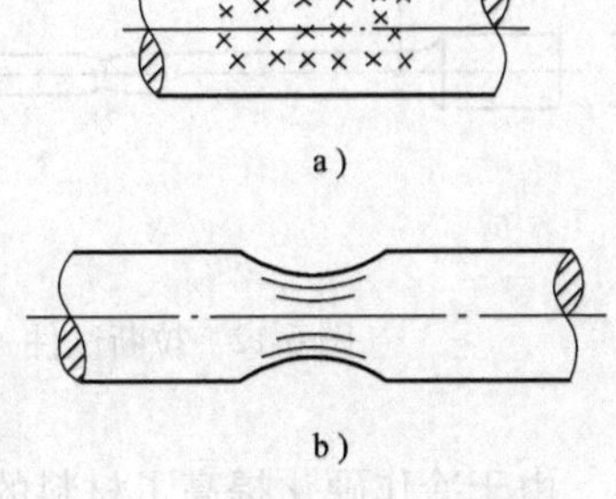

图 6-11　滑移线和缩颈现象

4. 局部变形阶段（颈缩阶段）

在强化阶段，试件的变形是均匀的，应力达到抗拉强度后，在试件较薄弱的横截面处发生急剧的局部收缩，出现缩颈现象（见图 6-11b）。由于缩颈处的横截面面积迅速减小，所能承受的拉力也相应降低，最终导致试件断裂，应力-应变曲线呈下降的 DE 段形状。

综上所述，当应力增大到屈服强度时，材料出现了明显的塑性变形；抗拉强度表示材料抵抗破坏的最大能力，因此对于低碳钢来说，σ_s 和 σ_b 是衡量材料强度的两个重要指标。

试件拉断后，弹性变形消失，但塑性变形仍保留下来。工程中用试件拉断后残留的塑性变形来表示材料的塑性性能。常用的塑性指标有两个：

断后伸长率 δ

$$\delta=\frac{l_1-l}{l}\times 100\% \tag{6-9}$$

断面收缩率 ψ

$$\psi=\frac{A-A_1}{A}\times 100\% \tag{6-10}$$

式中 l——标距原长；

l_1——拉断后标距的长度；

A——试件原横截面面积；

A_1——断裂后缩颈处的最小横截面面积（见图 6-12）。

低碳钢的断后伸长率在 20%～30% 之间，断面收缩率约为 60%，故低碳钢是很好的塑性材料。工程上通常把 $\delta \geqslant 5\%$ 的材料为塑性材料，如钢材、铜、铝等；把 $\delta < 5\%$ 的材料称为脆性材料，如铸铁、砖石、混凝土等。

实验表明，如果将试件拉伸到超过屈服强度 σ_s 后的任一点，例如图 6-13 中的 F 点，然后缓慢地卸载。这时会发现，卸载过程中试件的应力应变关系保持直线关系，沿着与 OA 近似平行的直线 FG 回到 G 点，而不是沿原来的加载曲线回到 O 点。OG 是试件残留下来的塑性应变，GH 表示消失的弹性应变。如果将卸载后的试件接着重新加载，则 σ-ε 曲线将基本上沿着卸载时的直线 GF 上升到 F 点，F 点以后的曲线仍与原来的 σ-ε 曲线大致相同。由此可见，将试件拉到超过屈服强度后卸载，然后重新加载时，材料的比例极限有所提高，而塑性变形减小，这种现象称为冷作硬化。

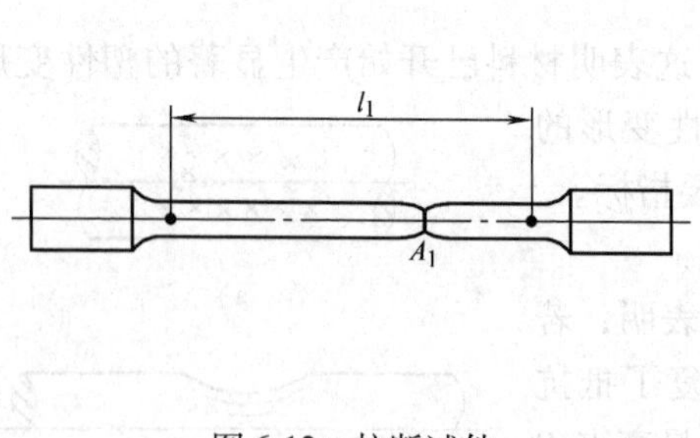

图 6-12 拉断试件

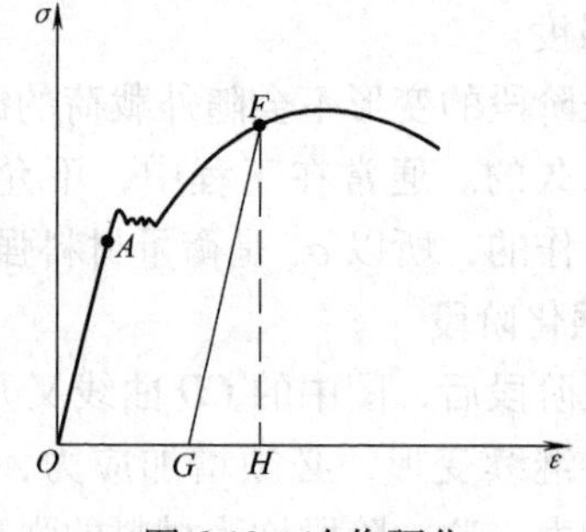

图 6-13 冷作硬化

由于冷作硬化提高了材料的比例极限，从而提高了材料在弹性范围内的承载能力，工程中常用冷作硬化来提高钢筋等材料在线弹性范围内的承载能力。例如起重机中的钢索，建筑用的钢筋用冷拔工艺进行强化，就是利用了冷作硬化现象。值得注意的是，冷作硬化后会降低材料的塑性，可后续进行退火处理来避免。

6.3.3　其他材料在拉伸时的力学性能

其他金属材料的拉伸试验和低碳钢拉伸试验做法相同，但材料所显示出来的力学性能有很大差异。图6-14给出了锰钢、硬铝、退火球墨铸铁和45钢的应力-应变曲线。这些都是塑性材料，但前三种材料没有明显的屈服阶段。对于没有明显屈服阶段的塑性材料，工程上规定以试件产生0.2%的塑性应变时所对应的应力值为材料的条件屈服极限$\sigma_{0.2}$（新标准中其符号根据不同的测量方法分为三种表示方法，分别以$R_{p0.2}$、$R_{pr0.2}$、$R_{t0.2}$表示）（见图6-15）。

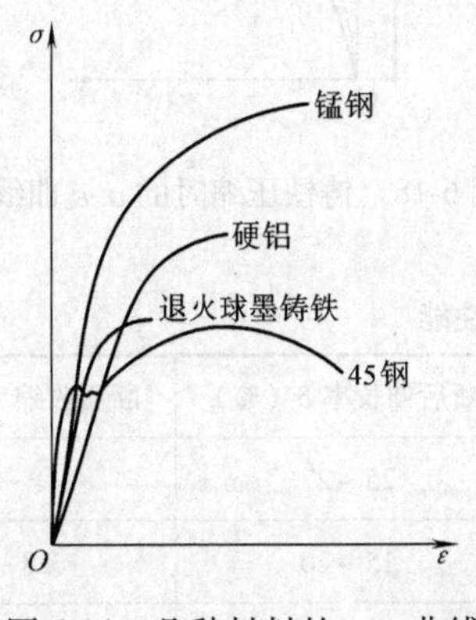

图6-14　几种材料的σ-ε曲线

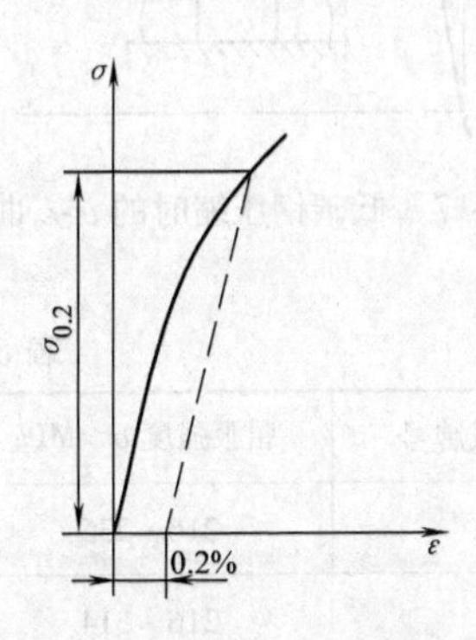

图6-15　条件屈服强度

图6-16为灰铸铁（脆性材料）拉伸时的应力-应变曲线。由图可见，σ-ε曲线没有明显的直线部分，既无屈服阶段，也无缩颈现象；断裂时应变通常只有0.4%~0.5%，断口平齐且垂直于试件轴线。因铸铁构件在实际使用的应力范围内，其应力-应变曲线的曲率很小，实际计算时常近似地以直线（见图6-16中的虚线）代替。铸铁的断后伸长率δ通常只有0.5%~0.6%，是典型的脆性材料。其抗拉强度σ_b是脆性材料的唯一强度指标。

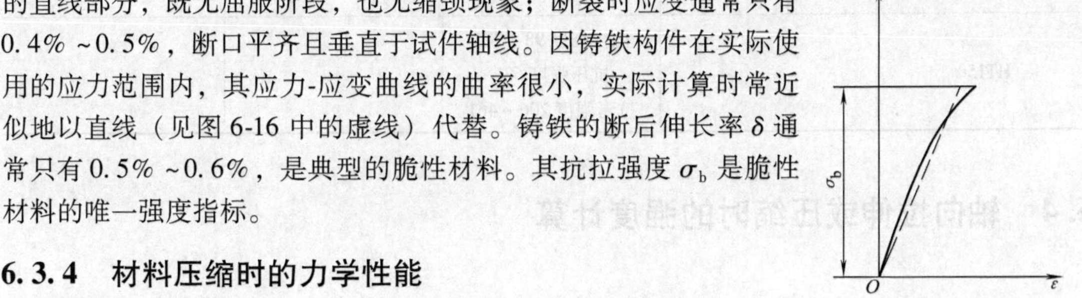

图6-16　铸铁拉伸时的σ-ε曲线

6.3.4　材料压缩时的力学性能

金属材料的压缩试件，一般做成短圆柱体，其高度为直径1.5~3倍，以免试验时被压弯；非金属材料（如水泥）的试样常采用立方体形状。

图6-17为低碳钢压缩时的σ-ε曲线，虚线是拉伸的σ-ε曲线。可以看出，在弹性阶段和屈服阶段两曲线是重合的。这表明，低碳钢在压缩时的比例极限σ_p、弹性极限σ_e、弹性模量E和屈服强度σ_s等都与拉伸时基本相同。进入强化阶段后，两曲线分离，压缩曲线上升，这是因为超过屈服强度后，低碳钢在压缩过程中不会发生断裂，只是受压面积不断增大，最后压溃破坏，所以低碳钢的压缩强度极限无法测定。

铸铁压缩时的应力-应变曲线如图 6-18 所示，虚线为拉伸时的 σ-ε 曲线。可以看出，铸铁压缩时的 σ-ε 曲线也没有直线部分，因此压缩时也只是近似地服从胡克定律。铸铁压缩时的抗压强度比抗拉强度高出 4～5 倍。对于其他脆性材料，如硅石、水泥等，其抗压能力也显著地高于抗拉能力。一般脆性材料价格较便宜，因此工程上常用脆性材料做承压构件。几种常用材料的力学性能见表 6-2。

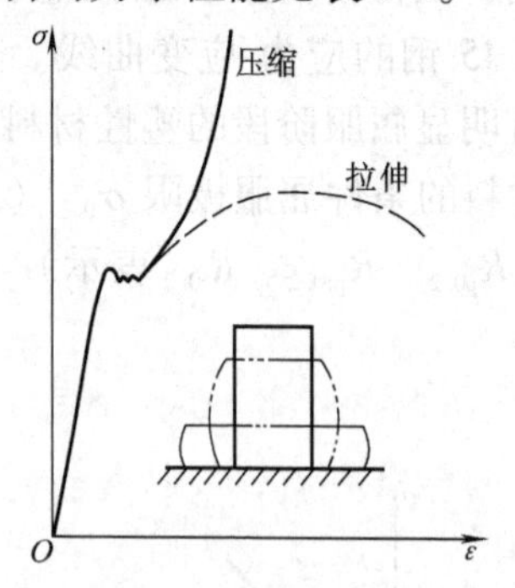

图 6-17　低碳钢压缩时的 σ-ε 曲线

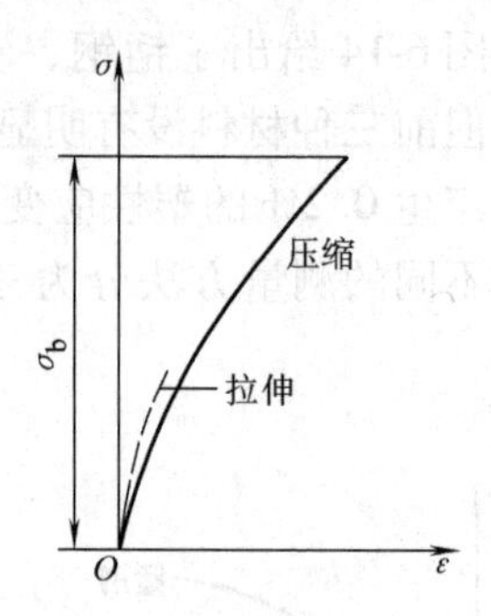

图 6-18　铸铁压缩时的 σ-ε 曲线

表 6-2　几种常用材料的力学性能

材料名称或牌号	屈服强度 σ_s/MPa	抗拉强度 σ_b/MPa	断后伸长率 δ（%）	断面收缩率 φ（%）
Q235A	216～235	373～461	25～27	—
35	216～314	432～530	15～20	28～45
45	265～353	530～598	13～16	30～40
40Cr	343～785	588～981	8～9	30～45
QT600-3	412	538	3	—
HT150	—	抗拉强度 98～275 抗压强度 637 抗弯强度 206～461	—	—

6.4　轴向拉伸或压缩时的强度计算

6.4.1　极限应力、许用应力、安全系数

由实验和工程实践可知，当构件的应力达到了材料的屈服强度或抗拉强度时，将产生较大的塑性变形或断裂，为使构件能正常工作，设定一种极限应力，用 σ^0 表示。对于塑性材料，常取 $\sigma^0=\sigma_s$（或 $\sigma_{0.2}$）；对于脆性材料，常取 $\sigma^0=\sigma_b$。

考虑到载荷估计的准确程度，应力计算的精确程度，材料的均匀程度以及构件的重要性等因素，为了保证构件安全可靠地工作，它的工作应力应小于材料的极限应力，使构件留有适当的强度储存，一般将极限应力除以大于 1 的系数 n，作为设计时应力的最大允许值，称为许用应力，用［σ］表示，即

$$[\sigma]=\frac{\sigma^0}{n} \tag{6-11}$$

式中 n——安全因数。

正确地选取安全因数，关系到构件的安全与经济这一对矛盾的问题。过大的安全因数会浪费材料，太小的安全系数则又可能使构件不能安全工作。各种不同工作条件下构件安全因数 n 的选取，可从有关工程手册中查到。一般对于塑性材料，取 $n=1.3\sim2.0$；对脆性材料，取 $n=2.0\sim3.5$。

6.4.2 拉（压）杆的强度条件

为了保证拉压杆件安全正常地工作，必须使杆内的最大工作应力不大于材料的拉伸或压缩许用应力，即

$$\sigma_{\max}=\frac{F_N}{A}\leqslant[\sigma] \tag{6-12}$$

式中 F_N——危险截面上的轴力；

A——危险截面的面积。

该式称为拉（压）杆的强度条件。

根据强度条件，可解决下列三种强度计算问题：

1）校核强度。若已知杆件的尺寸、所受载荷和材料的许用应力，即可用强度条件式（6-12）验算杆件是否满足强度条件，即

$$\sigma_{\max}\leqslant[\sigma]$$

2）设计截面尺寸。若已知杆件所承受的载荷及材料的许用应力，由强度条件式（6-12）可确定杆件必须达到的横截面面积 A，即

$$A\geqslant\frac{F_N}{[\sigma]}$$

3）确定承载能力。若已知杆件的横截面尺寸及材料的许用应力，即可由强度条件式（6-12）确定杆件所能承受的最大轴力，即

$$F_{N\max}\leqslant A[\sigma]$$

然后由轴力 $F_{N\max}$ 再确定结构的许可载荷。

值得注意的是，对于受压直杆进行强度计算时，式（6-12）只适用于较粗短的直杆，对细长的受压杆件，必须进行压杆稳定性计算，将在后续章节中讨论。

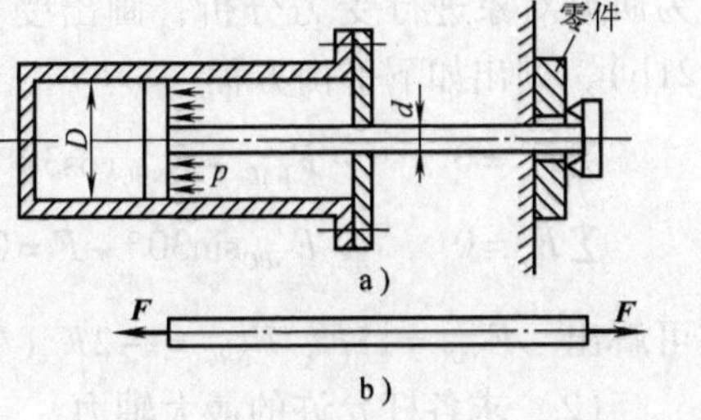

图6-19 例6-4图

例6-4 气动夹具如图6-19a所示。已知缸内气压 $p=0.6\text{MPa}$，气缸内径 $D=140\text{mm}$。活塞杆材料的许用应力 $[\sigma]=80\text{MPa}$。试设计活塞杆的直径。

解 （1）求活塞杆的轴力。活塞杆左端承受活塞上的气体压力，右端承受工件的阻力，所以活塞杆

为轴向拉伸构件如图 6-19b 所示。设活塞杆横截面面积远小于活塞面积，在计算气体压力作用面的面积时，前者可略去不计。故有

$$F = p \times \frac{\pi}{4}D^2 = 0.6\text{MPa} \times \frac{\pi}{4} \times 140^2\text{mm}^2 = 9231.6\text{N} = 9.23\text{kN}$$

再由截面法求得其轴力为 $F_N = F = 9.23\text{kN}$

（2）求截面面积 A。根据强度条件

$$A = \frac{\pi d^2}{4} \geqslant \frac{F_N}{[\sigma]} = \frac{9.23 \times 10^3\text{N}}{80\text{MPa}} = 115\text{mm}^2$$

由此求出

$$d \geqslant \sqrt{\frac{4 \times 115\text{mm}^2}{\pi}} = 12.1\text{mm}$$

可取活塞杆的直径为 13mm。

例 6-5　某冷锻机的曲柄滑块机构如图 6-20 所示。锻压工作时，当连杆接近水平位置时锻压力 F 最大，$F = 3780\text{kN}$。连杆横截面为矩形，高与宽之比 $h/b = 1.4$，$b = 180\text{mm}$，材料的许用应力 $[\sigma] = 90\text{MPa}$。试校核连杆的强度。

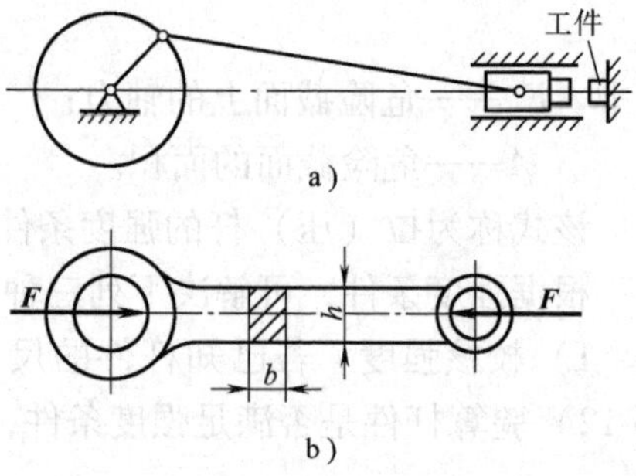

图 6-20　例 6-5 图

解　（1）计算轴力。由于锻压时连杆位于水平位置，其轴力为

$$F_N = F = 3780\text{kN}\ （连杆受压）$$

（2）校核强度。根据强度条件

$$\sigma_{max} = \frac{F_N}{A} = \frac{F_N}{b \times h} = \frac{3780 \times 10^3\text{N}}{180\text{mm} \times (1.4 \times 180\text{mm})} = 83.33\text{MPa} \leqslant [\sigma]$$

故活塞杆的强度足够。

例 6-6　图 6-21a 所示为简易的起重装置，AB 为圆截面钢杆，直径 $d = 30\text{mm}$；BC 为矩形截面木杆，尺寸 $b \times h = 60\text{mm} \times 120\text{mm}$。已知钢的许用应力 $[\sigma]_{钢} = 170\text{MPa}$，木材的许用应力 $[\sigma]_{木} = 10\text{MPa}$。求该装置的许可载荷 F。

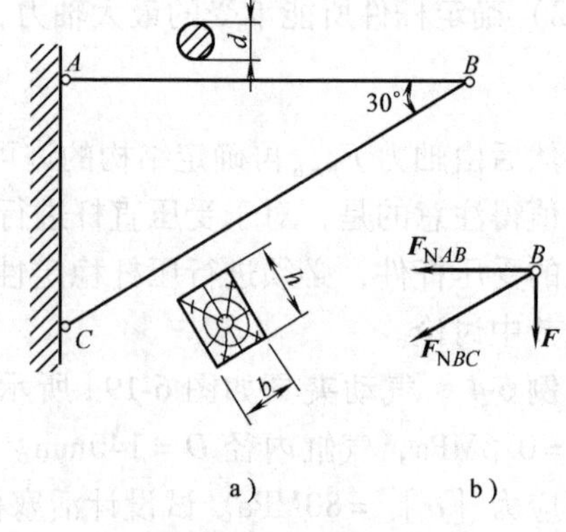

图 6-21　例 6-6 图

解　（1）求两杆的轴力。用截面法取节点 B 为研究对象进行受力分析，画出受力图（见图 6-21b），列出如下平衡方程

$$\sum F_x = 0 \qquad -F_{NAB} - F_{NBC}\cos 30° = 0$$

$$\sum F_y = 0 \qquad -F_{NBC}\sin 30° - F = 0$$

可解出　$F_{NAB} = \sqrt{3}F$，$F_{NBC} = -2F$（受压）

（2）求各杆允许的最大轴力。

$$F_{NAB} \leqslant [\sigma]_{钢} A_{AB} = 170\text{MPa} \times \frac{\pi \times 30^2 \text{mm}^2}{4} = 120.1 \times 10^3 \text{N} = 120.1\text{kN}$$

$$F_{NBC} \leqslant [\sigma]_{木} A_{BC} = 10\text{MPa} \times 60\text{mm} \times 120\text{mm} = 72 \times 10^3 \text{N} = 72\text{kN}$$

（3）求各杆的许用载荷。

对 *AB* 杆
$$F = \frac{F_{NAB}}{\sqrt{3}} \leqslant \frac{120.1}{\sqrt{3}}\text{kN} = 69.3\text{kN}$$

对 *BC* 杆
$$F = \frac{F_{NBC}}{2} \leqslant \frac{72}{2}\text{kN} = 36\text{kN}$$

（4）求该装置的许用载荷。

上面分别计算了 *AB*、*BC* 两杆在满足各自强度条件下的能承受的载荷 *F*，整个装置要能正常使用，必须保证其所有构件的强度足够，所以整个起重装置的许用载荷取两杆之数值小者。比较之，可得整个结构的许用载荷 *F* 不能超出 36kN。

6.4.3　应力集中的概念

当构件的横截面尺寸有突然变化，如阶梯形轴，在构件上钻孔、开槽、切口和螺纹等，都会造成在横截面突变处的应力不均匀分布。通常在截面突变处的应力数值特别大，离开突变区域或稍远处，应力趋于均匀。

如图 6-22 所示的轴向拉伸杆，杆上有一圆孔。若在圆孔处选取截面 1-1，则 1-1 截面的应力分布如图 6-22b 所示，靠近孔边沿范围的应力增大，稍稍离开这个区域应力又趋于均匀分布。这种因为横截面尺寸突然变化而出现局部应力急剧增大的现象，称为应力集中。

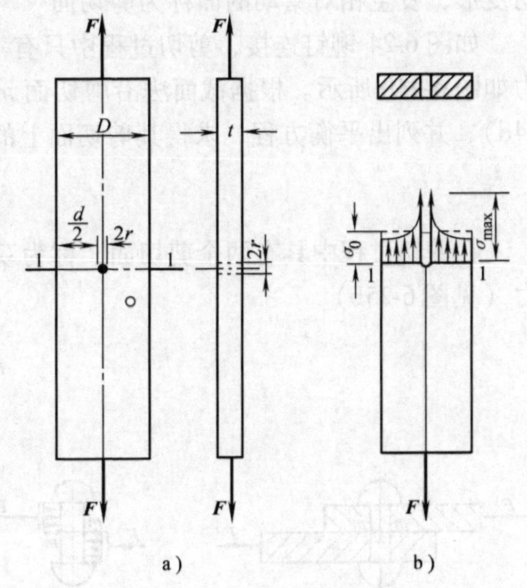

图 6-22　应力集中现象

应力集中的程度用应力集中系数 *K* 表示，其定义为

$$K = \frac{\sigma_{max}}{\sigma_n} \tag{6-13}$$

式中　σ_n——名义应力，名义应力是在不考虑应力集中的条件下求得的；

σ_{max}——最大局部应力。

确定应力集中系数 *K* 是较困难的，一般需要通过实验和弹性理论进行分析。典型的应力集中情况，可从有关工程手册中查得应力集中系数的值。

塑性材料对应力集中不敏感，实际工程计算中可按应力均匀分布计算。脆性材料因无屈服阶段，当应力集中处的最大应力 σ_{max} 达到强度极限时，该处首先产生裂纹。因此，脆性材料对应力集中敏感，必须考虑应力集中的影响。为了避免和减小应力集中对杆件的不利影响，可采取以下几种措施。

1）注意截面的处理，不使杆件截面尺寸发生突然变化。如不能避免，应使得截面尺寸变化尽可能小，并在截面变化处采用圆角过渡。

2）杆件的轮廓尽量平缓光滑。

3）当杆件上必须开有孔槽时，应尽量将孔槽置于低应力区内。

6.5　剪切和挤压时的应力　剪切胡克定律

6.5.1　剪切的实用计算

机械工程中的连接件，如铆钉、键、销钉等，当受力较大时可能沿某截面被剪断。用剪床剪钢板时，钢板在上下刀刃的作用下沿 m-m 截面发生相对错动，直至最后被剪断，如图 6-23 所示。以上这些构件的受力特点是：构件两侧面上所受外力的合力垂直于杆件轴线，大小相等，方向相反，作用线平行且相距很近。这时，构件在受力过程中沿两个力作用线之间的截面发生相对错动。这种变形称为剪切变形，发生相对错动的面称为剪切面。

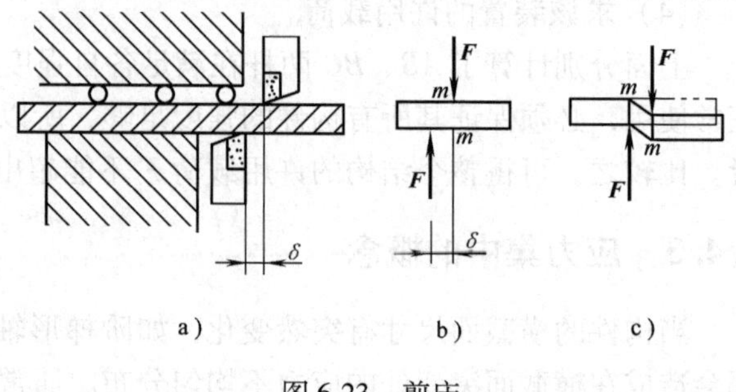

图 6-23　剪床

如图 6-24 铆钉连接，剪切过程中只有一个剪切面，称为单剪（见图 6-24a）。铆钉的受力如图 6-24b 所示。根据截面法沿剪切面 m-m 截开并任取其中一部分为研究对象（见图 6-24d），并列出平衡方程，求得其剪切面上的剪力

$$F_Q = F$$

在剪切过程中具有两个剪切面，称为双剪（见图 6-25）。由截面法求得其剪切面上的剪力（见图 6-25b）

$$F_Q = \frac{F}{2}$$

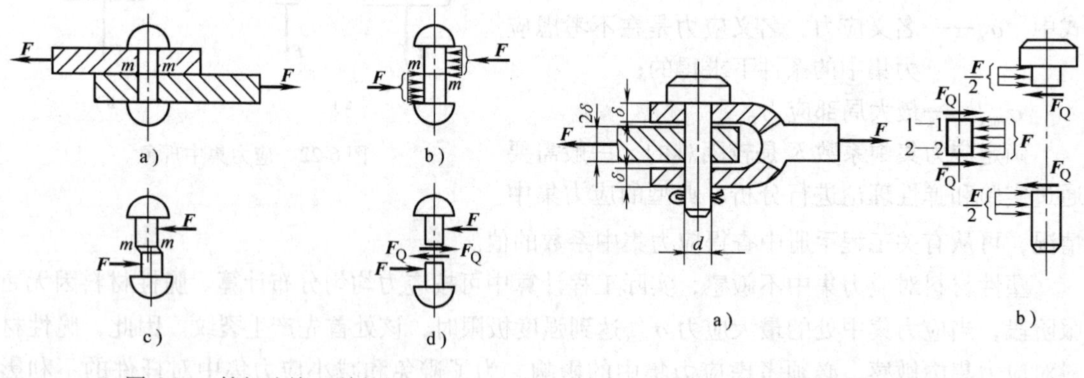

图 6-24　铆钉连接（单剪）　　图 6-25　销钉连接（双剪）

剪切面上分布内力（剪力）的集度称为切应力，以 τ 表示。切应力 τ 分布情况比较复杂，为了计算方便，工程上通常采用以实验、经验为基础的实用计算，即近似地认为切应力在剪切面上是均匀分布的，按此假设计算出的切应力实质上是截面上的平均应力，称名义切应力

$$\tau = \frac{F_Q}{A} \tag{6-14}$$

式中　τ——切应力；

F_Q——剪切面上的剪力；

A——剪切面面积。

为保证连接件具有足够的抗剪强度，要求切应力不超过材料的许用切应力。材料的许用剪切应力是由极限切应力除以适当的安全因数得来的，即

$$[\tau] = \frac{\tau_b}{n} \tag{6-15}$$

式中　$[\tau]$——常用材料的许用切应力（MPa）。

$[\tau]$ 可从有关手册中查得。实验表明，金属材料的 $[\tau]$ 与许用拉应力 $[\sigma]$ 之间有如下关系：

塑性材料　$[\tau] = (0.6 \sim 0.8)[\sigma]$

脆性材料　$[\tau] = (0.8 \sim 1.0)[\sigma]$

由此得剪切强度条件为

$$\tau_{\max} = \frac{F_Q}{A} \leqslant [\tau] \tag{6-16}$$

根据式（6-16）剪切强度条件，同样可以进行三类计算：剪切强度校核、设计截面尺寸、确定许可载荷。

对于剪切，除了利用式（6-16）进行强度校核，保证螺钉、铆钉等连接件正常工作时不被剪切破坏外，还有另外一类相反的问题，需要工作时能被剪断，如冲床冲剪等。其剪切破坏的条件

$$F_{Qb} \geqslant \tau_b A \tag{6-17}$$

式中　F_{Qb}——破坏时横截面上的剪力；

τ_b——材料的剪切强度极限。

6.5.2　挤压的实用计算

铆钉、销钉等连接件在发生剪切变形的同时，在连接件与被连接件接触面上互相压紧，从而出现局部变形，这种现象称为挤压。如图6-26所示，两块钢板通过中间的铆钉连接，在受到图中力 $\boldsymbol{F}$ 的作用时，钢板内孔壁与铆钉的外圆柱面产生挤压，挤压发生位置为上板的左侧孔壁与铆钉上部左侧的接触面，下钢板孔右侧与铆钉下部右侧接触面。

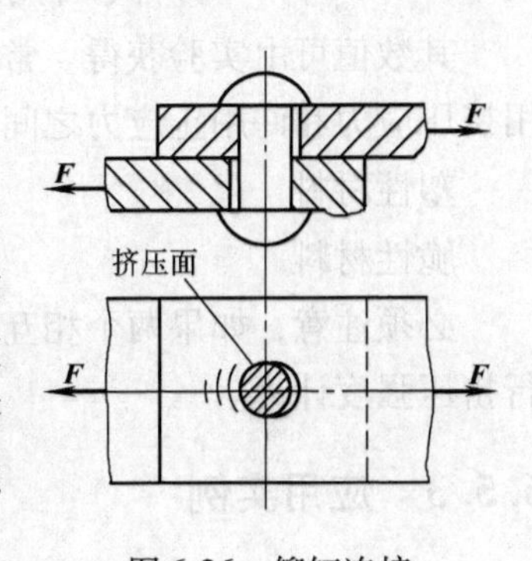

图6-26　铆钉连接

发生挤压的接触面称为挤压面。挤压面上的压力称为挤压

力，用 F_{jy} 表示。相应的应力称为挤压应力，用 σ_{jy} 表示。

必须指出，挤压与压缩不同。压缩变形是指整体变形，其任意横截面上的变形是均匀分布的。而挤压力作用在构件的表面，挤压应力也只分布在挤压面附近区域，且挤压变形情况比较复杂。当挤压应力较大时，挤压面附近区域将发生显著的塑性变形而被压溃，从而发生挤压破坏。

由于挤压面上的挤压应力分布规律也是比较复杂的，所以和剪切一样，工程中也采用实用计算，即认为挤压应力在挤压面上是均匀分布的，故挤压应力为

$$\sigma_{jy}=\frac{F_{jy}}{A_{jy}} \tag{6-18}$$

式中　F_{jy}——挤压面上的挤压力；

A_{jy}——挤压面的计算面积。

计算面积 A_{jy} 需要根据挤压面的形状来确定。如图 6-27a 所示的键连接中，挤压面为平面，则挤压面的计算面积就是该平面的实际挤压面积；对于销钉、铆钉等连接件，其挤压面为半圆柱面，在半圆柱面上挤压应力的分布情况如图 6-27b 所示，则挤压面的计算面积用实际挤压面在轴面上的正投影面积，即 $A_{jy}=dt$，如图 6-27c 所示。

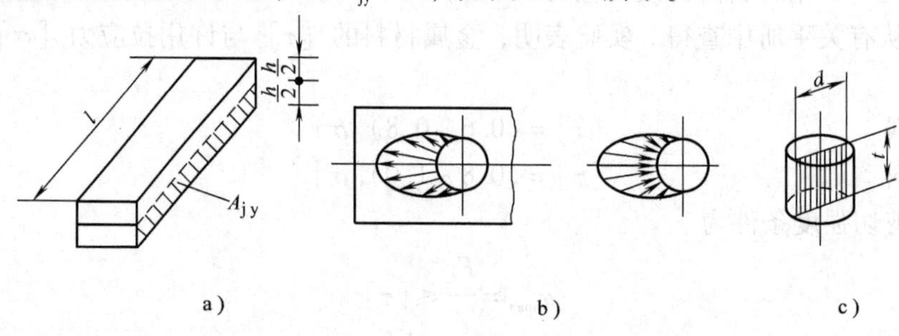

图 6-27　挤压面

为了保证连接件具有足够的挤压强度而不被破坏，必须满足工作挤压应力不超过许用挤压应力，即

$$\sigma_{jy}=\frac{F_{jy}}{A_{jy}}\leqslant[\sigma_{jy}] \tag{6-19}$$

式中　$[\sigma_{jy}]$——材料的许用挤压应力。

其数值可由实验获得。常用材料的 $[\sigma_{jy}]$ 仍可从有关手册中查得。对于金属材料，许用挤压应力和许用正应力之间有如下关系：

塑性材料　　$[\sigma_{jy}]=(1.7\sim2.0)[\sigma]$

脆性材料　　$[\sigma_{jy}]=(0.9\sim1.5)[\sigma]$

必须注意，如果两个相互挤压构件的材料不同，则应对材料中抵抗挤压能力弱的构件进行挤压强度计算。

6.5.3　应用实例

例 6-7　齿轮与轴用平键连接如图 6-28 所示，已知轴的直径 $d=50\text{mm}$，键的尺寸 $b\times h$

$\times l = 16\text{mm} \times 10\text{mm} \times 50\text{mm}$，传递的力矩为 $M = 600\text{N} \cdot \text{m}$，键的许用切应力 $[\tau] = 60\text{MPa}$，许用挤压应力 $[\sigma_{jy}] = 100\text{MPa}$。试校核键的强度。

解　平键连接在工作过程中，由于轴和齿轮结合面会发生错动，会使连接轴毂的键产生剪切变形，同时在键的侧面会产生挤压。

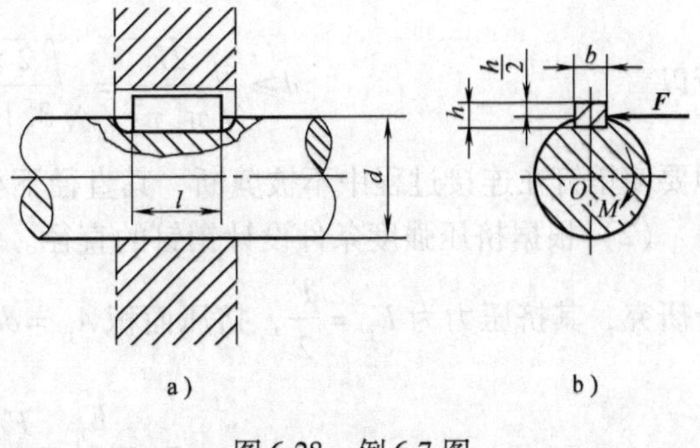

图6-28　例6-7图

（1）计算键所受的外力 F。取轴和键为研究对象，其受力如图6-28b所示，根据对轴心的力矩平衡方程

$$\sum M_O(\boldsymbol{F}) = 0, \quad F\frac{d}{2} - M = 0$$

可得

$$F = \frac{2M}{d} = \frac{2 \times 600 \times 10^3 \text{N} \cdot \text{mm}}{50\text{mm}} = 24 \times 10^3 \text{N} = 24\text{kN}$$

（2）校核键的抗剪强度。由于剪切面积 $A = bl = 16 \times 50\text{mm}^2 = 800\text{mm}^2$，剪力 $F_Q = F = 24\text{kN}$，所以

$$\tau = \frac{F_Q}{A} = \frac{24 \times 10^3 \text{N}}{800\text{mm}^2} = 30\text{MPa} < [\tau]$$

故键的剪切强度足够。

（3）校核键的挤压强度。键所受的挤压力 $F_{jy} = F = 24\text{kN}$，挤压面积

$$A_{jy} = \frac{h}{2}l = \frac{10 \times 50}{2}\text{mm}^2 = 250\text{mm}^2$$

因此
$$\sigma_{jy} = \frac{F_{jy}}{A_{jy}} = \frac{24 \times 10^3 \text{N}}{250\text{mm}^2} = 96\text{MPa} < [\sigma_{jy}]$$

故键的挤压强度足够。

根据计算结果可知，键有足够的剪切强度，而挤压强度的裕度较少。所以，在工程实际中键因挤压而破坏的居多。

例6-8　电动机车挂钩的销钉连接如图6-29所示。已知挂钩厚度 $\delta = 8\text{mm}$，销钉材料的许用切应力 $[\tau] = 60\text{MPa}$，许用挤压应力 $[\sigma_{jy}] = 200\text{MPa}$，电动机车的牵引力 $F = 15\text{kN}$，试设计销钉的直径。

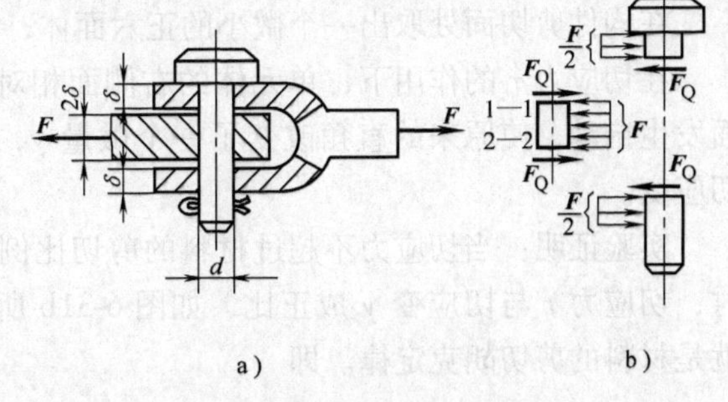

图6-29　例6-8图

解　（1）首先根据剪切强度条件设计销钉直径。销钉受力情况如图6-29b所示，因销钉受双剪，故每个剪切面承受的剪力 $F_Q = F/2$。

$$\tau = \frac{F_Q}{A} = \frac{F/2}{\pi d^2/4} \leqslant [\tau]$$

所以
$$d \geqslant \sqrt{\frac{2F}{\pi[\tau]}} = \sqrt{\frac{2 \times 15000\text{N}}{3.14 \times 60\text{MPa}}} \approx 13\text{mm}$$

即要使销钉在连接过程中不被剪断，其直径不小于13mm。

（2）根据挤压强度条件设计销钉的直径。由图6-29b可知，任取销钉下部的挤压情况进行研究，其挤压力为 $F_{jy} = \frac{F}{2}$，挤压面积 $A_{jy} = d\delta$，所以

$$\sigma_{jy} = \frac{F_{jy}}{A_{jy}} = \frac{F/2}{d\delta} \leqslant [\sigma_{jy}]$$

$$d \geqslant \frac{F/2}{\delta[\sigma_{jy}]} = \frac{15000/2\text{N}}{8\text{mm} \times 200\text{MPa}} \approx 4.7\text{mm}$$

即要使销钉在连接过程中不被挤坏，其直径不小于4.7mm。

综合以上计算结果，要使销钉在连接过程中既不发生剪切，又不发生挤压破坏，销钉直径应取二者中较大者才安全，考虑到起动与制动时冲击的影响，可取 $d = 15\text{mm}$。

例6-9　图6-30a为冲床示意图，已知被加工钢板厚度 $t = 10\text{mm}$，其剪切强度极限为 $\tau_b = 300\text{MPa}$，若用冲床将钢板冲出直径 $d = 25\text{mm}$ 的孔，需要在冲头加多大的冲剪力 F_Q？

解　由题意知，剪切面是圆柱形侧面，如图6-30b所示。其面积为：$A = \pi dt = \pi \times 25\text{mm} \times 10\text{mm} = 785\text{mm}^2$，冲孔所需要的冲剪力 F_Q 就是钢板破坏时剪切面上的剪力 F_{Qb}，由式（6-17）可得

$$F_{Qb} \geqslant \tau_b A = 300\text{N/mm}^2 \times 785\text{mm}^2 = 235 \times 10^3\text{N} = 235.5\text{kN}$$

故冲孔所需要的最小冲剪力为235.5kN。

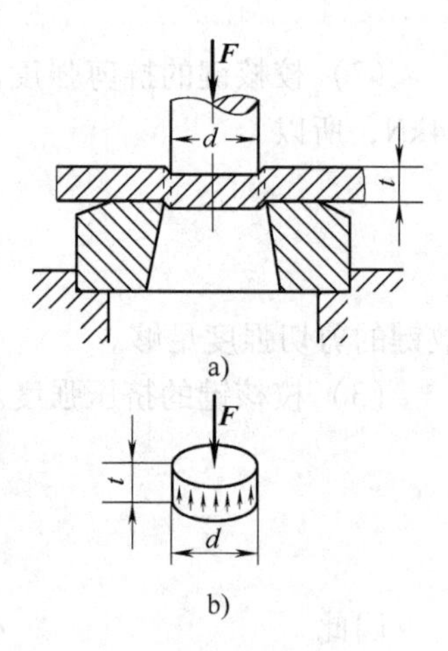

图6-30　例6-9图

6.5.4　剪切胡克定律

在构件剪切面处取出一个微小的正六面体，如图6-31a所示。

在切应力 τ 的作用下，单元体的右侧面相对于左侧面发生错动，使原来的直角改变了一个微量 γ，这就是切应变。

实验证明：当切应力不超过材料的剪切比例极限 τ_p 时，切应力 τ 与切应变 γ 成正比，如图6-31b所示。这就是材料的剪切胡克定律。即

$$\tau = G\gamma \tag{6-20}$$

式中　G——比例常数，称为材料的切变模量。是表示材料抵抗剪切变形能力的物理量，G 的量

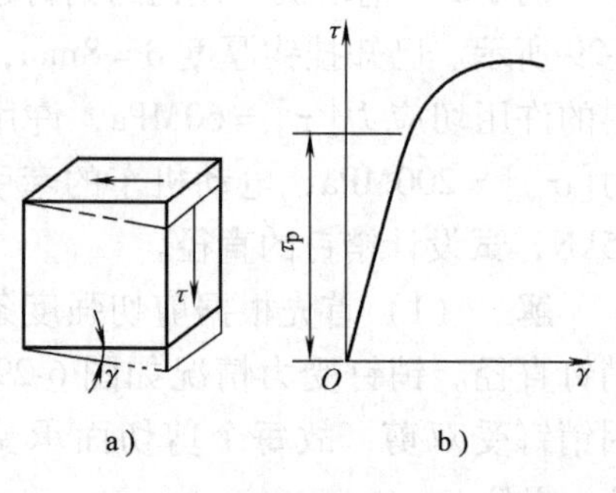

图6-31　τ-γ 曲线

纲与切应力 τ 相同。常用单位是 GPa，与材料有关，其数值可以由实验测得。

对于各向同性材料，切变模量 G、弹性模量 E 和泊松比 μ 三个弹性常数之间的关系为

$$G=\frac{E}{2(1+\mu)} \tag{6-21}$$

6.6 圆轴扭转时的应力分布规律与强度条件

6.6.1 圆轴扭转时的应力

1. 圆轴扭转时的应力

工程中最常见的轴是等截面圆轴。本节主要研究等截面圆轴扭转时横截面上的应力分布规律。为了研究圆轴横截面上应力分布的情况，可进行扭转实验。如图 6-32a 取一圆截面直杆，在其表面画若干垂直于轴线的圆周线和平行于轴线的纵向线，两端施加一对转向相反、力偶矩大小相等的外力偶，使圆轴扭转，如图 6-32b 所示。

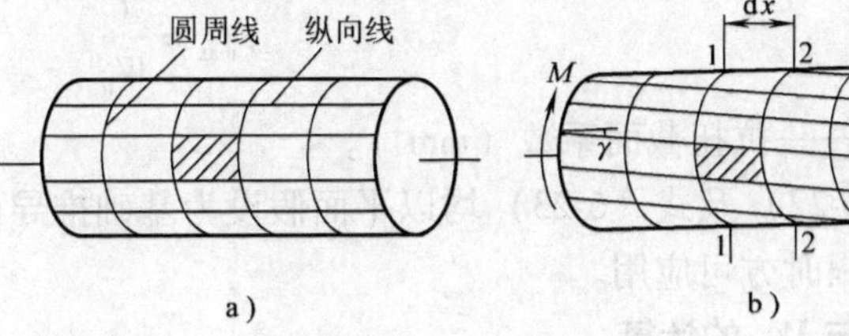

图 6-32 圆轴扭转

当扭转变形很小时，可观察到：

1）各圆周线的形状与大小以及任意两圆周线的间距均不改变，仅绕轴线作相对转动；各纵向线仍为直线，且倾斜同一角度 γ，使原来的矩形变成平行四边形。

2）根据上述现象可认为：扭转变形后，轴的横截面仍保持平面，其形状和大小不变，半径仍为直线。这就是圆轴扭转的平面假设。

3）由上述可推断：圆轴扭转时，其横截面上各点的切应变与该点至截面形心的距离成正比。根据剪切胡克定律知，横截面上各点必有切应力存在，且垂直于半径呈线性分布，如图 6-33 所示，即有 $\tau_\rho=K\rho$。

4）扭转切应力计算。如图 6-34 所示，圆轴横截面上微面积 dA 上的微内力为 $\tau_\rho \mathrm{d}A$，它对截面中心 O 的微力矩为 $\tau_\rho \mathrm{d}A\rho$。在整个横截面上所有这些微力矩之和应等于该截面上的扭矩 T，即

$$T=\int_A \tau_\rho \rho \mathrm{d}A=K\int_A \rho^2 \mathrm{d}A$$

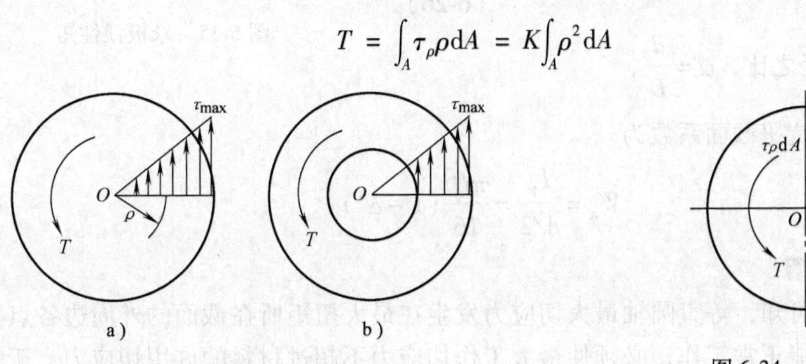

图 6-33 扭转时应力分布规律

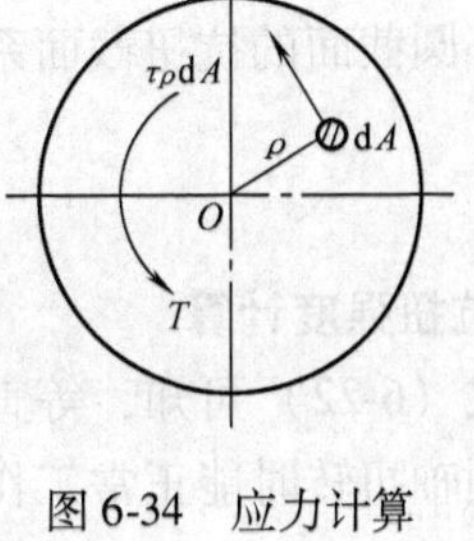

图 6-34 应力计算

令 $I_p = \int_A \rho^2 dA$，称截面极惯性矩，单位 m^4 或 mm^4，则

$$T = KI_p = \frac{\tau_\rho}{\rho} I_P$$

得

$$\tau_\rho = \frac{T\rho}{I_p} \tag{6-22}$$

式中 τ_ρ——所求横截面上任一点的切应力（MPa）；

T——所求截面上的扭矩（N · mm）；

ρ——所求点到截面中心的距离（mm）。

上式为圆轴扭转时横截面上任一点的切应力计算公式。

显然当 $\rho = 0$ 时，$\tau = 0$；当 $\rho = R$ 时，切应力最大，$\tau_{max} = TR/I_p$。

令 $W_n = I_p/R$，则式（6-22）可写成

$$\tau_{max} = \frac{T}{W_n} \tag{6-23}$$

式中 W_n——抗扭截面系数（mm^3）。

式（6-22）及式（6-23）均以平面假设为基础推导而得，故只在圆轴的 τ_{max} 不超过材料的比例极限时方可应用。

2. I_p 与 W_n 的计算

计算极惯性矩 I_p 时，可在圆截面上距圆心为 ρ 处取厚度为 $d\rho$ 的环形面积作为面积元素 dA，如图 6-35a 所示。因此面积上各点的 ρ 可视为相等的，于是 $I_p = \int_A \rho^2 dA$ 中 dA 可用 $2\pi\rho d\rho$ 代替，从而得圆截面的极惯性矩为

$$I_p = \int_0^{\frac{d}{2}} 2\pi\rho^3 d\rho = \frac{\pi d^4}{32} \tag{6-24}$$

抗扭截面系数 $$W_n = \frac{I_p}{d/2} = \frac{\pi d^3}{16} \tag{6-25}$$

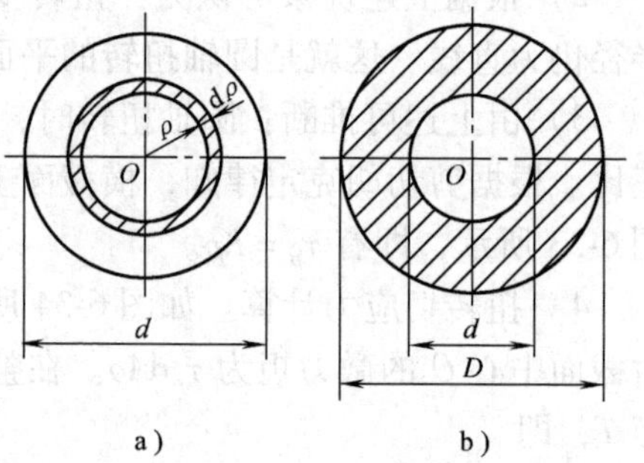

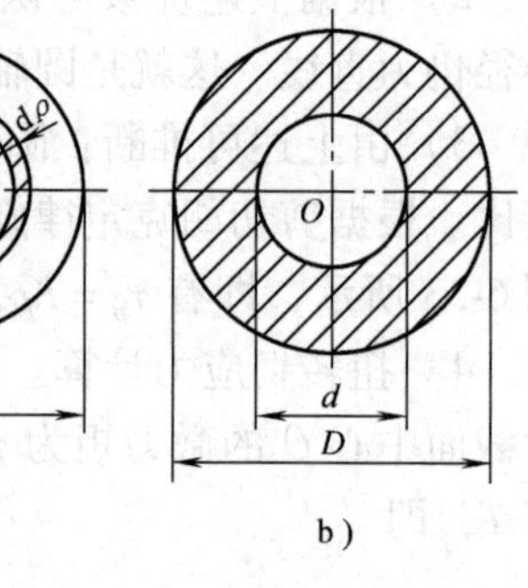

图 6-35 求极惯性矩

图 6-35b 所示空心圆截面的极惯性矩为

$$I_p = \frac{\pi D^4}{32} - \frac{\pi d^4}{32} = \frac{\pi}{32}(D^4 - d^4) = \frac{\pi D^4}{32}(1 - \alpha^4) \tag{6-26}$$

式中 α——内外径之比，$\alpha = \frac{d}{D}$。

空心圆截面的抗扭截面系数为

$$W_n = \frac{I_p}{d/2} = \frac{\pi D^3}{16}(1 - \alpha^4) \tag{6-27}$$

3. 抗扭强度计算

由式（6-22）可知，等直圆轴最大切应力发生在最大扭矩所在截面的外周边各点处。为了保证圆轴扭转时能正常工作，必须使最大工作切应力不超过材料的许用切应力，于是等直圆轴扭转时的强度条件为

$$\tau_{max}=\frac{T_{max}}{W_n}\leqslant[\tau] \tag{6-28}$$

对于变截面的阶梯轴，由于 W_n 各段不同，τ_{max} 不一定发生在 $|T|_{max}$ 所在的截面上，因此综合考虑 T 和 W_n 两个因素来确定。

根据式（6-28）扭转强度条件，可对受扭转的圆轴进行以下三类计算：

1）强度校核：当 $\tau_{max}\leqslant[\tau]$，扭转强度足够，否则不够。

2）截面尺寸设计：根据强度条件求出抗扭截面系数 W_n，然后根据式（6-25）或式（6-27）求出截面尺寸。

3）确定许可载荷：根据强度条件求出最大扭矩，然后再求出对应的许可载荷。

$$T_{max}\leqslant W_n[\tau]$$

例 6-10　直径为 $d=50$mm 的等截面钢轴如图 6-36 所示，主动轮 2 输入功率为 $P_2=20$kW，转速为 $n=180$r/min，轮 1、3、4 的输出功率 $P_1=3$kW，$P_3=10$kW，$P_4=7$kW。轴的许用切应力 $[\tau]=38$MPa，试校核该轴的强度。

解　（1）计算外力偶矩。

$$M_1=9550\frac{P}{n}=9550\times\frac{3\text{kW}}{180\text{r/min}}=159\text{N}\cdot\text{m}$$

$$M_2=9550\times\frac{20\text{kW}}{180\text{r/min}}=1061\text{N}\cdot\text{m}$$

$$M_3=9550\times\frac{10\text{kW}}{180\text{r/min}}=531\text{N}\cdot\text{m}$$

$$M_4=9550\times\frac{7\text{kW}}{180\text{r/min}}=371\text{N}\cdot\text{m}$$

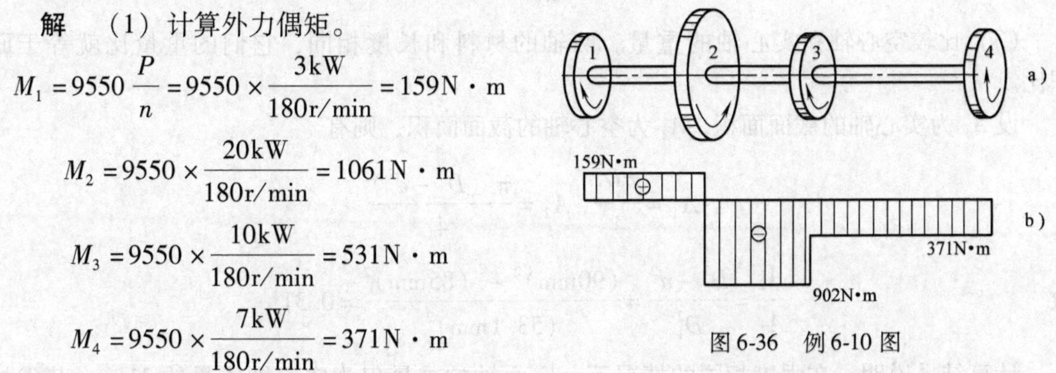

图 6-36　例 6-10 图

（2）画扭矩图。用截面法分别求各段的扭矩，画出轴的扭矩图（见图 6-36b）。

（3）强度校核。由于该轴是等截面轴，因此其危险截面处于最大扭矩所在的中间段的各截面。

$$\tau_{max}=\frac{T_{max}}{W_n}=\frac{902\times10^3\text{N}\cdot\text{mm}\times16}{\pi\times50^3\text{mm}^3}=36.77\text{MPa}<[\tau]$$

所以强度满足要求。

例 6-11　由无缝钢管制成的汽车传动轴 AB（见图 6-37），外径 $D=90$mm，壁厚 $t=2.5$mm，材料为 45 钢，许用切应力 $[\tau]=60$MPa，工作时最大扭矩 $T=1.5$kN·m。

（1）试校核 AB 轴强度。

（2）在强度不变的情况下将 AB 轴改为实心轴，试确定实心轴的直径。

（3）比较实心轴和空心轴的重量。

解　（1）校核 AB 轴的强度。由已知条件可得

$$T=1.5\text{kN}\cdot\text{m},\alpha=\frac{d}{D}=\frac{(90-2\times2.5)\text{mm}}{90\text{mm}}=0.944$$

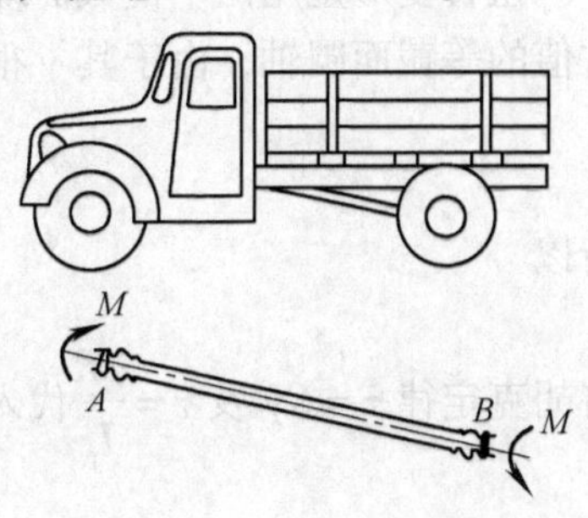

图 6-37　例 6-11 图

故
$$W_n = \frac{\pi D^3}{16}(1-\alpha^4) = \frac{\pi \times (90\text{mm})^3}{16}(1-0.944^4) \approx 29469\text{mm}^3$$

$$\tau_{max} = \frac{T}{W_n} = \frac{1.5 \times 10^3 \times 10^3 \text{N} \cdot \text{mm}}{29469\text{mm}^3} = 50.9\text{MPa} < [\tau]$$

故 AB 轴满足强度要求。

(2) 确定实心轴的直径。若空心轴改为实心轴后强度保持不变，其实际切应力必须不变，则两轴的抗扭截面系数必须相等。

设实心轴的直径为 D_1，则有

$$\frac{\pi D_1^3}{16} = \frac{\pi D^3}{16}(1-\alpha^4) = 29469\text{mm}^3$$

解得
$$D_1 = \sqrt[3]{\frac{16 \times 29469\text{mm}^3}{\pi}} = 53.1\text{mm}$$

(3) 比较空心轴和实心轴的重量。两轴的材料和长度相同，它们的重量比就等于面积比。

设 A_1 为实心轴的截面面积，A_2 为空心轴的截面面积，则有

$$A_1 = \frac{\pi D_1^2}{4}, \ A_2 = \frac{\pi (D^2 - d^2)}{4}$$

故
$$\frac{A_2}{A_1} = \frac{D^2 - d^2}{D_1^2} = \frac{(90\text{mm})^2 - (85\text{mm})^2}{(53.1\text{mm})^2} = 0.31$$

计算结果说明，在强度相同的情况下，空心轴的重量仅为实心轴重量的31%，节省材料的效果明显，这是因为切应力沿半径呈线形分布，圆心附近各点应力较小，材料未能充分发挥作用。改为空心轴相当于把轴心处的材料移向边缘，从而提高了轴的强度。所以飞机、轮船、汽车等运输机械的某些轴，常采用空心轴。但空心轴的价格一般较贵，一般情况下不采用。

6.6.2 圆轴扭转时的变形与刚度计算

1. 圆轴扭转时的变形计算

扭转变形是用两个横截面绕轴线的相对扭转角 φ 来表示的（见图 6-38）。对于扭矩 T 为常值的等截面圆轴，由于其 γ 很小，$\tan\gamma \approx \gamma$ 由几何关系可得

$$\overset{\frown}{AB} = R\varphi, \ \overset{\frown}{AB} = \gamma l$$

所以
$$\varphi = \frac{\gamma l}{R} \tag{6-29}$$

将胡克定律 $\tau = G\gamma$ 及 $\tau = \frac{TR}{I_p}$ 代入式（6-29），得

$$\varphi = \frac{Tl}{GI_p} \tag{6-30}$$

式中　GI_p——截面的抗扭刚度，反映了截面抵抗扭转变形的能力。

当两个截面间的 T、G 或 I_p 为变量时，需分段计算扭转角，然后求其代数和，扭转角的正负号与扭矩相同。

例 6-12　一传动轴如图 6-39a 所示，直径 $d=40\text{mm}$，材料的切变模量 $G=80\text{GPa}$，载荷如图 6-39a 所示。试计算该轴的总扭转角 φ_{AC}。

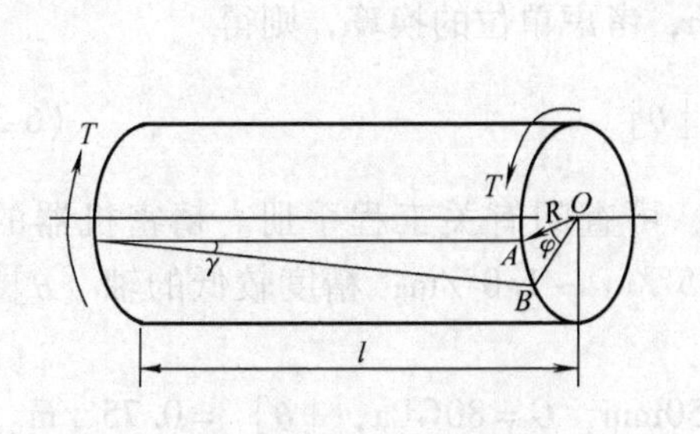

图 6-38　扭转变形

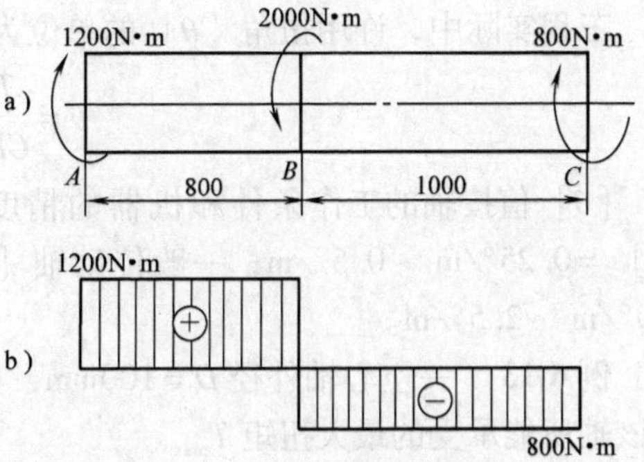

图 6-39　例 6-12 图

解　(1) 画出轴的扭矩图（见图 6-39b），AB 和 BC 段的扭矩分别为

$$T_1=1200\text{N}\cdot\text{m},\ T_2=-800\text{N}\cdot\text{m}$$

(2) 求圆轴截面的极惯性矩

$$I_p=\frac{\pi d^4}{32}=\frac{\pi\times40^4}{32}\text{mm}^4=2.5\times10^5\text{mm}^4$$

(3) 分段计算扭转角

AB 段的扭转角为

$$\varphi_{AB}=\frac{T_1 l_1}{GI_p}=\frac{1200\times10^3\text{N}\cdot\text{mm}\times800\text{mm}}{80\times10^3\text{MPa}\times2.5\times10^5\text{mm}^4}=0.048\text{rad}$$

BC 段的扭转角为

$$\varphi_{BC}=\frac{T_2 l_2}{GI_p}=\frac{-800\times10^3\text{N}\cdot\text{mm}\times1000\text{mm}}{80\times10^3\text{MPa}\times2.5\times10^5\text{mm}^4}=-0.04\text{rad}$$

(4) 计算轴的总扭转角

$$\varphi_{AC}=\varphi_{AB}+\varphi_{BC}=(0.048-0.04)\text{rad}=0.008\text{rad}$$

2. 圆轴扭转时的刚度条件

杆件在扭转时，即使强度足够，但若产生过大变形，仍不能正常工作。例如，机器传动轴发生过大变形，就会影响机器的精度或使机器产生较大的振动，因此对轴扭转时的变形要加以限制。工程上通常是限制单位长度的扭转角 θ，使它不超过规定的许用值 $[\theta]$。

由式（6-30）可知，单位长度的扭转角为

$$\theta=\frac{\varphi}{l}=\frac{T}{GI_p} \tag{6-31}$$

于是圆轴扭转的刚度条件为

$$\theta=\frac{T}{GI_p}\leqslant[\theta] \tag{6-32}$$

式中，θ 的单位为 rad/m。

工程实际中，许用扭角 $[\theta]$ 的单位为（°）/m，考虑单位的换算，则得

$$\theta=\frac{T}{GI_p}\times\frac{180}{\pi}\leqslant[\theta] \tag{6-33}$$

$[\theta]$ 值按轴的工作条件和机器的精度来确定，可查阅有关工程手册。精密机器的轴 $[\theta]$ =0.25°/m ~0.5°/m；一般传动轴 $[\theta]$ =0.5°/m ~1.0°/m；精度较低的轴 $[\theta]$ = 1.0°/m ~2.5°/m。

例 6-13　一空心轴外径 $D=100$mm，内径 $d=50$mm，$G=80$GPa，$[\theta]$ =0.75°/m。试求该轴所能承受的最大扭矩 T_{max}。

解　由刚度条件式（6-33）得

$$\theta=\frac{T_{max}}{GI_p}\times\frac{180}{\pi}\leqslant[\theta]$$

得

$$T_{max}\leqslant\frac{GI_p\pi}{180}[\theta]$$

式中

$$I_p=\frac{\pi}{32}(D^4-d^4)=\frac{\pi}{32}(100^4-50^4)\text{mm}^4=9.2\times10^6\text{mm}^4$$

故

$$T_{max}\leqslant\frac{80\times10^3\text{MPa}\times9.2\times10^6\text{mm}^4\times\pi}{180\times10^3\text{mm}}\times0.75=9.63\times10^6\text{N}\cdot\text{mm}=9.63\text{kN}\cdot\text{m}$$

例 6-14　传动轴如图 6-40a 所示。已知该轴转速 $n=300$r/min，主动轮输出功率 P_C = 30kW，从动轮输出功率 $P_D=15$kW，$P_B=10$kW，$P_A=5$kW，材料的切变模量 $G=80$GPa，许用应力 $[\tau]$ =40MPa，$[\theta]$ =1°/m。试按强度条件及刚度条件设计此轴直径。

解　（1）求外力偶矩。由 $M=9550P/n$，可得

$$M_A=9550\times\frac{5\text{kW}}{300\text{r/min}}=159.2\text{N}\cdot\text{m}$$

$$M_B=9550\times\frac{10\text{kW}}{300\text{r/min}}=318.3\text{N}\cdot\text{m}$$

$$M_C=9550\times\frac{30\text{kW}}{300\text{r/min}}=955\text{N}\cdot\text{m}$$

$$M_D=9550\times\frac{15\text{kW}}{300\text{r/min}}=477.5\text{N}\cdot\text{m}$$

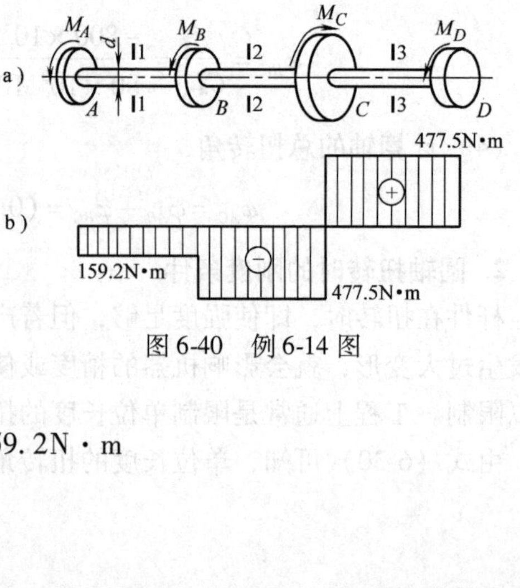

图 6-40　例 6-14 图

（2）画扭矩图。按截面法计算各段扭矩

AB 段：　$T_1=-M_A=-159.2\text{N}\cdot\text{m}$

BC段：　$T_2 = -M_A - M_B = -477.5\text{N}\cdot\text{m}$

CD段：　$T_3 = M_D = 477.5\text{N}\cdot\text{m}$

由此画出扭矩图如6-40b所示，由图可知最大扭矩发生在BC段和CD段。

$$T_{\max} = 477.5\text{N}\cdot\text{m}$$

（3）按强度条件设计轴的直径。由式$W_n = \dfrac{\pi d^3}{16}$和强度条件$\dfrac{T_{\max}}{W_n} \leqslant [\tau]$，得到

$$d \geqslant \sqrt[3]{\frac{16T_{\max}}{\pi[\tau]}} = \sqrt[3]{\frac{16\times 477.5\times 10^3\text{N}\cdot\text{mm}}{\pi\times 40\text{MPa}}} = 39.3\text{mm}$$

（4）按轴的扭转刚度条件设计轴的直径。由式$I_p = \dfrac{\pi d^4}{32}$和刚度条件$\theta = \dfrac{T_{\max}}{GI_p}\times\dfrac{180}{\pi} \leqslant [\theta]$，得到

$$d \geqslant \sqrt[4]{\frac{32T_{\max}\times 180}{\pi^2 G[\theta]}} = \sqrt[4]{\frac{32\times 477.5\times 10^3\text{N}\cdot\text{mm}\times 180}{\pi^2\times 80\times 10^3\text{MPa}\times 10^{-3}}} = 43.2\text{mm}$$

要使轴正常工作，必须同时满足强度条件和刚度条件，因此必须选取按两种情况设计的值中较大的值，取$d = 44\text{mm}$。

在实际应用中，要提高圆轴扭转时的强度和刚度，可以从降低$T_{\max}$和增大I_p或W_n等方面来考虑。为了降低$T_{\max}$，当轴传递的外力偶矩一定时，可以合理地布置主动轮和从动轮的位置。图6-41是一齿轮轴上四个齿轮的两种布置方案，其中A为主动轮，B、C和D是从动轮，按图6-41a所示方案布置，此时最大扭矩$T_{\max} = 702\text{N}\cdot\text{m}$，按图6-41b方案布置，主动轮$A$放在最右边，此时最大扭矩$T_{\max} = 1170\text{N}\cdot\text{m}$；由于前者降低了$T_{\max}$，从而减小了$\tau_{\max}$和$\theta$，因此提高了轴的扭转强度和刚度。两个方案比较，显然图6-41a所示的方案比较合理。因此，多个齿轮传动时，合理地布置主动轮和从动轮的位置是很重要的，直接影响了强度和刚度。

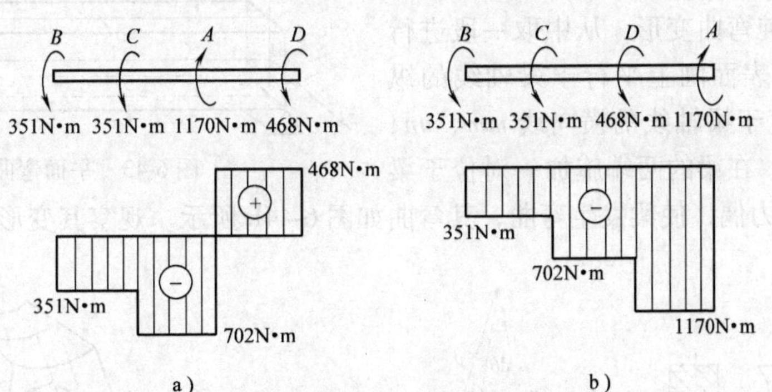

图6-41　传动方案合理性比较

为了增大I_p和W_n，工程上常采用空心轴，这既可以节约原材料，又能使轴的强度和刚度有较大的提高。

工程实际中，常常遇到一些非圆截面的受扭杆件，如正多边形截面和方型截面的传动

轴。根据平面假设建立的圆轴扭转公式，不再适合非圆截面杆件。有关矩形截面杆和薄壁截面杆扭转的一些结论，可参阅有关资料，这里不再阐述。

6.7　弯曲时梁横截面上的正应力和强度计算

前面已经讨论了平面弯曲梁的内力及内力图的绘制，为了计算梁的强度，还必须进一步研究梁的横截面上的应力情况。通常，梁弯曲时横截面上既有剪力又有弯矩，剪力 $\boldsymbol{F}_Q$ 产生的是切应力 τ，弯矩 M 产生的是正应力 σ。当梁的横截面上只有弯矩而没有剪力，即只有正应力而无切应力的情况称为纯弯曲（如图 6-42 中 CD 段）。横截面上同时存在弯矩和剪力，即既有正应力又有切应力的情况称为横力弯曲或剪切弯曲（如图 6-42 中 AC 段、DB 段）。

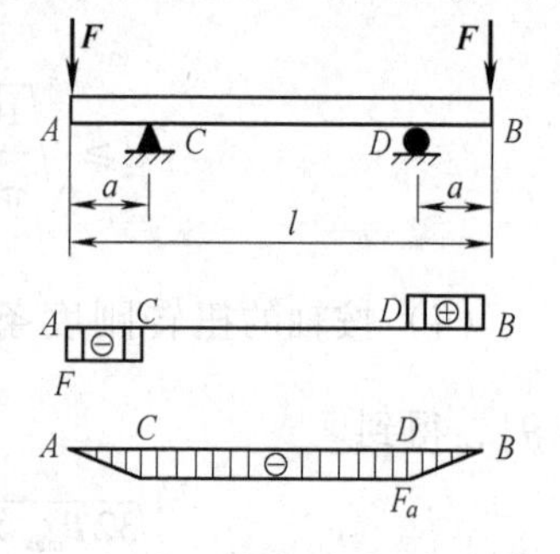

图 6-42　纯弯曲和横力弯曲

工程上出现的弯曲通常是横力弯曲，计算起来比较复杂。但在平面弯曲情况下，当梁的跨度 l 与横截面高度 h 之比 $l/h>5$（细长梁）时，工程上可以近似地认为梁横截面上的弯矩是由截面上的正应力形成，纯弯曲正应力公式对于横力弯曲近似成立，并且一般情况下，对于产生横力弯曲的细长梁，其切应力对梁强度的影响远小于正应力。

因此，本节重点讨论纯弯曲时梁横截面上的正应力。在梁弯曲时的内力分析的基础上，导出梁弯曲时的正应力计算公式，建立梁的强度条件。

6.7.1　纯弯曲梁横截面上的正应力

1. 实验观察与假设

在研究梁横截面上的正应力分布规律时，为公式推导的方便，选取纯弯曲梁为研究对象，要求梁具有纵向对称面，且载荷作用在对称面内，即必须对称弯曲。图 6-43 所示的矩形梁 CD 段为纯弯曲变形，从中取一段进行分析研究，在其表面画上平行于梁轴线的纵线 aa、bb 和垂直于梁轴线的横向线 mm、nn，如图 6-44a 所示。在梁的两端施加一对位于梁纵向对称面内的力偶，使梁发生弯曲，其弯曲如图 6-44b 所示。观察其变形情况：

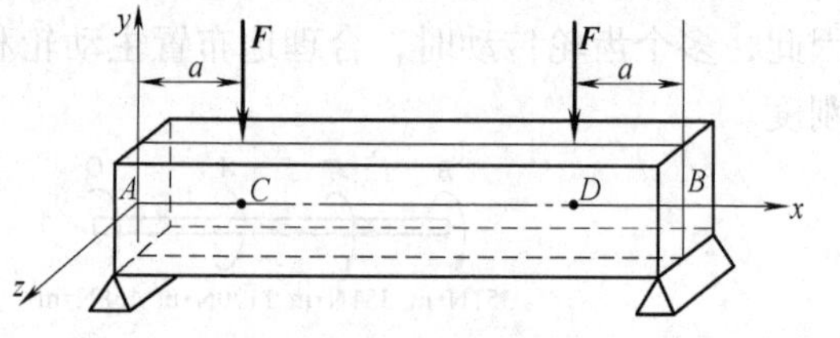

图 6-43　平面弯曲梁

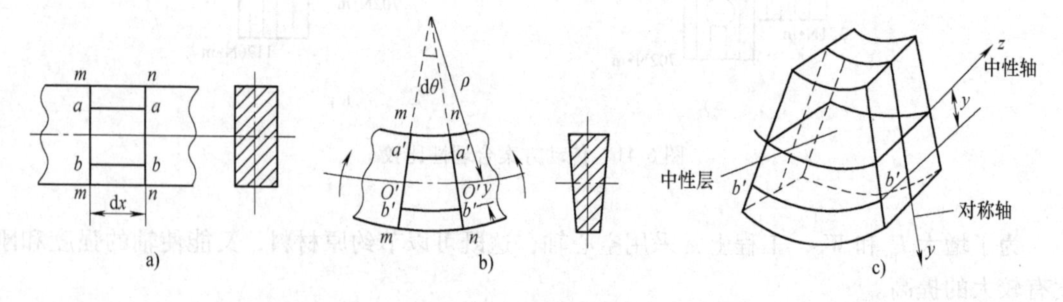

图 6-44　纯弯曲实验

1）纵向线由直线弯曲成圆弧线，其间距不变，且靠近上部的纤维缩短，靠近下部的纤维伸长。

2）横向线仍为直线，只是相对地转过一个微小的角度，且依然和纵向线正交。

根据上述现象，可对梁的变形提出如下假设（见图 6-44c）：

1）弯曲平面假设。梁变形前为平面的横截面变形后仍为平面，且仍垂直于变形后的轴线，只是各横截面绕该截面上某轴转动了一个角度。

2）单向受力假设。设梁由无数条纵向纤维组成，则在梁的变形过程中这些纤维处于单向受拉或单向受压状态，各纵向纤维之间无挤压。

根据变形的连续性可知，纵向纤维的变形沿高度应该是连续变化的，梁弯曲时从其凹入一侧的纵向线缩短区到其凸出一侧的纵向线伸长区，中间必有一层纵向无长度改变的过渡层，称为中性层。中性层与横截面的交线称为中性轴，即图 6-44c 中的 z 轴。梁的横截面绕 z 轴转动一个微小角度。

2. 弯曲正应力的计算

纵向线应变的变化规律：由图 6-44b 所示的变形几何关系，可推出纵向线应变的关系式，再由其变化规律可以推出正应力的分布规律。

$$\varepsilon = \frac{\Delta l}{l} = \frac{b'b' - bb}{bb} = \frac{b'b' - O'O'}{O'O'} = \frac{(\rho + y)\mathrm{d}\theta - \rho\mathrm{d}\theta}{\rho\mathrm{d}\theta} = \frac{y}{\rho}$$

即

$$\varepsilon = \frac{y}{\rho} \tag{6-34}$$

代入式（6-8），在弹性范围内胡克定律 $\sigma = E\varepsilon$ 可变为

$$\sigma = E\frac{y}{\rho} \tag{6-35}$$

根据式（6-34）和式（6-35），矩形截面梁在纯弯曲时的应力分布有如下特点：

1）中性轴上（即 $y=0$）的线应变 ε 为零，其正应力 σ 亦应为零。

2）距中性轴距离相等的各点（即 y 值相等），其线应变 ε 相等，它们的正应力 σ 也相等。

3）在图 6-44 所示的受力情况下，中性轴上部各点正应力为负值（受压），中性轴下部各点正应力为正值（受拉）。

4）正应力沿 y 轴线性分布，其最大正应力（绝对值）在离中性轴最远的上、下边缘处，如图 6-45 所示。

由横截面上的弯矩和正应力的关系推出正应力的计算公式。

在纯弯曲梁的横截面上任取一微面积 $\mathrm{d}A$，如图 6-46 所示，微面积上的微内力为 $\sigma\mathrm{d}A$。对中性轴的微力矩（$\sigma\mathrm{d}A$）y，梁横截面上的微内力对中性轴 z 的合力矩就是弯矩 M，即

$$M = \int_A y\sigma\mathrm{d}A$$

将式（6-35）代入上式得

$$M = \frac{E}{\rho}\int_A y^2\mathrm{d}A \tag{6-36}$$

令 $I_z = \int_A y^2\mathrm{d}A$，$I_z$ 为横截面对中性轴 z 轴的惯性矩，单位为 mm^4。中性轴 z 通过截面形

心，这里不再证明。式（6-36）可写成 $M=\frac{E}{\rho}I_z$，经过整理得弯曲变形基本公式

$$\frac{1}{\rho}=\frac{M}{EI_z} \tag{6-37}$$

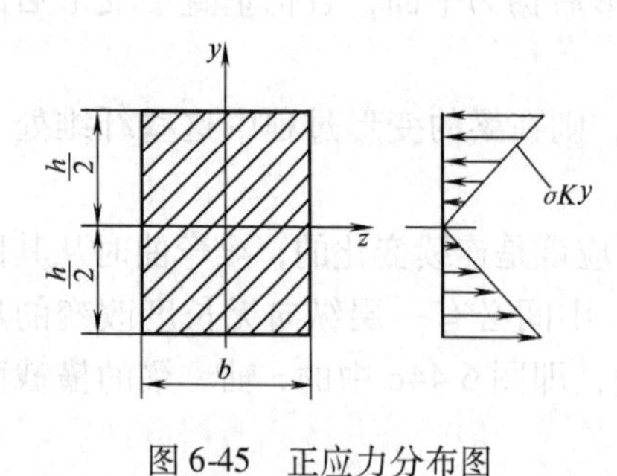

图 6-45　正应力分布图

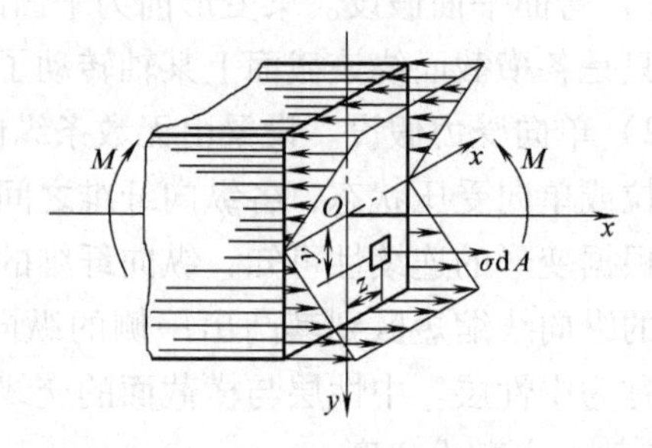

图 6-46　梁弯曲时的内力和应力

上式中 EI 称为梁的抗弯刚度，将式（6-37）代入 $\sigma=E\frac{y}{\rho}$ 得到

$$\sigma=\frac{My}{I_z} \tag{6-38}$$

式（6-38）即为梁的正应力计算公式。

以上各式是由纯弯曲梁变形推导出，当梁的跨度 l 与横截面高度 h 之比大于 5（$l/h>5$）时，横力弯曲时也可按上述公式计算。对于短梁或载荷靠近支座以及腹板较薄的组合截面梁，还必须考虑其切应力的存在。

6.7.2　梁的强度计算

在进行梁的强度计算时，首先应确定梁的危险截面和危险点。为保证平面弯曲梁安全工作，应使梁内危险点的最大工作应力不大于材料的许用应力，强度条件为

$$\sigma_{\max}\leqslant[\sigma] \tag{6-39}$$

由式（6-38）可以看出，对于等截面直梁，其危险点发生在最大弯矩所在截面的上下边缘处，即横截面上离中性轴最远的各点处 $y=y_{\max}$，弯曲正应力最大。

$$\sigma_{\max}=\frac{M_{\max}y_{\max}}{I_z} \tag{6-40}$$

1）如果弯曲梁采用许用拉应力和许用压应力相同的塑性材料，一般横截面采用矩形、圆形等对称截面。令 $W_z=I_z/y_{\max}$，则式（6-39）的强度条件变为

$$\sigma_{\max}=\frac{M_{\max}}{W_z}\leqslant[\sigma] \tag{6-41}$$

式中　W_z——截面对于中性轴的抗弯截面系数（mm^3），是一个与截面的形状和尺寸有关的几何量。

工程上常用的矩形、圆形及环形的惯性矩和抗弯截面系数见表 6-3。对于其他截面和各种轧制型钢，其惯性矩和抗弯截面系数可参看书后附录或查手册。

表 6-3　简单截面的惯性矩和抗弯截面系数

图形	形心位置	形心轴惯性矩	抗弯截面系数
矩形（宽 b，高 h，形心 C，轴 z、y）	$\bar{y}=\frac{1}{2}h$ $(y=0)$	$I_z=\frac{1}{12}bh^3$	$W_z=\frac{1}{6}bh^2$
实心圆（直径 D，形心 C，轴 z、y）	圆心	$I_z=\frac{\pi}{64}D^4$	$W_z=\frac{\pi}{32}D^3$
空心圆（外径 D，内径 d，形心 C，轴 z、y）	圆心	$I_z=\frac{\pi}{64}(D^4-d^4)=\frac{\pi}{64}D^4(1-a^4)$，$a=\frac{d}{D}$	$W_z=\frac{\pi}{32}D^3(1-a^4)$，$a=\frac{d}{D}$

2）对于许用拉应力 $[\sigma_1]$ 和许用压应力 $[\sigma_y]$ 不同的脆性材料，一般用 T 形等不对称截面梁，对于危险截面上下边缘的应力，应分别进行强度计算。

$$\sigma_{1,\max}=\frac{M_{\max}y_1}{I_z}\leqslant[\sigma_1] \tag{6-42}$$

式中　$\sigma_{1,\max}$——最大拉应力；

y_1——危险截面的受拉最外侧至中性轴的距离。

$$\sigma_{y,\max}=\frac{M_{\max}y_y}{I_z}\leqslant[\sigma_y] \tag{6-43}$$

式中　$\sigma_{y,\max}$——最大压应力；

y_y——危险截面的受压最外侧至中性轴的距离。

根据弯曲强度条件可以解决下述三类问题：

（1）强度校核　验算梁的强度是否满足强度条件，判断梁的工作是否安全。

（2）设计截面　根据梁的最大载荷和材料的许用应力，确定梁截面的尺寸和形状，或选用合适的标准型钢。

（3）确定许用载荷　根据梁截面的形状和尺寸及许用应力，确定梁可承受的最大弯矩，再由弯矩和载荷的关系确定梁的许用载荷。

例 6-15　一吊车（见图 6-47a）用 32c 工字钢制成，将其简化为一简支梁（见图 6-47b），梁长 $l=10\text{m}$，自重不计。若最大起重载荷为 $F=35\text{kN}$（包括葫芦和钢丝绳），许用应力为［σ］$=130\text{MPa}$，试校核梁的强度。

解　（1）求最大弯矩。当载荷在梁中点时，该处产生最大弯矩，从图 6-47c 中可得

$$M_{\max}=\frac{Fl}{4}=\frac{35\text{kN}\times 10\text{m}}{4}=87.5\text{kN}\cdot\text{m}$$

（2）校核梁的强度。查型钢表得 32c 工字钢的抗弯截面系数 $W_z=760\text{cm}^3$，所以

$$\sigma_{\max}=\frac{M_{\max}}{W_z}=\frac{87.5\times 10^6\text{N}\cdot\text{mm}}{760\times 10^3\text{mm}^3}=115.1\text{MPa}<[\sigma]$$

说明梁的工作安全。

例 6-16　图 6-48a 为机车轮轴的简图。试校核轮轴的强度。已知 $d_1=160\text{mm}$，$d_2=130\text{mm}$，$a=0.267\text{m}$，$b=0.16\text{m}$，$F=62.5\text{kN}$，材料的许用应力［σ］$=60\text{MPa}$，试校核机车轮轴的强度。

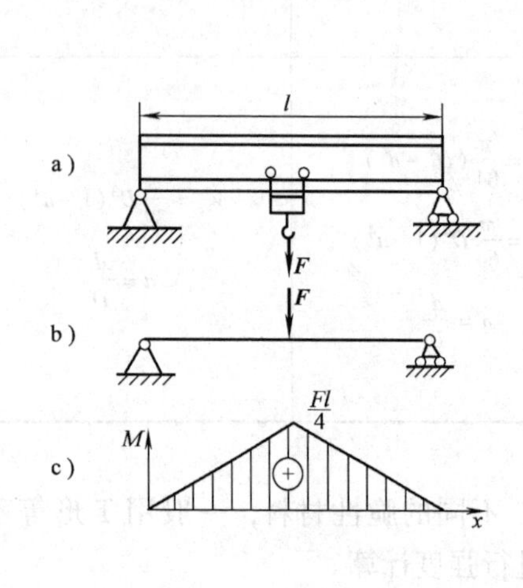

图 6-47　例 6-15 图

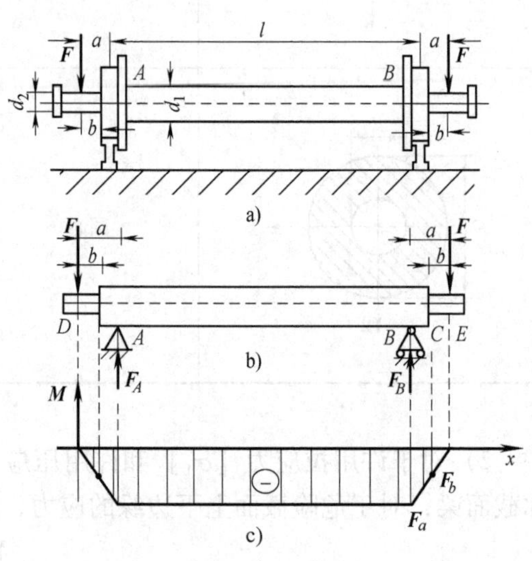

图 6-48　例 6-16 图

解　（1）计算约束力。根据图 6-48a，画出机车轮轴的计算简图如图 6-48b 所示，由静力平衡方程求出 $F_A=F_B=F=62.5\text{kN}$

（2）画弯矩图。求关键点的弯矩值

$$M_D=0，M_E=0，M_A=M_B=-Fa=-62.5\text{kN}\times 0.267\text{m}=-16.7\text{kN}\cdot\text{m}$$

画出弯矩图如图 6-47c 所示。

（3）校核机车轮轴强度。由弯矩图可知，最大弯矩出现在 A、B 两处与轮轨接触处，$M_{\max}=M_A=M_B=-16.7\text{kN}\cdot\text{m}$，$A$、$B$ 是危险截面，需要进行强度校核。由于车轮轴是变截面的阶梯轴，两段细中间粗，在粗细轴段的接合面如图 6-48b 图中的 C 截面处，其弯矩值

$$M_C=-Fb=-62.5\text{kN}\times 0.16\text{m}=-10\text{kN}\cdot\text{m}$$

弯矩值虽然小于 M_A、M_B 的值，但由于轴径较小，因此也必须校核。

A、B 截面：　$\sigma_A = \sigma_A = \dfrac{|M_B|}{W_{zB}} = \dfrac{Fa}{\dfrac{\pi d_1^3}{32}} = \dfrac{16.7\text{kN}\cdot\text{m}\times10^6\times32}{\pi\times160^3\text{mm}^3} = 41.6\text{MPa}$

C 截面：　$\sigma_C = \dfrac{|M_C|}{W_{zC}} = \dfrac{Fb}{\dfrac{\pi d_2^3}{32}} = \dfrac{10\times10^6\times32\text{N}\cdot\text{m}}{\pi\times130^3\text{mm}^3} = 46.4\text{MPa}$

$$\sigma_{\max} = \sigma_C = 46.4\text{MPa} \leqslant [\sigma] = 60\text{MPa}$$

所以该机车轮轴的强度足够。

例 6-17　T 形截面外伸梁尺寸及受载如图 6-49a、b 所示，截面对形心轴的惯性矩 $I_z = 86.8\text{cm}^4$，$y_1 = 3.8\text{cm}$，材料的许用拉应力 $[\sigma_1] = 30\text{MPa}$，许用压应力 $[\sigma_y] = 60\text{MPa}$。试校核其强度。

解　(1) 由静力平衡方程求出梁的约束力 $F_A = 0.6\text{kN}$，$F_B = 2.2\text{kN}$，并作弯矩图如图 6-49c 所示，得最大正弯矩在截面 C 处，$M_C = 0.6\text{kN}\cdot\text{m}$，最大负弯矩在截面 B 处，$M_B = -0.8\text{kN}\cdot\text{m}$。

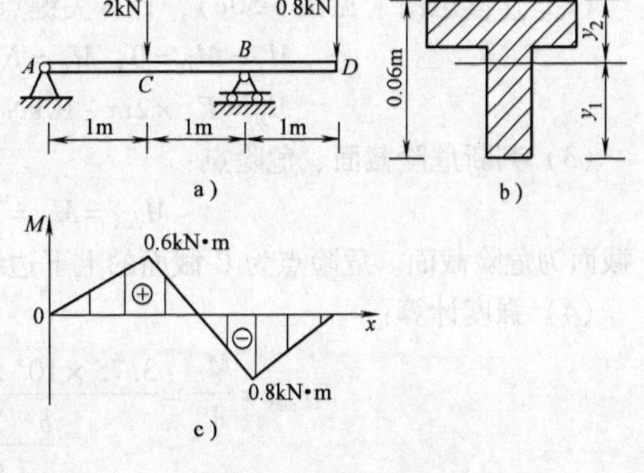

图 6-49　例 6-17 图

(2) 校核梁的强度。由于材料是脆性材料，其许用拉应力和压应力不同，截面是不对称的 T 形梁，所以截面 C 和截面 B 都是危险截面，其最大拉压强度都要进行校核。

截面 B 处：弯矩为负，故其截面中性轴的上方受拉，下方受压。

B 截面最大拉应力发生于截面上边缘各点处。得

$$\sigma_{1,\max} = \frac{M_B y_2}{I_z} = \frac{0.8\times10^6\text{N}\cdot\text{mm}\times(0.06\times10^3 - 3.8\times10)\text{mm}}{86.8\times10^4\text{mm}^4}$$
$$= 20.3\text{MPa} < [\sigma_1] = 30\text{MPa}$$

B 截面最大压应力发生于截面下边缘各点处，得

$$\sigma_{y,\max} = \frac{M_B y_1}{I_z} = \frac{0.8\times10^6\text{N}\cdot\text{mm}\times3.8\times10\text{mm}}{86.8\times10^4\text{mm}^4} = 35.02\text{MPa} < [\sigma_y] = 60\text{MPa}$$

截面 C 处：弯矩为正，故其截面中性轴的上方受压，下方受拉。

虽然 C 处的弯矩绝对值比 B 处的小，但最大拉应力发生于截面下边缘各点处，而这些点到中性轴的距离比上边缘各点到中性轴的距离大，且材料的许用拉应力 $[\sigma_1]$ 小于许用压应力 $[\sigma_y]$，所以还需校核最大拉应力，压应力无需校核。

$$\sigma_{1,\max} = \frac{M_C y_1}{I_z} = \frac{0.6\times10^6\text{N}\cdot\text{mm}\times3.8\times10\text{mm}}{86.8\times10^4\text{mm}^4} = 26.4\text{MPa} < [\sigma_1] = 30\text{MPa}$$

所以梁的工作是安全的。

例 6-18　图 6-50a 所示矩形截面梁，承受载荷 F、q。材料的许用应力 $[\sigma] = 160\text{MPa}$。试确定横截面尺寸。

解 (1) 求 A、B 两点的约束力。列平衡方程

$\sum F_y = 0$ $F_A + F_B = 10\text{kN} + 5\text{kN/m} \times 1\text{m}$

$\sum M_A(\boldsymbol{F}) = 0$ $-10\text{kN} \times 1\text{m} + F_B \times 2\text{m} - 5\text{kN/m} \times 1\text{m} \times 2.5\text{m} = 0$

解方程得 $F_A = 3.75\text{kN}$ (↑), $F_B = 11.25\text{kN}$ (↑)

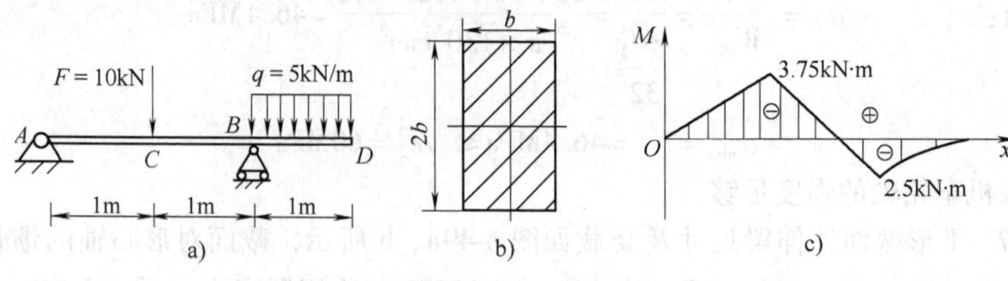

图 6-50 例 6-18 图

(2) 作弯矩图 (见图 6-50c), 计算关键点的弯矩值。

$$M_A = M_D = 0,\ M_C = \boldsymbol{F}_A \times 1\text{m} = 3.75\text{kN} \cdot \text{m}$$

$$M_B = \boldsymbol{F}_A \times 2\text{m} - 10\text{kN} \times 1\text{m} = -2.5\text{kN} \cdot \text{m}$$

(3) 判断危险截面、危险点:

$$M_{\max} = M_C = 3.75\text{kN} \cdot \text{m}$$

C 截面为危险截面。危险点为 C 截面的上下边缘。

(4) 强度计算:

$$\sigma_{\max} = \frac{M_C}{W_z} = \frac{3.75 \times 10^3 \times 10^3 \text{N} \cdot \text{mm}}{\dfrac{b\ (2b)^2}{6}} \leqslant 160\text{MPa}$$

$$b \geqslant \sqrt[3]{\frac{3.75 \times 10^6 \text{N} \cdot \text{mm} \times 6}{4 \times 160\text{MPa}}} = 32.7\text{mm}$$

取 $b = 33\text{mm}$, $h = 66\text{mm}$。

6.8 弯曲变形的概念

梁满足强度条件, 则表明其在工作中安全, 但变形过大也会影响机器的正常运行。如齿轮轴变形过大, 会使齿轮不能正常啮合, 产生振动和噪声; 起重机横梁 (见图 6-51a) 变形过大, 会使吊车移动困难; 机械加工中刀杆或工件的变形 (见图 6-51b), 将导致较大的制

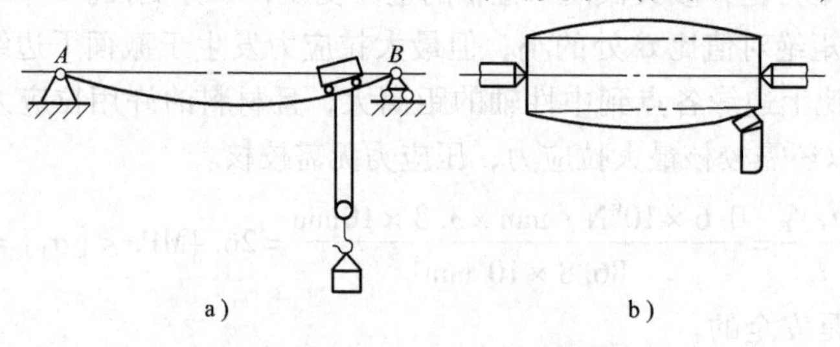

图 6-51 吊车横梁和被车削工件

a) 吊车横梁 b) 被车削工件

造误差，所以对某些构件而言，除满足强度条件外，还要将其变形限制在一定范围内，即满足刚度条件。

6.8.1　挠度和转角

梁的变形可用梁轴线上一点（即横截面的形心）的线位移和横截面的角位移表示。以图 6-52 的悬臂梁为例，设悬臂梁 AB 在其自由端 B 有一向下的集中力 $\boldsymbol{F}$ 作用，产生弯曲变形，主要因弯矩而产生，剪力的影响可以忽略不计。

变形前梁的轴线为直线 AB，m-n 是距梁左端为 x 处的任一横截面，变形后 AB 变为光滑的连续曲线 AB_1。横截面 m-n 转到 m_1-n_1 的位置，该截面的形心既有垂直方向的位移，又有水平方向的位移。但在小变形的前提下，水平方向的位移很小，可忽略不计，因而可以认为截面的形心只在垂直方向有位移 CC_1。轴线上各点在 y 方向上的位移称为挠度，挠度的单位为 m 或 mm。图 6-52 中的 CC_1 即为 C 点的挠度，规定向上的挠度为正值，反之为负，即图中 CC_1 为负值。

梁弯曲变形后，横截面 m_1-n_1 仍然保持为平面，且仍垂直于变形后的梁轴线 AB_1，只是绕原来位置 m-n 转过了一个角度。各横截面相对原来位置转过的角度称为转角，用 θ 表示，规定逆时针转角为正，反之为负。由图 6-52 看出，转角的大小与挠曲线上的 C_1 点的切线与 x 轴的夹角相等。

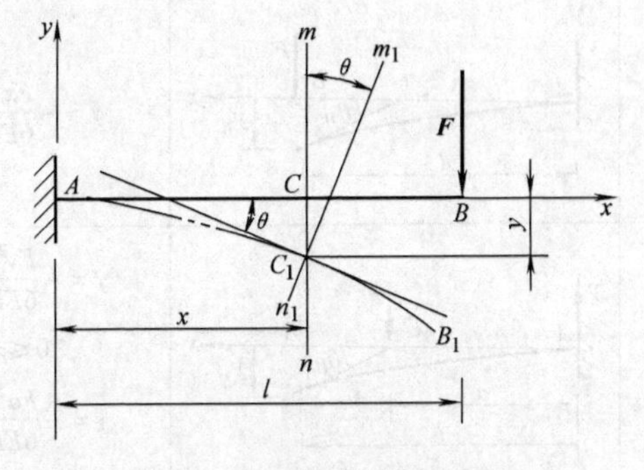

图 6-52　悬臂梁的挠度和转角

挠度和转角是度量梁的变形的两个基本物理量。

曲线 AB_1 表示了全梁各截面的挠度值，称为挠曲线。挠曲线显然是梁截面位置 x 的函数，记作 $y=f(x)$，此式称为挠曲线方程。

由于梁是小变形，通常转角 θ 很小，因此有

$$\theta \approx \tan\theta = \frac{\mathrm{d}y}{\mathrm{d}x} = f'(x) \tag{6-44}$$

上式表明，横截面的转角等于挠曲线在该截面处切线的斜率，式（6-44）称为转角方程，其中 θ 的单位为弧度（rad）。

梁的变形通常采用积分法和叠加法。当载荷复杂，梁的弯矩方程为几个分段函数时，用积分法求梁的变形较为复杂。在小变形和材料服从胡克定律的前提下，梁的挠度和转角均与梁上载荷成线性关系。所以，梁上某一载荷所引起的变形可以看作是独立的，此时可将梁在多个载荷同时作用所产生的变形分别计算后进行简单叠加，即梁在多个简单载荷作用下的变形等于各个载荷单独作用所产生的变形的代数和，这就是计算梁的弯曲变形的叠加原理。用叠加法计算梁的变形时，需已知梁在简单载荷作用下的变形。工程中常将梁在简单载荷作用下的挠曲线方程及其特殊位置的转角和挠度列成表（见表 6-4），计算时梁的变形可直接从表中查得。

表 6-4 梁在简单载荷作用下的变形

序号	梁的简图	挠曲线方程	梁端面转角（绝对值）	最大挠度（绝对值）
1		$y=-\dfrac{M_e x^2}{2EI}$	$\theta_B=\dfrac{M_e l}{EI}(\curvearrowright)$	$y_B=\dfrac{M_e l^2}{2EI}(\downarrow)$
2		$y=-\dfrac{M_e x^2}{2EI}$ $0\leqslant x\leqslant a$ $y=-\dfrac{M_e a}{EI}\left[(x-a)+\dfrac{a}{2}\right]$ $a\leqslant x\leqslant l$	$\theta_B=\dfrac{M_e a}{EI}(\curvearrowright)$	$y_B=\dfrac{M_e a}{EI}\left(l-\dfrac{a}{2}\right)(\downarrow)$
3		$y=\dfrac{Fx^2}{6EI}(3l-x)$	$\theta_B=\dfrac{Fl^2}{2EI}(\curvearrowright)$	$y_B=\dfrac{Fl^3}{3EI}(\downarrow)$
4		$y=-\dfrac{Fx^2}{6EI}(3a-x)$ $0\leqslant x\leqslant a$ $y=-\dfrac{Fa^2}{6EI}(3x-a)$ $a\leqslant x\leqslant l$	$\theta_B=\dfrac{Fa^2}{2EI}(\curvearrowright)$	$y_B=\dfrac{Fa^2}{6EI}(3l-a)(\downarrow)$
5		$y=-\dfrac{qx^2}{24EI}(x^2-4lx+6l^2)$	$\theta_B=\dfrac{ql^3}{6EI}(\curvearrowright)$	$y_B=\dfrac{ql^4}{8EI}(\downarrow)$
6		$y=-\dfrac{M_e x}{6lEI}(l^2-x^2)$	$\theta_A=\dfrac{M_e l}{6EI}(\curvearrowright)$ $\theta_B=\dfrac{M_e l}{3EI}(\curvearrowleft)$	$y_{max}=\dfrac{M_e l^2}{9\sqrt{3}EI}(\downarrow)$ $x=\dfrac{1}{\sqrt{3}}$ $y_{\frac{l}{2}}=\dfrac{M_e l}{16EI}(\downarrow)$
7		$y=\dfrac{M_e x}{6lEI}(l^2-3b^2-x^2)$ $0\leqslant x\leqslant a$ $y=\dfrac{M_e}{6lEI}[-x^3+3l(x-a)^2+(l^2-3b^2)x]$ $a\leqslant x\leqslant l$	$\theta_A=\dfrac{M_e}{6lEI}(l^2-3b^2)(\curvearrowleft)$ $\theta_B=\dfrac{M_e}{6lEI}(l^2-3a^2)(\curvearrowleft)$ $\theta_C=\dfrac{M_e}{6lEI}(3a^2+3b^2-l^2)(\curvearrowright)$	

（续）

序号	梁的简图	挠曲线方程	梁端面转角（绝对值）	最大挠度（绝对值）
8		$y=-\frac{Fx}{48EI}(3l^2-4x^2)$ $0\leqslant x\leqslant\frac{l}{2}$	$\theta_A=\frac{Fl^2}{16EI}(\curvearrowright)$ $\theta_B=\frac{Fl^2}{16EI}(\curvearrowleft)$	$y=\frac{Fl^3}{48EI}(\downarrow)$
9		$y=-\frac{Fbx}{6lEI}(l^2-x^2-b^2)$ $0\leqslant x\leqslant a$ $y=-\frac{Fb}{6lEI}\left[\frac{l}{b}(x-a)^3+(l^2-b^2)x-x^3\right]$ $a\leqslant x\leqslant l$	$\theta_A=\frac{Fab(l+b)}{6lEI}(\curvearrowright)$ $\theta_B=\frac{Fab(l+b)}{6lEI}(\curvearrowleft)$	$y_{\max}=\frac{Fb(l^2-b^2)^{\frac{3}{2}}}{9\sqrt{3}lEI}(\downarrow)$ $x=\sqrt{\frac{l^2-b^2}{3}}\quad(a\geqslant b)$ $y_{\frac{l}{2}}=\frac{Fb(3l^2-4b^2)}{48EI}(\downarrow)$
10		$y=-\frac{qx}{24EI}(l^3-2lx^2+x^3)$	$\theta_A=\frac{ql^3}{24EI}(\curvearrowright)$ $\theta_B=\frac{ql^3}{24EI}(\curvearrowleft)$	$y=\frac{5ql^4}{384EI}(\downarrow)$
11		$y=\frac{Fax}{6lEI}(l^2-x^2)$ $0\leqslant x\leqslant l$ $y=-\frac{F(x-l)}{6EI}[a(3x-l)-(x-l)^2]$ $l\leqslant x\leqslant(l+a)$	$\theta_A=\frac{Fal}{6EI}(\curvearrowleft)$ $\theta_B=\frac{Fal}{3EI}(\curvearrowright)$ $\theta_C=\frac{Fa}{6EI}(2l+3a)(\curvearrowright)$	$y_C=\frac{Fa^2}{3EI}(l+a)(\downarrow)$
12		$y=-\frac{M_e x}{6lEI}(x^2-l^2)$ $0\leqslant x\leqslant l$ $y=\frac{M_e}{6EI}(3x^2-4xl+l^2)$ $l\leqslant x\leqslant(l+a)$	$\theta_A=\frac{M_e l}{6EI}(\curvearrowleft)$ $\theta_B=\frac{M_e l}{3EI}(\curvearrowright)$ $\theta_C=\frac{M_e}{3EI}(l+3a)(\curvearrowright)$	$y_C=\frac{M_e a}{6EI}(2l+3a)(\downarrow)$
13		$y=\frac{qa^2}{12EI}\left(lx-\frac{x^3}{l}\right)$ $0\leqslant x\leqslant l$ $y=-\frac{qa^2}{12EI}\left[\frac{x^3}{l}-\frac{(2l+a)(x-l)^3}{al}+\frac{(x-l)^4}{2a^2}-lx\right]$ $l\leqslant x\leqslant(l+a)$	$\theta_A=\frac{qa^2l}{132EI}(\curvearrowleft)$ $\theta_B=\frac{qa^2l}{6EI}(\curvearrowright)$ $\theta_C=\frac{qa^2}{6EI}(l+a)(\curvearrowright)$	$y_C=\frac{qa^3}{24EI}(3a+4l)(\downarrow)$ $y_1=\frac{qa^2l^2}{18\sqrt{3}EI}(\uparrow)$ $x=\frac{l}{\sqrt{3}}$

6.8.2 梁的刚度计算

计算梁的变形，主要是对梁进行刚度计算。梁在外载荷作用下，应保证最大挠度小于许用挠度，最大转角小于许用转角，即

$$y_{max} \leqslant [y] \text{和} \theta_{max} \leqslant [\theta]$$

式中 $[y]$——许用挠度；

$[\theta]$——许用转角，其值可根据工作要求或参照有关手册确定。

在设计梁时，一般应先满足强度条件，再校核刚度。如所选截面不能满足刚度条件，再考虑重新选择。

6.9 提高梁的弯曲强度和刚度的措施

由前面的讨论可知，影响梁的弯曲强度的主要因素是弯曲正应力，而弯曲正应力的强度条件为

$$\sigma_{max} = \frac{M_{max}}{W_z} \leqslant [\sigma]$$

最大弯曲正应力 σ_{max} 和梁上的最大弯矩 M_{max} 成正比，与抗弯截面系数 W_z 成反比。所以要提高梁的弯曲强度，应从如何降低梁内最大弯矩 M_{max} 及提高抗弯截面系数 W_z 着手。降低梁的最大弯矩可以合理安排梁的支承、增加约束以及合理布置载荷。提高梁的抗弯截面系数 W_z，可以从下面几个方面考虑：同样面积选 W_z 大的截面；同样截面按使 W_z 大的放置；梁的变形与梁的跨度 l 的高次方成正比，与梁的抗弯刚度 EI 成反比。设计梁时，应满足安全性好而材料消耗少的目的，即省料、价廉而又尽量提高梁的强度和刚度。为此可采取以下几种措施：

1. 合理安排梁的支承及增加约束

当梁的尺寸和截面形状已定时，合理安排梁的支承和增加约束，可以缩小梁的跨度，降低梁上的最大弯矩。承受均布载荷的简支梁如图 6-53a 所示，最大弯矩值为 $0.125ql^2$，最大挠度为 $0.013\frac{ql^4}{EI}$；若能改为两端外伸梁，则梁上的最大弯矩和挠度将大为降低，如图 6-53b 所示，若将两端支承各向内侧移动 $0.2l$，则最大弯矩降为 $0.025ql^2$，是原来的 1/5，同时因缩短了梁的跨度，使梁的变形大大减小，最大挠度降为 $0.7875\times10^{-3}\frac{ql^4}{EI}$，约为原来 1/15；若在简支梁中间增加一活动铰支座（见图 6-53c），则最大弯矩减为 $\frac{1}{32}ql^2$，约是原来的 $\frac{1}{4}$，同时最大挠度减至原来的 $\frac{1}{40}$。通过以上比较可以得出，仅仅改变一下支承的位置或增加支承，就可以使梁的强度和刚度都成倍提高，大大增加梁的承载能力。

2. 合理地布置载荷

当载荷已确定时，合理地布置载荷可以减小梁上的最大弯矩，提高梁的承载能力。图 6-54a 所示的简支梁，当载荷作用在跨中间时，其最大弯矩值为 $\frac{1}{4}Fl$；如果载荷 $\boldsymbol{F}$ 不是作用

在跨中间，而偏于跨的一侧，此时的最大弯矩降低，如图6-54b中最大弯矩降为$\frac{3}{16}Fl$；如果让作用在跨中间的力$\boldsymbol{F}$，改为总载荷量仍为$\boldsymbol{F}$的均布载荷$q(q=F/l)$，如图6-54c中梁的最大弯矩降为$\frac{1}{8}Fl$；如果载荷$\boldsymbol{F}$通过小车，分成两个作用点作用到梁上（见图6-54d），这时梁的最大弯矩同样降为$\frac{1}{8}Fl$。由图可知，载荷在图6-54a基础上进行合理布置以后，其最大挠度也有不同程度地降低。所以合理地布置梁上的载荷，可以提高梁的强度和刚度，从而提高梁的承载能力。

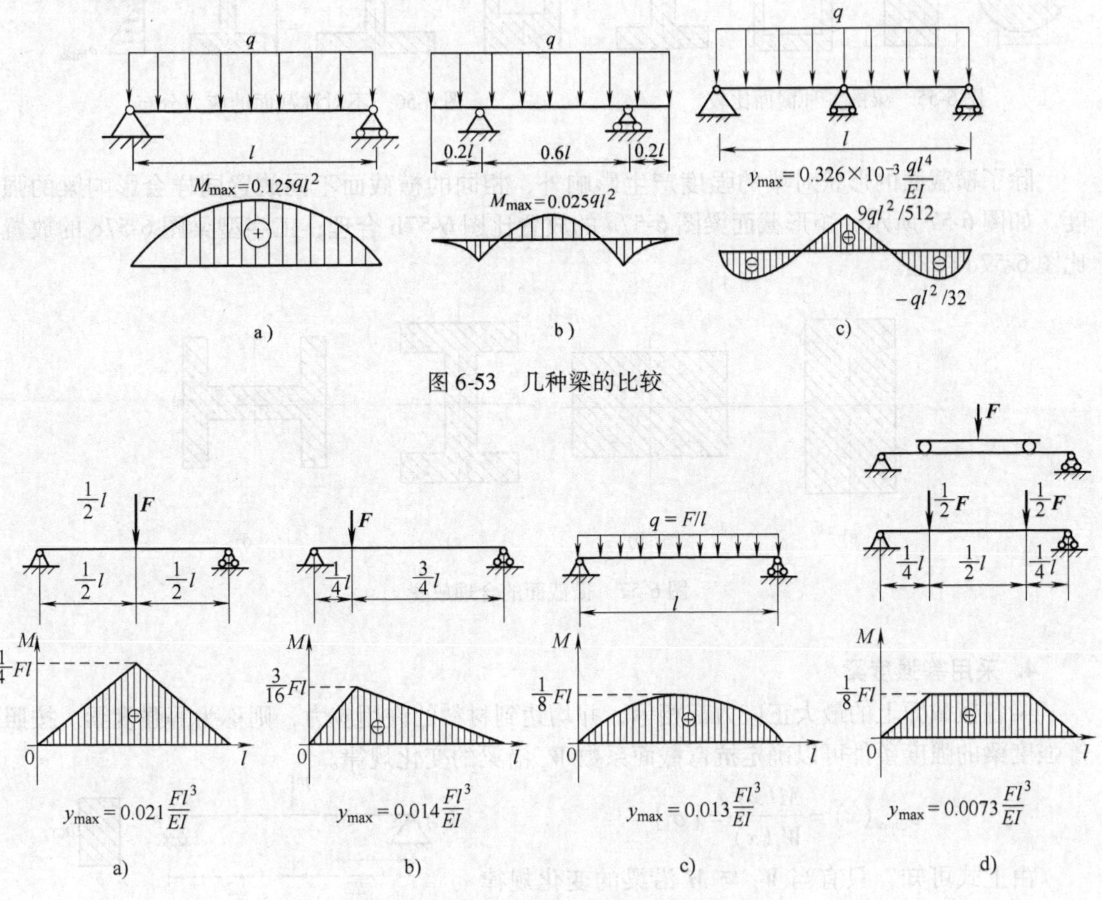

图6-53　几种梁的比较

图6-54　受集中载荷和分布载荷的简支梁

3. 选择梁截面的合理形状及梁截面的合理放置

梁的抗弯截面系数W_z与截面的面积、形状有关，在满足W_z的情况下选择适当的截面形状，使其面积减小，可达到节约材料、减轻自重的目的。由于横截面上的正应力与各点到中性轴的距离成正比，靠近中性轴的材料正应力较小，未能充分发挥其潜力，故将靠近中性轴的材料移至截面的边缘，必然使W_z增大。

如果梁采用的是塑性材料，由于其抗拉强度和抗压强度基本相同，所以梁一般采用中心轴对称的横截面，如图6-55所示。对于图中几个不同形状的横截面，在截面积不变的情况下，从左到右其抗弯截面系数 W_z 依次增加，梁的承载能力依次提高，所以设计时要合理选择梁的截面形状。

而对于脆性材料，由于其抗拉强度远低于抗压强度，在梁横截面设计中，一般采用横截面上下不对称，使梁的形心靠近受拉的一侧，就会使梁的截面上的最大拉应力小于最大压应力，以充分发挥脆性材料的作用，从而提高梁的承载能力。所以采用钢筋混凝土等脆性材料的梁，常采用的截面形状如图 6-56 所示的 T 型截面、工字型、空心截面等。

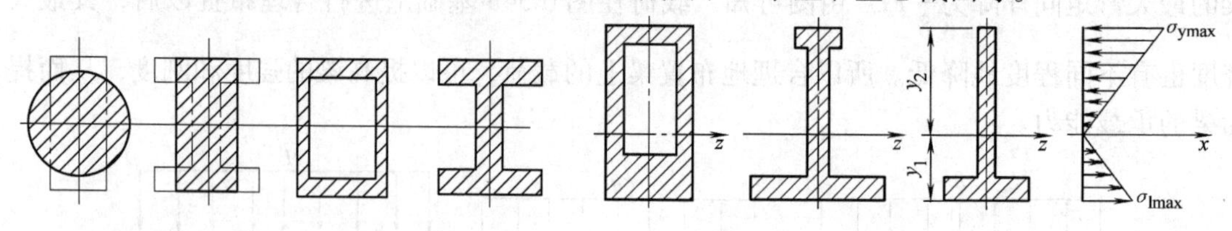

图 6-55　梁的各种截面比较　　　　图 6-56　不对称截面的应力分布

除了横截面的形状对梁的强度产生影响外，相同的横截面不同放置同样会影响梁的强度。如图 6-57 所示，矩形截面梁图 6-57a 的放置比图 6-57b 合理；工字型梁图 6-57c 的放置比图 6-57d 合理。

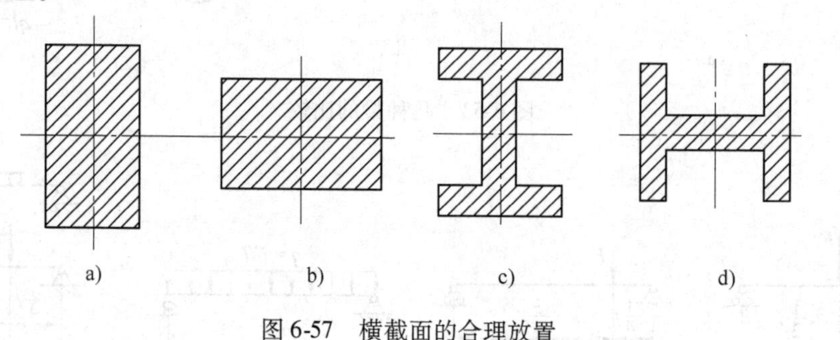

图 6-57　横截面的合理放置

4. 采用等强度梁

梁各横截面上的最大正应力都相等，并均达到材料的许用应力，则称为等强度梁。按照等强度梁的强度条件可以确定抗弯截面系数 W_z 沿梁的变化规律。

$$\sigma_{\max}(x)=\frac{M(x)}{W_z(x)}=[\sigma]$$

由上式可知，只有当 W_z 与 M 沿梁的变化规律相同时，才能保证正应力不变。如图 6-58a 为一简支梁，其弯矩在跨中间最大，越靠近支点 A、B 越小，所以梁设计成中间粗两端细的梁（见图 6-58b）。工程中把梁做成这种形式，就成为在厂房建筑中广泛使用的“鱼腹梁”了。

对于圆形截面的等强度梁，为了满足结构和加工的要求，通常做成阶梯形状的变截面梁来近似代替等强度梁，如图 6-59 所示。

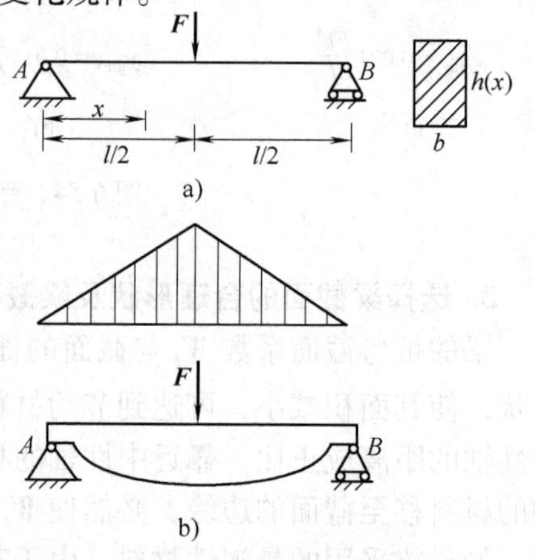

图 6-58　等强度梁

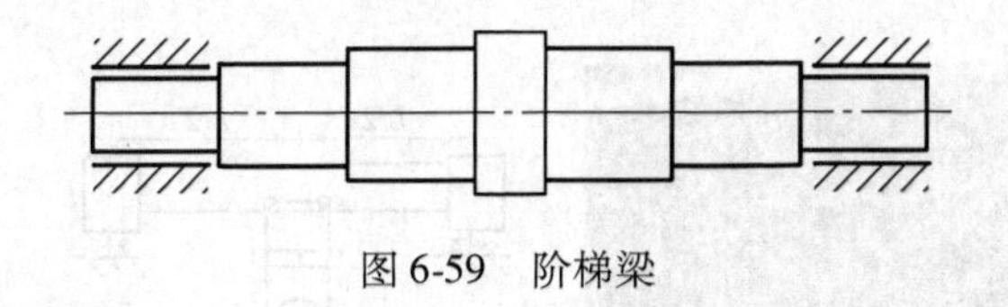

图6-59 阶梯梁

6.10 工程应用实例

例6-19 美国亚利桑那州的大峡谷风景区耗资3000万美元，在自然景观大峡谷上一座U形“玻璃人行桥”，是世界上最高的空中走廊。这座大峡谷玻璃廊桥名为“天行者”（Skywalk），是一个巨大的马蹄型玻璃平台，从大峡谷南端的飞鹰峰延伸出来，长约21m，距离谷底约1220m。桥道宽约3m，两边由强化玻璃包围，如图6-60a所示。桥面人行道宽约10英尺㊀，由3英寸厚的强化玻璃制造，两边由5英尺高的玻璃幕墙封闭起来。桥上层的玻璃部分可以更换，游客不会因为玻璃墙刮花而影响观赏效果。这座桥是悬臂式设计，即U形一端用钢桩固定在峡谷岩石中，另一端则悬在半空。

兴建悬空廊桥是工程技术的一大挑战。为了使它能够抵抗极端气候，工程人员将94根钢柱打进石灰岩壁作为桥墩，并深入岩壁达14m。此外，该廊桥还特别加装了3个钢板避震器，每个避震器重为1500kg，避免桥身因游客行走而发生震颤。为了避免“玻璃人行桥”延伸在外的部分发生倾斜下坠，在岩石中的固定端还安放了重达220t左右的钢管，以保证桥身平衡。因此，悬空廊桥可支撑70t重量，也耐得住规模达里氏8级的地震，能够承受时速高达160km的强风。人行桥底部是钢梁，廊桥的最大乘载量是同时站120名游客，但实际上，它承载700名壮汉也没问题。整座“玻璃人行桥”重约485t，相当于4架波音757喷气式飞机的总重量。

图6-60 峡谷人行天桥

这座固定在悬崖峭壁上的U形“玻璃人行桥”可以简化为一个悬臂梁的力学模型进行强度校核。如图6-60b所示，桥体与山体连接部分相当于固定端，桥体自身的重量以均布载荷q的方式作用在梁上，若桥的总重量为G，可以容纳两万人的总重量为G'，桥的长度为l，则$q=(G+G')/l$。

例6-20 某工厂现有起吊重量只有5t的桥式起重机，如图6-61所示。现有将近10t的货物要起吊，如果超载的情况下依然起吊，那么极有可使得梁因强度不足而造成断裂，如何解决这个问题呢？通过该厂技术人员的思考和努力，想出了一个解决方案，改进了装置，最后顺利地起吊了近10t重的货物。

㊀ 英尺、英寸均为非法定计量单位，符号分别用ft、in表示，1ft = 12in = 0.3048m。

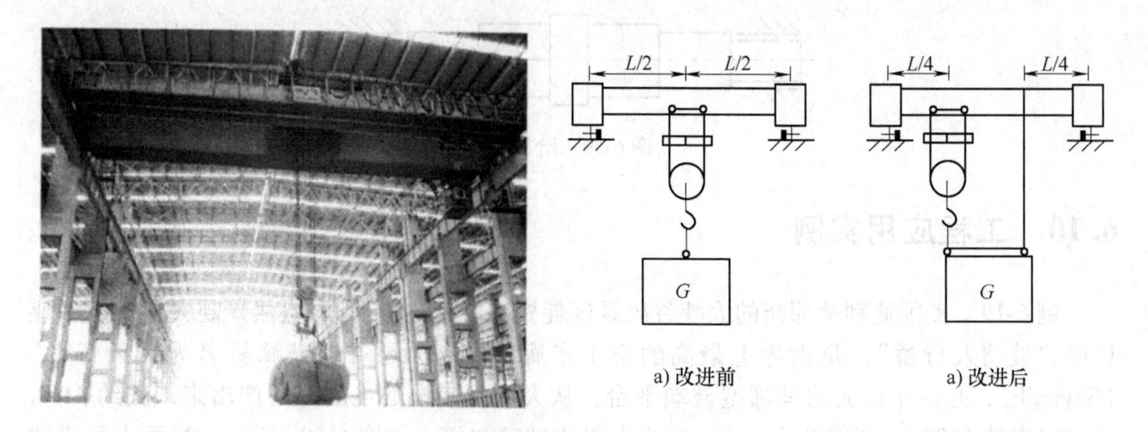

图 6-61　桥式起重机的吊装方案

6.11　思考题与习题

6-1　现有低碳钢和铸铁两种材料，试对图 6-62 两种结构中的杆选用合适的材料，并说明理由。

6-2　两根材料相同的拉杆，如图 6-63 所示，试判断它们的绝对变形是否相同？哪根变形大？

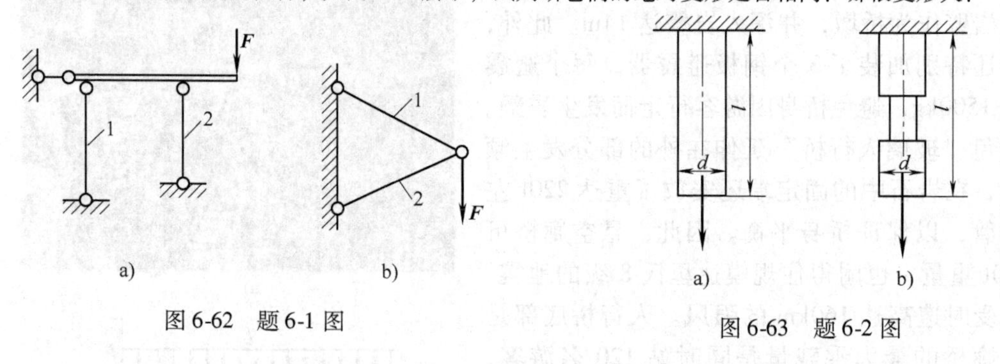

图 6-62　题 6-1 图

图 6-63　题 6-2 图

6-3　三种材料的 σ-ε 曲线如图 6-64 所示，试指出这三种材料的力学性能特点。

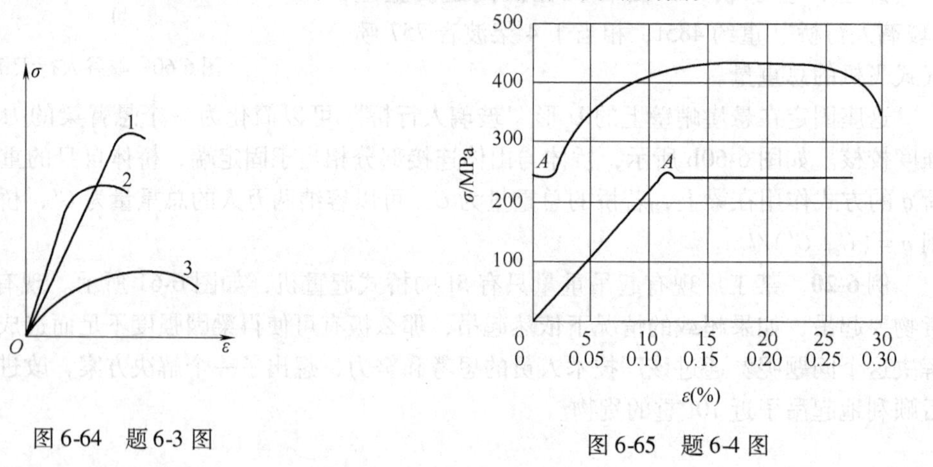

图 6-64　题 6-3 图

图 6-65　题 6-4 图

6-4　图 6-65 中上方为某材料的应力应变曲线，下方为低应变区的放大图。试说明材料的弹性模量、屈服极限、强度极限、断后伸长率，并判断该材料是脆性材料还是塑性材料？

6-5　判断图6-66中横截面上的切应力分布图是否正确？

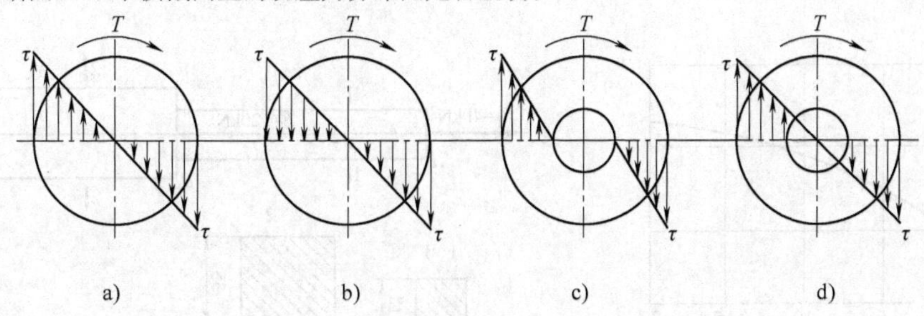

图6-66　题6-5图

6-6　求图6-67所示阶梯杆横截面1-1、2-2、3-3上的轴力，并作轴力图。若横截面面积 $A_1=200\text{mm}^2$，$A_2=300\text{mm}^2$，$A_3=400\text{mm}^2$，弹性模量 $E=200\text{GPa}$，$l=100\text{mm}$，求（1）各横截面上的应力；（2）杆件总的变形量。

6-7　回转悬臂吊车的结构如图6-68所示，小车对水平梁的集中载荷为 $F=15\text{kN}$，斜杆 AB 的直径 $d=20\text{mm}$，其他尺寸如图所示，试求：

（1）当小车在 AC 中点时，AB 杆中的正应力。

（2）小车移动到何处时，AB 杆中的应力最大，其数值为多少？

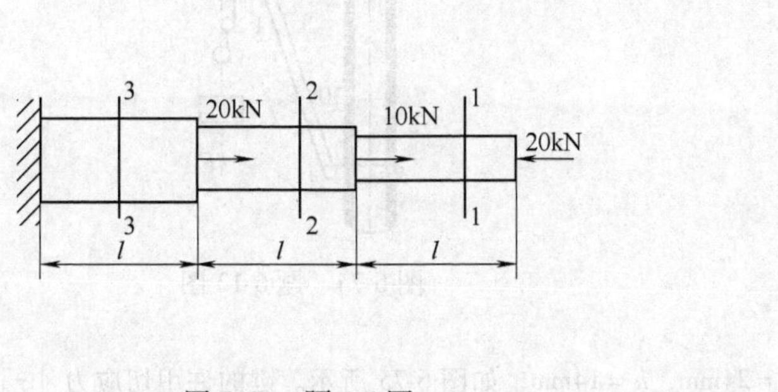

图6-67　题6-6图

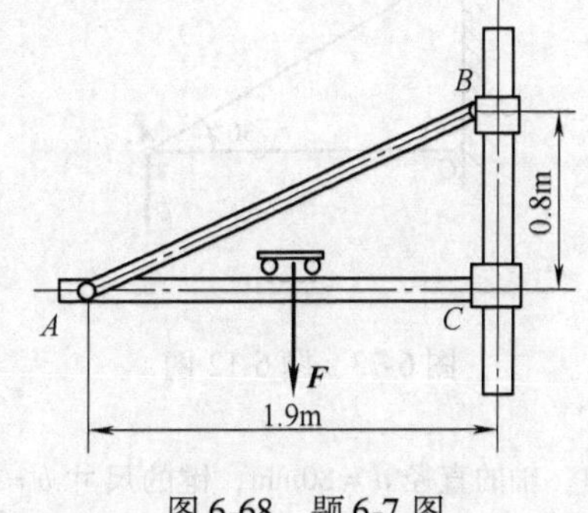

图6-68　题6-7图

6-8　图6-69所示一受轴向拉力 $F=5\text{kN}$ 的等直杆，已知杆的横截面面积 $A=50\text{mm}^2$，试求在 $\alpha=0°$、45°、90°的各斜截面上的正应力和切应力。

6-9　图6-70所示为由两种材料组成的圆杆，直径 $d=40\text{mm}$，杆的总伸长 $l=0.126\text{mm}$。试求载荷 F 及杆内的最大正应力。

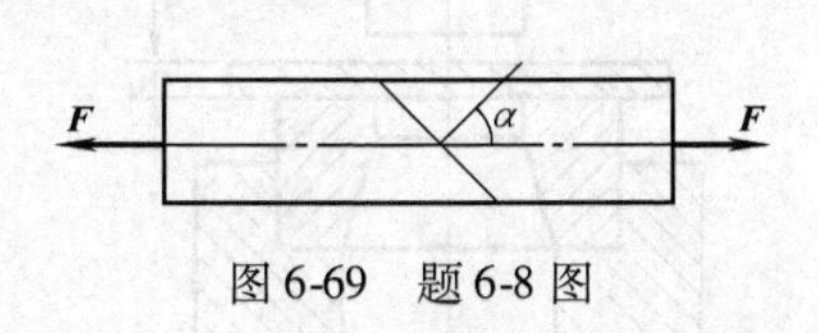

图6-69　题6-8图

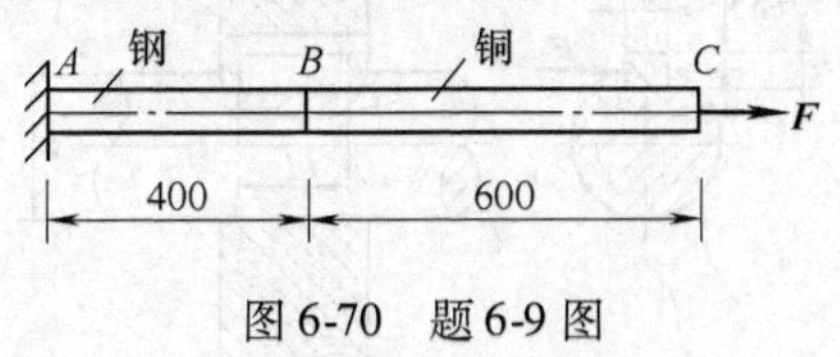

图6-70　题6-9图

6-10　铜丝直径 $d=2\text{mm}$，长 $l=500\text{mm}$，材料的 σ-ε 曲线如图6-71所示。欲使铜丝的伸长为30mm，则 F 力大约需加多大？

6-11　图6-72所示一正方形截面阶梯杆，边长 $a_1=18\text{mm}$，$a_2=35\text{mm}$，$F_1=40\text{kN}$，$F_2=20\text{kN}$。材料的许用应力 $[\sigma]=150\text{MPa}$。试校核该杆强度。

6-12　钢木构架如图6-73所示，杆 AB 为钢制圆杆，截面积 $A_1=600\text{mm}^2$，许用应力 $[\sigma]_{钢}=160\text{MPa}$；杆 AC 为正方形木杆，截面积 $A_2=10000\text{mm}^2$，许用应力 $[\sigma]_{木}=7\text{MPa}$。（1）若 $F=10\text{kN}$，试校核两杆的强

度；(2) 在满足强度的条件下，求结该构架的许可荷载 [F]；(3) 根据许可荷载，试重新选择杆 AC 的尺寸。

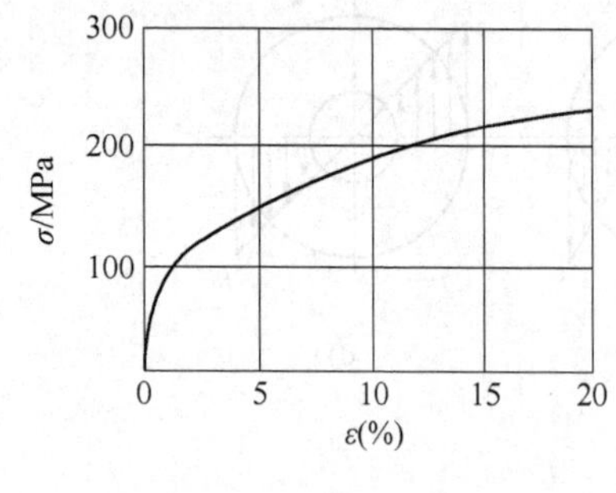

图 6-71　题 6-10 图

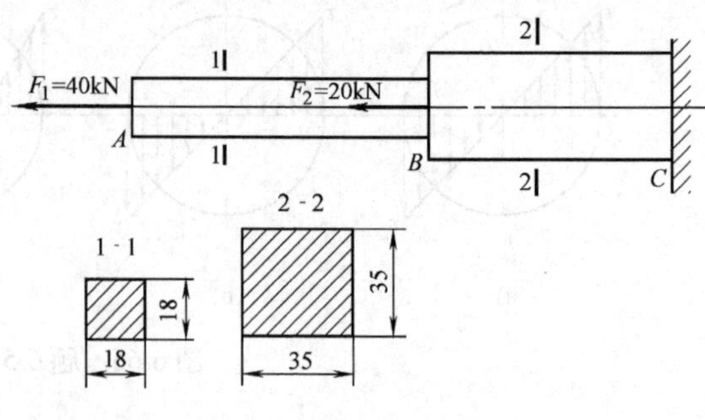

图 6-72　题 6-11 图

6-13　某车间一自制桅杆式起重机的简图如图 6-74 所示。已知起重杆（杆 1）为钢管，外径 $D=400\text{mm}$，内径 $d=20\text{mm}$，许用应力 $[\sigma]_1=80\text{MPa}$，钢丝绳 2 的横截面积 $A_2=500\text{mm}^2$，许用应力 $[\sigma]_2=60\text{MPa}$。若最大起重量 $F=55\text{kN}$，试校核此起重机的强度是否安全。

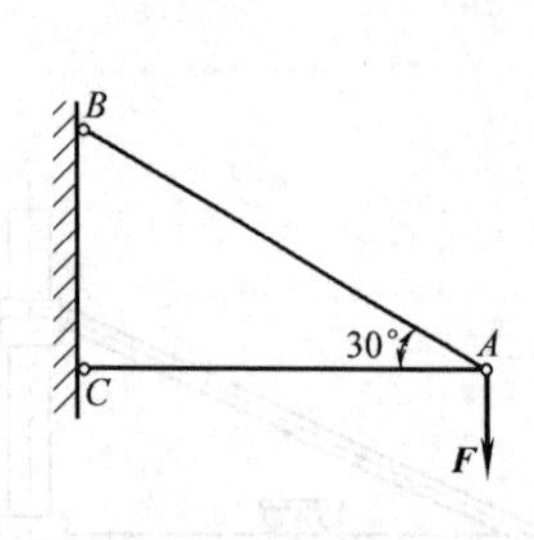

图 6-73　题 6-12 图

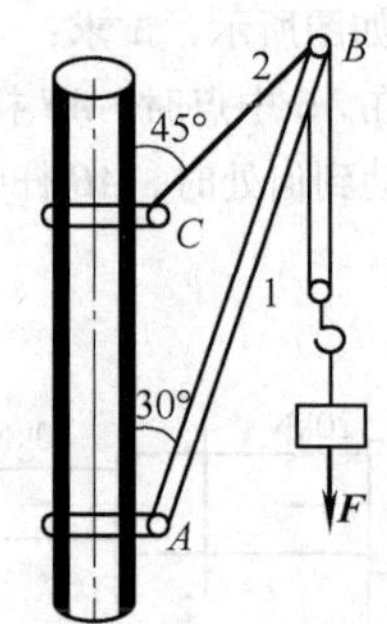

图 6-74　题 6-13 图

6-14　轴的直径 $d=80\text{mm}$，键的尺寸 $b=24\text{mm}$，$h=14\text{mm}$，如图 6-75 所示。键的许用切应力 $[\tau]=40\text{MPa}$，许用挤压应力 $[\sigma_{jy}]=90\text{MPa}$。若由轴通过键所传递的扭矩为 $3\text{kN}\cdot\text{m}$，求键的长度 l。

6-15　图 6-76 所示冲床的最大冲力为 400kN，冲头材料的许用应力 $[\sigma]=440\text{MPa}$，被冲钢板的剪切强度极限 $\tau_b=360\text{MPa}$。试求此冲床上，能冲剪圆孔的最小直径和钢板的最大厚度 t。

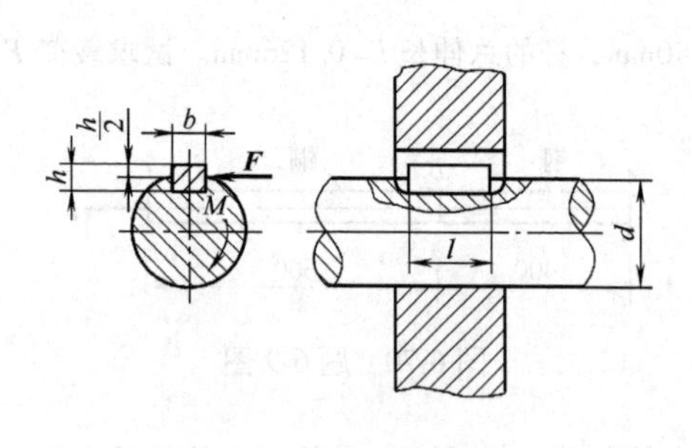

图 6-75　题 6-14 图

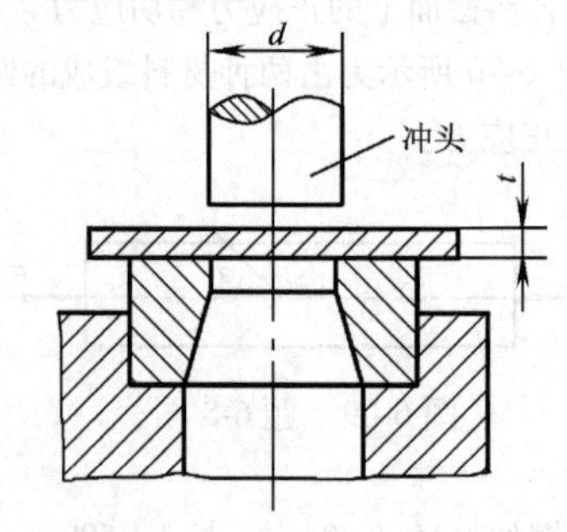

图 6-76　题 6-15 图

6-16　如图 6-77 所示螺栓受拉力 $\boldsymbol{F}$ 作用，已知材料的许用切应力 [τ] 和许用拉应力 [σ] 之间的关系为 $[\tau]=0.6[\sigma]$，试求螺栓直径 d 与螺栓头高度 h 的合理比例。

6-17　图 6-78 中两块板通过铆钉连接，受轴向力 $\boldsymbol{F}$ 作用。已知 $F=50\text{kN}$，板厚度 $t=10\text{mm}$，铆钉的直

径 $d=17\mathrm{mm}$，铆钉的许用剪切应力 $[\tau]=120\mathrm{MPa}$，许用挤压应力 $[\sigma_{jy}]=320\mathrm{MPa}$，试校核铆钉强度。

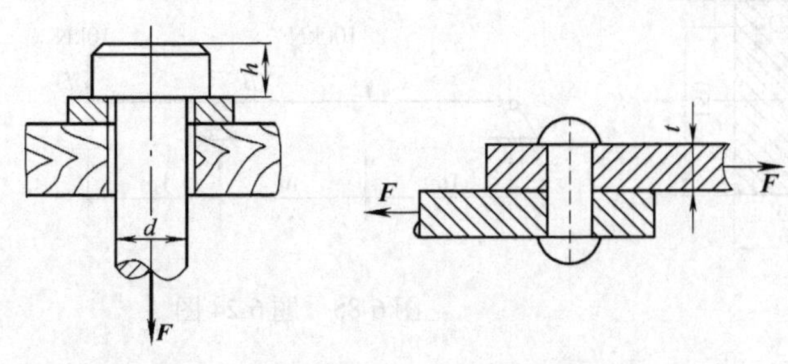

图6-77 题6-16图　图6-78 题6-17图

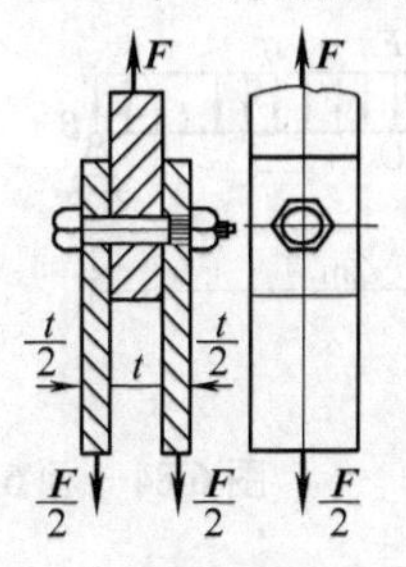

图6-79 题6-18图

6-18 试求图6-79所示连接螺栓所需的直径。已知 $F=200\mathrm{kN}$，$t=20\mathrm{mm}$。螺栓材料的 $[\tau]=80\mathrm{MPa}$，$[\sigma_{jy}]=200\mathrm{MPa}$（不考虑连接板的强度）。

6-19 图6-80所示一直径为 $d_1=80\mathrm{mm}$ 的实心轴，在转速 $n_1=100\mathrm{r/min}$ 时可传递功率 $P_1=85\mathrm{kW}$，求：

（1）改用外径 $D_2=80\mathrm{mm}$，内外径之比 $\alpha=0.6$ 的空心轴时，可传递多大功率？

（2）若将转速降为 $n_2=50\mathrm{r/min}$，仍传递 $P_1=85\mathrm{kW}$ 的功率时，实心轴的直径应为多大？

6-20 图6-81所示钢轴受外力偶矩分别为 $M_1=0.8\mathrm{kN\cdot m}$，$M_2=1.2\mathrm{kN\cdot m}$，$M_3=0.4\mathrm{kN\cdot m}$。已知 $l_1=0.5\mathrm{m}$，$l_2=1.0\mathrm{m}$，$[\tau]=50\mathrm{MPa}$，$[\theta]=0.25°/\mathrm{m}$，$G=80\mathrm{GPa}$。试设计该轴直径。

图6-80 题6-19图　图6-81 题6-20图

6-21 如图6-82所示传动轴的转速为 $n=500\mathrm{r/min}$，主动轮 A 输入功率 $P_1=400\mathrm{kW}$，从动轮 C、B 分别输出功率 $P_2=160\mathrm{kW}$，$P_3=240\mathrm{kW}$。已知 $[\tau]=70\mathrm{MPa}$，$[\theta]=1°/\mathrm{m}$，$G=80\mathrm{GPa}$。（1）试根据强度和刚度条件确定 AC 段的直径 d_1 和 BC 段的直径 d_2；（2）若 AC 和 BC 两段选同一直径，试确定直径 d；（3）主动轮和从动轮应如何安排才比较合理？

6-22 阶梯轴 AB 如图6-83所示，AC 段 $d_1=40\mathrm{mm}$，CB 段直径为 $d_2=70\mathrm{mm}$，B 轮输入功率 $P_B=35\mathrm{kW}$，A 轮输出功率 $P_A=15\mathrm{kW}$，轴匀速转动，转速 $n=200\mathrm{r/min}$，$G=80\mathrm{GPa}$，$[\tau]=50\mathrm{MPa}$，轴的 $[\theta]=2°/\mathrm{m}$。试校核该轴的强度和刚度。

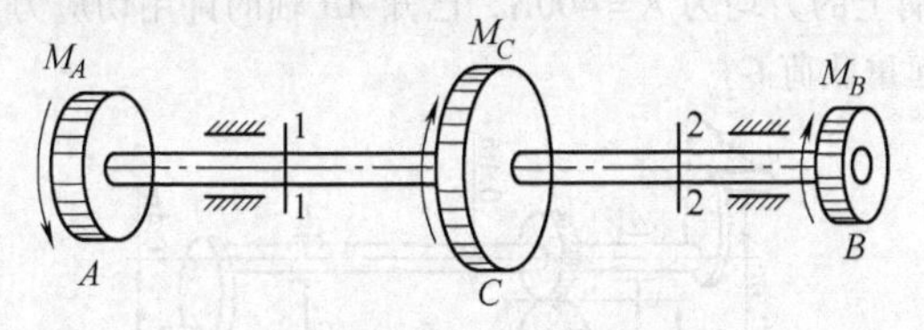

图6-82 题6-21图

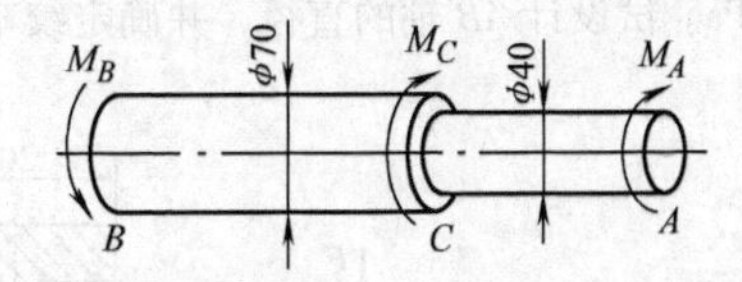

图6-83 题6-22图

6-23 简支梁受力及截面尺寸如图6-84所示。设 $q=60\mathrm{kN/m}$，$F=100\mathrm{kN}$。试求：（1）梁 C 截面上 D、E 两点的正应力；（2）C 截面上的最大正应力；（3）整个梁横截面上的最大正应力。

6-24 有一外伸梁，为工字梁，如图6-85所示，$[\sigma]=150\mathrm{MPa}$，选择工字钢型号。

6-25 图6-86所示为一矩形截面简支梁。已知：$F=5\mathrm{kN}$，$a=180\mathrm{mm}$，$b=30\mathrm{mm}$，$h=60\mathrm{mm}$，试求竖放时与横放时梁横截面上的最大正应力。

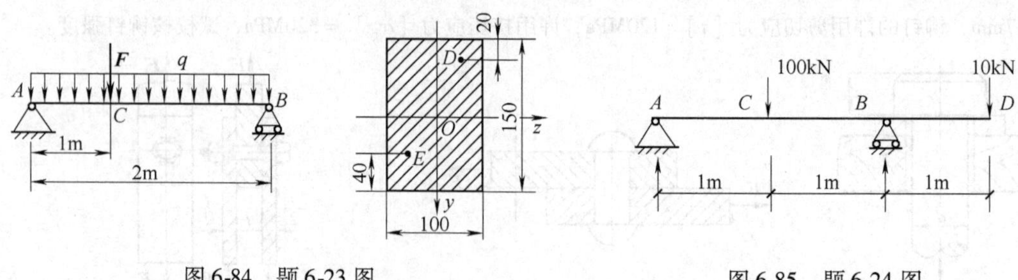

图 6-84　题 6-23 图　　　　　　　　　　　　　　　　图 6-85　题 6-24 图

6-26　铸铁梁的载荷及横截面尺寸如图 6-87 所示，截面对形心轴的惯性矩 $I_z = 34.8\times10^6\text{mm}^4$，材料的许用拉应力 $[\sigma_1]$ =45MPa，许用压应力 $[\sigma_y]$ =90MPa。试校核其强度。

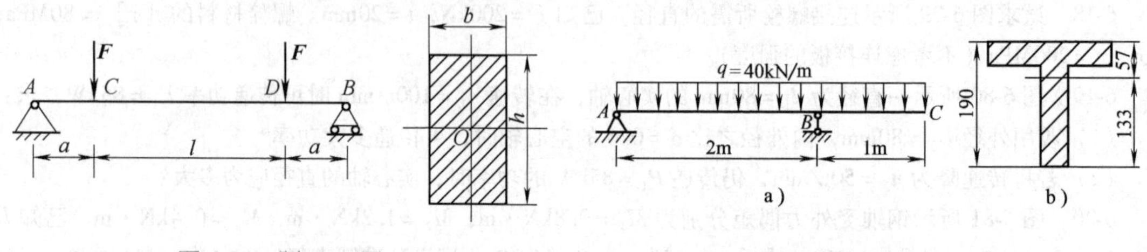

图 6-86　题 6-25 图　　　　　　　　　　　　　　　　图 6-87　题 6-26 图

6-27　简支梁受载如图 6-88 所示。已知 $F = 40\text{kN}$，作用在梁的中点，$q = 10\text{kN/m}$，$l = 4\text{m}$，$[\sigma] = 160\text{MPa}$。试设计正方形截面和 $b/h = 1/2$ 的矩形截面，并比较它们横截面面积的大小。

6-28　图 6-89 所示外伸梁由 20b 工字钢制成，$W_z = 250\text{cm}^3$，在外伸端 C 处作用集中载荷 F，已知材料的许用应力 $[\sigma] = 160\text{MPa}$，梁的跨度为 10m，外伸端的长度为 2m。求最大许可载荷。

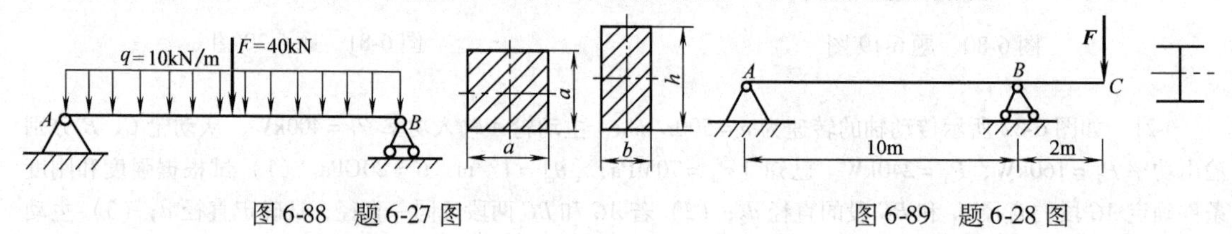

图 6-88　题 6-27 图　　　　　　　　　　　　　　　　图 6-89　题 6-28 图

6-29　铸铁梁受力和截面尺寸如图 6-90 所示。已知：$q = 10\text{kN/m}$，$F = 2\text{kN}$，许用拉应力 $[\sigma_1] = 40\text{MPa}$，许用压应力 $[\sigma_y] = 160\text{MPa}$，试按正应力强度条件校核梁的强度。若载荷不变，将 T 型梁倒置成为⊥形，是否合理？

6-30　图 6-91 所示绞车由两人操作，若每人加于手柄上的力均为 $F = 400\text{N}$，已知 AB 轴的许用切应力 $[\tau] = 40\text{MPa}$。试设计 AB 轴的直径，并确定绞车的最大起重载荷 G。

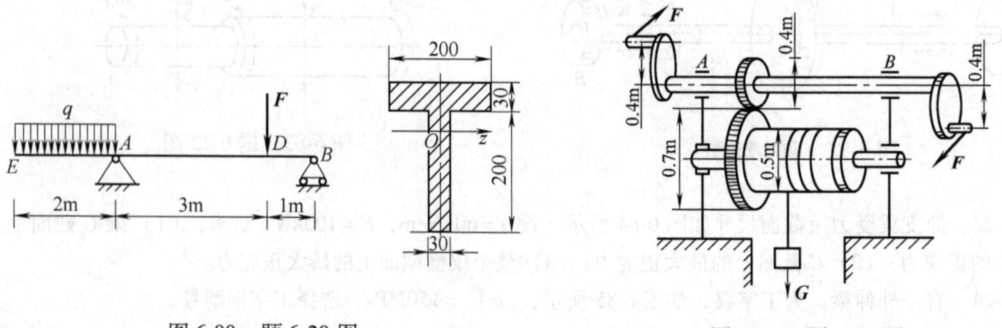

图 6-90　题 6-29 图　　　　　　　　　　　　　　　　图 6-91　题 6-30 图

第 7 章　组合变形的强度计算

学习目标：了解点的三种应力状态及其应用。强度理论是根据材料的不同失效形式提出的，能够正确选择强度理论解决材料失效问题。掌握轴的拉伸（压缩）弯曲的组合变形的强度计算，掌握扭转与弯曲组合变形的强度计算。能够熟练应用本章知识解决杆件的设计和强度校核等问题。

7.1　点的应力状态

通过对弯曲或扭转的研究可以得出，杆件内不同位置的点具有不同的应力。就一点而言，通过这一点的截面可以有不同的方位，而截面上的应力又随截面的方位而变化。杆件内某点各个方位截面上的应力情况称为该点的应力状态。在描述杆件内一点的应力状态时，围绕该点截取一个微小正六面体，该六面体称为单元体。单元体一般在三个方向上的尺寸均为无穷小，在它的每个面上，应力都是均匀的。在单元体内互相平行的截面上，应力都是相同的。例如，研究一个受拉杆上点 A 的应力情况，单元体的六个面中的两个相对的面为杆的横截面，另外两组相对的面为平行于杆轴线的纵截面，如图 7-1 所示。

由图 7-1 可知，单元体 A 中三个互相垂直的面上都无切应力。这种切应力等于零的平面称为主平面，主平面上的正应力称为主应力。如果某点应力状态中只有一对平面上的正应力不等于零，则该点的应力状态称为单向应力状态。纯弯曲杆件中，中性轴以外的其余各点均为单向应力状态。若三个主应力中有两个不为零，则称为二向应力状态。在横力弯曲梁中，上下边缘以外的各点均为二向应力状态。若三个主应力都不为零，则称为三向应力状态。单向应力状态也称为简单应力状态，二向应力状态和三向应力状态也统称为复杂应力状态。

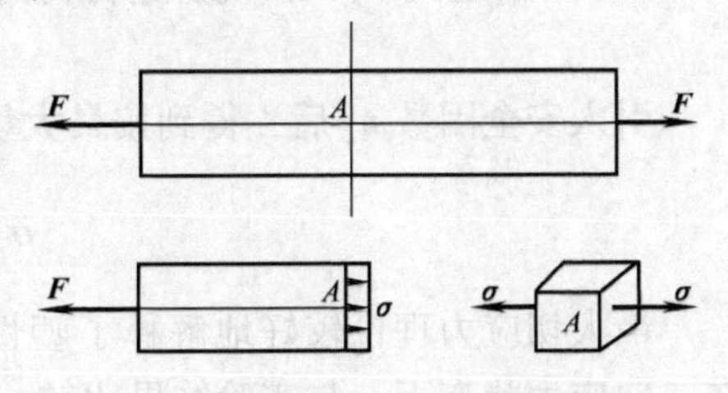

图 7-1　受拉杆上 A 点的应力情况

在研究一点的应力状态时，通常将三个主应力的大小用 σ_1、σ_2 和 σ_3 表示，并且规定拉应力为正，压应力为负，同时按其代数值的大小进行排序，即 $\sigma_1>\sigma_2>\sigma_3$。例如，三个主应力为 -50MPa、0MPa、100MPa，则 $\sigma_1=100\text{MPa}$、$\sigma_2=0$ 和 $\sigma_3=-50\text{MPa}$。

7.2　强度理论

材料因强度不足而引起的失效现象是不同的，但主要还是断裂失效和屈服失效两种类型。例如，脆性材料失效为断裂失效，而塑性材料失效则为屈服失效。人们在长期的生产实践中，通过观察和试验，对材料破坏现象提出了各种不同的假说，认为材料在各种应力状态下导致某种类型破坏的原因是由某个因素决定。关于材料强度破坏决定性因素的各种假说称为强度理论。针对脆性断裂和塑性屈服两种失效形式，强度理论分为两类：

（1）最大拉应力理论　这一理论认为最大拉应力是引起材料脆性断裂的主要因素，即不论是复杂应力状态，还是简单应力状态，只要最大拉应力达到与材料性质有关的某一极限值，则材料就发生断裂。由于最大拉应力的极限值与应力状态无关，因此可根据单向应力状态确定这一极限值。根据这一理论，最大拉应力 σ_1 达到强度极限 σ_b 就导致断裂。即

$$\sigma_1 = \sigma_b$$

引入安全因数 n_b 后，得到按最大拉应力理论建立的强度条件是

$$\sigma_1 \leqslant \frac{\sigma_b}{n_b} = [\sigma]$$

实践证明，铸铁等脆性材料在单向拉伸下，断裂发生于拉应力最大的横截面，这与最大拉应力理论相符合。但它没有考虑另外两个主应力的影响，对不存在拉应力的情况则不能适用，对塑性材料的屈服失效也无法解释。

（2）最大切应力理论　这一理论认为最大切应力是引起材料塑性屈服的主要因素。即不论是复杂应力状态，还是简单应力状态，只要最大切应力 τ_{max} 达到与材料性质有关的某一极限值，则材料就发生屈服。

单向拉伸情况下，当横截面上的拉应力达到极限应力 σ_s 时，与轴线成 45°角的斜截面上相应的极限切应力为 $\sigma_s/2$。在复杂应力状态下的最大切应力为

$$\tau_{max} = \frac{\sigma_1 - \sigma_3}{2}$$

只要 τ_{max} 达到 $\sigma_s/2$，就引起材料的屈服失效。即

$$\sigma_1 - \sigma_3 = \sigma_s$$

引入安全因数 n_s 后，得到按最大切应力理论建立的强度条件是

$$\sigma_1 - \sigma_3 \leqslant \frac{\sigma_s}{n_s} = [\sigma]$$

最大切应力理论较好地解释了塑性材料的屈服现象。由于没有考虑主应力 σ_2 的影响，在二向应力状态下，与实验结果比较，这一理论计算偏于安全。

（3）形状改变比能理论　这一理论认为形状改变比能是引起材料塑性屈服的主要因素。即不论什么应力状态，只要形状改变比能 u_f 达到与材料性质有关的某一极限值，则材料就发生屈服。

在任意应力状态下，按形状改变比能理论建立的强度条件是

$$\sqrt{\frac{1}{2}[(\sigma_1 - \sigma_2)^2 + (\sigma_2 - \sigma_3)^2 + (\sigma_3 - \sigma_1)^2]} \leqslant [\sigma]$$

实验证明，塑性材料在二向应力状态下，根据这一理论设计计算的结果，比最大切应力设计准则更接近实际情况。

工程实际中，对于常温、静载且处于单向和二向应力状态下的受力杆件，一般根据材料失效情况的不同来选用不同强度理论进行设计计算。脆性材料一般发生断裂失效，通常采用最大拉应力理论进行强度计算；塑性材料多为屈服失效，通常采用最大切应力理论或形状改变比能理论进行强度计算。

7.3　拉伸（压缩）与弯曲的组合变形

前面讨论了杆件的拉伸（压缩）、剪切、扭转、弯曲等的基本变形。工程结构中，构件往往同时发生两种或两种以上的基本变形，这种变形称为组合变形。分析组合变形的基本方法是叠加法，即在不改变杆件内力和变形的前提下，将杆件的外力进行简化或分解，把杆件的外力转化为几组等效的载荷，其中每一组载荷对应着一种基本变形。再分别计算由该变形引起的应力，然后把所得结果叠加起来，分析危险截面上危险点的应力状态。

拉伸或压缩与弯曲的组合变形是工程中常见的情况。以图 7-2a 所示起重机的横梁 AB 为例，其受力简图如图 7-2b 所示。轴向力 $\boldsymbol{F}_{Ax}$ 和 $\boldsymbol{F}_{Bx}$ 引起横梁的压缩变形，横向力 $\boldsymbol{F}_{Ay}$、$\boldsymbol{F}_{By}$ 和 $\boldsymbol{G}$ 引起轴的弯曲变形，所以横梁 AB 发生压缩和弯曲的组合变形。

例 7-1　钩头螺钉如图 7-3a 所示，已知螺钉小径 $d=20\text{mm}$，偏心距 $e=20\text{mm}$，当拧紧螺母时，螺钉承受偏心力的作用 $F=4\text{kN}$。试求（1）螺钉 $m\text{-}n$ 截面上的最大应力；（2）若螺钉材料的 $[\sigma]=120\text{MPa}$，试校核螺钉强度。

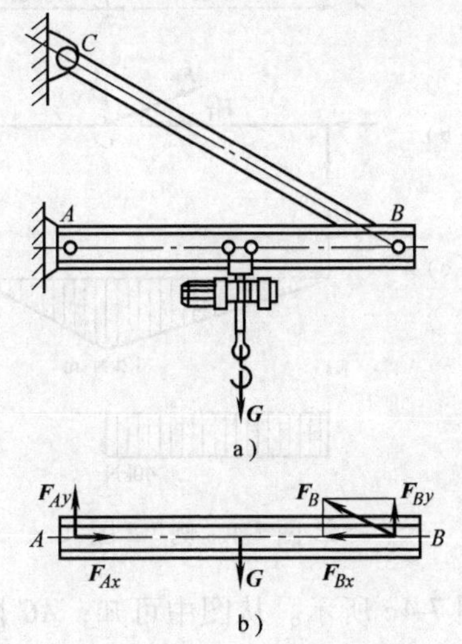

图 7-2　起重机及其横梁的受力简图

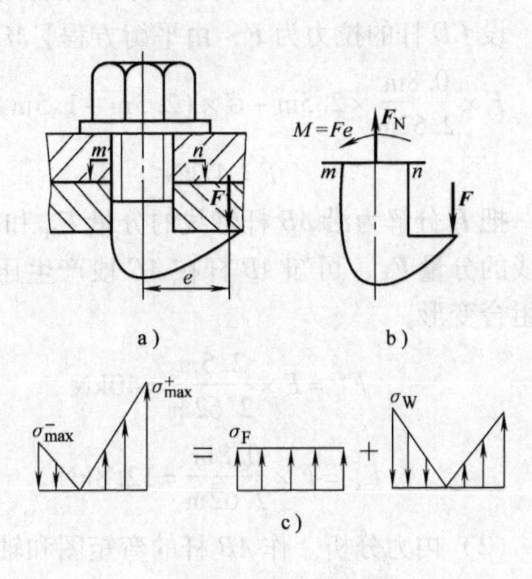

图 7-3　例 7-1 图

解　（1）内力分析。用截面法将螺钉沿 $m\text{-}n$ 处假想截开，取下半截为研究对象，其受力如图 7-3b 所示。由平衡条件可得轴力 $F_{\mathrm{N}}=F$，弯矩 $M=Fe$。螺钉发生拉伸和弯曲的组合变形。

（2）应力分析。

拉伸正应力
$$\sigma_{\mathrm{F}}=\frac{F_{\mathrm{N}}}{A}=\frac{4F}{\pi d^2}$$

弯曲正应力
$$\sigma_{\mathrm{W}}=\pm\frac{M_{\max}}{W_z}=\pm\frac{32Fe}{\pi d^3}$$

螺钉截面上总应力的分布如图 7-3c 所示，可见危险点在 $m\text{-}n$ 截面最右侧的一点，最大应力为

$$\sigma_{max} = \sigma_F + \sigma_W = \frac{4F}{\pi d^2} + \frac{32Fe}{\pi d^3} = \frac{4F\left(1 + \frac{8e}{d}\right)}{\pi d^2}$$

$$= \frac{4 \times 4 \times 10^3 \mathrm{N}}{\pi \times (20\mathrm{mm})^2}\left(1 + \frac{8 \times 20\mathrm{mm}}{20\mathrm{mm}}\right) = 115\mathrm{MPa}$$

（3）强度校核。

由于 $\sigma_{max} = 115\mathrm{MPa} < [\sigma] = 120\mathrm{MPa}$

故螺钉强度足够。

例 7-2 图 7-4a 所示起重机，最大吊重 $G = 8\mathrm{kN}$。若横梁 AB 为工字钢，许可应力 $[\sigma] = 110\mathrm{MPa}$，试选择工字钢的型号。

解 CD 杆的长度

$$l = \sqrt{(2500\mathrm{mm})^2 + (800\mathrm{mm})^2}$$
$$= 2620\mathrm{mm} = 2.62\mathrm{m}$$

（1）外力分析。AB 杆的受力简图如图 7-4b 所示。设 CD 杆的拉力为 $\boldsymbol{F}$，由平衡方程 $\sum M_A = 0$，得

$$F \times \frac{0.8\mathrm{m}}{2.62\mathrm{m}} \times 2.5\mathrm{m} - G \times (2.5\mathrm{m} + 1.5\mathrm{m}) = 0,$$

$$F = 42\mathrm{kN}$$

把 $\boldsymbol{F}$ 分解为沿 AB 杆轴线的分量 $\boldsymbol{F}_H$ 和垂直于 AB 轴线的分量 $\boldsymbol{F}_V$，可知 AB 杆在 AC 段产生压缩与弯曲的组合变形。

$$F_H = F \times \frac{2.5\mathrm{m}}{2.62\mathrm{m}} = 40\mathrm{kN}$$

$$F_V = F \times \frac{0.8\mathrm{m}}{2.62\mathrm{m}} = 12.8\mathrm{kN}$$

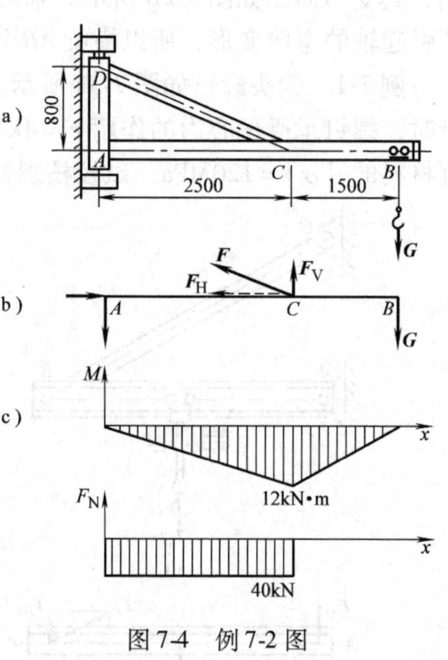

图 7-4 例 7-2 图

（2）内力分析。作 AB 杆的弯矩图和轴力图，如图 7-4c 所示。从图中可知，AC 段既有轴力又有弯矩，发生压缩与弯曲组合变形，C 截面是危险截面。

（3）强度校核。先不考虑轴力 $\boldsymbol{F}_N$ 的影响，仅根据弯曲强度条件试选工字钢。

$$W_z \geqslant \frac{M_{max}}{[\sigma]} = \frac{12 \times 10^3 \mathrm{N \cdot m}}{100 \times 10^6 \mathrm{Pa}} = 12 \times 10^{-5} \mathrm{m}^3 = 120\mathrm{cm}^3$$

查型钢表，选取 16 号工字钢，$W_z = 141\mathrm{cm}^3$，$A = 26.1\mathrm{cm}^2$。

选定工字钢后，同时考虑轴力 $\boldsymbol{F}_N$ 和弯矩 M 的影响，进行强度校核。在危险截面 C 的下边缘各点为危险点，该处最大压应力（绝对值）为

$$|\sigma_{C\max}| = \left|\frac{F_N}{A} + \frac{M_{max}}{W}\right| = \left| -\frac{40 \times 10^3 \mathrm{N}}{(26.1 \times 10^{-4})\ \mathrm{m}^2} - \frac{12 \times 10^3 \mathrm{N \cdot m}}{(141 \times 10^{-6})\ \mathrm{m}^3}\right| \times 10^{-6}$$

$$= 100.4\mathrm{MPa} < [\sigma]$$

上述计算结果表明：最大压应力与许用应力接近相等，强度满足要求，故可选用 16 号工字钢。

7.4 扭转与弯曲的组合变形

扭转与弯曲的组合变形是机械工程中常见的情况，现以如图7-5a所示的传动轴为例。A端装有半径为R的轮，在轮缘上C点作用与C点水平相切的水平力$\boldsymbol{F}$。梁的计算简图如图7-5b所示，横向力$\boldsymbol{F}$使轴在xz平面内发生弯曲变形，力偶M_A使轴发生扭转变形。杆件发生弯曲和扭转的组合变形，或称弯扭组合变形。

根据轴的计算简图，分别作出弯矩图和扭矩图如图7-5c和图7-5d所示。此时，轴上各横截面的扭矩相同，而弯矩则在固定端B截面处最大。故截面B为危险截面，其弯矩值为$M_B = Fl$、扭矩值为$T = FR$。由于在横截面B上同时有弯矩和扭矩，故该截面上各点就有弯曲正应力和扭转切应力，由应力分布图7-5e可知，截面B上K_1点和K_2点两点处，弯曲正应力和扭转切应力都为最大值，故该两点是危险截面B上的危险点。弯曲正应力和扭转切应力分别为

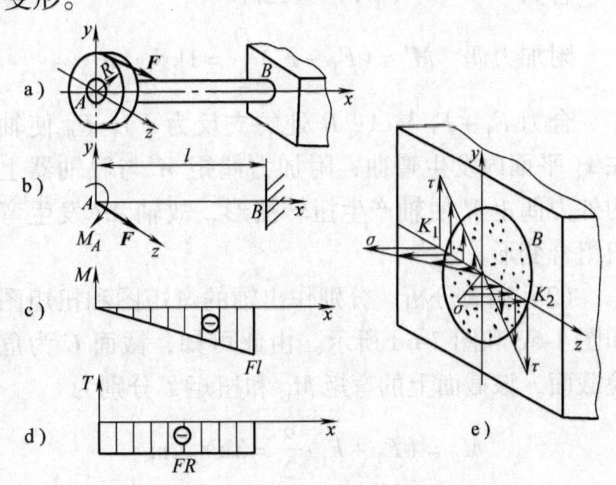

图7-5　传动轴及其计算简图

$$\sigma_{\max} = \frac{M_{\max}}{W_z} \tag{7-1}$$

$$\tau_{\max} = \frac{T}{W_{\mathrm{n}}} \tag{7-2}$$

设轴由抗拉和抗压强度相等的塑性材料制成，则只要校核危险点K_1点和K_2点中的任一点即可。因为K_1点是二向应力状态，一般按最大切应力理论和形状改变比能理论建立强度条件。

若按最大切应力理论可以推导出

$$\sqrt{\sigma^2 + 4\tau^2} \leqslant [\sigma] \tag{7-3}$$

将式（7-1）和式（7-2）代入式（7-3），并且$W_{\mathrm{n}} = 2W_z$，经过整理得出轴弯扭组合变形时的强度条件为

$$\frac{\sqrt{M_{\max}^2 + T^2}}{W_z} \leqslant [\sigma] \tag{7-4}$$

若按形状改变比能理论可以推导出

$$\sqrt{\sigma^2 + 3\tau^2} \leqslant [\sigma] \tag{7-5}$$

将式（7-1）和式（7-2）代入式（7-5），同样的$W_{\mathrm{n}} = 2W_z$，经过整理得出轴弯扭组合变形时的强度条件为

$$\frac{\sqrt{M_{\max}^2 + 0.75T^2}}{W_z} \leqslant [\sigma] \tag{7-6}$$

例 7-3　如图 7-6a 所示传动轴 AB，在联轴器上作用外力偶矩 M，已知带轮的直径 $D=0.5\text{m}$，带拉力 $F_T=8\text{kN}$，$F_t=4$，轴的直径 $d=90\text{mm}$，$a=500\text{mm}$，轴的许用应力 $[\sigma]=50\text{MPa}$，试校核轴的强度。

解　(1) 外力分析。将带拉力及联轴器上的力偶矩向 AB 轴简化，得到轴的计算简图如图 7-6b 所示，外力简化的结果为

合力　　$F_T+F_t=12\text{kN}$

附加力偶　$M'=(F_T-F_t)\dfrac{D}{2}=1\text{kN}\cdot\text{m}$

合力 F_T+F_t 与 A、B 处的支反力 F_A、F_B 使轴在 xy 平面内发生弯曲；附加力偶矩 M' 与联轴器上的外力偶矩 M 使轴产生扭转变形，故轴 AB 发生弯扭组合变形。

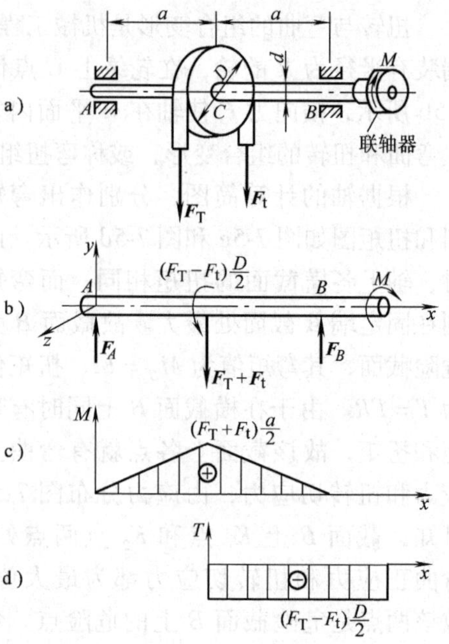

(2) 内力分析。分别作出轴的弯矩图和扭矩图如图 7-6c 和图 7-6d 所示。由此可知，截面 C 为危险截面，该截面上的弯矩 M_C 和扭矩 T 分别为

$$M_C=(F_T+F_t)\frac{a}{2}=3\text{kN}\cdot\text{m}$$

$$T=M=1\text{kN}\cdot\text{m}$$

图 7-6　例 7-3 图

(3) 强度校核。危险截面 C 上下边缘各点为危险点，这些点是二向应力状态，根据最大切应力理论校核强度为

$$\frac{\sqrt{M_{\max}^2+T^2}}{W_z}=\frac{\sqrt{(3\times10^3\text{N}\cdot\text{m})^2+(1\times10^3\text{N}\cdot\text{m})^2}}{0.1\times(90\times10^{-3}\text{m})^3}$$
$$=43.4\times10^6\text{Pa}=43.4\text{MPa}<[\sigma]$$

所以轴的强度足够。

例 7-4　某传动轴 AB 如图 7-7a 所示，轴的直径为 35mm，材料为 45 钢，许用应力 $[\sigma]=85\text{MPa}$。轴由 $P=2.2\text{kW}$ 的电动机通过带轮 C 带动，转速 $n=966\text{r/min}$。带轮的直径 $D=132\text{mm}$，带拉力约为 $F+f=600\text{N}$。齿轮 E 的节圆直径为 $d=50\text{mm}$，$\boldsymbol{F}_n$ 为作用于齿轮上的法向力。试校核轴的强度。

解　(1) 外力分析。带轮传递给轴的转矩为

$$M=9549\frac{P}{n}=9549\times\frac{2.2\text{kW}}{966\text{r/min}}=21.7\text{N}\cdot\text{m}$$

又由于
$$M''=(F-f)\frac{D}{2}=M$$

$$F-f=\frac{2M''}{D}=\frac{2\times21.7\text{N}\cdot\text{m}}{132\times10^{-3}\text{m}}=329\text{N}$$

已知
$$F+f\approx600\text{N}$$

得
$$F=465\text{N},\ f=135\text{N}$$

由平衡方程知，齿轮上法向力 F_n 对轴线的力矩 M' 与带轮上的 M'' 大小相等、方向相反，使轴发生扭转变形，所以

$$M' = F_n\cos20° \times \frac{d}{2} = M''$$

$$F_n = \frac{2M''}{d\cos20°} = \frac{2 \times 21.7\text{N} \cdot \text{m}}{(50 \times 10^{-3})\ \text{m} \times \cos20°} = 925\text{N}$$

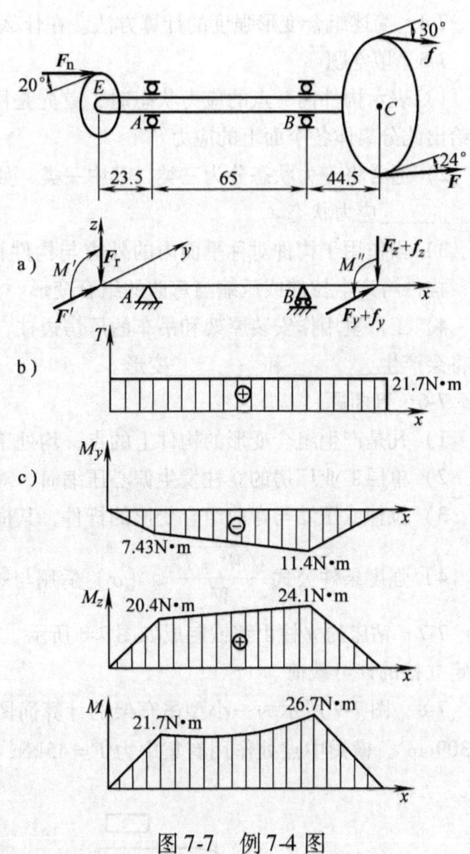

图 7-7　例 7-4 图

把齿轮上的法向力 $\boldsymbol{F}_n$ 与带拉力 $\boldsymbol{F}$、$\boldsymbol{f}$ 向轴线简化。$\boldsymbol{F}_n$ 简化后得到的 M' 和 $\boldsymbol{F}$ 与 $\boldsymbol{f}$ 简化后得到的力矩 M'' 大小相等方向相反，如图 7-7a 所示，使轴发生扭转变形。

向轴线简化后，作用于轴线上的横向力 $\boldsymbol{F}_n$、$\boldsymbol{F}$、$\boldsymbol{f}$ 引起轴的弯曲变形，将这些横向力分解成与 y 轴和 z 轴平行的分量。则

$$F' = F_n\cos20° = 869\text{N}$$

$$F_r = F_n\sin20° = 316\text{N}$$

$$F_y + f_y = F\cos24° + f\cos30° = 542\text{N}$$

$$F_z + f_z = F\sin24° + f\sin30° = 257\text{N}$$

（2）内力分析。

1）绘制 EC 段的扭矩图，如图 7-7b 所示。

2）运用截面法，分别计算出 A、B 截面在 xz 平面和 xy 平面内的弯矩 M_{Ay}、M_{By} 和 M_{Az}、M_{Bz}，并绘制出相应的弯矩图，如图 7-7c 所示。

3）分别计算出 A、B 截面上的合成弯矩，得

$$M_A = \sqrt{M_{Ay}^2 + M_{Az}^2} = \sqrt{(7.43)^2 + (20.4^2)}\,\text{N} \cdot \text{m} = 21.7\text{N} \cdot \text{m}$$

$$M_B = \sqrt{M_{By}^2 + M_{Bz}^2} = \sqrt{(11.4)^2 + (24.1^2)}\,\text{N} \cdot \text{m} = 26.7\text{N} \cdot \text{m}$$

由此可以判定 B 截面为危险截面。

（3）强度校核。根据形状改变比能理论进行强度校核，则

$$\frac{\sqrt{M^2 + 0.75T^2}}{W} = \frac{32}{\pi(35 \times 10^{-3}\text{m})^3}\sqrt{(26.7\text{N} \cdot \text{m})^2 + 0.75 \times (21.7\text{N} \cdot \text{m})^2} = 7.76\text{MPa} < [\sigma]$$

所以轴的强度足够。

对于同时发生在两个相互垂直平面内的弯曲变形，可以用以上的方法将两个平面内的弯矩叠加得到合成弯矩，再代入强度理论条件进行设计和校核。

7.5　思考题与习题

7-1　什么是一点的应力状态？研究一点的应力状态有什么意义？

7-2　什么是主平面？什么是主应力？通过受力物体内的一点有几个主平面？

7-3　什么是单向、二向、三向应力状态？什么是简单和复杂应力状态？

7-4　简述组合变形强度的计算方法。在什么条件下，计算组合变形的应力可以采用叠加原理？

7-5　填空题

1）表示构件内一点的应力状态时，首先是围绕该点截取一个边长趋于零的________作为分离体，然后给出此分离体各个面上的应力。

2）通常将应力状态分为三类，其中一类，如拉伸或压缩杆件及纯弯曲梁内（中性层除外）各点就属于________应力状态。

3）当作用于构件对称平面内的外力与构件轴线平行而不________，或相交成某一角度而不________时，构件将产生拉伸或压缩与弯曲的组合变形。

4）工厂里用作安装屋架和吊车的厂房边柱，在受到屋架和起吊重物重量传给边柱的铅垂载荷作用时，它将会产生________和________变形。

7-6　判断题

1）凡是产生组合变形的构件上的点，均处于复杂应力状态。（　）

2）单层工业厂房的立柱发生偏心压缩时，对其截面而言，总压力的作用点通过截面形心。（　）

3）拉伸或压缩与弯曲组合变形的杆件，其横截面中性轴一定通过截面形心。（　）

4）强度条件公式$\frac{\sqrt{M^2+T^2}}{W}\leqslant[\sigma]$适用与塑性材料扭转与弯曲组合变形之圆轴的强度计算。（　）

7-7　钻床的立柱由铸铁制成如图7-8所示。已知立柱直径$d=130\text{mm}$，$e=400\text{mm}$，$[\sigma]=30\text{MPa}$。试确定立柱的许可载荷。

7-8　图7-9所示为一小型吊车架的计算简图，横梁BC由22a号工字钢制成，查表得$A=42\text{cm}^2$，$W_z=309\text{cm}^3$。横梁中点处作用有集中力$F=45\text{kN}$，横梁材料的许用应力$[\sigma]=140\text{MPa}$，试校核BC梁的强度。

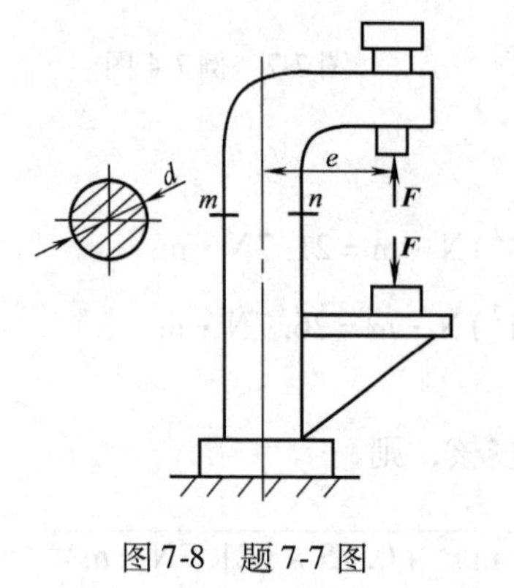

图7-8　题7-7图

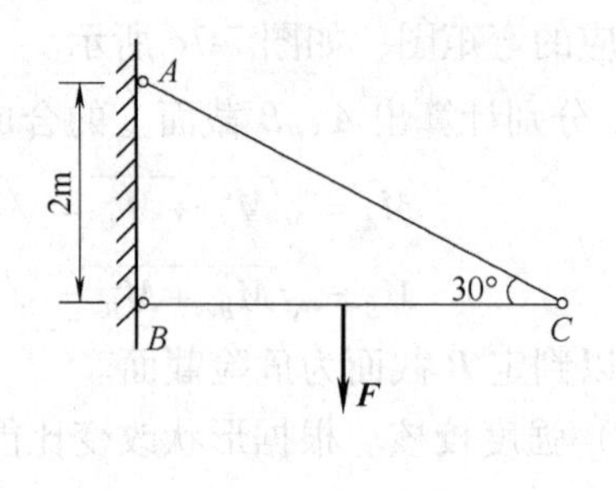

图7-9　题7-8图

7-9　如图7-10所示，AB杆为圆杆，$AB\perp BC$，已知AB杆直径$d=100\text{mm}$，AB、BC的长度均为1.2m，材料的许用应力$[\sigma]=120\text{MPa}$。试按最大切应力理论，由杆AB的强度条件确定许用载荷。

7-10　手摇绞车如图7-11所示，轴的直径$d=30\text{mm}$，材料为Q235钢，$[\sigma]=80\text{MPa}$。试按最大切应力理论，求绞车的最大起吊重量G。

7-11　如图7-12所示的传动轴上装有两个传动轮，D轮的直径$D_D=0.5\text{m}$，C轮直径$D_C=1\text{m}$，两轮受力分别为$F_1=2\text{kN}$，$F_2=4\text{kN}$。轴的材料的许可应力$[\sigma]'=80\text{MPa}$，试设计轴的直径。

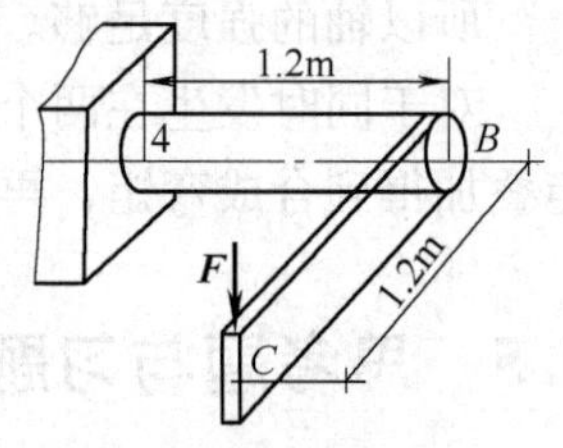

图7-10　题7-9图

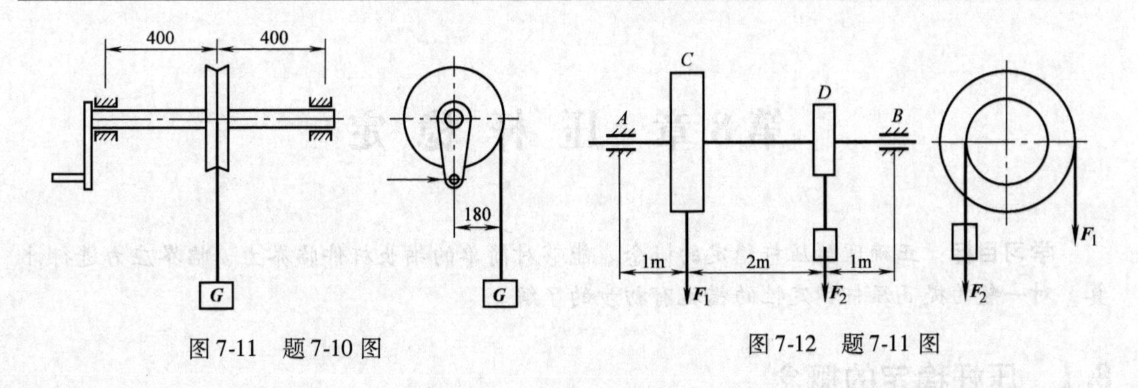

图 7-11　题 7-10 图　　　　图 7-12　题 7-11 图

第8章　压杆稳定

学习目标：正确理解压杆稳定的概念。能够对简单的细长杆件临界力、临界应力进行计算，对一般的提高压杆稳定性的措施有初步的了解。

8.1　压杆稳定的概念

对于有些构件，虽然具有足够的强度和刚度，却不一定能安全可靠地工作。如图8-1所示的两根木条，截面形状、尺寸和材料均相同，分别作用有不同的压力，观察它们的变形。可以发现，短的木条在很大轴向压力（$F_b=60kN$）作用下发生了轴向压缩破坏；长的木条则在很小的轴向压力（$F_{cr}=30N$）作用下，明显地发生了弯曲，继续加压，木条继续弯曲，直到折断，从而丧失工作能力。从两杆的变形可以看出，短而粗的杆受压时是强度不够引起失效的；细而长的杆件受压是稳定性不足引起弯曲而失效的。像这种细长杆受压时丧失原有直线平衡形态的现象，称为丧失稳定，简称失稳。

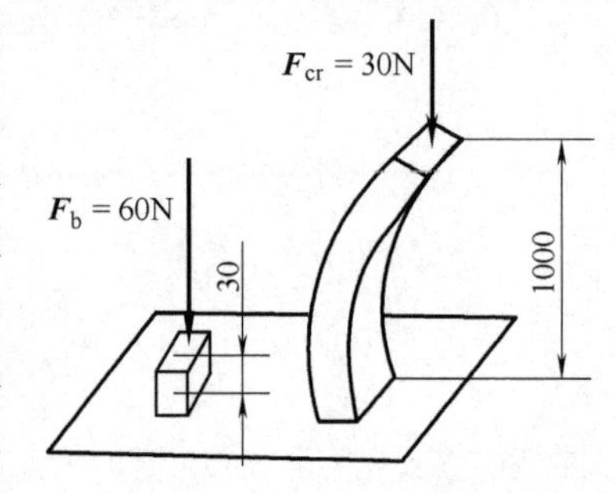

图8-1　不同长度杆受压情况比较

工程中，如千斤顶、薄壁筒、柱子、液压缸中的活塞杆、内燃机中的控制阀门开闭的推杆、屋架及桥梁的受压弦杆（见图8-2）等，这些构件属于细长杆，设计时除了使它们具有足够的强度外，还必须具有足够的稳定性，才能保证正常工作。历史上曾经发生过一些桥梁突然毁坏倒塌的大事故，就是由于其中的压杆稳定性不够引起的。

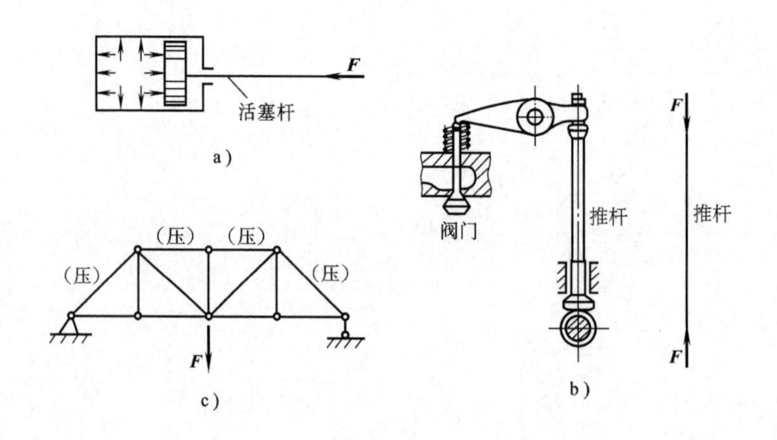

图8-2　稳定性示例

8.2 压杆稳定计算

8.2.1 临界力的概念

为了保证压杆不丧失稳定，必须使载荷小于某一确定载荷。如图8-3所示的千斤顶，可简化为悬臂梁，工作时承受压力。在杆端点施加沿轴方向的压力$\boldsymbol{F}$，当力$\boldsymbol{F}$小于某一确定值时，在消除干扰力后杆将经过几次摆动后仍恢复原来的直线形状（见图8-3a）；当力$\boldsymbol{F}$等于某一确定值时，杆将在干扰作用时发生任意微弯状况下保持平衡（见图8-3b），此时杆处于稳定平衡过渡到不稳定平衡的临界状态；当力$\boldsymbol{F}$大于某一确定值时，只要有一点轻微的干扰，杆就会在微弯曲的基础上继续弯曲（见图8-3c），甚至因变形过度而丧失承载能力。这个“某一确定值的载荷”称为该压杆的临界载荷或临界力，用$\boldsymbol{F}_{cr}$表示。它是压杆即将失稳时的压力，它的大小表示压杆稳定性的强弱，临界力$\boldsymbol{F}_{cr}$越大，则压杆越不易失稳，稳定性越强；临界力$\boldsymbol{F}_{cr}$越小，则压杆越易失稳，稳定性越弱。临界力是衡量压杆承载能力的一个重要指标。研究稳定性的问题，主要就是如何确定临界力值的问题。

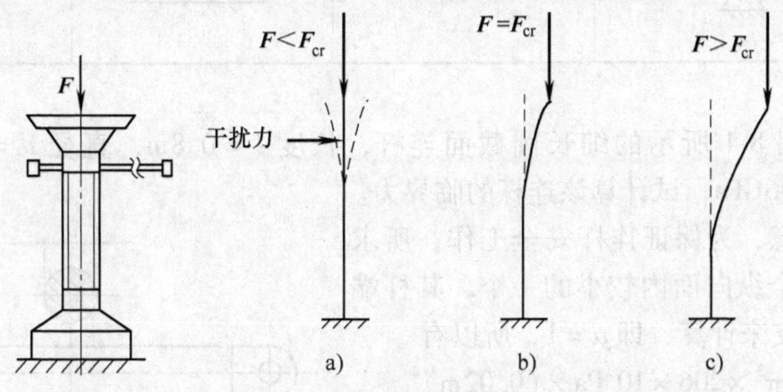

图8-3 千斤顶的受压情况分析

8.2.2 临界力和临界应力

1. 欧拉公式

（1）临界力 当压杆件处于微弯曲平衡状态，并且在杆内应力不超过比例极限的情况下，就可以利用弯曲变形有关理论及公式计算，得到细长压缩杆件的临界力的计算公式为

$$F_{cr}=\frac{\pi^2 EI}{(\mu l)^2} \tag{8-1}$$

上式称为欧拉公式。

式中 I——杆横截面对中性轴的惯性矩；

EI——杆的抗弯刚度；

l——杆的长度；

μ——与支承情况有关的长度系数，其大小见表8-1，有些复杂的支承情况可查有关设计手册。

由公式可以看出，临界力的大小与压杆的长度l、抗弯刚度EI、杆端支承及材料等几方面的因素有关。

需要指出的是，应用式（8-1）时，当压缩杆件在各个方向的约束情况相同，轴惯性矩的值不相同时，应用值小的轴惯性矩 I_{min} 来计算临界力。

表 8-1　压杆的长度系数 μ

支承情况	两端铰支	一端自由一端固定	两端固定	一端铰支一端固定
长度系数 μ	1.0	2.0	0.5	0.7
压杆的挠曲线形状	F_{cr}, l	F_{cr}, l, $2l$	F_{cr}, l, $0.5l$	F_{cr}, l, $0.7l$

例 8-1　如图 8-4 所示的细长圆截面连杆，长度 $l=0.8\text{m}$，直径 $d=20\text{mm}$，材料为 Q235A 钢，$E=206\text{GPa}$，试计算该连杆的临界力。

解　根据题意，为保证连杆安全工作，所求的临界力应为两个纵向面内较小的一个，其杆端支承应按两端铰支来计算，即 $\mu=1$，所以有

$$F_{cr}=\frac{\pi^2 EI}{(\mu l)^2}=\frac{\pi^3\times 206\times 10^9\text{Pa}\times(0.02\text{m})^4}{(0.8\text{m})^2\times 64}$$

$$=24.9\times 10^3\text{N}=24.9\text{kN}$$

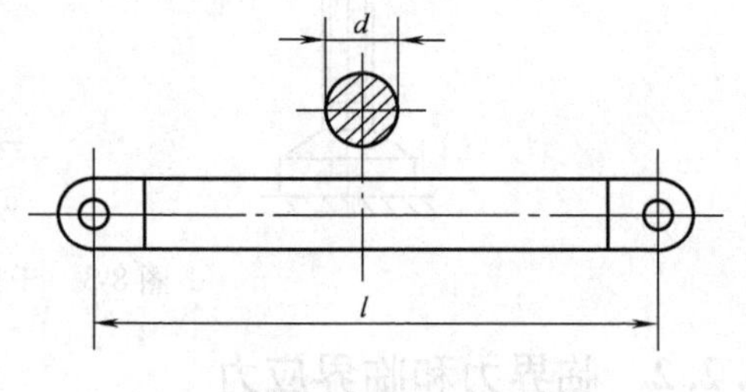

图 8-4　例 8-1 图

若按连杆屈服强度 σ_s 来计算轴向压力，则有

$$F_s=\sigma_s A=\frac{\pi d^2\sigma_s}{4}=\frac{\pi\times(20\text{mm})^2\times 235\text{MPa}}{4}=73.8\times 10^3\text{N}=73.8\text{kN}$$

可见，F_s 远大于 F_{cr}，所以对于细长压杆来说，失去正常工作能力的原因不是由于其强度不足，而是由于失稳造成的。

（2）临界应力　压杆处于临界状态时横截面上的平均应力称为压杆的临界应力，用 σ_{cr} 表示，即

$$\sigma_{cr}=\frac{F_{cr}}{A}=\frac{\pi^2 EI}{(\mu l)^2 A}$$

设

$$i=\sqrt{\frac{I}{A}}$$

式中　i——截面对弯曲中性轴的惯性半径（mm）。

则

$$\sigma_{cr}=\frac{\pi^2 EI}{(\mu l)^2 A}=\frac{\pi^2 E}{\left(\frac{\mu l}{i}\right)^2}$$

令 $\lambda=\mu l/i$，则有

$$\sigma_{cr}=\frac{\pi^2 E}{\lambda^2} \tag{8-2}$$

上式称为压杆临界应力欧拉公式。式中，λ 称为柔度，量纲为1，它综合反映了压杆的长度、杆两端支承情况、截面尺寸和形状等因素对临界应力的影响。显然，柔度越大临界应力越小，压杆就越容易失稳。所以 λ 是度量压杆失稳难易程度的一个重要参数。

（3）欧拉公式的适用范围　实践表明，欧拉公式并不是对所有压杆都适用。对于比较粗短的压杆，实际的临界应力比用欧拉公式计算所得的要小。

欧拉公式是在应用弯曲变形公式，且材料服从胡克定律的情况下得到的，即当压杆中的应力不超过比例极限时欧拉公式才成立，因此欧拉公式的适用范围为

$$\sigma_{cr}=\frac{\pi^2 E}{\lambda^2}\leqslant\sigma_p$$

对于某一种材料，比例极限 σ_p 及弹性模量 E 是一定的。若改变柔度 λ，使临界应力达到其允许的最大值，即 $\sigma_{cr}=\sigma_p$，由此得允许使用欧拉公式的柔度为

$$\lambda_p\geqslant\sqrt{\frac{\pi^2 E}{\sigma_p}}$$

对于常见的碳钢，若取 $E=200\text{GPa}$，$\sigma_p=200\text{MPa}$，则

$$\lambda_p=\sqrt{\frac{\pi^2 E}{\sigma_p}}=\sqrt{\frac{\pi^2\times200\times10^9}{200\times10^6}}\approx100$$

因此，碳钢制作的压杆，当实际的柔度 $\lambda\geqslant\lambda_p=100$ 时，才能用欧拉公式确定临界力和临界应力。

实验表明，当柔度很小时，压杆承载能力主要由材料强度决定，当柔度大时才出现稳定问题。

2. 直线经验公式

工程实际中常用的压杆，当柔度小于 λ_p 时，其临界应力已超过了材料的比例极限，所以，就不能再用欧拉公式来计算临界应力。目前多采用建立在实验基础上的经验公式来计算，其中以直线公式应用较多，也比较简便，其形式为

$$\sigma_{cr}=a-b\lambda \tag{8-3}$$

此式又称为雅辛斯基公式，式中，a、b 是与材料力学性能有关的常数，由实验确定。

经验公式中柔度也应有一个最低界限 λ_s。当柔度很小的短粗杆受压时，不可能像大柔度压杆那样发生弯曲变形而丧失稳定，主要是达到了屈服极限（塑性材料）或强度极限（脆性材料）破坏的，因此最低界限 λ_s 所对应的临界应力等于屈服极限或强度极限。表8-2列出了几种常用材料的 a、b、λ_p、λ_s 值。

表 8-2　几种常用材料的 a、b、λ_p、λ_S 值

材　　料	a/MPa	b/MPa	λ_s	λ_p
Q235A（$\sigma_b=373$MPa，$\sigma_s=235$MPa）	304	1.12	61.6	101
10、25 钢	310	1.14	60	100
灰铸铁	332	1.454	—	—
铸铁	338.7	1.483	—	80
碳钢（$\sigma_b=471$MPa，$\sigma_s=306$MPa）	460	2.567	60	100
硅钢（$\sigma_b=510$MPa，$\sigma_s=353$MPa）	578	3.744	60	100
45、55 钢	589	3.82	60	100
铬钼钢	981	5.296	—	55
强铝	373	2.143	—	50
松木	39.2	0.1991	—	59

对塑性材料，中柔度与小柔度的分界值为 $\sigma_{cr}=\sigma_s$ 时的柔度，以 $\sigma_{cr}=\sigma_s$ 代入上式得

$$\lambda_s=\frac{a-\sigma_s}{b}$$

例如，对于 Q235A 钢，$\sigma_s=235$MPa，$a=304$MPa，$b=1.12$MPa，代入公式得 $\lambda_s=61.6$。

λ_s 为使用经验公式所对应的最小柔度极限值，对于脆性材料制成的压杆，中柔度与小柔度的分界值应为 $\sigma_{cr}=\sigma_b$ 时的柔度，同理则有

$$\lambda_s=\frac{a-\sigma_b}{b}$$

实践证明，经验公式的适用范围是柔度 λ 介于 λ_p 与 λ_s 之间。

3. 临界应力公式曲线图

综上所述，按照工程设计的要求，一般将压杆分为三类，并分别按照不同的计算公式确定临界应力（见图 8-5），以进一步求解临界力。

1）大柔度杆（细长杆、$\lambda\geqslant\lambda_p$），按照欧拉公式计算临界应力和临界力。

2）中柔度杆（中长杆、$\lambda_s\leqslant\lambda<\lambda_p$），按照经验公式计算临界应力和临界力。

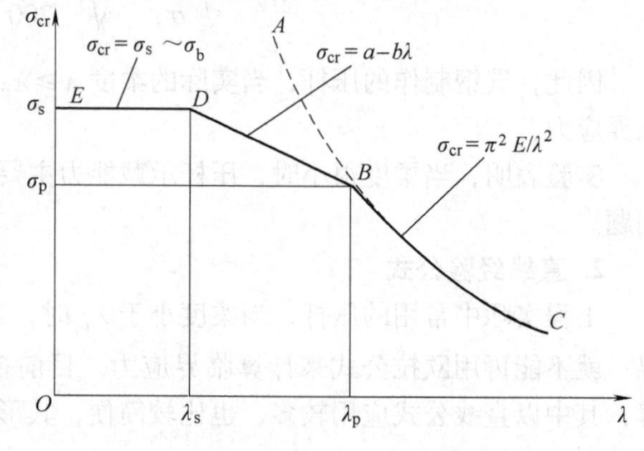

图 8-5　临界应力公式曲线图

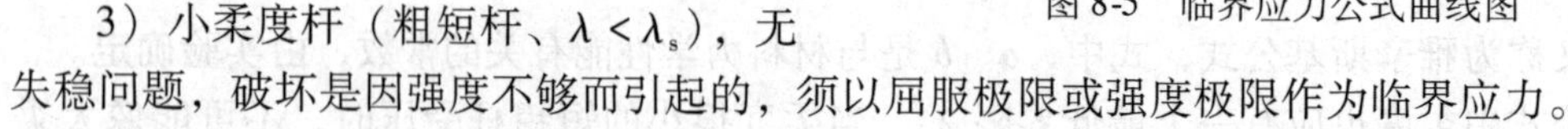
3）小柔度杆（粗短杆、$\lambda<\lambda_s$），无失稳问题，破坏是因强度不够而引起的，须以屈服极限或强度极限作为临界应力。

8.2.3　压杆的稳定性计算

为了保证压杆具有足够的稳定性，应使工作载荷小于临界力，或者工作应力小于临界应

力，即

$$F < F_{cr} \text{或} \sigma < \sigma_{cr}$$

考虑到压杆所受载荷存在偏心及实际约束不同于理想支座，材料也不可能完全均匀，而且失稳也是一种突发性过程等因素，安全系数一般应选得比较大一些。稳定条件为

$$n_w = \frac{F_{cr}}{F} \geqslant [n_w] \tag{8-4}$$

$$n_w = \frac{\sigma_{cr}}{\sigma} \geqslant [n_w] \tag{8-5}$$

式中 n_w——实际稳定安全系数；

$[n_w]$——规定稳定安全系数，大致取2~6。

必须指出，对于在局部地方截面有所削弱的压杆，例如钻有横孔等，由于局部削弱对压杆受干扰而产生的弯曲变形影响不大，故进行稳定性校核时不必考虑。但是，横截面积的减小，却使压应力增大，因此这时还需作强度校核：

$$\sigma = \frac{F}{A_j} \leqslant [\sigma]$$

式中 A_j——扣除孔洞等影响后的实际截面积，称为静面积。

例8-2 千斤顶如图8-6所示，丝杠长度 $l=37.5\text{cm}$，内径 $d=40\text{mm}$，材料为优质碳钢，最大起重量 $F=80\text{kN}$，规定的稳定安全系数 $[n_w]=4$，试校核丝杠的稳定性。

题意分析：首先弄清千斤顶属于哪一类压杆，根据 λ 选择合适公式。

解 (1) 计算 λ（柔度）。丝杠的工作部分可简化为下端固定、上端自由的受压杆，长度系数取 $\mu=2$，

$$i = \sqrt{\frac{I}{A}} = \frac{d}{4} = \frac{40}{4} = 10\text{mm},$$

得

$$\lambda = \frac{\mu l}{i} = \frac{2\times 375}{10} = 75$$

由表8-2中查得，优质碳钢的 $\lambda_p=100$，$\lambda_s=60$，柔度 λ 介于两者之间，为中长杆，故应该用经验公式计算其临界应力。

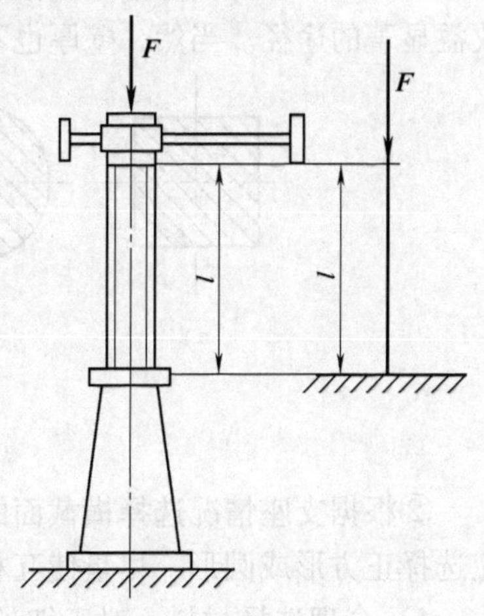

图8-6 例8-2图

(2) 计算临界力，校核稳定性。由表8-2中查得：$a=460\text{MPa}$，$b=2.57\text{MPa}$，利用中长杆的临界应力公式可得临界力为

$$F_{cr} = \sigma_{cr}A = (a-b\lambda)\times \pi d^2/4 = (460\times 10^6\text{Pa} - 2.75\times 10^6\text{Pa}\times 75)\pi\times(0.04\text{m})^2/4$$
$$= 318.7\times 10^3\text{N} = 318.7\text{kN}$$

由式（8-4），丝杠的工作稳定安全系数为

$$n = \frac{F_{cr}}{F} = \frac{335.7}{80} = 4.2 \geqslant [n_w] = 4$$

校核结果可知，此千斤顶中的丝杠具有稳定性。

8.3　提高压杆稳定性的措施

压杆临界力的大小，反映了压杆稳定性的高低。提高压杆稳定性的问题，就是在经济性、节省材料的情况下，如何提高临界力、临界应力的问题。

由计算大柔度和中柔度杆的临界应力公式

$$\sigma_{cr}=\frac{\pi^2 E}{\lambda^2},\ \sigma_{cr}=a-b\lambda$$

可见，提高临界力、临界应力的关键在于如何减小压杆的柔度，分析式

$$\lambda=\frac{\mu l}{i},\ i=\sqrt{\frac{I}{A}}$$

可得减小柔度的途径为：

1）改善压杆的支承情况，提高支座约束能力，使支承的长度系数 μ 较小。

2）在可能的情况下，尽量减小压杆的实际长度，或添加中间约束。

3）合理选择截面形状：

①选择惯性矩 I 大的截面形状，增大比值 I/A，从而增大惯性半径 i；例如如图 8-7 所示面积相同的四种截面形状，其中图 8-7c、d 的值远比图 8-7a、b 的值大，是压杆的合理截面形状，这也正是柱子等压杆常做成空心结构的原因。合理选择截面形状是提高压杆稳定性的效益显著的途径。当然，壁厚也不宜过薄，以免发生局部失稳现象（发生皱折）。

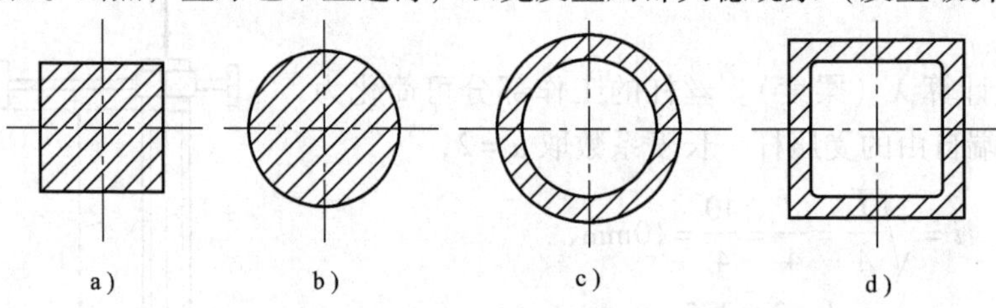

图 8-7　截面形状

②根据支座情况选择横截面的形状。当压杆两端的支座是固定端或球形铰链时，横截面应选择正方形或圆形，尽量使互相垂直的两个平面内的柔度相等，即 $\lambda_y=\lambda_x$。

4）合理选择材料。对于细长压杆，临界应力 σ_{cr} 与弹性模量 E 成正比，选择 E 值大的材料，可提高其稳定性。但需注意，由于各种钢材的 E 值相差不大，选用高强度钢，增加了成本，却不能提高其稳定性，所以，宜选用普通钢材；对于中长和粗短压缩杆，临界应力的大小与材料的强度有关，材料的强度高，临界应力也高，所以，选用高强度钢，可提高其稳定性。

8.4　工程应用实例

例 8-3　一铸铁立柱，下端固定上端自由，$E=120\text{GPa}$，$\lambda_p=80$，尺寸如图 8-8 所示。规定稳定安全系数 $[n_w]=3$，试确定此立柱的许可载荷 F。

解 首先弄清立柱属于哪一类压杆，应该用哪个公式计算，为此先确定立柱的柔度。

支座系数 $\mu=2$

惯性矩 $I=\dfrac{\pi}{64}(D^4-d^4)=\dfrac{\pi}{64}[(200\text{mm})^4-(160\text{mm})^4]$

$=46.37\times10^6\text{mm}^4$

杆的截面积 $A=\dfrac{\pi}{4}(D^2-d^2)=\dfrac{\pi}{4}[(200\text{mm})^2-(160\text{mm})^2]$

$=11.3\times10^3\text{mm}^2$

图 8-8 例 8-3 图

惯性半径 $i=\sqrt{\dfrac{I}{A}}=\sqrt{\dfrac{46.37\times10^6\text{mm}^4}{11.3\times10^3\text{mm}^2}}=64\text{mm}$

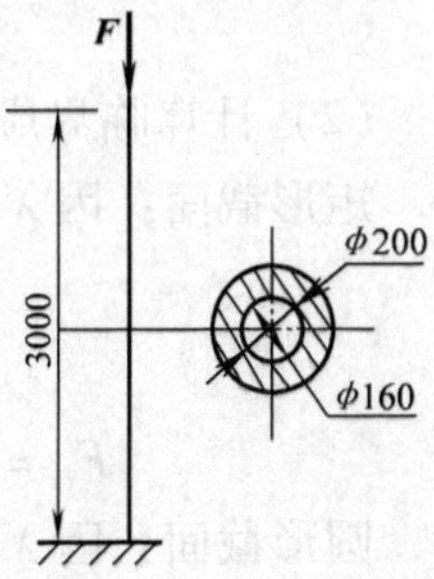

柔度 $\lambda=\dfrac{\mu l}{i}=\dfrac{2\times3000\text{mm}}{64\text{mm}}=93.75>80$

故为大柔度杆，应按欧拉公式计算临界力。

临界力

$$F_{\text{cr}}=\frac{\pi^2EI}{(\mu l)^2}=\frac{\pi^2\times120\times10^3\text{MPa}\times46.37\times10^6\text{mm}^4}{(2\times3000\text{mm})^2}=1526\times10^3\text{N}=1526\text{kN}$$

许可载荷

$$F=\frac{F_{\text{cr}}}{[n_{\text{w}}]}=\frac{1526\text{kN}}{3}=509\text{kN}$$

例 8-4 压杆长度 $l=800\text{mm}$，材料为 Q235A 钢，$E=206\text{GPa}$，两端固定（见图 8-9）。试分别计算此压杆的横截面为矩形截面和圆形截面时的临界应力和临界力（两根杆的横截面面积 A 相等）。

解 （1）计算 λ（柔度）。

因两端固定，由表 8-1 查得：$\mu=0.5$，

矩形截面

$$I_y=\frac{hb^3}{12}=\frac{20\text{mm}\times(12\text{mm})^3}{12}=2880\text{mm}^4$$

$$I_z=\frac{bh^3}{12}=\frac{12\text{mm}\times(20\text{mm})^3}{12}=8000\text{mm}^4$$

因为 $I_y\leqslant I_z$，所以截面绕 y 轴失稳。

$$i_y=\frac{b}{\sqrt{12}}=\frac{12\text{mm}}{3.46}=3.46\text{mm}$$

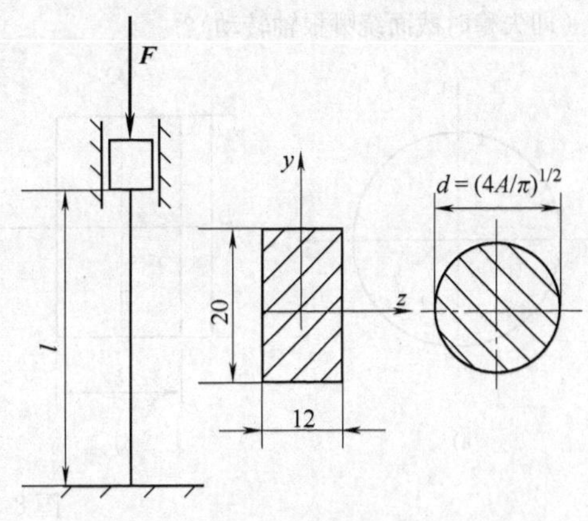

图 8-9 例 8-4 图

$$\lambda_{\max}=\lambda_y=\frac{\mu l}{i_y}=\frac{0.5\times800\text{mm}}{3.464\text{mm}}=115.5$$

圆形截面

$$i=\sqrt{\frac{\pi d^4/64}{\pi d^2/4}}=\frac{d}{4}=\frac{1}{4}\sqrt{\frac{4A}{\pi}}=\frac{1}{4}\sqrt{\frac{4\times20\text{mm}\times12\text{mm}}{\pi}}=4.37\text{mm}$$

$$\lambda = \frac{\mu l}{i} = \frac{0.5 \times 800\text{mm}}{4.37\text{mm}} = 91.5$$

（2）计算临界应力和临界力。

矩形截面：因 $\lambda = 115.3 > \lambda_P = 101$，应用欧拉公式计算临界应力和临界力

$$\sigma_{cr} = \frac{\pi^2 E}{\lambda^2} = \frac{\pi^2 \times 206 \times 10^3 \text{MPa}}{115.3^2} = 152.3\text{MPa}$$

$$F_{cr} = \sigma_{cr} A = 152.3\text{MPa} \times 20\text{mm} \times 12\text{mm} = 36.6 \times 10^3 \text{N} = 36.6\text{kN}$$

圆形截面：因 $\lambda = 91.5$，介于 $\lambda_p = 101$ 和 $\lambda_s = 61.6$ 之间，应用直线公式计算临界应力和临界力。

$$\sigma_{cr} = a - b\lambda = 304\text{MPa} - 1.12\text{MPa} \times 91.5 = 201.5\text{MPa}$$

$$F_{cr} = \sigma_{cr} A = 201.5\text{MPa} \times 20\text{mm} \times 12\text{mm} = 48.3 \times 10^3 \text{N} = 48.3\text{kN}$$

计算结果说明，在材料、杆的长度、横截面面积及支承情况相同的情况下，矩形截面杆要比圆形截面杆的临界力小，容易失稳。因此，压杆应选用圆形截面较为合理。

8.5　思考题与习题

8-1　细长压杆的材料宜用高强度钢还是普通钢？为什么？

8-2　何谓压杆的柔度？它与哪些因素有关？它对临界应力有什么影响？

8-3　欧拉公式适用的范围是什么？如超过范围继续使用，则计算结果偏于危险还是偏于安全？

8-4　试述失稳破坏与强度破坏的区别。

8-5　两根材料相同的压杆，是柔度 λ 值大的还是小的杆容易失稳？

8-6　各种柔度压杆的临界应力应如何确定？

8-7　如果杆件上有孔和槽，计算压杆稳定性问题与强度问题时截面面积该如何确定？

8-8　图 8-10 所示两端为球铰的压杆，当其横截面为图示的不同形状时，试问压杆会在哪个平面内失稳（即失稳时截面绕哪根轴转动）？

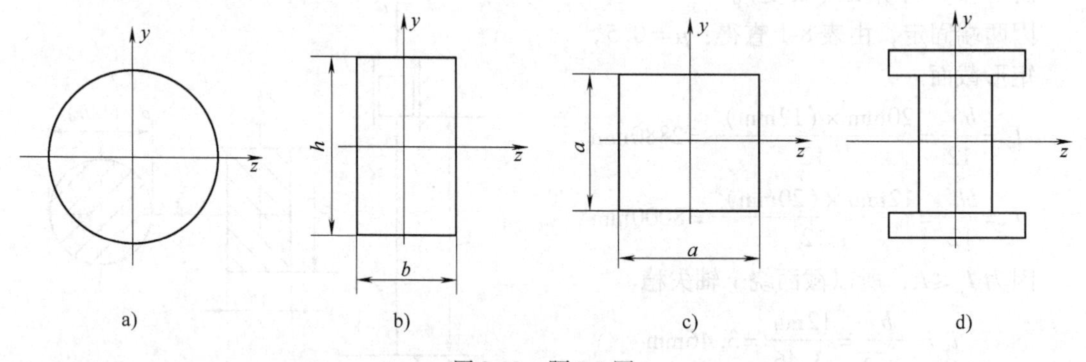

图 8-10　题 8-8 图

8-9　用 Q235A 制成的圆柱，两端铰支。试问圆柱的长度应是直径的多少倍时，才能用欧拉公式计算临界应力？

8-10　铸铁压杆的直径 $d = 40\text{mm}$，长度 $l = 0.7\text{m}$，一端固定，另一端自由。试求压杆的临界力。

8-11　图 8-11 所示为三根材料相同、直径相等的杆件。试问，哪一根杆件的稳定性最差？哪一根杆件的稳定性最好？

8-12 矩形截面如图8-12所示，一端固定，一端自由。材料为碳钢，$E = 200\text{GPa}$，$l = 2\text{m}$，$b = 40\text{mm}$，$h = 90\text{mm}$，试计算压杆的临界应力。若 $b = h = 60\text{mm}$，长度不变，此压杆的临界力又是多少？

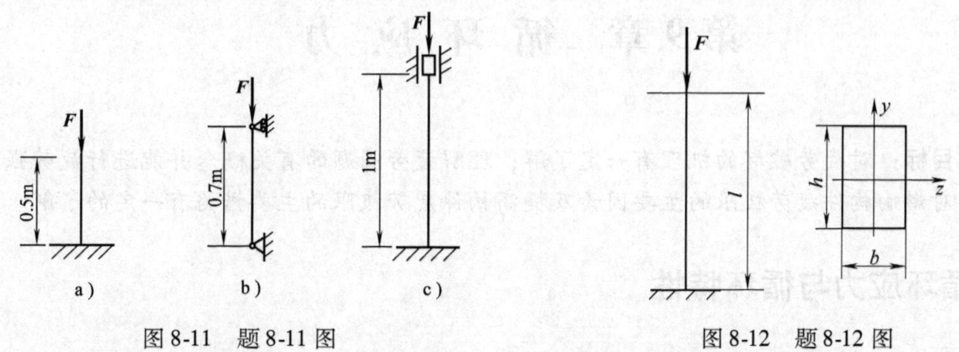

图8-11 题8-11图　　图8-12 题8-12图

8-13 有一长 $l = 300\text{mm}$，矩形截面宽 $b = 2\text{mm}$，高 $h = 10\text{mm}$ 的压杆，两端铰接（见图8-13），材料为Q235A，$E = 200\text{GPa}$。试计算压杆的临界应力和临界力。

8-14 压杆的材料为Q235A钢，$E = 206\text{GPa}$，横截面有如图8-14所示的四种几何形状，但其面积均为 $3.6 \times 10^3\,\text{mm}^2$。试计算它们的临界力，并比较它们的稳定性。

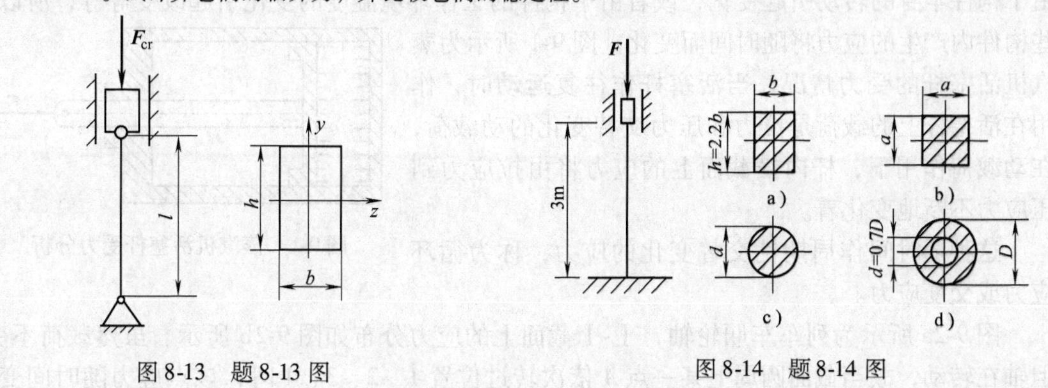

图8-13 题8-13图　　图8-14 题8-14图

8-15 如图8-15所示的五根钢杆用铰链连接成正方形结构，杆的材料为Q235A钢，$E = 206\text{GPa}$，许用应力 $[\sigma] = 140\text{MPa}$，各杆直径 $d = 40\text{mm}$，长度 $a = 1\text{m}$，规定稳定安全系数 $[n_w] = 2$，试求最大许可载荷 F。若图中两力 F 的方向向内时，最大许可载荷为多大？

8-16 如图8-16所示的横梁 AB 为矩形截面，竖杆截面为圆形，直径 $d = 20\text{mm}$，竖杆两端为柱销连接，材料为Q235A钢，$E = 206\text{GPa}$，规定稳定安全系数 $[n_w] = 3$，若测得 AB 梁的最大弯曲正应力 $\sigma = 120\text{MPa}$，试求该竖杆 CD 的稳定性。

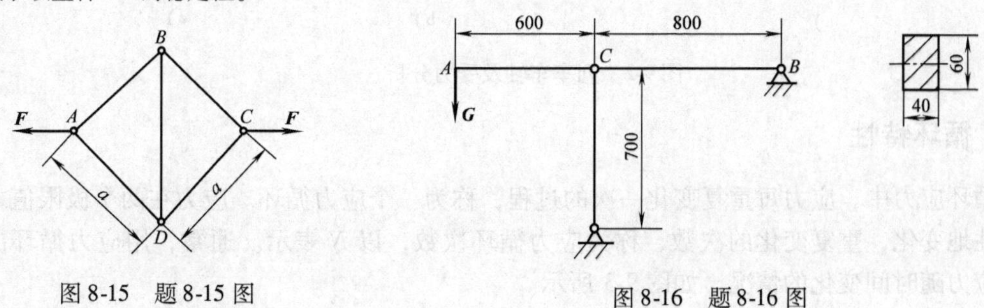

图8-15 题8-15图　　图8-16 题8-16图

第9章　循 环 应 力

学习目标：对疲劳破坏的机理有一定了解；理解疲劳问题的有关概念并能进行疲劳强度的计算；对影响构件疲劳极限的主要因素及提高构件疲劳极限的主要措施有一定的了解。

9.1　循环应力与循环特性

9.1.1　循环应力

前面讨论的构件强度，大都是在静载荷作用下引起静应力的问题。然而在工程实际中，很多构件受到的并非静应力而是动载荷引起的动应力。由于动载荷或者随时间在变化，或者由于构件本身的转动引起变化，或者由于构件的工作环境温度的变化引起改变等等，所以这些构件内产生的应力将随时间而变化。图9-1所示为蒸汽机活塞杆的受力情况，当活塞杆作往复运动时，作用在活塞杆上的载荷是拉力和压力交替变化的动载荷，在动载荷作用下，杆内横截面上的应力将由拉应力到压应力不断地变化着。

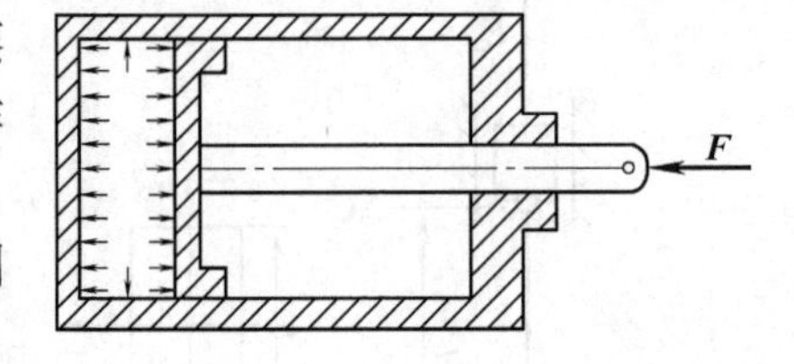

图9-1　蒸汽机活塞杆受力分析

这种随时间作周期性交替变化的应力，称为循环应力或交变应力。

图9-2a所示为列车车厢轮轴，Ⅰ-Ⅰ截面上的应力分布如图9-2b所示。虽然载荷不变，但轴在转动，故当截面圆周上某一点A依次转过位置1、2、3、4时，该点应力随时间变化的曲线如图9-2c所示。

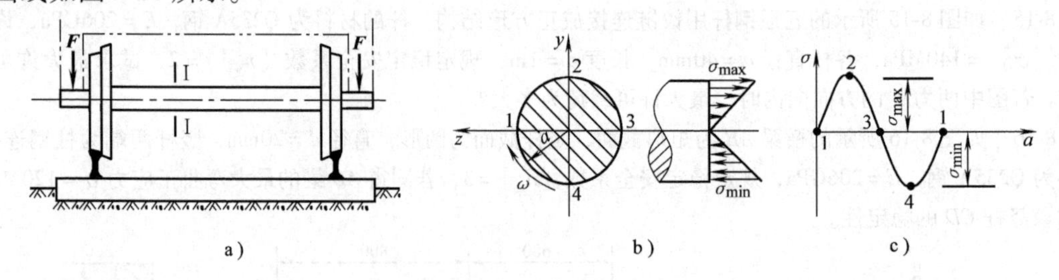

图9-2　列车车轴及受力分析

9.1.2　循环特性

在循环应力中，应力每重复变化一次的过程，称为一个应力循环。应力在两个极限值之间周期性地变化，重复变化的次数，称为应力循环次数，以N表示。通常，用应力循环曲线表示应力随时间变化的情况，如图9-3所示。

平均应力：最大应力σ_{max}与最小应力σ_{min}的代数平均值，用σ_m的表示，即

$$\sigma_{m}=\frac{\sigma_{max}+\sigma_{min}}{2}$$

平均应力可以看作循环应力的静应力部分，可以是正值、零或负值。

应力幅：最大应力 σ_{max} 与最小应力 σ_{min} 的代数差的一半，用 σ_{a} 表示，即

$$\sigma_{a}=\frac{\sigma_{max}-\sigma_{min}}{2}$$

应力幅相当于应力从平均应力变到最大应力或最小应力的改变量，故可以看作循环应力中动应力部分，总是正值。

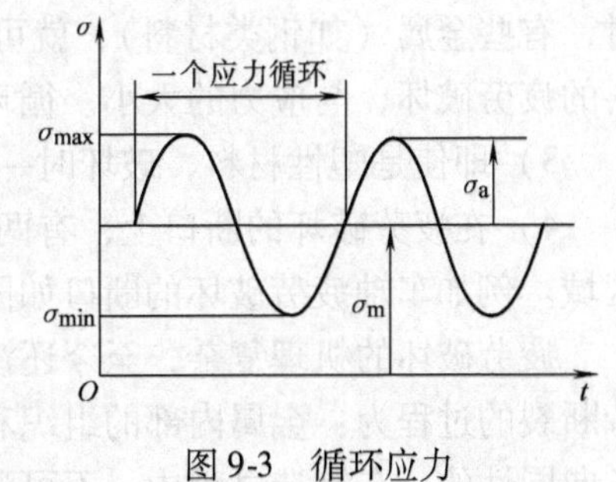

图 9-3 循环应力

循环特征（应力比）：最小应力 σ_{min} 和最大应力 σ_{max} 的比值，用 r 表示，即

$$r=\frac{\sigma_{min}}{\sigma_{max}}$$

式中，σ_{min}、σ_{max} 均取代数值，r 的数值在 -1 和 $+1$ 之间变化。

根据循环特性的大小，循环应力分为：

1）对称循环应力：最大应力与最小应力的数值相等、正负号相反，如图 9-4a 所示，$\sigma_{max}=-\sigma_{min}$，其应力比 $r=-1$。例如火车轮轴的循环应力，电机主轴的循环应力。

2）非对称循环应力：最大应力与最小应力的数值不等的循环应力，即应力比 $r\neq-1$ 的循环应力。如果最小应力 σ_{min} 为零，则称为脉动循环应力，如图 9-4b 所示。例如齿轮齿根某点处的应力，其应力比 $r=0$，$\sigma_{min}=0$。如果最大应力与最小应力的数值相等、正负号相同，$\sigma_{max}=\sigma_{min}$，则称为静应力，其应力比 $r=1$。

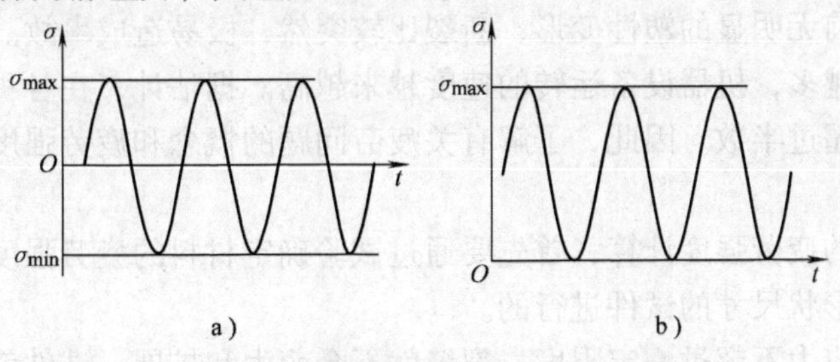

图 9-4 循环应力

9.2 疲劳失效和持久极限

大量事实表明，不论是脆性材料还是塑性材料制作的构件，若长期受到循环应力的作用，那么即使最大工作应力小于材料强度极限 σ_{b}，甚至小于屈服极限 σ_{s}，却还是常常发生断裂破坏。后来发现，这类断裂破坏实际上是构件内的微裂纹逐渐扩大的结果。不过，早先曾经认为，之所以发生这种现象，是因为构件经过长期的循环应力作用后，材料“疲劳”了，导致强度降低所致。因此称这种破坏为疲劳失效，而抵抗疲劳破坏的能力称为疲劳强度。

实践证明，金属材料在循环应力作用下的破坏与它在静应力下的破坏存在着本质的区

别，其破坏特点为：

1）破坏时应力远低于材料的强度极限，甚至低于材料的屈服极限。

2）疲劳破坏需经历多次应力循环后才能出现，即破坏是一个积累损伤的过程。而且最大值越高，则断裂前经历的循环次数越少，反之则越多；而当受到的最大应力低于一定数值时，有些金属（如钢类材料），就可经历无数次的应力循环而不发生断裂。这说明，金属材料的疲劳破坏，与应力的大小、循环的次数有关。

3）即使是塑性材料，破坏时一般也无明显的塑性变形，即表现为脆性断裂；

4）在疲劳破坏的断口上，有两个明显不同的区域：一个是光滑区域，另一个是粗粒状区域。例如车轴疲劳破坏的断口如图 9-5 所示。

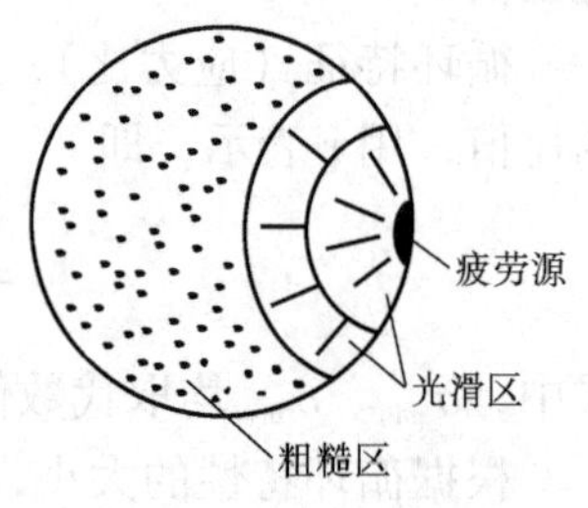

图 9-5 车轴疲劳破坏断口

疲劳破坏的机理复杂，至今还没完全搞清。目前一般认为疲劳断裂的过程为：金属内部的组织和性能并非完全均匀、连续和各向同性的，在制造过程中，不可避免的出现杂质、缺陷、细微孔隙和不均匀组织等。构件工作时，这些部位将出现应力集中现象。当循环应力中的最大应力达到某一数值时，经过多次循环以后，这些部位会先萌生细微的裂纹，随着应力循环次数的增加，裂纹逐渐向周围扩展。同时，裂纹的两面会时而分离，时而压紧（如拉压循环应力、弯曲循环应力）或者时而正向时而反向地相互错动（如扭转循环应力、剪切循环应力），或者作更复杂的组合运动（如组合变形时的循环应力），因此裂缝两面之间发生类似研磨的作用，从而变得比较光滑。随着裂缝的不断扩大，有效截面积将越来越小，应力也就越来越高，当应力升高到一定限度时，就发生突然的断裂。因此，疲劳破坏的过程可理解为疲劳裂纹萌生、逐渐扩展和最后断裂的过程。

由于疲劳断裂前无明显的塑性变形，断裂比较突然，极易造成事故。现代工业中，受循环应力的构件越来越多，机器设备运转的速度越来越高。据估计，在各种断裂破坏中，疲劳破坏所占的比重远超过半数。因此，了解有关疲劳问题的概念和疲劳强度的计算方法是非常重要的。

为了进行构件的疲劳强度计算，首先要通过试验确定材料的疲劳强度指标。材料的疲劳强度试验是用一定形状尺寸的试件进行的。

如前所述，若应力不超过一定限度，裂缝就不会萌生和扩展，试件就可经受无数次的应力循环而不破坏。能经受无限次循环而不发生疲劳破坏的最高应力值，称为材料的持久极限。

材料的持久极限标志着材料抵抗疲劳破坏的能力，是在循环应力作用下衡量材料强度的重要指标。同一种材料在不同的循环特性下，其持久极限是不同的，以对称循环下的持久极限为最低，对构件的危害最大。

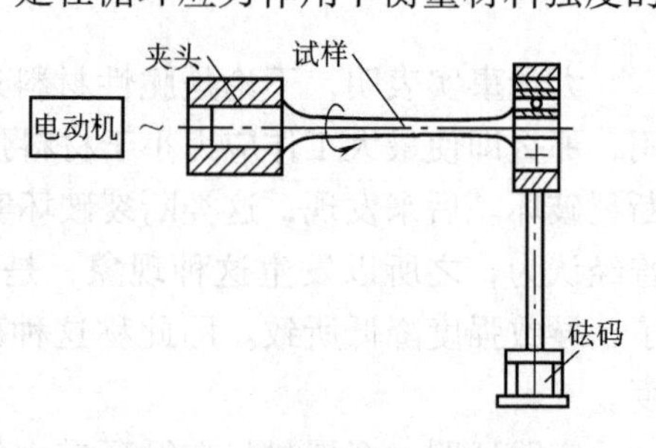

图 9-6 旋转弯曲疲劳试验

材料在对称循环应力作用下的强度最常用的试验是旋转弯曲疲劳试验。如图 9-6 所示，首先准备一组材料和尺寸均相同的光滑试样（直径为 6 ~ 10mm）。试验时，将试样的一端安装在疲劳试验机的夹头内，并由电动机带动而旋转，在试样的另一端，则通过轴承挂砝码，使试样处于弯曲受力状态。于是，试样每旋悬转一圈，其内任一点处的材料即经历一次对称循环的循环应力。试验一直进行到试样断裂为止。

试验中，由计数器记下试样断裂时所旋转的总圈数或所经历的应力循环数 N，即试样的疲劳寿命。同时，根据试样的尺寸和砝码的重量，按弯曲正应力公式 $\sigma=M/W$，计算试样横截面上的最大正应力。对同组试样挂上不同重量的砝码进行疲劳试验，将得到一组关于最大正应力 σ 和相应寿命 N 的数据。

以最大应力 σ 为纵坐标，疲劳寿命的对数值 $\lg N$ 为横坐标，根据上述数据绘出最大应力和疲劳寿命间的关系曲线，即 σ-N 曲线。

图 9-7a 所示为 45 钢和高速工具钢的 σ-N 曲线，图 9-7b 所示为几种铸钢与铸铁的 σ-N 曲线。可以看出，作用应力越大，疲劳寿命越短。

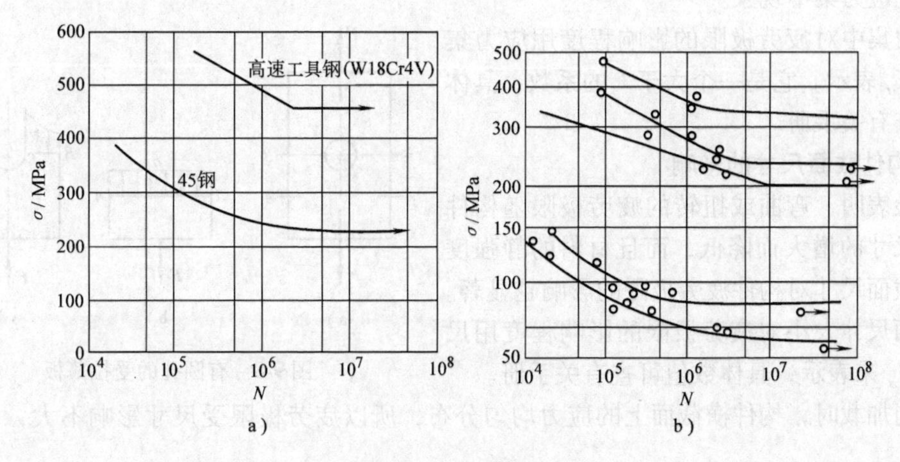

图 9-7 σ-N 曲线

试验表明，一般钢和铸铁等的 σ-N 曲线均存在水平渐近线，该渐近线的纵坐标所对应的应力，即为材料的持久极限，并用 σ_r 或 τ_r 表示，下标 r 代表应力比。

然而，非铁金属及其合金的 σ-N 曲线一般不存在水平渐近线，对于这类材料，通常根据构件的使用要求，以某一指定寿命 N_0（例如 $10^7 \sim 10^8$）所对应的应力作为极限应力，并称为材料的疲劳极限。

为叙述方便，以后将持久极限和疲劳极限统称为疲劳极限。

同样，也可以通过试验测量材料在拉-压或扭转循环应力下的持久极限（或疲劳极限）。

试验发现，钢材的疲劳极限与其静强度极限 σ_b 之间存在下述关系：

$$\sigma_r^{弯} \approx (0.4 \sim 0.5)\sigma_b$$

$$\sigma_r^{拉\text{-}压} \approx (0.33 \sim 0.59)\sigma_b$$

$$\sigma_r^{扭} \approx (0.23 \sim 0.29)\sigma_b$$

由上述关系可以看出，在循环应力作用下，材料抵抗破坏的能力显著降低。各种材料的持久极限可从有关手册中查到。

9.3　影响构件疲劳极限的主要因素

试验表明，构件的疲劳极限与材料的疲劳极限不同，它不仅与材料的性能有关，而且与构件的外形、横截面尺寸以及表面状况等因素有关。

1. 构件外形的影响

很多构件常常作成带有孔、槽、台肩等各种外形，构件截面由此发生突然变化。试验表明，在截面突然变化处，将出现应力局部增大的现象，称为应力集中。例如图 9-8 所示带有圆孔的受拉薄板，在远离孔的横截面 *A-A* 上，拉伸正应力均匀分布，而在有孔的截面 *B-B* 上，由于圆孔使板的截面发生突然变化，孔的边缘处应力急剧增大，拉伸应力不再均匀分布，发生应力集中现象。

应力集中对疲劳极限的影响程度用应力集中系数 K_σ 表示。它是一个大于 1 的系数，具体数值可查有关手册。

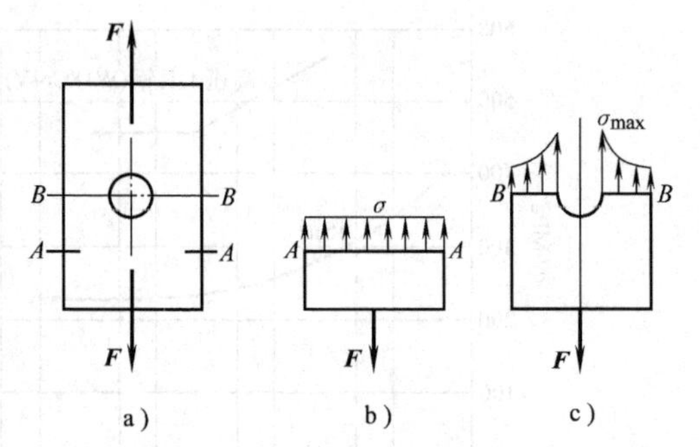

图 9-8　有圆孔的受拉薄板

2. 构件截面尺寸的影响

试验表明，弯曲或扭转的疲劳极限随构件横截面尺寸的增大而降低，而且材料的静强度越高，截面尺寸对构件疲劳极限的影响越显著。

截面尺寸大小对疲劳极限的影响程度用尺寸系数 ε_σ 来表示，具体数值可查有关手册。

轴向加载时，构件横截面上的应力均匀分布，所以疲劳极限受尺寸影响不大，可取 $\varepsilon_\sigma \approx 1$。

3. 表面加工质量的影响

最大应力一般发生在构件表层，同时，构件表层又常常存在各种缺陷（刀痕与擦伤等），因此，构件表面的加工质量和表面状况，对构件的疲劳强度也存在显著影响。

一般情况下，表面加工质量越低，疲劳极限降低越多；材料的静强度越高，加工质量对构件疲劳极限的影响越显著。所以，对于在循环应力下工作的重要构件，特别是在存在应力集中的部位，应当力求采用高质量的表面加工，而且，越是采用高强度材料，越应讲究加工方法。

表面加工质量对构件疲劳极限的影响，可用表面质量系数 β 表示，具体数值可查有关手册。

由分析可知，当考虑应力集中、截面尺寸、表面加工质量等因素的影响以及必要的安全因素后，拉压杆或梁在对称循环应力下的疲劳极限和许用应力为

$$\sigma^0_{-1} = \frac{\varepsilon_\sigma \beta}{K_\sigma}\sigma_{-1}$$

$$[\sigma_{-1}] = \frac{\sigma^0_{-1}}{n_f} = \frac{\varepsilon_\sigma \beta}{n_f K_\sigma}\sigma_{-1}$$

式中　σ^0_{-1}——拉压杆或梁在对称循环应力下的疲劳极限；

　　σ_{-1}——材料在拉-压或弯曲对称循环应力下的疲劳极限；

n_f——疲劳安全因数，其值为1.4～1.7。所以拉压杆或梁在对称循环应力下的强度条件为

$$\sigma_{max} \leqslant [\sigma_{-1}] = \frac{\varepsilon_{\sigma}\beta}{n_f K_{\sigma}}\sigma_{-1}$$

式中 σ_{max}——拉压杆或梁横截面上的最大工作应力。

对于扭转对称循环应力，只要把上式中的σ改成τ即可。

构件的持久极限不仅与循环特性有关，而且还受构件外形、尺寸和表面质量等多因素的影响，因此它随构件的不同而变化。但是这些因素在静应力下的塑性材料（如钢）和组织不均匀的脆性材料（如铸铁）则基本上没有什么影响，所以在研究静应力下构件的强度问题时都不考虑这些因素。

9.4 提高构件疲劳强度的措施

根据前面的描述可知，为了提高构件的疲劳强度，关键在于提高构件的持久极限。因为持久极限与材料本身、应力集中和材料的表面质量等多种因素有关，因而不能单靠选用高强度材料来解决。必须针对各种影响因素，采取适当措施来提高疲劳强度。

1. 合理设计构件形状，降低应力集中

由于疲劳裂纹多发生在构件的表层和有应力集中的地方，因而设计合理的构件形状，降低应力集中的影响是提高疲劳强度的有效方法。

如图9-9a所示的轴，只将过渡圆角半径r由1mm增大为5mm，其疲劳强度就得到大幅度的提高。又如图9-9b所示的螺栓，若光杆段的直径与螺栓外径D相同（如双点画线所示），则截面m-m附近应力集中相当严重；若改为$d=d_0$，则情况将得到很大的改善。再如图9-9c所示的曲轴，当曲柄销为实心时，其刚度远比曲柄臂为大，两者连接处的应力较大；若将曲柄销改为空心的（如图中虚线所示），减小了相邻部分的刚度差，连接处的应力也将随之降低。

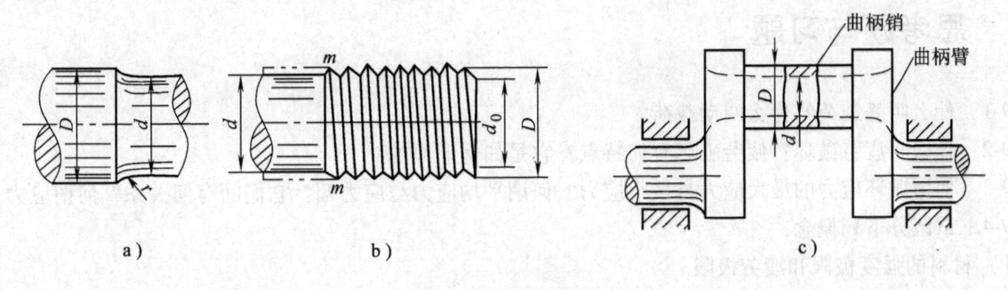

图9-9 应力集中

设计构件外形时，应尽量避免带有尖角的孔和槽。在截面尺寸突然变化处（如阶梯轴的轴肩处），当结构需要直角时，可在直径较大的轴段上开减荷槽或退力槽，则可使应力集中明显减弱。当轴与轮毂采用静配合时，还可在轮毂上开减荷槽或增大配合部分轴的直径，并用圆角过渡，这样便可缩小轮毂与轴的刚度差距，减缓配合面边缘处的应力集中。

2. 提高构件表面质量

构件表面的应力一般较大（如构件弯曲或扭转时），加上构件表面的切削刀痕又将引起应力集中，故容易形成疲劳裂纹。提高表面粗糙度，可以减弱切削刀痕引起的应力集中，从而提高构件的疲劳强度。特别是高强度钢构件，对应力集中比较敏感，则更应具有较高的表面粗糙度。此外，应尽量避免构件表面的机械损伤和化学腐蚀。

3. 提高构件表面强度

提高构件表面层的强度，是提高构件疲劳强度的重要措施。生产上通常采用表面热处理（如高频淬火）、化学处理（如表面渗碳或氮化等）方法，可以提高表层材料的持久极限；进行滚压、喷丸、预变形等冷加工处理，在表层造成预压应力。这些措施有时可以成倍地提高构件的疲劳强度，在生产中已被广泛地运用。

9.5 工程应用实例

例 9-1 在直径 $D=40\text{mm}$ 的钢制圆杆上，钻一直径 $d=6\text{mm}$ 的横圆孔，如图 9-10 所示。圆杆受对称循环应力拉压交变载荷 F 的作用。材料的 $\sigma_{-1}=196\text{MPa}$，圆杆的尺寸系数 $\varepsilon=1$，有效应力集中系数 $K_\sigma=1.8$，表面质量系数 $\beta=0.9$。试求此圆杆的持久极限。

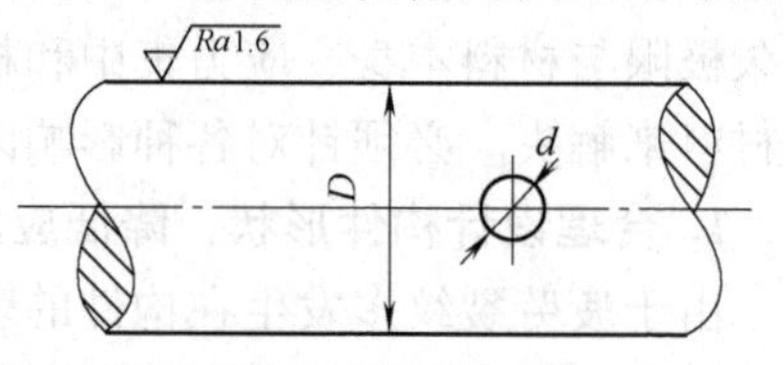

图 9-10 例 9-1 图

解 根据拉压杆在对称循环应力下的疲劳极限公式

$$\sigma^0_{-1}=\frac{\varepsilon_\sigma\beta}{K_\sigma}\sigma_{-1}$$

可得

$$\sigma^0_{-1}=\frac{\varepsilon_\sigma\beta}{K_\sigma}\sigma_{-1}=\frac{1\times0.9}{1.8}\times196\text{MPa}=98\text{MPa}$$

9.6 思考题与习题

9-1 什么叫静载荷？什么叫动载荷？

9-2 什么叫疲劳破坏？疲劳破坏有何特点？它是如何形成的？

9-3 何谓循环应力的最大应力与最小应力？何谓平均应力与应力幅？它们间有何关系？何谓应力比？

9-4 试区分下列概念：

1）材料的强度极限和疲劳极限。

2）材料的疲劳极限与构件的疲劳极限。

9-5 如何由试验测得 S-N 曲线与材料疲劳极限？

9-6 什么是应力集中现象？生产中如何减少应力集中现象的发生？

9-7 在保证构件基本尺寸不变的情况下，如何提高疲劳极限？

9-8 “每一种材料仅有一个疲劳极限”的说法是否正确？

9-9 影响构件疲劳极限的主要因素是什么？试述提高构件疲劳极限的措施。

9-10 计算如图 9-11a、b、c、d 所示循环应力的循环特性 r、平均应力 σ_m 和应力幅 σ_a。

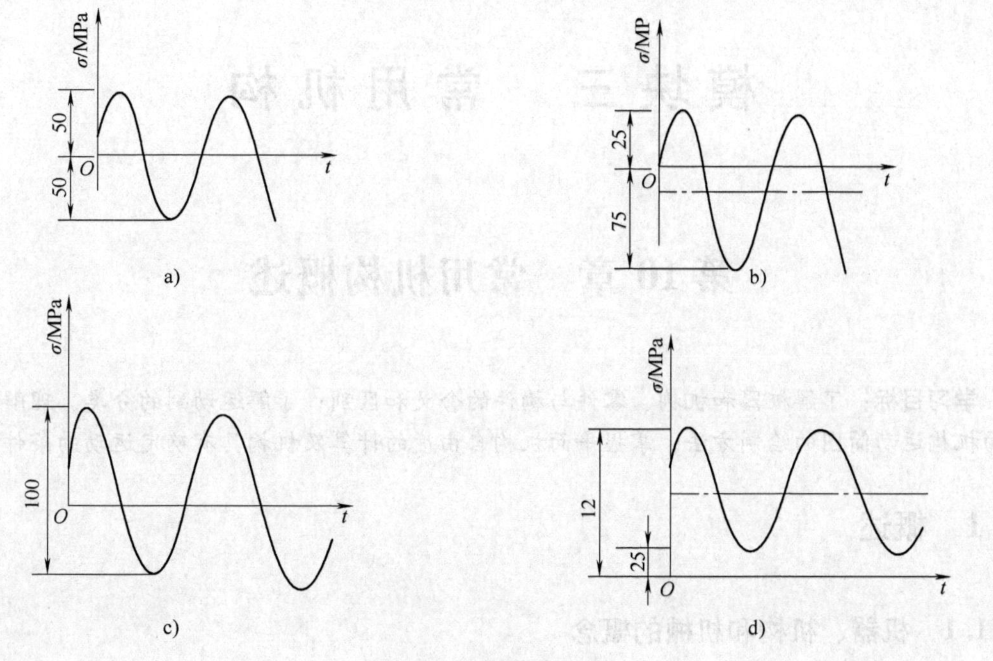

图9-11 题9-10图

模块三　常用机构

第10章　常用机构概述

学习目标：了解机器和机构、零件与构件的含义和区别；了解运动副的分类，理解常用平面机构运动简图的绘制方法；掌握平面机构自由度的计算及机构具有确定运动的条件。

10.1　概述

10.1.1　机器、机构和机械的概念

1. 机器

人们在日常生活及从事的各种生产活动中，会接触到各种不同的机器，如汽车、飞机、高铁列车、洗衣机、收割机、各种机床、工业机器人等。这些机器是人们在长期的生产实践中的创造发明，通过对机器的不断改进、完善，使得这些机器在减轻人们的体力劳动，提高劳动生产率，完成用人力无法达到的某些生产要求等方面担当着重要的角色。

机器的重要作用是进行能量转换或完成特定的机械功，用以减轻人或代替人的劳动。无论何种机器，按其基本组成都可以分为动力源、传动机构和执行机构三部分。随着现代科学技术的发展，也可将控制器作为第四部分。控制器既包括机械控制装置，也包括电子控制系统，如目前的数控机床、工业机器人等。

由上述可知，机器具有以下三种基本特征：

1）机器是若干实体的组合。

2）各实体之间具有确定的相对运动。

3）机器能代替人的劳动做有用的机械功或转换机械能。

2. 机构

机构是机器的主要组成部分。为将原动部分的运动变换为执行部件所需要的运动，就要求在动力源和执行部件之间有一个中间装置，中间装置的功能主要是实现速度、方向或运动状态的改变，或实现特定运动规律的要求。

从运动的角度讲，这个中间装置就是一种执行机械运动的传动机构。机构是具有确定相对运动的构件组合。为了传递运动和动力，机构各构件之间应具有确定的相对运动。显然，不能产生相对运动或无规则乱动的构件组合都不能称为机构。因此，机构具有机器的前两个特征。

3. 机械

机械是机器和机构的总称。生产活动中，人们习惯将机器和机构统称为机械。

4. 现代机械

将数字控制技术、检测传感技术、伺服驱动技术、信息处理技术、光、电、液等学科相互溶合形成了现代机电一体化机械。给机械这个古老的技术插上了现代科学的翅膀，换发了新的活力。

以下介绍几种常见的机器。

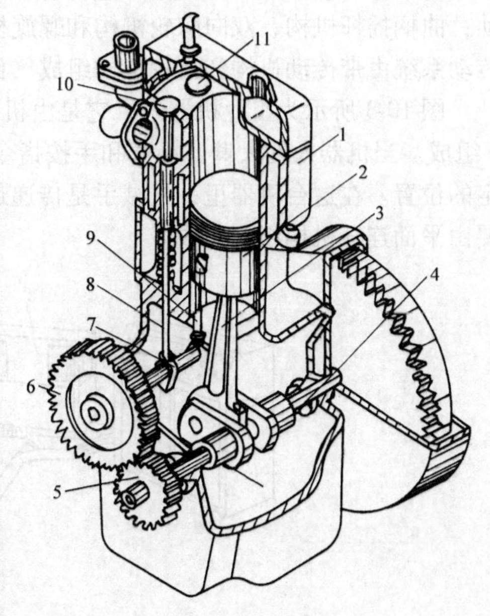

图 10-1 单缸内燃机

如图 10-1 所示的内燃机，它由机架（气缸体）1、活塞 2、连杆 3、曲柄 4、齿轮 5、6、凸轮 7、进气推杆 8、排气推杆 9、进气阀门 10、排气阀门 11 等组成。当燃气推动活塞做往复移动时，通过连杆使曲柄做连续转动，从而把燃料燃烧产生的热能转化为机械能。齿轮、凸轮和推杆的作用是按一定的规律按时开闭阀门，以吸入燃气和排出废气。这种内燃机可视为下列三种机构的组合：曲柄滑块机构（由活塞 2、连杆 3、曲柄 4 和机架 1 构成），其作用是将活塞的往复移动转化为曲柄的连续转动；齿轮机构（由齿轮 5、6 和机架 1 构成），作用是改变转速的大小和方向；凸轮机构（由凸轮 7、推杆 8 和机架 1 构成），作用是将凸轮的连续转动转变为推杆的往复移动。

图 10-2 所示为牛头刨床的外观图。滑枕 3 沿机身 5 上的水平导轨做往复直线运动，滑枕的前端装有刀架 2，横梁 7 可沿床身的垂直导轨移动，6 为工作台 1 横向进给机构，通过

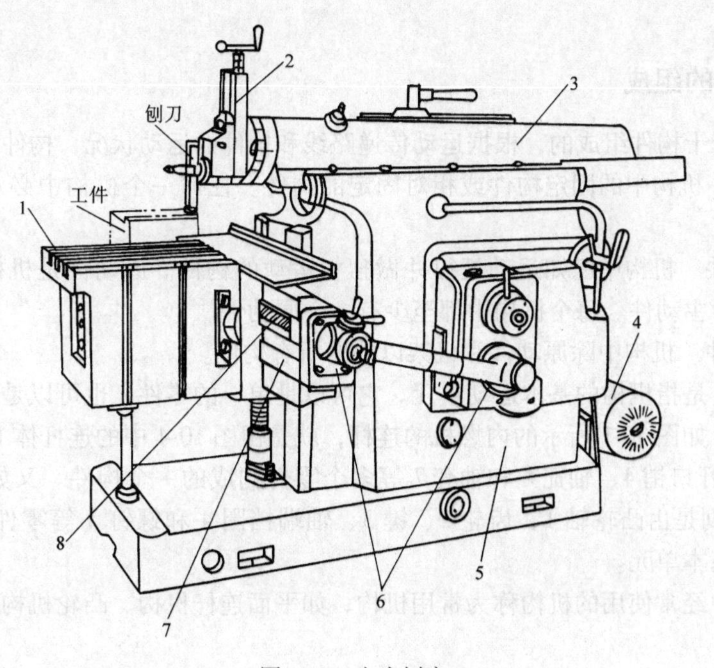

图 10-2 牛头刨床

丝杠 8 实现进给运动。滑枕的往复运动和工作台 1 的进给运动是通过电动机 4 来驱动的。牛头刨床可视为由下列机构组合而成：摆动导杆机构与摆动滑块机构完成刀架往复直线切削运动；曲柄摇杆机构、双向棘轮机构和螺旋机构完成工作台 1 的等量、间歇、直线进给运动；传动系统由带传动机构和齿轮机构组成（图中未画出）。

图 10-3 所示为工业机器人，它是由机械手 1、计算机控制器 2、液压装置 3 和电力装置 4 组成。当机器人的大臂、小臂和手按指令有规律地运动时，手端夹持器便将物料搬运到预定的位置。在这台机器里，机械手是传递运动和执行任务的装置，是机器的主体部分，它主要由平面连杆机构组合而成。

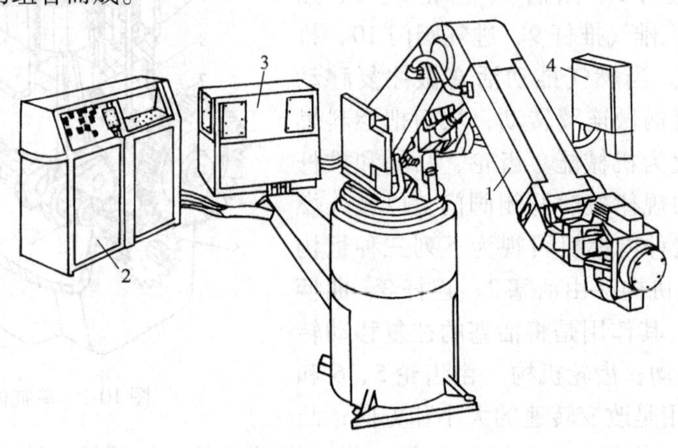

图 10-3　工业机器人

由上述各机器分析可知，机构在机器中的作用是传递运动和力，实现运动形式或速度的转变。机构必须满足两点要求：首先，它是若干构件的组合；其次，这些构件均具有确定的相对运动。

10.1.2　机构的组成

机构是由若干构件组成的，根据运动传递路线和构件的运动状况，构件可分为三类：

（1）机架　机构中的固定构件或相对固定的构件。任何一个机构中必定有也只能有一个构件为机架。

（2）原动件　机构中已知运动规律并做独立运动的构件。原动件是机构中输入运动的构件，故也称为主动件。每个机构中都至少有一个原动件。

（3）从动件　机构中除原动件和机架以外的所有构件。

所谓构件，是指机构的基本运动单元。它可以是单一的零件，也可以是几个零件连接而成的运动单元。如图 10-1 所示的内燃机的连杆，就是由图 10-4 中的连杆体 1、连杆盖 5、螺栓 2、螺母 3、开口销 4、轴瓦 6 和轴套 7 等多个零件构成的一个构件。又如图 10-5 所示的齿轮-凸轮轴，则是由凸轮轴 1、齿轮 2、键 3、轴端挡圈 4 和螺钉 5 等零件构成的。显然，零件是制造的基本单元。

各种机械中经常使用的机构称为常用机构，如平面连杆机构、凸轮机构、齿轮机构和间歇运动机构等。

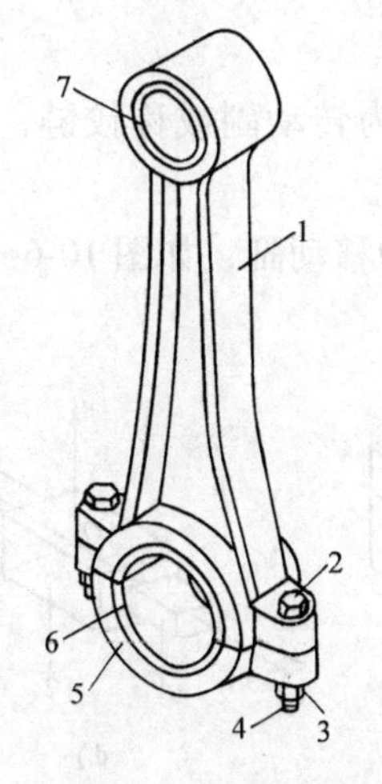

图10-4　内燃机连杆

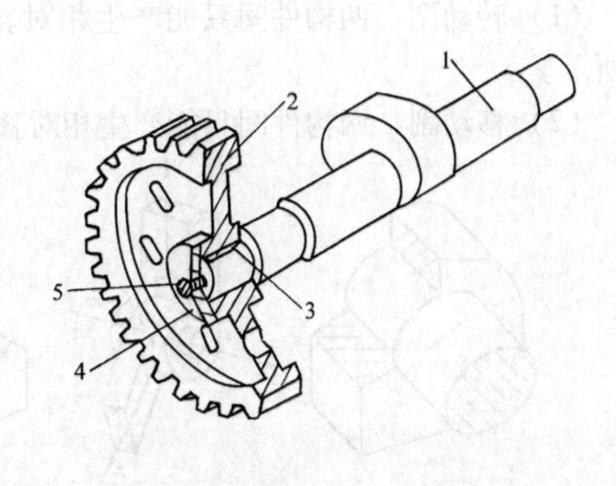

图10-5　齿轮-凸轮轴

机构中所有构件的运动部分均在同一平面或相互平行的平面中运动，则称该机构为平面机构，否则称为空间机构。目前，工程中常见的机构大多属于平面机构，故本章仅限于讨论平面机构。

10.2　运动副及分类

10.2.1　运动副的概念

组成机构的每个构件都以一定的方式与其他构件相互连接，但是这种连接不是固定连接，而是能产生相对运动的活动连接。这种两个构件直接接触并能产生一定相对运动的可动连接称为运动副。这个概念包含三层意思：

（1）两个构件　两个构件构成一个运动副，两个以上的构件则可构成多个运动副。

（2）直接接触　两个构件只有直接接触才能构成运动副。直接接触使构件的某些独立运动受到限制（或约束），构件的自由度减少，从而体现出运动副的作用。一旦构件脱离接触而失去约束，它们所构成的运动副即不复存在。

（3）可动连接　两个构件之间要能存在一定形式的相对运动，显然，若两个构件间具有无相对运动的静连接，则二者固结为一个构件，它们之间不存在运动副。

例如轴与轴承的连接、活塞与气缸的连接以及传动齿轮两个轮齿啮合形成的连接等都构成运动副。

10.2.2　运动副的分类

两构件只能在同一平面内相对运动的运动副称为平面运动副。

两构件组成的运动副，不外乎通过点、线或面接触来实现。按照接触特性，通常把运动副分为低副和高副。

1. 低副

两构件通过面接触而构成的运动副称为低副。根据组成平面低副的两构件之间的相对运动形式，低副又可分为转动副和移动副两种。

（1）转动副　两构件间只能产生相对转动的运动副称为转动副或称铰链，如图 10-6a、b 所示。

（2）移动副　两构件间只能产生相对移动的运动副称为移动副，如图 10-6c、d 所示。

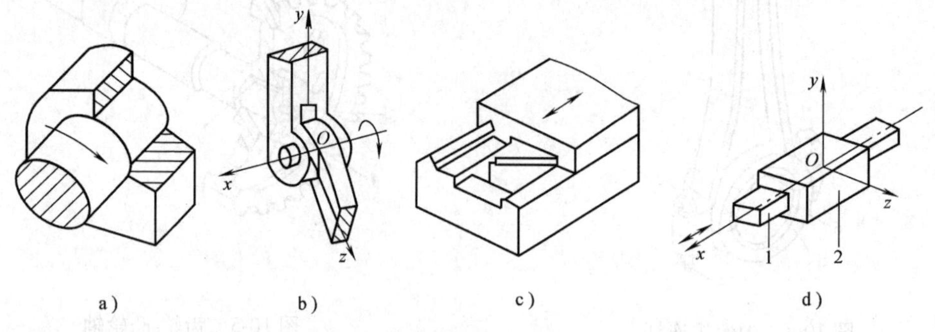

图 10-6　平面低副

2. 高副

两构件通过点或线接触而构成的运动副称为高副，如图 10-7 中的车轮与钢轨、凸轮与从动件、齿轮啮合等分别在接触处 A 组成高副。

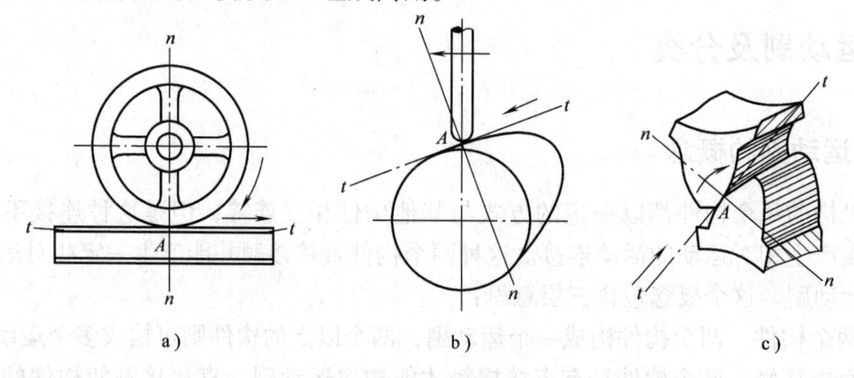

图 10-7　平面高副

除上述平面运动副外，机械中经常见到的还有图 10-8a 所示的球面副和图 10-8b 所示的螺旋副。这些运动副能使两构件作空间运动，故属于空间运动副。

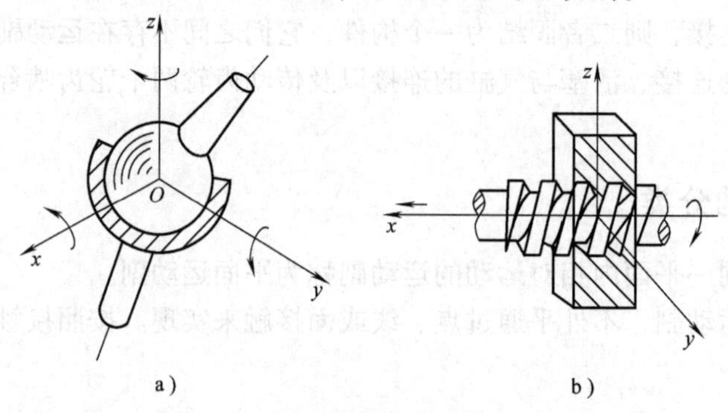

图 10-8　空间运动副

10.3　平面机构运动简图

10.3.1　平面机构运动简图的概念

机构运动简图是表示机构的组成和各构件相对运动关系的简明图形。在机构运动简图中，不考虑构件外形和运动副的具体结构，仅用简单的线条和符号来表示构件和运动副，突出表达机构的运动关系。机构运动简图常用在对已有机构进行运动分析或设计新机构、拟定机构的原理方案时使用。

只要求定性地表示机构的组成及运动原理，而不严格按比例绘制的机构运动简图，通常称为机构示意图。

10.3.2　平面机构运动简图的绘制

绘制机构运动简图时，首先要根据机械的功能把机构的组成和运动情况分析清楚，其次，还要弄清机构由多少构件组成，各构件间组成何种运动副，然后按规定的符号和一定的比例尺寸绘图。当两构件组成平面高副时，则需绘制出其接触处的轮廓线形状，如表 10-1 中凸轮副与齿轮副的表示方法。

具体可按下列步骤进行：

1）分析机构的组成，确定机架、原动件和从动件。

2）由原动件开始，依次分析各构件间的相对运动形式，确定运动副的类型和数目。

3）选择适当的视图平面，以便清楚地表达各构件间的运动关系（通常选择与构件运动平行的平面作为投影面）。

4）选择适当的比例尺 $\mu=\dfrac{\text{构件实际长度}}{\text{构件图示长度}}\left(\dfrac{\text{m}}{\text{mm}}\right)$，按照各运动副间的距离和相对位置，以规定的线条和符号绘图。

在平面机构运动简图中，常用构件和运动副的表达方法见表 10-1。

表 10-1　机构运动简图符号（摘自 GB/T 4460—2013）

名称		简图符号	名称		简图符号
构件	轴、杆		平面低副	转动副	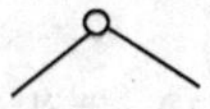
	三副元素构件	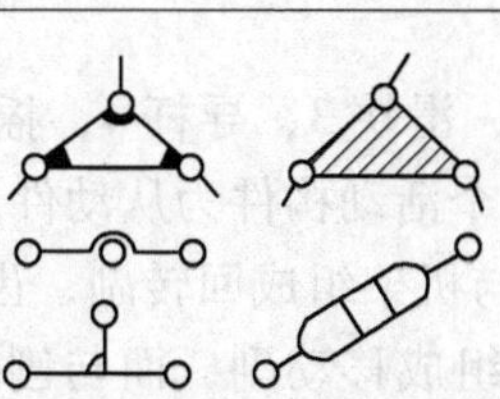			
	构件的永久连接	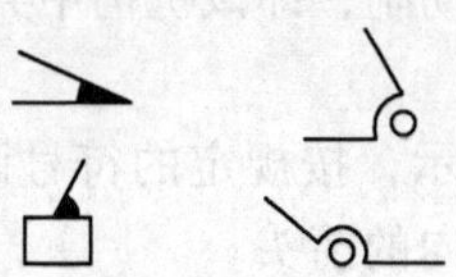		移动副	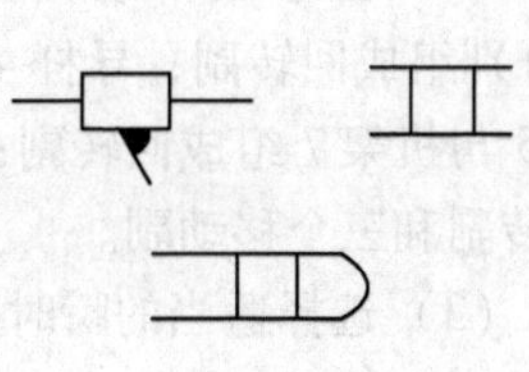

（续）

名称		简图符号	名称			简图符号
机架	机架		平面高副	齿轮副	外啮合	
	机架是转动副的一部分				内啮合	
	机架是移动副的一部分			凸轮副		

例 10-1　绘制图 10-9a 所示牛头刨床主体运动机构的机构运动简图。

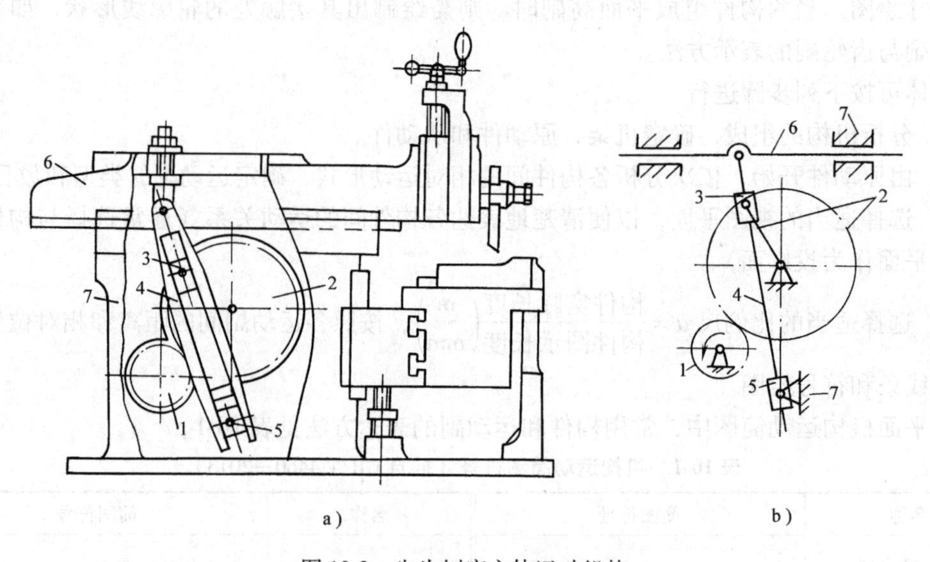

图 10-9　牛头刨床主体运动机构

解　（1）牛头刨床主体运动机构由齿轮 1、2，滑块 3，导杆 4，摇块 5，刨头 6 和床身 7 组成。齿轮 1 为原动件，床身 7 为机架，其余 5 个活动构件为从动件。

（2）齿轮 1、2 组成齿轮副（高副），齿轮 1 与机架组成回转副，齿轮 2 与机架 7、滑块 3 分别组成回转副；导杆 4 与滑块 3、摇块 5 分别组成移动副，而与刨头 6 组成回转副；摇块 5 与机架 7 组成回转副；刨头 6 与机架 7 组成移动副，即该机构中共有一个齿轮副、五个回转副和三个移动副。

（3）选择适当的瞬时运动位置，如图 10-9b 所示，按规定的符号画出齿轮副、回转副、移动副和机架，并标出构件号及表示原动件运动方向的箭头。

10.4　平面机构的自由度

为了使所设计的机构能够运动，并具有确定的运动规律，必须研究机构的自由度和机构具有确定运动的条件。

10.4.1　平面机构的自由度计算

1. 自由度

做平面运动的构件相对参考系所具有的独立运动的数目，称为构件的自由度。任一做平面运动的自由构件，具有三个独立的运动，即具有三个自由度。如图 10-10 所示构件在 xOy 坐标系中，有沿 y 轴和 x 轴的移动以及绕任一垂直于 xOy 平面的轴线 A 的转动，因此做平面运动的自由构件具有三个自由度。

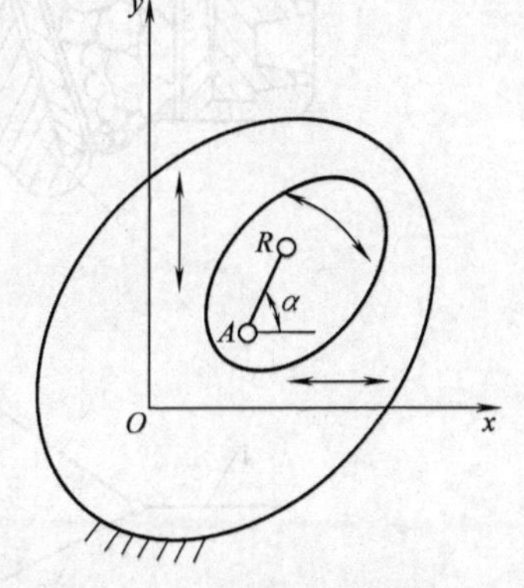

图 10-10　做平面运动构件的自由度

2. 约束

当两构件组成运动副后，它们之间的某些相对运动受到限制，对于相对运动所加的限制称为约束。每加上一个约束，构件将失去一个自由度。运动副的约束数目和约束特点，取决于运动副的形式。如图 10-6 所示，当两构件组成平面转动副时，两构件间便只具有一个独立的相对转动；当两构件组成平面移动副时，两构件间便只有一个独立的相对移动。因此，平面低副引入两个约束，保留一个自由度。如图 10-7 所示，两构件组成平面高副时，在接触处公法线 n-n 方向的移动被限制，受到约束，保留了沿公切线 t-t 方向的移动和绕 A 点的转动。因此，平面高副引入了一个约束，保留两个自由度。

3. 机构自由度的计算

机构相对于机架所具有的独立运动数目，称为机构的自由度。

设一个平面机构由 N 个构件组成，其中必有一个构件为机架，则活动构件个数为 $n=N-1$。它们在未组成运动副之前，共有 $3n$ 个自由度。用运动副连接后便引入了约束，减少了自由度。假设机构有 N_L 个低副、N_H 个高副，则平面机构自由度 m 的计算公式为

$$m=3n-2N_L-N_H \tag{10-1}$$

如图 10-11 所示颚式破碎机机构，其活动构件数 $n=3$，低副数 $N_L=4$，高副数 $N_H=0$，则该机构的自由度为

$$m=3n-2N_L-N_H=3\times3-2\times4-0=1$$

10.4.2　平面机构的自由度计算注意事项

1. 复合铰链

两个以上的构件在同一处以同轴线转动副相连接，称为复合铰链。

图 10-12a 所示为三个构件在 A 点形成的复合铰链。从俯视图（图 10-12b）可见，这三个构件实际组成了轴线重合的两个转动副，而不是一个转动副。一般地，K 个构件形成复合

铰链应具有（$K-1$）个转动副。计算自由度时应注意找出复合铰链。

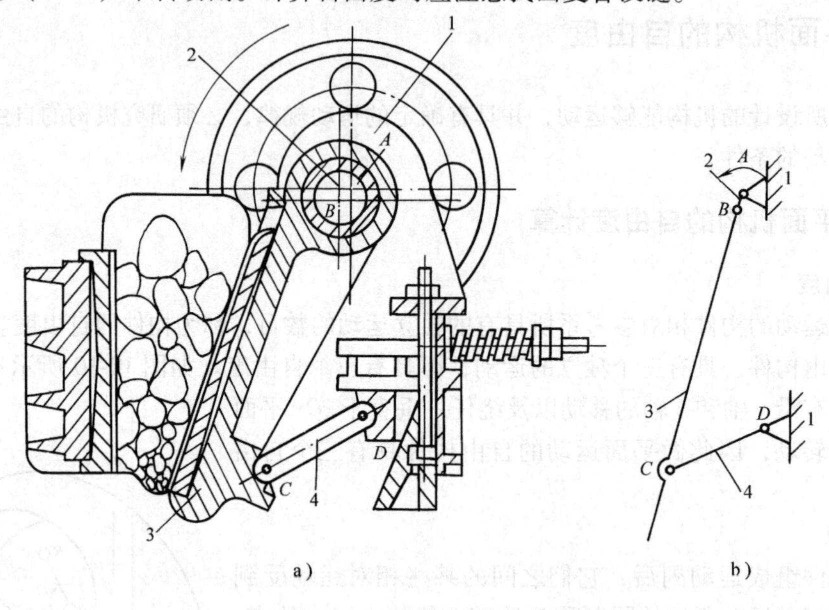

图 10-11　颚式破碎机机构

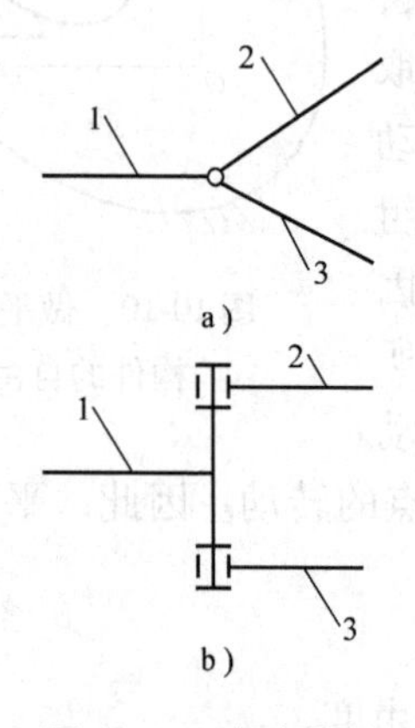

图 10-12　复合铰链

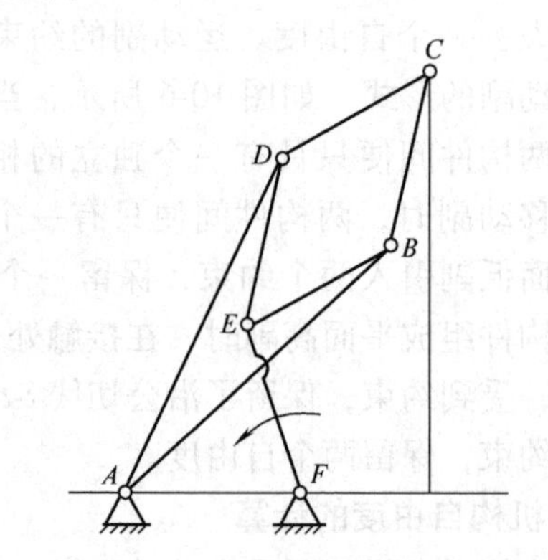

图 10-13　直线机构

图 10-13 所示直线机构中，A、B、D、E 四点均为由三个构件组成的复合铰链，每处有两个转动副。因此，该机构 $n=7$，$N_L=10$，$N_H=0$，其自由度 $m=3\times7-2\times10-0=1$。

2. 局部自由度

局部自由度是指与机构输出运动无关的某些构件的局部独立运动，它并不影响其他构件的运动。因此在计算机构自由度时，局部自由度应略去不计。

如图 10-14a 所示的滚子从动件凸轮机构中，原动件凸轮 1 逆时针转动，通过滚子 4 使从动件 2 在导路 3 中往复移动。显然，滚子 4 绕其自身轴线 B 的转动并不会影响从动件 2 的运动规律，在计算该机构的自由度时，可将滚子

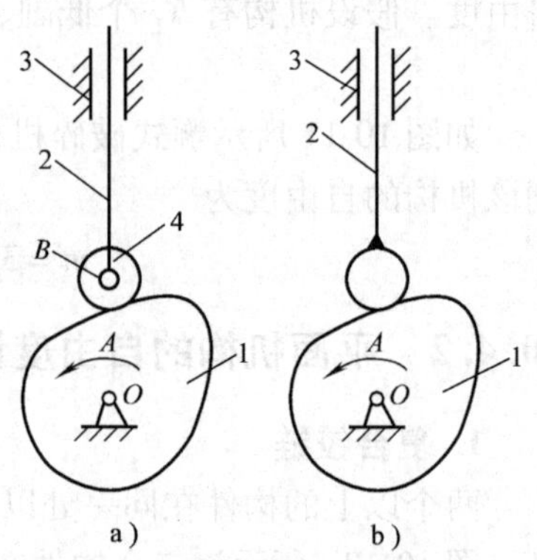

图 10-14　局部自由度

与从动件看成一个构件，如图10-14b所示，这时，该机构中$n=2$，$N_L=2$，$N_H=1$，其自由度为

$$m=3n-2N_L-N_H=3\times2-2\times2-1=1$$

局部自由度不会影响机构的运动关系，但可以减少高副接触处的摩擦和磨损。因此，在机械中常见具有局部自由度的结构。

3. 虚约束

虚约束是指机构中与其他约束重复而对机构运动不起独立限制作用的约束。计算机构自由度时，应除去不计。虚约束常出现在下列场合：

1）两构件间形成多个具有相同作用的运动副，分为下列三种情况：

①两构件间在同一轴线上形成多个转动副。如图10-15a所示，齿轮轴1与机架2在A、B两处组成了两个转动副，从运动关系看，只有一个转动副起约束作用，计算机构自由度时应按一个转动副计算。

②两构件间形成多个导路平行或重合的移动副。如图10-15b所示，构件1与机架组成了A、B、C三个导路平行的移动副，计算自由度时应只算一个移动副。

③两构件间形成多处接触点公法线重合的高副。如图10-15c所示，同样只考虑一处高副，其余为虚约束。

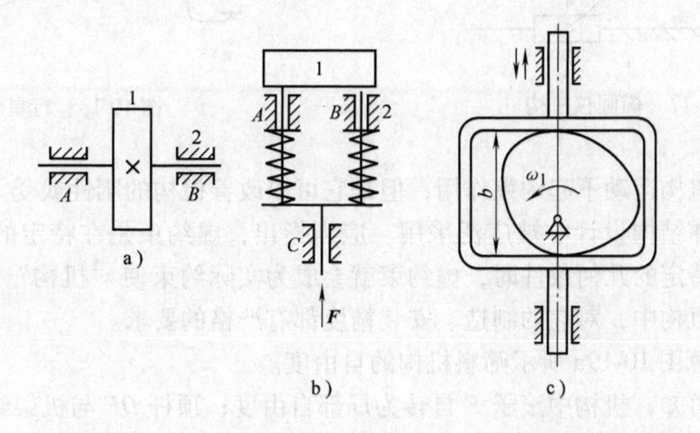

图10-15　两构件间形成多个具有相同作用的运动副

2）机构在运动的过程中，如果某两构件上的两点之间的距离始终保持不变，那么若将此两点用两个转动副和一个构件连接，则因此而带入的约束必为虚约束。如图10-16a所示的平行四边形机构，杆3做平移运动，其上各点轨迹均为圆心在机架AD上半径为AB的圆弧。该机构自由度$m=3n-2N_L-N_H=3\times3-2\times4=1$。现若用一附加构件5在$E$和$F$两点铰接，且$EF/\!/AB$、$EF=AB$，如图10-16b所示，构件5上$E$点到$F$点距离始终保持不变。显然，构件5对该机构的运动并不产生任何影响，其约束为虚约束。因此，在计算图10-16b所示机构的自由度时应将其去除。应当注意，构件5成为虚约束的几何条件是$EF/\!/AB$、$EF=AB$，否则构件5若如图10-16b中双点画线（$E'F$）所示，则将变为实际约束，使机构不能运动。又如图10-17所示为一椭圆仪机构，图中$AB=BC=BD$，在机构运动的过程中，连杆2上的点B到固定铰链A点的距离保持不变，因此，构件1与构件2相连时带入的约束也必为虚约束。

3）如图 10-18 所示的行星轮系，为使受力均匀，安装三个相同的行星轮对称布置。从运动关系看，只需一个行星轮 2 就能满足运动要求，其余行星轮及其所引入的高副均为虚约束，应除去不计。该机构自由度 $m=3n-2N_L-N_H=3\times3-2\times3-2=1$（$C$ 处为复合铰链）。

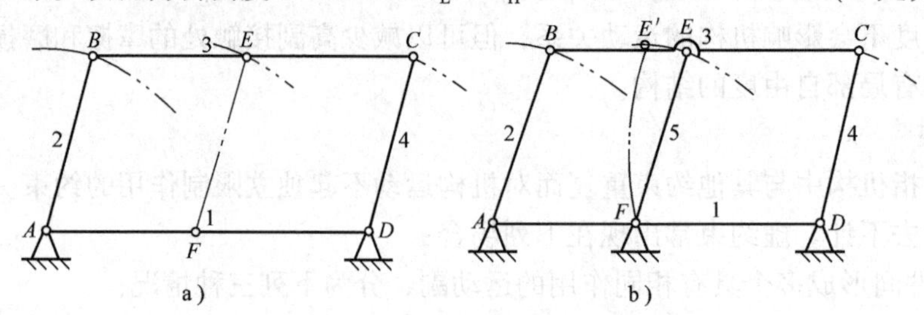

图 10-16　平行四边形机构中的虚约束

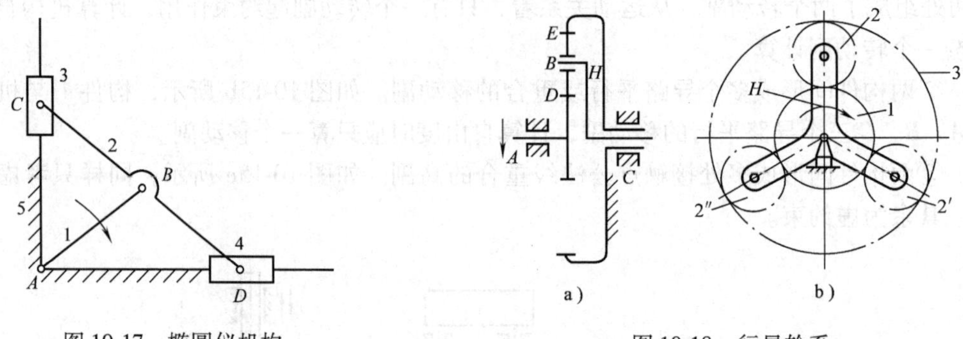

图 10-17　椭圆仪机构　　　　图 10-18　行星轮系

虚约束虽对机构运动不起约束作用，但是它可以改善机构的刚性或受力情况，增强机构工作的稳定性，在结构设计中被广泛采用。应当指出，虚约束是在特定的几何条件下形成的，当不能满足特定的几何条件时，虚约束就会成为实际约束使“机构”不能运动。因此，在采用虚约束的机构中，对它的制造、安装精度都有严格的要求。

例 10-2　计算图 10-19a 所示筛料机构的自由度。

解　经分析可知，机构中滚子 F 自转为局部自由度；顶杆 DF 与机架组成两导路重合的移动副 E、E'，故其中之一为虚约束；C 处为复合铰链。去除局部自由度和虚约束，按图 10-19b 所示机构计算自由度，机构中 $n=7$，$N_L=9$，$N_H=1$，其自由度为

$$m=3n-2N_L-N_H=3\times7-2\times9-1=2$$

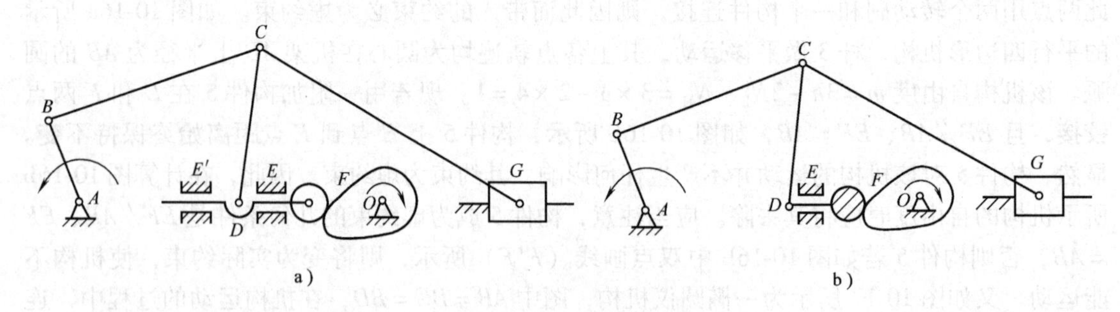

图 10-19　筛料机构

10.4.3　机构具有确定运动的条件

机构的自由度是平面机构所具有的独立运动的数目。显然，只有机构自由度大于零，机构才有可能运动。同时，只有给机构输入的独立运动数目与机构的自由度数相等，该机构才能有确定的运动。

如图 10-20 所示，图中原动件数等于 1，而机构的自由度 $m=3n-2N_L-N_H=3\times4-2\times5-0=2$。当只给出原动件 1 的位置时，从动件 2、3、4 的位置可以处于图示实线位置，也可以处于图中双点画线位置或其他位置，说明从动件的运动是不确定的。只有给出两个原动件，使构件 1、4 处于给定位置，各构件才能获得确定的运动。

如图 10-21 所示，图中原动件数等于 2，机构自由度 $m=3n-2N_L-N_H=3\times3-2\times4-0=1$，若机构同时要满足原动件 1 和原动件 3 的给定运动，则势必将杆 2 拉断。

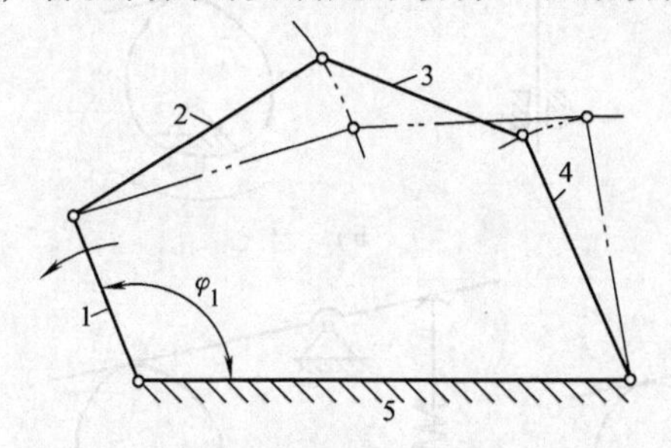

图 10-20　原动件数小于自由度数

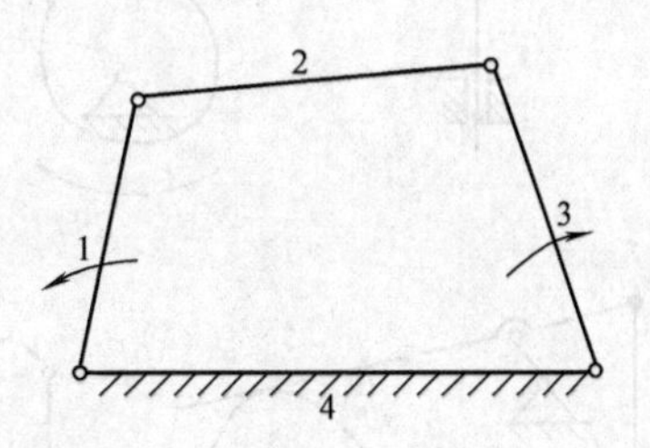

图 10-21　原动件数大于自由度数

因此，机构具有确定运动的条件为：机构的原动件数目 W 大于零且等于机构的自由度数 m，即

$$W=m>0 \tag{10-2}$$

在分析现有机构或设计新机构时，需考虑所作机构运动简图是否满足机构具有确定运动的条件，否则将导致机构组成原理的错误。

例 10-3　图 10-22a 所示为一简易压力机机构，原动件凸轮 2 做逆时针匀速转动，经过摆杆 3 带动导杆 4 实现冲头的上下冲压动作。图 10-22b 为其机构运动简图。试分析该机构设计方案有无错误。若有，应该如何修改？试绘出正确的机构运动简图。

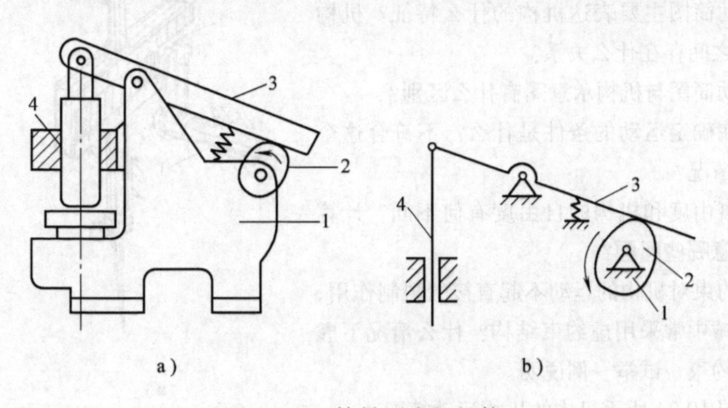

图 10-22　简易压力机机构

解　图 10-22b 中，有 3 个活动构件，3 个转动副、1 个移动副、1 个高副，即 $n=3$，$N_L=4$，$N_H=1$，则其自由度 $m=3n-2N_L-N_H=3\times3-2\times4-1=0$，机构不能运动，故设计不合理。

根据平面机构自由度的计算公式，通过增加活动构件个数、减少运动副或低副变高副等办法，可以获得具有一定自由度的机构。对简易压力机机构原设计的修改方案如图 10-23 所示。

图 10-23a、b 是增加一个滑块或摇块与一个移动副；图 10-23c、d 是增加一个杆件与一个转动副；图 10-23e 的修改途径是低副变高副。

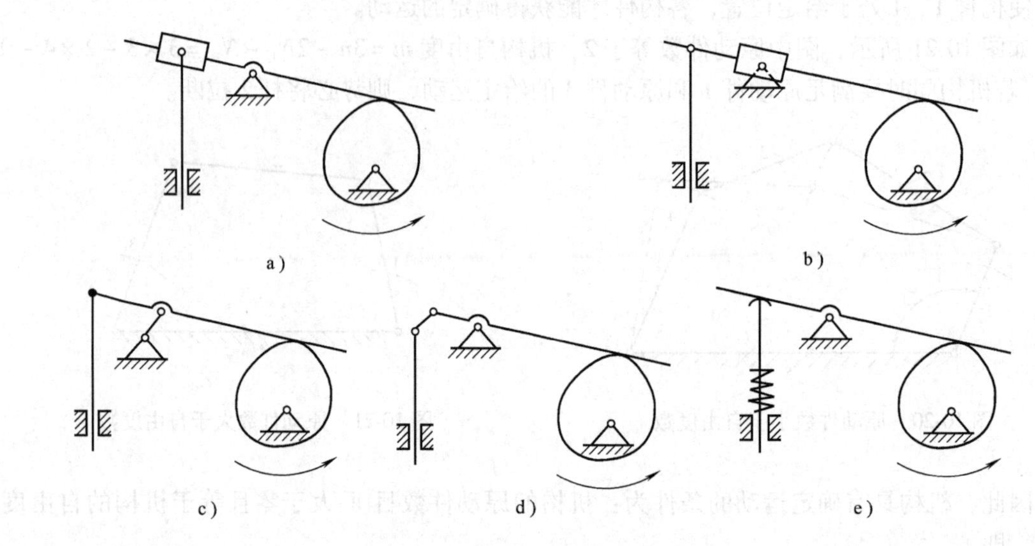

图 10-23　机构原设计的修改方案

10.5　思考题与习题

10-1　机构与机器是如何定义的？两者有什么相同和不同之处？

10-2　什么是运动副，运动副的类型有几类？各有什么特点？

10-3　机构运动简图主要表达机构的什么特征？机构运动简图与原机构之间存在什么关系？

10-4　机构运动简图与机构示意图有什么区别？

10-5　机构具在确定运动的条件是什么？不符合这个条件时会出现什么情况？

10-6　构件的自由度和机构的自由度有何不同？计算机构自由度时应注意哪些问题？

10-7　既然虚约束对机构的运动不起直接的限制作用，为什么在实际的机械中常采用虚约束结构？什么情况下虚约束可能会变成实约束，试举一例说明。

10-8　绘制如图 10-24 所示机构的机构运动简图。

10-9　绘制如图 10-25 所示的家用缝纫机踏板机构的

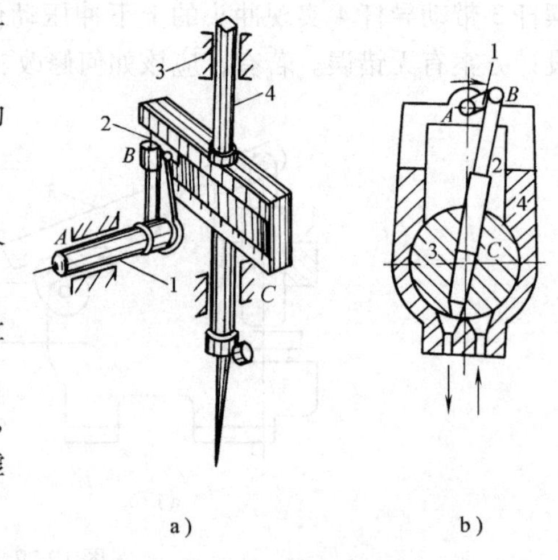

图 10-24　题 10-8 图

机构运动简图。

10-10　试计算如图 10-26 所示各机构的自由度，并判断机构是否具有确定的运动。若有复合铰链、局部自由度、虚约束，须一一指出。

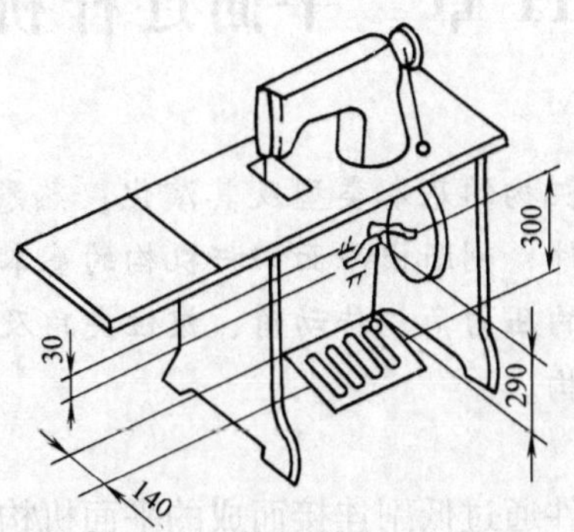

图 10-25　题 10-9 图

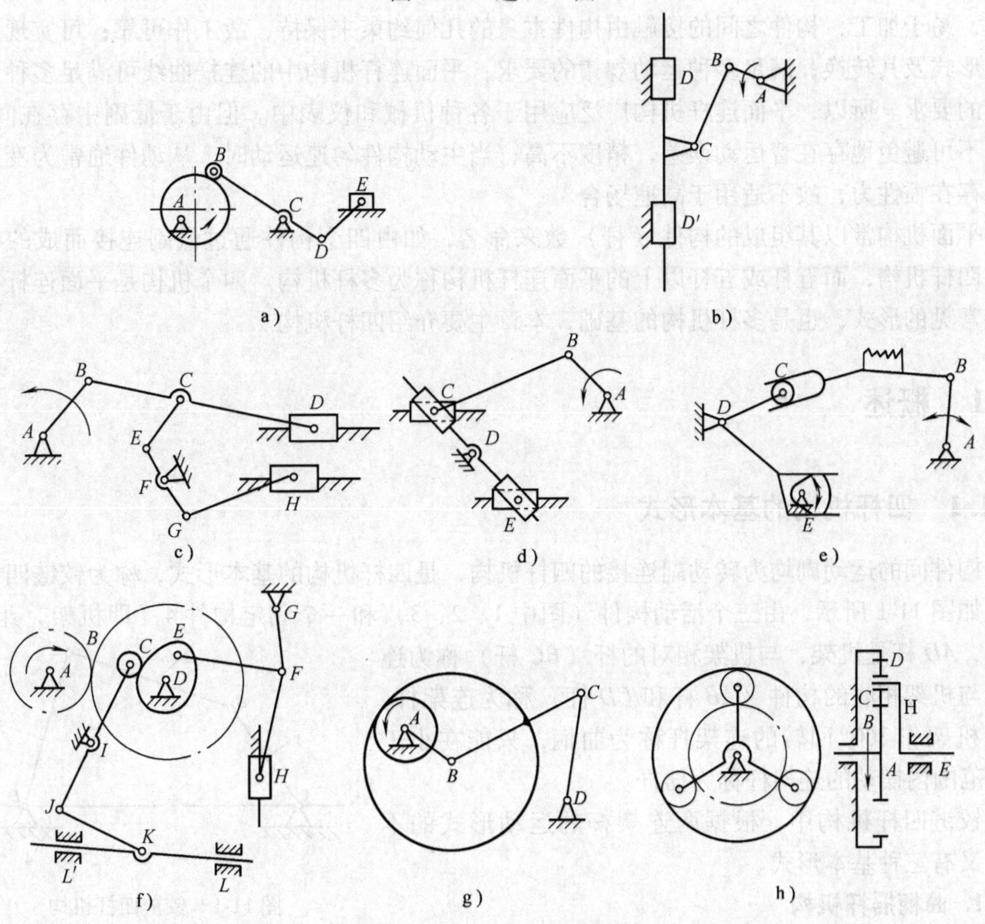

图 10-26　题 10-10 图

第 11 章　平面连杆机构

学习目标： 了解平面四杆机构的基本类型及其演化；熟悉组成四杆机构的各构件名称，能根据四杆机构中有曲柄的条件，判断出平面四杆机构的基本形式；掌握平面四杆机构的基本特性，并能确定四杆机构中的压力角、传动角、极位夹角及死点的位置；掌握图解法按预定的运动规律设计平面四杆机构。

平面连杆机构是由若干构件通过低副连接而成的平面机构，也称平面低副机构。

由于低副机构是面接触，传力时压强小，磨损较轻，承载能力较强；同时，构件的形状简单，易于加工，构件之间的接触由构件本身的几何约束来保持，故工作可靠；可实现多种运动形式及其转换，满足多种运动规律的要求；平面连杆机构中的连杆曲线可满足多种运动轨迹的要求。所以，平面连杆机构广泛应用于各种机械和仪表中。但由于低副中存在间隙，机构不可避免地存在着运动误差，精度不高，当主动构件匀速运动时，从动件通常为变速运动，存在惯性力，故不适用于高速场合。

平面机构常以其组成的构件（杆）数来命名，如由四个构件通过低副连接而成的机构称为四杆机构，而五杆或五杆以上的平面连杆机构称为多杆机构。四个机构是平面连杆机构中最常见的形式，也是多杆机构的基础，本章主要介绍四杆机构。

11.1　概述

11.1.1　四杆机构的基本形式

构件间的运动副均为转动副连接的四杆机构，是四杆机构的基本形式，称为铰链四杆机构，如图 11-1 所示，由三个活动构件（图中 1、2、3）和一个固定构件 4（即机架）组成。其中，*AD* 杆是机架，与机架相对的杆（*BC* 杆）称为连杆，与机架相联的构件（*AB* 杆和 *CD* 杆）称为连架杆，能绕机架作 360° 回转的连架杆称为曲柄，只能在小于 360° 范围内摆动的连架杆称为摇杆。

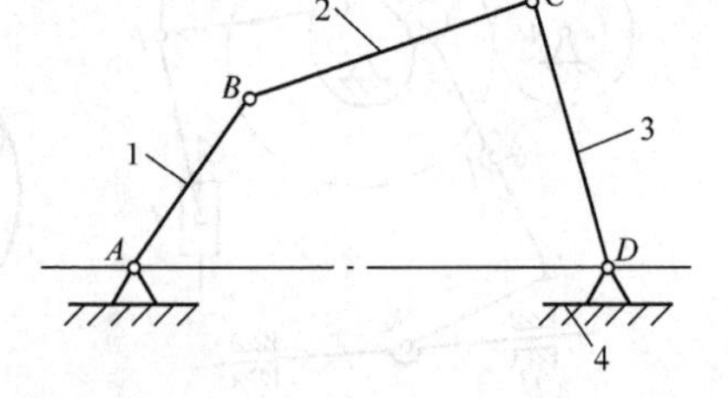

图 11-1　铰链四杆机构

铰链四杆机构中，根据两连架杆的运动形式的不同，又有三种基本形式。

1. 曲柄摇杆机构

两连架杆中一个为曲柄，另一个为摇杆的四杆机构，称为曲柄摇杆机构。曲柄摇杆机构中，当以曲柄为原动件时，可将曲柄的匀速转动变为从动件的摆动。如图 11-2 所示的雷达天线机构，当原动件曲柄 1 转动时，通过连杆 2，使与摇杆 3 固结的抛物面天线作一定角度的摆动，以调整天线的俯仰角度。图 11-3 为汽车前窗的刮水器，当主动曲柄 *AB* 回转时，从动摇杆 *CD* 作往复摆动，利用摇杆的延长部分实现刮水动作。也有以摇杆为原动件，曲柄为从动件的曲柄摇杆机构。图 11-4 所示的缝纫机踏板机构，踏板为原动件，当脚蹬踏板时，可将踏板的摆动变为曲柄即缝纫机带轮的匀速转动。

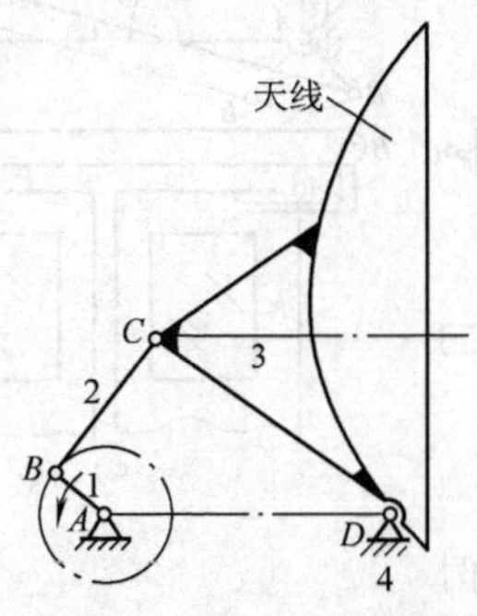

图 11-2　雷达天线机构

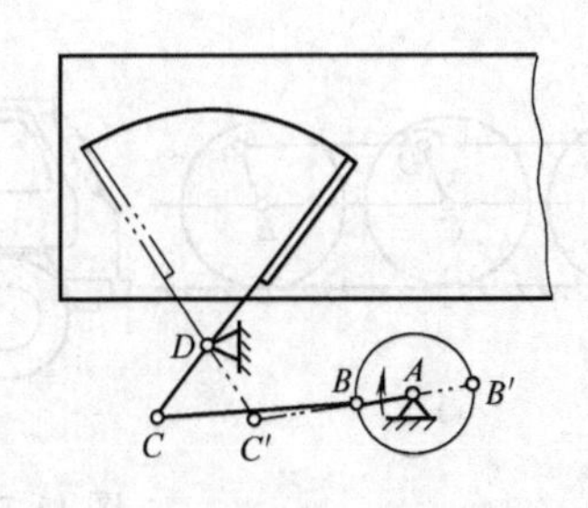

图 11-3　汽车刮水器

2. 双曲柄机构

两连架杆均为曲柄的四杆机构称为双曲柄机构。通常，主动曲柄作匀速转动时，从动曲柄作同向变速转动，如图 11-5 所示的惯性筛机构，当曲柄 1 作匀速转动时，曲柄 3 作变速转动，通过构件 5 使筛子 6 获得加速度，从而将被筛选的材料分离。在双曲柄机构中，若相对的两杆长度分别相等，则称为平行双曲柄机构或平行四边形机构，若两曲柄转向相同且角速度相等，则称为正平行四边形机构（图 11-6a）。两曲柄转向相反且角速度不同，则为反平行四边形机构（图 11-6b）。

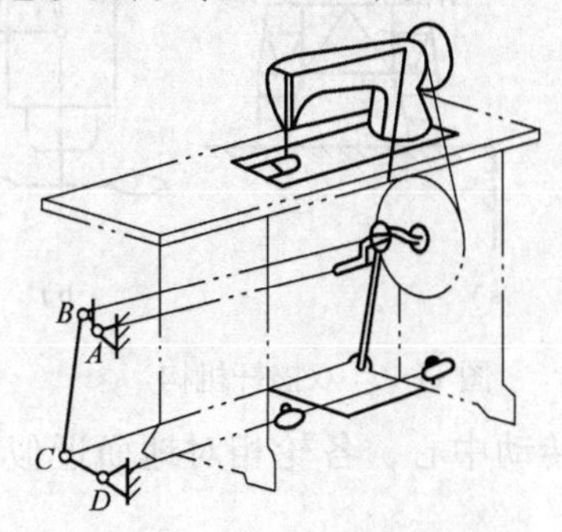

图 11-4　缝纫机踏板机构

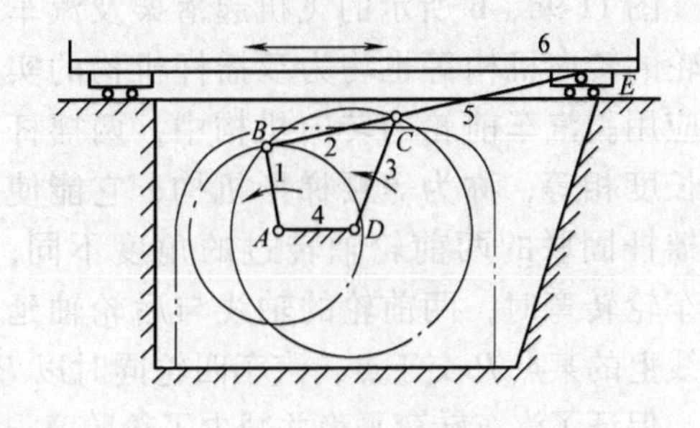

图 11-5　惯性筛机构

图 11-7a 所示的机车车轮联动机构和图 11-7b 所示的摄影车座斗机构就是正平行四边形机构的实际应用，由于两曲柄作等速同向转动，从而保证了机构的平稳运行。

图 11-7c 所示的车门启闭机构，是反平行四边形机构的一个应用，但 *AD* 与 *BC* 不平行，因此，两曲柄作不同速反向转动，从而保证两扇门能同时开启或关闭。

另外，对平行双曲柄机构，无论以哪个构件为机架都是双曲柄机构。但若取较短构件作机架，则两曲柄的转动方向始终相同。

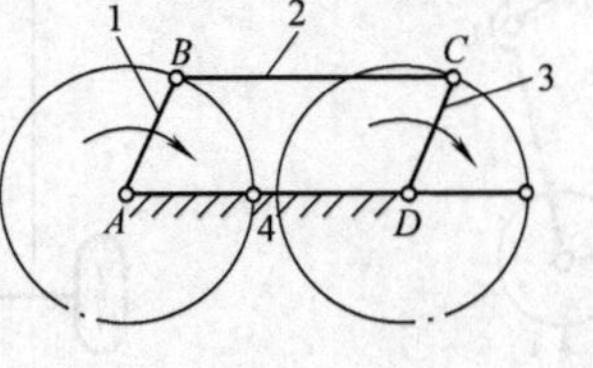

a)

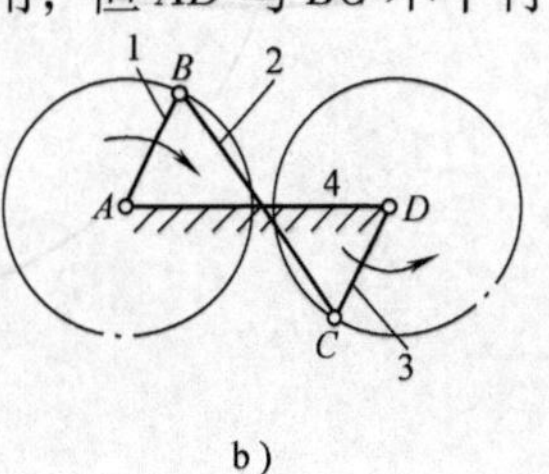

b)

图 11-6　平行四边形机构

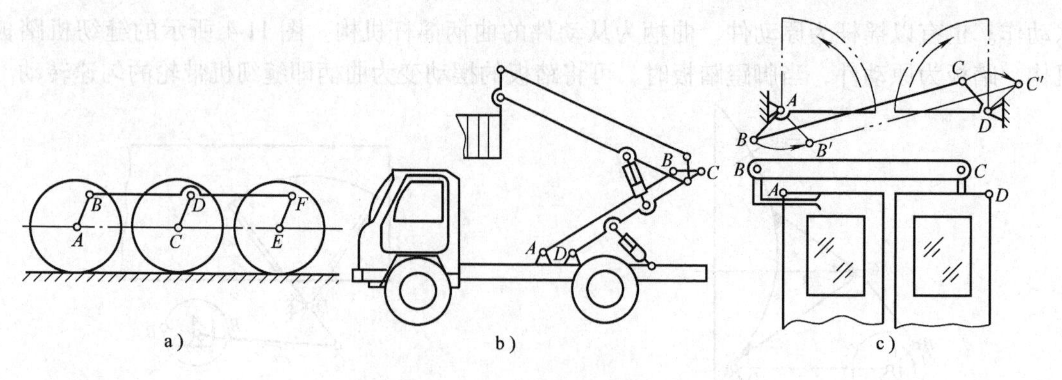

图 11-7　平行四边形机构应用实例

3. 双摇杆机构

两连架杆均为摇杆的铰链四杆机构称为双摇杆机构。图 11-8a 所示为港口起重机，当 *CD* 杆摆动时，连杆 *CB* 上悬挂重物的点 *E* 在近似水平直线上移动。图 11-8b 所示的电风扇的摇头机构中，电动机装在摇杆 4 上，铰链 *B* 处装有一个与连杆 1 固结在一起的蜗轮。电动机转动时，电动机轴上的蜗杆带动蜗轮迫使连杆 1 绕 *A* 点作整周转动，从而使连架杆 2 和 4 作往复摆动，达到风扇摇头的目的。

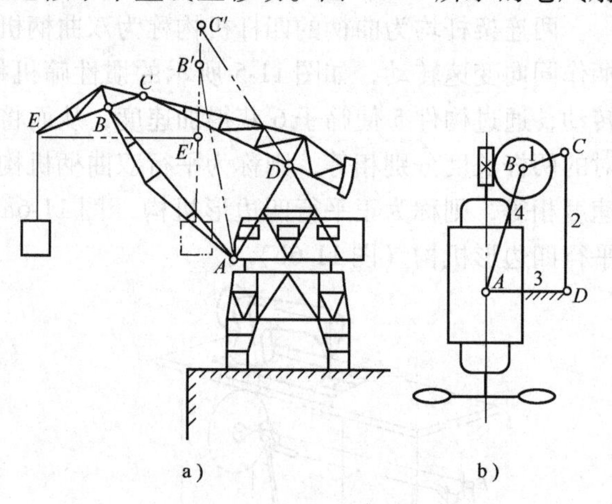

图 11-8　双摇杆机构

图 11-9a、b 所示的飞机起落架及汽车前轮的转向机构等也均为双摇杆机构的实际应用。汽车前轮的转向机构中，两摇杆的长度相等，称为等腰梯形机构，它能使与摇杆固联的两前轮轴转过的角度不同，使车轮转弯时，两前轮的轴线与后轮轴延长线上的某点 *P* 交于点，汽车四轮同时以 *P* 点为瞬时转动中心，各轮相对地面近似于纯滚动，保证了汽车转弯平稳并减少了轮胎磨损。

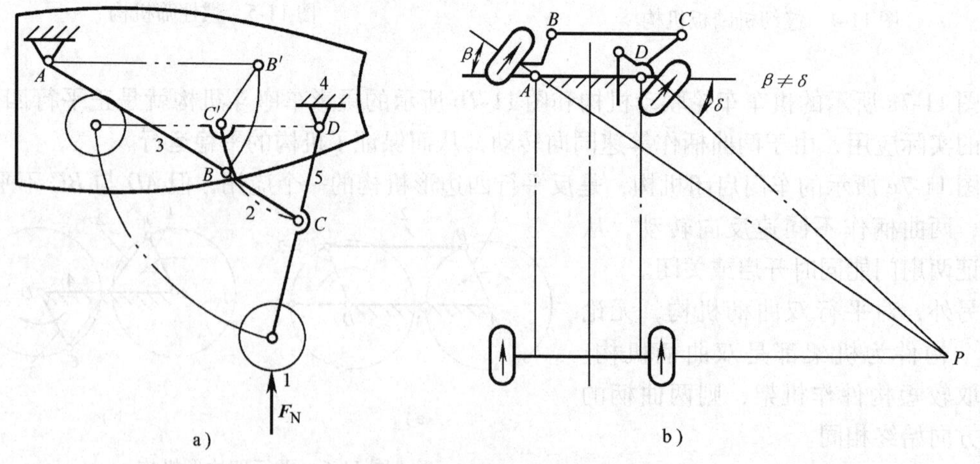

图 11-9　双摇杆机构应用实例

11.1.2 四杆机构的变异

前面介绍的四杆机构，只是生产中广泛应用的各种四杆机构中的少数几种，但无论何种四杆机构，都可认为是由铰链四杆机构演变而来的。人们通过创造性思维，对原有机构稍加改变，或改变机架，或改变构件的类型和尺寸，或改变运动副的类型等，就可得到各种不同的四杆机构。

1. 曲柄摇杆机构的变异

（1）机架变化 曲柄摇杆机构可以说是所有四杆机构的基础，由低副所连接的两构件之间的相对运动关系，无论固定哪个构件，其相对运动形式不会改变，这一特性称为低副运动的可逆性。据此，如对图11-10a所示的曲柄摇杆机构，通过改变机架，即可得到双曲柄机构和双摇杆机构。

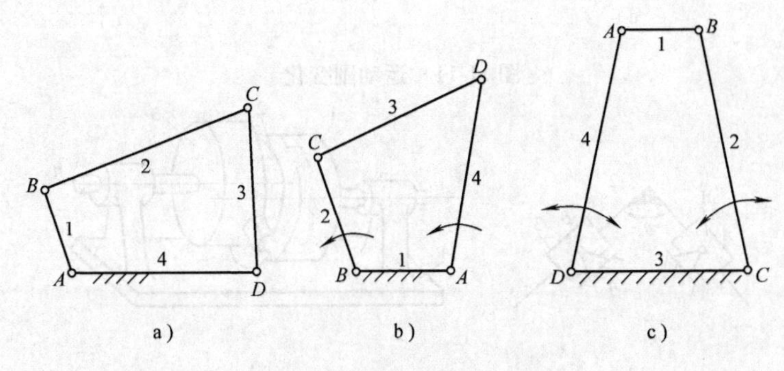

图11-10 机架变化示例

1）以杆1作机架得到双曲柄机构，见图11-10b。

2）以杆3作机架得到双摇杆机构，见图11-10c。

（2）运动副尺寸及构件形状变化

1）将运动副D尺寸扩大，大于摇杆做成一环形槽，摇杆做成弧形滑块得到曲柄弧形滑块机构，如图11-11b所示。

2）继续将运动副D扩大直到无穷大，环形槽则变成直槽，摇杆的运动变成直线运动，摇杆变成滑块，得到偏置曲柄滑块机构，如图11-11c所示。

（3）运动副类型变化

1）以高副代替转动副，将杆3改成滚子，得到机构如图11-11d所示。

2）将环形槽变为任意曲线槽，得到凸轮机构如图11-11e所示。

3）以两个移动副代替两个转动副，当对不同的转动副进行替换时，分别可得

双转块机构（替换B、C），如图11-12a所示。

曲柄移动导杆机构（替换C、D），如图11-13a所示。

双滑块机构（替换A、D），如图11-14a所示。

图11-12b所示的十字沟槽联轴节、图11-13b所示的缝纫机刺布机构及图11-14b所示的椭圆仪分别是它们的应用实例。

上例也可认为是块替代杆的变化，请读者自己分析。

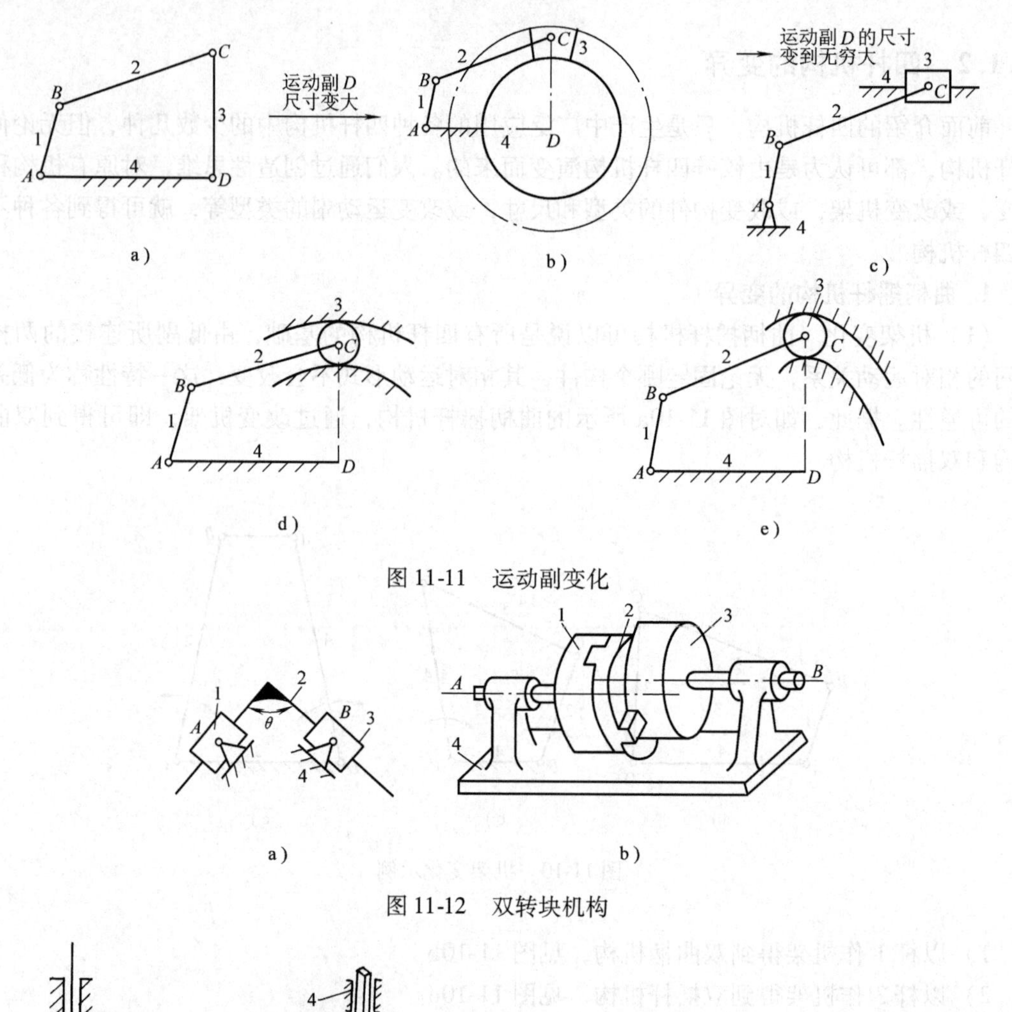

图 11-11　运动副变化

图 11-12　双转块机构

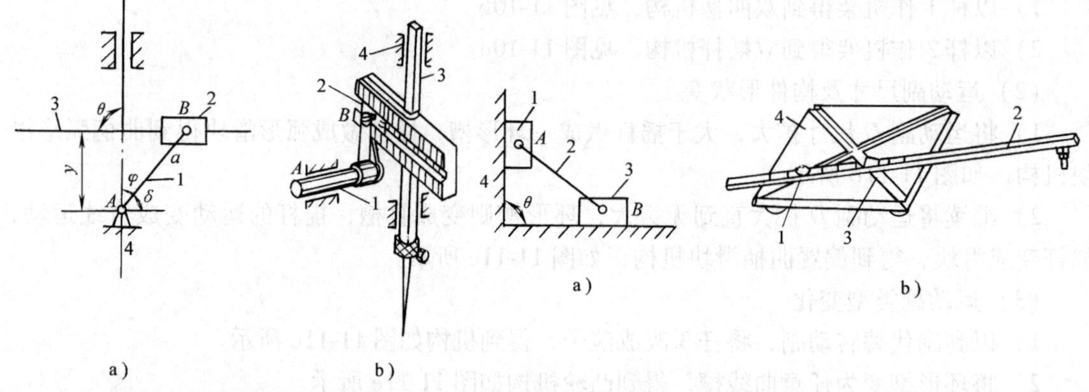

图 11-13　曲柄移动导杆机构　　　　图 11-14　双滑块机构

2. 曲柄滑块机构的变异

由曲柄摇杆机构的变异得到的偏置曲柄滑块机构，使用上述方法，同样可得到更多不同的四杆机构。

（1）机架变化

1）使滑块导路与曲柄转动中心的偏距为零，可得对心曲柄滑块机构，如图 11-15a 所示。当然，也可以反过来说，即，将对心曲柄滑块机构的偏距增大，得到偏置曲柄滑块机构。

曲柄滑块机构在锻压机、空压机、内燃机及各种冲压机器中得到广泛应用，如前述的内燃机中的活塞连杆机构，就是曲柄滑块机构。

2）以杆 1 作机架，杆 $l_1 < l_2$ 时，可得转动导杆机构，如图 11-15b 所示；杆 $l_1 > l_2$ 时，可得摆动导杆机构，如图 11-15c 所示。

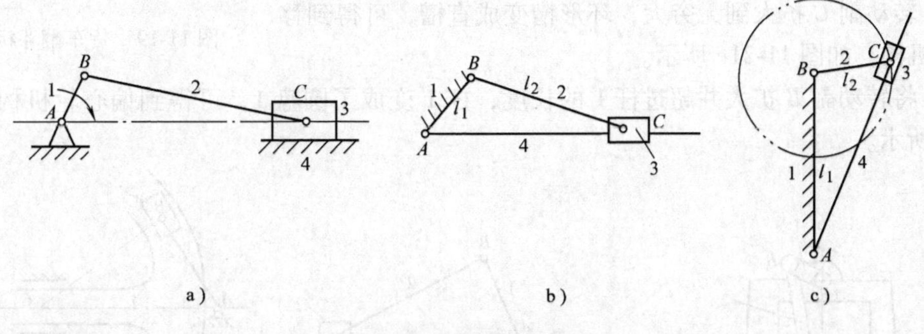

图 11-15　机架变换（1）

导杆机构具有很好的传力性能，常用于插床、牛头刨床和送料装置等机械设备中。图 11-16 所示为爬杆机器人，这种机器人模仿尺蠖的动作向上爬行，其爬行机构就是曲柄滑块机构。图 11-17a、b 所示分别为插床主机构和刨床主机构。

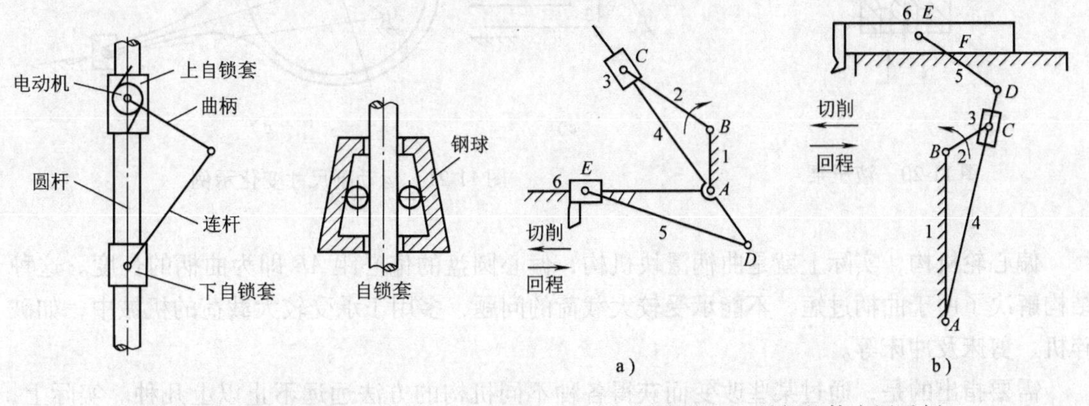

图 11-16　爬杆机器人　　图 11-17　导杆机构应用示例

3）以杆 2 作机架，得到摇块机构如图 11-18a 所示。

4）以滑块作机架，得到定块机构如图 11-18b 所示。

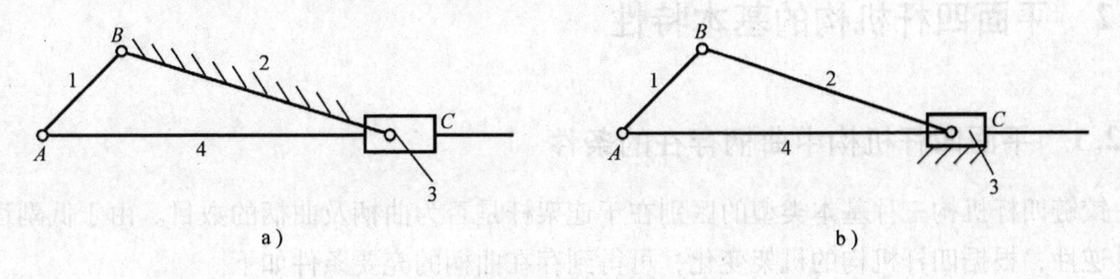

图 11-18　机架变换（2）

摇块机构常用于摆缸式原动机和气、液压驱动装置中，如图 11-19 所示的货车翻斗机构及图 11-20 所示的液压泵。

（2）运动副尺寸变化　对于图 11-21a 所示机构：

1）扩大转动副 C 的半径，使其超过杆 2 的长度，将杆 2 改成滑块 2 在环形槽 3 内绕 C 点转动，可得到移动环形导杆机构，如图 11-21b 所示。

2）转动副 C 扩大到无穷大，环形槽变成直槽，可得到移动导杆机构，如图 11-21c 所示。

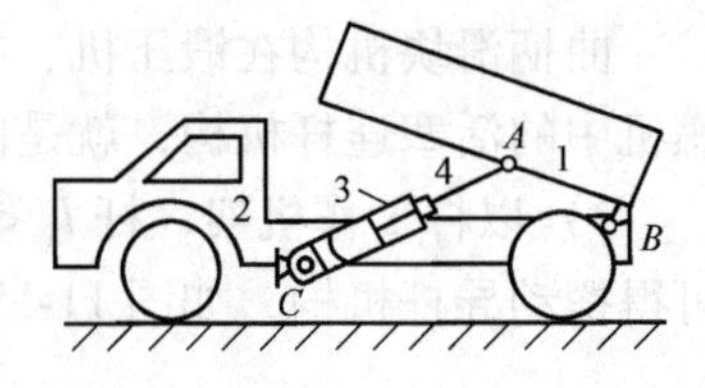

图 11-19　货车翻斗机构

3）将转动副 B 扩大并超过杆 1 的长度，杆 1 变成了圆盘 1，可得到偏心轮机构，如图 11-21d 所示。

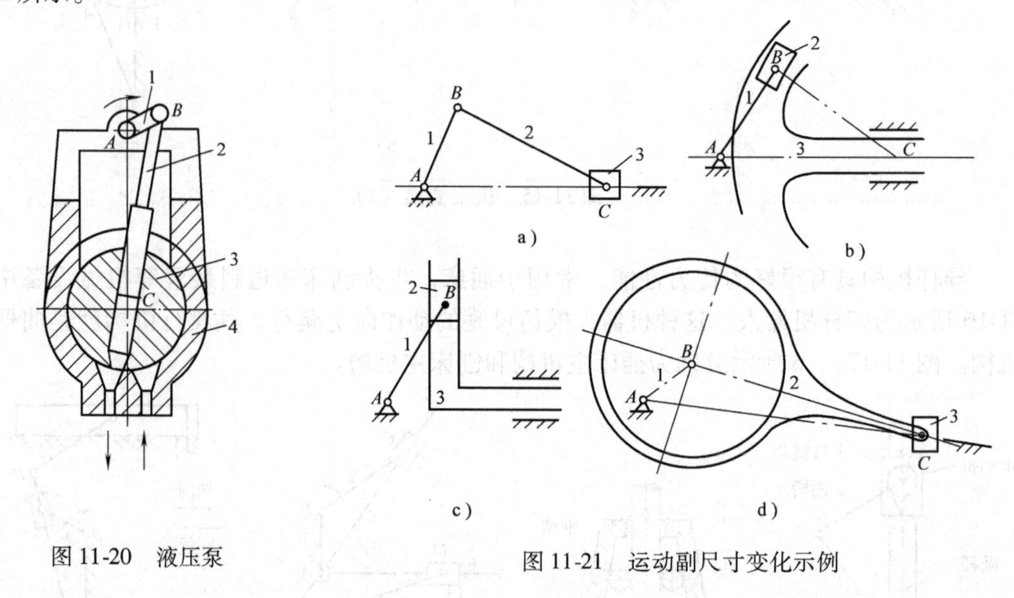

图 11-20　液压泵

图 11-21　运动副尺寸变化示例

偏心轮机构，实际上就是曲柄滑块机构，偏心圆盘的偏心距 AB 即为曲柄的长度。这种结构解决了由于曲柄过短，不能承受较大载荷的问题，多用于承受较大载荷的机械中，如破碎机、剪床及冲床等。

需要指出的是，通过某些改变而获得各种不同机构的方法远远不止以上几种。实际上，如果将上述各机构从功能要求、结构要求、力学性能要求等不同角度出发，进行不同的组合和改变，还可得到更多及功能各异的机构。

11.2　平面四杆机构的基本特性

11.2.1　平面四杆机构中曲柄存在的条件

铰链四杆机构三种基本类型的区别在于连架杆是否为曲柄及曲柄的数目。由于低副运动的可逆性，根据四杆机构的机架变化，可得到存在曲柄的充要条件如下。

1）最长杆与最短杆的长度之和小于或等于其余两杆长度之和（即杆长之和条件）。

2）最短杆或其相邻杆为机架。

根据有曲柄的条件可知：

1）当不满足杆长之和条件时，即为双摇杆机构。

2）当满足杆长之和条件，同时满足以下三种条件之一，即

①最短杆为机架时，得到双曲柄机构；

②最短杆的相邻杆为机架时，得到曲摇杆机构。

③最短杆的相对杆为机架时，得到双摇杆机构。

11.2.2　平面四杆机构的运动特性

1. 平面四杆机构的极位、极位夹角、最大摆角

以图 11-22 所示的曲柄摇杆机构为例，当曲柄为原动件时，摇杆作往复摆动的左、右两个极限位置，称为极位；曲柄在摇杆处于两极位时的对应位置所夹的锐角称为极位夹角，用 θ 表示；摇杆的两个极位所夹的角度称为最大摆角，用 ψ 表示。

2. 急回特性

图 11-22 中，当主动曲柄逆时针从 AB_1 转到 AB_2，转过角度 $\varphi_1 = 180° + \theta$，摇杆从 C_1D 转到 C_2D，时间为 t_1，C 点的平均速度为 v_1。曲柄继续逆时针从 AB_2 转到 AB_1，转过角度 = $180 - \theta$，摇杆从 C_2D 回到 C_1D，时间为 t_2，C 点的平均速度为 v_2，曲柄是等速转动，其转过的角度与时间成正比，因 $\varphi_1 > \varphi_2$，故 $t_1 > t_2$，由于摇杆往返的弧长相同，而时间不同，$t_1 > t_2$，所以 $v_2 > v_1$，说明当曲柄等速转动时，摇杆来回摆动的速度不同，返回速度较大，机构的这种性质，称为机构的急回特性，通常用行程速度变化系数 K 来表示这种特性，即

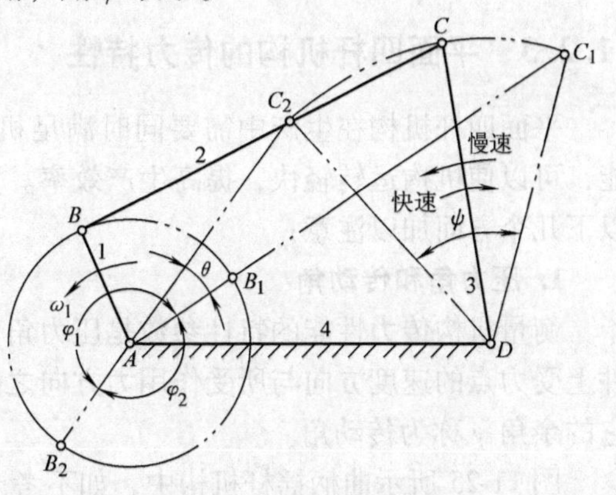

图 11-22　曲柄摇杆机构

$$K = \frac{从动件回程平均速度}{从动件工作平均速度} = \frac{\overset{\frown}{C_1C_2}/t_2}{\overset{\frown}{C_2C_1}/t_1} = \frac{t_1}{t_2} = \frac{180° + \theta}{180° - \theta} \tag{11-1}$$

$$\theta = 180°\frac{K-1}{K+1} \tag{11-2}$$

式（11-1）表明，机构的急回程度取决于极位夹角的大小，只要 θ 不等于零，即 $K > 1$，则机构就有急回特性；θ 越大，K 值越大，机构的急回特性就越显著。

对于对心曲柄滑块机构，因 $\theta = 0°$，则 $K = 1$，机构无急回特性；而对偏置式曲柄滑块机构（图 11-23）和摆动导杆机构（见图 11-24），因 $\theta \neq 0°$，则 $K > 1$，机构有急回特性。

四杆机构的急回特性可以节省非工作循环时间，提高生产效率，如牛头刨床中退刀速度明显高于工作速度，就是利用了摆动导杆机构的急回特性。

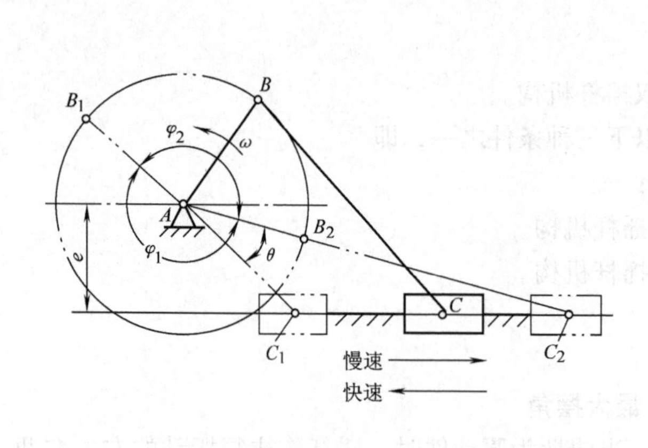

图 11-23　偏置曲柄滑块机构

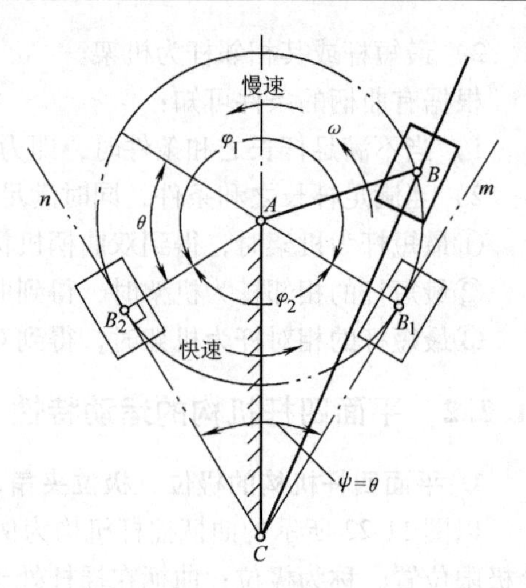

图 11-24　摆动导杆机构

11.2.3　平面四杆机构的传力特性

平面四杆机构在生产中需要同时满足机器传递运动和动力的要求，具有良好的传力性能，可以使机构运转轻快，提高生产效率。要保证所设计的机构具有良好的传力性能，应从以下几个方面加以注意：

1. 压力角和传动角

衡量机构传力性能的特性参数是压力角。在不计摩擦力、惯性力和杆件的重力时，从动件上受力点的速度方向与所受作用力方向之间所夹的锐角，称为机构的压力角，用 α 表示；它的余角 γ 称为传动角。

图 11-25 所示曲柄摇杆机构中，如不考虑构件的重量和摩擦力，则连杆是二力杆，主动曲柄通过连杆传给从动杆的力 $\boldsymbol{F}$ 沿 BC 方向。受力点 C 的速度方向与 $\boldsymbol{F}$ 所夹的锐角即为机构在此位置的压力角 α，$\boldsymbol{F}$ 可分解为沿 C 点速度方向的有效分力 $F_t = F\cos\alpha = F\sin\gamma$ 和沿杆方向的有害分力 $F_n = F\sin\alpha = F\cos\gamma$。显然，$\alpha$ 越小或者 γ 越大，有效分力越大，对机构传动越有利。α 和 γ 是反映机构传动性能的重要指标。由于 γ 角更便于观察和测量，工程上常以传动角来衡量连杆机构的传动性能。

在机构运动过程中，压力角和传动角的大小是随机构位置而变化的，为保证机构的传力性能良好，设计时须限定最小传动角或最大压力角 α_{max}。通常取 $\gamma_{min} \geqslant 40°$。为此，必须确定 $\gamma = \gamma_{min}$ 时机构的位置并检验 γ_{min} 的值是否小于上述的最小允许值。

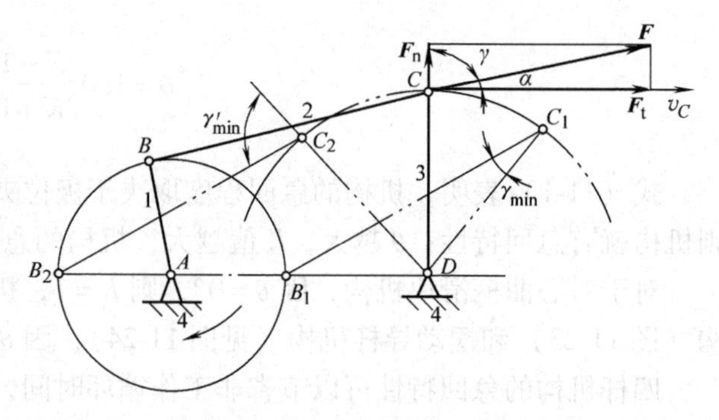

图 11-25　曲柄摇杆机构的传力特性

铰链四杆机构在曲柄与机架共线的两位置处将出现最小传动角。

对于曲柄滑块机构，当原动件为曲柄时，最小传动角出现在曲柄与机架垂直的位置，如图 11-26 所示。

图 11-27 所示的导杆机构，由于在任何位置时主动曲柄通过滑块传给从动杆的力的方向，与从动杆受力的速度方向始终一致，所以传动角始终等于 90°。

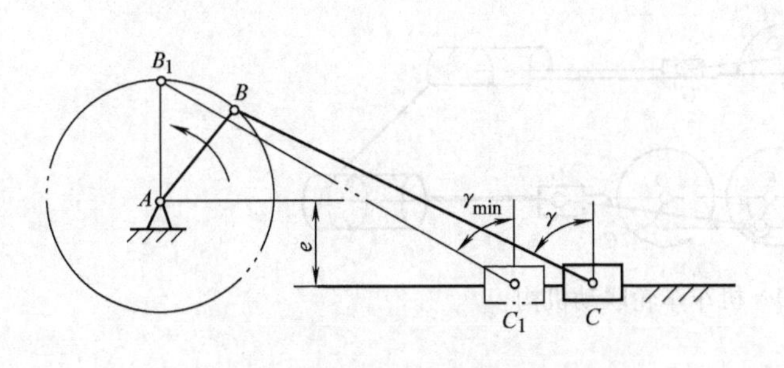

图 11-26　曲柄滑块机构的传力特性

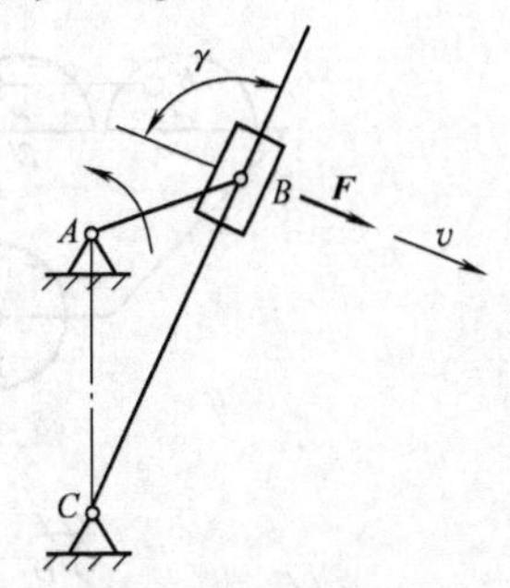

图 11-27　导杆机构的传力特性

2. 死点

图 11-28 所示的曲柄摇杆机构中，当摇杆为原动件时，在曲柄与连杆共线的位置出现传动角等于零的情况，这时不论连杆 BC 对曲柄 AB 的作用力有多大，都不能使杆 AB 转动，机构的这种位置（图中 AB_2C_2D）称为死点。机构在死点位置，出现从动件转向不定或者卡死不动的现象，如缝纫机踏板机构采用曲柄摇杆机构，它在死点位置，出现从动件曲柄倒、顺转向不定（见图 11-29a）或者从动件卡死不动（见图 11-29b）的现象。曲柄滑块机构中，以滑块为原动件、曲柄为从动件时，死点位置是连杆与曲柄共线位置。

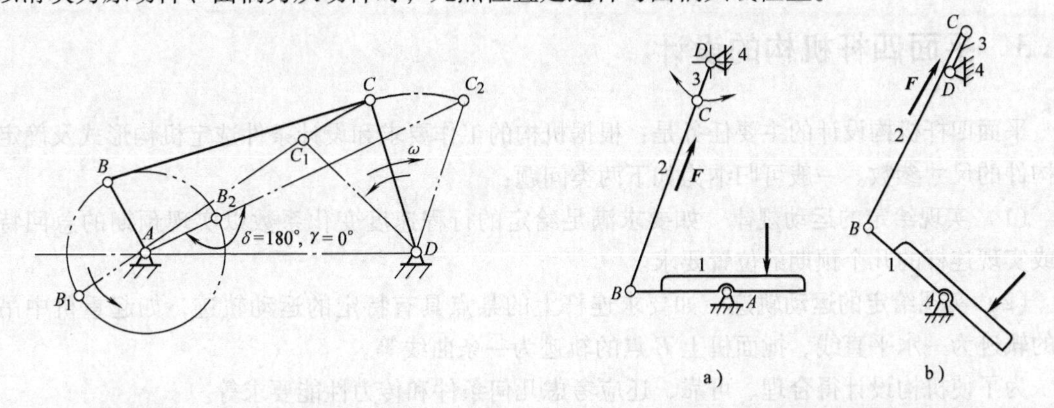

图 11-28　曲柄摇杆机构的死点　　图 11-29　缝纫机踏板机构的死点

摆动导杆机构中，导杆为原动件、曲柄为从动件时，死点位置是导杆与曲柄垂直的位置。

从以上分析可知，死点的出现与原动件的选取有关，上述机构中如采用曲柄作原动件时，则不会出现死点。

对传动而言，机构设计中应设法避免或通过死点位置，工程上常利用惯性法或错开法使机构渡过死点，如图 11-4 所示的缝纫机，曲柄与大带轮为同一构件，利用带轮的惯性使机构渡过死点。如图 11-30 所示的机车车轮联动机构，当一个机构处于死点位置时，可借助另一个机构来错开死点。死点在机构的运动中是应该加以避免的，但对某些有夹紧或固定要求的机构，则往往在设计中利用死点的特点，来达到夹紧和固定的目的。如图 11-31 所示的飞机起落架，当机轮放下时，BC 杆与 CD 杆共线，机构处在死点位置，地面对机轮的力不会

使 *CD* 杆转动，使飞机降落可靠。图 11-32 所示的夹具，工件夹紧后 *BCD* 成一条线，工作时工件的反力再大，也不能使机构反转，使夹紧牢固可靠。

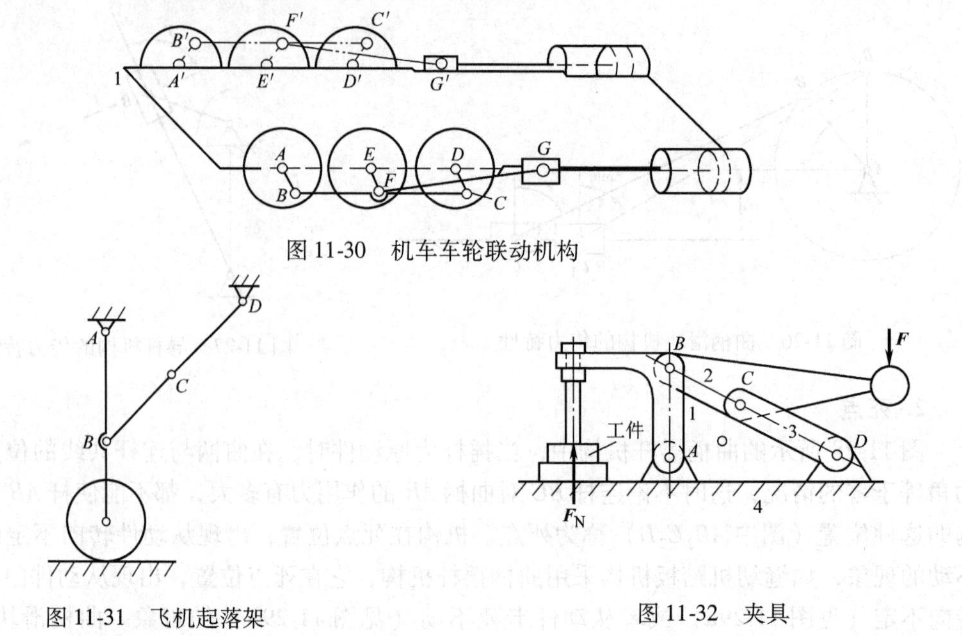

图 11-30　机车车轮联动机构

图 11-31　飞机起落架

图 11-32　夹具

11.3　平面四杆机构的设计

平面四杆机构设计的主要任务是：根据机构的工作要求和设计条件选定机构形式及确定各构件的尺寸参数。一般可归纳为如下两类问题：

（1）实现给定的运动规律　如要求满足给定的行程速度变化系数以实现预期的急回特性或实现连杆的几个预期的位置要求。

（2）实现给定的运动轨迹　如要求连杆上的某点具有特定的运动轨迹，如起重机中吊钩的轨迹为一水平直线、搅面机上 *E* 点的轨迹为一条曲线等。

为了使机构设计得合理、可靠，还应考虑几何条件和传力性能要求等。

设计方法有图解法、解析法和实验法。三种方法各有特点，图解法和实验法直观、简单，但精度较低，可满足一般设计要求；解析法精确度高，适于用计算机计算，随着计算机的普及，计算机辅助设计四杆机构已成必然趋势。而用计算机辅助图解法设计平面四杆机构的方法，很好地解决了用图解法设计平面机构时误差过大，精度较低的问题，又保持了图解法原理简单、方法直观、易于掌握的优点，其设计精度并不亚于解析法，而过程则比解析法更为简便，效率更高，设计过程中可随时进行修改，以得到较理想的设计结果。本节主要介绍图解法，另两种方法分别略作简介。

11.3.1　用图解法设计四杆机构

1. 按给定连杆位置设计四杆机构

（1）按连杆的三个位置设计四杆机构　如图 11-33 所示，已知连杆的长度 *BC* 以及它运动中的三个必经位置 BC，要求设计该铰链四杆机构。

图形分析：由于连杆上的 B 点和 C 点分别与曲柄上的 B 点和摇杆上的 C 点重合，从铰链四杆机构的运动特点可知，B 点和 C 点的运动轨迹是以曲柄和摇杆的固定铰链中心为圆心的一段圆弧，所以只要找到这两段圆弧的圆心，此设计即大功告成，由此将四杆机构的设计转化为已知圆弧上的三点求圆心的简单的数学问题。

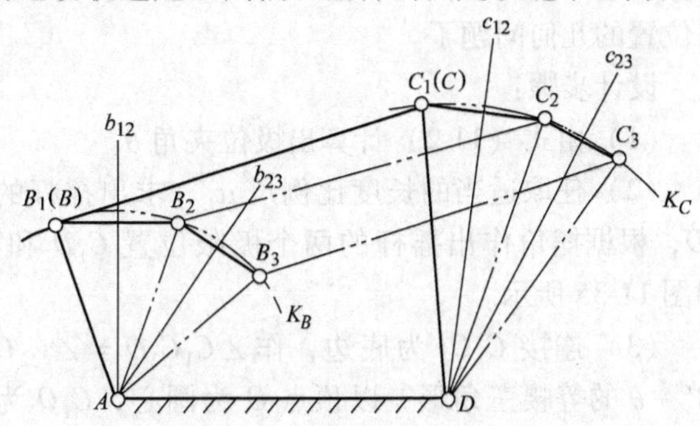

图 11-33　按连杆三个位置设计四杆机构

设计步骤：

1）选取适当的比例尺。

2）确定 B 点和 C 点轨迹的圆心 A 和 D（作法略）。

3）连接 AB_1C_1D，则 AB_1C_1D 即为所要设计的四杆机构（见图 11-33）。

4）量出 AB 和 CD 长度，由比例尺求得曲柄和摇杆的实际长度。

$$l_{AB}=\mu_1 AB \qquad l_{CD}=\mu_1 CD$$

（2）按连杆的两个位置设计四杆机构　由上面的分析可知，若已知连杆的两个位置，同样可转化为已知圆弧上两点求圆心的问题，而此时的圆心可以为两点中垂线上的任意一点，故有无穷多解。这一问题，在实际设计中，是通过给出辅助条件来加以解决的。

例 11-1　设计一砂箱翻转机构。翻台在位置Ⅰ处造型，在位置Ⅱ处起模，翻台与连杆 BC 固联成一体，$l_{BC}=0.5\text{m}$，机架 AD 为水平位置，如图 11-34 所示。

解　由题意可知此机构的两连杆位置，图形分析同前。

作图步骤如下：

（1）$\mu_L=0.1\text{m/mm}$，则 $BC=l_{BC}/\mu_l=0.5/0.1=50\text{mm}$，在给定位置作 B_1C_1、B_2C_2。

（2）作 B_1B_2 的中垂线 b_{12}、C_1C_2 的中垂线 c_{12}。

（3）按给定机架位置作水平线，与 b_{12}、c_{12} 分别交得点 A、D。

（4）连接 AB 和 CD，即得到各构件的长度为

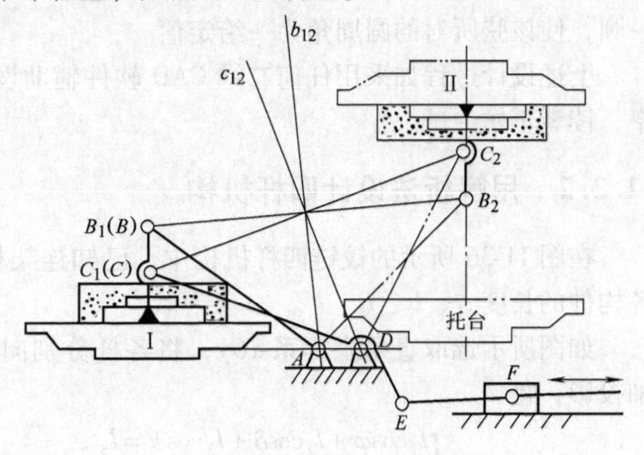

图 11-34　例 11-1 图

$$l_{AB}=\mu_l AB=(0.1\text{m/mm})\times 25\text{mm}=2.5\text{m}$$

$$l_{CD}=\mu_l CD=(0.1\text{m/mm})\times 27\text{mm}=2.7\text{m}$$

$$l_{AD}=\mu_l AD=(0.1\text{m/mm})\times 8\text{mm}=0.8\text{m}$$

2. 按给定的行程速度变化系数设计四杆机构

例 11-2　设已知行程速度变化系数 K、摇杆长度 l_{CD}、最大摆角 ψ，试用图解法设计此曲柄摇杆机构。

解　图形分析：由曲柄摇杆机构处于极位时的几何特点我们已经知道（见图 11-22），在已知 l_{CD}、ψ 的情况下，只要能确定固定铰链中心 A 的位置，则可由确定出曲柄的长和连杆的长度，即设计的实质是确定固定铰链中心 A 的位置。这样就把设计问题转化为确定 A 点位置的几何问题了。

设计步骤：

（1）由式（11-2）计算出极位夹角 θ。

（2）任取适当的长度比例尺 μ_L，求出摇杆的尺寸 CD，根据摆角作出摇杆的两个极限位置 C_1D 和 C_2D，如图 11-35 所示。

（3）连接 C_1C_2 为底边，作 $\angle C_1C_2O = \angle C_2C_1O = 90° - \theta$ 的等腰三角形，以顶点 O 为圆心，C_1O 为半径作辅助圆，由图 11-33 可知，此辅助圆上 C_1C_2 所对的圆心角等于 2θ，故其圆周角为 θ。

（4）在辅助圆上任取一点 A，连接 AC_1、AC_2，即能求得满足 K 要求的四杆机构。

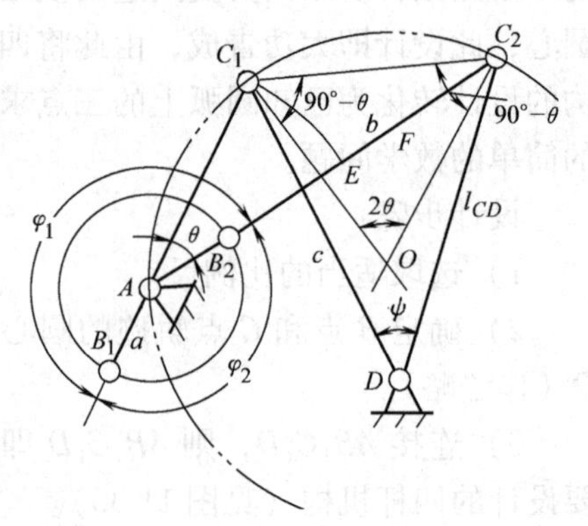

图 11-35　例 11-2 图

$$l_{AB} = \mu_L (AC_2 - AC_1)/2$$

$$l_{BC} = \mu_L (AC_2 + AC_1)/2$$

应注意：由于 A 点是任意取的，所以有无穷解，只有加上辅助条件，如机架 AD 长度或位置，或最小传动角等，才能得到唯一确定解。

由上述分析可见，按给定行程速度变化系数设计四杆机构的关键问题是：已知弦长求作一圆，使该弦所对的圆周角为一给定值。

上述设计过程如采用任何二维 CAD 软件辅助设计，将大大提高图解法的设计精度和效率，读者不妨一试。

11.3.2　用解析法设计四杆机构

在图 11-36 所示的铰链四杆机构中，已知连架杆 AB 和 CD 的三组对应位置，要求确定各构件的长度 l_1、l_2、l_3、l_4。

如图所示选取直角坐标系 xOy，将各杆分别向 x 轴和 y 轴投影，得

$$\begin{cases} l_1\cos\varphi + l_2\cos\delta + l_3\cos\psi = l_4 \\ l_1\sin\varphi + l_2\sin\delta = l_3\sin\psi \end{cases} \tag{11-3}$$

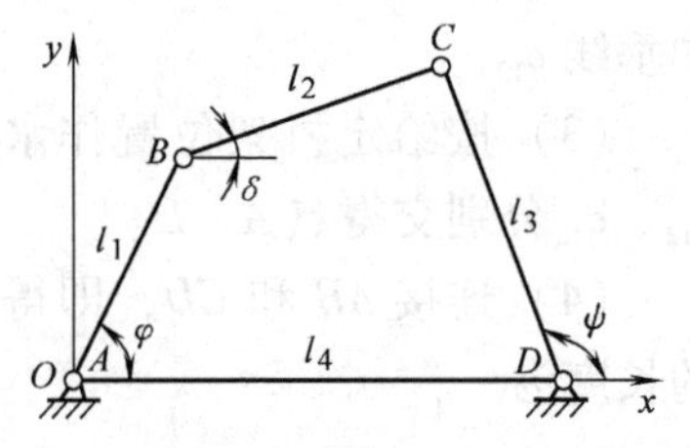

图 11-36　铰链四杆机构

将方程组中的 δ 消去，可得

$$R_1 + R_2\cos\varphi + R_3\cos\varphi = \cos(\varphi - \psi) \tag{11-4}$$

式中

$$\begin{cases} R_1 = (l_4^2 + l_1^2 + l_3^2 - l_2^2)(2l_1l_3) \\ R_2 = l_4/l_3 \\ R_3 = l_4/l_1 \end{cases} \tag{11-5}$$

将已知的三组对应位置 φ_1、ψ_1，φ_2、ψ_2，φ_3、ψ_3，分别代入，可得线性方程组

$$\begin{cases} R_1 + R_2\cos\varphi_1 + R_3\cos\psi_1 = \cos(\varphi_1 - \psi_1) \\ R_1 + R_2\cos\varphi_2 + R_3\cos\psi_2 = \cos(\varphi_2 - \psi_2) \\ R_1 + R_2\cos\varphi_3 + R_3\cos\psi_3 = \cos(\varphi_3 - \psi_3) \end{cases} \tag{11-6}$$

由方程组可解出 R_1、R_2、R_3，然后根据具体情况选定机架长度，则各杆长度由下列各式求出

$$\begin{cases} l_1 = l_4/R_3 \\ l_2 = \sqrt{l_1^2 + l_3^2 + l_4^2 - 2l_1 l_3 R_1^2} \\ l_3 = l_4/R_2 \end{cases} \tag{11-7}$$

用解析法设计四杆机构，最重要的是建立正确的数学模型如式（11-6）所示，然后编制计算程序框图，通过计算机进行运算，可得到较精确的设计结果。要求精度越高，计算工作量就越大，在计算机已经相当普及的今天，解析法设计四杆机构将会越来越普及。

11.3.3　图谱法设计四杆机构简介

按给定的运动轨迹设计四杆机构，工程中通常采用图谱法，四杆机构运动时，连杆作平面复杂运动，对其上面任一点都能描绘出一条封闭曲线，这种曲线称为连杆曲线。连杆曲线的形状随点在连杆上的位置和各构件相对长度的不同而不同。工程上将用不同杆长通过实验方法获得的连杆上不同点的轨迹曲线汇编成图谱册，如图 11-37 所示的连杆曲线图谱。当需要按给定运动轨迹设计四杆机构时，只需从图谱中选择与设计要求相近的曲线，同时查得机构各杆相对尺寸及描述点在连杆平面上的位置，再用缩放仪求出图谱曲线与所需轨迹曲线的缩放倍数，即可求得四杆机构的各杆实际尺寸。

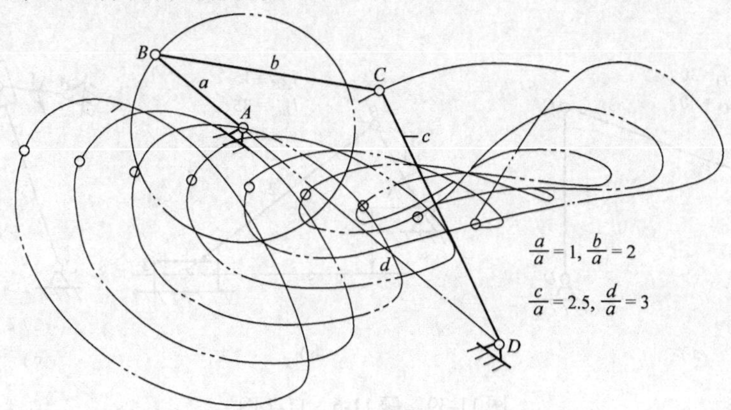

图 11-37　连杆曲线图谱

11.4　思考题与习题

11-1　铰链四杆机构有哪几种类型，如何判别？它们各有什么运动特点？

11-2　下列概念是否正确，若不正确，请改正。

1）极位夹角就是从动件在两个极限位置的夹角。

2）压力角就是作用于构件上的力和速度的夹角。

3）传动角就是连杆与从动件的夹角。

11-3　四杆机构在什么情况下会出现死点？加大四杆机构原动件的驱动力，能否使该机构越过死点位置？可采用什么方法越过死点位置？

11-4　当平面四杆机构在死点位置时，其压力角和传动角是多少？摆动导杆机构中，当曲柄作主动构件时，其导杆上的压力角为多少？

11-5　根据图 11-38 中注明的尺寸，判别各四杆机构的类型。

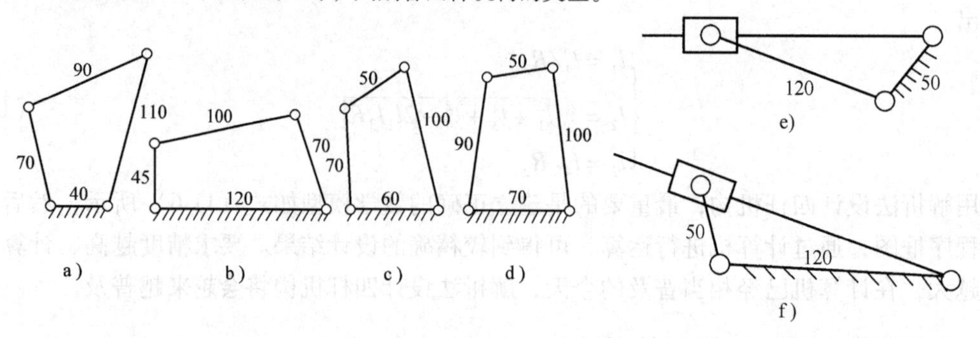

图 11-38　题 11-5 图

11-6　如图 11-39 所示各四杆机构中，原动件 1 作匀速顺时针转动，从动件 3 由左向右运动时，要求

1）各机构的极限位置图，并量出从动件的行程。

2）计算各机构行程速度变化系数。

3）作出各机构出现最小传动角（或最大压力角）时的位置图，并量出其大小。

11-7　如图 11-39 中所示各四杆机构中，构件 3 为原动件、构件 1 为从动件，试作出该机构的死点位置。

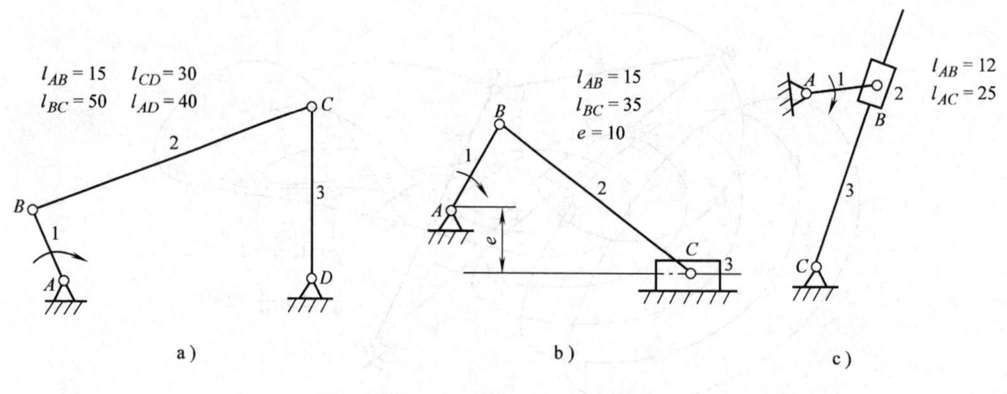

图 11-39　题 11-6、11-7 图

11-8　图 11-40 所示的铰链四杆机构 *ABCD* 中，*AB* 长为 a，欲使该机构成为曲柄摇杆机构、双摇杆机构，a 的取值范围分别为多少？

11-9　如图 11-41 所示的偏置曲柄滑块机构，已知行程速度变化系数 $K=1.5$mm，滑块行程 $H=50$mm，偏距 $e=20$mm，试用图解法求：

1）曲柄长度和连杆长度。

2）曲柄为原动件时机构的最大压力角或最小传动角。

3）滑块为原动件时机构的死点位置。

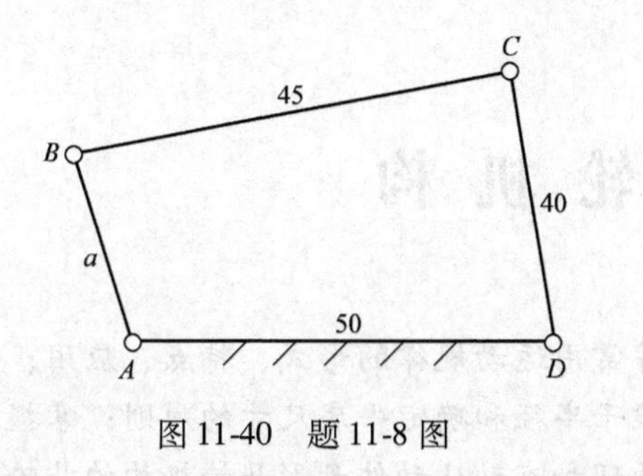

图 11-40　题 11-8 图

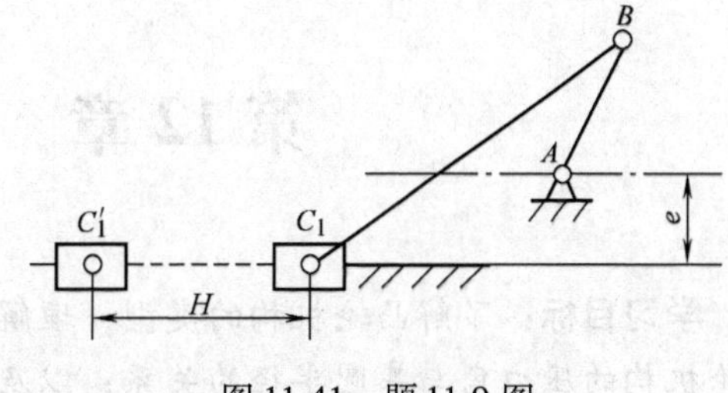

图 11-41　题 11-9 图

11-10　已知铰链四杆机构各构件的长度，如图 11-42 所示，试问：

1）这是铰链四杆机构基本型式中的何种机构？

2）若以 AB 为原动件，此机构有无急回特性？为什么？

3）当以 AB 为原动件时，此机构的最小传动角出现在机构何位置（在图上标出）？

11-11　参照图 11-43 设计一加热炉门启闭机构。已知炉门上两活动铰链中心距为 500mm，炉门打开时，门面朝上，固定铰链设在垂直线 yy 上，其余尺寸如图示。

11-12　参照图 11-44 设计一牛头刨床刨刀驱动机构。已知 $l_{AC}=300\text{mm}$，行程 $H=450\text{mm}$，行程速度变化系数 $K=2$。

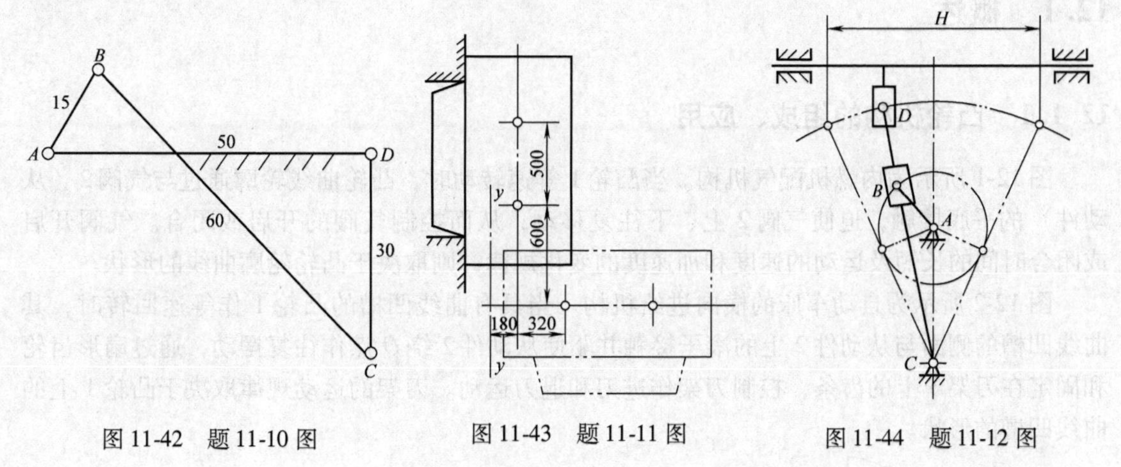

图 11-42　题 11-10 图　　图 11-43　题 11-11 图　　图 11-44　题 11-12 图

第12章　凸轮机构

学习目标： 了解凸轮机构的类型；理解从动件常用运动规律的形式、特点、应用；了解凸轮机构的压力角与基圆半径的关系；以及选择滚子半径和确定平底尺寸的原则；掌握运动线图的绘制方法；掌握凸轮轮廓曲线设计的基本原理和直动从动件盘形凸轮机构的凸轮轮廓曲线设计。

低副机构一般只能近似地实现给定的运动规律，而且设计较为困难和复杂。当从动件的位移、速度和加速度必须严格按照预定规律变化时，常采用凸轮机构来实现。凸轮机构结构简单，设计方便，利用不同的凸轮轮廓线可以使从动件实现各种给定的运动规律。因此，凸轮机构在多种机械，尤其是在自动化机械中得到广泛的应用。

12.1　概述

12.1.1　凸轮机构的组成、应用

图12-1所示为内燃机配气机构。当凸轮1等速转动时，凸轮曲线轮廓通过与气阀2（从动件）的平底接触，迫使气阀2上、下往复移动，从而控制气阀的开启或闭合。气阀开启或闭合时间的长短及运动的速度和加速度的变化规律，则取决于凸轮轮廓曲线的形状。

图12-2所示为自动车床的横向进给机构。当具有曲线凹槽的凸轮1作等速回转时，其曲线凹槽的侧面与从动件2上的滚子接触并驱使从动件2绕O点作往复摆动，通过扇形齿轮和固定在刀架3上的齿条，控制刀架作进刀和退刀运动。刀架的运动规律取决于凸轮1上的曲线凹槽的形状。

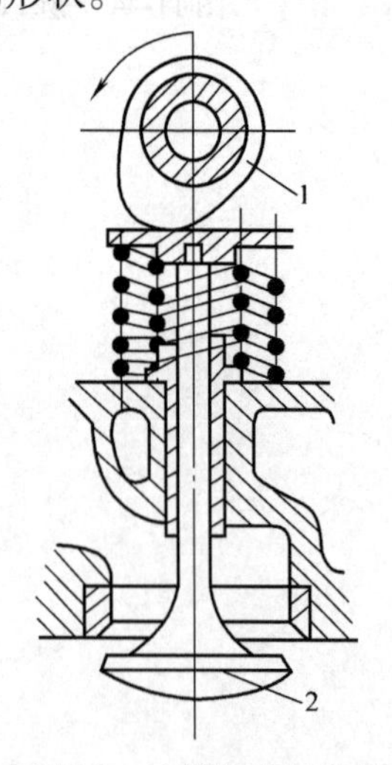

图12-1　内燃机配气机构

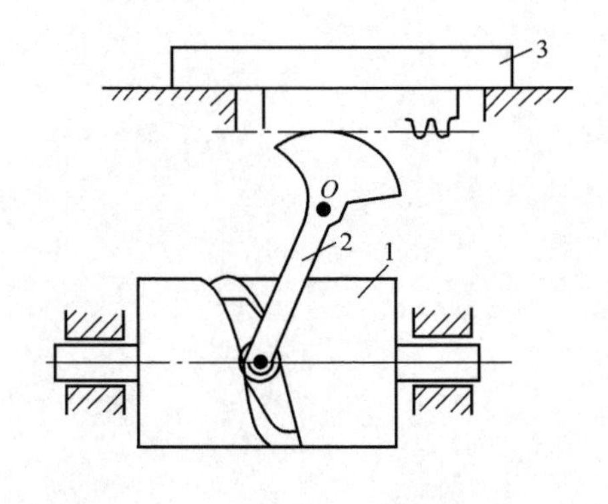

图12-2　自动车床的横向进给机构

由以上两个例子可见，凸轮机构是由凸轮、从动件和机架三个基本构件组成。凸轮机构的主要优点是：只要适当地设计凸轮轮廓曲线，即可使从动件实现各种预期的运动规律。其结构简单、紧凑，工作可靠，应用广泛。其主要缺点是：由于凸轮与从动件间为高副接触，易于磨损，因而凸轮机构多用于传递动力不大的自动机械、仪表、控制机构及调节机构中。

12.1.2 凸轮机构的分类

凸轮机构类型繁多，常见的分类方法有以下几种。

1. 按凸轮形状分类

(1) 盘形凸轮　盘形凸轮是一种绕固定轴线转动的盘形构件，具有变化的向径，是凸轮的基本形式，如图12-1所示。

(2) 圆柱凸轮　圆柱凸轮是一种在圆柱面上开有曲线凹槽或在圆柱端面上制出曲线轮廓的构件，如图12-2所示。

(3) 移动凸轮　可视为回转中心在无穷远处的盘形凸轮，相对机架作往复直线运动，如图12-3所示。

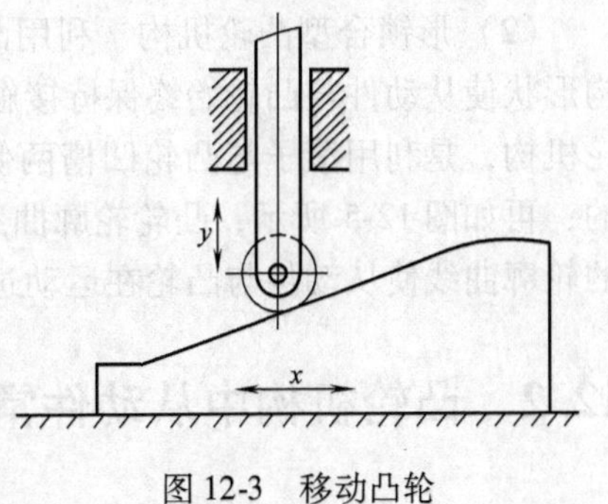

图12-3　移动凸轮

盘形凸轮和移动凸轮与从动件之间的相对运动为平面运动，属于平面凸轮机构；而圆柱凸轮与从动件之间的相对运动不在平行平面内，属于空间凸轮机构。

2. 按从动件形状分类

(1) 尖顶从动件　如图12-4a所示，尖顶能与任意复杂的凸轮轮廓保持接触，从而保证从动件实现复杂的运动规律。但尖顶与凸轮是点接触，磨损快，故只适宜受力小、低速和运动精确的场合，如仪器仪表中的凸轮控制机构等。

(2) 滚子从动件　如图12-4b所示，从动件的尖顶处安装一个滚子，滚子与凸轮之间由滑动摩擦变为滚动摩擦，耐磨损，可以承受较大载荷，在机械中应用最广泛。

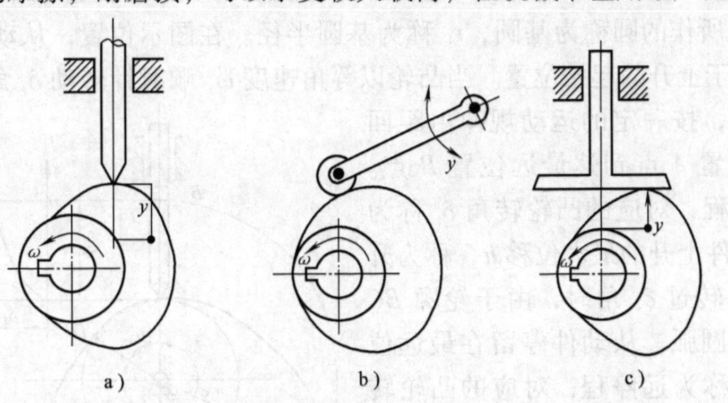

图12-4　凸轮机构类型

(3) 平底从动件　如图12-4c所示，从动件与凸轮轮廓表面接触的端面为一平面。其优点是凸轮与从动件之间的作用力始终垂直于平底的平面（不计摩擦时），受力比较平稳，传动效率高，适用于高速传动场合，但它不能应用在有凹槽轮廓的凸轮机构中，因此运动规律受到一定的限制。

以上三种从动件均可作往复直线运动和往复摆动，前者称为直动从动件，后者称为摆动从动件，如图 12-4b 所示。直动从动件的导路中心线通过凸轮的回转中心时，称为对心从动件（见图 12-4c），否则称为偏置从动件（见图 12-4a）。

3. 按凸轮与从动件的接触方法分类

凸轮机构工作时，必须保证凸轮轮廓与从动件始终保持接触。按凸轮与从动件维持高副接触的方法不同，凸轮机构可分为以下两类：

（1）力锁合型凸轮机构　利用弹簧力或从动件自身重力使从动件与凸轮轮廓始终保持接触。图 12-1 所示为利用弹簧力保持从动件与凸轮轮廓接触的实例。

（2）形锁合型凸轮机构　利用凸轮与从动件的特殊结构形状使从动件与凸轮始终保持接触。图 12-2 所示圆柱凸轮机构，是利用滚子与凸轮凹槽两侧面的配合来保持接触的；再如图 12-5 所示，凸轮轮廓曲线做成凹槽，从动件的滚子置于凹槽中，依靠凹槽两侧的轮廓曲线使从动件与凸轮在运动过程中始终保持接触。

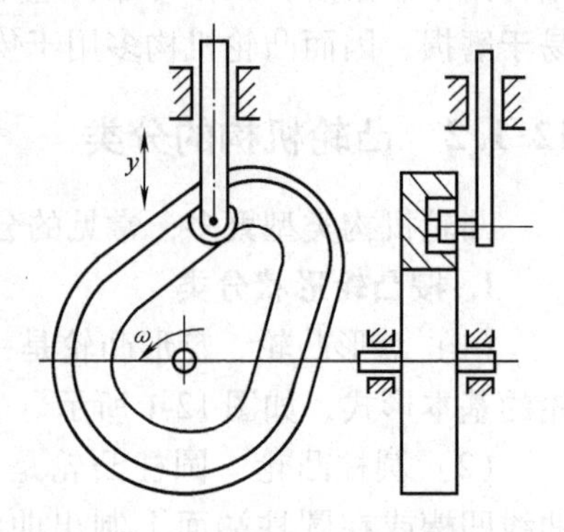

图 12-5　形锁合型凸轮机构

12.2　凸轮机构中从动件常用运动规律

凸轮机构设计的基本任务是根据工作要求选定合适的凸轮机构类型，确定从动件的运动规律，并按此运动规律设计凸轮轮廓和有关的结构尺寸。因此，确定从动件的运动规律是凸轮设计的前提。

12.2.1　凸轮机构的工作过程

图 12-6 所示为一尖顶对心直动从动件盘形凸轮机构。在凸轮上，以凸轮理论轮廓的最小向径 r_b 为半径所作的圆称为基圆，r_b 称为基圆半径。在图示位置，从动件与凸轮在 A 点接触，从动件处于上升的起始位置。当凸轮以等角速度 ω_1 顺时针转动 δ_t 角时，从动件尖顶被凸轮轮廓推动，按一定的运动规律由距回转中心最近的位置 A 点到达最远位置 B 点。这个过程称为推程，对应的凸轮转角 δ_t 称为推程转角；从动件上升的最大位移 h，称为升程。当凸轮继续转过 δ_s 角时，由于轮廓 BC 段为向径不变的圆弧，从动件停留在最远位置不动，此过程称为远停程，对应的凸轮转角 δ_s 称为远休止角。当凸轮继续转过 δ_h 角时，向径渐减的轮廓 CD 段使从动件以一定的运动规律由最远位置回到起始位置，此过程称为回程，对应的凸轮转角 δ_h 称为回程转角。当凸轮继续转过 δ_s' 角时，由于轮廓 DA 为向径不变的基圆圆弧，从动件又在最近位置

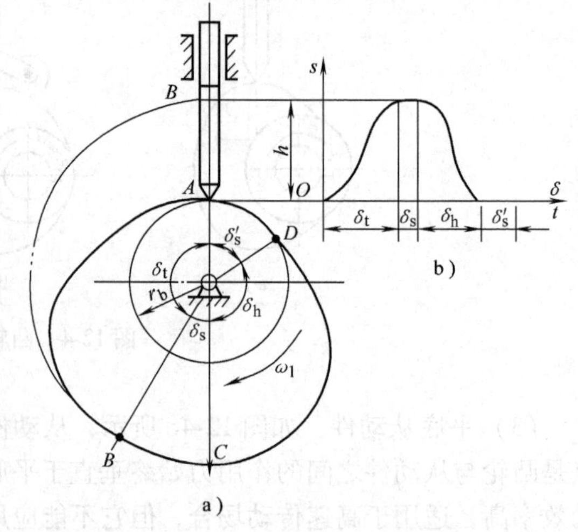

图 12-6　尖顶对心直动从动件盘形凸轮机构

停止不动，对应的凸轮转角 δ_s' 称为近休止角。凸轮继续转动，从动件则又开始重复上述升—停—降—停的运动循环。

从上述分析可知，从动件的运动规律是与凸轮轮廓曲线的形状相对应的。通常设计凸轮主要是根据从动件的运动规律绘制凸轮轮廓曲线。

12.2.2 从动件常用的运动规律

所谓从动件的运动规律，是指从动件的位移 s、速度 v、加速度 a 随凸轮转角 δ（或时间 t）的变化规律。

以从动件的位移 s（速度 v、加速度 a）为纵坐标，以对应的凸轮转角 δ 或时间 t 为横坐标，逐点画出从动件的位移 s（速度 v、加速度 a）与凸轮转角 δ 或时间 t 之间的关系曲线，称为从动件的运动线图。

1. 等速运动规律

从动件在推程或回程的运动速度为常数，称之为等速运动规律。以推程为例，设凸轮以等角速度 ω_1 转动，当凸轮转过推程角 δ_0 时，从动件升程为 h，相对应的推程时间为 t。作出如图 12-7a 所示从动件推程的运动线图。回程时，凸轮转过回程转角 δ_0'，从动件的位移由 $s=h$ 逐渐减小到零，亦可得到作等速运动从动件回程段的运动线图，如图 12-7b 所示。

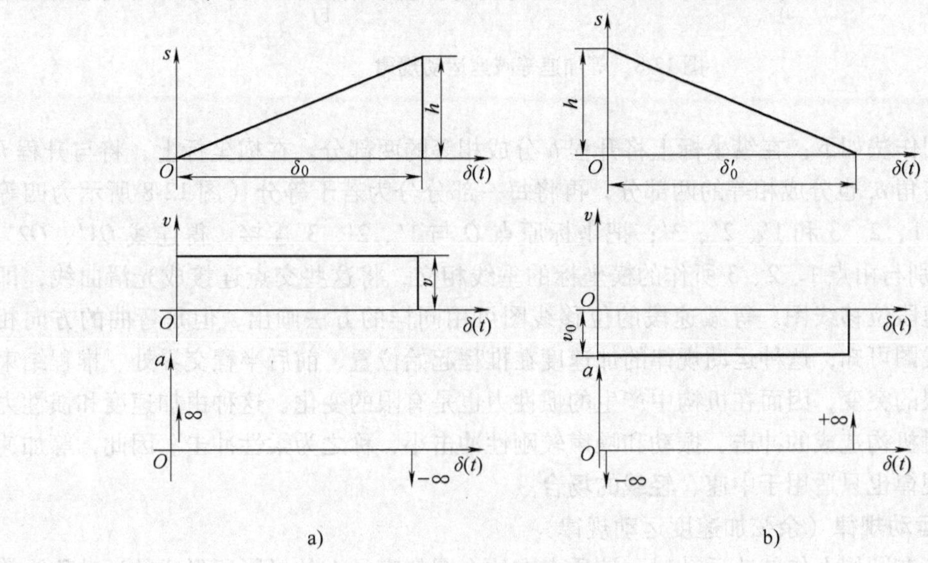

图 12-7 等速运动规律

由速度线图可知，从动件在推程（或回程）开始和终止的瞬时，速度由零突变为 v_0，其加速度和惯性力在理论上为无穷大（实际上由于材料的弹性变形，其加速度和惯性力不可能达到无穷大），致使凸轮机构产生强烈的冲击、噪声和磨损，这种冲击称为刚性冲击。因此，等速运动规律只适用于低速、轻载的场合。

2. 等加速等减速运动规律

从动件在推程或回程中，其前半行程作等加速运动，后半行程作等减速运动，这种运动规律称为等加速等减速运动规律。通常其加速度和减速度的绝对值相等，因此，从动件作等加速和等减速运动所经历的时间相等，各占 $t/2$，对应的凸轮转角也各为 $\delta_t/2$，位移 $s=h/2$。

如图 12-8 所示，其位移曲线为一抛物线。

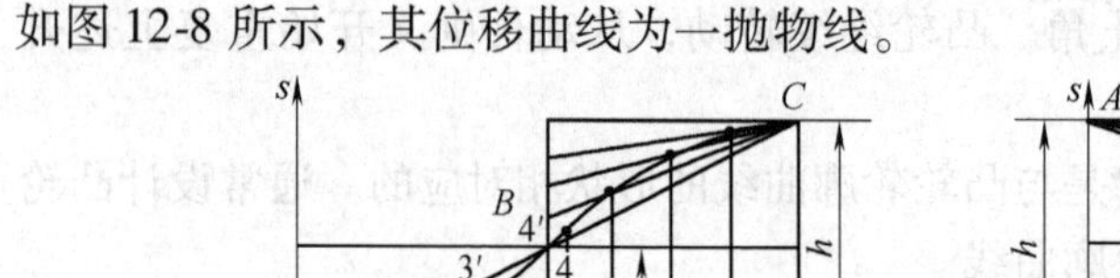
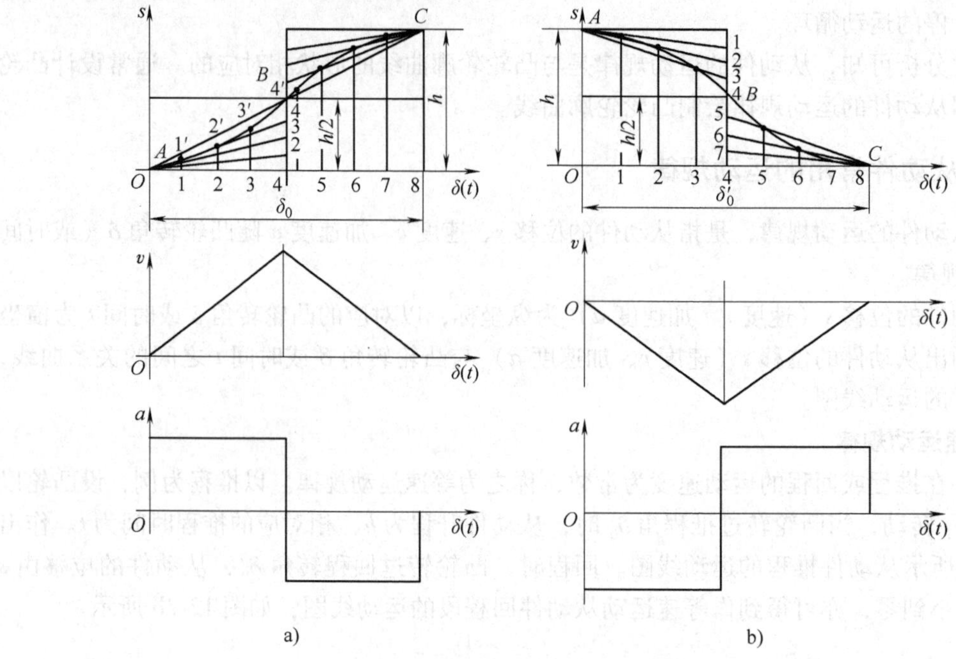

图 12-8　等加速等减速运动规律

位移线图作法如下：在纵坐标上将升程 h 分成相等的两部分。在横坐标上，将与升程 h 对应的凸轮转角 δ_t 也分成相等的两部分，再将每一部分分为若干等分（图 12-8 所示为四等分），等分点 1、2、3 和 1′、2′、3′；把坐标原点 O 与 1′、2′、3′连接，得连线 $O1'$、$O2'$、$O3'$，它们分别与由点 1、2、3 所作的横坐标的垂线相交，将这些交点连接成光滑曲线，即可得到等加速段位移线图。等减速段的位移线图可用同样的方法画出，但是弯曲的方向相反。由运动线图可知，这种运动规律的加速度在推程起始位置、前后半程交界处、推程结束位置存在有限的突变，因而在机构中产生的惯性力也是有限的变化。这种由加速度和惯性力的有限变化对机构造成的冲击、振动和噪声较刚性冲击小，称之为柔性冲击。因此，等加速等减速运动规律也只适用于中速、轻载的场合。

3. 简谐运动规律（余弦加速度运动规律）

当一质点在圆周上作匀速运动时，该质点在这个圆的直径上的投影所形成的运动称为简谐运动。其运动线图如图 12-9 所示。设以从动件的升程 h 为圆的直径，由运动线图可以看出，从动件作简谐运动时，其加速度按余弦曲线变化，故又称余弦加速度运动规律，其位移线图的作法如图 12-9 所示。

由加速度线可知，此运动规律在行程的始末两点加速度存在有限突变，故也存在柔性冲击，只适用于中速、中载场合。

但当从动件作无停歇的升—降—升连续往复运动时，则得到连续的余弦曲线，运动中完全消除了柔性冲击，这种情况下可用于高速传动。

4. 摆线运动规律（正弦加速度运动规律）

当一圆沿纵轴作匀速纯滚动时，圆周上某定点 A 的运动轨迹为一摆线，而定点 A 运动时在纵轴上投影的运动规律即为摆线运动规律。因其加速度按正弦曲线变化，故又称正弦加速度运动规律，其运动规律运动线图如图12-10所示。

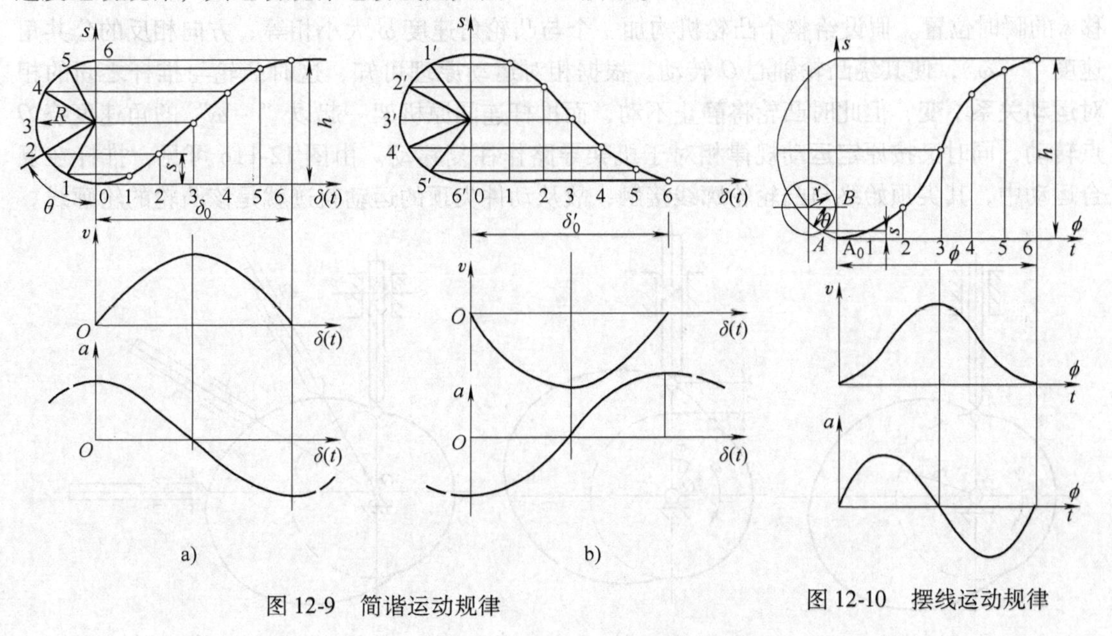

图12-9 简谐运动规律

图12-10 摆线运动规律

从动件按正弦加速度规律运动时，在全行程中无速度和加速度的突变，因此不产生冲击，适用于高速场合。

以上介绍的是生产中常用的几种运动规律，其他运动规律这里不作介绍。设计凸轮机构时，应根据机器的工作要求，恰当地选择合适的运动规律。

12.3 盘形凸轮轮廓曲线的设计

根据机器的工作要求，在确定了凸轮机构的类型和从动件的运动规律后，即可按照给定的从动件的运动规律设计凸轮的轮廓曲线。凸轮轮廓曲线设计的常用方法有图解法和解析法。图解法简单易行而且直观，但精确度有限，只适用于精度较低、简单的凸轮轮廓曲线设计；解析法是根据凸轮机构运动的轨迹建立对应的数学模型，通过建立设计坐标系后绘制凸轮轮廓曲线，虽然设计精度较高，但计算工作量较大，且对设计者的数学建模能力及计算设计能力要求高。

随着各种CAD技术的发展与应用，各种三维设计软件中所具有的强大造型功能、丰富的函数关系库及参数设计、程序设计等功能使得凸轮机构的设计变得快速和精确，且能实现系列化、参数化设计，对凸轮机构的改型设计、参照设计带来了极大的方便。目前，凸轮轮廓设计已广泛采用参数化设计的方法，故有必要对这一方法有初步的了解。

本节主要介绍图解法设计的原理和方法，对参数化设计略作介绍。

12.3.1 凸轮轮廓设计的基本原理

当凸轮机构工作时，凸轮和从动件都是运动的，而绘制凸轮轮廓曲线时，应使凸轮相对图纸静止。图 12-11a 所示为一对心尖顶直动从动件盘形凸轮机构，当凸轮以等角速度 ω 绕轴心 O 逆时针转动时，将推动推杆运动。图 12-11b 所示为凸轮回转 φ 角时，推杆上升至位移 s 的瞬时位置。假设给整个凸轮机构加一个与凸轮角速度 ω 大小相等、方向相反的公共角速度“$-\omega$”，使其绕凸轮轴心 O 转动。根据相对运动原理可知，这时凸轮与推杆之间的相对运动关系不变，但此时凸轮将静止不动，而推杆连同原机架一起以“$-\omega$”的角速度绕 O 点转动，同时又按原定运动规律相对于机架导路作往复移动。由图 12-11c 可见，推杆在复合运动中，其尖顶始终与凸轮轮廓线接触，故从动件尖顶的运动轨迹就是该凸轮的轮廓线。

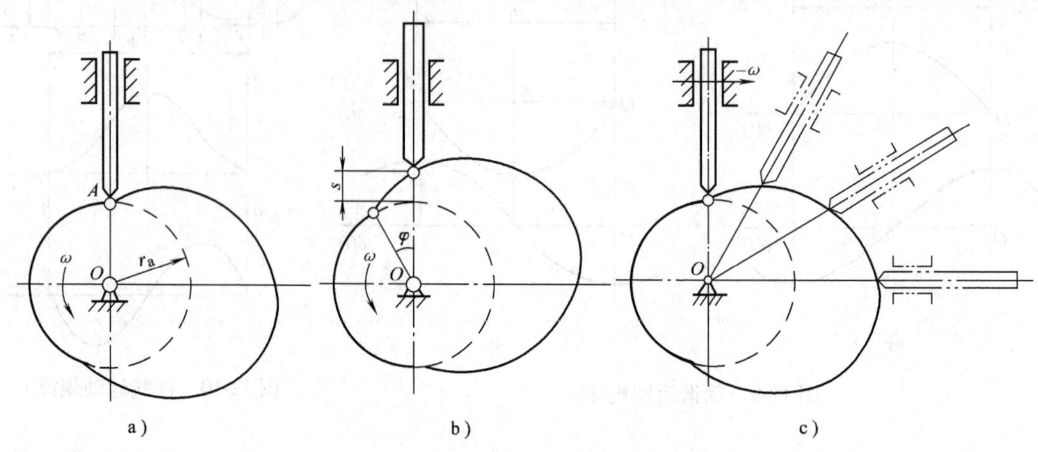

图 12-11　凸轮轮廓设计的基本原理

由以上分析可知，设计凸轮轮廓线时，可假定凸轮静止不动，使推杆连同其导路相对于凸轮作反转运动，同时又在其导路内作预期的往复移动，这种设计凸轮轮廓线的方法称为“反转法”。

根据这一原理便可作出凸轮机构的凸轮轮廓曲线。

12.3.2　用图解法设计直动从动件凸轮轮廓

1. 尖顶对心直动从动件盘形凸轮机构

图 12-12a 所示为一尖顶对心直动从动件盘形凸轮机构。设凸轮的基圆半径为 r_b，凸轮以等角速度 ω_1 顺时针转动，从动件运动规律已知。试设计凸轮的轮廓曲线。

根据反转法，作图步骤如下：

1）选取适当的比例尺 μ_l，作出从动件的位移线图，如图 12-12b 所示。将位移线图的横坐标分成若干等分，并过这些等分点分别作垂线 1-1′，2-2′，3-3′，…，这些垂线与位移曲线相交所得的线段 11′，22′，33′，…即代表相应位置的从动件位移量。

2）取与位移线图相同的比例尺，以 r_b 为半径作基圆。基圆与导路的交点 A_0，即为从动件尖顶的起始位置。

3）在基圆上，自 A_0 开始，沿“$-\omega_1$”方向依次量取角度 δ_t、δ_h、δ_s'（$\delta_s=0$），并将它们分成与位移线图对应的若干等份，得 A_1'，A_2'，A_3'，…点，连接 OA_1'，OA_2'，OA_3'，…各径向线并延长，便得到反转后从动件导路的各个位置。

4）量取各个位移量，沿各等分径向线 OA_1'，OA_2'，OA_3'，…由基圆向外量取，使得 A_1A_1'

$=11'$，$A_2A_2'=22'$，$A_3A_3'=33'$，…，得反转后推杆尖顶的一系列位置 A_1，A_2，A_3，…。将 A_0，A_1，A_2，A_3，…连接成光滑的曲线，即得到所求的凸轮轮廓曲线。

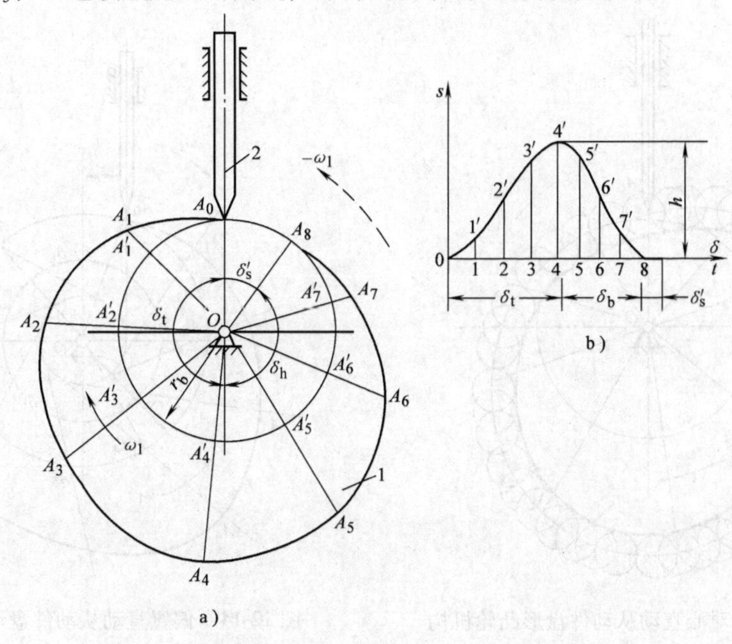

图 12-12 尖顶对心直动从动件盘形凸轮机构

2. 滚子对心直动从动件盘形凸轮机构

图 12-13 所示为滚子对心直动从动件盘形凸轮机构，设计这类凸轮机构的轮廓曲线需分两个步骤进行：

1）将滚子中心看作尖顶推杆的尖顶，按前述方法设计出轮廓线 η_0，此称为凸轮的理论轮廓曲线。

2）以凸轮的理论轮廓线 η_0 上的各点为圆心，以滚子半径 r_T 为半径作一系列滚子圆，这些圆的内包络线 η 即为凸轮的实际轮廓曲线（与滚子从动件直接接触的轮廓曲线）。

应当指出，凸轮的实际轮廓曲线与理论轮廓曲线间的法线距离始终等于滚子半径，此外，凸轮的基圆指的是理论轮廓线上的基圆。

3. 偏置直动从动件盘形凸轮机构

图 12-14 所示为偏置尖顶直动从动件盘形凸轮机构，其从动件导路偏离凸轮回转中心的距离 e 称为偏距。以 O 为圆心、偏距 e 为半径所作的圆称为偏距圆。从动件在反转过程中，其导路中心线必然始终与偏距圆相切。如图示过基圆上各分点 A_1'，A_2'，A_3'，…作偏距圆的切线，并沿这些切线自基圆向外量取从动件的位移 A_1A_1'，A_2A_2'，A_3A_3'，…。这是与对心从动件凸轮不同的地方，其余作图步骤与对心直动尖顶从动件盘形凸轮轮廓线的作法完全相同。

12.3.3 基于 Pro/E 的凸轮轮廓的参数化设计

参数化设计的基本原理是根据给定的凸轮从动件的运动规律，写出基本参数方程，定义各参数关系，创建图形基准。表 12-1 分别给出一般盘形凸轮和圆柱凸轮轮廓曲线的设计步骤，不针对具体的凸轮设计，仅提供设计思路。有 Pro/E 基础的读者可按流程和给定的凸轮从动件运动规律完成设计。

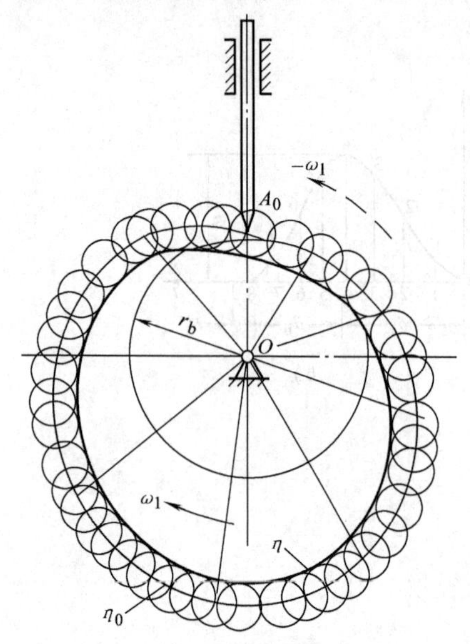

图 12-13　滚子对心直动从动件盘形凸轮机构

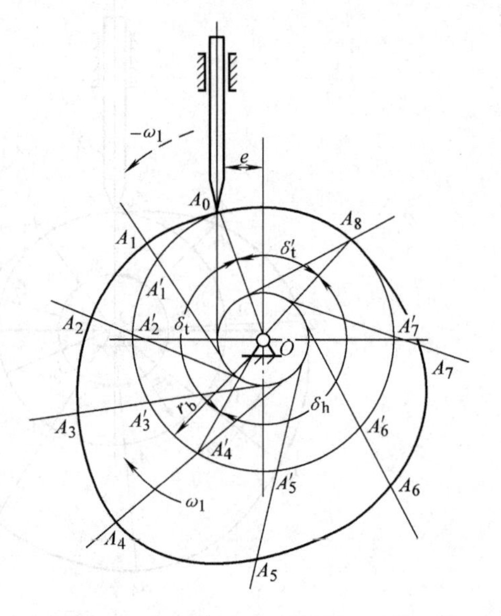

图 12-14　偏置直动从动件盘形凸轮机构

表 12-1　凸轮轮廓曲线设计步骤

盘形凸轮设计	圆柱凸轮设计
1. 确定凸轮机构从动件的运动规律并写出各段参数方程	1. 确定凸轮机构从动件的运动规律并写出各段参数方程
2. 定义凸轮机构中各参数及关系	2. 定义凸轮机构中各参数及关系
3. 录入参数化程序，并附值	3. 录入参数化程序，并附值
4. 用运动方程，画出从动件的位移线图，即创建图形基准	4. 绘制凸轮圆柱
5. 绘制凸轮轴孔曲线作为扫描轨迹	5. 用运动方程，画出从动件的位移线图，即创建图形基准
6. 利用可变截面扫描工具进行凸轮轮廓设计	6. 利用包络工具设计凸轮轮廓
	7. 利用可变截面扫描工具切出圆柱凸轮槽

从表 12-1 中可以看出，盘形凸轮机构与圆柱凸轮机构设计的前三步完全一样，只是在造型方式上有所不同，因此，同样的条件，即可用于盘形凸轮设计，也可用于圆柱凸轮设计。

对于参数设计而言，将各常用运动规律制成表格非常必要，将凸轮的一个运动循环中的各阶段转角及运动规律进行随意组合，即可得到不同的凸轮轮廓曲线。

需要注意的是，等加速等减速运动规律的推程和回程是由两段不同的抛物线构成，需要分段确定方程。表 12-2 中列出了凸轮轮廓曲线设计中常用的从动件运动规律曲线方程，供设计时按所需运动规律方便选用。

利用 Pro/E 软件三维造型功能及函数关系库，将参数关系与常用运动规律方程的有机结合，实现凸轮的参数化设计，盘形凸轮与圆柱凸轮的对比分析也为凸轮轮廓曲线的设计提出了清晰的设计思路。

表 12-2　凸轮从动件常用位移运动方程

从动件运动规律	凸轮从动件位移运动方程	
	推程 $0°\leqslant f\leqslant f_1$	回程 $0°\leqslant f\leqslant f_3$
等速运动规律	$s=\dfrac{h}{f_1}f$	$s=h-\dfrac{h}{f_3}f$
等加速等减速运动规律	等加速上升（$0°\leqslant f\leqslant f_1/2$） $s=\dfrac{2h}{f_1^2}f^2$	等加速下降（$0°\leqslant f\leqslant f_3/2$） $s=h-\dfrac{2h}{f_3^2}f^2$
	等减速上升（$f_1/2\leqslant f\leqslant f_1$） $s=h-\dfrac{2h}{f_1^2}\ (f_1-f)^2$	等减速下降（$f_3/2\leqslant f\leqslant f_3$） $s=\dfrac{2h}{f_3^2}\ (f_3-f)^2$
余弦加速度运动规律	$s=\dfrac{h}{2}\left[1-\cos\left(\dfrac{\pi}{f_1}f\right)\right]$	$s=\dfrac{h}{2}\left[1+\cos\left(\dfrac{\pi}{f_3}f\right)\right]$
正弦加速度运动规律	$s=h\left[\dfrac{f}{f_1}-\dfrac{1}{2\pi}\sin\left(\dfrac{2\pi}{f_1}f\right)\right]$	$s=h\left[1-\dfrac{f}{f_3}+\dfrac{1}{2\pi}\sin\left(\dfrac{2\pi}{f_3}f\right)\right]$

注：表中 f 表示凸轮转角、f_1 表示推程角、f_3 表示回程角。

12.4　凸轮机构设计中的几个问题

设计凸轮机构时，除了根据工作要求合理地选择从动件运动规律外，还必须保证从动件准确地实现预期的运动规律，且具有良好的传力性能和紧凑的结构。下面讨论与此相关的几个问题。

12.4.1　凸轮机构的压力角

1. 压力角和自锁的关系

在图 12-15 所示的凸轮机构中，$\boldsymbol{F}_Q$ 为作用在从动件上的载荷。凸轮和从动件在 B 点接触，当不考虑摩擦时，凸轮作用于从动件上的驱动力 $\boldsymbol{F}_n$ 是沿轮廓线上 B 点的法线 n-n 方向传递的。将力 $\boldsymbol{F}_n$ 分解为 $\boldsymbol{F}'$ 和 $\boldsymbol{F}''$ 两个分力，$\boldsymbol{F}''$ 垂直于运动方向，它使从动件紧压在导路上而产生摩擦力，$\boldsymbol{F}'$ 推动从动件克服载荷 $\boldsymbol{F}_Q$ 及导路间的摩擦力向上移动，是有用分力；$\boldsymbol{F}'$ 和 $\boldsymbol{F}''$ 的大小分别为

$$F'=F_n\cos\alpha\ （有效分力）$$
$$F''=F_n\sin\alpha\ （有害分力）$$

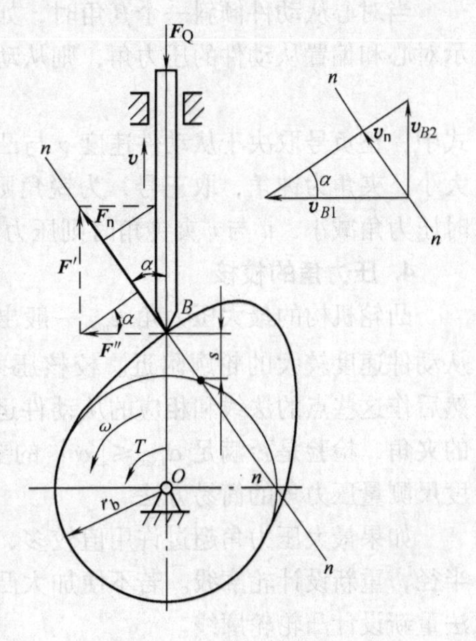

图 12-15　凸轮机构的压力角

式中的 α 是凸轮对从动件的法向力 $\boldsymbol{F}_n$ 的方向与从动件上该力作用点的速度 v 之间所加的锐角，称为从动

件在该位置时的压力角。显然，压力角 α 越大，有害分力 $\boldsymbol{F}''$越大，有效分力 $\boldsymbol{F}'$越小，对传力越不利，机构的效率越低。当压力角大到一定程度时，不论作用力 $\boldsymbol{F}_n$ 多大，都不能推动从动件运动，即机构发生自锁。压力角的大小是衡量凸轮机构传力性能好坏的重要参数。

2. 压力角与基圆半径的关系

虽然压力角小时传力较好，但此时凸轮尺寸将较大。

如图 12-15 所示，凸轮和从动件在 B 点接触，设凸轮上 B 点的速度为 v_{B1}，则 $v_{B1}=\omega(r_b+s)$，方向垂直于 OB；从动件上 B 点的速度为 v_{B2}（$v_{B2}=v$），沿 OB 方向。凸轮和从动件始终保持接触，既不能脱开，也不能嵌入，所以两者接触点在法线 n-n 方向的分量应相等，即 $\omega(r_b+s)\sin\alpha=v\cos\alpha$，则

$$\tan\alpha=\frac{v}{\omega(r_b+s)}$$

当给定运动规律后，ω、s、v 均为已知。由上式可知，增大基圆半径 r_b，可以减小压力角 α，从而改善机构的传力性能，但凸轮的外廓尺寸也将增大。所以考虑到凸轮尺寸的影响，压力角并非越小越好。凸轮压力角的大小应根据传力性能和凸轮尺寸要求来考虑。压力角的选择原则是：在传力许可的条件下，尽量取较大的压力角，即选择较小的基圆半径 r_b。为了保证凸轮机构工作可靠，通常把最大压力角限制在一定数值以内，该数值称为许用压力角，用 $[\alpha]$ 表示，$\alpha_{max}\leqslant[\alpha]$。根据实践经验和分析，在推程时许用压力角 $[\alpha]$ 推荐如下：

直动从动件在推程时 $[\alpha]=30°\sim38°$。

对于滚子从动件，润滑良好和支承刚性较好时，可取上述值的上限，否则取下限。

在回程时，特别是对于力锁合的凸轮机构，从动件是由弹簧等外力驱动的，并非凸轮驱动，故无自锁问题，通常回程时的压力角 $[\alpha]=70°\sim80°$。

3. 压力角与从动件位置的关系

当对心从动件倾斜一个 β 角时，如图 12-16 所示，即成为偏置从动件。以 α 和 α'分别表示对心和偏置从动件的压力角，则从动件倾斜前后的压力角有如下关系

$$\alpha'=\alpha\pm\beta$$

式中，正负号取决于从动件速度 v 与凸轮圆周速度 u 之间夹角的大小。夹角为钝角，取正号，为锐角则取负号。即 u 与 v 夹锐角时压力角减小，u 与 v 夹钝角时则压力角增大。

4. 压力角的校核

凸轮机构的最大压力角 α_{max} 一般出现在理论轮廓线上较陡或从动件速度较大的轮廓附近。校核压力角时可在此选若干个点，然后作这些点的法线和相应的从动件运动方向线，量出它们之间的夹角，检验是否满足 $\alpha_{max}\leqslant[\alpha]$ 的要求。图 12-17 所示是用角度尺测量压力角的简易方法。

如果最大压力角超过许用值较多，则应适当加大凸轮的基圆半径，重新设计轮廓线。若不便加大凸轮尺寸时，可用偏置的办法重新设计凸轮轮廓线。

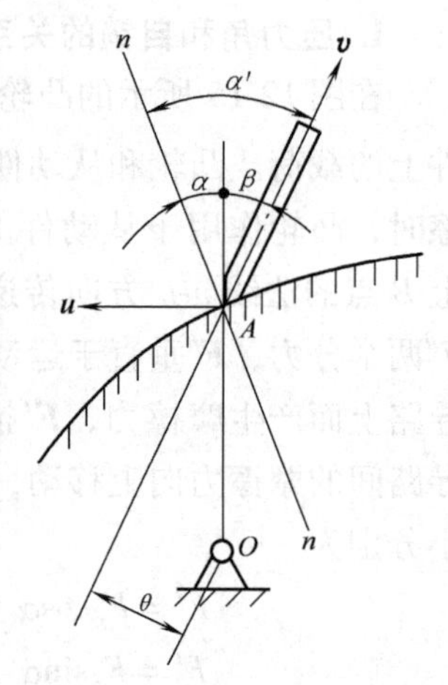

图 12-16　压力角与从动件位置的关系

12.4.2　凸轮基圆半径的确定

基圆半径 r_b 是凸轮的主要尺寸参数，它对凸轮机构的结构尺寸、运动性能、受力性能都有重要影响。目前，在一般设计中，确定基圆半径的常用方法有下述两种。

1. 根据凸轮的结构确定 r_b

若凸轮与轴做成一体（凸轮轴），则

$$r_b = r + r_T + 2 \sim 5\text{mm}$$

若凸轮单独制造，则

$$r_b = (1.5 \sim 2) r + r_T + 2 \sim 5\text{mm}$$

式中　r——轴的半径（mm）；

r_T——滚子半径（mm）。

若为非滚子从动件凸轮机构，则上式中 r_T 可不计。这是一种较为实用的方法，确定 r_b 后，再对所设计的凸轮轮廓校核压力角。

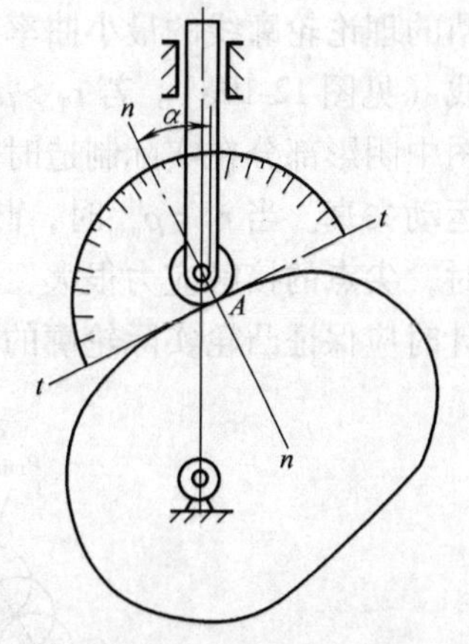

图 12-17　测量压力角

2. 根据诺模图确定基圆半径 r_b

工程上，根据基圆半径与压力角的关系，借助计算机求出了最大压力角与基圆半径的对应关系，并绘制了诺模图。这种图有两种用法，既可根据工作要求的许用压力角［α］近似地确定凸轮的最小半径 r_{bmin}，也可根据所选用的基圆半径来校核最大压力角是否超过了许用值。图 12-18 所示为用于对心移动滚子从动件盘形凸轮机构的诺模图。例如，欲设计一对心移动滚子从动件盘形凸轮机构，要求当凸轮转过推程运动角 $\delta = 45°$时，从动件按简谐运动规律上升，其升程 $h = 14\text{mm}$，并限定凸轮机构的最大压力角等于许用压力角，$\alpha_{max} = 30°$，可利用图 12-18b 给出的诺模图定出凸轮的基圆半径 r_b。方法是把图中 $\alpha_{max} = 30°$和 $\delta = 45°$的两点以直线相连，交简谐运动规律的标尺（h/r_b 线）于 0.35 处，于是根据 $h/r_b = 0.35$ 和 $h = 14\text{mm}$，即可求得凸轮的基圆半径 $r_b = 40\text{mm}$。

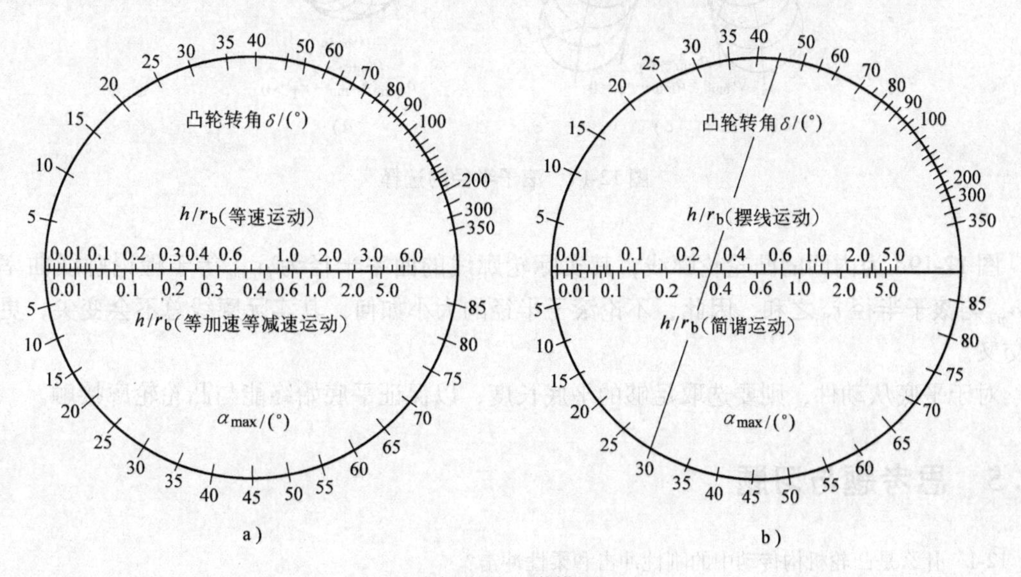

图 12-18　诺模图

12.4.3 滚子半径的选择与平底尺寸的确定

对于滚子或平底从动件凸轮机构，如果滚子或平底尺寸选择不当，将使凸轮的实际轮廓不能准确地实现或不能实现预期的运动规律，这就是运动失真现象。如图 12-19 所示，设外凸的理论轮廓线的最小曲率半径为$\rho_{\min}$，滚子半径为r_T，当$r_T<\rho_{\min}$时，实际轮廓为一光滑曲线（见图 12-19a）。若$r_T>\rho_{\min}$，按包络原理画出的实际轮廓出现交叉现象（见图 12-19b），图中阴影部分在实际制造时将被切去，致使从动件不能实现预期的运动规律，这种现象称为运动失真。当$r_T=\rho_{\min}$时，凸轮实际轮廓就会产生尖点（见图 12-19c），这样的凸轮在工作时，尖点的接触应力很大，易于磨损，当凸轮工作一段时间后也会引起运动失真。为此，设计时应保证凸轮实际轮廓的最小曲率半径不小于 3 ~5mm，即

$$\rho_{\mathrm{bmin}}=\rho_{\min}-r_T\geqslant 3\sim 5\mathrm{mm}$$

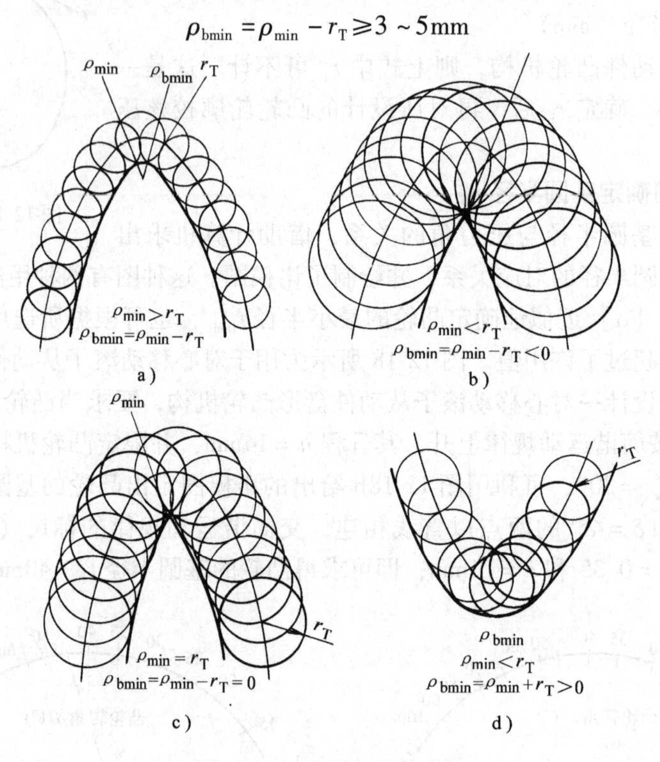

图 12-19 滚子半径的选择

图 12-19d 为内凹的凸轮轮廓线，其实际轮廓线的曲率半径为ρ_{bmin}等于理论廓线曲率半径$\rho_{\min}$与滚子半径r_T之和，因此，不论滚子半径的大小如何，其实际廓线总不会变尖，更不会交叉。

对于平底从动件，则要选取足够的平底长度，以保证平底始终能与凸轮轮廓接触。

12.5 思考题与习题

12-1 什么是凸轮机构传动中的刚性冲击和柔性冲击？

12-2 对于直动从动件盘形凸轮机构，欲减小推程压力角，有哪些常用措施？

12-3 什么是凸轮的理论轮廓和实际轮廓？凸轮的基圆是以凸轮哪个轮廓的最小向径作的圆？

12-4 对偏置从动件凸轮机构，为了减小推程中机构的压力角，当凸轮分别沿逆时针和顺时针转动时，从动件应分别放在凸轮轴心的哪一侧？

12-5 凸轮的压力角是如何定义的？压力角的大小对凸轮机构有何影响？

12-6 常用的凸轮从动件运动规律有几种？各有什么特点？各适用于何种场合？

12-7 用作图法求出下列各凸轮从如图12-20所示位置转到B点而与从动件接触时凸轮的转角。

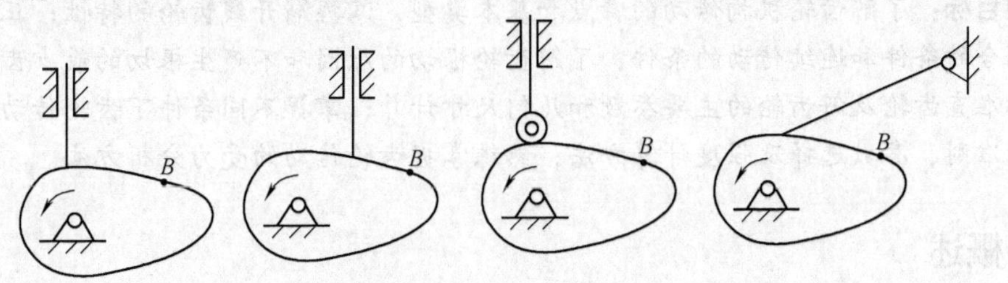

图12-20 题12-7图

12-8 在如图12-21所示凸轮机构的原图上，1）画出凸轮的基圆半径r_b；2）画出从动件的升程h；3）画出图示位置从动件的位移s、机构的压力角α；4）画出凸轮从图示位置继续转过30°时从动件的位移s'、机构的压力角α'；5）作出图示凸轮机构的推程角、回程角、远休止角和近休止角。

12-9 图12-22所示为尖顶直动从动件盘形凸轮机构的运动图线，但图给出的运动线图尚不完全，试在图上补全各段的曲线，并指出哪些位置有刚性冲击，哪些位置有柔性冲击。

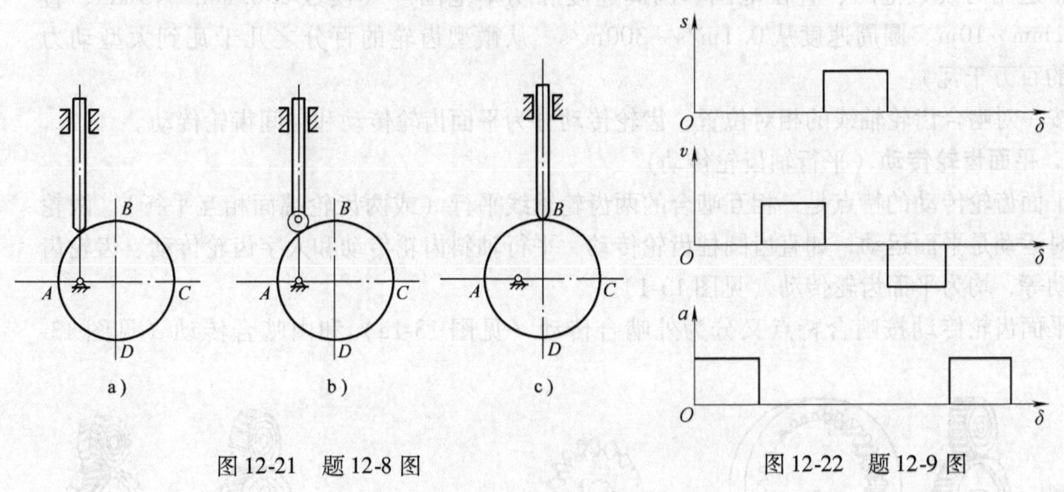

图12-21 题12-8图　　图12-22 题12-9图

12-10 已知从动件的升程$h=50$mm，推程转角$\delta_t=150°$，远休止角$\delta_s=30°$，回程转角$\delta_h=120°$，近休止角$\delta_s'=60°$。试绘制从动件的位移线图，其运动规律如下：

1）以等加速等减速运动规律上升，以等速运动规律下降。

2）以简谐运动规律上升，以等加速等减速运动规律下降。

12-11 试用作图法设计一尖顶对心直动从动件盘形凸轮机构。凸轮顺时针匀速转动，基圆半径$r_b=40$mm，从动件按题12-10第1）种运动规律运动，并校核从动件在升程中速度最大时的压力角。

12-12 若将上题改为滚子从动件，设已知滚子半径$r_T=10$mm，试设计凸轮的轮廓曲线。

12-13 试用作图法设计一尖顶偏置直动从动件盘形凸轮机构，偏距$e=5$mm，从动件按题12-10第2种运动规律运动，并校核该凸轮轮廓的压力角。

第13章　圆柱齿轮机构

学习目标：了解齿轮机构传动的特点和基本类型，掌握渐开线齿轮的特性；正确理解齿轮正确啮合的条件和连续传动的条件，了解齿轮根切的原因和不产生根切的最少齿数；掌握渐开线标准直齿轮及斜齿轮的主要参数和几何尺寸计算；掌握不同条件下齿轮传动的失效形式、设计准则、参数选择及强度计算方法；熟练掌握齿轮传动的受力分析方法。

13.1　概述

13.1.1　齿轮传动的特点及类型

齿轮机构一般用于传递任意两轴之间的运动和动力，是应用最广同时也是最古老的传动机构之一。它是通过轮齿的啮合来实现传动要求的，因此同摩擦轮、带轮等机械传动相比较，其显著特点是：传动比稳定、工作可靠、效率高（一般可达96%以上）、寿命较长，适用的模数范围、直径范围、圆周速度和功率范围广（模数0.05mm～75mm、直径从1mm～10m、圆周速度从0.1m/s～300m/s、从微型齿轮的百分之几千瓦到大型动力机械的百万千瓦）。

按一对啮合齿轮轴线的相对位置，齿轮传动分为平面齿轮传动和空间齿轮传动。

1. 平面齿轮传动（平行轴齿轮传动）

平面齿轮传动的特点是：相互啮合的两齿轮轴线平行（或两齿轮端面相互平行），两轮的相对运动是平面运动，如直齿圆柱齿轮传动、平行轴斜齿轮传动和人字齿轮传动、齿轮齿条传动等，均为平面齿轮传动（见图13-1）。

平面齿轮传动按啮合特点又分为外啮合传动（见图13-1a）和内啮合传动（见图13-1b）。

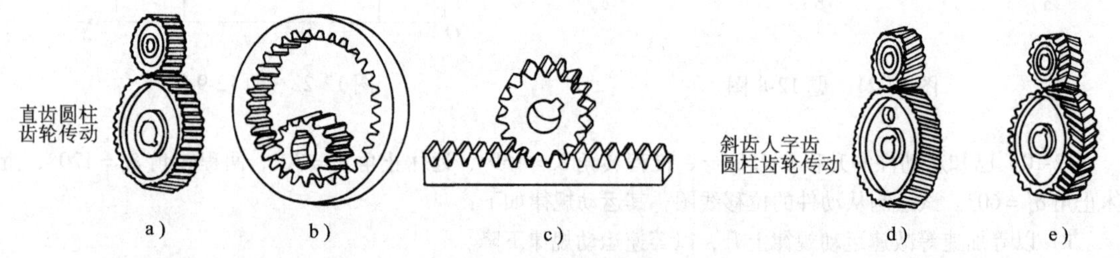

图13-1　平面齿轮传动

a）外啮合　b）内啮合　c）齿轮与齿条　d）斜齿轮　e）人字齿轮

2. 空间齿轮传动（两轴不平行的齿轮传动）

空间齿轮传动的特点是：相互啮合的两齿轮轴线即不平行，又不相交，两轮的相对运动是空间运动，如锥齿轮传动，交错轴斜齿轮传动、蜗杆蜗轮传动等（见图13-2）。

按齿轮齿廓曲线不同，又可分为渐开线齿轮、摆线齿轮和圆弧齿轮等。

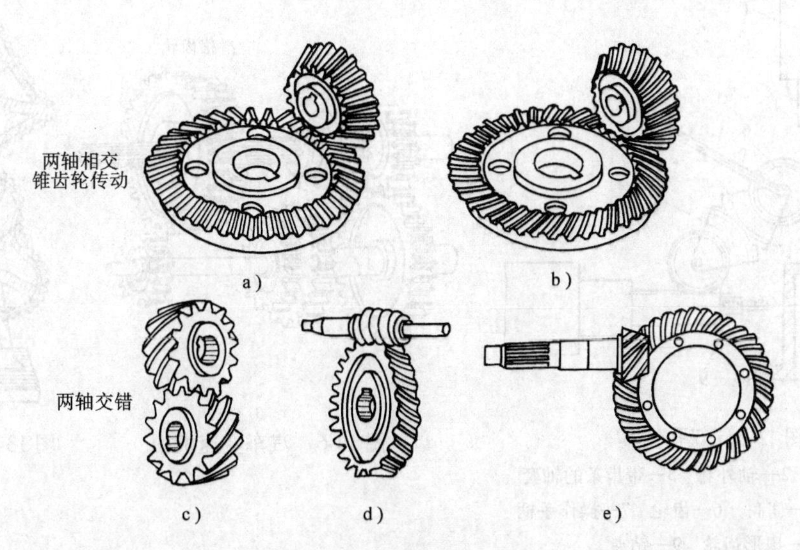

图 13-2　空间齿轮传动

13.1.2　齿轮机构的应用

齿轮机构广泛地应用于机床、汽车、冶金、轻工、航天设备及精密仪器等行业中，渐开线齿轮机构多用于一般机械中，摆线齿轮机构多用作于各种仪表，而圆弧齿轮机构主要用于高速重载的机械中。其中渐开线齿轮应用最广。

图 13-3 ~ 图 13-6 是齿轮机构的几个应用实例。

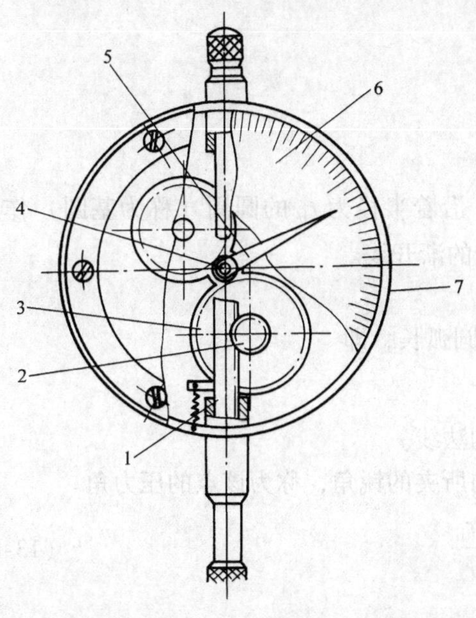

图 13-3　百分表

1—带齿的测量轴　2—小齿轮　3—大齿轮
4—中心轮　5—指针　6—表盘　7—支座

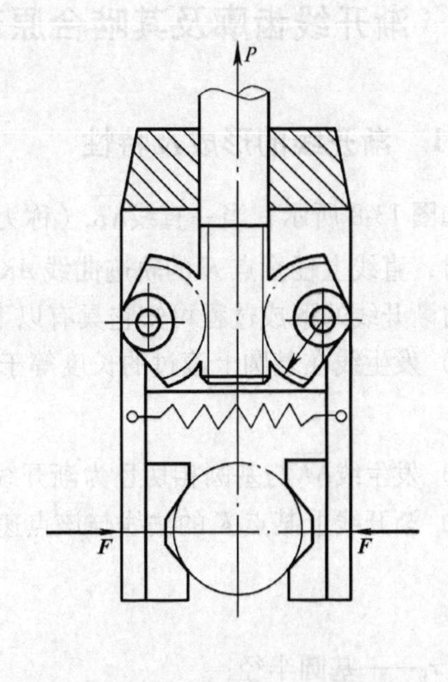

图 13-4　机械手手部机构

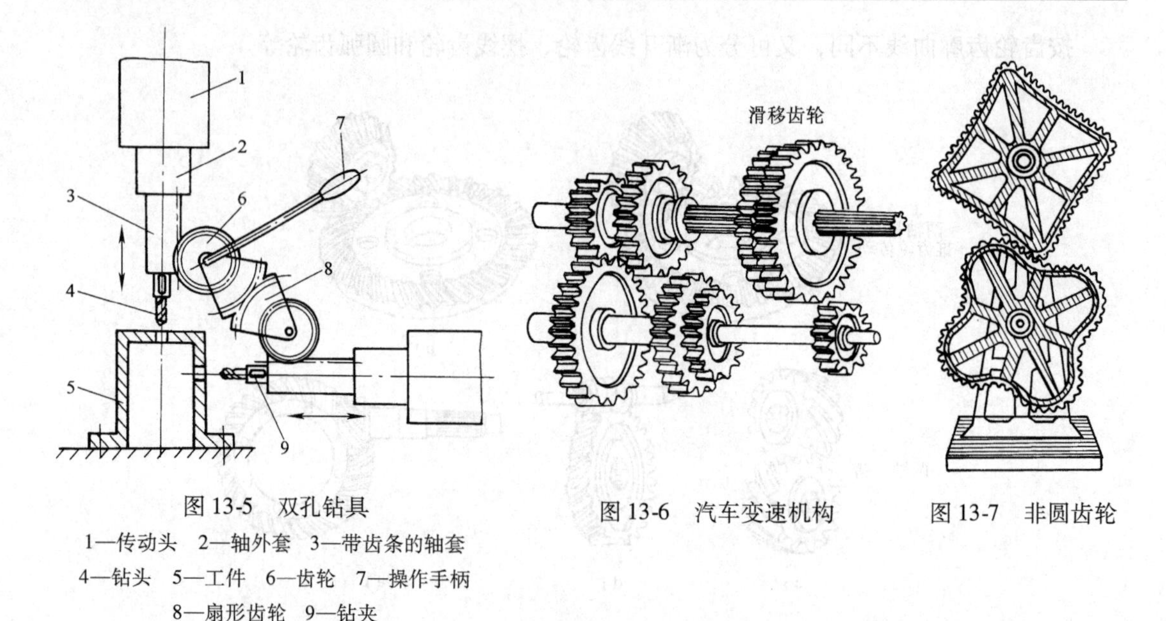

图 13-5　双孔钻具

1—传动头　2—轴外套　3—带齿条的轴套
4—钻头　5—工件　6—齿轮　7—操作手柄
8—扇形齿轮　9—钻夹

图 13-6　汽车变速机构

图 13-7　非圆齿轮

以上各类齿轮机构均是具有恒定传动比的机构，齿轮的基本几何形状均为圆形。在一些特殊场合下，如要求实现特定的变传动比的特殊运动规律时，则采用非圆齿轮传动（见图 13-7）。

本章以渐开线直齿圆柱齿轮为主要分析对象，在此基础上对斜齿圆柱齿轮及圆锥直齿轮作简要介绍。

13.2　渐开线齿廓及其啮合原理

13.2.1　渐开线的形成及特性

如图 13-8 所示，当一直线$\overline{NK}$（称为发生线）沿着半径为 r_b 的圆周（称为基圆）作纯滚动时，直线上任意点 K 的轨迹曲线 AK 称为该圆的渐开线。

由渐开线的形成过程可知它具有以下特性：

1）发生线在基圆上滚过的长度等于滚过的基圆弧长，即

$$\overset{\frown}{NA} = \overline{NK}$$

2）发生线$\overline{NK}$与基圆相切且为渐开线上 K 点的法线。

3）渐开线上某点 K 的法线与该点速度 v_k 方向所夹的锐角，称为该点的压力角。

$$\alpha_K = \cos^{-1}\frac{r_b}{r_K} \tag{13-1}$$

式中　r_b——基圆半径；

r_K——K 点向径。

由上式可知，渐开线上各点压力角不等，离基圆越远的点，压力角越大，基圆上压力角为零。

4）渐开线的形状取决于基圆半径的大小。基圆半径越大，渐开线越趋平直（见图 13-9）。

5）基圆以内无渐开线。

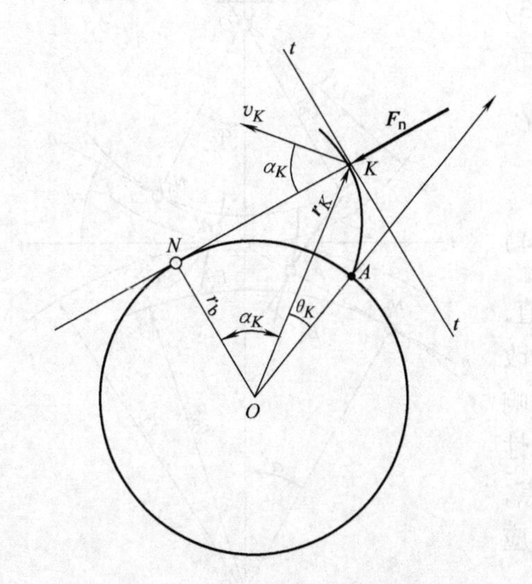

图 13-8　渐开线的形成及压力角

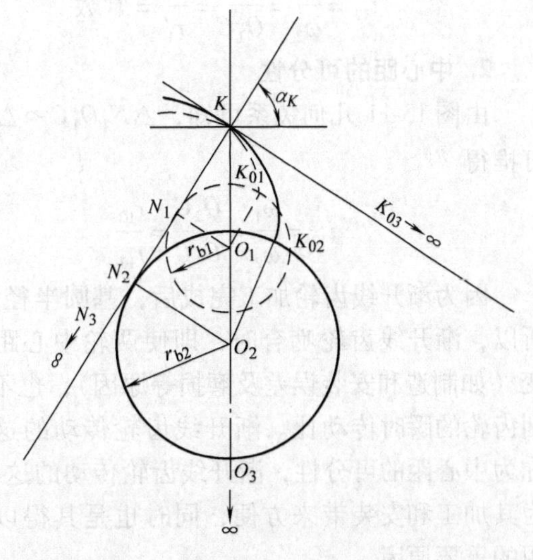

图 13-9　渐开线形状与基圆大小的关系

13.2.2　渐开线齿廓的啮合特性

两相互啮合的齿廓 E_1 和 E_2 在 K 点接触（见图 13-10），过 K 点作两齿廓的公法线 n-n，它与连心线 O_1O_2 的交点 C 称为节点。以 O_1、O_2 为圆心，以 O_1C（r_1'）、O_2C（r_2'）为半径所作的圆称为节圆，因两节圆在 C 点作纯滚动，即有 $v_{C1}=O_1C\omega_1=v_{C2}=O_2C\omega_2$，故有

$$i_{12}=\frac{\omega_1}{\omega_2}=\frac{O_2C}{O_1C}=\frac{r_2'}{r_1'} \tag{13-2}$$

i_{12} 称为两齿轮的瞬时传动比。上式表明：一对传动齿轮的瞬时角速度与其连心线被齿廓接触点的公法线所分割的两线段长度成反比，其比值称为齿廓的瞬时传动比。这个定律称为**齿廓啮合基本定律**。由此推论，欲使两齿轮瞬时传动比恒定不变，即式（13-2）为一常数，则 C 点必须是一定点。

需要指出的是，两齿轮啮合时，只有在节点处是纯滚动，渐开线齿廓在节点外各点啮合时，两轮两接触点的线速度是不同的，齿廓接触点公切线方向分速度不等，齿廓间有相对滑动，从而引起传动中齿廓之间的磨损。

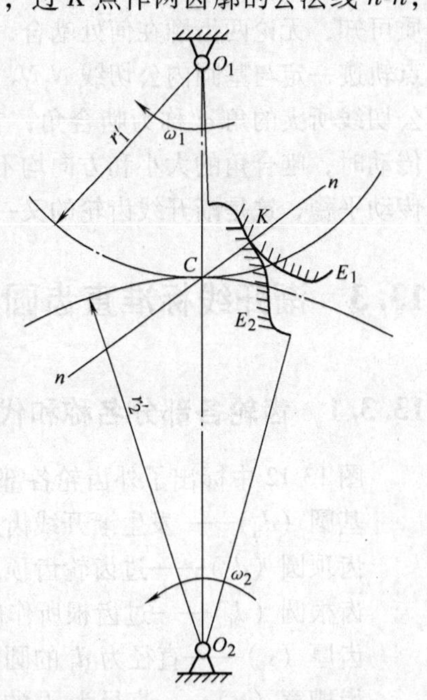

图 13-10　齿廓啮合基本定律

1. 渐开线齿廓瞬时传动比恒定

在图 13-11 中，过 K 点作两齿廓的公法线 n-n，它与连心线 O_1O_2 交于 C 点。由渐开线性质可推知齿廓上各点法线切于基圆，齿廓公法线必为两基圆的内公切线 N_1N_2，因同侧内

公切线只有一条，当两齿轮位置确定后，内公切线与连心线上的交点也必为一定点，故一对渐开线齿廓啮合传动时，其传动比恒定不变，即有

$$i_{12}=\frac{\omega_1}{\omega_2}=\frac{O_2C}{O_1C}=\frac{r_2'}{r_1'}=\text{常数} \qquad (13\text{-}3)$$

2. 中心距的可分性

由图 13-11 几何关系可知，$\triangle N_1O_1C \backsim \triangle N_2O_2C$，可推得

$$i_{12}=\frac{\omega_1}{\omega_2}=\frac{O_2C}{O_1C}=\frac{r_{b2}}{r_{b1}} \qquad (13\text{-}4)$$

因为渐开线齿轮加工完成后，基圆半径是定值，所以，渐开线齿轮啮合时，即使两轮中心距稍有改变（如制造和安装误差及磨损等原因），也不会影响到齿轮的瞬时传动比。渐开线齿轮传动的这种特性称为中心距的可分性，渐开线齿轮传动的这一优点，为其加工和安装带来方便，同时也是其得以广泛应用的重要原因。

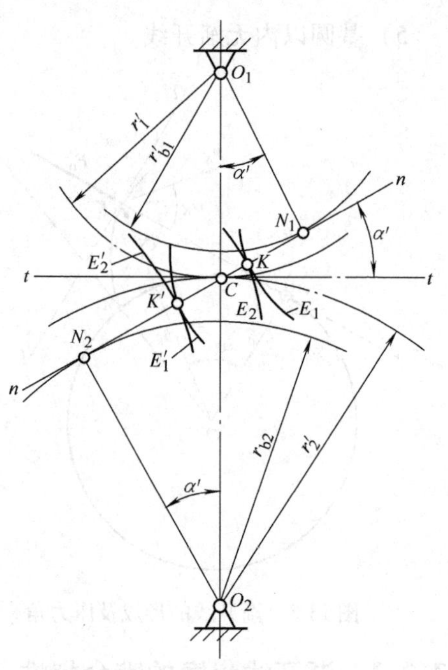

图 13-11　渐开线齿廓啮合

3. 啮合角和传力方向不变

图 13-11 中，N_1N_2 既为齿廓上任一啮合点的公法线，又是两基圆一侧的内公切线，由渐开线的性质可知，无论两齿廓在何处啮合，其啮合点一定落在 N_1N_2 上，即两齿廓啮合过程中的啮合点轨迹一定与基圆内公切线 N_1N_2 重合，因此，N_1N_2 线又可称为啮合线。啮合线与两轮节圆公切线所夹的角 α' 称为啮合角，它是齿轮副在节点 C 处的压力角，即节圆压力角。显然，传动时，啮合角的大小和方向均不改变，轮齿之间的压力和方向也不会改变，故渐开线齿轮传动平稳，这是渐开线齿轮的又一大优点。

13.3　渐开线标准直齿圆柱齿轮的各部分名称、基本参数及尺寸

13.3.1　齿轮各部分名称和代号

图 13-12 中标出了外齿轮各部分的名称及其常用代号。

基圆（d_b）——发生渐开线齿廓的圆。

齿顶圆（d_a）——过齿轮齿顶所作的圆。

齿根圆（d_f）——过齿根所作的圆。

齿厚（s_i）——直径为 d_i 的圆上轮齿的弧长。d_i 表示任意圆。

齿槽宽（e_i）——直径为 d_i 的圆上相邻两反向齿廓之间的弧长。

齿距（p_i）——直径为 d_i 的圆上相邻两齿廓之间的弧线长度。$p_i=s_i+e_i$。

分度圆（d）——在齿顶圆和齿根圆之间所作的一个作为齿轮尺寸计量基准的圆。标准齿轮在分度圆上的齿厚 s 等于齿槽宽 e，即 $s=e=p/2$，p 是分度圆齿距。

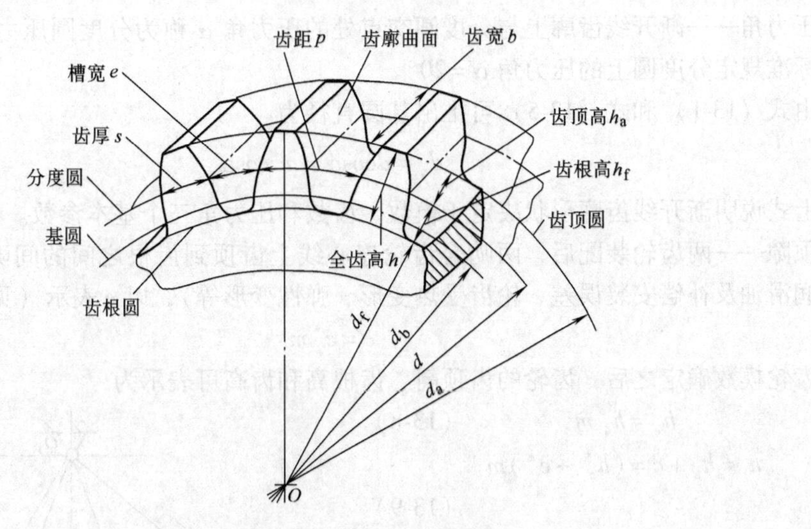

图 13-12　齿轮各部分名称及代号

齿顶高（h_a）——齿顶圆和分度圆之间的径向距离。

齿根高（h_f）——分度圆和齿根圆之间的径向距离。

全齿高（h）——齿顶圆和齿根圆之间的径向距离，$h = h_a + h_f$。

13.3.2　齿轮的基本参数

齿数——齿轮圆周上轮齿的总数，用 z 表示。

分度圆——齿轮上作为齿轮尺寸基准的圆称为分度圆，分度圆以 d 表示。

齿轮圆周长等于 πd 或 pz，即有分度圆直径

$$d = \frac{p}{\pi} z$$

模数——由于式中含有无理数 π，给齿轮的设计和制造带来麻烦，因而将比值 $\frac{p}{\pi}$ 规定为标准值（见表 13-1），作为齿轮设计和制造的基本参数，称为模数。因此，分度圆直径也可表示为

$$d = mz \tag{13-5}$$

由上式可知，当齿数一定时，模数越大，齿轮的直径越大，如图 13-13 所示，因而承载能力越高。

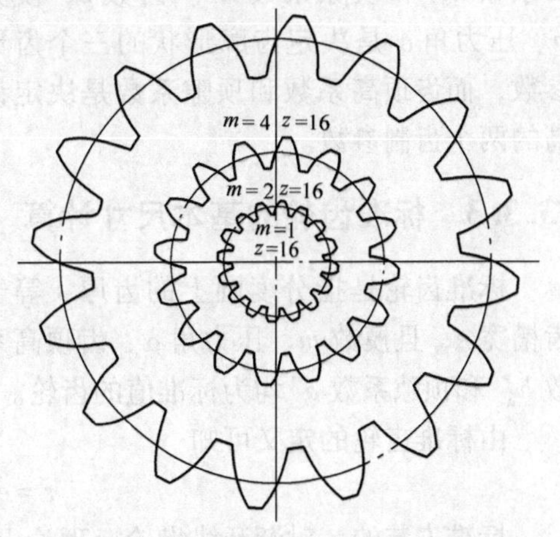

图 13-13　模数与轮齿尺寸关系

表 13-1　渐开线圆柱齿轮模数（摘自 GB/T 1357—2008）　　（单位：mm）

系列																			
第一系列	1	1.25	1.5	2	2.5	3	4	5	6	8	10	12	16	20	25	32	40	50	
第二系列	1.125	1.375	1.75	2.25	2.75	3.5	4.5	5.5	(6.5)	7	9	11	14	18	22	28	35	45	

注：优先采用第一系列，括号内的模数尽可能不用。

压力角——渐开线齿廓上与分度圆交点处的压力角 α 称为分度圆压力角，简称压力角，国家标准规定分度圆上的压力角 $\alpha=20°$。

由式（13-1）和式（13-5）可推出基圆直径为

$$d_{\mathrm{b}}=d\cos\alpha=mz\cos\alpha \tag{13-6}$$

上式说明渐开线齿廓形状决定于模数、齿数和压力角三个基本参数。

顶隙——两齿轮装配后，两啮合齿轮连心线上齿顶到齿根之间的间隙称为顶隙（用于储存润滑油及补偿安装误差、轮齿受热变形、弹性变形等），以 c 表示（见图 13-14）。

$$c=c^{*}m \tag{13-7}$$

齿轮模数确定之后，齿轮的齿顶高、齿根高和齿高可表示为

$$h_{\mathrm{a}}=h_{\mathrm{a}}^{*}m \tag{13-8}$$

$$h_{\mathrm{f}}=h_{\mathrm{a}}+c=(h_{\mathrm{a}}^{*}+c^{*})m \tag{13-9}$$

$$h=h_{\mathrm{a}}+h_{\mathrm{f}}=(2h_{\mathrm{a}}^{*}+c^{*})m \tag{13-10}$$

式中　h_{a}^{*}——齿顶高系数；

c^{*}——顶隙系数。

GB/T 1356—2001 规定：正常齿 $h_{\mathrm{a}}^{*}=1$、$c^{*}=0.25$；短齿 $h_{\mathrm{a}}^{*}=0.8$、$c^{*}=0.3$。

综上所述，标准直齿圆柱齿轮的基本参数是：齿数 z、模数 m、压力角 α、齿顶高系数 h_{a}^{*} 和顶隙系数 c^{*}。齿数 z、模数 m、压力角 α 是决定齿廓形状的三个齿形参数，而齿顶高系数和顶隙系数是决定齿高的两个齿制参数。

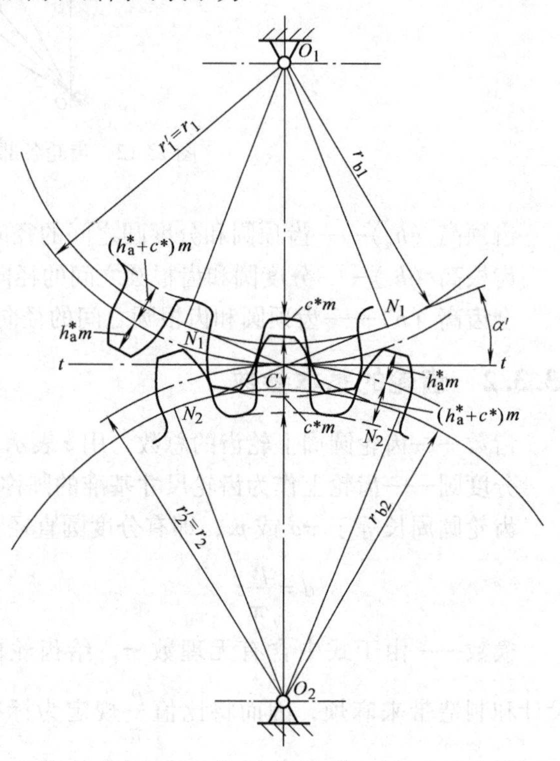

图 13-14　标准安装齿轮啮合

13.3.3　标准齿轮的基本尺寸计算

标准齿轮是指分度圆上的齿厚 s 等于齿槽宽 e，且模数 m、压力角 α、齿顶高系数 h_{a}^{*} 和顶隙系数 c^{*} 均为标准值的齿轮。

由标准齿轮的定义可知

$$s=e=p/2=\pi m/2$$

标准安装的一对渐开线齿轮，理论上应为无齿侧间隙啮合（见图 13-14），即一轮节圆上的齿槽宽与另一轮节圆齿厚相等，此时齿轮的分度圆与节圆重合，啮合角 $\alpha'=\alpha=20°$。此时两轮中心距为

$$a=\frac{1}{2}(d_1'+d_2')=\frac{1}{2}(d_1+d_2)=\frac{m}{2}(z_1+z_2) \tag{13-11}$$

上式为一对外啮合标准直齿圆柱齿轮传动时的标准中心距。标准直齿圆柱齿轮的其他几何尺寸计算公式见表 13-2。

表 13-2　渐开线标准直齿圆柱齿轮（外啮合）几何尺寸计算公式　（单位：mm）

名　称	符　号	计算公式	名　称	符　号	计算公式
齿距	p	$p=\pi m$	分度圆直径	d	$d=mz$
齿厚	s	$s=\pi m/2$	齿顶圆直径	d_a	$d_a=d+2h_a=m(z+2h_a^*)$
槽宽	e	$e=\pi m/2$	齿根圆直径	d_f	$d_f=d-2h_f=m(z-2h_a^*-2c^*)$
齿顶高	h_a	$h_a=h_a^* m$	基圆直径	d_b	$d_b=d\cos\alpha=mz\cos\alpha$
齿根高	h_f	$h_f=h_a+c=(h_a^*+c^*)m$	中心距	a	$a=m(z_1+z_2)/2$
全齿高	h	$h=h_a+h_f=(2h_a^*+c^*)m$			

13.4　渐开线齿轮的啮合传动

13.4.1　正确啮合条件

齿轮副的正确啮合条件，也称为齿轮副的配对条件。为保证齿轮传动时各对齿之间能平稳传递运动，在齿对交替过程中不发生分离和干涉，必须符合正确啮合条件。

图 13-15 表示了一对渐开线齿轮的啮合情况。各对轮齿的啮合点都落在两基圆的内公切线上，设相邻两对齿分别在 K 和 K' 点接触。若要保持正确啮合关系，使两对齿传动时既不发生分离又不出现干涉，在啮合线上必须保证同侧齿廓法向齿距相等。根据渐开线的性质可知，齿轮的法向齿距 p_n 等于基圆齿距，亦即

$$p_{b1}=p_{b2}$$

因

$$p_b=\frac{\pi d_b}{z}=\frac{\pi d\cos\alpha}{z}=\pi m\cos\alpha$$

故有

$$m_1\cos\alpha_1=m_2\cos\alpha_2$$

由于模数与压力角均为标准值，所以要满足上式必有

$$m_1=m_2=m \qquad \alpha_1=\alpha_2=\alpha \tag{13-12}$$

13.4.2　连续传动条件

一对渐开线齿轮若连续不间断地传动，要求前一对齿退出啮合时，后面的一对齿必须进入啮合。如图 13-16 所示，主动轮 1 的齿根推动从动轮的齿顶，起始点是从动轮 2 齿顶圆与理论啮合线 N_1N_2 的交点 B_2，而这对轮齿退出啮合时的终止点是主动轮 1 齿顶圆与 N_1N_2 的交点 B_1，B_1B_2 为啮合点的实际轨迹线，称为实际啮合线。

要保证连续传动，必须在前一对齿转到 B_1 前的 K 点（至少是 B_1 点）啮合时，后一对齿已达 B_2 点进入啮合，即 $B_1B_2\geqslant B_2K$。由渐开线特性知，线段 B_2K 等于渐开线基圆齿距 p_b，由此可得连续传动条件

$$B_1B_2\geqslant p_b$$

故

$$\varepsilon=B_1B_2/p_b>1 \tag{13-13}$$

ε 称为齿轮传动的重合度，它表示同时参与啮合的轮齿对数。由于制造安装的误差，为

保证齿轮连续传动，重合度 ε 必须大于1。ε 大，表明同时参加啮合的齿对数多，传动平稳，且每对齿所受平均载荷小，从而能提高齿轮的承载能力。

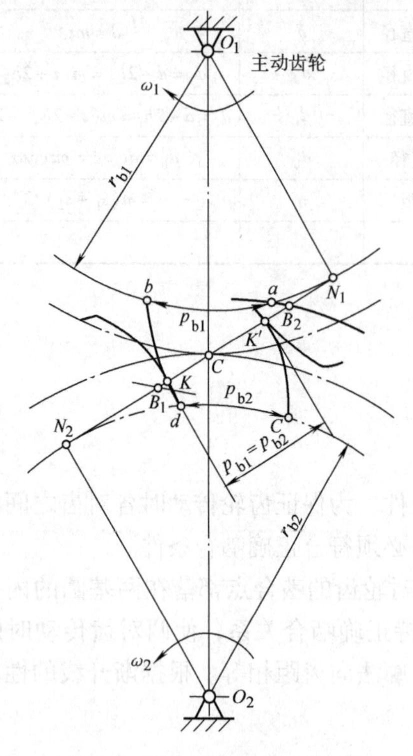

图 13-15　渐开线齿轮正确啮合

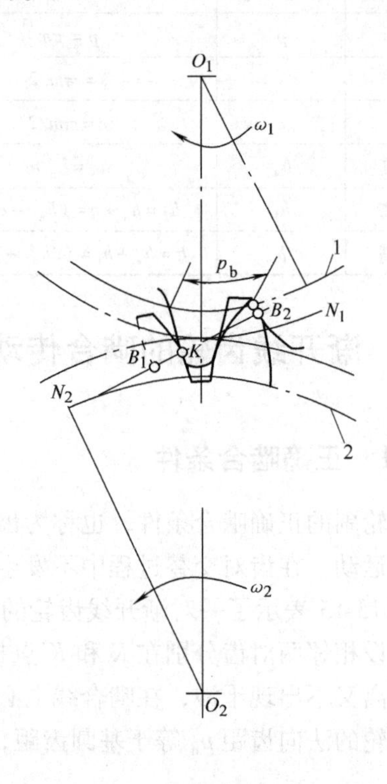

图 13-16　渐开线齿轮啮合的重合度

*13.5　渐开线齿轮的轮齿加工

齿轮的齿廓加工方法有铸造、热轧、冲压、粉末冶金和切削加工等。最常用的是切削加工法。根据切齿原理的不同，可分为成形法和展成法两种。

13.5.1　成形法

用渐开线齿槽形状的成形刀具直接切出齿形的方法称为成形法。

单件小批量生产中，加工精度要求不高的齿轮，常在万能铣床上用成形铣刀加工。成形铣刀分盘状铣刀和指状铣刀两种，如图 13-17 所示。这两种刀具的轴向剖面均做成渐开线齿轮齿槽的形状。加工时齿轮毛坯固定在铣床上，每切完一个齿槽，工件退出，分度头使齿坯转过 360°/z（z 为齿数）再进刀，依次切出各齿槽。

渐开线轮齿的形状是由模数、齿数、压力角三个参数决定的。为减少标准刀具种类，规定同一种模数的成形铣刀只有 8 把，在允许的齿形误差范围内，每一种刀号的模数铣刀切制一定齿数范围内的齿轮。

成形法铣齿不需要专用机床，但由于同一种刀号的模数铣刀是按照该组齿轮中最少齿数的齿形制成的，因而，在加工规定范围内其余齿数的齿轮时，切制出的齿廓是近似的，误差较大，一般只能加工 9 级以下精度的齿轮。

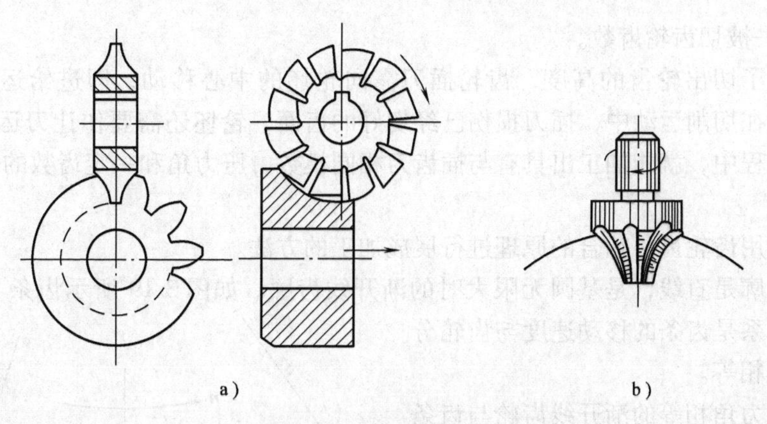

图13-17　成形法铣齿

a）盘状铣刀　b）指状铣刀

13.5.2　展成法

利用一对齿轮（或齿轮齿条）啮合时其共扼齿廓互为包络线原理切齿的方法称为展成法。

目前生产中大量应用的插齿、滚齿、剃齿、磨齿等都采用展成法原理。

1. 插齿

插齿是利用一对齿轮啮合的原理进行展成加工的方法（见图13-18）。

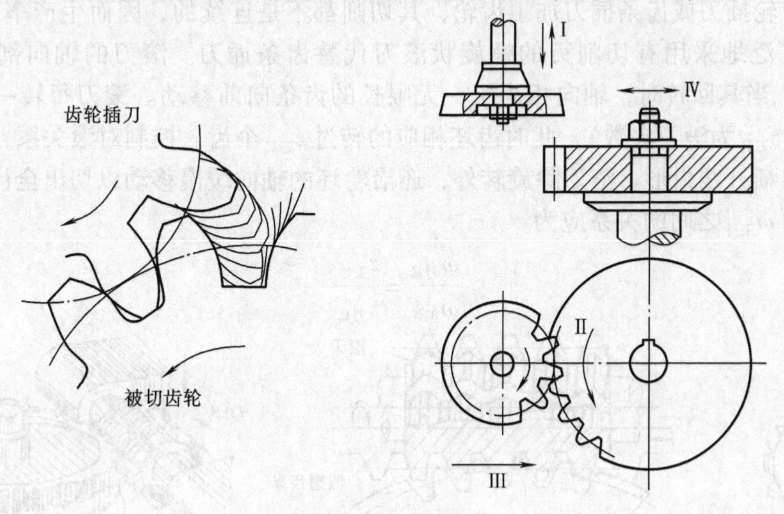

图13-18　插齿加工

插齿刀实质上是一个淬硬的齿轮，但齿部开出前、后角，具有刃，其模数和压力角与被加工齿轮相同。插齿时，插齿刀沿齿坯轴线作上下往复作切削运动（Ⅰ），同时强制性地使插齿刀的角速度 $\omega_{刀具}$ 与齿坯的角速度 $\omega_{工件}$ 保持一对渐开线齿轮啮合的定传动比运动，即展成运动（Ⅱ）。

$$i=\frac{\omega_{刀具}}{\omega_{工件}}=\frac{z_{工件}}{z_{刀具}}$$

式中　$z_{刀具}$——插齿刀齿数；

$z_{工件}$——被切齿轮齿数。

同时，为了切出轮齿的高度，齿轮插刀需向轮坯的中心移动，即进给运动（Ⅲ）。此外，为了防止在切削运动中，插刀损伤已经切好的齿面，轮坯还需要作让刀运动（Ⅳ），这样在对滚的过程中，就能加工出具有与插齿刀相同模数、压力角和一定齿数的渐开线齿轮。

2. 滚齿

滚齿是利用齿轮齿条啮合的原理进行展成加工的方法。

齿条的齿廓是直线，是基圆无限大时的渐开线齿廓。如图 3-19 所示齿条与齿轮啮合传动，其运动关系是齿条的移动速度与齿轮分度圆的线速度相等。

模数、压力角相等的渐开线齿轮与齿条啮合时，齿条齿廓上各点在啮合线 n-n 上与齿轮齿廓上各点依次啮合，齿条齿廓侧边在啮合过程中的运动轨迹正好包络出齿轮的渐开线齿形。由此可知，如将齿条做成刀具，让它有上下往复的切削运动，并保持齿条刀具的移动速度与齿轮分度圆线速度相等，即保持对滚运动，齿条刀具就能切出齿轮的渐开线齿形。

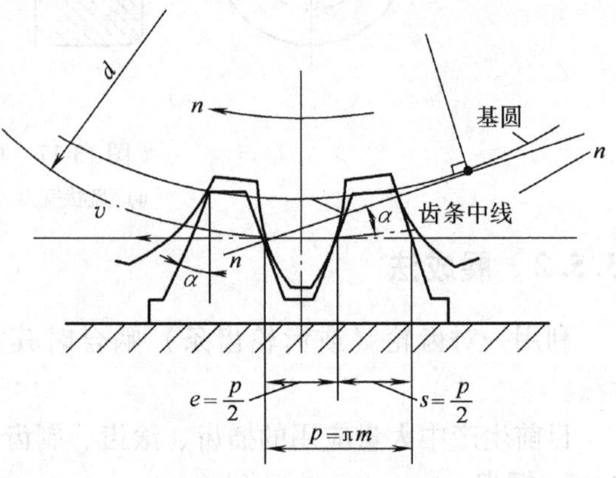

图 13-19　齿轮齿条啮合

不论用齿轮插刀或齿条插刀加工齿轮，其切削都不是连续的，因而生产率不高，因此，在生产中更广泛地采用有切削刃的螺旋状滚刀代替齿条插刀。滚刀的轴向剖面形同齿条（见图 3-20），当其回转时，轴向相当于一无限长的齿条向前移动。滚刀每转一圈，齿条移动 $z_{刀具}$个齿（$z_{刀具}$为滚刀头数），此时齿坯相应的转过 $z_{刀具}$个齿。控制对滚关系，滚刀印在齿坯上包络切出渐开线齿形。滚刀除旋转外，还沿轮坯的轴向缓慢移动以切出全齿宽。滚刀的 $\omega_{刀具}$与工件的 $\omega_{工件}$之间的关系应为

$$\frac{\omega_{刀具}}{\omega_{工件}}=\frac{z_{工件}}{z_{刀具}}$$

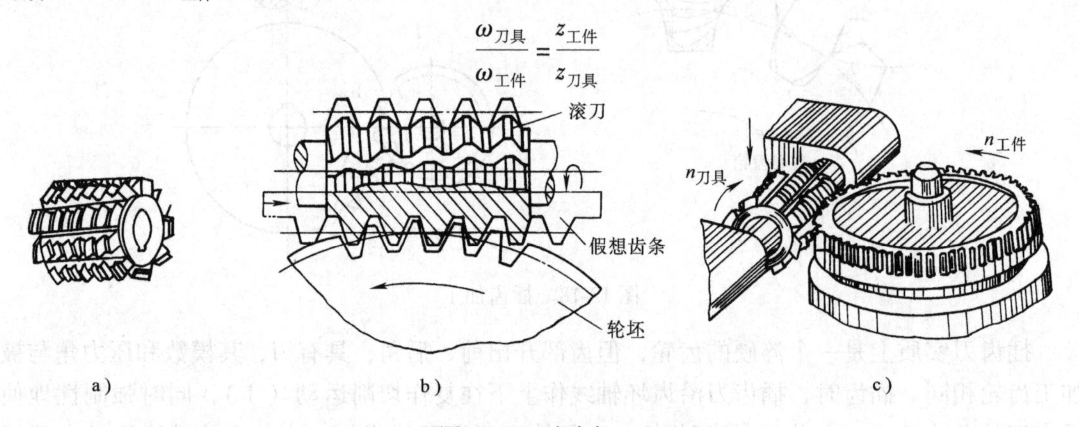

图 13-20　滚齿加工

a）滚刀　b）滚切原理　c）滚削加工

展成法利用一对齿轮（或齿轮齿条）啮合的原理加工，一把刀具可加工同模数、同压力角的各种齿数的齿轮，而齿轮的齿数是靠齿轮机床中的传动链严格保证刀具与工件间的相对运动关系来控制。滚齿和插齿可加工 7 ~ 8 级精度的齿轮，由于滚刀是连续切削，生产率

高，是目前广泛采用的一种齿轮加工方法。

13.5.3　展成法加工时的根切现象

用展成法加工齿轮时，若齿轮齿数过少，刀具将与渐开线齿廓发生干涉，刀具的齿顶将被加工齿轮齿根的渐开线齿廓切去一部分，如图 13-21a 所示，这种现象称为“根切”。根切导致轮齿根部变薄，降低了齿根弯曲强度，破坏了渐开线齿廓，使重合度减小，传动不平稳，齿轮无法正常工作，因此，应加以避免。

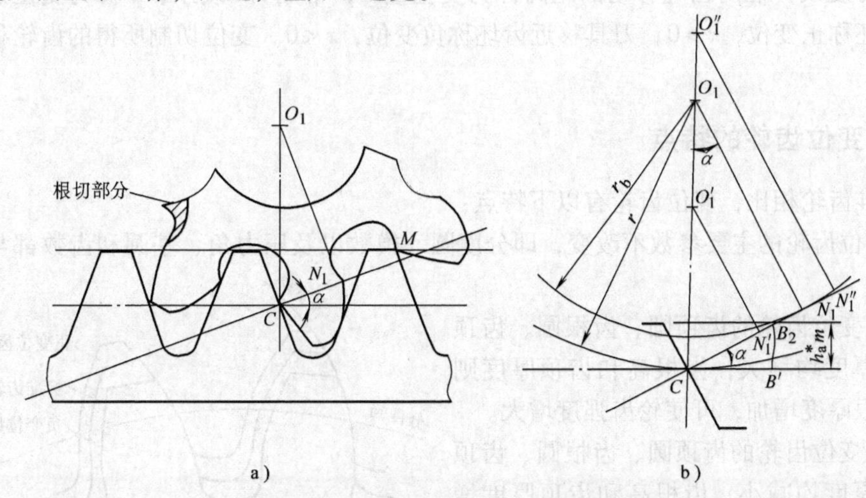

图 13-21　根切现象与切齿干涉的参数关系

研究表明，展成加工时，当刀具的齿顶线超过了啮合线与被切齿轮基圆的切点 N_1 时，就会产生根切（见图 13-21）。要避免根切，就必须使刀具的顶线不超过 N_1 点。如图 13-21b 所示，当用标准齿条刀具切制标准齿轮时，刀具的分度线应与被切齿轮的分度圆相切。为避免根切，应满足 $N_1C \geqslant CB_2$，由图中几何关系可知

$$N_1C = r\sin\alpha = \frac{zm}{2}\sin\alpha, \quad CB_2 = \frac{h_a^* m}{\sin\alpha}$$

故得

$$z_{\min} = \frac{2h_a^*}{\sin^2\alpha} \tag{13-14}$$

式中　$z_{\min}$——不发生根切的最少齿数。

上式说明，产生根切与被加工齿轮的齿数有关，在设计齿轮传动时，应考虑这一因素。当 $\alpha = 20°$、$h_a^* = 1$ 时，$z_{\min} = 17$；当 $\alpha = 20°$、$h_a^* = 0.8$ 时，$z_{\min} = 14$。

*13.6　变位齿轮

13.6.1　变位齿轮的概念

1. 标准齿轮的局限性

1）标准齿轮受最小根切齿数限制，不能过少。

2）标准齿轮中心距不能按实际中心距要求调整。

3）配对的标准齿轮中，大小齿轮的齿根弯曲强度相差较大，无法进行均衡和调整。

上述这些局限可以采用变位齿轮来弥补。

2. 变位齿轮的切制

当被加工齿轮齿数小于z_{min}时，为避免根切，可以采用将刀具移离齿坯，使刀具顶线低于极限啮合点N_1的办法来切齿。这种采用改变刀具与齿坯位置的切齿方法称作变位。刀具中线（或分度线）相对齿坯移动的距离称为变位量X，常用xm表示，x称为变位系数。刀具移离齿坯称正变位，$x>0$；刀具移近齿坯称负变位，$x<0$。变位切制所得的齿轮称为变位齿轮。

13.6.2　变位齿轮的特点

与标准齿轮相比，变位齿轮有以下特点：

1）变位齿轮的主要参数不改变，即分度圆、模数以及压力角、基圆和齿数都与标准齿轮相同。

2）正变位齿轮的齿顶圆、齿根圆、齿顶高和齿根厚度均增大，齿根高和齿顶厚度则减小；齿根厚度增加，可使轮齿强度增大。

3）负变位齿轮的齿顶圆、齿根圆、齿顶高和齿根厚度均减小，齿根高和齿顶厚度增加。齿根厚度减小使轮齿强度削弱（见图13-22）。

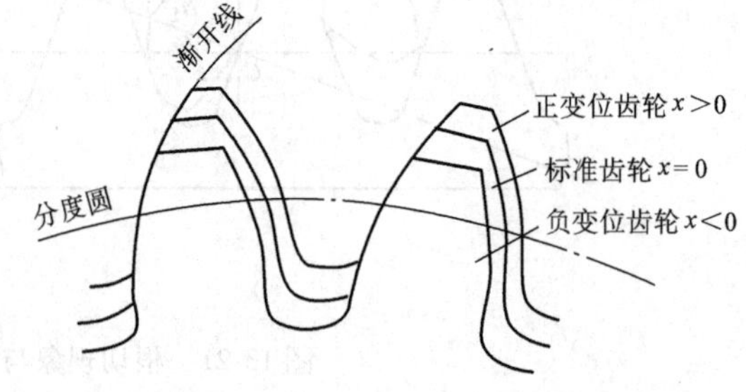

图13-22　标准齿轮与变位齿轮的关系

对配对齿轮分别采用不同的变位方法，可调整两轮的齿厚，使大小齿轮强度均衡。

4）采用合适的变位系数，不仅可以避免根切，还可采用更少的齿数，从而使机构更紧凑。适当选择变位系数，也可调整中心距。变位系数选择与齿数有关，最小变位系数可用下式计算

$$x_{min}=\frac{17-z}{17}\tag{13-15}$$

13.7　平行轴斜齿圆柱齿轮传动

13.7.1　斜齿轮齿廓的形成及啮合特点

如图13-23a所示，从齿轮的端面看，轮齿的齿廓是发生线绕基圆作纯滚动时，其上任一点K所形成的渐开线，而实际上的齿轮是有宽度的，所以，直齿圆柱齿轮的齿廓实际上是由与基圆柱相切作纯滚动的发生面S上一条与基圆柱轴线平行的任意直线KK在空间形成的渐开线曲面。

由齿廓形成过程来看，当一对直齿圆柱齿轮啮合时，轮齿的接触线是与轴线平行的直线，如图13-23b所示，轮齿沿整个齿宽同时进入啮合和同时退出啮合，同样，轮齿上的载荷也是突然加上和突然卸下的，所以易引起冲击、振动和噪声，传动平稳性差。

斜齿轮齿面形成的原理和直齿轮类似，所不同的是形成渐开线齿面的直线 KK 与基圆轴线偏斜了一角度 β_b（见图 13-24a），KK 线在空间形成的齿廓曲面，称为渐开线螺旋面。由斜齿轮齿面的形成原理可知，在端平面上，斜齿轮与直齿轮一样具有准确的渐开线齿形。

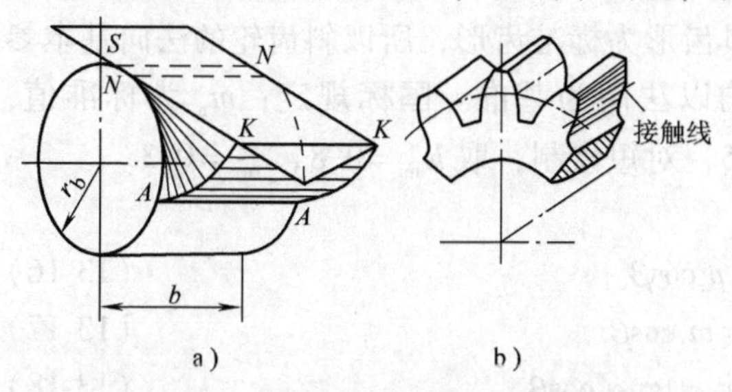

图 13-23　直齿轮齿面形成及接触线

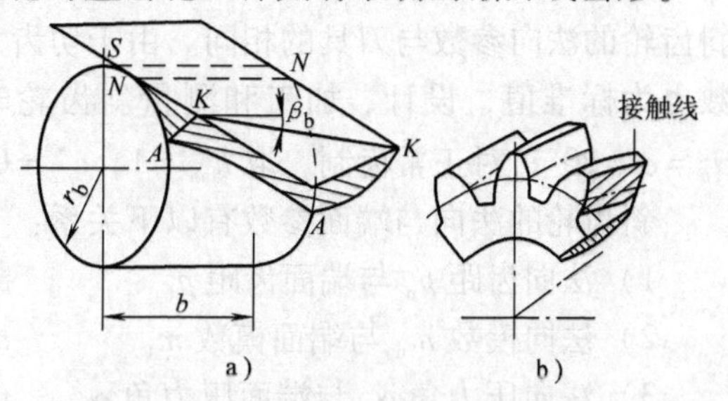

图 13-24　斜齿轮齿面形成及接触线

如图 13-24b 所示，斜齿轮啮合传动时，齿面接触线的长度随啮合位置而变化，接触线长度由零逐渐增长，然后又由长逐渐变短，直至脱离啮合。另外，轮齿接触线是倾斜的，同时参加啮合的齿数比直齿轮多，重合度比直齿轮大，因此，斜齿轮机构比直齿轮机构传动平稳性好，承载能力较大，适用于高速重载传动。

13.7.2　斜齿圆柱齿轮的主要参数和几何尺寸

斜齿轮与直齿轮的主要区别是：斜齿轮的齿向倾斜，如图 13-24 所示，虽然端面（垂直于齿轮轴线的平面）齿形与直齿轮齿形相同，但斜齿轮切制时刀具是沿螺旋线方向切齿的，其法向（垂直于轮齿齿线的方向）齿形是与刀具标准齿形相一致的渐开线标准齿形。

因此对斜齿轮来说，存在端面参数和法向参数两种表征齿形的参数，两者之间因为螺旋角 β（分度圆上的螺旋角）而存在确定的几何关系。

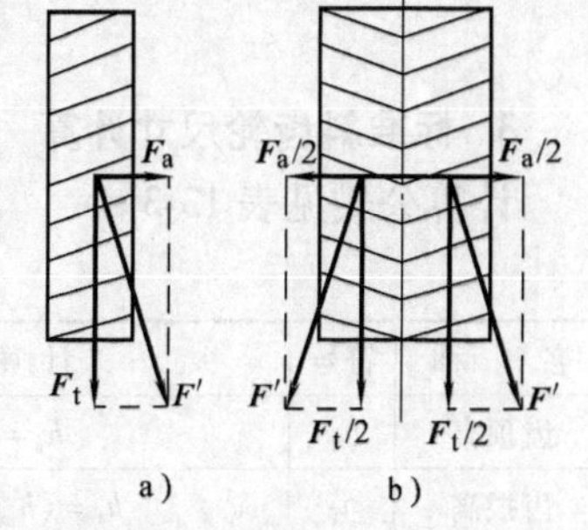

图 13-25　斜齿轮的轴向力

1. 斜齿轮的螺旋角 β

斜齿轮的齿廓曲面与分度圆柱的交线，称为分度圆柱上的螺旋线。如将斜齿轮的分度圆柱展开成平面如图 13-27 所示，螺旋线变成若干条平行斜直线，它与轴线的夹角 β 称为螺旋角。

螺旋角 β 越大，轮齿越倾斜，则传动的平稳性越好，但轴向力也越大（见图 13-25a）。一般设计时常取 $\beta=8°\sim20°$。近年来为了增大重合度、提高传动平稳性和降低噪声，在螺旋角参数选择上，有大螺旋角化的倾向。对于人字齿轮，因其轴向力可以抵消，常取 $\beta=25°\sim45°$，如图 13-25b 所示。但加工较困难，精度较低，一般用于重型机械的齿轮传动。

斜齿轮按其齿廓渐开线螺旋面的旋向，可分为左旋和右旋两种，如图 13-26 所示。将齿轮端面水平放置，螺旋线向右上升为右旋，向左上升为左旋。

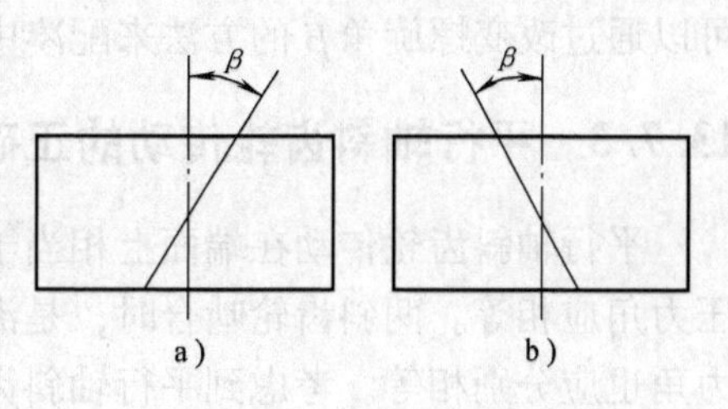

图 13-26　斜齿轮的旋向

2. 法向参数与端面参数间的关系

垂直于斜齿轮轴线的平面称为斜齿轮的端面，垂直于分度圆柱上螺旋线切线的平面称为斜齿轮的法向平面（见图 13-27）。切制斜齿轮时，刀具是沿斜齿轮的螺旋线方向进刀，故斜齿轮的法向参数与刀具的相同。由于切齿刀具齿形为标准齿形，所以斜齿轮的法向基本参数也为标准值，设计、加工和测量斜齿轮时均以法向为基准。国标规定：m_n 为标准值，$\alpha_n=\alpha=20°$；对正常齿制，取 $h_{an}^*=1$，$c_n^*=0.25$，对短齿制，取 $h_{an}^*=0.8$，$c_n^*=0.3$。

斜齿轮的法向与端面参数有以下关系：

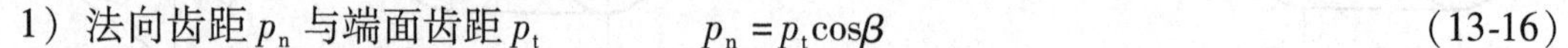

1）法向齿距 p_n 与端面齿距 p_t　　$p_n=p_t\cos\beta$　　(13-16)

2）法向模数 m_n 与端面模数 m_t　　$m_n=m_t\cos\beta$　　(13-17)

3）法向压力角 α_n 与端面压力角 α_t　　$\tan\alpha_n=\tan\alpha_t\cos\beta$　　(13-18)

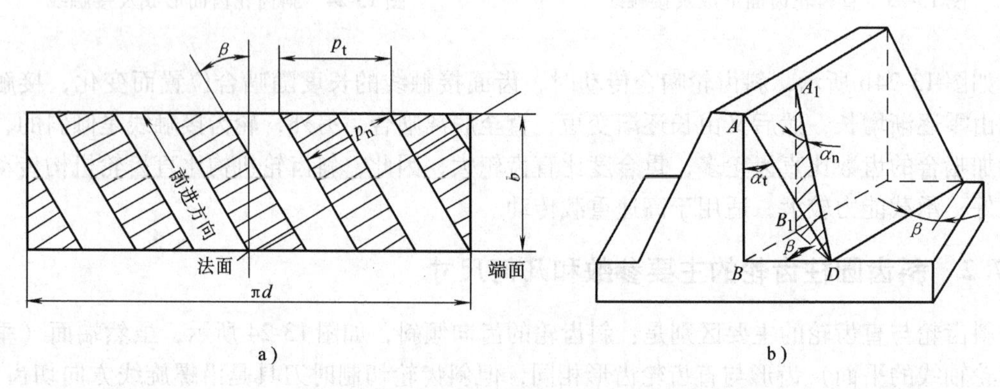

图 13-27　法向参数和端面参数的关系

3. 标准斜齿轮尺寸计算

计算公式见表 13-3。

表 13-3　标准斜齿轮尺寸计算公式　　（单位：mm）

名　称	符号	计算公式	名　称	符号	计算公式
齿顶高	h_a	$h_a=h_{an}^*m_n$	齿顶圆直径	d_a	$d_a=d+2h_a=m_n(z/\cos\beta+2h_{an}^*)$
齿根高	h_f	$h_f=(h_{an}^*+c_n^*)m_n$	齿根圆直径	d_f	$d_f=d-2h_f=m_n(z/\cos\beta-2h_{an}^*-2c_n^*)$
全齿高	h	$h=(2h_{an}^*+c_n^*)m_n$	基圆直径	d_b	$d_b=d\cos\alpha_t$
分度圆直径	d	$d=m_tz=(m_n/\cos\beta)z$	中心距	a	$a=m_n(z_1+z_2)/2\cos\beta$

从表中可知，斜齿轮传动的中心距与螺旋角 β 有关，当一对齿轮的模数、齿数一定时，可以通过改变螺旋角 β 的方法来配凑中心距。

13.7.3　平行轴斜齿轮传动的正确啮合条件

平行轴斜齿轮传动在端面上相当于一对直齿圆柱齿轮传动，因此端面上两齿轮的模数和压力角应相等。两斜齿轮啮合时，是沿法向进入啮合，从而可知，一对齿轮的法向模数和压力角也应分别相等。考虑到平行轴斜齿轮传动螺旋角的关系，故平行轴斜齿轮传动的正确啮合条件应为

$$\begin{cases} m_{n1} = m_{n2} \\ \alpha_{n1} = \alpha_{n2} \\ \beta_1 = \pm\beta_2 \end{cases} \tag{13-19}$$

上式表明，平行轴斜齿轮传动螺旋角相等，外啮合时旋向相反，取“-”号，内啮合时旋向相同，取“+”号。

13.7.4　平行轴斜齿轮传动的重合度

由平行轴斜齿轮副啮合过程的特点可知，在计算斜齿轮重合度时，还必须考虑螺旋角β的影响。图13-28所示为两个端面参数（齿数、模数、压力角、齿顶高系数及顶隙系数）完全相同的标准直齿轮和标准斜齿轮的分度圆柱面（即节圆柱面）展开图。由于直齿轮接触线为与齿宽相当的直线，从B点开始啮入，从B'点啮出，工作区长度为BB'，如图13-28a所示；斜齿轮接触线，由点A啮入，接触线逐渐增大，至A'啮出，比直齿轮多转过一个弧$f = b\tan\beta$，如图13-28b所示，平行轴斜齿轮传动的重合度为端面重合度和纵向重合度之和。平行轴斜齿轮的重合度随螺旋角β和齿宽b的增大而增大，其值可以达到很大。工程设计中常根据齿数和$z_1 + z_2$以及螺旋角β查表求取重合度。

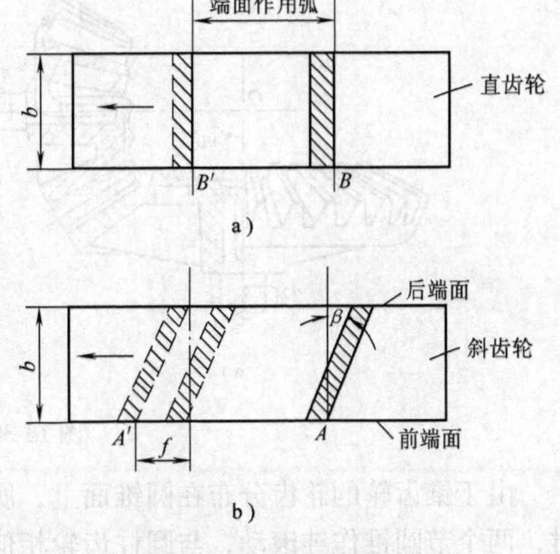

图13-28　齿轮重合度

13.7.5　斜齿轮的当量齿数

用成形法加工斜齿轮时，盘状铣刀是沿螺旋线方向切齿的。因此，刀具需按斜齿轮的法向齿形来选择，如图13-29所示。另外，斜齿轮强度计算时，斜齿轮副的作用力作用在轮齿的法向平面上，因而，斜齿轮的设计和制造都是以轮齿的法向平面齿形为依据。所以需要知道斜齿轮的法向齿形参数。

过分度圆柱轮齿螺旋线上的点C作斜齿轮的法向剖面得一椭圆（见图13-29），将C点附近的齿形作为近似的斜齿轮法向齿形，该法向齿形的参数m_n、α_n均为标准值。以C点曲率半径作为这一齿形的分度圆半径r_v，由此得到一虚拟直齿轮，称为当量齿轮。当量齿数z_v由下式求得

$$z_v = \frac{z}{\cos^3\beta} \tag{13-20}$$

用成形法加工时，应按当量齿数选择铣刀刀号；强度计算时，可按一对当量直齿轮传动近似计算一对斜齿轮传动；在计算标准斜齿轮不发生根切的齿数时，可按下式求得

$$z_{min} = z_{vmin}\cos^3\beta = 17\cos^3\beta \tag{13-21}$$

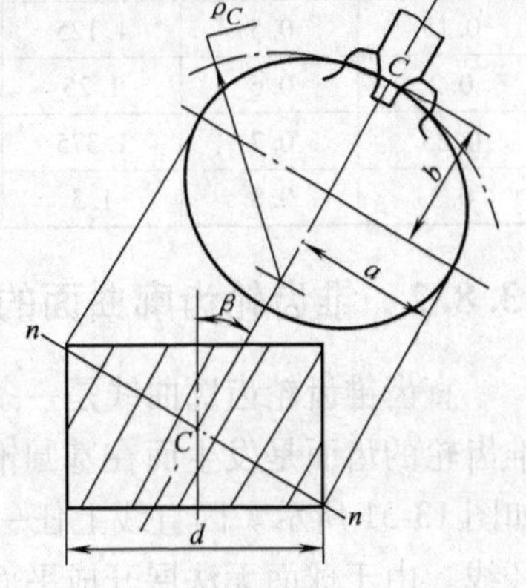

图13-29　斜齿轮的当量齿轮

由上式可知，斜齿轮不产生根切的最少齿数小于直齿

轮，故斜齿轮传动比直齿轮传动结构紧凑。

13.8　直齿锥齿轮传动

13.8.1　锥齿轮传动的特点及应用

锥齿轮机构用于两相交轴之间的传动，两轴的交角 $\Sigma=\delta_1+\delta_2$ 由传动要求确定，可为任意值，$\Sigma=90°$的锥齿轮传动应用最广泛，如图 13-30 所示。

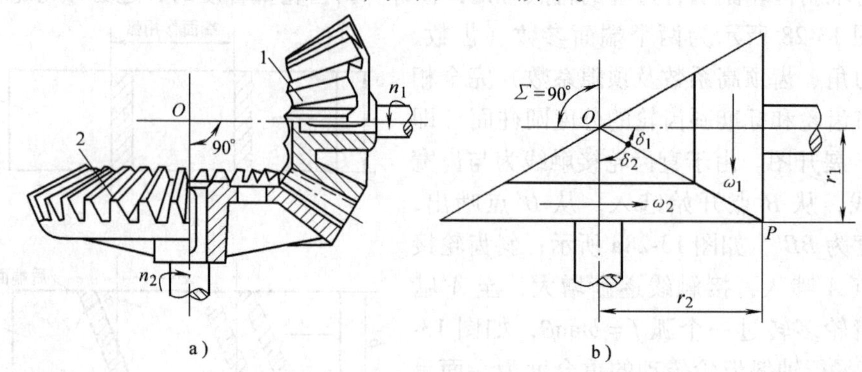

图 13-30　直齿锥齿轮

由于锥齿轮的轮齿分布在圆锥面上，所以齿形从大端到小端逐渐缩小。一对锥齿轮传动时，两个节圆锥作纯滚动，与圆柱齿轮相似，锥齿轮也有基圆锥、分度圆锥、齿顶圆锥、齿根圆锥。正确安装的标准锥齿轮传动，其节圆锥与分度圆锥重合。为了计算方便，锥齿轮通常取大端的参数作为标准值，即大端的模数按表 13-4 选取。其压力角也为 20°。

锥齿轮的轮齿有直齿、斜齿和曲齿等类型，直齿锥齿轮因加工相对简单，应用较多，适用于低速、轻载的场合；曲齿锥齿轮设计制造较复杂，但因传动平稳，承载能力强，常用于高速、重载的场合，斜齿锥齿轮目前已很少使用。本节只讨论直齿锥轮传动。

表 13-4　锥齿轮模数系列（GB 12368—1990）　　（单位：mm）

0.1	0.35	0.9	1.75	3.25	5.5	10	20	36
0.12	0.4	1	2	3.5	6	11	22	40
0.15	0.5	1.125	2.25	3.75	6.5	12	25	45
0.2	0.6	1.25	2.5	4	7	14	28	50
0.25	0.7	1.375	2.75	4.5	8	16	30	—
0.3	0.8	1.5	3	5	9	18	32	—

13.8.2　锥齿轮齿廓曲面的形成

直齿锥齿轮齿廓曲线是一条空间球面渐开线，其形成过程与圆柱齿轮类似。不同的是，锥齿轮的齿面是发生面在基圆锥上作纯滚动时，其上直线 KK'所展开的渐开线曲面 $AA'K'K$，如图 13-31 所示。因直线上任一点在空间所形成的渐开线距锥顶的距离不变，故称为球面渐开线。由于球面无法展开成平面，使得锥齿轮设计和制造存在很大的困难，所以，实际上的锥齿轮是采用近似的方法来进行设计和制造的。

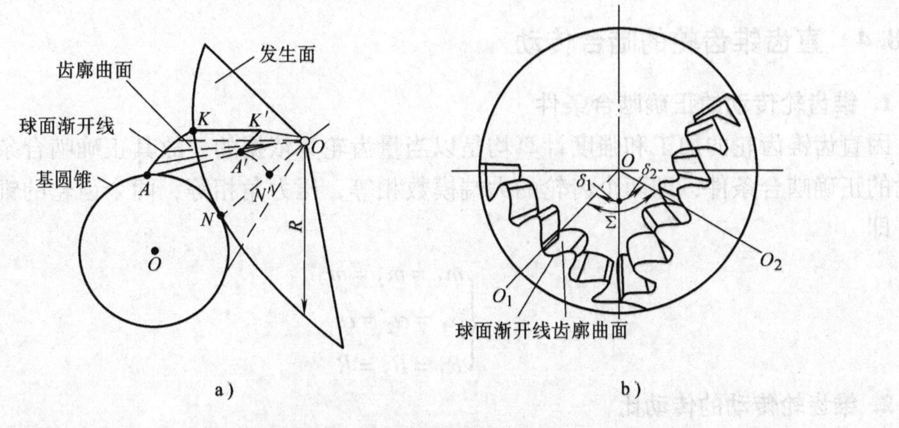

图 13-31　圆锥齿廓的形成

a）齿面的形成　b）球面渐开线

13.8.3　当量齿轮与当量齿数

图 13-32 所示为一具有球面渐开线齿廓的直齿锥齿轮，过分度圆锥上的点 A 作球面的切线 AO_1，与分度圆锥的轴线交于 O_1 点。以 OO_1 为轴，O_1A 为母线作一圆锥体，此圆锥称为背锥。背锥母线与分度圆锥上的切线的交点 a'、b' 与球面渐开线上的 a、b 点非常接近，即背锥上的齿廓曲线和齿轮的球面渐开线很接近。由于背锥可展成平面，故可将上面的平面渐开线齿廓代替直齿锥齿轮的球面渐开线。

将展开背锥所形成的扇形齿轮（见图 13-33）补足成完整的齿轮，即为直齿锥齿轮的当量齿轮，当量齿轮的齿数称为当量齿数，即

$$z_{v1}=\frac{z_1}{\cos\delta_1}\qquad z_{v2}=\frac{z_2}{\cos\delta_2}\tag{13-22}$$

式中　z_1、z_2——两直齿锥齿轮的实际齿数；

δ_1、δ_2——两齿轮的分锥角。

选择齿轮模数铣刀的刀号、轮齿弯曲强度计算及确定不产生根切的最少齿数时，都是以 z_v 为依据的。

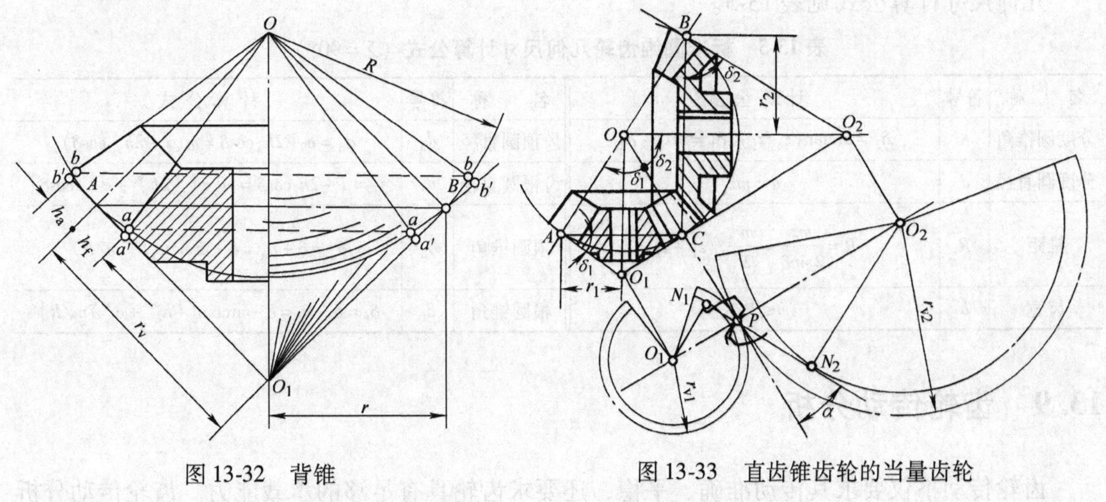

图 13-32　背锥　　　　　　　　　　图 13-33　直齿锥齿轮的当量齿轮

13.8.4　直齿锥齿轮的啮合传动

1. 锥齿轮传动的正确啮合条件

因直齿锥齿轮的加工和强度计算均是以当量齿轮为依据的，故其正确啮合条件就是当量齿轮的正确啮合条件，即两个齿轮的大端模数相等，压力角相等，两个齿轮的锥距也必须相等，即

$$\begin{cases} m_1 = m_2 = m \\ \alpha_1 = \alpha_2 = \alpha \\ R_1 = R_2 = R \end{cases} \tag{13-23}$$

2. 锥齿轮传动的传动比

一对标准锥齿轮的正常传动时，其分度圆锥相切且锥顶重合，两个齿轮的分锥角分别为 δ_1、δ_2，$\delta_1+\delta_2=90°$，大端的分度圆半径分别为 r_1、r_2，齿数分别为 z_1、z_2，则两个齿轮的传动比为

$$i=\frac{\omega_1}{\omega_2}=\frac{n_1}{n_2}=\frac{z_2}{z_1}=\frac{r_2}{r_1}=\cot\delta_1=\tan\delta_2 \tag{13-24}$$

13.8.5　几何尺寸计算

为了便于计算和测量，锥齿轮的参数和几何尺寸均以大端为准，取大端模数 m 为标准值，大端压力角为 $\alpha=20°$，齿顶高系数 $h_a^*=1$，顶隙系数 $c^*=0.2$。标准直齿锥齿轮各部分名称如图 13-34 所示，设 δ_1、δ_2 为两轮的锥顶半角，大端分度圆锥直径 r_1、r_2，齿数分别为 z_1、z_2。两齿轮的传动比为

$$i=\frac{\omega_1}{\omega_2}=\frac{n_1}{n_2}=\frac{z_2}{z_1}=\frac{r_2}{r_1}=\cot\delta_1=\tan\delta_2$$

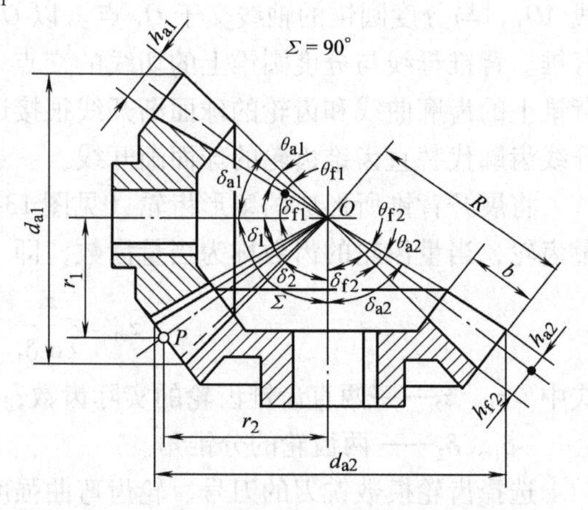

图 13-34　直齿圆锥齿轮的几何尺寸

几何尺寸计算公式见表 13-5。

表 13-5　标准圆锥齿轮几何尺寸计算公式（$\Sigma=90°$）

名　称	符号	计 算 公 式	名　称	符号	计 算 公 式
分度圆锥角	δ	$\delta_2=\arctan(z_2/z_1),\delta_1=90°-\delta_2$	齿顶圆直径	d_a	$d_a=d+2h_a\cos\delta=m(z+2h_a^*\cos\delta)$
分度圆直径	d	$d=mz$	齿根圆直径	d_f	$d_f=d-2h_f\cos\delta=m[z-(2h_a^*+c^*)\cos\delta]$
锥距	R	$R=\frac{mz}{2\sin\delta}=\frac{m}{2}\sqrt{z_1^2+z_2^2}$	顶圆锥角	δ_a	$\delta_a=\delta+\theta_a=\delta+\arctan(h_a^*m/R)$
齿宽	b	$b\leqslant R/3$	根圆锥角	δ_f	$\delta_f=\delta-\theta_f=\delta-\arctan[(h_a^*+c^*)m/R]$

13.9　齿轮传动分析

齿轮传动不仅要求其传动准确、平稳，还要求齿轮具有足够的承载能力。齿轮传动分析

就是通过对齿轮传动的失效形式、材料选用等进行分析，以确定合理的设计准则，从而保证齿轮传动具有足够的承载能力和使用寿命。

13.9.1　齿轮传动的失效形式

齿轮传动的失效一般指轮齿的失效。常见的失效形式有轮齿折断、齿面损伤（包括齿面点蚀、齿面磨损、齿面胶合以及塑性变形等）两类。

轮齿失效形式与传动工作情况、载荷大小、工作转速及齿面硬度有关。

齿轮传动的工作情况一般分为开式传动和闭式传动两种。开式传动是指传动裸露或只有简单的遮盖，工作时环境中粉尘、杂物易侵入啮合齿间，润滑条件较差的情况。闭式传动是指被封闭在箱体内，且润滑良好（常用浸油润滑）的齿轮传动。开式传动的失效形式主要表现为磨损及磨损后的折齿失效，闭式传动则以疲劳点蚀或胶合为主。

硬齿面（硬度>350HBW）、重载时易发生轮齿折断，高速、中小载荷时易发生疲劳点蚀；软齿面（硬度≤350HBW）、重载、高速时易发生胶合，低速时则产生塑性变形。

常见的轮齿失效形式及产生的原因和预防方法见表 13-6。

表 13-6　常见轮齿失效形式及产生原因和防止措施

失效形式	后　果	工作环境	产生失效的原因	防止失效的措施
折断面 轮齿折断	轮齿折断后无法工作	开式、闭式传动中均可能发生齿轮双向传动	齿根受到交变弯曲应力作用，齿根处应力最大且存在应力集中，弯曲应力超过允许限度时发生疲劳折断；用脆性材料制成的齿轮，因短时过载、冲击发生突然折断	限制齿根危险截面上的弯曲应力；选用合适的齿轮参数和几何尺寸；降低齿根处的应力集中；强化处理和良好的热处理工艺
出现麻坑、剥落 齿面点蚀	齿廓失去准确形状，传动不平稳，噪声、冲击增大或无法工作	闭式传动	轮齿齿面受到脉动循环应力的反复作用，当表面接触应力超过允许限度时，发生疲劳点蚀	限制齿面的接触应力；提高齿面硬度、降低齿面的表面粗糙度值；采用黏度高的润滑油及适宜的添加剂
磨损部分 齿面磨损		主要发生在开式传动中，润滑油不洁的闭式传动中也可能发生	灰尘、金属屑等杂物进入齿面及润滑不良	注意润滑油的清洁；提高润滑油黏度，加入适宜的添加剂；选用合适的齿轮参数及几何尺寸、材质、精度和表面粗糙度；开式传动选用适当防护装置

（续）

失效形式	后果	工作环境	产生失效的原因	防止失效的措施
齿面出现沟痕 齿面胶合		高速、重载或润滑不良的低速、重载传动中	齿面局部温升过高，润滑失效；润滑不良	进行抗胶合能力计算，限制齿面温度；保证良好润滑，采用适宜的添加剂；降低齿面的表面粗糙度值
ω_1 主动轮 从动轮 摩擦力方向 ω_2 齿面塑性变形	轮齿失去正确的齿形，降低传动的平稳性	低速、重载	齿面较软，摩擦力较大	提高齿面硬度，采用黏度较大的润滑油

13.9.2　齿轮传动设计准则

轮齿的失效形式很多，它们不大可能同时发生，却又相互联系，相互影响。例如轮齿表面产生点蚀后，实际接触面积减少将导致磨损的加剧，而过大的磨损又会导致轮齿的折断。但在一定条件下，必有一种为主要失效形式。因此，设计齿轮传动时，应分析具体的工作条件，判断可能发生的主要失效形式，以确定相应的设计准则。

对于软齿面的闭式齿轮传动，齿面点蚀是主要的失效形式。在设计计算时，通常按齿面接触疲劳强度设计，再作齿根弯曲疲劳强度校核。

对于硬齿面的闭式齿轮传动，齿根疲劳折断是主要失效形式。在设计计算时，通常按齿根弯曲疲劳强度设计，再作齿面接触疲劳强度校核。

当一对齿轮均为铸铁制造时，一般只需作轮齿弯曲疲劳强度设计计算。

对于汽车、拖拉机的齿轮传动，过载或冲击引起的轮齿折断是其主要失效形式，宜先作轮齿过载折断设计计算，再作齿面接触疲劳强度校核。

对于开式传动，其主要失效形式将是齿面磨损。但由于磨损的机理比较复杂，到目前为止尚无成熟的设计计算方法，通常只能按齿根弯曲疲劳强度设计，再考虑磨损，将所求得的模数增大10%～20%。

13.9.3　常用齿轮材料及热处理

从齿轮的失效形式分析可知，设计齿轮传动时，应使齿面具有足够的硬度和耐磨性，以保证其抗点蚀、抗胶合、抗磨损和抗塑性变形的能力；齿根要有较高的抗折断及抗冲击的能力。因此，对齿轮材料的基本要求是：齿心要韧，齿面要硬，具有良好的加工工艺性和热处理性，以达到齿轮的综合力学性能要求。

常用的齿轮材料为各种牌号的优质碳素结构钢、合金结构钢、铸钢、铸铁和非金属材料等。一般多采用锻件或轧制钢材。当齿轮结构尺寸较大，轮坯不易锻造时，可采用铸钢。开式低速传动时，可采用灰铸铁或球墨铸铁。低速重载的齿轮易产生齿面塑性变形，轮齿也易折断，宜选用综合性能较好的钢材。高速齿轮易产生齿面点蚀，宜选用齿面硬度高的材料。受冲击载荷的齿轮，宜选用韧性好的材料。对高速、轻载而又要求低噪声的齿轮传动，也可采用非金属材料、如夹布胶木、尼龙等。常用的齿轮材料及其力学性能列于表 13-7。

表 13-7　常用齿轮材料及其力学性能

类　别	材料牌号	热处理方法	抗拉强度 σ_b/MPa	屈服强度 σ_s/MPa	硬度 HBW 或 HRC
优质碳素钢	35	正火	500	270	150 ~ 180HBW
		调质	550	294	190 ~ 230HBW
	45	正火	588	294	169 ~ 217HBW
		调质	647	373	229 ~ 286HBW
		表面淬火			40 ~ 50HRC
	50	正火	628	373	180 ~ 220HBW
合金结构钢	40Cr	调质	700	500	240 ~ 258HBW
		表面淬火			48 ~ 55HRC
	35SiMn	调质	750	450	217 ~ 269HBW
		表面淬火			45 ~ 55HRC
	40MnB	调质	735	490	241 ~ 286HBW
		表面淬火			45 ~ 55HRC
	20Cr	渗碳淬火后回火	637	392	56 ~ 62HRC
	20CrMnTi		1079	834	56 ~ 62HRC
	38CrMnAlA	渗氮	980	834	850HV
铸钢	ZG45	正火	580	320	156 ~ 217HBW
	ZG55		650	350	169 ~ 229HBW
灰铸铁	HT300		300		185 ~ 278HBW
	HT350		350		202 ~ 304HBW
球墨铸铁	QT600-3	—	600	370	190 ~ 270HBW
	QT700-2		700	420	225 ~ 305HBW
非金属	夹布胶水	—	100		25 ~ 35HBW

钢制齿轮的热处理方法主要有以下几种：

（1）表面淬火　常用于中碳钢和中碳合金钢，如 45、40Cr 钢等。表面淬火后，齿面硬度一般为 40 ~ 55HRC。特点是抗疲劳点蚀、抗胶合能力高，耐磨性好；由于齿心部末淬硬，齿轮仍有足够的韧性，能承受不大的冲击载荷。

（2）渗碳淬火　常用于低碳钢和低碳合金钢，如 20、20Cr 钢等。渗碳淬火后齿面硬度可达 56 ~ 62HRC，而齿心部仍保持较高的韧性，轮齿的执弯强度和齿面接触强度高，耐磨性较好，常用于受冲击载荷的重要齿轮传动。齿轮经渗碳淬火后，轮齿变形较大，应进行磨齿。

（3）渗氮　渗氮是一种表面化学热处理。渗氮后不需要进行其他热处理，齿面硬度可达 700 ~ 900HV。由于渗氮处理后的齿轮硬度高，工艺温度低，变形小，故适用于内齿轮和难以磨削的齿轮，常用于含铬、铜、铅等合金元素的渗氮钢，如 38CrMoAlA。

（4）调质　调质一般用于中碳钢和中碳合金钢，如 45、40Cr、35SiMn 钢等。调质处理后齿面硬度一般为 220 ~ 280HBW。因硬度不高，轮齿精加工可在热处理后进行。

（5）正火　正火能消除内应力，细化晶粒，改善力学性能和切削性能。机械强度要求不高的齿轮可采用中碳钢正火处理，大直径的齿轮可采用铸钢正火处理。

一般要求的齿轮传动可采用软齿面齿轮。为了减小胶合的可能性，并使配对的大小齿轮寿命相当，通常使小齿轮齿面硬度比大齿轮齿面硬度高出 30 ~ 50HBW。对于高速、重载或重要的齿轮传动，可采用硬齿面齿轮组合，齿面硬度可大致相同。

13.9.4　齿轮材料的许用应力

设计中应根据齿轮材料和热处理方法从图 13-35 和图 13-36 中查取试验齿轮的接触疲劳极限和弯曲疲劳极限，再确定齿轮的许用应力，即

1. 接触疲劳许用应力 $[\sigma_H]$

$$[\sigma_H]=\frac{\sigma_{Hlim}}{S_H} \tag{13-25}$$

式中　σ_{Hlim}——试验齿轮的接触疲劳极限（MPa），与材料及硬度有关，图 13-35 所示之数据为可靠度 99% 的试验值；

S_H——齿面接触疲劳安全系数，由表 13-8 查取。

2. 弯曲疲劳许用应力 $[\sigma_F]$

$$[\sigma_F]=\frac{\sigma_{Flim}}{S_F} \tag{13-26}$$

式中　σ_{Flim}——试验齿轮的弯曲疲劳极限（MPa），见图 13-36，对于双侧工作的齿轮传动，齿根承受对称循环弯曲应力，应将图中数据乘以 0.7；

S_F——齿轮弯曲疲劳强度安全系数，由表 13-8 查取。

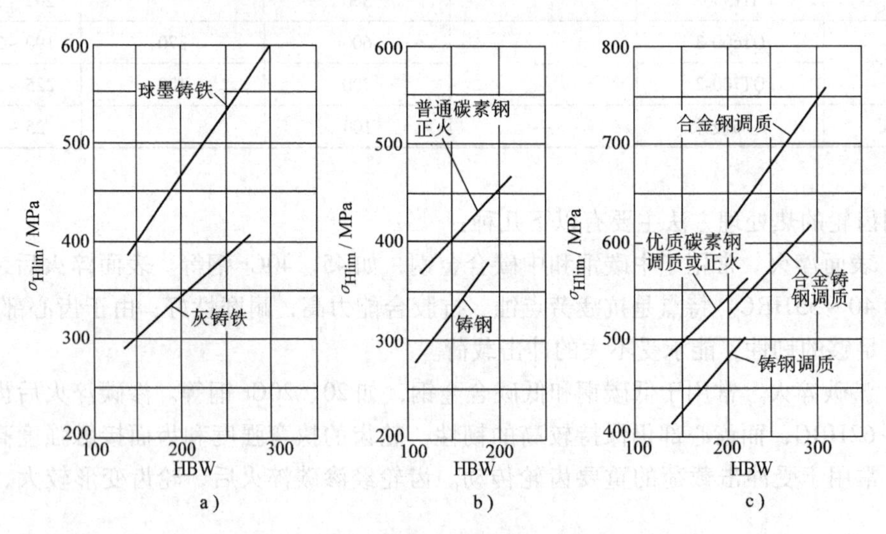

图 13-35　齿轮的接触疲劳极限 σ_{Hlim}

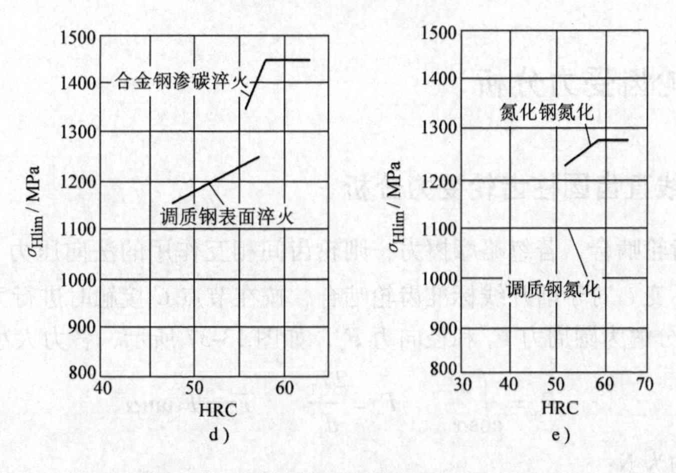

图 13-35 齿轮的接触疲劳极限 σ_{Hlim}（续）

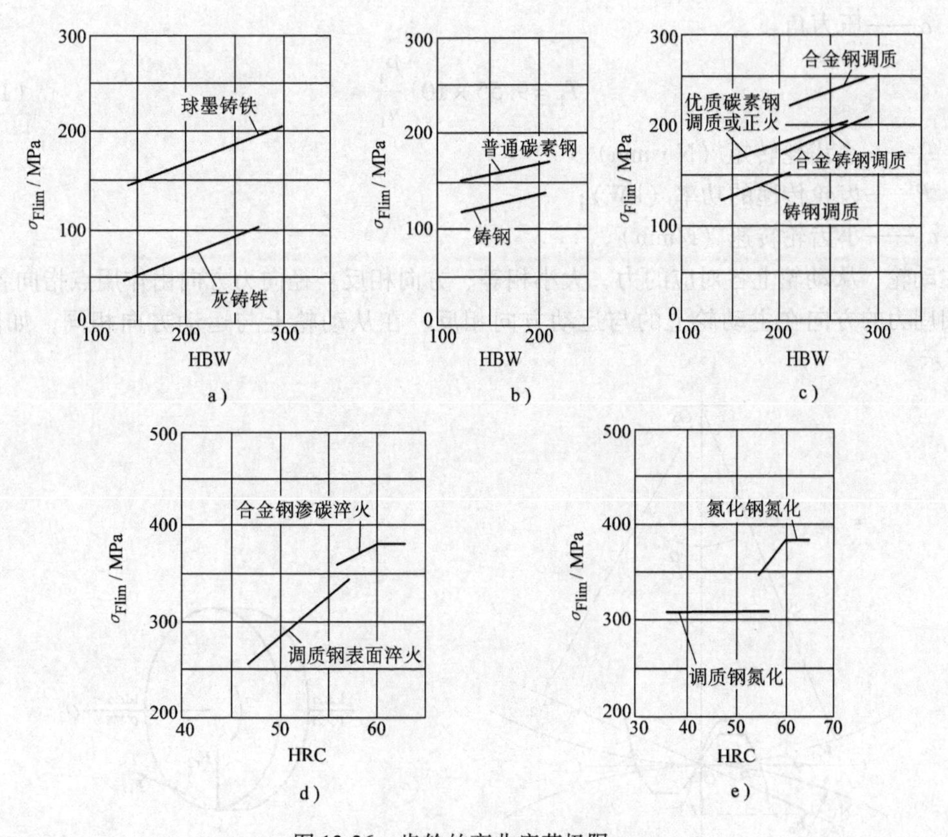

图 13-36 齿轮的弯曲疲劳极限 σ_{Flim}

表 13-8 齿轮强度的安全系数 S_H 和 S_F

安全系数	软齿面	硬齿面	重要的传动、渗碳淬火齿轮或铸造齿轮
S_H	1.0 ~ 1.1	1.1 ~ 1.2	1.3
S_F	1.3 ~ 1.4	1.4 ~ 1.6	1.6 ~ 2.2

13.10 齿轮轮齿受力分析

13.10.1 渐开线直齿圆柱齿轮受力分析

一对渐开线齿轮啮合，若忽略摩擦力，则轮齿间相互作用的法向压力 $\boldsymbol{F}_n$ 的方向，始终沿啮合线且大小不变。对于渐开线标准齿轮啮合，按在节点 C 接触时进行力分析。

法向力 $\boldsymbol{F}_n$ 可分解为圆周力 $\boldsymbol{F}_t$ 和径向力 $\boldsymbol{F}_r$，如图 13-37 所示，各力大小为

$$F_n = \frac{F_t}{\cos\alpha} \qquad F_t = \frac{2T_1}{d_1} \qquad F_r = F_t\tan\alpha \tag{13-27}$$

式中　力的单位均为 N；

d_1——小齿轮分度圆直径（mm）；

α——压力角。

$$T_1 = 9.55\times10^6\,\frac{P_1}{n_1} \tag{13-28}$$

式中　T_1——小齿轮转矩（N · mm）；

P——齿轮传递的功率（kW）；

n_1——小齿轮转速（r/min）。

主动轮、从动轮上各对应的力，大小相等、方向相反。径向力方向由作用点指向各自圆心，圆周力的方向在主动轮上的与运动方向相反，在从动轮上与运动方向相同，如图 13-37b 所示。

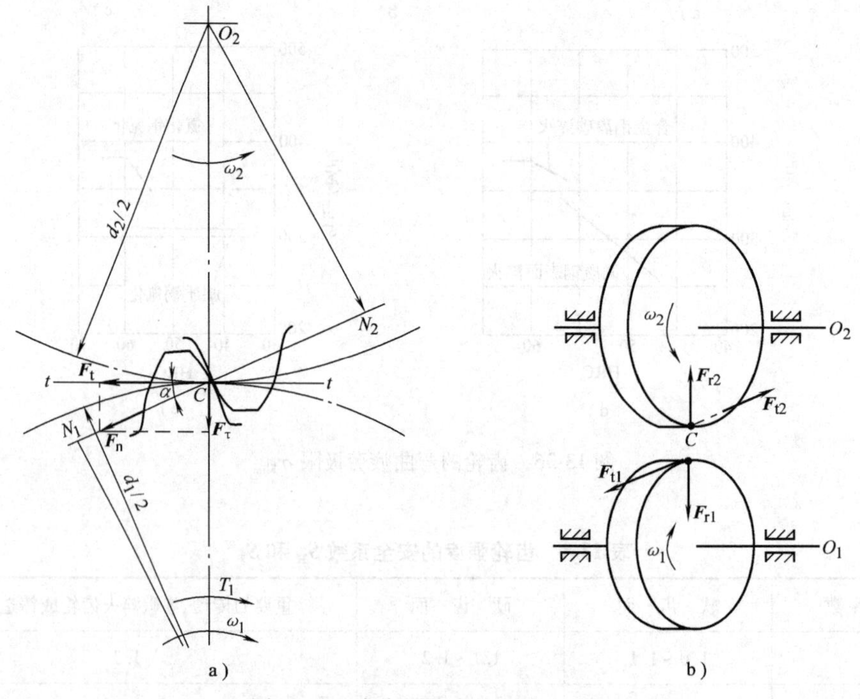

图 13-37　直齿圆柱齿轮的受力分析

13.10.2　渐开线斜齿圆柱齿轮受力分析

斜齿圆柱齿轮轮齿所受法向力 $\boldsymbol{F}_n$ 可分解为圆周力 $\boldsymbol{F}_t$、径向力 $\boldsymbol{F}_r$ 和轴向力 $\boldsymbol{F}_a$，如图 13-38a 所示，各力的大小为

$$F_n = \frac{F_t}{\cos\beta\cos\alpha_n} \qquad F_t = \frac{2T_1}{d_1} \qquad F_r = \frac{F_t\tan\alpha_n}{\cos\beta} \qquad F_a = F_t\tan\beta \tag{13-29}$$

式中　α_n——法向压力角；

　　　β——螺旋角。

圆周力的方向，在主动轮上与转动方向相反，在从动轮上与转向相同。径向力的方向均指向各自的轮心，如图 13-38b 所示。

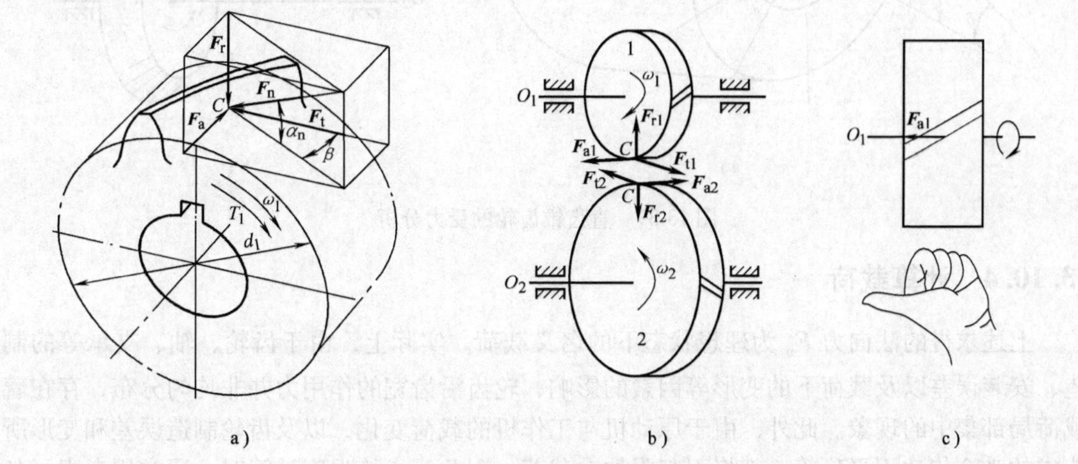

图 13-38　斜齿圆柱齿轮受力分析

轴向力方向按“主动轮左、右手螺旋定则”来判断，主动轮为右旋时，右手按转动方向握轴，以四指弯曲方向表示主动轴的回转方向，伸直大拇指，其指向即为主动轮上轴向力的方向；主动轮为左旋时，则应以左手用同样的方法来判断，如图 13-38c 所示。主动轮上轴向力的方向确定后，从动轮上的轴向力则与主动轮上的轴向力大小相等、方向相反。

13.10.3　直齿锥齿轮的受力分析

现以图 13-39a 所示的直齿锥齿轮传动中的主动轮为例进行受力分析。作用在直齿锥齿轮齿面上的法向力 F_n 可视为集中作用在齿宽中点分度圆直径上，即作用在齿宽中点的法向截面 N-N 内。法向力沿圆周方法、径向和轴向可分解为三个互成直角的分力，即圆周力、径向力和轴向力。

轮齿上的三个分力的大小，由图 13-39a 分析得：

$$F_t = \frac{2T}{d_{m1}} \qquad F_r = F'\cos\delta = F_t\tan\alpha\cos\delta \qquad F_a = F'\sin\delta = F_t\tan\alpha\sin\delta \tag{13-30}$$

式中　d_{m1}——小齿轮齿宽中点分度圆直径（mm），$d_{m1} = d_1 - b\sin\delta_1$。

圆周力和径向力方向的确定方法与直齿轮相同，两齿轮的轴向力方向则都是沿各自的轴线指向大端。两轮的受力可根据作用与反作用原理确定：$F_{t1} = -F_{t2}$，$F_{r1} = -F_{a2}$，$F_{a1} = -F_{r2}$，负号表示二力的方向相反，如图 13-39b 所示。

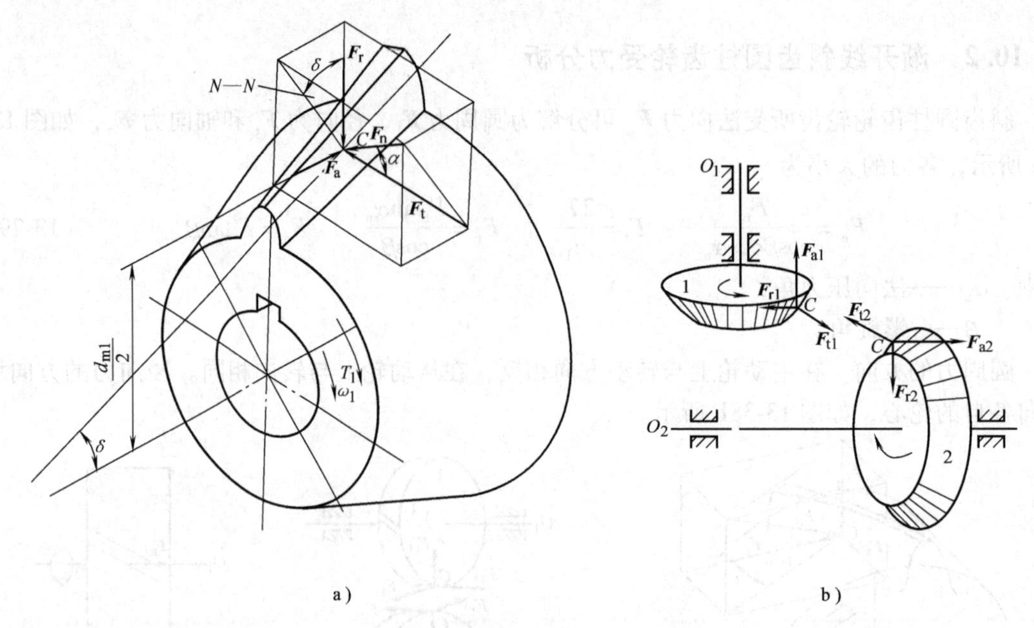

图 13-39　直齿锥齿轮的受力分析

13.10.4　计算载荷

上述求得的法向力 $\boldsymbol{F}_n$ 为理想状态下的名义载荷。实际上，由于齿轮、轴、支承等的制造、安装误差以及载荷下的变形等因素的影响，轮齿沿齿宽的作用力并非均匀分布，存在着载荷局部集中的现象。此外，由于原动机与工作机的载荷变化，以及齿轮制造误差和变形所造成的啮合传动不平稳等，都将引起附加动载荷。因此，齿轮强度计算时，通常用考虑了各种影响因素的计算载荷 $\boldsymbol{F}_{nc}$ 代替名义载荷 $\boldsymbol{F}_n$，计算载荷按下式确定

$$F_{nc}=KF_n \tag{13-31}$$

式中　K——载荷因数，其值见表 13-9 查得。

表 13-9　载荷因数 K

载荷状态	工作机举例	原动机		
		电动机	多缸内燃机	单缸内燃机
平稳 轻微冲击	均匀加料的运输机、发电机、透平鼓风机和压缩机、机床辅助传动等	1～1.2	1.2～1.6	1.6～1.8
中等冲击	不均匀加料的运输机、重型卷扬机、球磨机、多缸往复式压缩机等	1.2～1.6	1.6～1.8	1.8～2.0
较大冲击	冲床、剪床、钻机、轧机、挖掘机、重型给水泵、破碎机、单缸往复式压缩机等	1.6～1.8	1.9～2.1	2.2～2.4

注：斜齿、圆周速度低、传动精度高、齿宽系数小时，取小值；直齿、圆周速度高、传动精度低时，取大值；齿轮在轴承间不对称布置时取大值。

13.11　齿轮传动强度计算

齿轮传动强度计算的目的是：通过对齿轮的失效分析、受力分析，选择合理的设计准

则，设计出齿轮传动的参数和尺寸，或对成品齿轮的强度进行验算，以保证轮齿在正常传动和预期的使用寿命期间有足够的强度和承载能力，避免失效。

13.11.1　渐开线直齿圆柱齿轮强度计算

1. 齿面接触疲劳强度计算

为避免齿面发生点蚀失效，应进行齿面接触疲劳强度计算，控制其接触强度。

（1）计算依据　对渐开线齿轮啮合传动，齿面接触近似于一对圆柱体接触传力，轮齿在节点工作时往往是一对齿啮合，轮齿受力较大，容易发生点蚀，所以设计时通常以节点处的接触应力作为计算依据，限制节点处接触应力，满足强度条件 $\sigma_H \leqslant [\sigma_H]$。

（2）接触疲劳强度公式

设计公式
$$a \geqslant (i \pm 1)\sqrt[3]{\left(\frac{335}{[\sigma_H]}\right)^2 \frac{KT_1}{\varphi_a i}} \tag{13-32}$$

校核公式
$$\sigma_H = 335\sqrt{\frac{KT_1(i \pm 1)^3}{a^2 bi}} \leqslant [\sigma_H] \tag{13-33}$$

式中　a——齿轮中心距（mm）；

σ_H——齿面最大接触应力（MPa）；

K——载荷因数，见表 13-9；

T_1——小齿轮传递的转矩（N · mm）；

b——齿宽（mm）；

i——从动轮与主动轮的齿数比；

“±”——“+”表示外啮合，“-”表示内啮合；

φ_a——齿宽系数（$\varphi_a = b/a$）。

上式只适用于一对钢制齿轮，若为钢对铸铁或一对铸铁齿轮，系数 335 应分别改为 285 和 250。

应用上述公式时，应注意以下三点：

1）两齿面接触应力 $\sigma_{H1} = \sigma_{H2}$；

2）若选用不同的材料，或相同材料用不同的热处理方法，两齿轮的许用应力 $[\sigma_H]$ 一般不同；

3）计算时应代入 $[\sigma_H]_1$ 与 $[\sigma_H]_2$ 中之较小值。

由齿面接触疲劳强度计算公式可知，影响齿面接触疲劳的主要参数是中心距 a 和齿宽 b，a 的效果更明显些。两者均是反映齿轮大小的参数，因此，齿面接触强度取决于齿轮的大小，与齿轮模数无关。决定 $[\sigma_H]$ 的因素主要是材料及齿面硬度。所以提高齿轮齿面接触疲劳强度的途径是加大中心距，增大齿宽或选强度较高的材料，提高轮齿表面硬度。

2. 齿根弯曲疲劳强度计算

进行齿根弯曲疲劳强度计算的目的，是防止轮齿疲劳折断。

（1）计算依据　一对轮齿啮合时，力作用于齿顶时的力学模型尤如悬臂梁，由材料力学可知，受力后齿根处弯曲应力最大，而圆角部分又有应力集中，齿根受拉应力边裂纹易扩展，是弯曲疲劳的危险区，故应限制齿根危险截面拉应力边的弯曲应力，满足强度条件 σ_F

≤$[\sigma_F]$。

（2）齿根弯曲疲劳强度公式

设计公式
$$m \geqslant \sqrt[3]{\frac{4KT_1 Y_{FS}}{\varphi_a (i \pm 1) z_1^2 [\sigma_F]}} \tag{13-34}$$

校核公式
$$\sigma_F = \frac{2KT_1 Y_{FS}}{bm^2 z_1} \leqslant [\sigma_F] \tag{13-35}$$

式中　σ_F——齿根最大弯曲应力（MPa）；

Y_{FS}——复合齿形因数，反映轮齿的形状对抗弯能力的影响，同时考虑齿根部应力集中的影响，见表13-10。

注：式（13-34）中，m计算后应取标准值。

通常两齿轮的复合齿形因数Y_{FS1}和Y_{FS2}不相同，材料许用弯曲应力$[\sigma_F]_1$和$[\sigma_F]_2$也不等，$Y_{FS1}/[\sigma_F]_1$和$Y_{FS2}/[\sigma_F]_2$比值大者强度较弱，应作为计算时的代入值。

由齿根弯曲强度公式可知影响齿根弯曲强度的主要参数有模数m、齿宽b、齿数z_1、复合齿形因数Y_{FS}等，m、z_1与Y_{FS}是反映轮齿形状大小的几个参数，因此，轮齿的弯曲强度取决于轮齿的形状大小，与齿轮的直径大小无关。影响最大的参数是模数m，加大模数对降低齿根弯曲应力效果最显著。

传递动力的齿轮，其模数不宜小于1.5mm。过小加工检验不便。普通减速器、机床及汽车变速器中的齿轮模数一般在2～8mm之间。

表13-10　标准渐开线外齿轮（$\alpha_n = 20°$，$h_{an}^* = 1$）复合齿形因数Y_{FS}

$z(z_v)$	12	13	14	15	16	17	18	19	20
Y_{FS}	5.05	4.91	4.79	4.70	4.61	4.55	4.48	4.43	4.38
$z(z_v)$	25	30	35	40	45	50	60	70	80
Y_{FS}	4.22	4.13	4.08	4.05	4.02	4.01	3.88	3.88	3.88

13.11.2　渐开线斜齿圆柱齿轮强度计算

斜齿轮的啮合力作用于齿的法向平面，法向齿形和齿厚反映其强度，可利用法向平面上的当量齿轮进行强度分析和计算。

1. 齿面接触疲劳强度公式（钢制标准齿轮）

设计公式
$$a \geqslant (i \pm 1) \sqrt[3]{\left(\frac{305}{[\sigma_H]}\right)^2 \frac{KT_1}{\varphi_a i}} \tag{13-36}$$

校核公式
$$\sigma_H = 305 \sqrt{\frac{KT_1 (i \pm 1)^3}{a^2 bi}} \leqslant [\sigma_H] \tag{13-37}$$

式中，参数的意义同直齿圆柱齿轮。

2. 齿根弯曲疲劳强度公式

设计公式
$$m_n \geqslant \sqrt[3]{\frac{3.2KT_1 Y_{FS} \cos^2\beta}{\varphi_a (i \pm 1) z_1^2 [\sigma_F]}} \tag{13-38}$$

校核公式
$$\sigma_F = \frac{1.6KT_1 Y_{FS} \cos\beta}{b m_n^2 z_1} \leqslant [\sigma_F] \tag{13-39}$$

式中　m_n——法向模数，计算后应取标准值；

Y_{FS}——齿形因数，按当量齿数 z_v 查表 13-10；

β——螺旋角；

其他参数意义同直齿圆柱齿轮。

13.11.3　直齿锥齿轮强度计算

锥齿轮传动的强度按齿宽中点的一对当量直齿轮的传动作近似计算，当两轴交角 Σ = 90°时，各强度计算公式如下。

1. 齿面接触疲劳强度公式

设计公式
$$R \geqslant \sqrt{i^2+1}\sqrt[3]{\left[\frac{334}{(1-0.5\psi_R)[\sigma_H]}\right]^2 \frac{KT_1}{\psi_R i}} \tag{13-40}$$

校核公式
$$\sigma_H = \frac{334}{R-0.5b}\sqrt{\frac{(i^2+1)^3 KT_1}{ib}} \leqslant [\sigma_H] \tag{13-41}$$

式中　ψ_R——齿宽系数($\psi_R = b/R$)，一般 $\psi_R = 0.25 \sim 0.3$；

其余各项符号的意义与直齿轮相同。对所求得的锥距，需满足表中的几何关系，即
$$R = \frac{m}{2}\sqrt{z_1^2 + z_2^2} \tag{13-42}$$

注意：所得锥距不可圆整。

2. 齿根弯曲疲劳强度公式

设计公式
$$m \geqslant \sqrt[3]{\frac{4KT_1 Y_{FS}}{\psi_R (1-0.5\psi_R)^2 z_1^2 [\sigma_F] \sqrt{i^2+1}}} \tag{13-43}$$

校核公式
$$\sigma_F = \frac{2KT_1 Y_{FS}}{b m^2 z_1 (1-0.5\psi_R)^2} \leqslant [\sigma_F] \tag{13-44}$$

计算所得模数应按表圆整为标准值。

锥齿轮的制造工艺复杂，大尺寸的锥齿轮加工更困难，因此在设计时应尽量减小其尺寸。如在传动中同时有锥齿轮传动和圆柱齿轮传动时，应尽可能将锥齿轮传动放在高速级，这样可使设计的锥齿轮的尺寸较小，便于加工。为了使大锥齿轮的尺寸不致过大，通常，齿数比取 $i<5$。

13.11.4　齿轮传动参数的选择原则

齿轮传动设计时的参数较多，但不是所有参数都需要进行选择，如压力角 α、(α_n) 和齿制参数 h_a^*，c^* (h_{an}^*，c_n^*) 等，是由标准决定的，而模数 m、分度圆直径 d 或中心距 a 等，则是由强度计算决定的，齿数 z、齿宽系数 φ_a 和螺旋角 β 等是设计中的自选参数，在自选参数的选取上，应从承载能力，传动的平稳性和结构尺寸的要求等方面来考虑。

1. 齿数

中心距一定时，增加齿数能使重合度增大，提高传动平稳性；同时，齿数增多，相

应模数减小，对相同分度圆的齿轮，齿顶圆直径小，可以节约材料，减轻重量，并能节省轮齿加工的切削量。所以，在满足弯曲强度的前提下，应适当减小模数，增大齿数。

对闭式软齿面传动，通常 $z_1=20\sim40$。对闭式硬齿面传动，因是按弯曲强度进行设计，当模数一定时，齿数少，分度圆直径小，为使结构紧凑，可选取较小的齿数，通常 $z_1=18\sim20$。高速齿轮或对噪声有严格要求的齿轮传动建议取 $z_1\geqslant25$。

大小轮齿数选择应符合传动比 i 的要求。齿数取整可能会影响传动比数值，误差一般控制在5%以内。

为避免根切，标准直齿圆柱齿轮最小齿数 $z_{min}=17$，斜齿圆柱齿轮 $z_{min}=17\cos\beta$。

大轮齿数为小轮的倍数，磨合性能好。而对于重要的传动或重载高速传动，大小轮齿互为质数，这样轮齿磨损均匀，有利于提高寿命。

2. 齿宽系数 φ_a

从齿面接触强度来看，增大 φ_a，可提高齿轮承载能力，并相应减小径向尺寸，使结构紧凑；从弯曲强度来看，增大 φ_a，可减小模数 m，但 φ_a 越大，齿宽越大，沿齿宽方向载荷分布的不均匀就越大，致使轮齿接触不良。

设计中常根据齿宽系数 $\varphi_a=b/a$ 这一关系对齿宽作必要的限制，一般减速器斜齿轮常取 $\varphi_a=0.4$；机床或汽车变速器齿轮往往为硬齿面，不利于磨合，由于一根轴上有多个滑动齿轮，为减小轴承跨距，齿宽宜小些，常取 $\varphi_a=0.1\sim0.2$（滑动齿轮取小值）。开式齿轮径向尺寸一般不受限制，且安装精度差，取较小齿宽 $\varphi_a=0.1\sim0.3$。

为保证接触齿宽，圆柱齿轮的小齿轮齿宽 b_1 比大齿轮齿宽 b_2 略大，$b_1=b_2+(3\sim5)$mm。

3. 螺旋角 β

一般斜齿圆柱齿轮螺旋角在8°~25°之间，初步设计时可取 $\beta=10°\sim15°$。β 过小，显不出斜齿轮传动平稳、重合度大等优势。但 β 过大，会使轴向力增大，影响轴承寿命。对于人字齿轮或两对左右对称配置的斜齿轮，由于轴向力抵消，可取 $\beta=25°\sim40°$。

设计中，常在模数 m_n 和齿数 z_1、z_2 确定后，为圆整中心距或配凑标准中心距而需根据以下几何关系计算螺旋角 β

$$\beta=\arccos\frac{m_n(z_1+z_2)}{2a} \tag{13-45}$$

13.11.5　齿轮传动的精度选择（见表13-11、表13-12）

表13-11　各类机械传动中常用的齿轮精度等级

产品类型	精度等级	产品类型	精度等级
内燃机车	6~7	航空发动机	4~8
金属切削机床	6~7	通用减速器	6~9
汽车底盘	5~8	轧钢机	6~10
轻型汽车	5~8	矿用绞车	8~10
载重汽车	6~9	起重机械	7~10
拖拉机	6~9	农业机械	8~11

表13-12　齿轮常用精度等级及应用范围

使用条件			齿轮的精度等级			
			6级(高精度)	7级(较高精度)	8级(普通)	9级(低精度)
加工方法			展成法:精磨或精剃	展成法:精插或精滚,淬火齿轮需磨齿或研齿	展成法:插齿或滚齿	展成法或仿形法精滚或成形铣削
工作条件			高速、平稳	高速、中载;重载、中速	中速、中载、平稳	低速、轻载
应用场合			机床传动链齿轮、机床传动齿轮、汽车用齿轮	机床变速箱进给齿轮、高速减速器齿轮、起重机齿轮、及读数装置中的齿轮	一般机械中的齿轮、不属于分度系统的机床齿轮、飞机、拖拉机中不重要的齿轮、纺织机械、农业机械中的重要齿轮	轻载传动的不重要齿轮、低速传动、对精度要求较低的齿轮
圆周速度 v/(m/s)	圆柱齿轮	直齿	≤15	≤10	≤5	≤3
		斜齿	≤25	≤17	≤10	≤3.5
	锥齿轮	直齿	≤9	≤6	≤3	≤2.5

13.11.6　齿轮传动设计实例

例13-1　试设计两级减速器中的低速级直齿轮传动。已知：用电动机驱动，载荷有中等冲击，齿轮相对于支承位置不对称，单向运转，传递功率 $P=10\text{kW}$，低速级主动轮转速 $n_l=400\text{r/min}$，传动比 $i=3.5$。

解　由于传递的功率不大，转速不高，对结构无特殊要求，故采用软齿面齿轮传动，按齿面接触强度设计，再校核弯曲强度。

(1) 选择材料，确定许用应力。按软齿面定义，查表13-7，小轮选用45钢，调质，硬度为220HBW，大轮选用45钢，正火，硬度为190HBW。

由图13-35c和图13-36c分别查得

$$\sigma_{\text{Hlim1}}=555\text{MPa}\qquad \sigma_{\text{Hlim2}}=530\text{MPa}$$

$$\sigma_{\text{Flim1}}=190\text{MPa}\qquad \sigma_{\text{Flim2}}=180\text{MPa}$$

由表13-8查得 $S_{\text{H}}=1.1$，$S_{\text{F}}=1.4$，故

$$[\sigma_{\text{H}}]_1=\frac{\sigma_{\text{Hlim1}}}{S_{\text{H}}}=\frac{555}{1.1}=504.5\text{MPa}\qquad [\sigma_{\text{H}}]_2=\frac{\sigma_{\text{Hlim2}}}{S_{\text{H}}}=\frac{530}{1.1}=481.8\text{MPa}$$

$$[\sigma_{\text{F}}]_1=\frac{\sigma_{\text{Flim1}}}{S_{\text{F}}}=\frac{190}{1.4}=135.7\text{MPa}\qquad [\sigma_{\text{F}}]_2=\frac{\sigma_{\text{Flim2}}}{S_{\text{F}}}=\frac{180}{1.4}=128.5\text{MPa}$$

(2) 按齿面接触强度设计。由式（13-31）计算中心距得

$$a\geqslant(i\pm1)\sqrt[3]{\left(\frac{335}{[\sigma_{\text{H}}]}\right)^2\frac{KT_1}{\varphi_{\text{a}}i}}$$

1）取 $[\sigma_{\text{H}}]=[\sigma_{\text{H}}]_2=481\text{MPa}$。

2）按式（13-27）计算小轮转矩

$$T_1 = 9.55 \times 10^6 \times \frac{10}{400} \text{N} \cdot \text{mm} = 2.38 \times 10^5 \text{N} \cdot \text{mm}$$

3）对一般减速器，取齿宽系数 $\varphi_a = 0.4$，$i = 3.5$。

由于原动机为电动机，中等冲击，支承不对称布置，转速不高，由表 13-12 选 8 级精度。由表 13-9 选 $K = 1.5$。将以上数据代入，得

$$a \geqslant (i+1) \sqrt[3]{\left(\frac{335}{[\sigma_H]_2}\right)^2 \frac{KT_1}{\varphi_a i}} = (3.5+1) \sqrt[3]{\left(\frac{335}{481.8\text{MPa}}\right)^2 \frac{1.5 \times 2.38 \times 10^5 \text{N} \cdot \text{mm}}{0.4 \times 3.5}} = 224\text{mm}$$

初算中心距 $a_c = 224\text{mm}$，如计算结果为小数时，可先不圆整。

（3）确定基本参数，计算主要尺寸。

1）选择齿数。取 $z_1 = 20$，则 $z_2 = iz_1 = 3.5 \times 20 = 70$。

2）确定模数。由公式 $a = m(z_1 + z_2)/2$ 可得：$m = 4.98$。

由表 13-1 查得标准模数，取 $m = 5$。

3）确定实际中心距。

$$a = m(z_1 + z_2)/2 = 5\text{mm} \times (20 + 70)/2 = 225\text{mm}$$

4）计算齿宽。

$$b = \varphi_a a = 0.4 \times 225\text{mm} = 90\text{mm}。$$

为补偿两轮轴向尺寸误差，取 $b_1 = 95\text{mm}$，$b_2 = 90\text{mm}$。

5）计算齿轮几何尺寸（按表 13-2 计算，此处从略）。

（4）按式（13-35）校核齿根弯曲强度。

$$\sigma_{F1} = \frac{2KT_1 Y_{FS1}}{bm^2 z_1} \text{MPa}$$

$$\sigma_{F2} = \frac{2KT_1 Y_{FS2}}{bm^2 z_1} = \sigma_{F1} \frac{Y_{FS2}}{Y_{FS1}} \text{MPa}$$

按 $z_1 = 20$，$z_2 = 70$ 由表 13-10 查得 $Y_{FS1} = 4.38$、$Y_{FS2} = 3.88$，代入上式得

$$\sigma_{F1} = 69\text{MPa} < [\sigma_F]_1，安全$$

$$\sigma_{F2} = 62\text{MPa} < [\sigma_F]_2，安全$$

（5）设计齿轮结构，绘制齿轮工作图（略）。

例 13-2　设计一对闭式斜齿圆柱齿轮传动。已知：用单缸内燃机驱动，载荷平稳，双向传动，齿轮相对于支承位置对称，要求结构紧凑。传递功率 $P = 12\text{kW}$，低速级主动轮转速 $n_l = 350\text{r/min}$，传动比 $i = 3$。

解　虽然传递的功率不大，转速不高，但由于要求结构紧凑，故采用硬齿面齿轮传动，按齿根弯曲强度设计，再校核齿面接触强度。

（1）选择材料，确定许用应力。由表 13-7，两轮均选用 20CrMnTi，渗碳淬火，小轮硬度为 59HRC，大轮 56HRC。

由图 13-35d 和图 13-36d 分别查得

$$\sigma_{Hlim1} = 1440\text{MPa} \qquad \sigma_{Hlim2} = 1360\text{MPa}$$

$$\sigma_{Flim1} = 370\text{MPa} \qquad \sigma_{Flim2} = 360\text{MPa}$$

由表 13-8 查得 $S_H = 1.3$，$S_F = 1.6$，故

$$[\sigma_{H}]_{1}=\frac{\sigma_{Hlim1}}{S_{H}}=\frac{1440}{1.3}=1108\text{MPa} \qquad [\sigma_{H}]_{2}=\frac{\sigma_{Hlim2}}{S_{H}}=\frac{1360}{1.3}=1046\text{MPa}$$

$$[\sigma_{F}]_{1}=\frac{0.7\sigma_{Flim1}}{S_{F}}=\frac{0.7\times 370}{1.6}=162\text{MPa} \qquad [\sigma_{F}]_{2}=\frac{0.7\sigma_{Flim2}}{S_{F}}=\frac{0.7\times 360}{1.6}=158\text{MPa}$$

（2）按弯曲强度设计。按式（13-37）计算法向模数

$$m_{n}\geqslant\sqrt[3]{\frac{3.2KT_{1}Y_{FS}\cos^{2}\beta}{\varphi_{a}(i\pm 1)z_{1}^{2}[\sigma_{F}]}}$$

1）由于原动机为单缸内燃机，载荷平稳，支承对称布置，故选 8 级精度。由表 13-9 选 $K=1.6$。

2）按式（13-28）计算小轮转矩

$$T_{1}=9.55\times 10^{6}\times\frac{12}{350}=3.27\times 10^{5}\text{N}\cdot\text{mm}$$

3）按一般减速器，取齿宽系数 $\varphi_{a}=0.4$。

4）初选螺旋角 $\beta=15°$。

5）取 $z_{1}=20$，$i=3$，$z_{2}=iz_{1}=3\times 20=60$。

6）按式（13-20）计算当量齿数

$$z_{v1}=\frac{z_{1}}{\cos^{3}\beta}=\frac{20}{\cos^{3}15°}=22.19, \qquad z_{v2}=\frac{z_{2}}{\cos^{3}\beta}=\frac{70}{\cos^{3}15°}=66.57$$

由表 13-10 查得 $Y_{FS1}=4.3$、$Y_{FS2}=3.88$，比较 $Y_{FS}/[\sigma_{F}]$，有

$$Y_{FS1}/[\sigma_{F}]_{1}=4.3/162=0.0265$$
$$Y_{FS2}/[\sigma_{F}]_{2}=4/158=0.0253$$

$Y_{FS1}/[\sigma_{F}]_{1}$ 的数值大，将该值与上述各值代入式中，得

$$m_{n}\geqslant\sqrt[3]{\frac{3.2KT_{1}Y_{FS}\cos^{2}\beta}{\varphi_{a}(i+1)z_{1}^{2}[\sigma_{F}]}}=\sqrt[3]{\frac{3.2\times 1.6\times 3.27\times 10^{5}\times 4.3\times\cos^{2}15°}{0.4\times(3+1)\times 20^{2}\times 162}}\text{mm}=4\text{mm}$$

由表 13-1 查得标准模数，取 $m_{n}=4\text{mm}$。

（3）确定基本参数，计算主要尺寸。

1）试算中心距，由表（13-3）中公式 $a=m_{n}(z_{1}+z_{2})/2\cos\beta$ 得 $a=165.6\text{mm}$，圆整取 $a=168\text{mm}$。

2）修正螺旋角

$$\beta=\arccos\frac{m_{n}(z_{1}+z_{2})}{2a}=\arccos\frac{4\times(20+60)}{2\times 168}=17.75°$$

螺旋角在 8°～25°之间，可用。

3）计算齿宽

$$b=\varphi_{a}a=0.4\times 168\text{mm}=68\text{mm}$$

为补偿两轮轴向尺寸误差，取 $b_{1}=72\text{mm}$，$b_{2}=68\text{mm}$。

4）计算齿轮几何尺寸（按表 13-3 计算，此处从略）。

（4）按式（13-36）校核齿面接触强度

$$\sigma_H = 305\sqrt{\frac{KT_1\ (i \pm 1)^3}{a^2 bi}} = 305\sqrt{\frac{1.6 \times 3.27 \times 10^5 \times\ (3+1)^3}{168^2 \times 68 \times 3}} = 735.53\text{MPa} \leqslant [\sigma_H]_2$$

满足强度条件。

（5）设计齿轮结构，绘制齿轮工作图（略）。

13.12　齿轮结构与齿轮传动润滑

13.12.1　齿轮结构设计

按照齿轮承载能力完成齿轮的强度计算后，还应根据计算出的齿轮的基本参数和尺寸进行齿轮结构设计，确定齿轮的结构形状和各部分几何尺寸。

中小尺寸的齿轮结构以下三种形式：

1. 齿轮轴式

直径较小的钢制齿轮，如果圆柱齿轮齿根圆到键槽底部的距离 $e < 22.5m$（m_n）、锥齿轮的小端齿根圆至键槽底部的距离 $e < 1.6$m 时，如图 13-41 所示，则应将齿轮与轴做成一体，此结构称为齿轮轴，如图 13-40 所示。

齿轮轴易于装配，可提高轴系的刚度，但加工不方便，且齿轮失效时，轴也同时报废，使用成本较高。

2. 实心式齿轮

齿顶圆直径 $d_a \leqslant 200$mm 的齿轮，可以将齿轮制成实心式结构，如图 13-41 所示。实心式齿轮结构简单，制造方便。

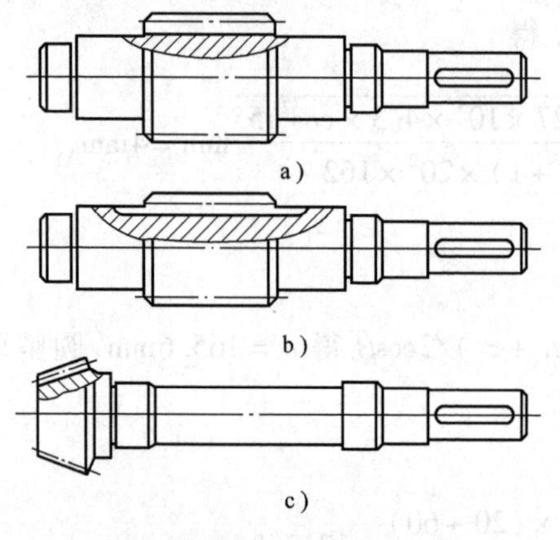

图 13-40　齿轮轴式

a）圆柱齿轮轴（齿根圆直径大于轴径）
b）圆柱齿轮轴（齿根圆直径小于轴径）
c）锥齿轮轴

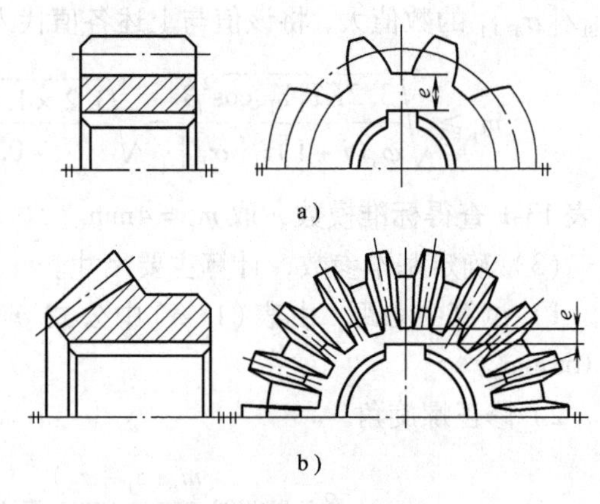

图 13-41　实心式齿轮

a）圆柱齿轮 $e \geqslant (2 \sim 2.5)$m
b）锥齿轮 $e \geqslant (1.6 \sim 2)$m

3. 腹板式齿轮

当齿顶圆直径 $200\text{mm} < d_a \leqslant 500\text{mm}$ 时，可将齿轮制成腹板式结构，如图 13-42 所示。批

量小时，齿轮毛坯采用自由锻结构；批量大时，采用模段结构。腹板上开孔主要是为减轻重量和满足加工及搬运的需要。

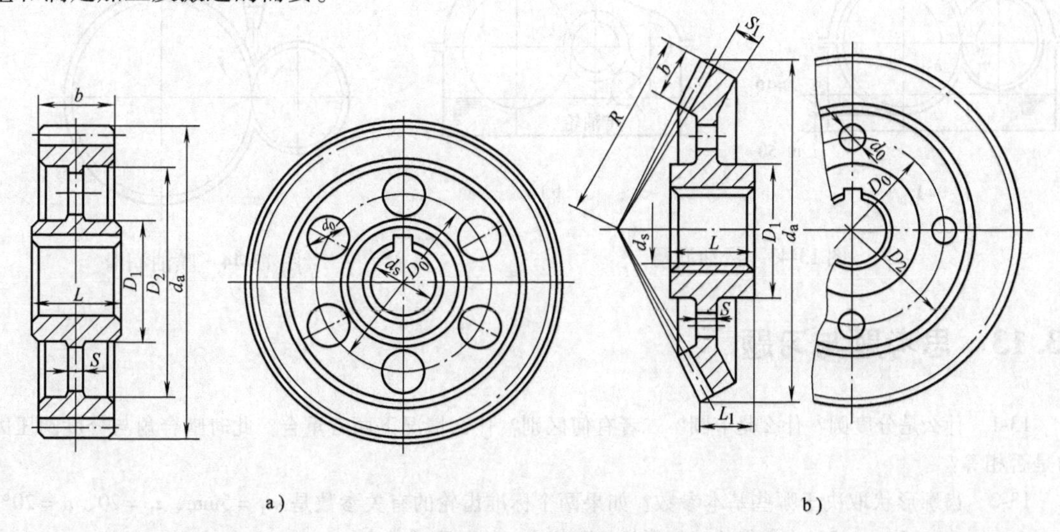

图 13-42　腹板式齿轮

a）圆柱齿轮　$D_1=1.6d_s$；$D_2=1.6d_a-10m_n$；$D_0=0.5(D_1+D_2)$；$d_0=0.25(D_2-D_1)$；$S=0.3b$（自由锻）$S=0.2b$（模锻），但不小于 10mm；当 $b=(1\sim1.5)d_s$ 时，取 $L=b$，否则取 $L=(1.2\sim1.5)d_s$

b）锥齿轮　$D_1=1.6d_s$；D_2 由结构定；$D_0=0.5(D_1+D_2)$；$d_0=0.25(D_2-D_1)$；$S=0.3m$，但不小于 10mm

对齿顶圆直径 >500mm 的齿轮，由于毛坯制造受到锻造设备限制，一般采用铸造成形，制成轮辐式结构，具体结构可参考有关技术资料。

13.12.2　齿轮传动的润滑

由齿轮的失效分析可知，齿轮传动如果润滑不良，会导致齿面损伤，对齿轮传动进行润滑，不仅可以减轻齿面磨损，降低传动噪声，同时还能散热、防锈，提高齿轮传动的使用寿命。

齿轮传动的润滑方式主要根据齿轮圆周速度的大小、传动的类型来选择。

1. 闭式传动的主要润滑方式

（1）浸油润滑　也称油浴润滑，是将齿轮副中的大齿轮浸入油中达一定的深度，其深度取决于齿轮的圆周速度，当 $v\leqslant12\text{m/s}$ 时，对一级齿轮传动，大齿轮浸入油中约一个齿高，如图 13-43a 所示，过深会增大运转阻力，降低工作效率，过浅则不利于润滑；对多级齿轮传动，因高速级大齿轮无法达到要求的浸油深度，则采用带油轮辅助润滑，将油带入高速级大齿轮表面，如图 13-43b 所示。

（2）喷油润滑　是用液压泵将有一定压力的润滑油直接喷到齿轮的啮合表面进行润滑，如图 13-44 所示。用于 $v>12\text{m/s}$ 的齿轮传动，此时因圆周速度高，搅油损耗较大，不宜采用浸油润滑。

2. 开式传动的润滑方式

开式或半开式齿轮传动，一般转速较低，通常采用人工定期润滑的方式，即定期将润滑脂或润滑油加到啮合表面进行润滑。

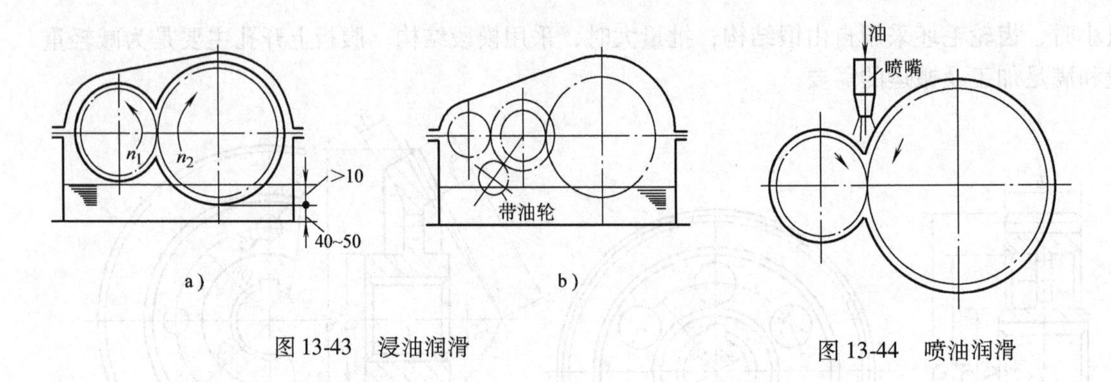

图 13-43　浸油润滑　　　　图 13-44　喷油润滑

13.13　思考题与习题

13-1　什么是分度圆？什么是节圆？二者有何区别？什么情况下两者重合？此时啮合角与分度圆压力角是否相等？

13-2　齿廓形状取决于哪些基本参数？如果两个标准齿轮的有关参数是 $m_1=5\text{mm}$、$z_1=20$、$\alpha=20°$；$m_2=4\text{mm}$、$z_2=25$、$\alpha=20°$，它们的齿廓形状是否相同？能否配对啮合？

13-3　当一齿轮齿数 $z_2=25$、分度圆压力角 $\alpha=20°$、齿顶高系数 $h_a^*=1$、顶隙系数 $c^*=0.25$ 时，齿轮的基圆大还是齿根圆大？什么情况下齿根圆大于基圆？此时，齿根圆到基圆的齿廓曲线是否是渐开线？

13-4　一对齿轮传动时，大小齿轮上齿根处的弯曲应力是否相等？齿面上的接触应力是否相等？

13-5　当模数不变时，齿轮齿数的变化对齿轮的形状有什么影响？对接触强度和弯曲强度各有什么影响？当分度圆不变时，齿数的变化对齿轮的形状有何影响？对接触强度和弯曲强度又各有什么影响？

13-6　一对相啮合的大小齿轮，在材料的选取上应注意什么？

13-7　直齿轮传动与斜齿轮传动的啮合特点有什么不同？斜齿轮螺旋角的取值范围是如何规定的？

13-8　齿轮的失效形式有几种？齿轮传动设计准则是根据什么确定的？

13-9　一渐开线，其基圆半径 $r_b=40\text{mm}$，试求此渐开线压力角 $\alpha=20°$ 处的半径 r 和曲率半径 ρ 的大小。

13-10　有一个标准渐开线直齿圆柱齿轮，测量其齿顶圆直径 $d_a=106.40\text{mm}$，齿数 $z=25$，问是哪一种齿制的齿轮？基本参数是多少？

13-11　两个标准直齿圆柱齿轮，已测得齿数 $z_1=22$、$z_2=98$，小齿轮齿顶圆直径 $d_{a1}=240\text{mm}$，大齿轮全齿高 $h=22.5\text{mm}$，试判断这两个齿轮能否正确啮合传动。

13-12　有一对正常齿制渐开线标准直齿圆柱齿轮，它们的齿数为 $z_1=19$、$z_2=81$，模数 $m=5\text{mm}$，压力角 $\alpha=20°$。若将其安装成 $a'=250\text{mm}$ 的齿轮传动，问能否实现无侧隙啮合？为什么？此时的顶隙（径向间隙）c 是多少？

13-13　已知一标准渐开线直齿圆柱齿轮，其齿顶圆直径 $d_{a1}=77.5\text{mm}$，齿数 $z_1=29$。现要求设计一个大齿轮与其相啮合，传动的安装中心距 $a=145\text{mm}$，试计算这对齿轮的主要参数及大齿轮的主要尺寸。

13-14　某标准直齿圆柱齿轮，已知齿距 $p=12.566\text{mm}$，齿数 $z=25$，正常齿制。求该齿轮的分度圆直径、齿顶圆直径、齿根圆直径、基圆直径、全齿高以及齿厚。

13-15　当用滚刀或齿条插刀加工标准齿轮时，其不产生根切的最少齿数怎样确定？当被加工标准齿轮的压力角 $\alpha=20°$、齿顶高因数 $h_a^*=0.8$ 时，不产生根切的最少齿数为多少？

13-16　已知一对正常齿标准斜齿圆柱齿轮的模数 $m=3\text{mm}$，齿数 $z_1=23$、$z_2=76$，分度圆螺旋角 $\beta=8°6'34''$。试求其中心距、端面压力角、当量齿数、分度圆直径、齿顶圆直径和齿根圆直径。

13-17　变位齿轮的模数、压力角、分度圆直径、齿数、基圆直径与标准齿轮是否一样？一对相互啮合的大小齿轮，如需变位加工，应如何选择变位方式？

13-18　一对齿轮传动，两轮齿面上的接触应力是否相等？弯曲应力是否相等？

13-19　有两对直齿圆柱齿轮传动，其中一对 $m=2\text{mm}$，齿数 $z_1=50$、$z_2=200$，$b=75\text{mm}$，另一对齿轮的 $m=4\text{mm}$，齿数 $z_1=25$、$z_2=100$，$b=75\text{mm}$，当载荷及其他条件相同时，问：1）两对齿轮的接触强度是否相同？为什么？2）两对齿轮的弯曲强度是否相同？为什么？

13-20　设计用于螺旋输送机的减速器中的一对直齿圆柱齿轮。已知传递的功率 $P=10\text{kW}$，小齿轮由电动机驱动，其转速 $n_1=960\text{r/min}$，$n_2=240\text{r/min}$，单向传动，载荷比较平稳。

13-21　单级直齿圆柱齿轮减速器中，两齿轮的齿数 $z_1=35$、$z_2=97$，模数 $m=3\text{mm}$，压力角 $\alpha=20°$，齿宽 $b_1=110\text{mm}$、$b_2=105\text{mm}$，转速 $n_1=720\text{r/min}$，单向传动，载荷中等冲击。减速器由电动机驱动。两齿轮均用 45 钢，小齿轮调质处理，齿面硬度为 220-250HBW，大齿轮正火处理，齿面硬度 180～200HBW。试确定这对齿轮允许传递的功率。

13-22　图 13-45 所示为斜齿圆柱齿轮减速器。

（1）已知主动轮 1 的螺旋角旋向及转向，为了使轮 2 和轮 3 的中间轴的轴向力最小，试确定轮 2、3、4 的螺旋角旋向和各轮产生的轴向力方向。

（2）已知 $m_{n2}=3\text{mm}$，$z_2=57$，$\beta_2=18°$，$m_{n3}=4\text{mm}$，$z_3=20$，β_3 应为多少时，才能使中间轴上两齿轮产生的轴向力互相抵消？

13-23　图 13-46 所示的传动简图中，采用斜齿圆柱齿轮与锥齿轮传动，当要求中间轴的轴向力最小时，斜齿轮的旋向应如何？

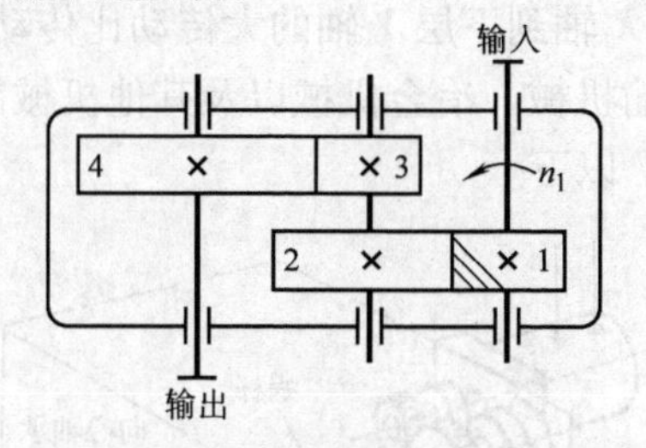

图 13-45　题 13-22 图

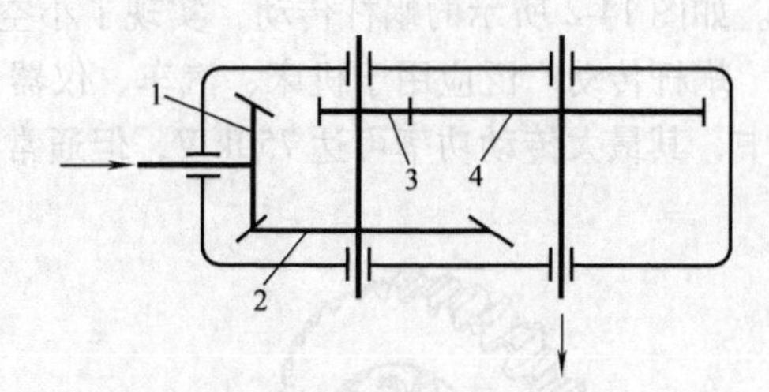

图 13-46　题 13-23 图

13-24　图 13-47 所示为直齿锥-斜齿圆柱齿轮减速器，主动轴 1 的转向如图 13-47a 所示，已知锥齿轮 $m=5\text{mm}$，$z_1=20$，$z_2=60$，$b=50\text{mm}$，斜齿轮 $m_n=6\text{mm}$，$z_3=20$，$z_4=80$。试问：

（1）当斜齿轮的螺旋角为何旋向及多少度时才能使中间轴上的轴向力为零？

（2）图 13-47b 表示中间轴，试在两个齿轮的力作用点上分别画出三个分力。

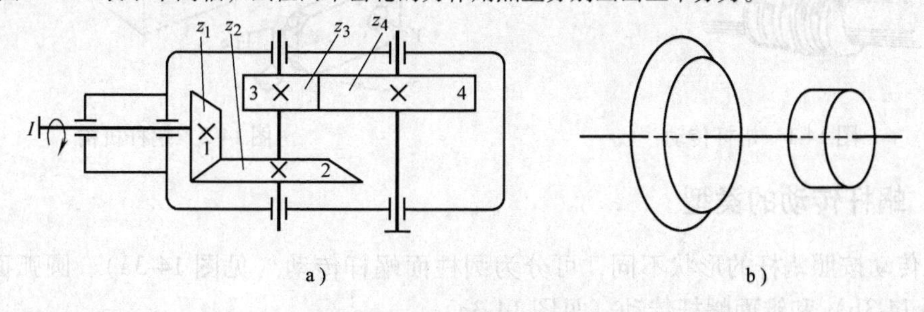

图 13-47　题 13-24 图

13-25　在一般传动中，如果同时有锥齿轮传动和圆柱齿轮传动，锥齿轮传动应放在高速级还是低速级？为什么？

13-26　试设计斜齿圆柱齿轮减速器中的一对斜齿轮。已知两齿轮的转速 $n_1=720\text{r/min}$，$n_2=200\text{r/min}$，传递的功率 $P=10\text{kW}$，单向传动，载荷有中等冲击，由电动机驱动。

第 14 章　蜗杆传动机构

学习目标：了解蜗杆传动的组成、结构、特点、类型和应用；掌握阿基米德蜗杆传动的主要参数和几何尺寸；掌握蜗杆传动的失效形式、常用材料及蜗杆传动的受力分析；掌握蜗杆传动的效率、润滑及热平衡计算；了解蜗杆传动的设计等。

14.1　概述

14.1.1　蜗杆传动的组成与应用

蜗杆传动主要由蜗杆和蜗轮组成，如图 14-1 所示，主要用于传递空间交错的两轴之间的运动和动力，通常轴间交角为 90°。一般情况下，蜗杆为主动件，蜗轮为从动件。

采用蜗杆机构，在运动转换中，可以实现小空间内、大传动比的交错轴之间的运动转换。如图 14-2 所示的蜗杆传动，实现了小空间内上层 X 轴到下层 Y 轴的大传动比传动。

蜗杆传动广泛应用于机床、汽车、仪器、起重运输机械、冶金机械以及其他机械制造工业中，其最大传动功率可达 750kW，但通常用在 50kW 以下。

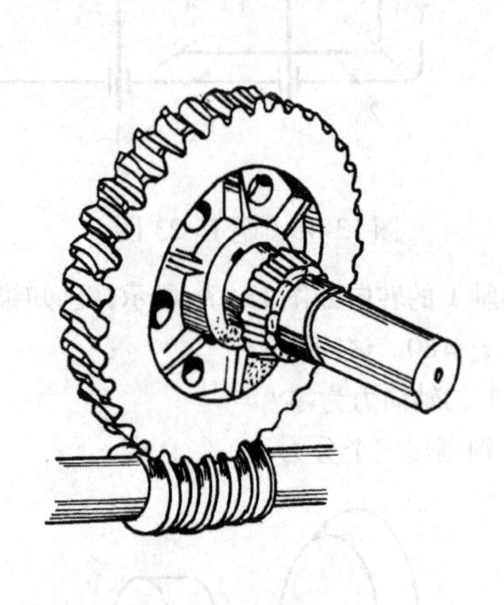

图 14-1　蜗杆传动

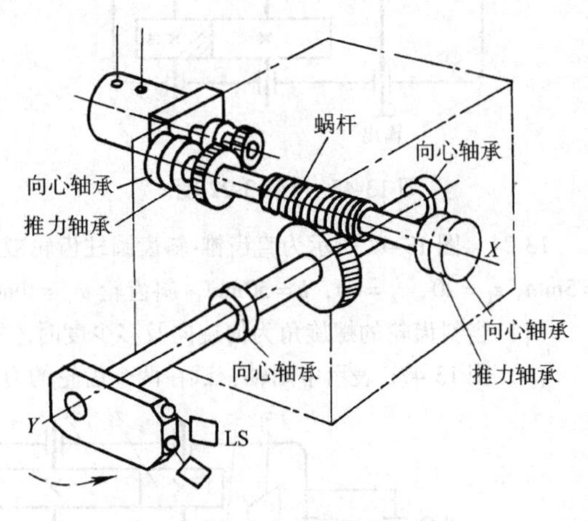

图 14-2　蜗杆机构

14.1.2　蜗杆传动的类型

蜗杆传动按照蜗杆的形状不同，可分为圆柱面蜗杆传动（见图 14-3a）、圆弧面蜗杆传动（见图 14-3b）和锥面蜗杆传动（见图 14-3c）。

圆柱蜗杆机构又可按螺旋面的形状，分为阿基米德蜗杆机构和渐开线蜗杆机构等，其中阿基米德蜗杆由于加工方便，其应用最为广泛。

图 14-4a 所示为阿基米德蜗杆，其端面齿廓为阿基米德螺旋线，轴向齿廓为直线，加工方法与普通梯形螺纹相似。阿基米德蜗杆较容易车削，但难以磨削，不易得到较高精度。

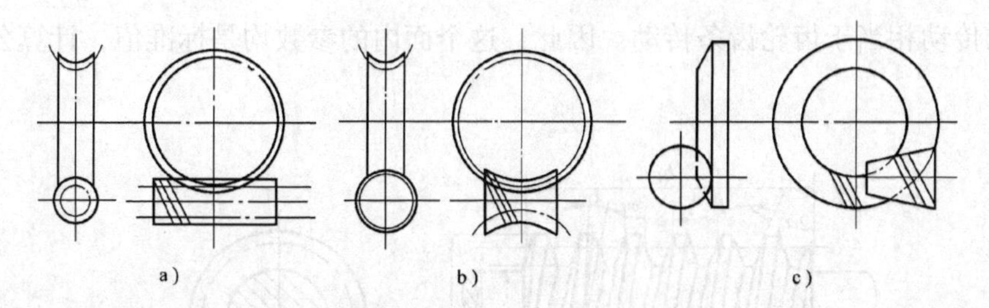

图 14-3　蜗杆传动的形式

图 14-4b 所示为渐开线蜗杆，其端面齿廓为渐开线，渐开线蜗杆可以用滚刀加工，并可在专用机床上磨削，制造精度较高，利于成批生产，适用于功率较大的高速传动。

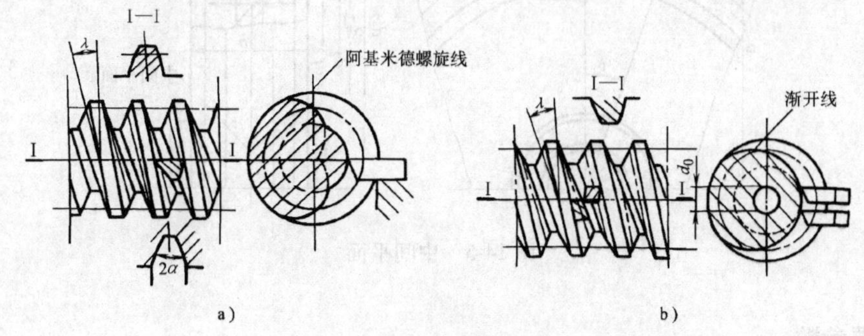

图 14-4　圆柱蜗杆机构

14.1.3　蜗杆传动特点

1）传动比大。单级蜗杆传动在传递动力时，传动比 $i=5\sim80$，常用的为 $i=15\sim50$。分度传动时 i 可达 1000。

2）传动平稳。因蜗杆的齿是一条连续的螺旋线，传动连续，因此它的传动平稳，噪声小。

3）具有自锁性。当蜗杆的导程角小于轮齿间的当量摩擦角时，可实现自锁。即蜗杆能带动蜗轮旋转，而蜗轮不能带动蜗杆。

4）传动效率低。蜗杆传动由于齿面间相对滑动速度大，齿面摩擦严重，故在制造精度和传动比相同的条件下，蜗杆传动的效率比齿轮传动低，一般只有 0.7～0.8。具有自锁功能的蜗杆机构，它的效率一般不大于 0.5。

5）相同传动比情况下，与齿轮传动相比则结构紧凑。

6）蜗轮蜗杆传动齿面间相对滑动速度较大，易摩擦发热，对重要的闭式传动，要有散热措施。

7）制造成本高。为了降低摩擦，减小磨损，提高齿面抗胶合能力，蜗轮齿圈常用贵重的铜合金制造，成本较高。

14.2　蜗杆传动机构的基本参数和尺寸计算

14.2.1　基本参数

1. 中间平面

将通过蜗杆轴线并与蜗轮轴线垂直的平面定义为中间平面，如图 14-5 所示。在此平面内，它们的传动相当于齿轮齿条传动。因此，这个面内的参数均是标准值，计算公式与圆柱齿轮相同。

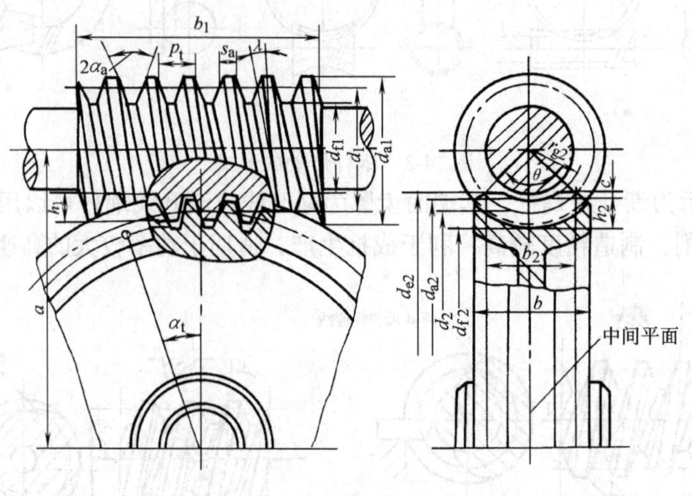

图 14-5　中间平面

2. 主要参数

（1）蜗杆齿数 z_1，蜗轮齿数 z_2　蜗杆齿类似螺旋线，其齿数 z_1 一般取 1、2、4。头数 z_1 增大，可以提高传动效率，但加工制造难度增加。

蜗轮类似斜齿轮，有螺旋角，其齿数一般取 $z_2=28\sim80$。若 $z_2<28$，传动的平稳性会下降，且易产生根切；若 z_2 过大，蜗轮的直径 d_2 增大，与之相应的蜗杆长度增加、刚度降低，从而影响啮合的精度。

（2）蜗杆分度圆直径 d_1 和蜗杆直径系数 q　加工蜗轮时，用的是具有与蜗杆相同尺寸的滚刀，因此加工不同尺寸的蜗轮，就需要不同的滚刀。为限制滚刀的数量，并使滚刀标准化，对每一标准模数，规定了一定数量的蜗杆分度圆直径 d_1。

定义蜗杆分度圆直径与模数的比值称为蜗杆直径系数，用 q 表示，即

$$q=\frac{d_1}{m} \tag{14-1}$$

模数一定时，q 值增大则蜗杆的直径 d_1 增大、刚度提高。因此，为保证蜗杆有足够的刚度，小模数蜗杆的 q 值一般较大。

蜗杆分度圆直径 d_1　　　$d_1=mq$

蜗杆分度圆直径 d_1 按表 14-2 蜗杆基本参数配置表查取。

蜗轮分度圆直径 d_2　　　$d_2=mz_2$

（3）蜗杆导程角 γ

$$\tan\gamma=\frac{p_z}{\pi d_1}=\frac{z_1\pi m}{\pi d_1}=\frac{z_1 m}{d_1}=\frac{z_1}{q} \tag{14-2}$$

式中　p_z——螺旋线的导程，$p_z=z_1p_{x1}=z_1\pi m$。

通常螺旋线的导程角 $\gamma=3.5°\sim27°$，导程角在（$3.5°\sim4.5°$）范围内的蜗杆可实现自

锁，升角大时传动效率高，但蜗杆加工难度大。

（4）传动比

$$i=\frac{n_1}{n_2}=\frac{z_2}{z_1}\neq\frac{d_2}{d_1} \tag{14-3}$$

14.2.2　蜗杆机构的正确啮合条件

1. 正确啮合条件

根据齿轮齿条正确啮合条件，蜗杆轴剖面上的轴面模数 m_{x1} 等于蜗轮的端面模数 m_{t2}；蜗杆轴剖面上的轴面压力角 α_{x1} 等于蜗轮的端面压力角 α_{t2}；蜗杆导程角 γ 等于蜗轮螺旋角 β，且旋向相同，即

$$\begin{cases} m_{x1}=m_{t2}=m \\ \alpha_{x1}=\alpha_{t2}=\alpha \\ \gamma=\beta \end{cases} \tag{14-4}$$

2. 中心距 a

$$a=\frac{1}{2}m(q+z_2) \tag{14-5}$$

14.2.3　蜗杆传动的基本尺寸计算

标准圆柱蜗杆传动的几何尺寸计算公式见表 14-1。

表 14-1　标准普通圆柱蜗杆传动几何尺寸计算公式

名　称	计算公式	
	蜗　杆	蜗　轮
齿顶高	$h_a=m$	$h_a=m$
齿根高	$h_f=1.2m$	$h_f=1.2m$
分度圆直径	$d_1=mq$	$d_2=mz_2$
齿顶圆直径	$d_{a1}=m(q+2)$	$d_{a2}=m(z_2+2)$
齿根圆直径	$d_{f1}=m(q-2.4)$	$d_{f2}=m(z_2-2.4)$
顶隙	$c=0.2m$	
蜗杆轴向齿距 蜗轮端面齿距	$p=m\pi$	
蜗杆分度圆柱的导程角	$\tan\gamma=\frac{z_1}{q}$	
蜗轮分度圆上轮齿的螺旋角		$\beta=\lambda$
中心距	$a=m(q+z_2)/2$	
蜗杆螺纹部分长度	$z_1=1、2, b_1\geqslant(11+0.06z_2)m$ $z_1=4, b_1\geqslant(12.5+0.09z_2)m$	
蜗轮咽喉母圆半径		$r_{g2}=a-d_{a2}/2$
蜗轮最大外圆直径		$z_1=1, d_{e2}\leqslant d_{a2}+2m$ $z_1=2, d_{e2}\leqslant d_{a2}+1.5m$ $z_1=4, d_{e2}\leqslant d_{a2}+m$

（续）

名　　称	计算公式	
	蜗　杆	蜗　　轮
蜗轮轮缘宽度		$z_1=1、2, b_2\leqslant 0.75d_{a1}$ $z_1=4, b_2\leqslant 0.67d_{a1}$
蜗轮轮齿包角		$\theta=2\arcsin(b_2/d_1)$ 一般动力传动 $\theta=70°\sim 90°$ 高速动力传动 $\theta=90°\sim 130°$ 分度传动 $\theta=45°\sim 60°$

表 14-2　蜗杆基本参数配置表

模数 m /mm	分度圆直径 d_1/mm	蜗杆头数 z_1	直径系数 q	d_1m^2	模数 m /mm	分度圆直径 d_1/mm	蜗杆头数 z_1	直径系数 q	d_1m^2
1	**18**	1	18.000	18	6.3	（80）	1,2,4	12.698	3.175
1.25	20	1	16.000	31		**112**	1	17.798	4445
	22.4	1	17.920	35	8	（63）	1,2,4	7.875	4032
1.6	20	1,2,4	12.500	51		80	1,2,4,6	10.000	5120
	28	1	17.500	72		（100）	1,2,4	12.500	6400
2	18	1,2,4	9.000	72		**140**	1	17.500	8960
	22.4	1,2,4,6	11.200	90	10	71	1,2,4	7.100	7100
	（28）	1,2,4	14.000	112		90	1,2,4,6	9.000	9000
	35.5	1	17.750	142		（112）	1	11.200	11200
2.5	（22.4）	1,2,4	8.960	140		160	1	16.000	16000
	28	1,2,4,6	11.200	175	12.5	（90）	1,2,4	7.200	14062
	（35.5）	1,2,4	14.200	222		112	1,2,4	8.960	17500
	45	1	18.000	281		（140）	1,2,4	11.200	21875
31.5	（28）	1,2,4	8.889	278		200	1	16.000	31250
	35.5	1,2,4,6	11.270	352	16	（112）	1,2,4	7.000	28.672
	（45）	1,2,4	14.286	447		140	1,2,4	8.750	35840
	56	1	17.778	556		（180）	1,2,4	11.250	46080
4	（31.5）	1,2,4	7.875	504		250	1	15.625	64000
	40	1,2,4,6	10.000	640	20	（140）	1,2,4	7.000	56000
	（50）	1,2,4	12.500	800		160	1,2,4	8.000	64000
	71	1	17.750	1136		（224）	1,2,4	11.200	89600
5	（40）	1,2,4	8.000	1000		315	1	15.750	126000
	50	1,2,4,6	10.000	1250	25	（180）	1,2,4	7.200	112500
	（63）	1,2,4	12.600	1575		200	1,2,4	8.000	125000
	90	1	18.000	2 2500		（280）	1,2,4	11.200	175000
6.3	（50）	1,2,4	7.936	1984		400	1	16.000	250000
	63	1,2,4,6	10.000	2500					

注：表中分度圆直径 d_1 的数字，带（　）的尽量不用；黑体的为 $\gamma<3°30'$的自锁蜗杆。

14.3　蜗杆传动的失效形式和计算准则

14.3.1　蜗杆传动的失效形式及设计要求

蜗杆传动的主要失效形式有胶合、疲劳点蚀和磨损。

由于蜗杆传动中的蜗杆表面硬度比蜗轮高，所以蜗杆的接触强度、弯曲强度都比蜗轮高；而蜗轮齿的根部是圆环面，弯曲强度也高，很少折断。

由于蜗杆传动在齿面间有较大的滑动速度，发热量大，若散热不及时，油温升高、黏度下降，油膜破裂，更易发生胶合。开式传动中，蜗轮轮齿磨损严重，所以蜗杆传动中，要考虑润滑与散热问题。

由于蜗杆轴较长，弯曲变形大，会使啮合区接触不良。对重要的蜗杆传动，还需要考虑其刚度问题。

蜗杆传动的设计要求：①计算蜗轮接触强度；②计算蜗杆传动热平衡，限制工作温度；③必要时验算蜗杆轴的刚度。

14.3.2　蜗杆、蜗轮的材料选择

基于蜗杆传动的失效特点，选择蜗杆和蜗轮材料组合时，不但要求有足够的强度，而且要有良好的减摩、耐磨和抗胶合的能力。实践表明，较理想的蜗杆副材料是青铜蜗轮齿圈匹配淬硬磨削的钢制蜗杆。

（1）蜗杆材料　对高速重载的传动，蜗杆常用低碳合金钢（如20Cr、20CrMnTi），经渗碳后，表面淬火使硬度达56～62HRC，再经磨削。对中速中载传动，蜗杆常用45钢、40Cr、35SiMn等，表面经高频淬火使硬度达45～55HRC，再磨削。对一般蜗杆可采用45、40等碳钢调质处理（硬度为210～230HBW）。

（2）蜗轮材料　常用的蜗轮材料为铸造锡青铜（ZCuSnl0Pl，ZCuSn6Zn6Pb3）、铸造铝铁青铜（ZCuAl10Fe3）及灰铸铁HTl50、HT200等。锡青铜的抗胶合、减摩及耐磨性能最好，但价格较高，常用于$v_s \geqslant 3\text{m/s}$的重要传动；铝铁青铜具有足够的强度，并耐冲击，价格便宜，但抗胶合及耐磨性能不如锡青铜，一般用于$v_s \leqslant 6\text{m/s}$的传动；灰铸铁用于$v_s \leqslant 2\text{m/s}$的不重要场合。

14.3.3　蜗杆传动的结构

1）蜗杆的结构如图14-6所示，一般将蜗杆和轴作成一体，称为蜗杆轴。其中图14-6a是铣制蜗杆结构图，图14-6b蜗杆结构图可以车削或铣削。

2）蜗轮的结构如图14-7所示，一般为组合式结构，齿圈用青铜，轮芯用铸铁或钢。

图14-7a所示是组合式过盈连接：这种结构常由青铜齿圈与铸铁轮芯组成，多用于尺寸不大或工作温度变化较小的地方。

图14-7b所示是组合式螺栓连接：这种结构装拆方便，多用于尺寸较大或易磨损的场合。

图 14-7c 所示是整体式图。主要用于铸铁蜗轮或尺寸很小的青铜蜗轮。

图 14-7d 所示是拼铸式：将青铜齿圈浇注在铸铁轮芯上，常用于成批生产的蜗轮。

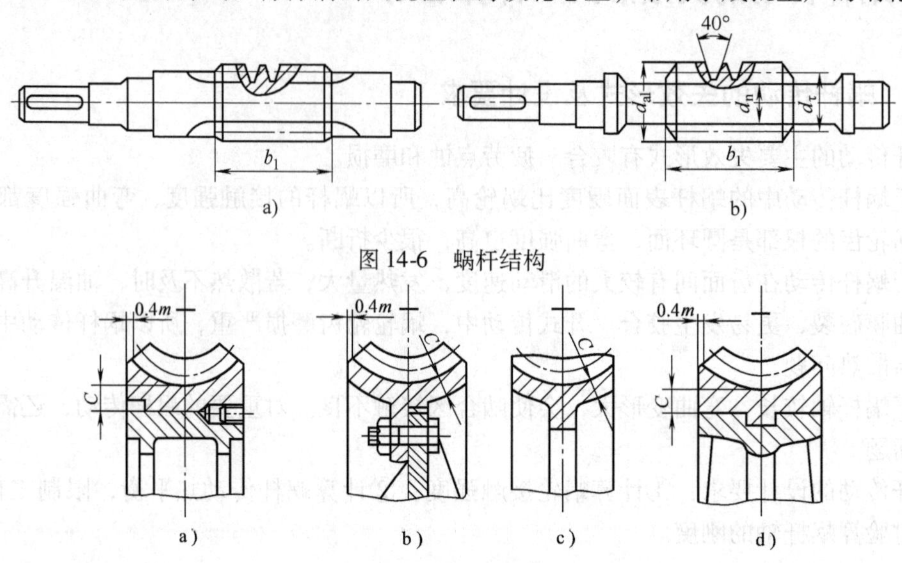

图 14-6　蜗杆结构

图 14-7　蜗轮的结构

14.3.4　蜗杆传动的受力分析

蜗杆传动的受力分析与斜齿圆柱齿轮的受力分析相似，齿面上的法向力 F_n 分解为三个相互垂直的分力：圆周力 F_t、轴向力 F_a、径向力 F_r，如图 14-8 所示。

蜗杆受力方向：轴向力 F_{a1} 的方向由左、右手定则确定，图 14-8 为右旋蜗杆，则用右手握住蜗杆，四指所指方向为蜗杆转向，拇指所指方向为轴向力 F_{a1} 的方向；圆周力 F_{t1}，与主动蜗杆转向相反；径向力 F_{r1}，指向蜗杆中心。

蜗轮受力方向：因为 F_{a1} 与 F_{t2}、F_{t1} 与 F_{a2}、F_{r1} 与 F_{r2} 是作用力与反作用力关系，所以蜗轮上的三个分力方向如图 14-8 所示。F_{a1} 的反作用力 F_{t2} 是驱使蜗轮转动的力，所以通过蜗轮蜗杆的受力分析也可判断它们的转向。

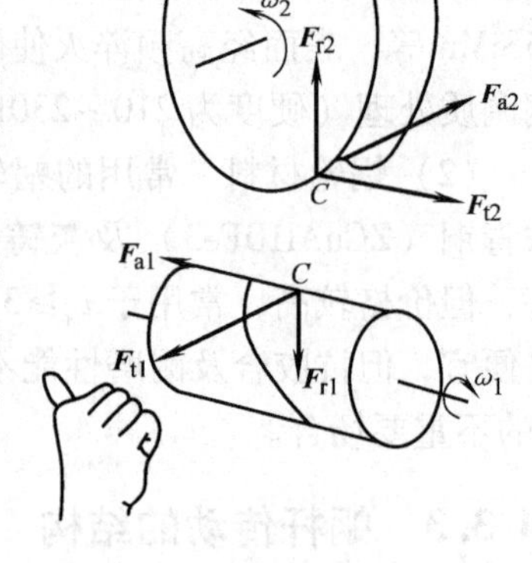

图 14-8　蜗杆传动受力分析

径向力 F_{r2} 指向轮心，圆周力 F_{t2} 驱动蜗轮转动，轴向力 F_{a2} 与轮轴平行。力的大小可按下式计算

$$F_{t1}=F_{a2}=\frac{2T_1}{d_1}\qquad F_{a1}=F_{t2}=\frac{2T_2}{d_2}\qquad F_{r1}=F_{r2}=F_{t2}\tan\alpha \tag{14-6}$$

$$T_2=T_1 i\eta$$

式中　$\alpha=20°$。

14.3.5　蜗杆传动的强度计算方法

在中间平面内，蜗杆与蜗轮的啮合相当于齿条与斜齿轮啮合（见图 14-5），因此蜗杆传

动的强度计算方法与齿轮传动相似。

对于钢制的蜗杆，与青铜或铸铁制的蜗轮配对，其蜗轮齿面接触强度设计公式为

$$d_1 m^2 \geqslant KT_2\left(\frac{500}{z_2[\sigma_H]}\right)^2 \text{mm}^3 \tag{14-7}$$

式中　K——载荷系数，引入是为了考虑工作时载荷性质、载荷沿齿向分布情况以及动载荷影响，一般取 $K=1.1\sim1.3$；

T_2——蜗轮上的转矩（N · mm）；

z_2——蜗轮齿数；

$[\sigma_H]$——蜗轮许用接触应力，可查表 14-3、表 14-4。

表 14-3　锡青铜蜗轮的许用接触应力 $[\sigma_H]$　（单位：MPa）

蜗轮材料	铸造方法	适用的滑动速度 v_s/(m/s)	蜗杆齿面硬度	
			≤350HBW	>45HRC
ZCuSn10P1	砂　型	≤12	180	200
	金属型	≤25	200	220
ZCuSn6Zn6Pb3	砂　型	≤10	110	125
	金属型	≤12	135	150

表 14-4　铝铁青铜及铸铁蜗轮的许用接触应力 $[\sigma_H]$　（单位：MPa）

蜗轮材料	蜗杆材料	滑动速度 v_s/(m/s)						
		0.5	1	2	3	4	6	8
ZCuAl10Fe3	淬火钢	250	230	210	180	160	120	90
HT150 HT200	渗碳钢	130	115	90	—	—	—	—
HT150	调质钢	110	90	70	—	—	—	—

* 蜗杆未经淬火时，需将表中许用应力值降低 20%。

*14.4　蜗杆传动的效率、润滑及热平衡计算

14.4.1　蜗杆传动的效率

1. 蜗杆传动时的滑动速度

蜗杆和蜗轮啮合时，齿面间有较大的相对滑动，蜗杆传动的相对滑动速度如图 14-9 所示。

相对滑动速度的大小对齿面的润滑情况、齿面失效形式及传动效率有很大影响。相对滑动速度越大，齿面间越容易形成油膜，则齿面间摩擦系数越小，当量摩擦角也越小；但另一方面，由于啮合处的相对滑动，加剧了接触面的磨损，因而应选用恰当的蜗轮蜗杆的配对材料，并注意蜗杆传动的润滑条件。

滑动速度计算公式为

$$v_s=\frac{\pi d_1 n_1}{60\times1000\cos\gamma} \tag{14-8}$$

式中　γ——普通圆柱蜗杆分度圆上的导程角；

n_1——蜗杆转速（r/min）；

d_1——普通圆柱蜗杆分度圆上的直径（mm）。

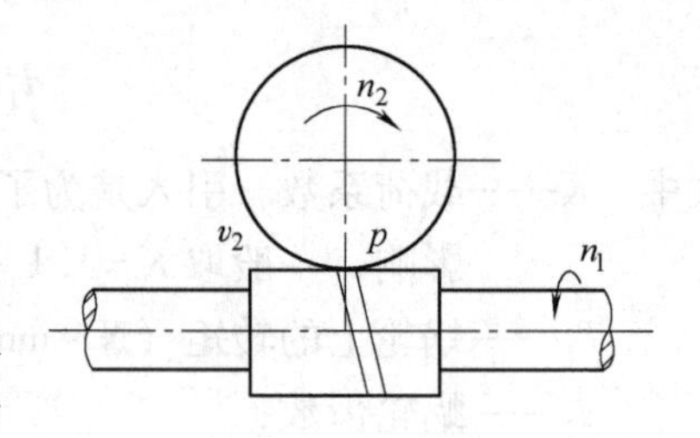

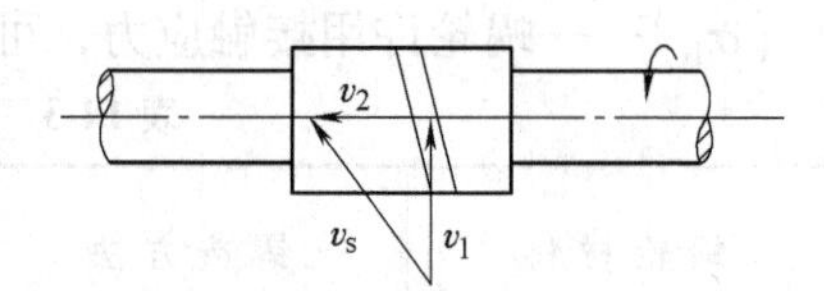

图 14-9　蜗杆传动的滑动速度

2. 蜗杆传动的效率

闭式蜗杆传动的功率损失包括啮合摩擦损失、轴承摩擦损失和润滑油被搅动的油阻损失。因此总效率为啮合效率 η_1、轴承效率 η_2、油的搅动和飞溅损耗效率 η_3 的乘积，其中啮合效率 η_1 是主要的。总效率为

$$\eta=\eta_1\eta_2\eta_3 \tag{14-9}$$

当蜗杆主动时，啮合效率 η_1 为

$$\eta_1=\frac{\tan\gamma}{\tan(\gamma+\rho_v)} \tag{14-10}$$

式中　γ——普通圆柱蜗杆分度圆上的导程角；

ρ_v——当量摩擦角，可按蜗杆传动的材料及滑动速度查表 14-5 得出。

由于轴承效率 η_2、油的搅动和飞溅损耗时的效率 η_3 不大，一般取 $\eta_2\eta_3=0.95\sim0.96$，

在开始设计时，为了近似地求出蜗轮轴上的转矩 T_2，则总效率 η 常按以下数值估取：$z_1=1$ 时，$\eta=0.7$；$z_1=2$ 时，$\eta=0.8$；$z_1=4$ 时，$\eta=0.9$。

表 14-5　当量摩擦系数 f_v 和当量摩擦角 ρ_v

蜗轮材料	锡青铜				无锡青铜	
蜗杆齿面硬度	>45HRC		≤350HBW		>45HRC	
滑动速度 v_s/(ms^{-1})	f_v	ρ_v	f_v	ρ_v	f_v	ρ_v
1.00	0.045	2°35′	0.055	3°09′	0.07	4°00′
2.00	0.035	2°00′	0.045	2°35′	0.055	3°09′
3.00	0.028	1°36′	0.035	2°00′	0.045	2°35′
4.00	0.024	1°22′	0.031	1°47′	0.04	2°17′
5.00	0.022	1°16′	0.029	1°40′	0.035	2°00′
8.00	0.018	1°02′	0.026	1°29′	0.03	1°43′

注：1. 蜗杆齿面粗糙度 $Ra=0.8\sim0.2\mu m$。

2. 蜗轮材料为灰铸铁时，可按无锡青铜查取 f_v、ρ_v。

14.4.2　蜗杆传动的润滑

蜗杆传动时，蜗轮蜗杆之间有较大的相对滑动，如果润滑的不好，则会导致接触面间发生磨损及胶合，降低使用寿命。

闭式蜗杆传动的润滑方式，根据蜗轮蜗杆之间的相对滑动速度及载荷情况，按表 14-6 选择。当选择油池润滑时，一般情况下，下置式（蜗杆在下方，蜗轮在上方）蜗杆传动的浸油深度为蜗杆的一个齿高；上置式（蜗杆在上方，蜗轮在下方）蜗杆传动的浸油深度约为蜗轮外径的 1/3。

开式蜗杆传动的润滑，则采用黏度较高的齿轮油或润滑脂进行润滑。

表 14-6　蜗杆传动的润滑油黏度及供油方式

滑动速度 v_s(m/s)	<1	<2.5	<5	>5~10	>10~15	>15~25	>25
载荷情况	重载	重载	中载	—	—	—	—
黏度 $\nu_{40℃}$/(mm^2/s)	900	500	350	220	150	100	80
供油方式	油池润滑			油池润滑或喷油润滑	压力喷油润滑及其压力/MPa		
					0.07	0.2	0.3

14.4.3　蜗杆传动的热平衡计算

1. 热平衡方程

由于蜗杆传动的效率低，因而发热量大，在闭式传动中，如果不及时散热，将使润滑油温度升高、黏度降低，油被挤出、加剧齿面磨损，甚至引起胶合。因此，对闭式蜗杆传动要进行热平衡计算，以便在油的工作温度超过许可值时，采取有效的散热方法。

由摩擦损耗的功率变为热能，借助箱体外壁散热，当发热速度与散热速度相等时，就达到了热平衡。通过热平衡方程，可求出达到热平衡时，润滑油的温度。该温度一般限制在 60~70℃，最高不超过 80℃。

热平衡方程为

$$1000(1-\eta)P_1=\alpha_t A(t_1-t_0)$$

式中　P_1——蜗杆传递的功率（kW）；

η——传动总效率；

A——散热面积，可按长方体表面积估算，但需除去不和空气接触的面积，凸缘和散热片面积按 50% 计算；

t_0——周围空气温度，常温情况下可取 20℃；

t_1——润滑油的工作温度，一般限制在 $[t_1]=60\sim70℃$，最高不超过 80℃；

α_t——箱体表面传热系数，其数值表示单位面积、单位时间、温差 1℃ 所能散发的热量，根据箱体周围的通风条件一般取 $\alpha_t=10\sim17\text{W}/(\text{m}^2\cdot℃)$，通风条件好时取大值。

由热平衡方程得出润滑油的工作温度 t_1 为

$$t_1=\frac{1000P_1(1-\eta)}{\alpha_t A}+t_0\leqslant[t_1] \tag{14-11}$$

也可以由热平衡方程得出该传动装置所必需的最小散热面积 $A_{\min}$，即

$$A_{\min}=\frac{1000(1-\eta)P_1}{\alpha_t(t_1-t_0)} \tag{14-12}$$

如果实际散热面积小于最小散热面积 $A_{\min}$，或润滑油的工作温度一超过 80℃，则需采取强制散热措施。

2. 蜗杆传动机构的散热

蜗杆传动机构的散热目的是保证油的温度在安全范围内，以提高传动能力。常用下面几

种散热措施：

1）在箱体外壁加散热片以增大散热面积。

2）在蜗杆轴上装置风扇，如图 14-10a 所示。

3）采用上述方法后，如散热能力还不够，可在箱体油池内铺设冷却水管，用循环水冷却，如图 14-10b 所示。

4）采用压力喷油循环润滑。油泵将高温的润滑油抽到箱体外，经过滤器、冷却器冷却后，喷射到传动的啮合部位，如图 14-10c 所示。

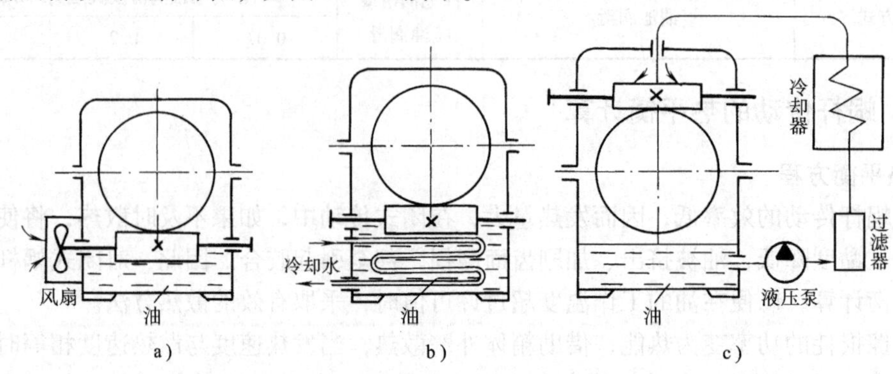

图 14-10　蜗杆传动机构的散热

*14.5　蜗杆传动的设计

设计时，通常给出传递的功率 P_1、传动比 i 和蜗杆转速 n_1 及工作情况等条件。

设计步骤如下：

1）合理选择蜗杆及蜗轮的材料，并查表确定许用应力值。

2）按蜗轮齿面接触强度公式计算 d_1m^2，并查表确定模数 m 及蜗杆分度圆直径 d_1。

①选择蜗杆齿数，计算蜗轮齿数，并取整数。

②根据蜗杆齿数，估计总效率值，并计算蜗轮转矩。

③计算 d_1m^2，并查表确定模数 m 及蜗杆分度圆直径 d_1。

3）确定传动的基本参数并计算蜗杆传动尺寸。

4）按热平衡方程计算，给出适当的散热措施建议。

5）选择蜗杆蜗轮的结构，并画出工作图。

例 14-1　试设计一混料机的闭式蜗杆传动。已知：蜗杆输入的传递功率 $P_1=3.5\text{kW}$、转速 $n_1=1440\text{r/min}$、传动比 $i=26$、载荷稳定。

解　(1) 合理选择蜗杆及蜗轮的材料，并查表确定许用应力值。

由于转速较高，传递功率不大，所以蜗杆可采用 45 钢，表面淬火，硬度为 45 ~ 50HRC。传动比大，则蜗轮也大，为节省非铁金属，蜗轮齿圈用锡青铜 ZCuSn6Zn6Pb3，砂型铸造，轮芯用铸铁 HT200。

估计滑动速度 $v_s<10\text{m/s}$，由表 14-3 可查出蜗轮的许用接触应力 $[\sigma_H]=125\text{MPa}$。

(2) 按蜗轮齿面接触强度公式式（14-7）计算 d_1m^2，并查表 14-3 确定模数 m 及蜗杆分度圆直径 d_1。

$$d_1m^2 \geqslant KT_2\left(\frac{500}{z_2[\sigma_H]}\right)^2$$

1）选择蜗杆齿数，计算蜗轮齿数，并取整数。

选择蜗杆齿数 $z_1=2$，根据传动比，计算蜗轮齿数 $z_2=2\times26=52$。

2）根据蜗杆齿数，估计总效率值，并计算蜗轮转矩。

估计总效率值 $\eta=0.8$，计算蜗轮转矩得

$$T_2=\frac{9.55\times10^6P_1\eta}{n_1/i}=\frac{9.55\times10^6\times3.5\times0.8}{1440/26}\text{N}\cdot\text{mm}=4.83\times10^5\text{N}\cdot\text{mm}$$

3）计算 d_1m^2，并查表确定模数 m 及蜗杆分度圆直径 d_1。

取载荷系数 $K=1.2$

$$d_1m^2\geqslant KT_2\left(\frac{500}{z_2[\sigma_H]}\right)^2\geqslant1.2\times4.83\times10^5\times\left(\frac{500}{52\times125}\right)^2\text{mm}^3=3428.2\text{mm}^3$$

由上式所得数据查表 14-2，取 $d_1m^2=3175\text{mm}^3$，则模数 $m=6.3\text{mm}$、蜗杆直径系数 $q=12.698$、蜗杆分度圆直径 $=80\text{mm}$。

（3）确定传动的基本参数并计算蜗杆传动尺寸。

$$\gamma=\arctan\frac{mz_1}{d_1}=\arctan\frac{6.3\text{mm}\times2}{80\text{mm}}=8°57'2''$$

其他尺寸计算参考表 14-1（略）。

（4）按热平衡方程计算，给出适当的散热措施建议。

1）由式（14-8）得滑动速度

$$v_s=\frac{\pi d_1n_1}{60\times1000\cos\gamma}=\frac{3.14\times80\times1440}{60\times1000\times\cos8°57'2''}\text{m/s}=6.10\text{m/s}$$

由滑动速度的数值可查表 14-5，取当量摩擦角 $\rho_v=1°\ 10'$。

计算啮合效率，由式（14-10）得

$$\eta_1=\frac{\tan\gamma}{\tan(\gamma+\rho_v)}=0.88$$

轴承效率 η_2、油的搅动和飞溅损耗时的效率 η_3，一般取 $\eta_2\eta_3=0.96$，则总效率 $\eta=0.84$。

2）由式（11-12）得最小散热面积

$$A_{\min}=\frac{1000(1-\eta)P_1}{\alpha_t(t_1-t_0)}=0.57\text{m}^2$$

上式中，取 t_0 取 20℃，允许最高温度 $t_1=80$℃，按散热情况一般，取 $\alpha_t=14\text{W}/(\text{m}^2\cdot℃)$。

如果实际散热面积小于最小散热面积 $A_{\min}$，或润滑油的工作温度一超过 80℃，则需采取散热措施。

（5）选择蜗杆蜗轮的结构，并画出工作图（略）。

14.6　思考题与习题

14-1　蜗杆传动有哪些特点？有哪些应用？

14-2　普通蜗杆传动的哪一个平面称为中间平面？中间平面上的蜗杆传动相当于何种传动？

14-3　引入蜗杆直径系数的目的是什么？

14-4　蜗杆传动正确啮合条件是什么？

14-5　蜗杆传动的主要失效形式有哪几种？选择蜗杆和蜗轮材料组合时，较理想的蜗杆副材料是什么？

14-6　蜗杆传动为什么要考虑散热问题？有哪些散热方法？

14-7　观察生活中，有哪些机器中应用了蜗杆传动机构？铣床中有吗？

14-8　试分析图 14-11 蜗杆传动的中蜗轮的转动方向及蜗杆、蜗轮所受各分力的方向。

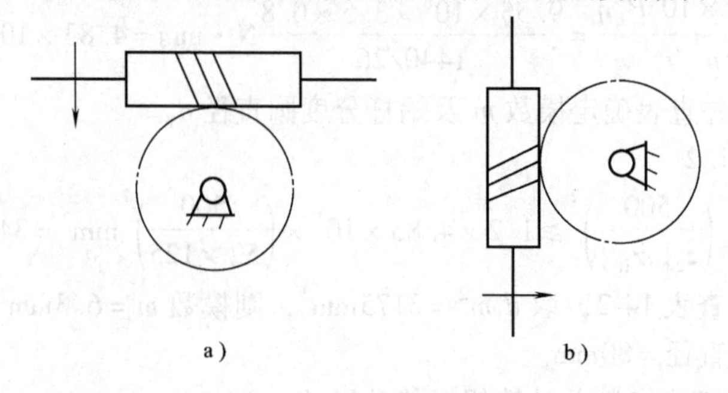

图 14-11　题 14-6 图

14-9　测得一双头蜗杆的轴向模数是 2mm，$d_{a1}=28\text{mm}$，求蜗杆的直径系数、导程角和分度圆直径。

14-10　有一标准圆柱蜗杆传动，已知模数 $m=8\text{mm}$，传动比 $i=20$，蜗杆分度圆直径 $d_1=80\text{mm}$，蜗杆齿数 $z_1=2$。试计算该蜗杆传动的主要几何尺寸。

14-11　设计一混料机的闭式蜗杆传动。已知：蜗杆输入的传递功率 $P_1=7.5\text{kW}$，转速 $n_1=1450\text{r/min}$，传动比 $i=20$，载荷稳定。

第15章 轮 系

学习目标：了解轮系的分类；掌握定轴轮系、行星轮系的传动比计算和转动方向判断；掌握较简单的混合轮系的传动比计算和转动方向的判断。

在齿轮传动机构中，研究了一对齿轮的传动问题，但在实际机械传动中，仅用一对齿轮往往不能满足生产上的多种需求，通常是采用一系列彼此相啮合的齿轮机构来完成。这种由一系列齿轮所组成的传动系统称为轮系。

15.1 概述

轮系应用很广，类型也很多，通常按轮系在传动时各齿轮的轴线相对于机架的位置是否固定分为两大类：定轴轮系和行星轮系。

1. 定轴轮系

当轮系运转时，每个齿轮的几何轴线相对机架都是固定的，这种轮系称为定轴轮系。由轴线相互平行的圆柱齿轮组成的定轴轮系，称为平面定轴轮系，如图15-1a所示。包含有锥齿轮和蜗杆传动等在内的定轴轮系，称为空间定轴轮系，如图15-1b所示。

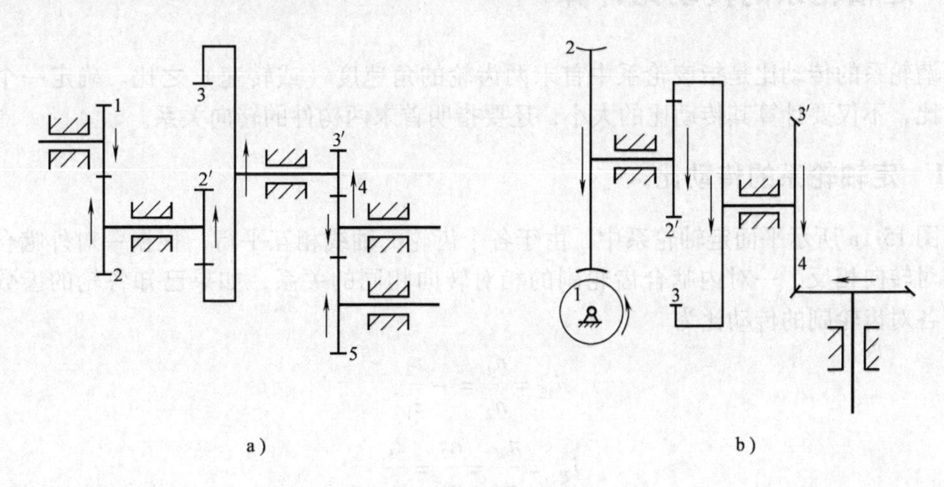

图15-1 定轴轮系

2. 行星轮系

当轮系运转时，如果至少有一个齿轮的轴线相对于机架的位置是变化的，则这种轮系称为行星轮系。如图15-2所示，齿轮2一方面绕自身轴线 O_2 自转，另一方面又随H绕轴线 O_1 公转，这种既有自转又有公转的齿轮称为行星轮。H是支承行星轮的构件，称为行星架。齿轮1、3的轴线与行星架H的轴线互相重合且固定，并且它们都与行星轮啮合，称为中心轮或太阳轮。

图 15-2 所示的行星轮系具有两个自由度，这种具有两个自由度的行星轮系称为差动轮系。其特征是两个太阳轮都转动。如果将差动轮系中的一个太阳轮固定，则整个轮系的自由度为 1，这种自由度为 1 的行星轮系称为简单行星轮系，如图 15-3 中虚线框内所示的行星轮系。

如图 15-3 所示，轮系中如果既有定轴轮系又有行星轮系，或包含有几个基本行星轮系的复杂轮系称为混合轮系。

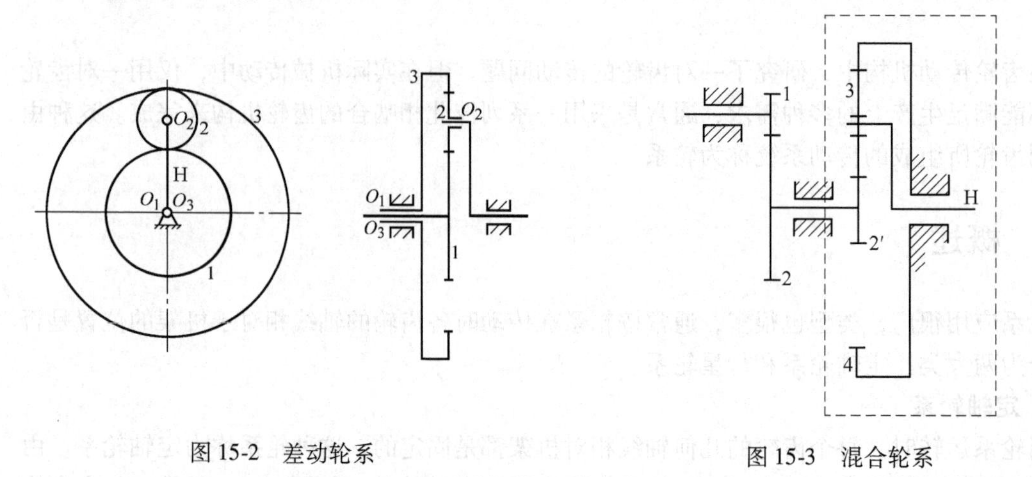

图 15-2　差动轮系　　图 15-3　混合轮系

15.2　定轴轮系的传动比计算

所谓轮系的传动比是指该轮系中首末两齿轮的角速度（或转速）之比。确定一个轮系的传动比，不仅要计算其传动比的大小，还要指明首末两构件的转向关系。

15.2.1　定轴轮系的传动比

在图 15-1a 所示平面定轴轮系中，由于各个齿轮的轴线相互平行，根据一对外啮合齿轮副的相对转向相反、一对内啮合齿轮副的相对转向相同的关系，如果已知各轮的齿数和转速，则各对齿轮副的传动比为

$$i_{12}=\frac{n_1}{n_2}=-\frac{z_2}{z_1}$$

$$i_{2'3}=\frac{n_{2'}}{n_3}=\frac{n_2}{n_3}=\frac{z_3}{z_{2'}}$$

$$i_{3'4}=\frac{n_{3'}}{n_4}=-\frac{z_4}{z_{3'}}$$

$$i_{45}=\frac{n_4}{n_5}=-\frac{z_5}{z_4}$$

将以上各式等号两边连乘后得

$$i_{12}i_{2'3}i_{3'4}i_{45}=\frac{n_1n_2n_{3'}n_4}{n_2n_3n_4n_5}=(-1)^3\frac{z_2z_3z_4z_5}{z_1z_{2'}z_{3'}z_4}$$

因此
$$i_{15}=\frac{n_1}{n_5}=-\frac{z_2z_3z_5}{z_1z_{2'}z_{3'}}$$

由上式可知，定轴轮系首、末两轮的传动比等于组成轮系的各对齿轮传动比的连乘积，其大小等于所有从动轮齿数的连乘积与所有主动轮齿数的连乘积之比，其正负号则取决于外啮合的次数。传动比为正号时表示首、末两轮的转向相同，为负号时表示首、末两轮的转向相反。

假设定轴轮系首末两轮的转速分别为 n_G 和 n_K，则传动比的一般表达式是

$$i_{GK}=\frac{n_G}{n_K}=(-1)^m\frac{\text{从 }G\text{ 到 }K\text{ 之间所有从动轮齿数连乘积}}{\text{从 }G\text{ 到 }K\text{ 之间所有主动轮齿数连乘积}} \tag{15-1}$$

式中，上标“m”表示轮系从齿轮 G 到齿轮 K 的外啮合次数。在图 15-1a 所示的定轴轮系中，齿轮 4 与齿轮 3′和 5 同时啮合。齿轮 4 和 3′啮合时，它为从动轮；和齿轮 5 啮合时，它为主动轮，因此在计算公式的分子和分母中都出现齿数 z_4 而互相抵消，说明齿轮 4 的齿数不影响传动比的大小。但是由于它的存在而增加了一次外啮合，改变了轮系末轮的转向。这种齿轮称为惰轮。

15.2.2　定轴轮系传动比符号的确定方法

（1）对于图 15-1a 所示的平面定轴轮系　可以根据轮系中从齿轮 G 到齿轮 K 的外啮合次数 $(-1)^m$ 来确定；也可以采用画箭头的方法，从轮系的首轮开始，根据外啮合两齿轮转向相反、内啮合两齿轮转向相同的关系，依次对各个齿轮标出转向。最后，根据轮系首末两轮的转向，判定传动比的符号。

（2）对于图 15-1b 所示的空间定轴轮系　由于是包含有锥齿轮或蜗杆传动的定轴轮系，各轮的轴线不平行，则只能采用画箭头的方法确定传动比的符号。

对于锥齿轮传动，齿轮副转向的箭头同时指向或同时背离啮合处。

对于蜗杆传动，从动蜗轮转向的判定方法是：对右旋蜗杆用右手定则，四指弯曲顺着主动蜗杆的转向，与拇指指向相反的方向，就是蜗轮在啮合处圆周速度的方向；对左旋蜗杆用左手定则，方法同上。

例 15-1　如图 15-4 所示轮系中，已知 $z_1=15$，$z_2=25$，$z_{2'}=15$，$z_3=30$，$z_{3'}=15$，$z_4=30$，$z_{4'}=2$（右旋），$z_5=60$，$z_{5'}=20$，齿轮 5′的模数 $m=4\text{mm}$，若 $n_1=500\text{r/min}$，求齿条 6 的线速度的大小和方向。

解　图示为空间定轴轮系，从轮 2 开始，顺次标出各对啮合齿轮的转动方向。

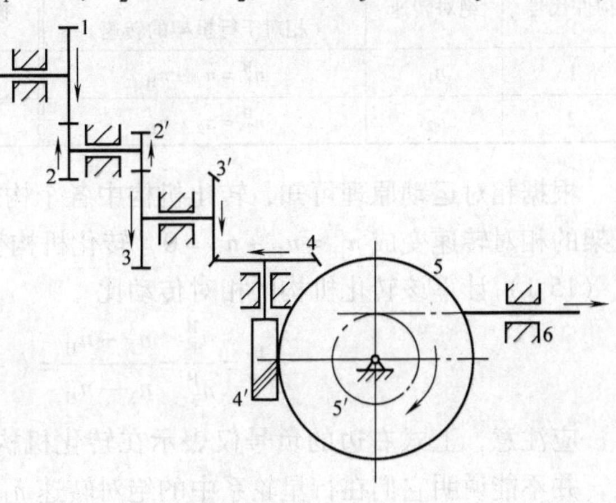

图 15-4　例 15-1 图

由式（15-1）得

$$i_{15}=\frac{n_1}{n_5}=\frac{z_2z_3z_4z_5}{z_1z_{2'}z_{3'}z_{4'}}$$
$$=\frac{25\times30\times30\times60}{15\times15\times15\times2}=200$$

$$n_5=\frac{n_1}{i_{15}}=\frac{500}{200}\text{r/min}=2.5\text{r/min}$$

$$n_{5'}=n_5=2.5\text{r/min}$$

$$\omega_5=\frac{2\pi\times 2.5}{60}\text{rad/s}=0.262\text{rad/s}$$

$$v_6=\omega_{5'}r_{5'}=\frac{\omega_{5'}mz_{5'}}{2}=\frac{0.262\times 4\times 20}{2}\text{mm/s}=10.5\text{mm/s}$$

方向如图15-4所示（向右）。

15.3　行星轮系的传动比计算

15.3.1　行星轮系的传动比

由于行星轮系中包含几何轴线可以运动的行星轮，因此它的传动比不能直接用定轴轮系传动比的计算公式（15-1）来进行计算。如果将行星轮系中的行星架相对固定，而各个构件之间的相对运动关系保持不变，则可将行星轮系转化为假想的定轴轮系（称为行星轮系的转化机构），这样就可以按照式（15-1）计算转化机构的相对传动比。这种机构传动比的计算方法称为机构转化法。

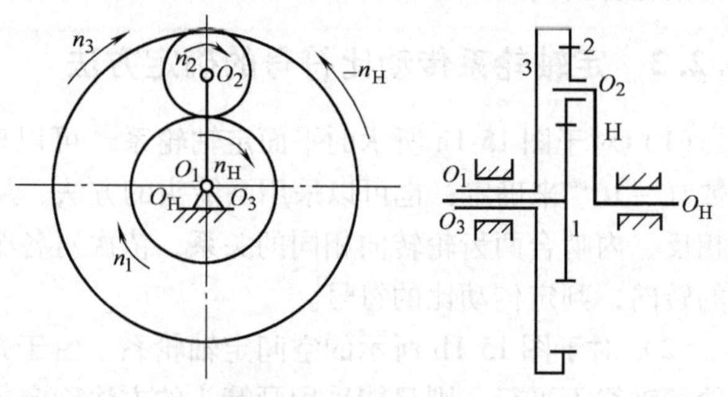

图15-5　行星轮系的转化机构

图15-5所示的行星轮系，假设已知各轮和行星架的绝对转速分别为 n_1，n_2，n_3 和 n_H，都是顺时针方向。现在给整个行星轮系加上一个公共转速 $-n_H$，各个构件的转速就会发生变化，见表15-1。

表15-1　行星轮系转化机构中各构件的相对转速

构件代号	绝对转速	在转化机构中的相对转速（相对于行星架的转速）	构件代号	绝对转速	在转化机构中的相对转速（相对于行星架的转速）
1	n_1	$n_1^H=n_1-n_H$	3	n_3	$n_3^H=n_3-n_H$
2	n_2	$n_2^H=n_2-n_H$	H	n_H	$n_H^H=n_H-n_H=0$

根据相对运动原理可知，转化机构中各个构件之间的相对运动关系保持不变。但是，行星架的相对转速变成 $n_H^H=n_H-n_H=0$，转化机构变成一个假想的定轴轮系。因此，可以按照式（15-1）计算该转化机构的相对传动比

$$i_{13}^H=\frac{n_1^H}{n_3^H}=\frac{n_1-n_H}{n_3-n_H}=(-1)^1\frac{z_2z_3}{z_1z_2}=-\frac{z_3}{z_1}$$

应注意，上式右边的负号仅表示在转化机构中齿轮1与3相对转速 n_1^H 与 n_3^H 的方向相反，并不能说明它们在行星轮系中的绝对转速 n_1 与 n_3 的方向就一定相反，它还取决于行星轮系中 z_1，z_3 以及 n_1，n_3 和 n_H 的值。

一般而言，假设行星轮系首轮 G、末轮 K 和行星架 H 的绝对转速分别为 n_G，n_K 和 n_H，其转化机构传动比的一般表达式是

$$i_{GK}^{H}=\frac{n_G-n_H}{n_K-n_H}=(-1)^m\frac{\text{从 }G\text{ 到 }K\text{ 之间所有从动轮齿数连乘积}}{\text{从 }G\text{ 到 }K\text{ 之间所有主动轮齿数连乘积}} \tag{15-2}$$

如果已知行星轮系中各轮齿数以及三个运动参数中的任意两个，就可以按照式（15-2）计算出另外一个运动参数，从而计算出行星轮系任意两个构件的传动比。

应用式（15-2）计算转化机构传动比时，应当注意：

1）构件 G、K 和 H 的绝对转速 n_G，n_K 和 n_H 都是代数量（既有大小，又有方向）。在其轴线互相平行的条件下，各构件的绝对转速关系在与轴线平行的平面上将表现为代数量的关系。所以，在应用该计算公式时，n_G，n_K 和 n_H 都必须带有表示本身转速方向的正号或负号。一般可假定某绝对转速的方向为正，与之相反的则为负。

2）转化机构中构件的相对转速 n_G^H 和 n_K^H，并不等于实际行星轮系中构件的绝对转速 n_G 和 n_K，故行星轮系的绝对传动比不等于其转化机构的相对传动比。

15.3.2 行星轮系传动比符号的确定方法

在行星轮系计算式（15-2）等号右边的正负号，仍然按照齿轮副外啮合次数确定，它不仅表明轮系首、末两齿轮 G 与 K 在转化机构中的相对转速和方向的相互关系，而且影响行星轮系绝对传动比的大小和正负号。

为了能够正确判定转化机构中各构件的相对转向，也可以假定某相对转速的方向为正，然后根据各构件的啮合与运动关系，采用标注虚箭头的方法确定其余构件的相对转速方向，以便与通常在实际行星轮系中用来表示构件绝对转速方向的实箭头区别开来。

对于包含锥齿轮的行星轮系，如果齿轮 G、K 与行星架 H 的轴线平行，仍然可以使用式（15-2）计算其转化机构传动比，但是不能用来确定转化机构中齿轮 G 与 K 的相对转速的方向，只能采用标注箭头的方法确定方向。

例 15-2 在图 15-6 所示行星轮系中，已知各轮齿数：$z_1=z_{2'}=100$，$z_2=99$，$z_3=101$，行星架 H 为原动件，试求传动比 i_{H1}。

解 根据公式（15-2）

$$i_{13}^{H}=\frac{n_1-n_H}{n_3-n_H}=\frac{n_1-n_H}{0-n_H}=1-\frac{n_1}{n_H}=1-i_{1H}=\frac{z_2z_3}{z_1z_{2'}}$$

$$i_{1H}=1-i_{13}^{H}=1-\frac{99\times101}{100\times100}=\frac{1}{10000}$$

$$i_{H1}=10000$$

式中为“+”，表示轮 1 与行星架 H 的转向相同。

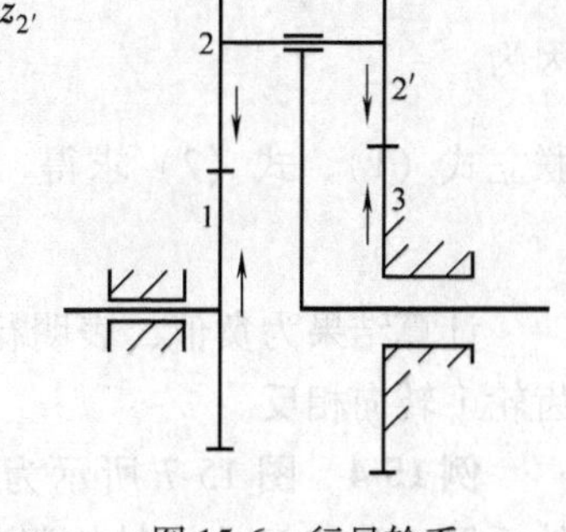

图 15-6 行星轮系

15.4 混合轮系

混合轮系是由定轴轮系和行星轮系，或是由几个基本行星轮系组成的复杂轮系。计算混合轮系的传动比，必须分析轮系类型及其组成。主要有两个方面的任务：一是将混合轮系中的几个基本行星轮系区别开来，或是将混合轮系中的基本行星轮系部分与定轴轮系部分区别

开来；二是找出各部分的内在联系。

分析轮系中是否包含行星轮系，可以根据行星轮系的特点进行判断。先找出轴线可动的行星轮，然后找出支持行星轮转动的行星架（它的外形不一定像杆件，可以是滚筒、转动壳体或齿轮本身，行星架的符号也不一定是H）以及与行星轮啮合且轴线与行星轮系主轴线重合的太阳轮，这样就构成一个基本行星轮系。将各个基本行星轮系找出后，剩余的便是全部由轴线固定的齿轮组成的定轴轮系。将混合轮系分解成若干个基本轮系后，就可以分别对定轴轮系应用式（15-1）和对行星轮系转化机构应用式（15-2）列出多个传动比方程式，再根据它们的内在联系（如相关构件之间是刚性连接，它们的绝对转速相同等）进行联立求解。

例 15-3　在图 15-3 所示的轮系中，各轮齿数为 $z_1=20$，$z_2=40$，$z_{2'}=20$，$z_3=30$，$z_4=80$。试计算传动比 i_{1H}。

解　首先划分轮系。齿轮 3 的几何轴线是绕齿轮 2′和齿轮 4 的轴线转动的，是行星轮；行星架为 H，与行星轮相啮合的齿轮 2′、4 为太阳轮，故齿轮 3、2′、4 及 H 组成一个基本行星轮系。剩下的齿轮 1 的 2 为定轴轮系。因此，该轮系为一混合轮系。

行星轮系的传动比为

$$i_{2'4}^{H}=\frac{n_{2'}^{H}}{n_4^{H}}=\frac{n_{2'}-n_H}{n_4-n_H}=-\frac{z_4}{z_{2'}}$$

代入给定数据得

$$\frac{n_{2'}-n_H}{0-n_H}=-\frac{80}{20}=-4$$

即

$$-\frac{n_{2'}}{n_H}+1=-4$$

$$n_2=5n_H$$

定轴轮系的传动比为

$$i_{12}=\frac{n_1}{n_2}=-\frac{z_2}{z_1}=-\frac{40}{20}=-2$$

$$n_1=-2n_2 \tag{1}$$

因为

$$n_2=n_{2'}=5n_H \tag{2}$$

联立式（1）、式（2）求得

$$i_{1H}=\frac{n_1}{n_H}=\frac{-2n_2}{\frac{1}{5}n_2}=-10$$

计算结果为负值，表明行星架 H 的转向与齿轮 1 转向相反。

例 15-4　图 15-7 所示为卷扬机卷筒机构，轮系置于卷筒 H 内，结构紧凑。已知各轮齿数为 $z_1=24$，$z_2=48$，$z_{2'}=30$，$z_3=102$，$z_{3'}=40$，$z_4=48$，$z_5=100$，动力由轮 1 输入，$n_1=750\text{r/min}$，经卷筒 H 输出。求卷筒 H 的转速 n_H。

解　首先划分轮系。

从图中可以看出：双联齿轮 2-2′的几何轴线不固定，而是随着齿轮 5 的转动中心轴线运

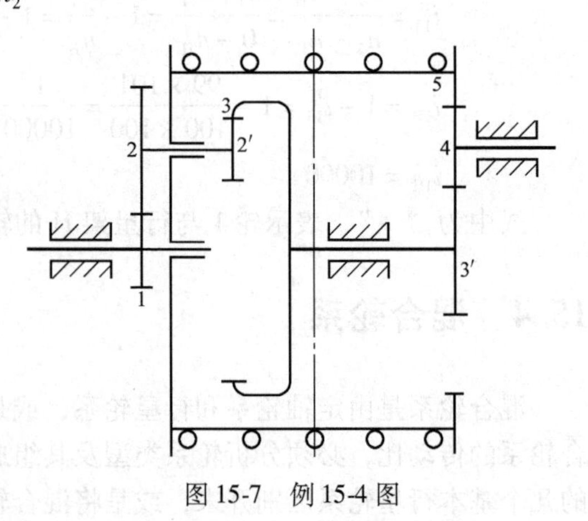

图 15-7　例 15-4 图

动，因此，它是一个双联行星轮。支承该行星轮的构件是齿轮5，即为行星架H，与行星轮2-2′分别啮合的是定轴齿轮1和3，即为太阳轮。所以，齿轮1、2-2′、3、5(H)组成一基本行星轮系，齿轮3′、4、5组成一定轴轮系。

（1）行星轮系的传动比

$$i_{13}^{H}=\frac{n_1^{H}}{n_3^{H}}=\frac{n_1-n_H}{n_3-n_H}=-\frac{z_2z_3}{z_1z_{2'}}=-\frac{48\times102}{24\times30}=-6.8 \tag{1}$$

（2）定轴轮系的传动比

$$i_{3'5}=\frac{n_{3'}}{n_5}=\frac{n_3}{n_H}=-\frac{z_4z_5}{z_{3'}z_4}=-\frac{z_5}{z_{3'}}=-\frac{100}{40}=-2.5 \tag{2}$$

$$n_3=-2.5n_H$$

代入式（1）得

$$\frac{n_1-n_H}{-2.5n_H-n_H}=\frac{n_1-n_H}{-3.5n_H}=-\frac{n_1}{3.5n_H}+\frac{1}{3.5}=-6.8$$

所以

$$\frac{n_1}{n_H}=24.8$$

$$n_H=\frac{n_1}{24.8}=\frac{750}{24.8}\text{r/min}=30.24\text{r/min}$$

式中，n_H 为正值，表示轮1与卷筒H的转向相同。

15.5 轮系的应用

轮系在各种机械设备中获得广泛应用，其功用可概括为以下几个方面。

15.5.1 实现大的传动比

在齿轮传动中，一对定轴齿轮的传动比一般为5~7。当两轴之间需要较大的传动比时，如果仅采用一对齿轮传动，两个齿轮直径相差较大，不仅外廓尺寸过大，而且造成两轮的寿命悬殊。此时可采用轮系，特别是行星轮系传动，可以获得很大的传动比，如图15-6所示的行星轮系，由两对齿轮组成，而传动比可大至10000。

15.5.2 实现变速和换向传动

图15-8所示为汽车变速器。Ⅰ是动力输入轴，Ⅱ是输出轴，齿轮1与2始终保持啮合，可以操纵滑移齿轮8实现与齿轮3的分离或啮合，操纵双联滑移齿轮6、7，分别实现与齿轮5或4的分离或啮合。因此，在输入轴Ⅰ的转速和转向不变的情况下，利用轮系可以使输出轴Ⅱ获得多种转速或改变转向。

15.5.3 实现远距离传动

对于距离相对较远的两轴之间的传动，可通过增加若干惰轮的方法，在满足传动比和传动方向的条件下，使整个机构的轮廓尺寸减小，如图15-9所示。

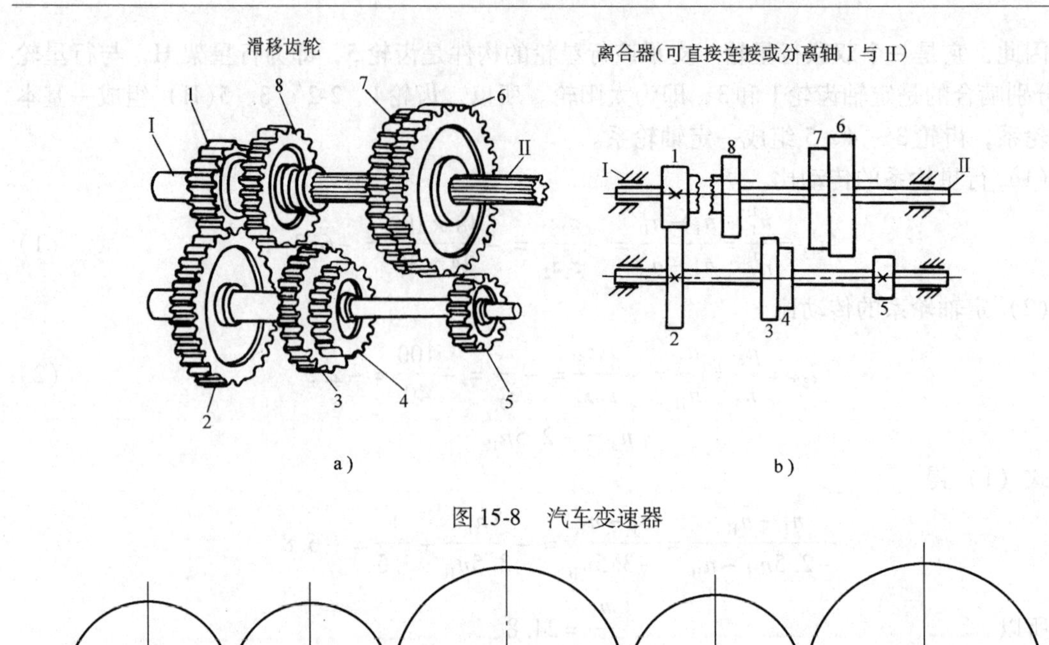

图 15-8　汽车变速器

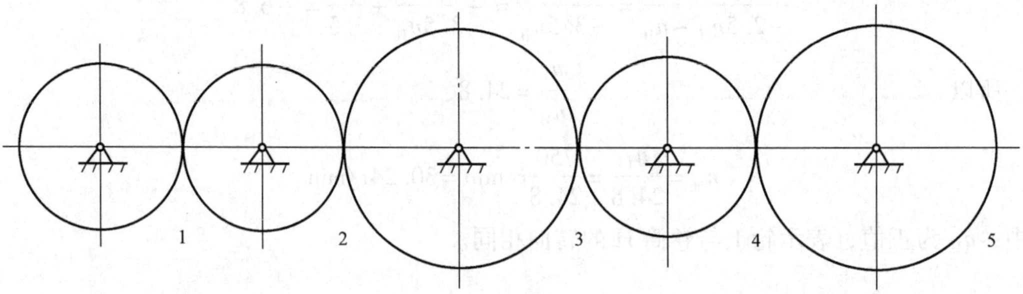

1　2　3　4　5

图 15-9　远距离传动

15.5.4　实现运动的合成和分解

采用具有两个自由度的差动行星轮系，可以很容易实现运动的合成与分解，这是行星轮系独特的功能。

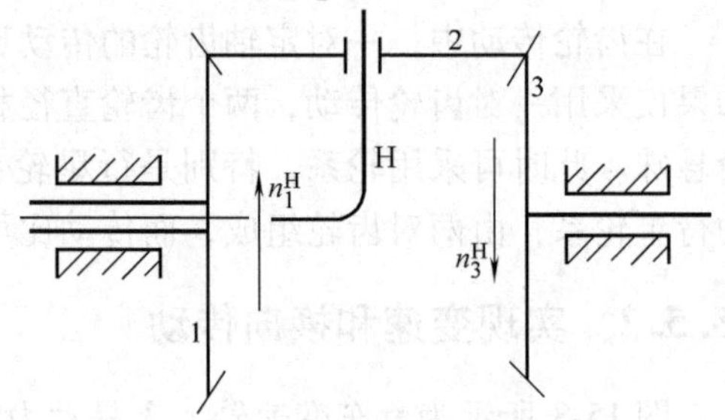

图 15-10　加法机构

在图 15-10 所示的由锥齿轮组成的行星轮系中，太阳轮 1 与 3 都可以转动，而且 $z_1 = z_3$。由传动比计算可知

$$n_{\mathrm{H}} = \frac{n_1 + n_3}{2}$$

上式说明，行星架的转速是太阳轮 1 与 3 转速之和的一半，它可以用作加法机构。

如果以行星架 H 和太阳轮 3（或 1）作为主动件，上式可以写成

$$n_1 = 2n_{\mathrm{H}} - n_3$$

上式说明，太阳轮 1 的转速是行星架转速的 2 倍与太阳轮 3 转速的差，它可以用作减法机构。

图 15-11 所示的汽车后桥差速器机构，运动由轮 5 输入，当汽车绕 P 点左转时，左右两轮因转弯半径不一样，所以两轮的转速关系有

$$\frac{n_1}{n_3}=\frac{R-L}{R+L} \tag{1}$$

为了使车轮与地面不发生滑动，以减小轮胎磨损，就要求汽车两轮的转速不一样，图 15-11 所示的汽车差速器中齿轮 4、5 组成定轴轮系，行星架 H 与齿轮 4 固连在一起，1—2—3—H 组成差动轮系。

由差动轮系 1—2—3—H 可知，$z_1=z_2=z_3$，有

$$i_{13}^{\mathrm{H}}=\frac{n_1-n_{\mathrm{H}}}{n_3-n_{\mathrm{H}}}=-\frac{z_3}{z_1}=-1 \tag{2}$$

整理得

$$n_{\mathrm{H}}=\frac{n_1+n_3}{2} \tag{3}$$

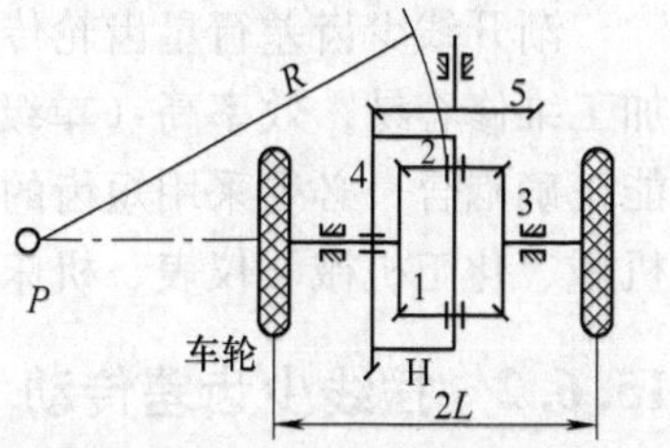

图 15-11 汽车后桥差速器

联立式（1）、式（3）解得

$$n_3=\frac{R+L}{R}n_4 \qquad n_1=\frac{R-L}{R}n_4$$

由以上分析可知，差动轮系可将两个输入转速合成为一个输出转速，也可将一个输入转速分解为两个不同的输出转速。差动轮系在机床、计算机构和补偿装置、汽车、轮船等机械设备中有广泛的应用。

*15.6 其他新型轮系简介

在生产中除使用一般的行星轮系外，还常使用由一般行星传动演化而来的一些特殊的行星传动，下面介绍几种主要类型。

15.6.1 渐开线少齿差行星传动

图 15-12 所示为渐开线少齿差行星传动。齿轮 1 为固定的太阳轮（内齿轮），齿轮 2 为行星轮，行星架 H 为输入轴，通过等角速比机构由轴 V 输出。它与前述几种行星轮系的不同之处在于，它输出的是行星轮的绝对转速，而不是太阳轮或行星架的绝对转速。由于太阳轮和行星轮的齿廓均为渐开线，且齿数差很少（一般为 1～4），故称为渐开线少齿差行星传动。因其中只有一个太阳轮、一个行星架和一个带输出机构的输出轴 V，故又称为 K—H—V 行星轮系。

这种轮系的传动比仍可用式（15-2）求出

$$i_{21}^{\mathrm{H}}=\frac{n_2-n_{\mathrm{H}}}{n_1-n_{\mathrm{H}}}=\frac{n_2-n_{\mathrm{H}}}{-n_{\mathrm{H}}}=1-\frac{n_2}{n_{\mathrm{H}}}=\frac{z_1}{z_2}$$

由此可得

$$\frac{n_2}{n_{\mathrm{H}}}=1-\frac{z_1}{z_2}=-\frac{z_1-z_2}{z_2}$$

故行星架主动、行星轮从动时的传动比

$$i_{\mathrm{HV}}=i_{\mathrm{H2}}=\frac{n_{\mathrm{H}}}{n_2}=-\frac{z_2}{z_1-z_2}$$

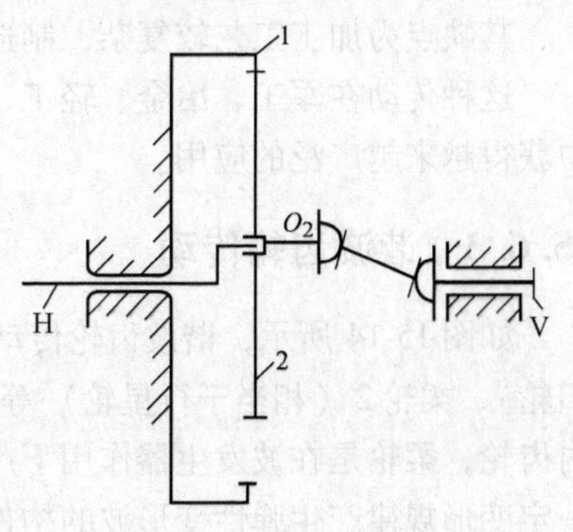

图 15-12 渐开线少齿差行星传动

该式表明：当齿数差 z_1-z_2 很小时，传动比 i_{HV} 可

以很大；当 $z_1 - z_2 = 1$ 时，其传动比 $i_{HV} = -z_2$，“ - ”号表示输出与输入转向相反。

由于行星轮 2 除自转外还随行星架 H 公转，故其轴线 O_2 不固定。为了将行星轮的运动不变地传给具有固定轴线的输出轴 V，可采用传递两平轴间运动的联轴器，如双万向联轴器、滑块联轴器和孔销式输出机构。

渐开线少齿差行星齿轮传动的主要优点为传动比大，结构简单紧凑，体积小，重量轻，加工维修容易，效率高（单级为 0.80 ~ 0.94）。其缺点为转臂轴承受力大，为了使内齿轮副能正确啮合，必须采用短齿的变位齿轮，且计算较复杂。它适用于中小型动力传动，在轻工机械、化工机械、仪表、机床及起重运输机械中获得广泛应用。

15.6.2　摆线少齿差传动（摆线针轮行星传动）

摆线少齿差传动主要由摆线少齿差齿轮副（摆线齿轮 2、针轮 1）、行星架 3 及输出机构组成。摆线少齿差传动的工作原理和结构与渐开线少齿差齿轮传动基本相同，其不同之处在于齿廓曲线。固定的内齿圈为针轮，其齿为带套筒的圆柱针齿销。行星轮为摆线齿轮，其齿廓为变幅外摆线的等距曲线，如图 15-13 所示。

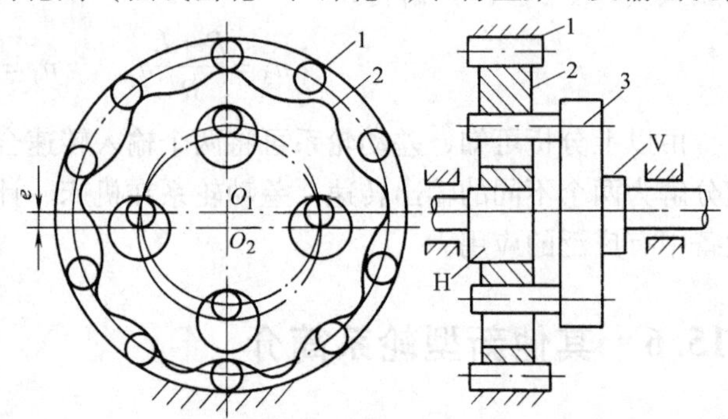

图 15-13　摆线针轮行星传动

在摆线少齿差传动中，太阳轮齿数与行星轮齿数之差为 1，其传动比为

$$i_{HV} = \frac{n_H}{n_V} = -\frac{z_2}{z_1 - z_2} = -z_2$$

式中　“ - ”——摆线轮轴（输入轴）与销盘轴（输出轴）转向相反；

z_1——针轮的针齿数；

z_2——摆线的齿数。

摆线少齿差传动的优点为传动比大（单级为 9 ~ 87，双级为 121 ~ 7569），传动效率高（一般可达 0.9 ~ 0.94），承载能力大（同时啮合齿数多），传动平稳，没有齿顶相碰和齿廓重叠干涉问题，齿轮磨损小（因为是高副滚动啮合），使用寿命长。

其缺点为加工工艺较复杂，制造精度要求高，摆线齿要用专用刀具及专用机床加工。

这种传动在军工、冶金、轻工、化工、造船、机械、起重运输、纺织等工业的机械设备中获得越来越广泛的应用。

15.6.3　谐波齿轮传动

如图 15-14 所示，谐波齿轮传动主要由波发生器（相当于行星架）、刚轮 1（相当于太阳轮）、柔轮 2（相当于行星轮）等基本构件组成。刚轮为工作时始终保持原始形状的刚性内齿轮，柔轮是在波发生器作用下产生可控弹性变形的薄壁外齿轮。波发生器则是使柔轮按一定变形规律产生弹性变形波的构件。波发生器的形式较多，图 15-14 所示由一椭圆盘与柔性滚动轴承所组成。三个基本构件中的任何一个皆可作为主动件，其余两个之一则为从动件或固定件。

现以波发生器为主动件、柔轮为从动件、刚轮为固定件的情况阐述其工作原理。由于柔轮为一薄壁外齿轮，内壁孔径略小于波发生器的长轴长度，因此，在波发生器的作用下，迫使柔轮产生弹性变形而呈椭圆形，其椭圆长轴两端的轮齿插进刚轮的齿槽中而相互啮合，短轴两端的轮齿与刚轮的轮齿完全脱开，其余各处的轮齿则处于啮合和脱离的过渡阶段。当波发生器转动时，柔轮长轴和短轴的位置不断变动，从而使柔轮轮齿依次压入刚轮齿间，实现柔轮与刚轮的啮合与运动传递，取代了摆线针轮传动所需要的等角速度输出机构，因而大大简化了结构，使传动机构体积小，重量轻，安装方便。

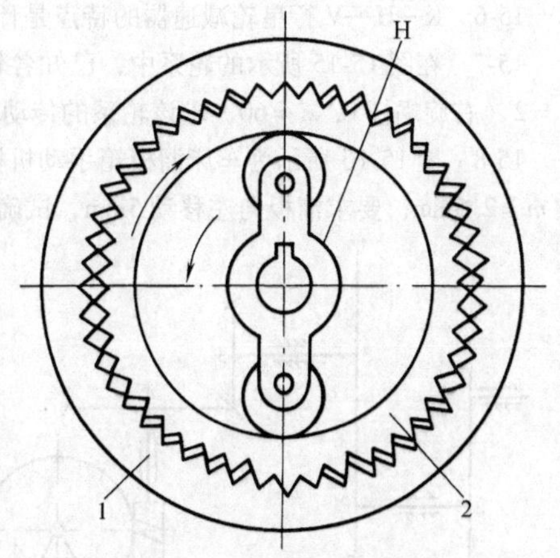

图 15-14　谐波齿轮传动

谐波齿轮传动是通过控制柔轮的弹性变形形成的一种沿圆周方向周期性前进的变形波来实现运动和动力的传递。如果在直角坐标系将波形沿圆周展开，则近似为一条正弦波曲线，故称这种传动为谐波传动。它是 K—H—V 型行星齿轮传动机构的变异形式。

根据波发生器转一圈使柔轮上某点变形的循环次数不同，谐波齿轮传动可分为双波传动、三波传动等。常见的是双波传动，图 15-14 中椭圆盘波发生器为一种双波传动的发生器。刚轮的齿数 z_2 与柔轮的齿数 z_1 之差应等于波数或波数的整数倍。一般刚轮固定不动，则其传动比为

$$i_{H2}=\frac{1}{i_{2H}}=\frac{1}{1-i_{21}^{H}}=\frac{1}{1-\dfrac{z_1}{z_2}}=-\frac{z_2}{z_1-z_2}$$

谐波齿轮的齿形目前多采用易于加工的小模数渐开线齿形。

谐波齿轮传动的优点为传动比大（H 为主动，其单级传动比为 70～320），体积小，重量轻，结构简单（不需要等角速比结构）；啮合齿数多，承载能力强，传动平稳，传动效率高；齿侧间隙小，适用于反向传动；具有良好的封闭性。

谐波齿轮传动的缺点是柔轮易于疲劳破坏，需采用高性能合金钢制造，且制造工艺较复杂。为了避免柔轮变形过大，当波发生器为主动、传动比小于 35 时不宜采用。

由于谐波齿轮传动有其独特的优点，因而在军工、航空航天、造船、矿山、机械、纺织、医疗器械、工业机器人等行业中得到广泛应用。

15.7　思考题与习题

15-1　定轴轮系和行星轮系的主要区别是什么？

15-2　什么是转化机构？转化机构的依据是什么？行星轮系的转化结果是什么？

15-3　简单行星轮系和差动轮系是如何定义的？

15-4　摆线针轮行星传动中，针轮与摆线轮的齿数差是多少？

15-5　谐波齿轮传动与摆线针轮行星传动的不同点是什么？

15-6　K—H—V 行星轮减速器的特点是什么？

15-7　在图 15-15 所示的轮系中，已知各轮齿数为 $z_1=15$，$z_2=25$，$z_{2'}=15$，$z_3=30$，$z_{3'}=15$，$z_4=30$，$z_{4'}=2$（右旋蜗杆），$z_5=60$，求该轮系的传动比 i_{15}，并判断蜗轮 5 的转向。

15-8　图 15-16 所示为车床溜板箱手动机构，已知 $z_1=16$，$z_2=80$，$z_3=13$，轮 3 与固定齿条啮合，模数 $m=2.5$mm，要求溜板向左移动 5mm，试确定手轮的转数和转向。

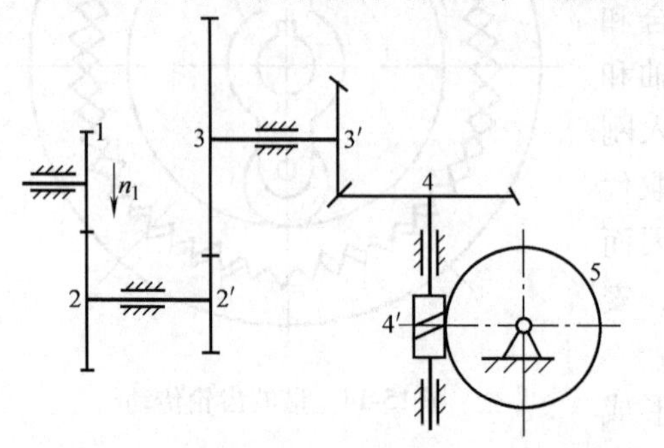

图 15-15　题 15-7 图

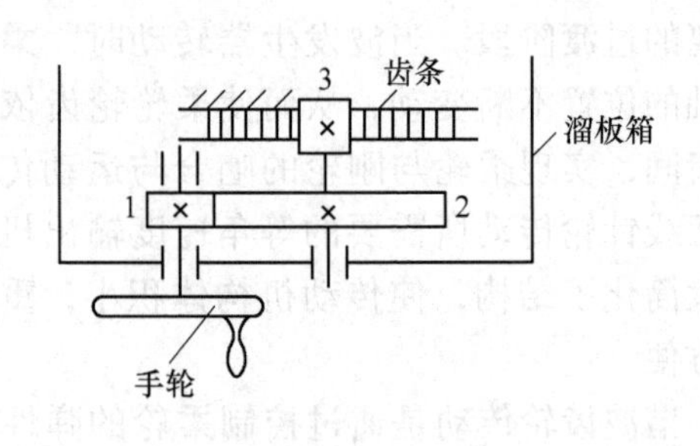

图 15-16　题 15-8 图

15-9　图 15-17 所示为磨床砂轮进给机构，已知丝杠为右旋，导程 $p_z=3$mm，$z_1=28$，$z_2=56$，$z_3=38$，$z_4=57$，若手轮转速 $n_1=50$r/min，求砂轮的进给速度和方向。

15-10　图 15-18 所示为一电动提升装置，其中各轮齿数均为已知，试求传动比 i_{15}，并画出当提升重物时电动机的转向。

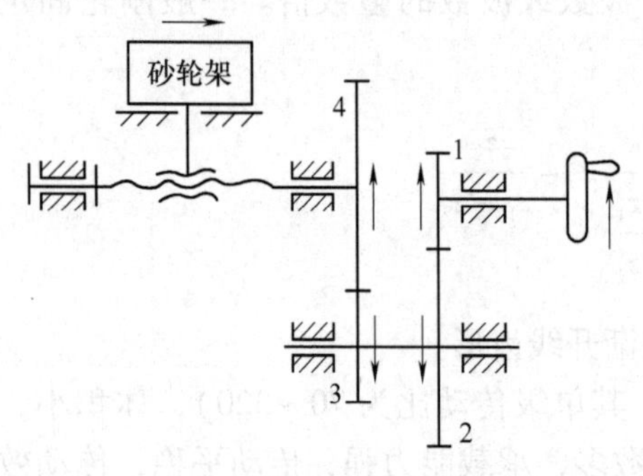

图 15-17　题 15-9 图

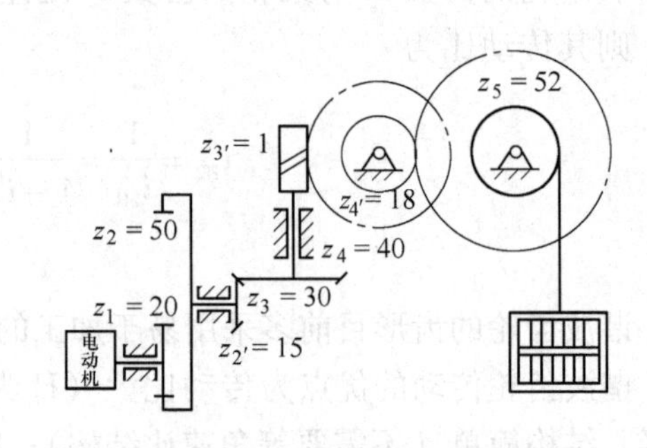

图 15-18　题 15-10 图

15-11　图 15-19 所示为一钟表机构，运动由轮 3 输入，分别输至秒针 S、分针 M、时针 H。各轮齿数如图所示，2、3、4、5 各轮模数相等。求 1、2、3 三轮的齿数。

15-12　图 15-20 所示为卷扬机传动示意图，悬挂重物 G 的钢丝绳绕在鼓轮 5 上，鼓轮 5 与蜗轮 4 连接在一起。已知各齿轮的齿数 $z_1=20$，$z_2=60$，$z_3=2$（右旋），$z_4=120$。试求：轮系的传动比 i_{14}。若重物上升，加在手把上的力应使轮 1 如何转动？

15-13　求图 15-21 所示轮系的传动比 i_{14}。已知各轮齿数 $z_1=z_{2'}=25$，$z_2=z_3=z_4=20$，$z_H=100$。

15-14　在图 15-22 所示的轮系中，已知各轮齿数：$z_1=60$，$z_2=20$，$z_{2'}=25$，$z_3=15$，$n_1=50$r/min，$n_3=200$r/min。求：当（1）n_1 与 n_3 转向相同（见图 15-22a）；（2）n_1 与 n_3 转向相反（见图 15-22b）时，行星架 H 的转速 n_H 大小和方向。

15-15　图 15-23 所示的轮系中，各轮齿数 $z_1=32$，$z_2=34$，$z_2'=36$，$z_3=64$，$z_4=32$，$z_5=17$，$z_6=24$，

均为标准齿轮传动。轴Ⅰ按图示方向以 1250r/min 的转速回转，而轴Ⅵ按图示方向以 600r/min 的转速回转。求轮Ⅲ的转速 n_3。

15-16　在图 15-24 所示的轮系中，已知各轮齿数 $z_1=48$，$z_2=48$，$z_2'=18$，$z_3=24$，$n_1=250\text{r/min}$，$n_3=100\text{r/min}$，转向如图所示。试求杆 H 的转速 n_H 的大小及方向。

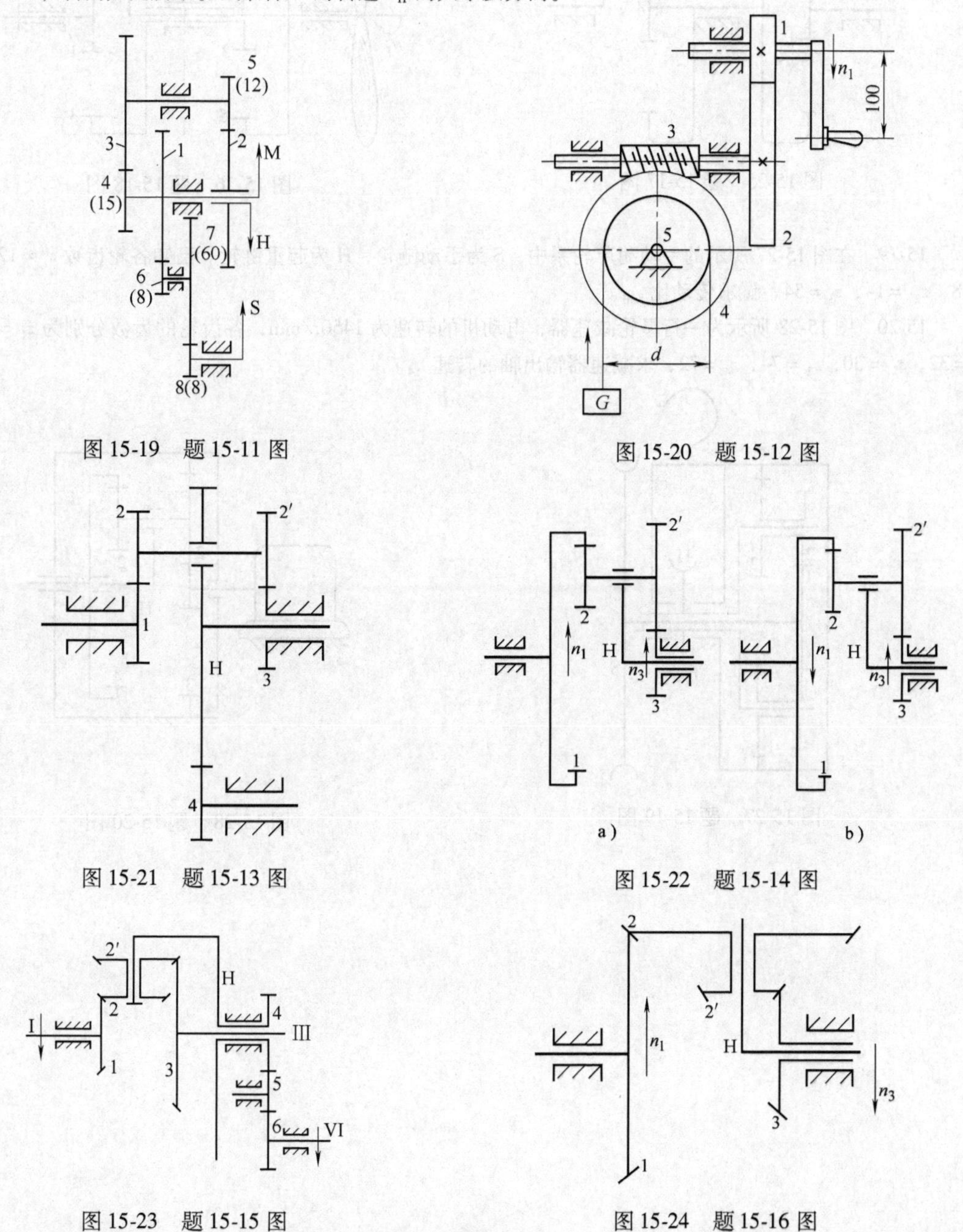

图 15-19　题 15-11 图

图 15-20　题 15-12 图

图 15-21　题 15-13 图

图 15-22　题 15-14 图

图 15-23　题 15-15 图

图 15-24　题 15-16 图

15-17　在图 15-25 所示的轮系中，已知各轮齿数 $z_1=z_4=40$，$z_2=z_5=30$，$z_3=z_6=100$，试求传动比 i_{1H}。

15-18　图 15-26 所示为某涡轮螺旋桨飞机发动机的主减速器。已知发动机输入转速 $n_1=12500\text{r/min}$，各轮齿数为 $z_1=z_{3'}=31$，$z_2=z_4=29$，$z_3=z_5=89$。试计算螺旋桨的转速 n_r，并判断 n_r 转向。

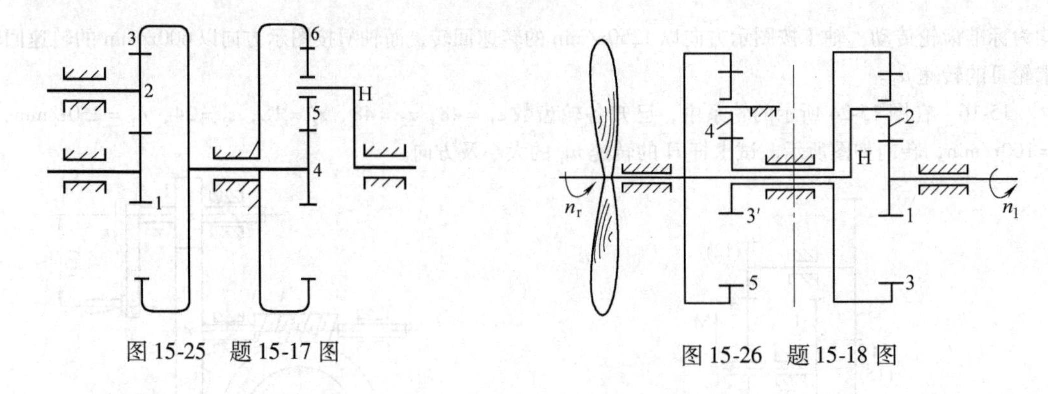

图 15-25　题 15-17 图　　　　图 15-26　题 15-18 图

15-19　在图 15-27 所示的手动葫芦轮系中，S 为手动链轮，H 为起重链轮。已知各轮齿数 $z_1=12$，$z_2=28$，$z_{2'}=14$，$z_3=54$，试求传动比 i_{SH}。

15-20　图 15-28 所示为一行星轮减速器，电动机的转速为 1450r/min，各齿轮的齿数分别为 $z_1=10$，$z_2=32$，$z_{2'}=30$，$z_3=74$，$z_4=72$，求减速器输出轴的转速 n_4。

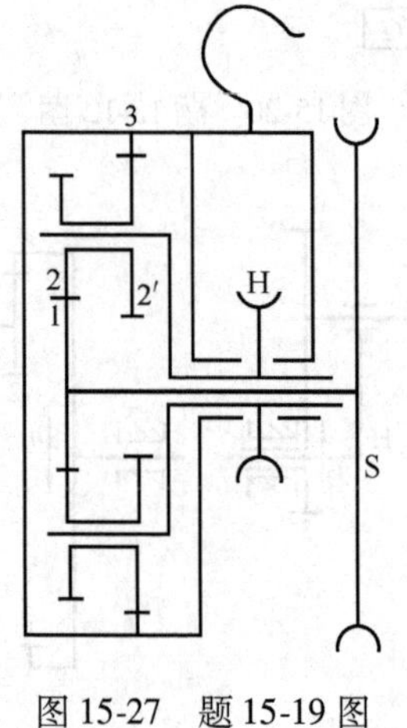

图 15-27　题 15-19 图

图 15-28　题 15-20 图

第16章　带　传　动

学习目标：了解带传动的组成、工作原理、特点、类型和应用；了解V带的构造和标准以及V带轮的常用材料和结构；了解带传动的弹性滑动及其传动比。掌握带传动的失效形式和计算准则，带传动的安装、张紧和维护方法，具有V带传动的参数选择和设计计算能力。

16.1　概述

16.1.1　带传动组成与常见类型

带传动是一种常用的传动形式，广泛用于各种机械中。日常生活中的双缸洗衣机、缝纫机、单放机等设备的传动系统中，都有带传动。

带传动由主动轮1、带3、从动轮2组成，带是挠性的中间零件，通过它将主动轮1的运动和动力传递给从动轮2（见图16-1）。

按传动原理，带传动可分为：

1. 摩擦带传动

它的工作原理是依靠带与带轮间的摩擦力传递运动。常见的有以下几种。

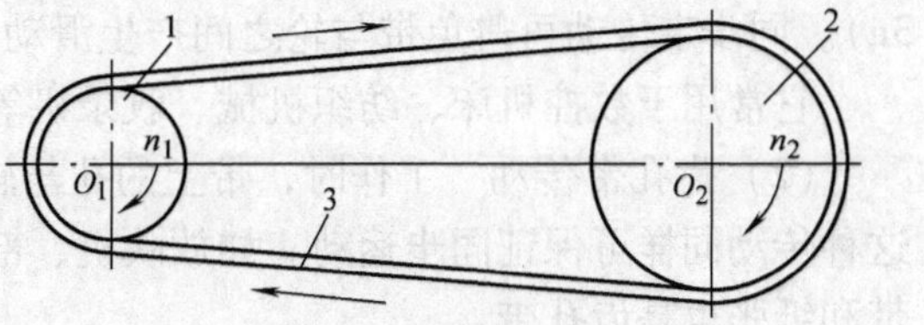

图16-1　带传动

（1）平带传动　平带的横截面为扁平形，其工作面为内表面（见图16-2a），常用的平带为橡胶帆布带，如运输机等。

图16-2　带的截面形状

（2）V带传动　V带的横截面为梯形，其工作面为两侧面（见图16-2b）。V带与平带相比，由于正压力作用在楔形面上，当量摩擦因数大，能传递较大的功率，结构也紧凑，故应用最广，如双缸洗衣机等。

（3）多楔带传动　多楔带是若干根V带的组合（见图16-2c），可避免多根V带长度不等，传力不均的缺点。

（4）圆带传动　圆带横截面是圆形（见图16-2d），通常用皮革或棉绳制成。圆带适用于传递小功率，如仪表、缝纫机等。

摩擦带传动适用于要求传动平稳，但传动比不严格的场合。

工业上用得最多的是普通V带传动，功率在100kW以下，速度5～25m/s，传动比可达到7，效率为0.94~0.96，一般多用于高速级起减速作用。本章主要介绍摩擦带传动的相关知识。

2. 啮合带传动

它的工作原理是依靠带上的齿或孔与带轮上的齿直接啮合传递运动。由于啮合带传动在构造上兼有带与齿轮的特点，所以也兼有两种传动的优点，即传动平稳、无噪声，传动比准确，结构紧凑，适用于高速传动。

啮合带传动效率达到0.98~0.99，传动速度一般最大可达到50m/s，传动比一般最大可达到12，传递功率也较大，可达100kW，缺点是价格较高。

啮合带传动有两种形式：

（1）同步带传动　工作时，带上的齿与轮上的齿相互啮合，以传递运动和动力（见图16-3a）。同步带传动可避免带与轮之间产生滑动，保证两轮圆周速度相同。

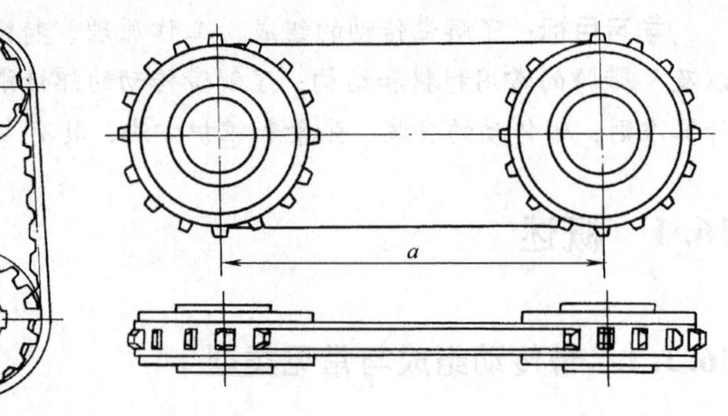

图16-3　啮合带传动

它常用于数控机床、纺织机械、收录机等需要速度同步的场合。

（2）齿孔带传动　工作时，带上的孔与轮上的齿相互啮合，以传递运动（见图16-3b）。这种传动同样可保证同步运动。如放映机、部分打印机等采用的是齿孔带传动，被输送的胶带和纸张也是齿孔带。

16.1.2　带传动的特点

摩擦带传动是利用具有弹性的挠性带与带轮间的摩擦来传递运动和动力的，故具有以下特点。

（1）传动平稳　弹性带能缓和冲击、吸收振动，故传动平稳、无噪声。

（2）效率低　滑动摩擦损耗功率，降低传动效率。

（3）传动比不恒定　由于带是柔性带，它在传动过程中会拉长和缩短，导致带沿着带轮的表面向前爬行或向后爬行，这种现象称弹性滑动。只要带在工作，弹性滑动就存在。带与轮之间的这种弹性滑动，导致速度损失，不能保证传动比恒定。

（4）中心距大　整机尺寸大，但结构简单，制造成本低，维护也方便。

（5）过载保护　过载时，带在轮上打滑，不致损伤从动零件，能起到过载保护作用。

16.1.3　V带传动结构参数

1. 带的节宽 b_p

V带在工作时，将发生弯曲变形，顶胶伸长，底胶缩短，但两者之间的抗拉体层中，有一层长度不变，称为节面，其宽度称节宽。

2. 带槽的基准宽度 b_d

与带的节面宽度重合处的带槽宽度，称为带槽的基准宽度，$b_d=b_p$。

3. 带轮的基准直径 d_d

带槽基准宽度所在的圆，称为基准圆，其直径 d_d 称为带轮的基准直径。带轮的基准直径系列值见表16-4。

4. 带的基准长度 L_d

带的节面长度称为带的基准长度，也称带的公称长度，带的基准长度系列值见表16-5。

16.1.4　普通V带轮的常用材料与结构

1. V带轮的材料

当带轮的圆周速度为25m/s以下时，带轮的材料一般采用铸铁HT150或HT200；速度较高时，应采用铸钢或钢板焊接。在小功率带传动中，也可采用铸铝或塑料。

2. V带轮的结构和尺寸

V带轮由轮缘（用于安装V带的部分，带轮上制有相应的V形槽）、轮毂（带轮与轴相连接的部分）以及轮辐（轮缘与轮毂相连接的部分）三部分组成，轮槽尺寸见表16-2。根据带轮直径的大小，普通V带轮共有实心式（见图16-4a）、辐板式（见图16-4b）、孔板式

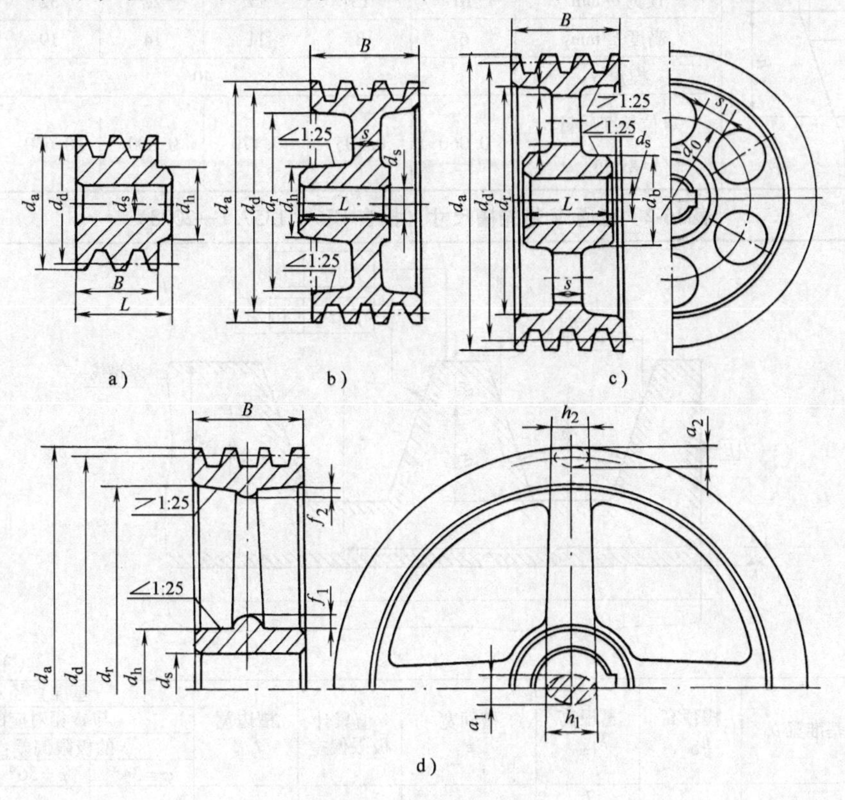

图16-4　V带轮结构

$d_h=(1.8\sim2)d_s, d_0=\dfrac{d_h+d_r}{2}, L=(1.5\sim2)d_s, a_2=0.8a_1, d_r=d_a-2(h_a+h_f+\delta)$,

h_a、h_f、δ 见表16-2，$a_1=0.4h_1$，$f_1=f_2=0.2h_1$，$h_1=290\sqrt{\dfrac{P}{nz_a}}$（式中：$P$为功率（kW），$n$为转速（r/min），

z_a为辐条数，h_1的单位为mm），$h_2=0.8h_1$，$s=(0.2\sim0.3)B$，$s_1\geqslant1.5s$，$s_2\geqslant0.5s$

(见图 16-4c)以及椭圆轮辐式(见图 16-4d)四种典型结构。一般带轮基准直径小于两倍的带轮轴的直径时,多采用实心式;当带轮基准直径小于 300mm 时,可采用辐板式及孔板式;带轮基准直径再大,则可取椭圆轮辐式。

16.1.5 V 带截面的组成和尺寸

普通 V 带的型号有 Z、A、B、C、D、E 等几种。按字母排序截面面积越来越大（见表 16-1），承载能力也越来越大。带的截面由抗拉体 1、顶胶 2、底胶 3 和包布层 4 组成。抗拉体由帘布（见图 16-5a）或线绳（见图 16-5b）两种化学纤维构造。普通 V 带轮槽尺寸见表 16-2。

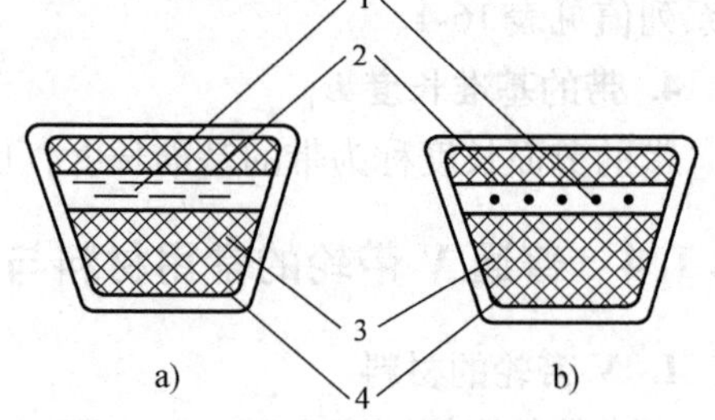

图 16-5 V 带构造

表 16-1 普通 V 带截面尺寸（摘自 GB/T 1357.1—2008）

型号	Z	A	B	C	D	E
节宽 b_p/mm	8.5	11	14	19	27	32
顶宽 b/mm	10	13	17	22	32	38
高度 h/mm	6	8	11	14	19	25
楔角 α	40°					
单位长度质量 $q/(\mathrm{kg \cdot m^{-1}})$	0.060	0.105	0.170	0.300	0.630	0.970

表 16-2 普通 V 带轮槽尺寸（摘自 GB/T 1357.1—2008）

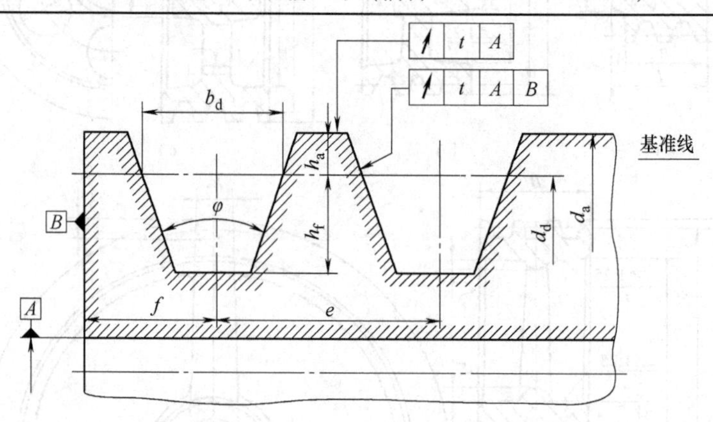

（单位:mm）

槽型	基准宽 b_d	槽顶高 h_{amin}	槽根高 h_{fmin}	槽间宽 e	e 值累计极限偏差	槽边宽 f_{min}	基准直径 d_d 与 φ 相对应的 d_d φ 的极限偏差: ±0.5°		
							φ = 34°	φ = 36°	φ = 38°
Z	8.5	2.0	7 9	12 ±0.3	±0.6	7	≤80	—	>80
A	11	2.75	8.7 11	15 ±0.3	±0.6	9	≤118	—	>118
B	14	3.5	10.8 14	19 ±0.4	±0.8	11.5	≤190	—	>190
C	19	4.8	14.3 19	25.5 ±0.5	±1.0	16	≤315	—	>315
D	27	8.1	19.9	37 ±0.6	±1.2	23	—	≤475	>475
E	32	9.6	23.4	44.5 ±0.7	±1.4	28	—	≤600	>600

16.2 V带传动的工作情况分析

16.2.1 带传动的有效拉力

带以一定的初拉力张紧在两带轮上，使带与带轮接触面间产生正压力，在转动过程中接触面间产生摩擦力，使进入主动轮一边带的拉力增大，该边称为紧边；而离开主动轮一边带的拉力下降，该边称为松边。两边拉力之差为起传递动力作用的有效拉力。

带在传动中所能提供的最大摩擦力，称为有效拉力 F_{elim}。它的计算式为

$$F_{\mathrm{elim}} = 2F_0\left(1 - \frac{2}{1 + \mathrm{e}^{f_v \alpha_1}}\right) \tag{16-1}$$

影响有效拉力的因素有：

（1）初拉力 F_0　F_0 越大，有效拉力越大，所以在安装带时，要保证带具有一定的初拉力。但初拉力太大，将增加磨损，降低带的寿命。

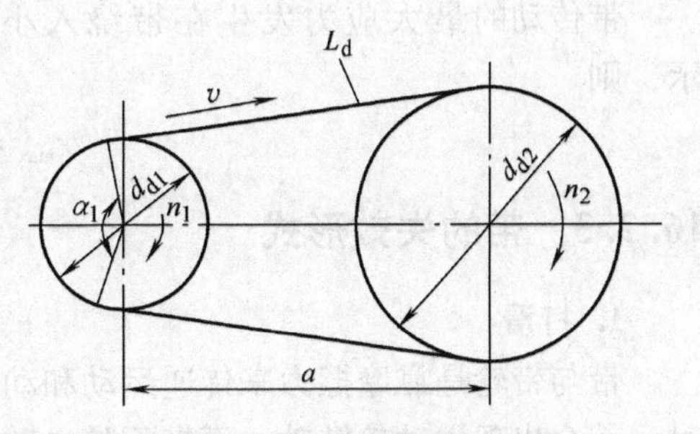

图 16-6　小带轮的包角

（2）包角 α_1　小带轮上的包角 α_1，指的是带与小带轮接触弧所对应的中心角，如图 16-6 所示。包角 α_1 越大，有效拉力越大，一般 V 带的包角 $\alpha_1 \geqslant 120°$。

（3）摩擦因数 f_v　摩擦因数越大，有效拉力越大。

16.2.2 带传动时的工作应力

因为带在运转时有拉变形，故带承受拉应力，带沿带轮圆周运动时将产生离心拉应力，带绕在带轮上将产生弯曲应力，故带在工作时有拉应力（紧边拉应力 σ_1、松边拉应力 σ_2）、离心应力 σ_c 和弯曲应力（小带轮处的弯曲应力 σ_{b1}，大带轮处的弯曲应力 σ_{b2}）三种，如图 16-7 所示。

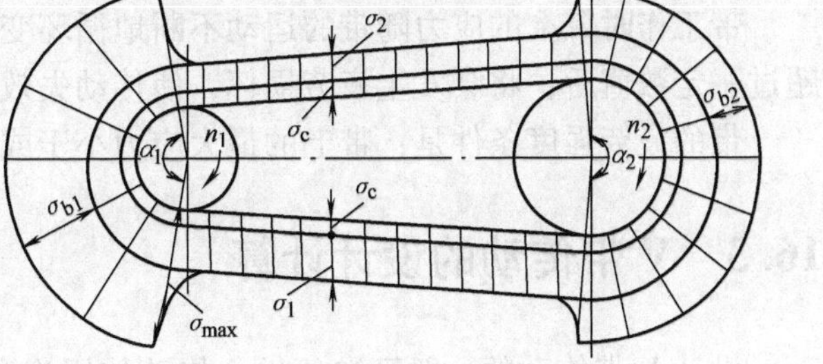

图 16-7　带传动时的工作应力

拉应力大小与带所承受的拉力大小成正比；与带的横截面积成反比。如果紧边拉力为 $\boldsymbol{F}_1$，松边拉力为 $\boldsymbol{F}_2$，则

紧边拉应力　$$\sigma_1 = \frac{F_1}{A}$$

松边拉应力 σ_2　$$\sigma_2 = \frac{F_2}{A}$$

式中　A——带的截面积。

弯曲应力与带轮的基准直径成反比，带轮基准直径越小则弯曲应力越大。

小带轮处的弯曲应力为　　$$\sigma_{b1}=\frac{Eh}{d_{d1}}$$

大带轮处的弯曲应力为　　$$\sigma_{b2}=\frac{Eh}{d_{d2}}$$

式中　E——弹性模量；

h——V 带的高度。

离心应力与带运动的速度大小及带的单位长度质量 q 成正比，与带的横截面积成反比。其大小为

$$\sigma_c=\frac{qv^2}{A}$$

式中　A——带的横截面积。

带传动的最大应力发生在带绕入小带轮处，其大小为三种应力之和，如图 16-7 所示，则

$$\sigma_{max}=\sigma_1+\sigma_c+\sigma_{b1}$$

16. 2. 3　带的失效形式

1. 打滑

带与带轮是靠摩擦力来传递运动和动力的，因此需要传递的力若大于所能提供的摩擦力时，就会出现主动轮转动，而带不随之转动的打滑现象，使传动失效。

带传动的弹性滑动和打滑是两个截然不同的概念。弹性滑动是由于带工作时紧边和松边存在拉力差，使带的两边弹性变形量不相等，从而引起带与轮之间局部而微小的相对滑动，是不可避免的。弹性滑动会降低传动效率，引起带的磨损。打滑则是由于过载而引起的带在带轮上的全面滑动。使传动失效。

2. 带的疲劳损坏

带工作时带上的应力随带的运动不断地循环变化，在使用一段时间后，当应力循环次数超过一定数值后，将会发生疲劳损坏，使传动失效。

带的疲劳强度条件是：带上的最大应力小于或等于带的许用应力。

16. 3　V 带传动的设计计算

设计 V 带传动的一般已知条件：传动的用途和工作情况，传递功率，主动轮和从动轮的转速以及对外形尺寸的要求等。

设计计算准则：既要保证带与带轮接触面间不发生打滑，同时要保证带在许可使用年限内不发生疲劳破坏。

设计的内容：确定 V 带的型号、长度和根数，带轮的材料、结构和尺寸，中心距以及作用在轴上的力等。

设计步骤如下：

1. 确定计算功率 P_c

计算功率 P_c 可按下式求得

$$P_c = K_A P \tag{16-2}$$

式中 P——需要传递的名义功率（kW）；

K_A——工作情况系数，见表16-3。

表16-3 工作情况系数 K_A

载荷性质	工作机	原动机					
		空、轻载起动			重载起动		
		每天工作时间/h					
		<10	10~16	>16	<10	10~16	>16
载荷变动微小	液体搅拌机、通风机和鼓风机(≤7.5kW)、离心式水泵和压缩机、轻型输送机	1.0	1.1	1.2	1.1	1.2	1.3
载荷变动小	带式输送机(不均匀负荷)、通风机(>7.5kW)、旋转式水泵和压,缩机(非离心式)、发电机、金属切削机床、旋转筛、锯木机和木工机械	1.1	1.2	1.3	1.2	1.3	1.4
载荷变动较大	制砖机、斗式提升机、往复式水泵和压缩机、起重机、磨粉机、冲剪机床、橡胶机械、振动筛、纺织机械、重载输送机	1.2	1.3	1.4	1.4	1.5	1.6
载荷变化很大	破碎机(旋转式、颚式等)、磨碎机(球磨、棒磨、管磨)	1.3	1.4	1.5	1.5	1.6	1.8

2. 选择带的型号

根据计算功率和主动轮（通常是小带轮）转速，由图16-8选择V带型号。当在两种型号交线附近时，可以两种型号同时计算，选择较佳者。

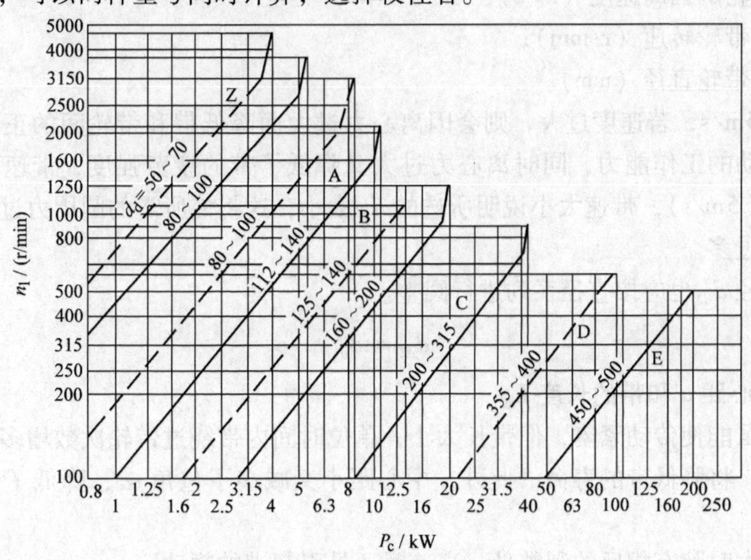

图16-8 V带型号选择图

3. 确定带轮基准直径

带轮基准直径是V带节线所在圆的直径，即计算直径应根据实际情况来确定。通常小轮直径 d_{d1} 不应小于表16-4所示的最小直径，并应符合带轮直径系列。带轮直径系列见表16-4。

表 16-4 普通 V 带轮基准直径系列

型号	最小基准直径 d_{min}/mm	基准直径 d_d/mm
Z	50	50，56，63，71，75，90，100，112，125，132，140，150，160，180，200，224，250，280，315，355，400，500，630
A	75	75，80，85，90，95，100，106，112，118，125，132，140，150，160，180，200，224，250，280，315，355，400，450，500，560，630，710
B	125	125，132，140，150，160，170，180，200，224，250，280，315，355，400，450，500，560，600，630，710，750，800
C	200	200，212，224，236，250，265，280，300，315，335，355，400，450，500，560，600，630，710，750，800
D	355	355，375，400，425，450，500，530，560，600，630，710，750，800
E	500	500，530，560，600，630，670，710，800

4. 验算带速 v

$$v=\frac{\pi d_{d1}n_1}{60\times1000} \tag{16-3}$$

式中 v——带轮的圆周速度（m/s）；

n_1——小带轮转速（r/min）；

d_{d1}——小带轮直径（mm）。

一般 $v\leqslant25$m/s，若速度过大，则会因离心力过大而降低带和带轮间的正压力，从而降低摩擦力和传动的工作能力，同时离心力过大又降低了带的疲劳强度，带速 v 也不能过小（一般不应小于 5m/s），带速太小说明所选的 d_{d1} 太小，这将使所需的圆周力过大，从而使所需的胶带根数过多。

大带轮直径 d_{d2} 也应按直径系列进行圆整。

$$d_{d2}=id_{d1} \tag{16-4}$$

5. 确定中心距 a 和带的长度 L_d

中心距小虽能使传动紧凑，但带长太小，单位时间内带绕过带轮次数增多，即带的应力循环次数增加，将降低带的寿命。此外，中心距小又减小了包角 α_1，降低了摩擦力和传动能力。

中心距过大时除有相反的利弊外，高速时还易引起带的颤动。

一般推荐按下式初步确定中心距 a_0

$$0.7(d_{d1}+d_{d2})\leqslant a_0\leqslant2(d_{d1}+d_{d2}) \tag{16-5}$$

初选 a_0 后，可根据下式计算带的初选长度 L_{d0}

$$L_{d0}=2a_0+\pi(d_{d1}+d_{d2})/2+(d_{d2}-d_{d1})^2/(4a_0) \tag{16-6}$$

根据初选长度 L_{d0} 由表 16-5 选取和 L_{d0} 相近的标准 V 带基准长度 L_d。

表16-5　普通V带基准长度 L_d 及修正系数 K_L（摘自GB/T 13575.1—2008）

Z L_d/mm	K_L	A L_d/mm	K_L	B L_d/mm	K_L	C L_d/mm	K_L	D L_d/mm	K_L	E L_d/mm	K_L
405	0.87	630	0.81	930	0.83	1565	0.82	2740	0.82	4660	0.91
475	0.90	700	0.83	1000	0.84	1760	0.85	3100	0.86	5040	0.92
530	0.93	790	0.85	1100	0.86	1950	0.87	3330	0.87	5420	0.94
625	0.96	890	0.87	1210	0.87	2195	0.90	3730	0.90	6100	0.96
700	0.99	990	0.89	1370	0.90	2420	0.92	4080	0.91	6850	0.99
780	1.00	1100	0.91	1560	0.92	2715	0.94	4620	0.94	7650	1.01
920	1.04	1250	0.93	1760	0.94	2880	0.95	5400	0.97	9150	1.05
1080	1.07	1430	0.96	1950	0.97	3080	0.97	6100	0.99	12230	1.11
1330	1.13	1550	0.98	2180	0.99	3520	0.99	6840	1.02	13750	1.15
1420	1.14	1640	0.99	2300	1.01	4060	1.02	7620	1.05	15280	1.17
1540	1.54	1750	1.00	2500	1.03	4600	1.05	9140	1.08	16800	1.19
		1940	1.02	2700	1.04	5380	1.08	10700	1.13		
		2050	1.04	2870	1.05	6100	1.11	12200	1.16		
		2200	1.06	3200	1.07	6815	1.14	13700	1.19		
		2300	1.07	3600	1.09	7600	1.17	15200	1.21		
		2480	1.09	4060	1.13	9100	1.21				
		2700	1.10	4430	1.15	10700	1.24				
				4820	1.17						
				5370	1.20						
				6070	1.24						

6. 计算实际中心距 a

$$a = a_0 + (L_d - L_{d0})/2 \tag{16-7}$$

考虑到安装调整和胶带松弛后张紧的需要，应给中心距留出一定的调整余量。中心距的变动范围为 $-0.015L_d \sim +0.03L_d$。

7. 验算小带轮包角 α_1

小带轮包角可按下式计算

$$\alpha_1 = 180° - 57.3°(d_{d2} - d_{d1})/a \tag{16-8}$$

一般要求 $\alpha_1 \geqslant 120°$，若小于此值，则应增大中心距 a。

8. 确定带的根数 z

（1）单根普通V带所能传递的额定功率 P_1　在载荷平稳、传动比 $i=1$、包角等于180°、特定基准带长的情况下，根据带传动不打滑条件和带的疲劳强度条件，制定出单根普通V带所能传递的额定功率 P_1。这是普通V带传动计算的依据。

（2）单根普通V带所能传递的许可额定功率 P_0'　如果实际使用条件与制定 P_1 数据时的特定条件不同，必须考虑传动比不等于1、包角不等于180°、不是特定基准带长的情况，加以修正，从而得到许可额定功率 P_0'。

（3）确定带的根数 z　带传动的设计计算准则是：单根V带传递的计算功率小于或等于单根V带的许可额定功率。

$$z \geqslant P_c/P_0' = P_c/(P_1 + \Delta P_1)K_\alpha K_L \tag{16-9}$$

式中　P_c——计算功率（kW）；

P_1——当包角等于180°、特定带长、工作平稳的情况下、单根普通V带的额定功率（kW），可查表16-7～表16-12；

ΔP_1——当包角不等于180°时，单根普通V带额定功率的增量（kW），可查表16-7～表16-12；

K_{α}——包角系数，可查表16-6；

K_{L}——长度系数，可查表16-5。

带的根数过多，可以更换带的型号，以减少根数，也可考虑采用多楔带代替多根V带传动，避免因带的长度误差引起的传动不均匀性。

表 16-6 包角系数 K_{α}

小轮包角 α	180°	175°	170°	165°	160°	155°	150°	145°	140°	135°	130°	125°	120°
包角系数 K_{α}	1	0.99	0.98	0.96	0.95	0.93	0.92	0.91	0.89	0.88	0.86	0.84	0.82

表 16-7 单根 Z 型 V 带的额定功率 P_1 和功率的增量 ΔP_1 （单位：kW）

n_1 /(r·min^{-1})	d_{d1}/mm						i										v /(m·s^{-1})
	50	56	63	71	80	90	1.00 ~ 1.01	1.02 ~ 1.04	1.05 ~ 1.08	1.09 ~ 1.12	1.13 ~ 1.18	1.19 ~ 1.24	1.25 ~ 1.34	1.35 ~ 1.50	1.51 ~ 1.99	≥ 2.00	
	P_1/kW						ΔP_1/kW										
800	0.10	0.12	0.15	0.20	0.22	0.24											
960	0.12	0.14	0.18	0.23	0.26	0.28											5
1 200	0.14	0.17	0.22	0.27	0.30	0.33	0.00										
1 450	0.16	0.19	0.25	0.30	0.35	0.36					0.01						
1 600	0.17	0.20	0.27	0.33	0.39	0.40							0.02				
2 000	0.20	0.25	0.32	0.39	0.44	0.48								0.03			10
2 400	0.22	0.30	0.37	0.46	0.50	0.54											
2 800	0.26	0.33	0.41	0.50	0.56	0.60									0.04		15

表 16-8 单根 A 型 V 带的额定功率 P_1 和功率的增量 ΔP_1 （单位：kW）

n_1 /(r·min^{-1})	d_{d1}/mm						i										v /(m·s^{-1})
	75	90	100	112	125	140	1.00 ~ 1.01	1.02 ~ 1.04	1.05 ~ 1.08	1.09 ~ 1.12	1.13 ~ 1.18	1.19 ~ 1.24	1.25 ~ 1.34	1.35 ~ 1.51	1.52 ~ 1.99	≥ 2.00	
	P_1						ΔP_1										
800	0.45	0.68	0.83	1.00	1.19	1.41			0.02	0.03	0.04	0.05	0.06	0.08	0.09	0.10	
								0.01									
950	0.51	0.77	0.95	1.15	1.37	1.62			0.03	0.04	0.05	0.06	0.07	0.08	0.10	0.11	10
1 200	0.60	0.93	1.14	1.39	1.66	1.96			0.03	0.05	0.07	0.08	0.10	0.11	0.13	0.15	
								0.02									
1 450	0.68	1.07	1.32	1.61	1.92	2.28			0.04	0.06	0.08	0.09	0.11	0.13	0.15	0.17	15
							0.00										
1 600	0.73	1.15	1.42	1.74	2.07	2.45		0.02	0.04	0.06	0.09	0.11	0.13	0.15	0.17	0.19	
2 000	0.84	1.34	1.66	2.04	2.44	2.87		0.03	0.06	0.08	0.11	0.13	0.16	0.19	0.22	0.24	20
2 400	0.92	1.50	1.87	2.30	2.74	3.22		0.03	0.07	0.10	0.13	0.16	0.19	0.23	0.26	0.29	25
2 800	1.00	1.64	2.05	2.51	2.98	3.48		0.04	0.08	0.11	0.15	0.19	0.23	0.26	0.30	0.34	30

表16-9 单根B型V带的额定功率 P_1 和功率的增量 ΔP_1 (单位：kW)

n_1 /(r·min)$^{-1}$	d_{d1}/mm						i										v /(m·s^{-1})
	125	140	160	180	200	224	1.00~1.01	1.02~1.04	1.05~1.08	1.09~1.12	1.13~1.18	1.19~1.24	1.25~1.34	1.35~1.51	1.52~1.99	≥2.00	
	P_1						ΔP_1										
400	0.84	1.05	1.32	1.59	1.85	2.17		0.01	0.03	0.04	0.06	0.07	0.08	0.10	0.11	0.13	5
800	1.44	1.82	2.32	2.81	3.30	3.86		0.03	0.06	0.08	0.11	0.14	0.17	0.20	0.23	0.25	
950	1.64	2.08	2.66	3.22	3.77	4.42		0.03	0.07	0.10	0.13	0.17	0.20	0.23	0.26	0.30	10
1 200	1.93	2.47	3.17	3.85	4.50	5.26		0.04	0.08	0.13	0.17	0.21	0.25	0.30	0.34	0.38	15
1 450	2.19	2.82	3.62	4.39	5.13	5.97	0.00	0.05	0.10	0.15	0.20	0.25	0.31	0.36	0.40	0.46	
1 600	2.33	3.00	3.86	4.68	5.46	6.33		0.06	0.11	0.17	0.23	0.28	0.34	0.39	0.45	0.51	20
2 000	2.64	3.42	4.40	5.30	6.13	7.02		0.07	0.14	0.21	0.28	0.35	0.42	0.49	0.56	0.63	
2 400	2.85	3.70	4.75	5.67	6.47	7.25		0.08	0.17	0.25	0.34	0.42	0.51	0.59	0.68	0.76	30

表16-10 单根C型V带的额定功率 P_1 和功率的增量 ΔP_1 (单位：kW)

n_1 /(r·min^{-1})	d_{d1}/mm						i										v (/m·s^{-1})
	200	224	250	280	315	355	1.00~1.01	1.02~1.04	1.05~1.08	1.09~1.12	1.13~1.18	1.19~1.24	1.25~1.34	1.35~1.51	1.52~1.99	≥2.00	
	P_1						ΔP_1										
500	2.87	3.58	4.33	5.19	6.17	7.27		0.05	0.10	0.15	0.20	0.24	0.29	0.34	0.39	0.44	
600	3.30	4.12	5.00	6.00	7.14	8.45		0.06	0.12	0.18	0.24	0.29	0.35	0.41	0.47	0.53	15
700	3.69	4.64	5.64	6.76	8.09	9.50		0.07	0.14	0.21	0.27	0.34	0.41	0.48	0.55	0.62	
800	4.07	5.12	6.23	7.52	8.92	10.46	0.00	0.08	0.16	0.23	0.31	0.39	0.47	0.55	0.63	0.71	20
950	4.58	5.78	7.04	8.49	10.05	11.73		0.09	0.19	0.27	0.37	0.47	0.56	0.65	0.74	0.83	
1 200	5.29	6.71	8.21	9.81	11.53	13.31		0.12	0.24	0.35	0.47	0.59	0.70	0.82	0.94	1.06	25
1 450	5.84	7.45	9.04	10.72	12.46	14.12		0.14	0.28	0.42	0.58	0.71	0.85	0.99	1.14	1.27	30

表16-11 单根D型V带的额定功率 P_1 和功率的增量 ΔP_1 (单位：kW)

n_1 /(r·min^{-1})	d_{d1}/mm						i										v /(m·s^{-1})
	355	400	450	500	560	630	1.00~1.01	1.02~1.04	1.05~1.08	1.09~1.12	1.13~1.18	1.19~1.24	1.25~1.34	1.35~1.51	1.52~1.99	≥2.00	
	P_1						ΔP_1										
300	7.35	9.13	11.02	12.88	15.07	17.57		0.10	0.21	0.31	0.42	0.52	0.62	0.73	0.83	0.94	15
400	9.24	11.45	13.85	16.20	18.95	22.05		0.14	0.28	0.42	0.56	0.70	0.83	0.97	1.11	1.25	
500	10.90	13.55	16.40	19.17	22.38	25.94		0.17	0.35	0.52	0.70	0.87	1.04	1.22	1.39	1.56	20
600	12.39	15.42	18.67	21.78	25.32	29.18	0.00	0.21	0.42	0.62	0.83	1.04	1.25	1.46	1.67	1.88	25
700	13.70	17.07	20.63	23.99	27.73	31.68		0.24	0.49	0.73	0.97	1.22	1.46	1.70	1.95	2.19	
800	14.83	18.46	22.25	25.76	29.55	33.38		0.28	0.56	0.83	1.11	1.39	1.67	1.95	2.22	2.50	30
950	16.15	20.06	24.01	27.50	31.04	34.19		0.33	0.66	0.99	1.32	1.60	1.92	2.31	2.64	2.97	35

表 16-12　单根 E 型 V 带的额定功率 P_1 和功率的增量 ΔP_1　　（单位：kW）

n_1 /(r·min^{-1})	d_{d1}/mm						i										v /(m·s^{-1})
	500	560	630	710	800	900	1.00～1.01	1.02～1.04	1.05～1.08	1.09～1.12	1.13～1.18	1.19～1.24	1.25～1.34	1.35～1.51	1.52～1.99	≥2.00	
	P_1						ΔP_1										
250	12.97	15.67	18.77	22.23	26.03	30.14		0.17	0.34	0.52	0.69	0.86	1.03	1.20	1.37	1.55	15
300	14.96	18.10	21.69	25.69	30.05	34.71		0.21	0.41	0.62	0.83	1.03	1.24	1.45	1.65	1.86	
350	16.81	20.38	24.42	28.89	33.73	38.64		0.24	0.48	0.72	0.96	1.20	1.45	1.69	1.92	2.17	20
400	18.55	22.49	26.95	31.83	37.05	42.49	0.00	0.28	0.55	0.83	1.00	1.38	1.65	1.93	2.20	2.48	
500	21.65	26.25	31.36	36.85	42.53	48.20		0.34	0.64	1.03	1.38	1.72	2.07	2.41	2.75	3.10	25
600	24.21	29.30	34.83	40.58	46.26	51.48		0.41	0.83	1.24	1.65	2.07	2.48	2.89	3.31	3.72	30
700	26.21	31.59	37.26	42.87	47.96	51.95		0.48	0.97	1.45	1.93	2.41	2.89	3.38	3.86	4.34	35

9. 计算预拉力 F_0 和轴上压力 F_Q

预拉力越大，带对轮面的正压力和摩擦力也越大，不易打滑，即传递载荷的能力越大；但预拉力太大会增大带的拉应力，从而降低其寿命，同时作用在轴上的载荷也大。故预拉力的大小应适当。考虑离心力不良影响时，单根带的预拉力可按下式计算

$$F_0 = 500\frac{P_c}{vz}(2.5/K_\alpha - 1) + qv^2 \tag{16-10}$$

式中　F_0——初拉力（N）；

v——带速（m/s）；

z——带的根数；

P_c——计算功率（kW）；

K_α——包角系数；

q——带每米长的质量（kg/m），见表 16-1。

为了设计安装带轮的轴和轴承，必须确定带传动作用在轴上的压力 F_Q。作用在轴上的压力可按下式计算

$$F_Q \approx 2zF_0\sin(\alpha_1/2)$$

10. 选择带轮的结构并绘制带轮的工程结构图（见图 16-9）

例 16-1　设计一带式输送机传动系统中的高速级普通 V 带传动。所需传递的功率 $P=3$kW，带的传动比 $i=2.5$，转速 $n_1=960$r/min，工人双班制工作，工作机有轻微冲击，载荷变动小。

解　设计步骤如下：

（1）确定计算功率

$$P_c = K_A P$$

式中，$P=3$kW，K_A 由表 16-3 查取，$K_A=1.2$，所以

$$P_c = 1.2\times 3\text{kW} = 3.6\text{kW}$$

（2）选择带的型号。根据计算功率 $P_c=3.6$kW 和小带轮转速 $n_1=960$r/min，由图 16-8 选择 V 带型号。

选用 A 型带。

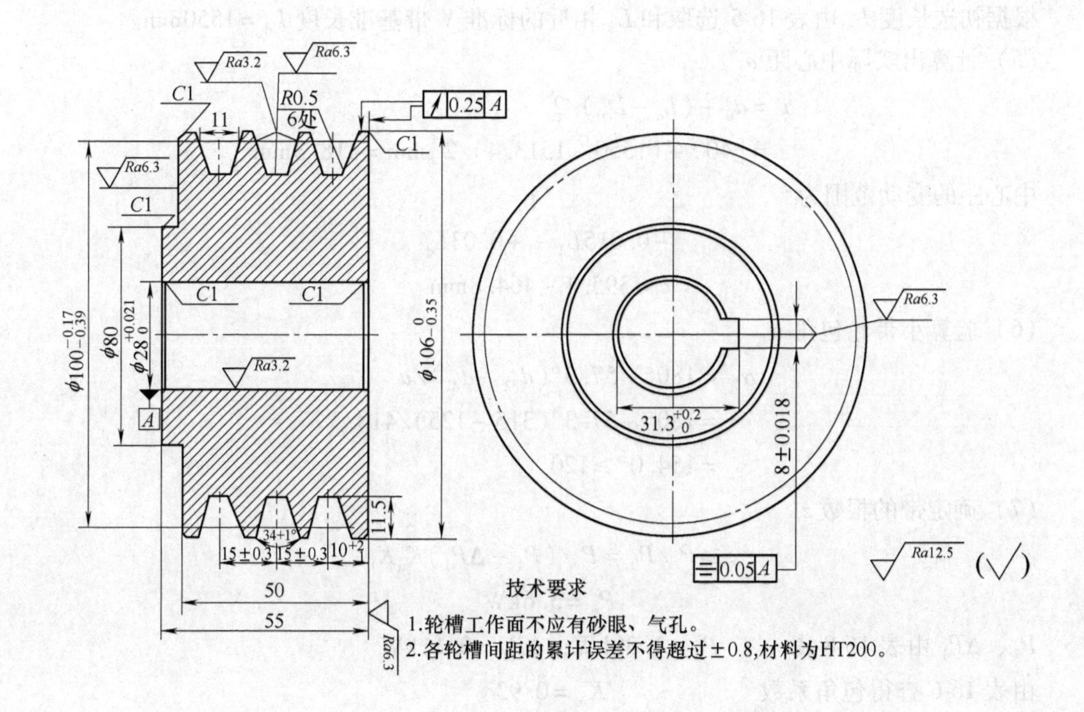

图 16-9 带轮零件图

(3) 确定带轮基准直径。

1) 自定小带轮基准直径 d_{d1}，要符合表 16-4 最小直径要求，取 $d_{d1}=75\text{mm}$。

2) 验算带速 v

$$v=\frac{\pi d_{d1}n_1}{60\times1000}=\frac{3.14\times75\text{mm}\times960\text{r/min}}{60\times1000}\text{m/s}=3.77\text{m/s}$$

因为 $v\leqslant5\text{m/s}$，所以要增大 d_{d1}，取 $d_{d1}=125\text{mm}$，得 $v=6.28\text{m/s}$。

3) 计算大带轮基准直径

$$d_{d2}=id_{d1}=2.5\times125\text{mm}=312.5\text{mm}$$

参考表 16-4，取 $d_{d2}=315\text{mm}$。

(4) 确定中心距 a 和带的长度 L_d。

1) 初步确定中心距 a_0

$$0.7(d_{d1}+d_{d2})\leqslant a_0\leqslant2(d_{d1}+d_{d2})$$

$$0.7\times(125\text{mm}+315\text{mm})\leqslant a_0\leqslant2\times(125\text{mm}+315\text{mm})$$

$$308\text{mm}\leqslant a_0\leqslant880\text{mm}$$

取 $a_0=400\text{mm}$。

2) 初选 a_0 后，可根据下式计算带的初选长度 L_{d0}

$$\begin{aligned}L_{d0}&=2a_0+\pi(d_{d1}+d_{d2})/2+(d_{d2}-d_{d1})^2/4a_0\\&=[2\times400+3.14\times(125+315)/2+(315-125)^2/(4\times400)]\text{mm}\\&=1513.4\text{mm}\end{aligned}$$

根据初选长度 L_{d0} 由表 16-5 选取和 L_{d0} 相近的标准 V 带基准长度 $L_d=1550\text{mm}$。

（5）计算出实际中心距 a

$$\begin{aligned} a &= a_0+(L_d-L_{d0})/2 \\ &= [400+(1550-1513.4)/2]\text{mm}=418.3\text{mm} \end{aligned}$$

中心距的变动范围为

$$-0.015L_d \sim +0.03L_d$$

$$a=395.1 \sim 464.8\text{mm}$$

（6）验算小带轮包角 α_1

$$\begin{aligned} \alpha_1 &= 180°-57.3°(d_{d2}-d_{d1})/a \\ &= 180°-57.3°(315-125)/418.3 \\ &= 154.0° \geqslant 120° \end{aligned}$$

（7）确定带的根数 z

$$z \geqslant P_c/P_0' = P_c/(P_1+\Delta P_1)K_\alpha K_L$$

$$P_c=3.6\text{kW}$$

P_1、ΔP_1 由表 16-8 得　　$P_1=1.38\text{kW}$，$\Delta P_1=0.11\text{kW}$

由表 16-6 查得包角系数　　$K_\alpha=0.93$

由表 16-5 查得长度系数　　$K_L=0.98$

$$z \geqslant \frac{3.6\text{kW}}{(1.38\text{kW}+0.11\text{kW})\times 0.93\times 0.98}=2.65$$

取 $z=3$

（8）计算预拉力 F_0

$$F_0=500\frac{P_c}{vz}(2.5/K_\alpha-1)+qv^2$$

由表 16-1 查得 $q=0.1\text{kg/m}$，故

$$F_0=\left[500\times\frac{3.6}{6.28\times 3}\left(\frac{2.5}{0.93}-1\right)+0.1\times 6.28^2\right]\text{N}=165.2\text{N}$$

（9）计算带传动作用在轴上的压力 F_Q

$$\begin{aligned} F_Q &\approx 2zF_0\sin(\alpha_1/2) \\ &= 2\times 3\times 165.2\times\sin\left(\frac{154.0°}{2}\right)\text{N}=990.72\text{N} \end{aligned}$$

（10）选择带轮的结构并绘制带轮的零件图（略）。

16.4 V 带传动的安装维护和张紧

16.4.1 V 带传动的安装维护

1）安装时，为避免带的磨损，两带轮轴必须平行，其 V 形槽对称平面应重合，否则将

降低带的使用寿命，甚至使带从带轮上脱落，如图 16-10 所示，误差不得超过 20′。

2）带不宜与酸、碱或油接触，工作温度一般不应超过 60℃。

3）带传动装置应加防护罩，以保障操作人员安全。

4）对于多根 V 带传动，要选择公差值在同一档次的带，配成一组使用，可以使每根带受力均匀。带传动中，如果有一根过度松弛或疲劳损坏时，应全部更换新带。

5）定期检查 V 带有无松弛（一般带的寿命为 2500～3500h）和断裂现象，以便及时调整中心距或更换 V 带。

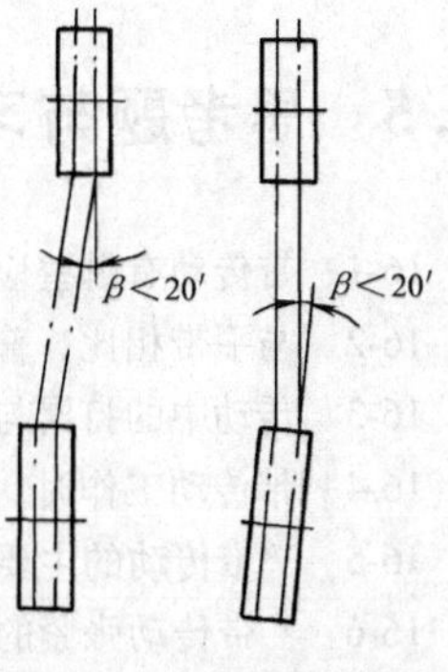

$\beta<20'$ $\beta<20'$

图 16-10 带的安装误差

16.4.2 V 带传动的张紧

安装 V 带时，应按规定的初拉力张紧。一般带的张紧程度以大拇指能将带按下 15mm 为宜。

V 带工作一段时间后，就会由于塑性变形而松弛，有效拉力降低。为了保证带传动的正常工作，应定期张紧带。常见的张紧装置参看图 16-11。

图 16-11a（滑道式）及图 16-11b（摆架式））都属于定期张紧装置，靠调节螺钉或螺杆，调节带的张紧程度。

图 16-11c 是利用本身自重，使带始终处在一定的张紧力下工作的自动张紧装置。

图 16-11d 是利用张紧轮进行张紧的装置，当中心距不便调整时，可采用张紧轮。张紧

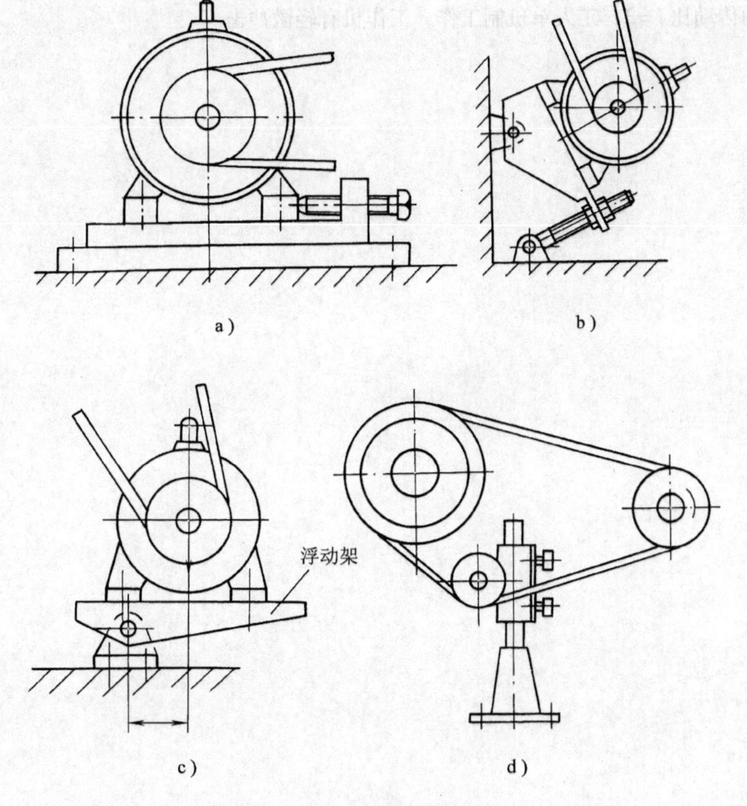

图 16-11 V 带的张紧装置

轮一般应放在松边内侧，并尽量靠近大带轮，这样，张紧轮受力小，带的弯应力也不改变方向，能延长带的使用寿命。张紧轮的轮槽尺寸与带一致，且直径较小。

16.5 思考题与习题

16-1 带传动有哪些应用？请举例。

16-2 与平带相比，普通 V 带传动有何优点？

16-3 传动中的打滑与弹性滑动有何区别？它们对传动有何影响？

16-4 带传动工作时，带的截面上会产生哪些应力？应力是如何分布的？最大应力在什么位置？

16-5 V 带传动的主要失效形式有哪些？V 带传动的设计准则是什么？

16-6 V 带传动张紧的目的是什么？常用的张紧方法有哪些？张紧轮安装时一般应放在什么位置合适？

16-7 带速超出推荐范围有何不好？并说明解决方法。

16-8 带轮及传动带是怎么安装的？要注意些什么？

16-9 带的根数太多有何不好？怎么解决？

16-10 包角过小有何不好？怎么解决？

16-11 自行车用带传动，会出现什么现象？

16-12 双缸洗衣机为何采用带传动？

16-13 传动链中通常将带传动安排在高速级，为什么？

16-14 带的长度过长或过短对带传动有何影响？

16-15 设计一带式输送机传动系统中的高速级普通 V 带传动。已知电动机额定功率 $P=3\mathrm{kW}$，转速 $n_1=960\mathrm{r/min}$，带的传动比 $i=3$，工人单班制工作，工作机有轻微冲击。

*第 17 章　链　传　动

学习目标：了解链传动的类型、套筒滚子链的标准、链传动的运动特性及正确安装与维护。了解根据设计的已知条件，确定套筒滚子链的型号、排数和节数以及链轮的齿数、尺寸、结构和材料等的方法。

17.1　概述

链传动是一种具有中间挠性件的啮合传动，如图 17-1 所示，主要由装在平行轴上的主、从动链轮和绕在链轮上的链条所组成，工作时靠链条与链轮轮齿的啮合来传递运动和动力。

按用途不同，链传动分为传动链、起重链和牵引链。传动链又有滚子链、套筒链、成形链和齿形链等类型，一般在普通机械中用来传递运动和动力，通常都在中速（$v \leqslant 20\text{m/s}$）以下工作；起重链在起重机械中用来提升重物，工作速度 $v \leqslant 0.25\text{m/s}$；牵引链在运输机械中用于输送物料或机件等，其工作速度 $v \leqslant 4\text{m/s}$。本章只介绍传动链。

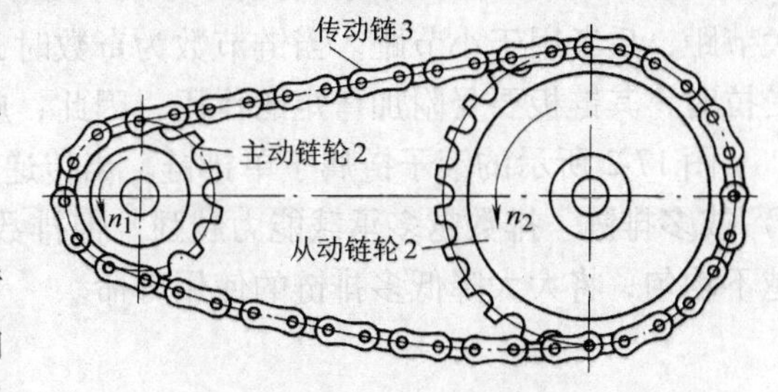

图 17-1　链传动

链传动与 V 带传动相比，由于是啮合传动，具有平均传动比准确，传动效率较高，轴上受力较小、相同工况下结构较为紧凑，以及能在高温、低速、油污和有腐蚀等恶劣条件下工作等优点；与齿轮传动相比，链条为外购件，具有成本低廉、安装方便、中心距适用范围大且中心距大时结构相对轻便等优点。其缺点是瞬时传动比不恒定，工作中振动、冲击、噪声较大，不适合载荷变化很大和急速反转的场合，以及只能实现两平行轴间同向传动等。

链传动主要用于中心距较大、要求平均传动比准确、工作条件恶劣的场合。目前在农业、矿山、冶金、建筑、化工、起重运输和各种车辆的机械传动中均有应用。

传动链中，滚子链应用最广，通常传递功率 $P \leqslant 100\text{kW}$，链速 $v \leqslant 20\text{m/s}$，传动比 $i \leqslant 8$；齿形链（又称无声链）具有传动平稳、振动和噪声较小、链速高（可达 40m/s）、传动比大（可达 15）、传动中心距大（可达 8m）、传递功率高（可达 3600kW）及效率高（润滑良好时可达 0.92～0.99）等优点，但缺点是结构复杂、质量大、成本高，故多用于高速或精度要求较高的传动装置中。

17.2　滚子链和链轮

17.2.1　滚子链的结构和规格

滚子链的结构如图 17-2 所示。它由滚子、套筒、销轴、内链板和外链板所组成。外链板与销轴、内链板与套筒之间，均采用过盈配合固联。外链板与销轴构成一个个外链节，内链板与套筒则构成一个个内链节。滚子与套筒、套筒与销轴之间，分别为间隙配合。内、外链节间相对曲伸时，套筒可绕销轴自由转动。链传动工作时，活套在套筒上的滚子沿链轮齿廓滚动，可以减轻链和链轮轮齿的磨损。链板均制成“∞”形，近似符合等强度要求并可减轻重量和运动时的惯性力。链条的各零件用碳钢或合金钢制成，并经热处理以提高其强度和耐磨性。图中 p 为链条节距，表示链条上相邻两销轴中心的距离。节距是链传动最主要的参数。

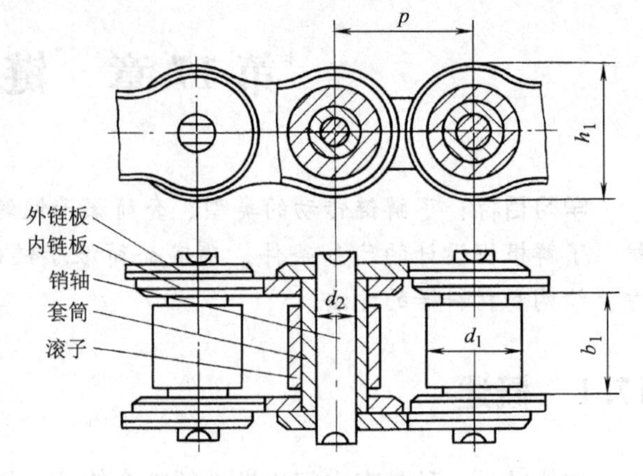

图 17-2 滚子链结构

为了形成首尾相接的封闭链条，滚子链有三种接头形式，如图 17-3 所示。当链节数为偶数时，接头处可用开口销（见图 17-3a）或弹簧卡（见图 17-3b）来固定。通常前者用于大节距，后者用于小节距。当链节数为奇数时，需采用图 17-3c 所示的过渡链节。过渡链节受拉时，其链板要受附加弯矩的作用，因此，应尽量避免采用奇数链节。

图 17-2 所示的滚子链属于单排链。当传递较大载荷时，常用小节矩的双排链（见图 17-4）或多排链。排数越多承载能力越强。但排数一般不超过 4 排，因为排数越多，各排受力越不均匀，将大大降低多排链的使用寿命。

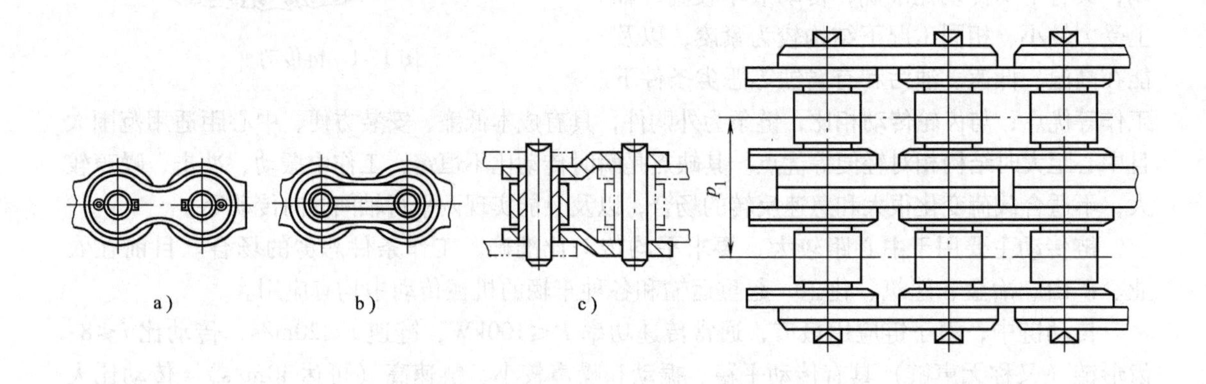

图 17-3 滚子链接头形式

图 17-4 双排链

滚子链已标准化。表 17-1 列出了我国链条标准 GB/T 1243—2006 规定的几种规格滚子链的主要尺寸和极限拉伸载荷。表中链号和相应的国际标准链号一致，链号数乘以 25.4/16mm 即为节距值。滚子链分 A 系列和 B 系列两种，分别在链号后加 A 或 B 表示。A 系列用于重载、较高速度和重要的传动，B 系列用于一般传动。

滚子链的标记方法是：链号—排数 × 链节数 标准代号

例如 A 系列滚子链，节距为 19.05mm，双排，链节数为 100，其标记方法为 12A—2 × 100 GB/T1243—2006。

表 17-1　滚子链规格和主要参数

链号	节距 p/mm	排距 p_t/mm	滚子外径 d_1/mm	内链节内宽 b_1/mm	销轴直径 d_2/mm	内链板高度 h_2/mm	极限拉伸载荷（单排）F_B/N	每米质量（单排）q/(kg/m)
08A	12.70	14.38	7.95	7.85	3.96	12.07	13.8	0.60
10A	15.875	18.11	10.16	9.40	5.08	15.09	21.8	1.00
12A	19.05	22.78	11.91	12.57	5.94	18.08	31.1	1.50
16A	25.40	29.29	15.88	15.75	7.92	24.13	55.6	2.60
20A	31.75	35.76	19.05	18.90	9.53	30.18	86.7	3.80
24A	38.10	45.44	22.23	25.22	11.10	36.20	124.6	5.60
28A	44.45	48.87	25.40	25.22	12.70	42.24	169.0	7.50
32A	50.80	58.55	28.58	31.55	14.27	48.26	222.4	10.10
40A	63.50	71.55	39.68	37.85	19.84	60.33	347.0	16.10
48A	76.20	87.83	47.63	47.35	23.80	72.39	500.4	22.60

注：1. 多排链极限拉伸载荷按表列 F_B 值乘以排数计算。

2. 采用过渡链节时，其极限拉伸载荷按表列数值的 80% 计算。

17.2.2　链轮齿形、结构和材料

链轮是链传动的主要零件。链轮齿形分端面齿形和轴面齿形，均已标准化。链轮设计主要是确定其结构及尺寸，选择材料和热处理方法。

1. 链轮齿形

链轮端面齿形由 GB/T 1243—2006 规定的标准齿槽形状给出，如图 17-5a 所示。这种齿形的轮齿工作时，啮合处的接触应力较小，因而具有较高的承载能力。链轮齿廓可用标准刀具加工，因此，按标准齿形设计的链轮，其端面无须在工作图上画出，只须注明“齿形按 GB/T 1243—2006 制造”即可。链轮轴面齿形呈圆弧状，如图 17-5b 所示。设计时可按 GB/T 1243—2006 的规定进行。

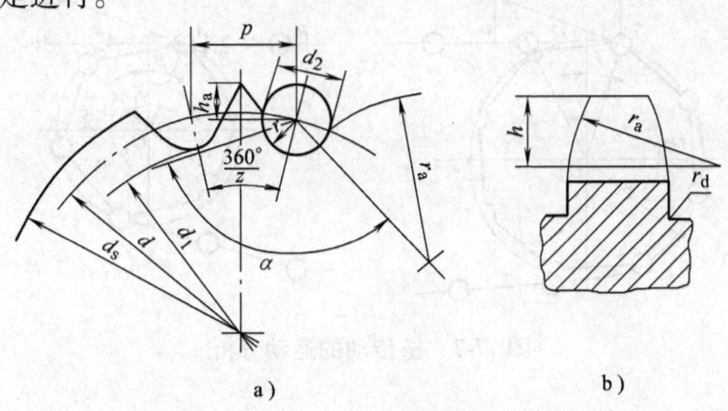

图 17-5　链轮齿形

2. 链轮的结构（见图 17-6）

小直径的链轮可制成整体式（见图 17-6a）；中等尺寸的链轮可制成孔板式（见图 7-6b）；大直径的链轮常用组合式，齿圈可以焊接（见图 17-6c）或用螺栓（见图 17-6d）连接在轮芯上。

3. 链轮的材料

链轮轮齿应具有足够的耐磨性和强度。小链轮轮齿的啮合次数比大链轮轮齿的啮合次数多，所受冲击也较严重，故小链轮应采用较好的材料制造。在低速、轻载、平稳传动中，小链轮采用中碳钢制造，大链轮可采用 $\sigma_b \geqslant 200\text{MPa}$ 的铸铁；中速、中载时，采用中碳钢淬火处理，其硬度大于40～45HRC；高速、重载、连续工作的传动，采用低碳钢、低碳合金钢表面渗碳淬火（如用15、20Cr等钢淬硬至55～60HRC）或中碳钢、中碳合金钢表面淬火（如用45、40Cr、35SiMn、45Mn等钢淬硬到40～50HRC）。

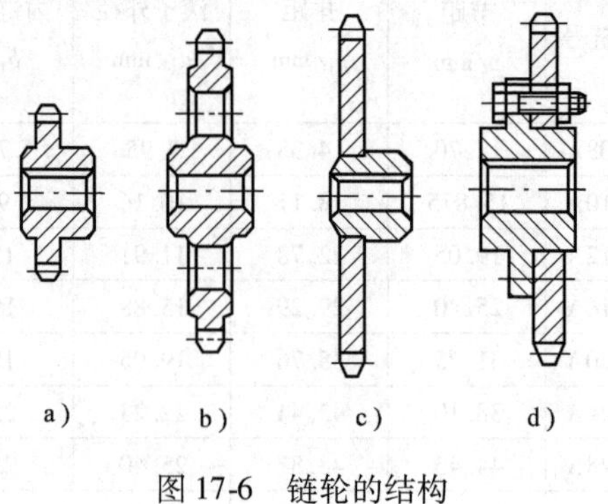

图 17-6　链轮的结构

17.3　链传动的运动特性

如图 17-7 所示，链绕过链轮时，被折成边长等于链节距 p（单位：mm）、边数等于链轮齿数 z 的正多边形的一部分。链轮转过一圈，带动链条转过的长度是 zp，因此链条的平均速度 v（单位：m/s）为

$$v = \frac{z_1 p n_1}{60 \times 1000} = \frac{z_2 p n_2}{60 \times 1000} \tag{17-1}$$

式中　n_1，n_2——主、从动链轮的转速（r/min）；

z_1，z_2——主、从动链轮的齿数。

由上式可得到链传动的平均传动比 i 为

$$i = \frac{n_1}{n_2} = \frac{z_2}{z_1} = \text{常数} \tag{17-2}$$

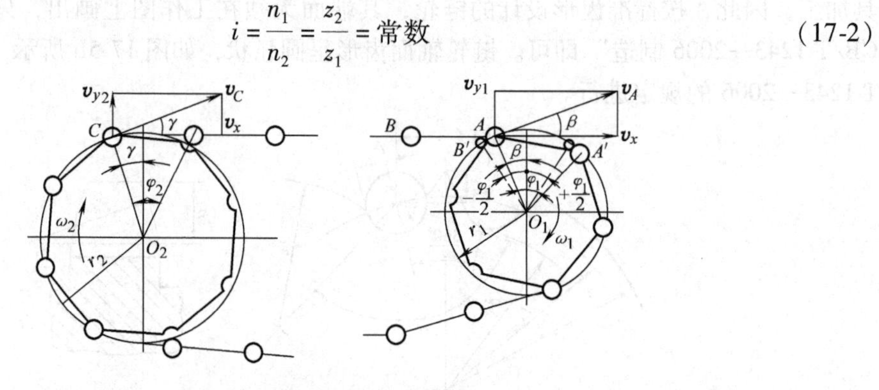

图 17-7　链传动的运动分析

实际链传动中，当主动轮以等角速度 ω_1 转动时（见图 17-7），若假定传动时链的紧边（上边）始终处于水平位置，则图示位置时链的瞬时速度 v_t 就等于 v_A 沿链条传动方向的分速度 v_x，即

$$v_t = v_x = v_A \cos\beta = r_1 \omega_1 \cos\beta \tag{17-3}$$

式中　β——铰链 A 在链轮上的相位角。

由图可知 $\varphi_1 = 360°/z_1$，β 将在 $-\varphi_1/2 \sim +\varphi_1/2$ 之间变化。当 $\beta = \pm\varphi_1/2$ 时，$v_t = v_{x\max} =$

$r_1\omega_1\cos$（$180°/z_1$）；当 $\beta=0°$时，$v_t=v_{x\max}=r_1\omega_1=v_A$。由此可见，在链节 AB 的啮入过程中，链速由小变大又由大变小。每转过一个链节，瞬时链速的这种变化就重复一次。节距越大，齿数越少，β 角的变化范围就越大，链速的变化也就越大。不难理解，铰链 A 的垂直分速度 v_{y1} 也将作周期性变化。

同样，在从动轮处，应有

$$v_t=v_x=r_2\omega_2\cos\gamma \tag{17-4}$$

式中，γ 将在 $-180°/z_2\sim+180°/z_2$ 之间变化。由式（17-6）和式（17-7）得链传动的瞬时传动比 i_t 为

$$i_t=\frac{\omega_1}{\omega_2}=\frac{n_1}{n_2}=\frac{r_2\cos\gamma}{r_1\cos\beta} \tag{17-5}$$

综上可知，当主动链以等角速度转动时，瞬时链速、瞬时传动比及从动链轮的瞬时角速度均将按每一链节的啮合过程作周期性的变化。

链传动中上述瞬时链速和从动轮转速的周期性变化，必然引起周期性的动载荷，产生振动、冲击和噪声。此外每一链节进入啮合的瞬间，链节与链轮轮齿的相对速度也将引起冲击和产生附加动载荷。

链传动中这种周期性的速度变化及由此引起的动载荷，皆因链绕在链轮上呈多边形所致，故称为链传动的多边形效应，是链传动的固有特性。为获得较为平稳的链传动，设计时应限制链轮最高转速，选择小节距链条和尽量增加小链轮齿数。

17.4 链传动的安装与维护

17.4.1 链传动的布置

链传动的布置是否合理，对传动能力及使用寿命都有较大影响。合理布置链传动的一般原则为：

1）两链轮的回转平面应在同一垂直平面内。

2）两链轮的轴心线最好水平布置，或与水平成 60°以下倾斜角。水平布置时，若 $i=2\sim3$，$a=(30\sim50)p$，紧边在上、在下均可；若 $I<1.5$，$a>60p$，则应紧边在上，若必须紧边在下时，松边应设置张紧轮（见图 17-8a）。与水平成 60°以下倾斜角布置时，紧边应在上，否则链条易与链轮卡死。

3）必须成垂直布置时，应采取中心距可调、设张紧装置或上、下两轮偏置等措施（见图 17-8b）。

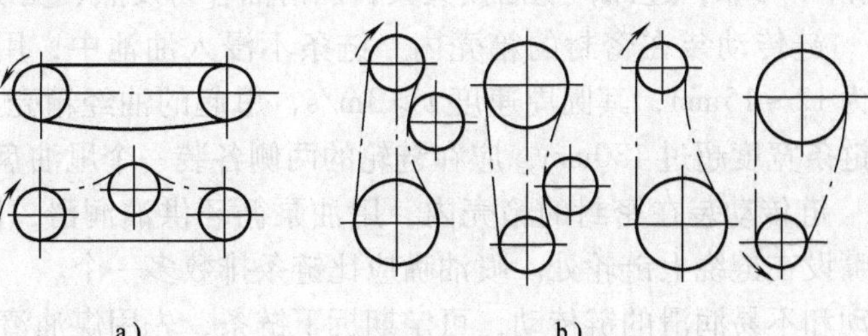

图 17-8 链传动的布置

17.4.2　链传动的张紧

张紧的目的主要是为了避免松边链条垂度过大而引起啮合不良和链条振动，同时也为了增加链条与链轮的啮合包角。常用的张紧方法有：

1）调整中心距张紧。

2）去掉1～2个链节。

3）张紧轮张紧，如图17-8所示。

17.4.3　链传动的润滑

链传动的润滑方式可以根据图17-9选取。

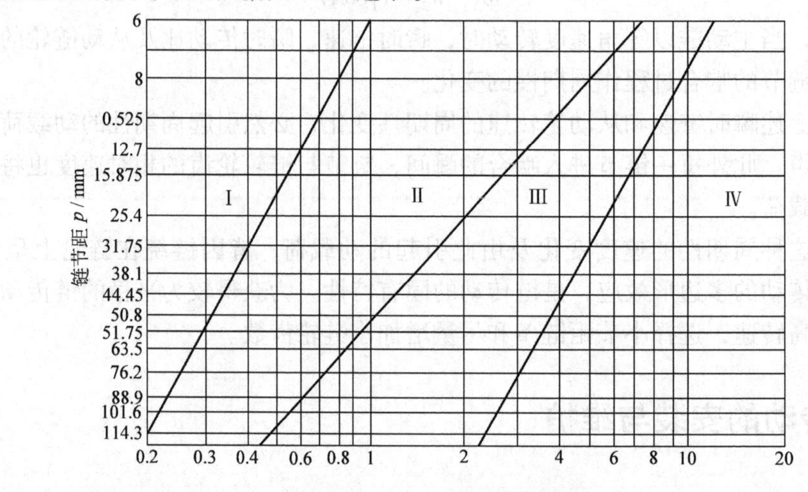

图17-9　推荐使用的润滑方式

Ⅰ—人工定期润滑　Ⅱ—滴油润滑　Ⅲ—油浴或飞溅润滑　Ⅳ—压力喷油润滑

在选择链条型号时已选定链传动的润滑方式，下面作一说明。

（1）人工定期润滑　每班用油壶或油刷定期在链条松边的内、外链板间隙中向销轴供油一次。将润滑油加到松边是因为链节处于松弛状态，各相对滑动面间比压较小，润滑油容易进入各摩擦面间。

（2）滴油润滑　整个传动用外壳罩起来，用油杯通过油管向松边的内外链板间隙处滴油。单排链每分钟滴油5～20滴，链速高时供油量要多些。

（3）油浴润滑　整个传动装在密封的箱壳内，链条从油池中通过，浸入油中深度约为6～12mm。过浅，润滑不可靠；过深，搅油损失大，润滑油容易发热、变质。

（4）飞溅润滑　链传动装在密封的箱壳内，链条不浸入油池中，用甩油盘将油甩起，甩油盘浸油深度约为12～15mm，其圆周速度 $v>3\text{m/s}$，甩起的油经箱壳上的集油装置将油导流到链条上。若链条宽度超过130mm，应在链轮的两侧各装一个甩油盘。

（5）压力润滑　链传动装在密封的箱壳内，用油泵循环供油润滑，同时循环油还可起到冷却作用。喷油嘴设在链绕上链轮处。喷油嘴应比链条排数多一个。

对于开式链传动和不易润滑的链传动，可定期拆下链条，先用煤油清洗干净，干燥后浸入70～80℃的润滑油中（销轴应垂直放入油中），待铰链间隙充满了油，再取出冷却，擦去表面润滑油后，安装在链轮上继续使用。

润滑油推荐使用牌号为 L—AN32、L—AN46、L—AN68 的全损耗系统用油，温度低时取前者。对开式链传动及重载低速链传动，可在油中加入 MoS_2、WS_2 等添加剂。

17.5　思考题与习题

17-1　链传动与带传动相比有哪些优缺点？

17-2　影响链传动速度不均匀的主要参数是什么？为什么？

17-3　链传动的主要失效形式有哪些？

17-4　链传动的合理布置有哪些要求？

17-5　链传动为何要适当张紧？常用的方法有哪些？

17-6　如何确定链传动的润滑方式？

第 18 章　其他常用机构

学习目标：了解螺旋机构的组成、类型及应用；了解棘轮机构的组成、工作原理、类型、特点及应用；了解槽轮机构的组成、工作原理、类型、特点及应用；了解不完全齿轮机构和凸轮间歇机构的组成、工作原理、类型及应用等基本知识。

间歇运动机构应用在各类机器中。它的功能是将连续运动转换为间歇运动。常见的间歇运动机构有棘轮机构、槽轮机构、不完全齿轮机构和凸轮间歇机构。

其中将连续运动转换为周期性间歇运动的机构，称为步进机构。灌装牛奶的灌装机上就有这种步进机构。

18. 1　棘轮机构

18. 1. 1　棘轮机构的组成及工作原理

如图 18-1 所示，棘轮机构由棘轮 1、棘爪 2、摇杆 4 及机架 6 组成。而曲柄 7、连杆 8、摇杆 4、机架 6 组成曲柄摇杆机构。

曲柄摇杆机构将曲柄的连续转动转换成摇杆的往复摆动。如图 18-1 所示，当曲柄 7 顺时针转动时，摇杆 4 先顺时针摆动，与摇杆铰接的主动棘爪 2 啮入棘轮 1 的齿槽中，从而推动棘轮顺时针转动；然后当摇杆摆动到极限位置时，摇杆开始逆时针摆动，主动棘爪 2 在棘轮的齿背上滑动，此时，棘轮 1 在止退棘爪 5 的止动下停歇不动，扭簧 3 的作用是将棘爪贴紧在棘轮上。这样，曲柄连续转动转换成摇杆的往复摆动，而摇杆连续作往复摆动，使棘轮作单向的间歇转动。

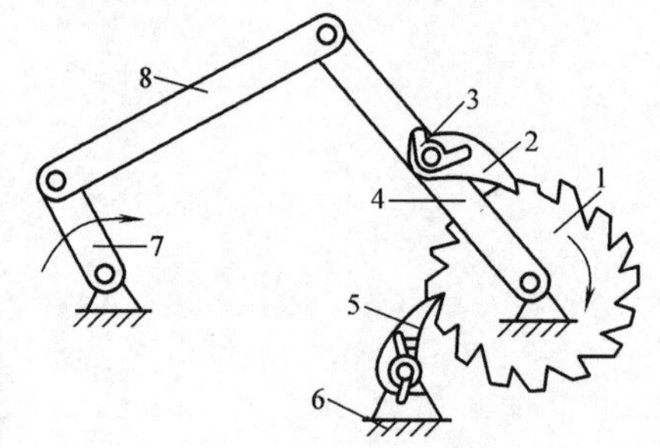

图 18-1　外啮合式棘轮机构

摇杆摆动也可由凸轮机构、连杆机构或电磁、液压装置传递。棘轮机构是一种常用的间歇运动机构。

18. 1. 2　棘轮机构的类型

棘轮机构可分为齿式棘轮机构和摩擦式棘轮机构两大类。

1. 齿式棘轮机构

齿式棘轮机构按啮合方式有外啮合（见图 18-1）、内啮合（见图 18-2）两种形式。

按棘轮齿形分，可分为锯齿形齿（见图 18-1、图 18-2）和矩形齿（见图 18-3、图 18-4）两种。

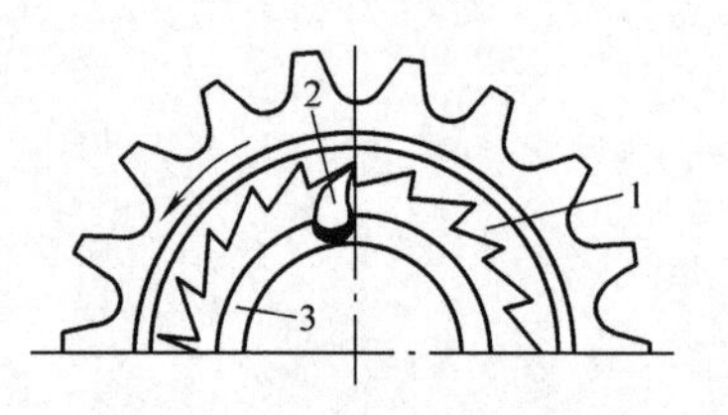

图 18-2　内啮合式棘轮机构

按摇杆摆动一次，棘轮转动的次数，可分为单动式（见图 18-1、图 18-2、图 18-3、图 18-4）和双动式（也称快动式，见图 18-5、图 18-6）。图 18-5、图 18-6 所示棘轮机构有两个主动棘爪 3，它们可以同时工作也可以单独工作。当它们同时工作时，当摇杆 1 往复摆动时，两个棘爪交替推动棘轮 2 转动，即摇杆往复摆动一次，使棘轮转动两次；当提起一个棘爪使另一个棘爪单独工作时，其工作原理与单动式一样。

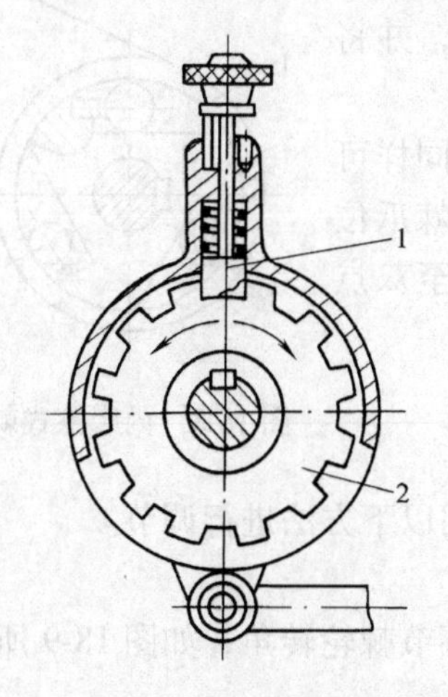

图 18-3　矩形齿式双向棘轮机构（1）

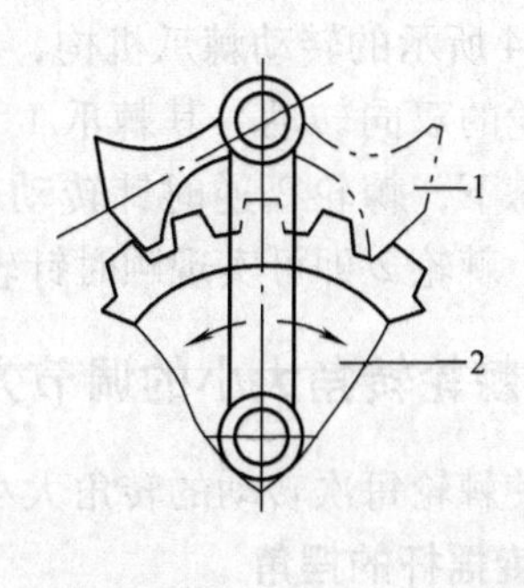

图 18-4　矩形齿式双向棘轮机构（2）

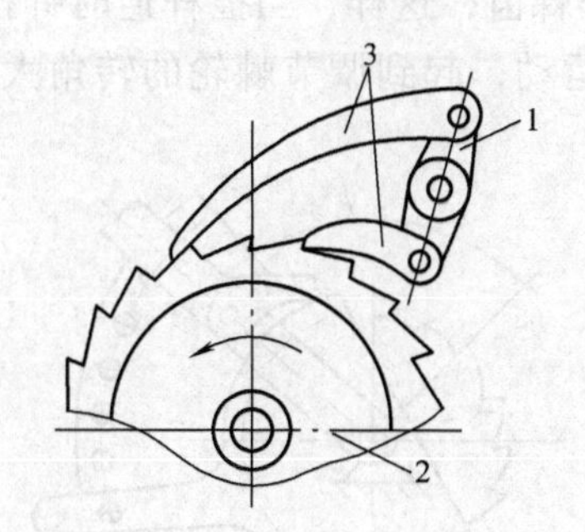

图 18-5　快动式棘轮机构（1）

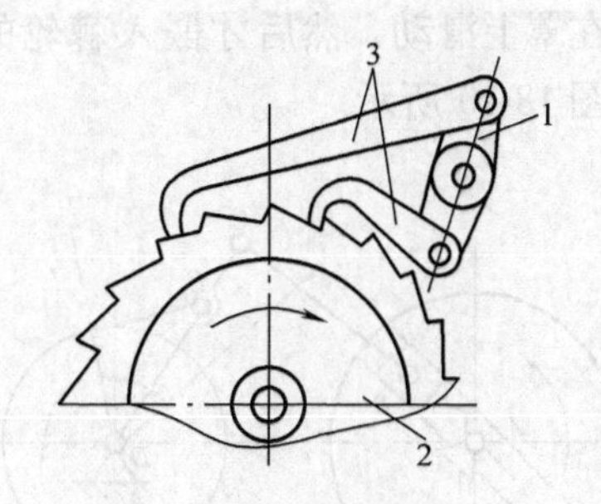

图 18-6　快动式棘轮机构（2）

2. 摩擦式棘轮机构

摩擦式棘轮机构工作原理是依靠主动棘爪与无齿棘轮之间的摩擦力来推动棘轮转动的，可以减少棘轮机构的冲击及噪声，并实现转角大小的无级调节。

图 18-7 所示是外摩擦式棘轮机构，由棘爪 1、棘轮 2 和止回棘爪 3 组成。

超越离合器常做成如图 18-8 所示的滚子式内摩擦棘轮机构，该机构由外套 1、星轮 2 和滚子 3 组成。图中滚子 3 起了棘爪的作用。当外套 1 逆时针转动时，因摩擦力的作用使滚子 3 楔紧在外套 1 与星轮 2 之间，从而带动星轮 2 转动；当外套 1 顺时针转动时，滚子 3 松开，星轮 2 不动。这种摩擦式棘轮机构常应用在扳钳和多轴钻床的夹具上。

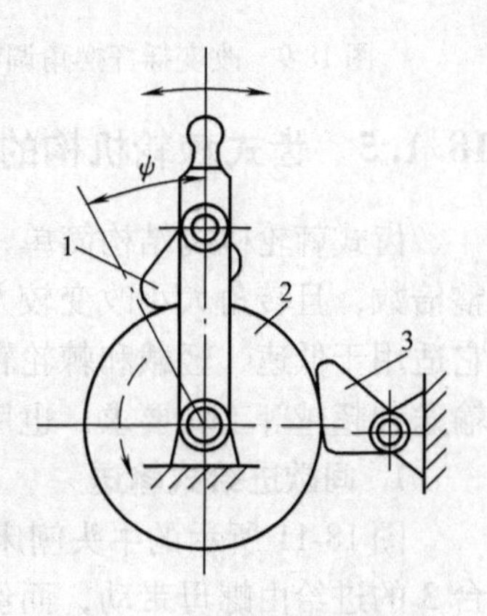

图 18-7　外摩擦式棘轮机构

18. 1. 3 棘轮的双向转动

矩形齿可用于双向转动，适用于工作台需要往复移动的机械中。

图 18-3 是控制牛头刨床工作台进与退的棘轮机构，棘轮齿为矩形齿，棘轮 2 可双向间歇转动，从而实现工作台的往复移动。棘爪 1 位于图示位置时，棘轮将沿逆时针方向间歇转动；需变向时，提起棘爪 1，并将棘爪转动 180°后再放下，棘轮将沿顺时针方向间歇转动。

图 18-4 所示的转动棘爪机构，其也是矩形齿棘轮，同样可以实现棘轮的双向转动，其棘爪 1 设有对称爪端，转动棘爪位于实线状态下，棘轮 2 逆时针转动；通过把转动棘爪转至双点画线位置，棘轮 2 即可实现顺时针转动。

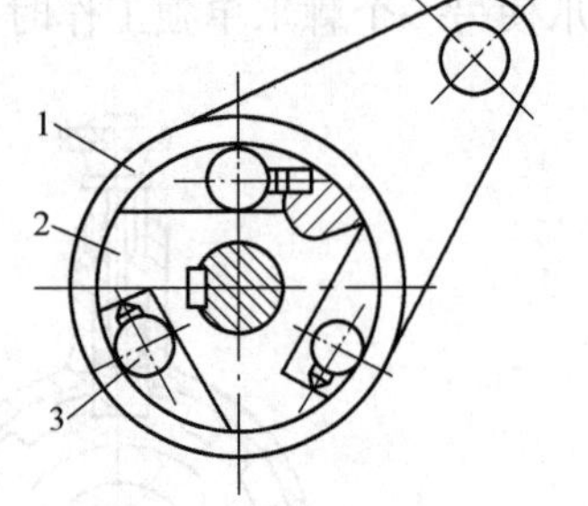

图 18-8 内摩擦式棘轮机构

18. 1. 4 棘轮转角大小的调节方法

为了使棘轮每次转动的转角大小满足工作要求，可用以下方法进行调节。

1. 改变摇杆的摆角

改变曲柄长度，可改变摇杆最大摆角的大小，从而调节棘轮转角，如图 18-9 所示。

2. 用覆盖罩调节转角

在摇杆摆角不变的前提下，转动覆盖罩，遮挡部分棘齿，这样，当摇杆逆时针摆动时，棘爪先在罩上滑动，然后才嵌入棘轮的齿槽中推动其运动，起到调节棘轮的转角大小的作用。如图 18-10 所示。

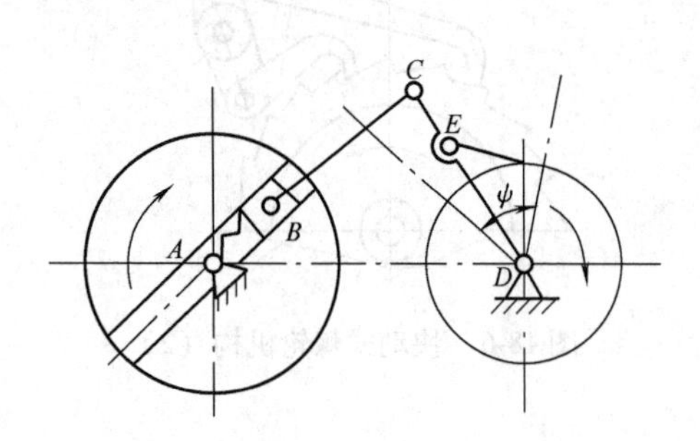

图 18-9 改变摇杆摆角调节棘轮机构

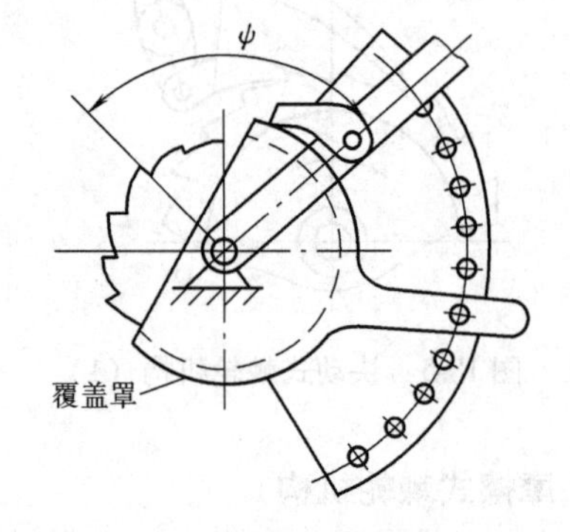

图 18-10 用覆盖罩调节棘轮机构

18. 1. 5 齿式棘轮机构的特点及应用

齿式棘轮机构结构简单，制造方便，工作可靠，棘轮每次转动的转角等于棘轮齿距角的整倍数，且转角大小改变较方便，缺点是工作时冲击较大，有噪声，工作平稳性差。因此，它适用于低速、轻载和棘轮转角不大的场合，通常用来实现各种机床和自动机的间歇进给式输送和超越等工作要求，也用于起重绞盘中来阻止鼓轮的反转，因此在机械中应用较广。

1. 间歇进给式输送

图 18-11 所示的牛头刨床工作台进给机构采用了如图 18-3 所示的矩形齿棘轮机构，工作台 3 的进给由螺母带动，而丝杠 2 的转动由棘轮 1 带动。当刨刀工作时，棘轮停歇，工作台不动；当刨刀回程时，棘轮带动丝杠转动，丝杠再带动工作台进给。

图 18-12 所示的铸造浇注式流水线进给装置，由压缩空气为原动力的气缸带动摇杆摆动，通过锯齿式棘轮机构使流水线的输送带作间歇输送运动，输送带不动时，进行自动浇注。调节气缸活塞的行程，可调节棘轮的转角，从而调节砂型移动的距离。

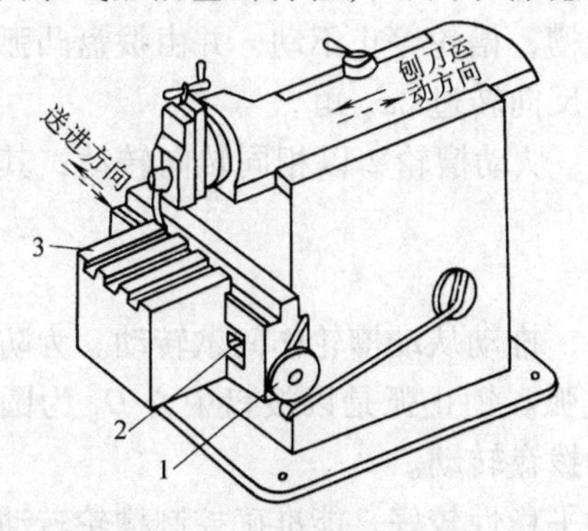

图 18-11　牛头刨床工作台进给机构

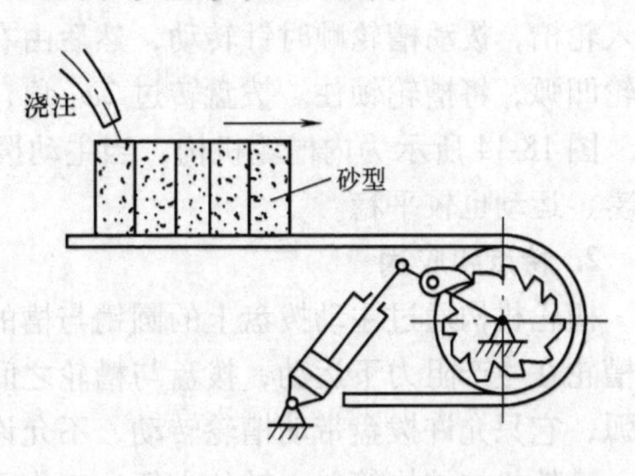

图 18-12　铸造浇注式流水线进给装置

2. 超越运动与超越离合器

图 18-2 是自行车后轮上飞轮的结构示意图，外缘的链轮与有内齿的棘轮是固定在一起的构件 1，构件 1 与轮毂 3 之间有滚动轴承，两者可相对转动。棘爪 2 固定在轮毂 3 上。轮毂 3 与自行车后轮固连。棘爪 2 用弹簧丝压在构件 1 的棘轮内齿上，当构件 1（链轮）逆时针转动的转速比轮毂 3 的转速快时，构件 1 推动棘爪 2 转动，棘爪 2 带动轮毂 3 转动，从而使自行车后轮转动。轮毂 3 与链轮转速相同，即脚蹬得快，后轮就转得越快。但当轮毂 3 转速比链轮转速快时，如自行车下坡或脚不蹬踏时链轮不转，轮毂由于惯性仍按原转向飞快地转动。此时，棘爪便在棘背上滑动，轮毂 3 与链轮 1 脱开，各自以不同的转速运动。这种特性称为超越，实现超越运动的组件称为超越离合器，超越离合器广泛应用在机械上。

18.2　槽轮机构

槽轮机构是利用圆销插入轮槽时拨动槽轮，脱离轮槽槽轮停止转动的一种间歇运动机构，它可以实现周期性间歇运动。该机构可分为外槽轮机构和内槽轮机构，分别如图 18-13 和图 18-14 所示。

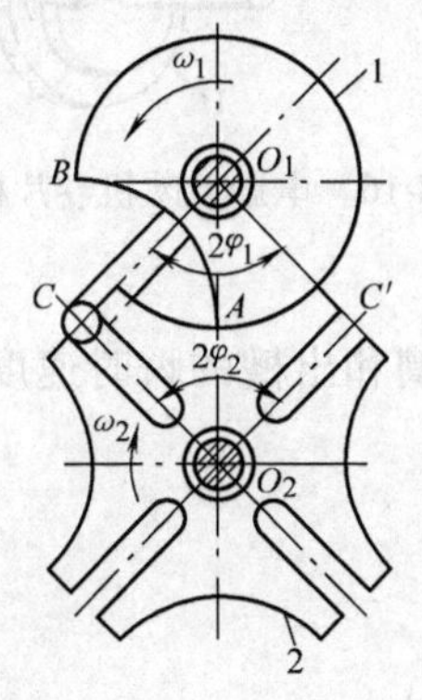

图 18-13　外槽轮机构

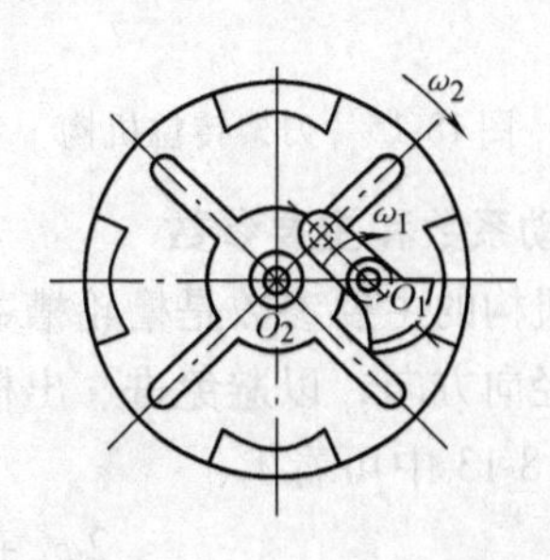

图 18-14　内槽轮机构

1. 工作过程

槽轮机构主要由带圆销的主动拨盘 1，带径向槽的从动槽轮 2 和机架组成。

图 18-13 所示为外槽轮机构。当拨盘 1 为主动件，以 ω_1 作匀速转动时，圆销 C 由左侧插入轮槽，拨动槽轮顺时针转动，然后由右侧脱离轮槽，槽轮停止不动，并由拨盘凸弧通过槽轮凹弧，将槽轮锁住。拨盘转过 $2\varphi_1$ 角，槽轮相应反向转过 $2\varphi_2$ 角。

图 18-14 所示为内槽轮机构，当主动拨盘转动时，从动槽轮 2 以相同转向转动；其结构紧凑、运动也较平稳。

2. 特点和应用

槽轮机构通过主动拨盘上的圆销与槽的啮入啮出，推动从动槽轮作间歇转动。为防止从动槽轮在生产阻力下运动，拨盘与槽轮之间设有锁止弧。锁止弧是以拨盘中心 O_1 为圆心的圆弧，它只允许拨盘带动槽轮转动，不允许槽轮带动拨盘转动。

槽轮机构结构简单、转位方便，工作可靠，传动平稳性较好，能准确控制槽轮转动的角度。但是槽轮的转角大小受槽数 z 的限制，不能调整。且在槽轮转动的始、末位置加速度变化大，存在冲击。因此，只能用在低速且要求间歇地转动一定角度的自动机的转位或分度机构中。

图 18-15 所示是槽轮机构是用于六角车床刀架转位的。刀架 3 装有 6 把刀具，与刀架一体的是六槽外槽轮 2，拨盘 1 回转一周，槽轮转过 60°，将下一道工序所需的刀具转换到工作位置上。

图 18-16 所示的电影放映机卷片机构，当拨盘 1 使槽轮 2 转动一次时，卷过一张底片，此过程射灯不发光；当槽轮停歇时，射灯发光，银幕上出现该底片的投影。因为人有“视觉暂留现象”的生理特点，所以断续出现的投影看起来就是连续动作。

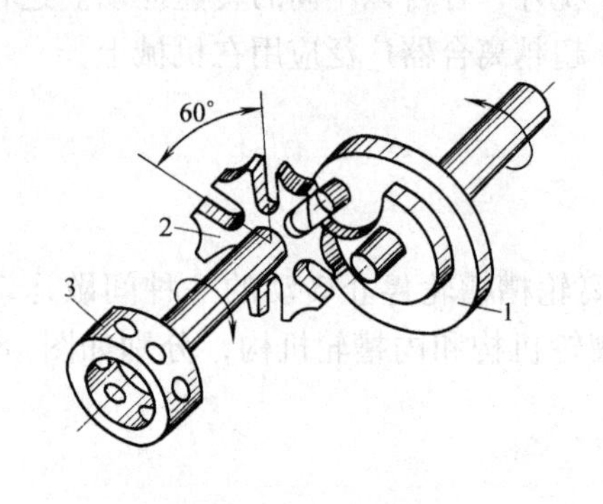

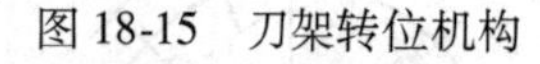
图 18-15　刀架转位机构

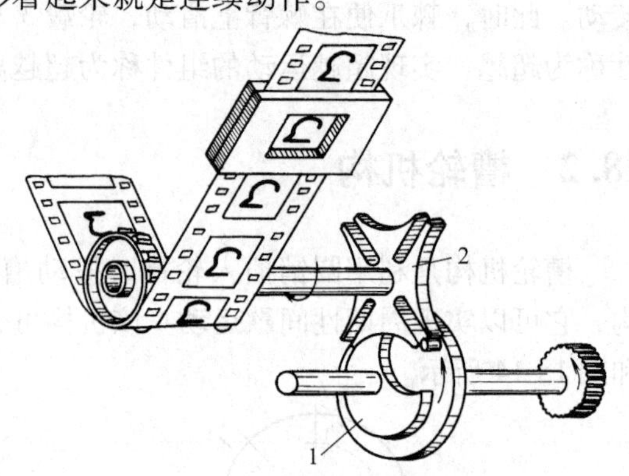

图 18-16　电影放映机卷片机构

3. 运动系数和主要参数

槽轮机构的主要参数是槽轮槽数 z 和圆销个数 K。销进槽和出槽的瞬时速度方向必须沿着槽轮的径向方向，以避免进、出槽时产生冲击。

从图 18-13 中可看出：

$$2\varphi_1 + 2\varphi_2 = \pi$$

$$2\varphi_1 = \pi - 2\varphi_2 = \pi - \frac{2\pi}{z} = \left(\frac{z-2}{z}\right) \tag{18-1}$$

主动拨盘 1 转动一周，从动槽轮 2 的运动时间 t_m 与拨盘的运动时间 t 的比值 K_t，称为运动系数。即

$$K_t = \frac{t_m}{t} = \frac{2\varphi_1}{2\pi} = \frac{\left(\frac{z-2}{z}\right)\pi}{2\pi} = \frac{z-2}{2z} \tag{18-2}$$

根据槽轮机构间歇运动的特点，可知

$$K_t = (0,\ 1)$$

若需增大运动系数，则可用多个圆销。设圆销数为 K，则

$$K_t = K\left(\frac{z-2}{2z}\right) \tag{18-3}$$

$$K < \frac{2z}{z-2} \tag{18-4}$$

很容易证明，槽数 z 必须不少于 3，常取 $z=4\sim8$。而圆销数 K 是不能随意选取的，当 $z=3$ 时，$K=1\sim5$；当 $z=4$ 或 $z=5$ 时，$K=1\sim3$；当 $z=6$ 时，$K=1\sim2$。对内槽轮机构，K 只能取 1。

上述槽轮机构，是通过主动构件拨盘的回转运动带动从动槽轮作间歇转动。图 18-17 所示的机构，是将槽轮展开得到的一个变异机构，同样也可将拨盘的匀速转动变为从动构件的间歇运动，只是输出运动变成了间歇直线运动。

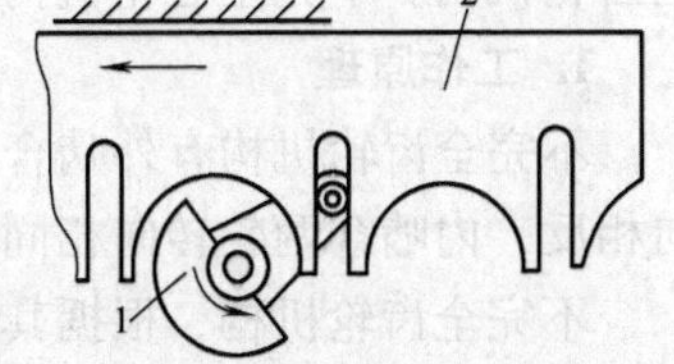

图 18-17　槽轮变异机构

18.3　凸轮间歇机构

凸轮间歇机构是凸轮机构的发展，它有两种类型。

1. 圆柱凸轮间歇机构

圆柱凸轮间歇机构如图 18-18 所示，圆柱形凸轮 1，在 β 角范围内为曲线沟槽，它迫使滚子 3 推动从动盘 2 转动，在剩余角度（$2\pi-\beta$）范围内为与轴线垂直的棱边，从动轮停止不动，并被棱边锁住。它适用于轴线相交的间歇传动。

2. 蜗杆凸轮间歇机构

蜗杆凸轮间歇机构如图 18-19 所示，凸轮 1 相当于蜗杆，有一条突脊；转盘 2 相当于蜗轮，有若干滚子。运动传递过程和锁住情况与圆柱凸轮间歇机构相同。它适用于两轴线交错的间歇传动。

由于凸轮轮廓可根据从动件要求的运动规律设计，所以只需合理设计凸轮轮廓，便可避免在从动轮运动始、末位置发生冲击，以适应高速转位要求，转位精度也较高；但加工和调整都比较困难。

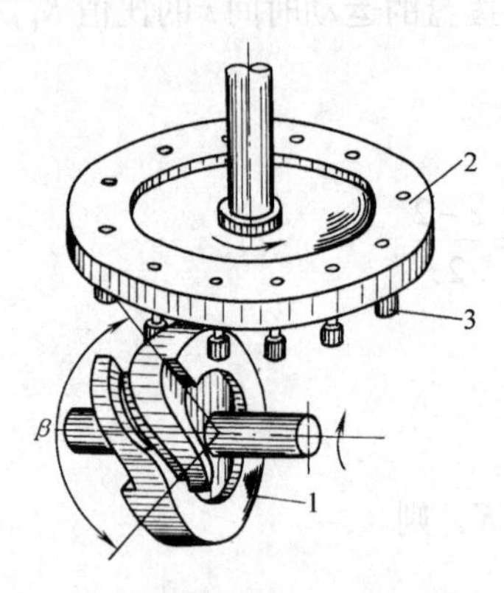

图 18-18　圆柱凸轮间歇机构

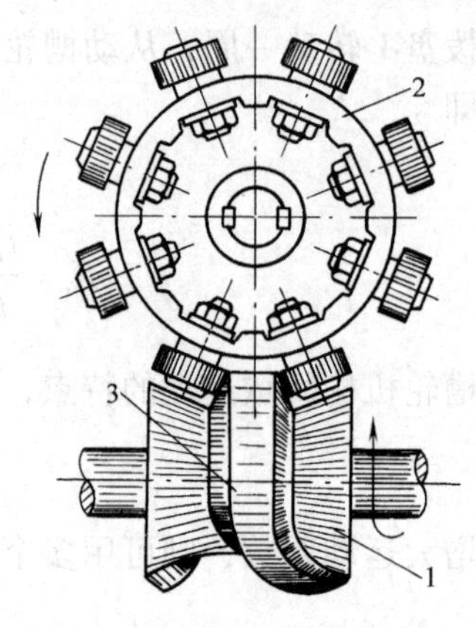

图 18-19　蜗杆凸轮间歇机构

18.4　不完全齿轮机构

在一对齿轮传动中的主动齿轮 1 上只保留 1 个或几个轮齿，这样的齿轮传动机构叫不完全齿轮机构。不完全齿轮机构是由普通渐开线齿轮演变而成的一种间歇运动机构。

1. 工作原理

不完全齿轮机构有外啮合（见图 18-20）和内啮合（见图 18-21）两种，外啮合两轮转向相反，内啮合两轮转向相同。

不完全齿轮机构，根据其运动与停歇时间的要求，如图 18-20 和图 18-21 所示，在一对齿轮传动中的主动齿轮 1 上只保留 1 个或几个轮齿，在从动齿轮 2 上制出与主动齿轮轮齿相啮合的齿间。这样，当主动齿轮匀速转动时，从动齿轮就只作间歇转动。同时，为防止从动齿轮反过来带动主动齿轮转动，与槽轮机构一样，应设锁止弧。

在图 18-20 所示，将主动轮 1 的轮齿切去一部分，所以当主动轮连续转动时，从动轮 2 作间歇转动；从动轮停歇时，轮 1 的外凸圆弧 g 与轮 2 内凹圆弧 f 相配，将轮 2 锁住，使之停止在预定位置上，以保证下次啮合。

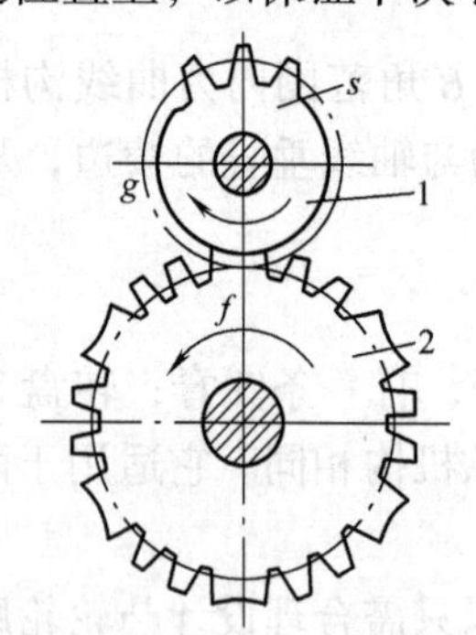

图 18-20　外啮合不完全齿轮机构

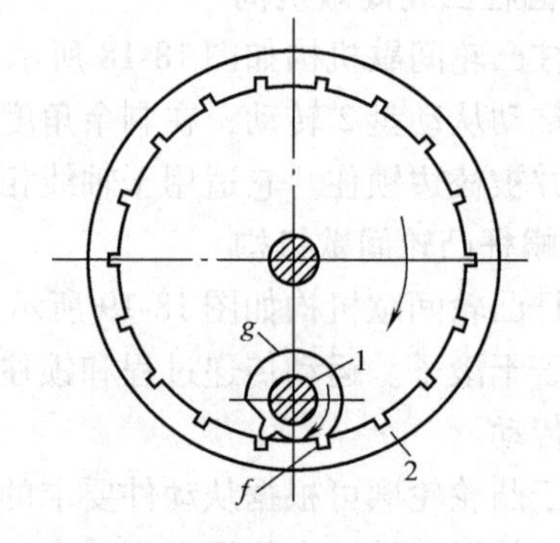

图 18-21　内啮合不完全齿轮机构

2. 特点及应用

不完全齿轮机构，由于主动轮被切齿的范围可按需要设计，能满足对从动轮停歇次数，停歇和运行时间等多种要求。与其他间歇运动机构相比，不完全齿轮机构的结构更为简单，工作更为可靠，且传递力大，从动轮转动和停歇的次数、时间、转角大小等的变化范围均较大，在运行过程中较槽轮机构平稳。缺点是：不完全齿轮机构，在从动轮运动始末位置有较大冲击，且工艺比较复杂，只适用于低速、轻载的场合。如在多工位自动、半自动机械中用作工作台的间歇转位机构，以及某些间歇进给机构、计数机构等。

如果将不完全齿轮机构中的齿轮之一变为不完全齿条，同样可实现机构的间歇运动，不同的是输出运动是间歇移动，如图18-22所示。

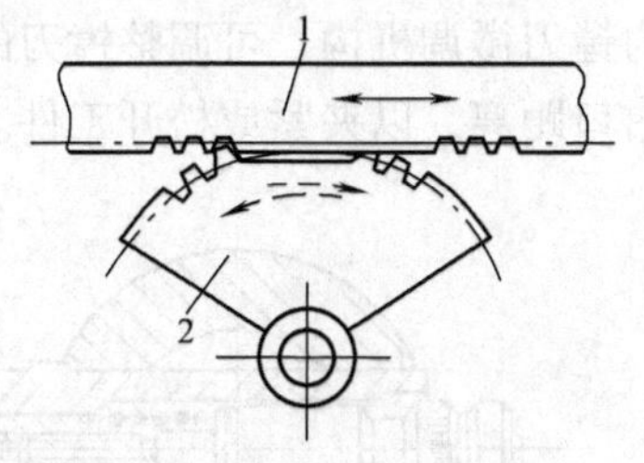

图18-22　不完全齿轮齿条机构

18.5　螺旋机构

利用螺旋副传递运动和动力的机构，称为螺旋机构，由螺杆和螺母组成，主要是利用螺纹零件将回转运动转变为直线运动，同时传递运动和动力，也可用于调整零件的相互位置。它在几何和受力关系上与螺纹连接相似。

18.5.1　螺旋传动分类

1. 按其用途不同分

（1）传力螺旋　以传递轴向力为主，如起重螺旋或加压装置的螺旋。这种螺旋一般工作速度不高，通常要求有自锁能力，如图18-23所示的螺旋起重机构。

（2）传导螺旋　以传递运动为主，如机床的进给丝杠等。这种螺旋通常速度较高，要求有较高的传动精度，如图18-24所示。

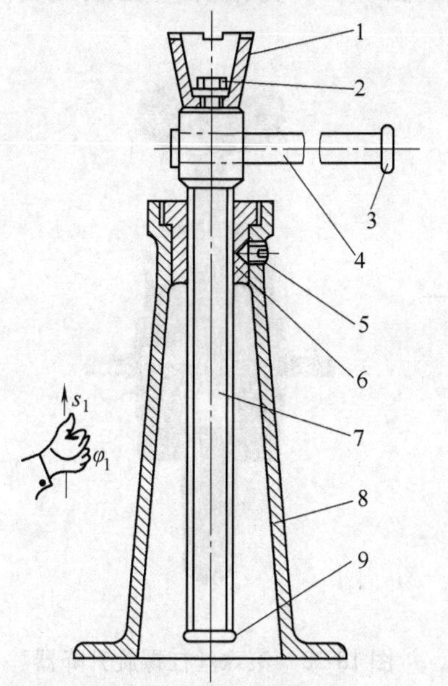

图18-23　手动起重器
1—托杯　2—螺钉　3—档杯　4—手柄
5—紧钉螺钉　6—螺母　7—螺杆
8—瓶座　9—挡环

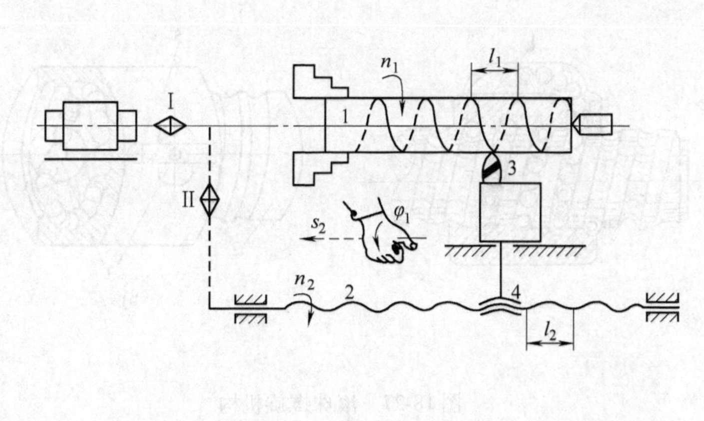

图18-24　车床进给螺旋机构
1—工件　2—丝杠　3—车刀　4—螺母

（3）调整螺旋　用于调整零件的相对位置，如机床、仪器中的微调机构。图 18-25 所示为镗刀微调机构，可调整镗刀的进刀深度；图 18-26 所示为虎钳钳口调节机构，可改变虎钳钳口距离，以夹紧或松开工件。

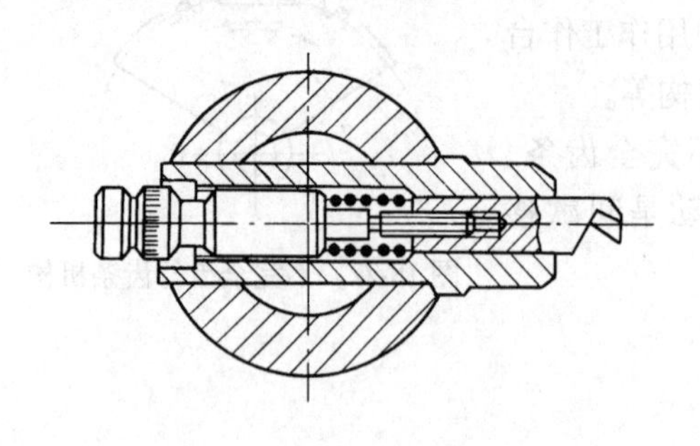

图 18-25　镗刀微调机构

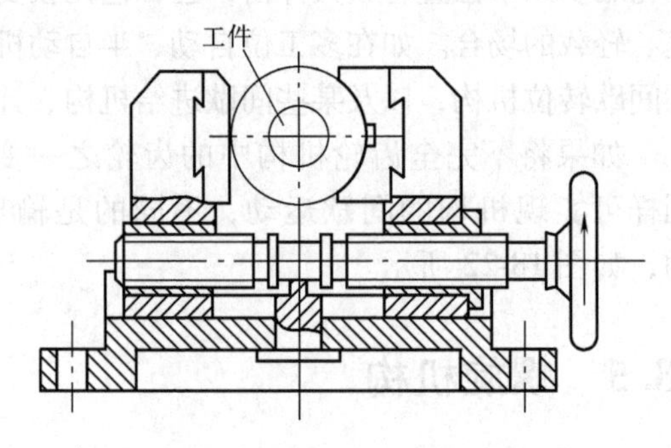

图 18-26　虎钳钳口调节机构

2. 按螺旋副数目分

（1）单螺旋机构（见图 18-23，图 18-24）

（2）双螺旋机构（见 18-25，图 18-26）

3. 按工作原理分

（1）普通螺旋机构（见图 18-23，图 18-24）

（2）差动螺旋机构（见 18-25，图 18-26）

（3）滚珠螺旋机构（见图 18-27）　滚珠螺旋机构的特点是在螺杆和螺母之间设有封闭的滚道，在滚道间填充钢珠，使螺旋副的滑动摩擦变为滚动摩擦，从而减少摩擦，提高效率，这种螺旋传动称为滚动螺旋传动，又称滚珠丝杠副。图 18-28 为滚珠丝杠螺旋升降器。

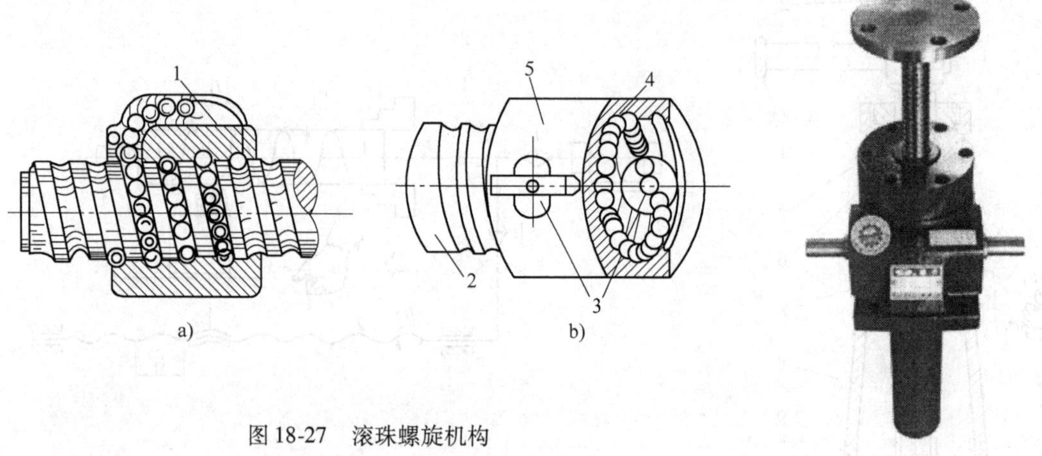

图 18-27　滚珠螺旋机构
a）外循环式　b）内循环式
1—导路　2—螺杆　3—反向器　4—滚珠　5—螺母

图 18-28　滚珠丝杠螺旋升降器

滚珠螺旋机构的优点是：

1）摩擦损失小，效率高达 90% 以上。

2）磨损小，可用预紧方式消除螺纹间隙，传动精度高，刚度也高。

3）可将直线运动和转动相互转换。

滚珠螺旋机构常用于数控机床系统中。缺点是结构复杂，造价高，不能自锁。

18.5.2　螺旋机构运动分析

1. 单螺旋机构

如图 18-23 所示的螺旋机构，螺母与螺杆组成单个螺旋副，当螺杆相对螺母转过 φ 角时，螺杆同时相对螺母轴线的位移为

$$s=\frac{l}{2\pi}\varphi \tag{18-5}$$

式中　s——螺杆（螺母）的位移；

l——螺距；

φ——螺杆转过的角度。

位移 s 的方向、按螺纹的旋向，用左（右）手螺旋定则确定，图 18-23 所示的起重器采用右旋螺纹，故以右手四指的代表螺杆 φ_1 转向，拇指代表螺杆位移 s_1 的方向。图 18-24 所示车床的进给螺旋机构，也采用右旋螺纹。同样，以右手四指代表丝杆（螺杆）φ_1 转向，因丝杠不能动，只得螺母 2 沿与拇指指向相反方向移动 s_2，以实现相对螺旋运动。

2. 双螺旋机构

同一螺杆上制出两段螺纹与螺母组成的螺旋机构称为双螺旋机构，如图 18-29 所示。

（1）两段螺纹旋向相同时，组成微调机构　如图 18-29 所示的双螺旋机构，当螺旋副 1、2 同旋向时，导程分别为 l_1、l_2，则移动螺母的位移为

$$s=\frac{(l_l-l_2)}{2\pi}\varphi \tag{18-6}$$

由于位移 s 与导程差成正比，所以，这种机构称为差动螺旋机构，可以实现微调，如图 18-25 所示镗刀微调机构。

（2）两段螺纹旋向相反时，组成速调机构　当螺旋副 1、2 旋向相反时，则移动螺母的位移

$$s=\frac{(l_l+l_2)}{2\pi}\varphi \tag{18-7}$$

由于位移 s 与导程和成正比，所以这种机构称为复式螺旋机构，可以实现速调，如图 18-30 所示的圆规速调机构及图 18-26 所示的虎钳钳口调节机构等。

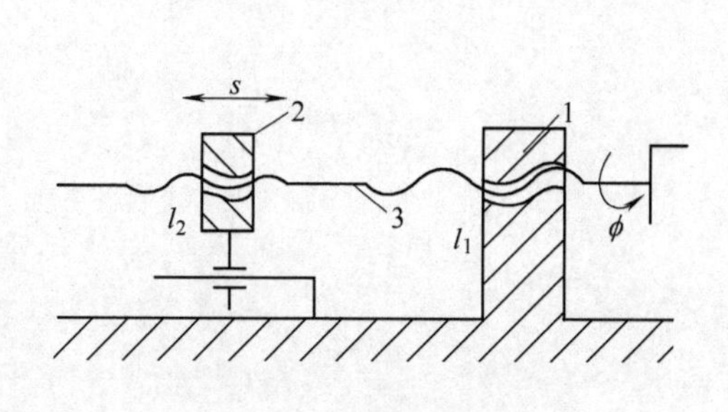

图 18-29　双螺旋机构

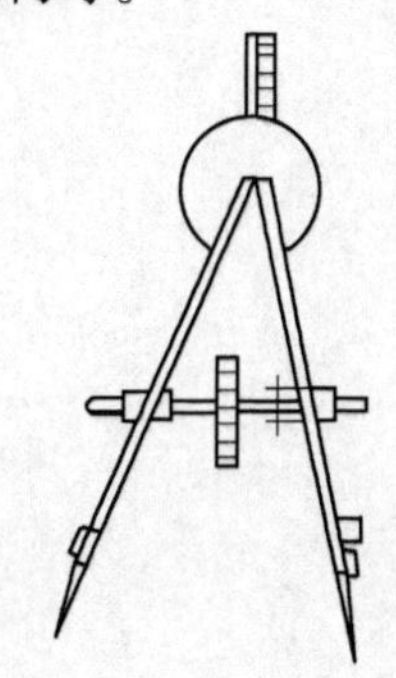
图 18-30　弹簧圆规

18.6　思考题与习题

18-1　常见的能实现间歇运动的机构有哪些？

18-2　棘轮机构如何调整棘轮每次转过的角度？

18-3　槽轮机构的主要参数是哪些？什么是槽轮机构的运动系数？

18-4　运动系数 K_t 为什么只能在 0 与 1 之间，而不能等于 0 或 1？

18-5　螺旋机构有哪些应用？

18-6　图 18-31 所示的四种螺旋机构，都采用右旋螺纹，输入转向为逆时针（由俯视图观察），试判别输出的移动方向。

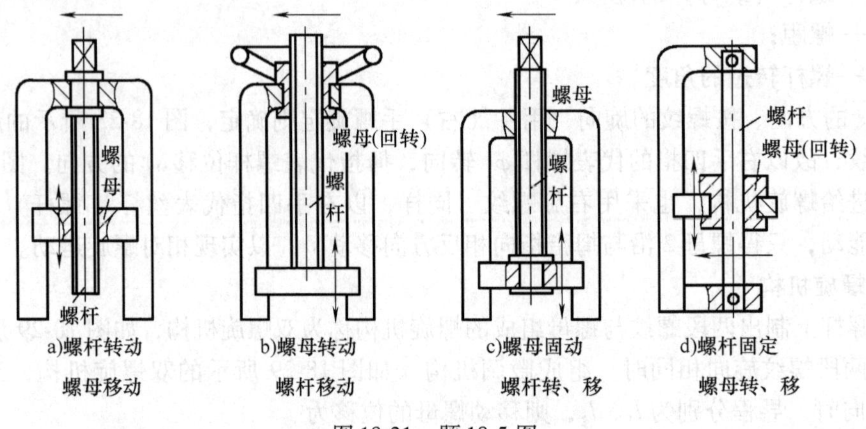

图 18-31　题 18-5 图

18-7　如图 18-29 所示的双螺旋机构，右旋，$l_1=4\text{mm}$，$l_2=3.5\text{mm}$。求螺杆如图转动 1/100 转时，螺母 2 的位移和方向。

模块四　通用零部件的设计与选用

第19章　连　　接

学习目标：了解连接的形式和应用；掌握螺纹连接的类型和应用、结构尺寸和结构的设计要点、螺纹预紧和防松；掌握键连接的分类和功用、平键连接的结构和标准主尺寸选择；了解销连接的功用、类型；能正确选择标准件。

19.1　概述

机器是由不同的零部件组成，当零件与零件之间要形成一个运动整体来传递运动时，就需要把它们连接起来，保持空间位置的相互固定。

连接是将两个或两个以上的零件连成一个整体的结构。由于制造、安装、运输和检修的需要，工业上广泛采用各种连接。

用于零件之间的连接方式很多，常见的连接方式有螺纹连接、键连接、销连接、铆接、焊接和胶接。连接按是否可拆分为两大类：

1）不可拆连接——当拆开连接时，至少要破坏或损伤连接中的一个零件，如焊接、铆接、胶接等。

2）可拆连接——当拆开连接时，无需破坏或损伤连接中的任何零件，如键连接、销连接和螺纹连接等。

按被连接零件之间在工作时是否有相对运动，连接可分为动连接和静连接两大类。导向平键连接和导向花键连接都属于动连接。而电动机端盖与其外壳之间所用的螺栓连接，蜗轮齿圈与其轮芯之间所用的过盈配合连接，则属于静连接。本章主要讲解静连接。

铆接（见图19-1）是将铆钉穿过两个或两个以上被连接件上的预制钉孔，将被铆接件铆合在一起的一种连接。如钢板、型钢等金属结构的铆接，锅炉和飞机制造中有关铆接。铆接的优点是工艺设备简单，牢固可靠，耐冲击等；缺点是结构笨重，生产率低。近年来，由于焊接和胶接技术的发展，铆接的应用已逐渐减少。

焊接（见图19-2）是把被连接的金属材料，经过局部加热再冷却的方法，将两个或两个以上的金属零件熔接在一起的一种连接方式。由于焊接结构具有重量轻、施工简便、生产率高和成本低等优点，所以获得广泛的应用。

胶接是利用粘合剂将被连接件粘接起来的一种连接。胶接常用于木材和橡胶中的连接，应用于金属零件的连接则还是近几十年才发展起来的。胶接的优点是：疲劳强度高，密封性能好，能防止电化学腐蚀，重量轻，外表光整，能连接不同材料的零件和较薄零件。因此胶接是一种值得推广使用的连接形式。

设计连接时，应考虑强度、经济性、使用要求和其他工作条件，如满足紧密性、牢固性、刚度和对中等方面的要求。连接的强度由其中最薄弱的部分决定。

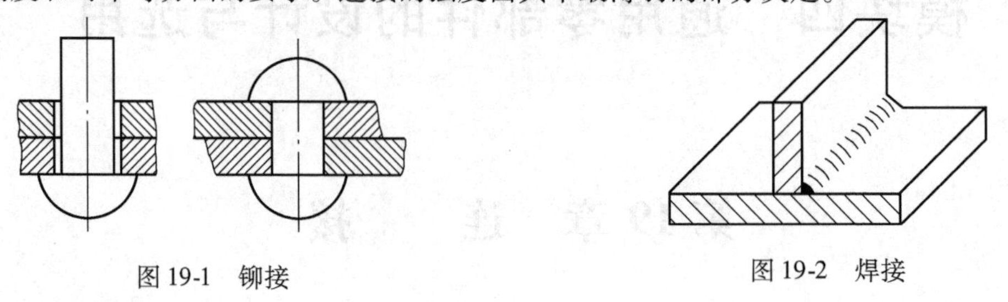

图 19-1　铆接　　　图 19-2　焊接

19.2　键连接

轴上零件与轴之间不仅需要轴向固定，而且需要周向固定（轴毂连接），以传递转矩。常用的轴毂连接有键连接、过盈配合连接、销连接等，键连接应用最广。

19.2.1　键连接的常见类型和应用

1. 平键连接

平键是矩形截面的连接件，置于轴和轴上零件毂孔的键槽内，以侧面为工作面，工作时靠键和键槽的互相挤压传递转矩。按工作情况平键可分为普通平键和导向平键。

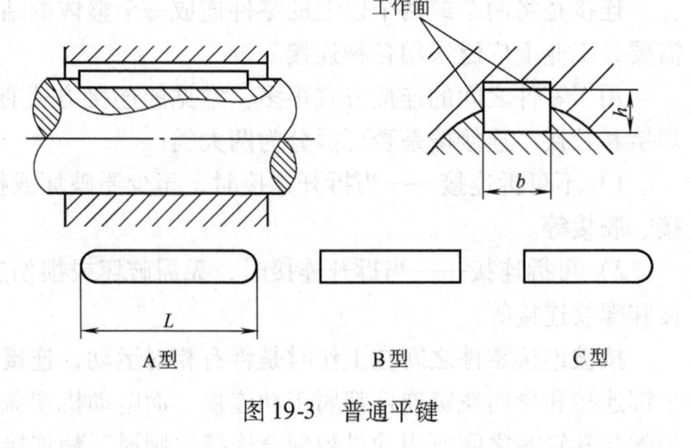

图 19-3　普通平键

普通平键（见图 19-3）两端可制成圆头（A 型）、方头（B 型）或半圆头（C 型）。

导向平键（见图 19-4）两端可制成圆头（A 型）、方头（B 型）。导向平键除实现周向固定外，还允许轴上零件有轴向移动，构成动连接。

用圆头键时，轴上键槽用面铣刀加工；用方头键时，轴上键槽用盘铣刀加工；半圆头键常用于轴端。这种平键用于轴上零件与轴之间没有相对运动的静连接。

2. 半圆键连接

半圆键用于静连接，也以侧面作为工作面（见图 19-5）。这种连接的优点是工艺性较好，缺点是轴上键槽较深，对轴的强度削弱较大，主要用于轻载或位于轴端零件的连接。

3. 花键连接

轴上周向均布的凸齿和轮毂孔中相应凹槽构成的连接称为花键连接，可用于静或动连接。

根据齿形的不同，花键分为矩形花键（见图 19-6a），渐开线花键（见图 19-6b）和三角形花键（见图 19-6c）三种。花键连接以齿的侧面作为工作面。由于是多齿传递载荷，所以承载能力高，连接定心精度也高，导向性好，应用较广。

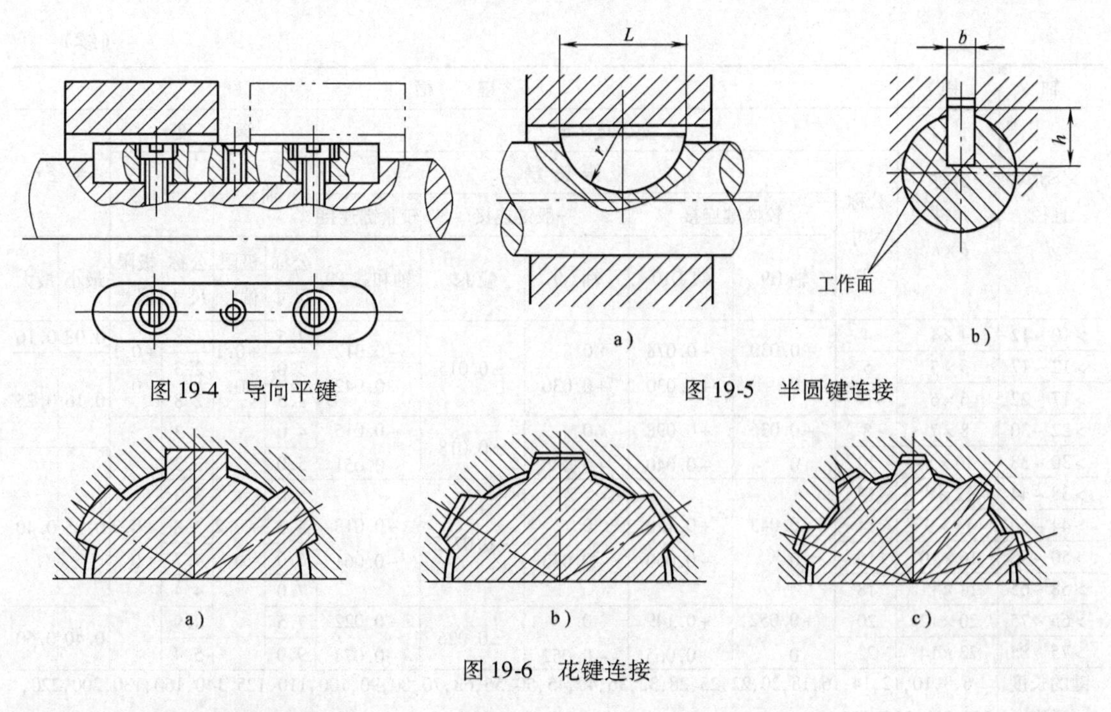

图 19-4 导向平键

图 19-5 半圆键连接

图 19-6 花键连接

19.2.2 普通平键的选择

在已知轴径 d 和相配轮毂宽度 B 的情况下，可以通过查表 19-1 来确定键的尺寸和相应的公差值。通过轴径 d 可以查出键的宽度 b 和高度 h，键的长度 $L=B-(5\sim10)\text{mm}$，但要符合表中的系列值，其中 B 为相配轮毂宽度。

一般键的失效是：轮毂、轴和键三者中材料最弱的一方被压溃，所以一般对弱的一方进行挤压强度校核。挤压强度校核相关内容请参看剪切挤压实用计算一节的内容。

表 19-1 普通平键和键槽尺寸 （单位：mm）

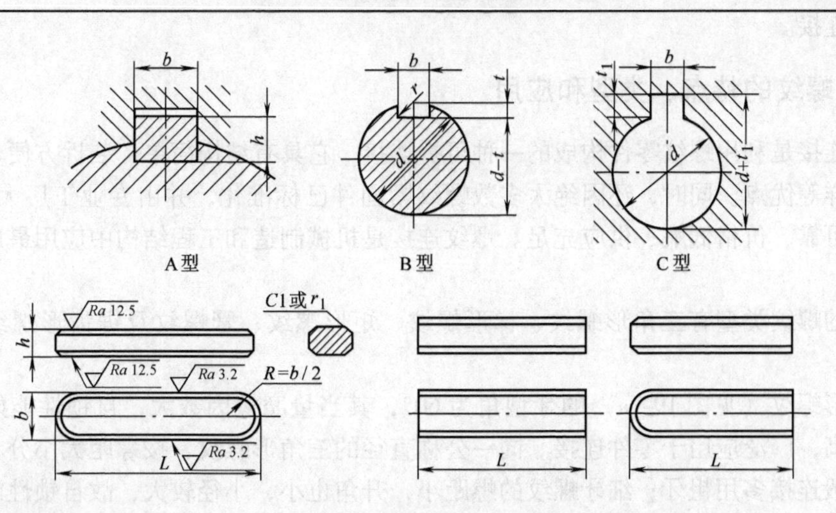

标记示例：圆头普通平键（A 型），$b=16$，$h=10$，$L=100$ 的标记为：GB/T 1096 键 16×10×100

方头普通平键（B 型），$b=16$，$h=10$，$L=100$ 的标记为：GB/T 1096 键 B16×10×100

半圆头普通平键（C 型），$b=16$，$h=10$，$L=100$ 的标记为：GB/T 1096 键 C16×10×100

（续）

轴	键	键槽											
公称直径 d	公称尺寸 $b\times h$	宽度 b						深度				半径 r	
		公称尺寸 b	极限偏差					轴 t		毂 t_1			
			较松键连接		一般键连接		较紧键连接						
			轴 H9	毂 D10	轴 N9	毂 Js9	轴和毂 P9	公称尺寸	极限偏差	公称尺寸	极限偏差	最小	最大
>10~12	4×4	4	+0.030 0	+0.078 +0.030	0 +0.030	±0.015	−0.012 −0.042	2.5	+0.1 0	1.8	+0.1 0	0.08	0.16
>12~17	5×5	5						3.0		2.3		0.16	0.25
>17~22	6×6	6						3.5		2.8			
>22~30	8×7	8	+0.036 0	+0.098 +0.040	0 +0.036	±0.018	−0.015 −0.051	4.0	+0.2 0	3.3	+0.2 0		
>30~38	10×8	10						5.0		3.3		0.25	0.40
>38~44	12×8	12	+0.043 0	+0.120 +0.050	0 +0.043	±0.0215	−0.018 −0.061	5.0		3.3			
>44~50	14×9	14						5.5		3.8			
>50~58	16×10	16						6.0		4.3			
>58~65	18×11	18						7.0		4.4			
>65~75	20×12	20	+0.052 0	+0.149 +0.065	0 −0.052	±0.026	−0.022 −0.074	7.5		4.9		0.40	0.60
>75~85	22×14	22						9.0		5.4			
键的长度系列	6,8,10,12,14,16,18,20,22,25,28,32,36,40,45,50,56,63,70,80,90,100,110,125,140,160,180,200,220,250,280,320,360												

注：1. 在工作图中，轴槽深用 t 或（$d-t$）标注，轮毂槽深用（$d+t_1$）标注。

2. （$d-t$）和（$d+t_1$）两组组合尺寸的极限偏差按相应的 t 和 t_1 极限偏差选取，但（$d-t$）极限偏差值应取负号。

19.3 螺纹连接

螺纹连接在日常生活中的应用非常普遍，如瓶体与瓶盖的连接，风扇叶片的安装，用的就是螺纹连接。

19.3.1 螺纹的特点、类型和应用

螺纹连接是利用螺纹零件构成的一种可拆连接，它具有结构简单、装拆方便、工作可靠和类型多样等优点。同时，还因绝大多数螺纹紧固件已标准化，并由专业工厂大批量生产，故其质量可靠、价格低廉、供应充足。螺纹连接是机械制造和工程结构中应用最广泛的一种连接。

常见的螺纹类型有三角形螺纹、梯形螺纹、矩形螺纹、管螺纹及锯齿形螺纹等，见图19-7。

三角形螺纹（见图19-7a）的牙型角为60°，其当量摩擦因数大，自锁性能好，螺纹牙根强度较高，广泛应用于零件连接。同一公称直径的三角形螺纹，按螺距大小分粗牙和细牙两类，一般连接多用粗牙；细牙螺纹的螺距小，升角也小，小径较大，故自锁性能好，对螺杆的强度削弱较少，适用于薄壁零件及微调装置。

55°非密封管螺纹（见图19-7b）是牙型角为55°的寸制细牙三角形螺纹，公称直径（英寸为单位）以管子的孔径表示，螺距以每英寸的螺纹牙数表示，常用于低压条件下工作的

管道连接。高压条件下工作的管道连接应采用55°密封管螺纹，它与55°非密封管螺纹相似，但螺纹分布在锥度为1:16的圆锥管壁上。

矩形螺纹（见图19-7c）的效率高，多用于传动。但对中性差，牙根强度低，精确制造困难。

梯形螺纹（见图19-7d）的效率虽较矩形螺纹低，但加工方便，对中性好，牙根强度高，故广泛用于传动。

锯齿形螺纹（见图18-7e）兼有矩形螺纹效率高和梯形螺纹牙根强度高的优点，但只能用于承受单向载荷的传动。

在上述各种螺纹中，除矩形螺纹无标准外，其他几种螺纹都有国家标准。

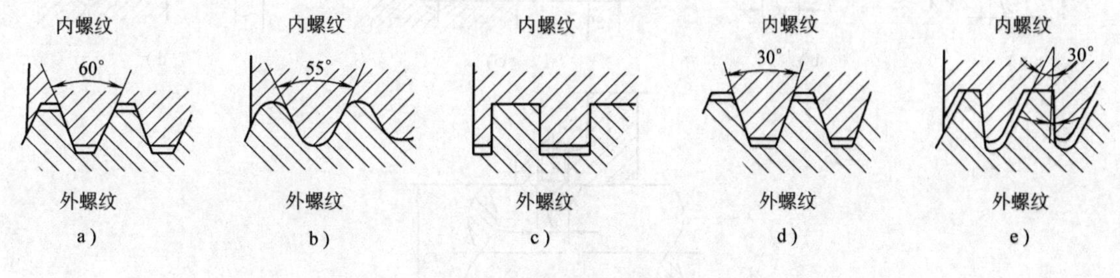

图19-7 螺纹类型

19.3.2 螺纹连接件的材料

螺纹连接件有螺栓、螺母、螺钉、双头螺柱、垫片等，适合制造螺纹连接件的材料很多，常用的有Q215、Q235、10、35、45和40Cr等。国家标准规定螺纹连接件按其力学性能进行分级，同一材料通过不同工艺措施可制成不同等级的螺栓和螺母；规定性能等级的螺栓、螺母在图样中只标出性能等级，不标出材料牌号。

19.3.3 螺纹连接的主要类型和预紧、防松

1. 螺纹连接的主要类型

（1）螺栓连接　螺栓连接分为普通螺栓连接和铰制孔用螺栓连接两种，如图19-8所示。普通螺栓连接（见图19-8a）的结构特点是被连接件上的通孔和螺栓杆间留有间隙，故孔的加工精度要求低，结构简单，装拆方便，适用于被连接件不太厚和两边都有足够装配空间的场合。

铰制孔用螺栓连接（见图19-8b）的孔和螺栓杆多采用基孔制过渡配合，故孔的加工精度要求高，适用于利用螺杆承受横向载荷或需精确固定被连接件相对位置的场合。

螺栓连接常用的连接件有螺栓、螺母、垫片。装配时先把螺栓插入被连接件的孔内，在穿出的螺栓尾部放上垫片，再旋上螺母。

（2）双头螺柱连接　双头螺柱连接如图19-8c所示，它是将双头螺柱的一端旋紧在一被连接件的螺纹孔中，另一端则穿过另一被连接件的孔，再放上垫片，拧上螺母。双头螺柱连接适用于被连接零件之一太厚，不便制成通孔，或材料比较软且需经常拆装的场合。

（3）螺钉连接　螺钉连接如图19-8d所示，它是将螺钉穿过一被连接件的孔，并旋入另一被连接件的螺纹孔中。螺钉连接适用于被连接零件之一太厚而又不需经常拆装的场合。

（4）紧定螺钉连接　紧定螺钉连接如图19-8e所示，它利用拧入零件螺纹孔中的螺钉末端顶住另一零件的表面或顶入该零件的凹坑中，以固定两零件的相互位置，并可传递不大的载荷。

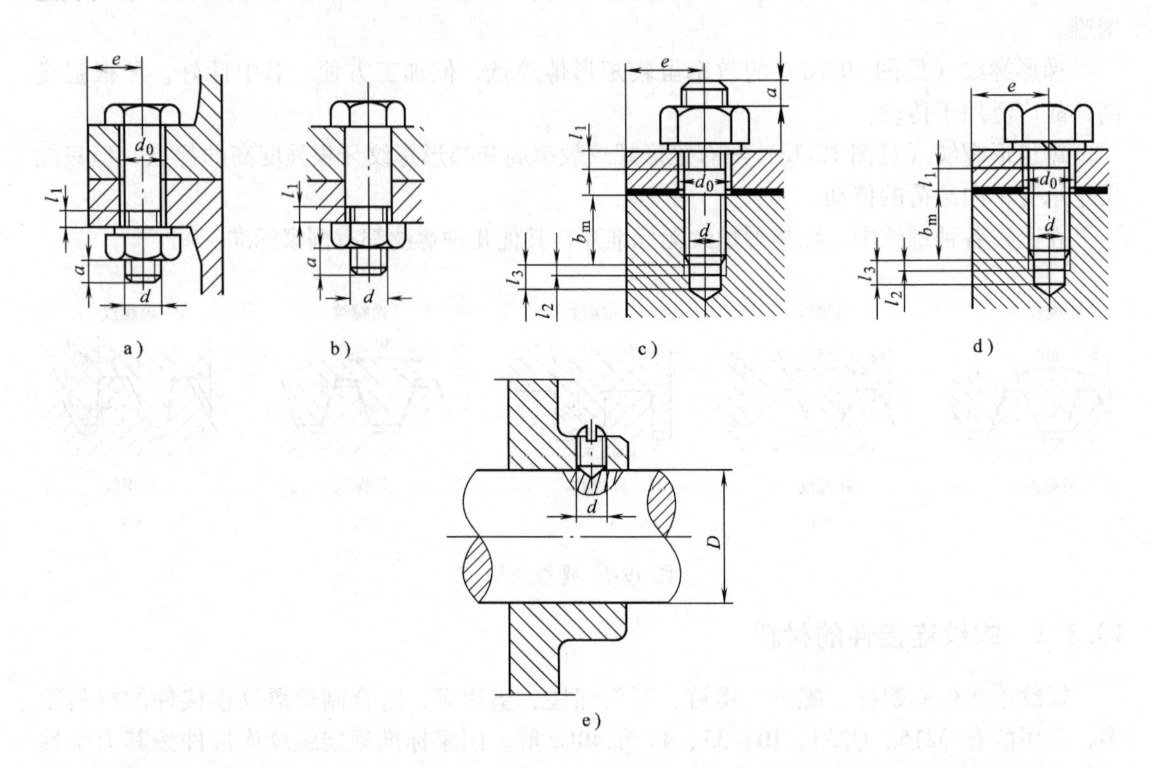

外螺纹余留长度 l_1

静载荷 $l_1 \geqslant (0.3 \sim 0.5)d$；

变载荷 $l_1 \geqslant 0.75d$；

冲击载荷或弯曲载荷 $l_1 \geqslant d$

铰制孔用螺栓 l_1 取 $\approx d$；

螺纹伸出长度 $a = (0.2 \sim 0.3)d$；

螺栓轴线到边缘的距离 $e = d + (3 \sim 6)$mm；

螺纹旋入深度 b_m，当螺纹孔零件材料为钢或青铜时，b_m 取 $\approx d$；

铝合金 b_m 取 $\approx (1.25 \sim 2.5)d$；

铸铁 b_m 取 $\approx (1.25 \sim 1.5)d$；

内螺纹余留长度 l_2 取 $\approx (2 \sim 2.5)P$（P 为螺距）；

钻孔余留长度 l_3 取 $\approx (0.2 \sim 0.3)d$；

通孔直径 d_0 见 GB/T 152.1～4

图 19-8　螺纹连接类型

2. 螺纹连接的预紧和防松

（1）预紧力　绝大多数螺纹连接在装配时都必须拧紧，使螺栓受到拉伸、被连接件受到压缩，这种在承受工作载荷之前就受到的力称为预紧力。预紧的目的是为了提高连接的可靠性、紧密性和防松能力。对于承受轴向工作拉力的螺栓连接，还能提高螺栓的疲劳强度。对于承受横向载荷的普通螺栓连接，有利于增大连接中的摩擦力。但过大的预紧力需要增大螺栓直径，也会使螺栓在装配或偶然过载时拉断。

（2）螺纹连接的防松　连接螺纹都能满足自锁条件，且螺母和螺栓头部支承面处的摩擦也能起防松作用，故在静载荷下，螺纹连接不会自动松脱。但在冲击、振动或变载荷的作用下，或当温度变化很大时，螺纹副间的摩擦力可能减小或瞬间消失，影响连接的安全性，甚至会引起严重事故。因此在重要场合，必须采取有效的防松措施。

防松就是阻止螺母和螺栓的相对转动。防松的方法很多，按其工作原理，可分为摩擦防松、直接锁住和破坏螺纹副三种。常用的防松方法见表19-2。

表19-2 螺纹防松方法

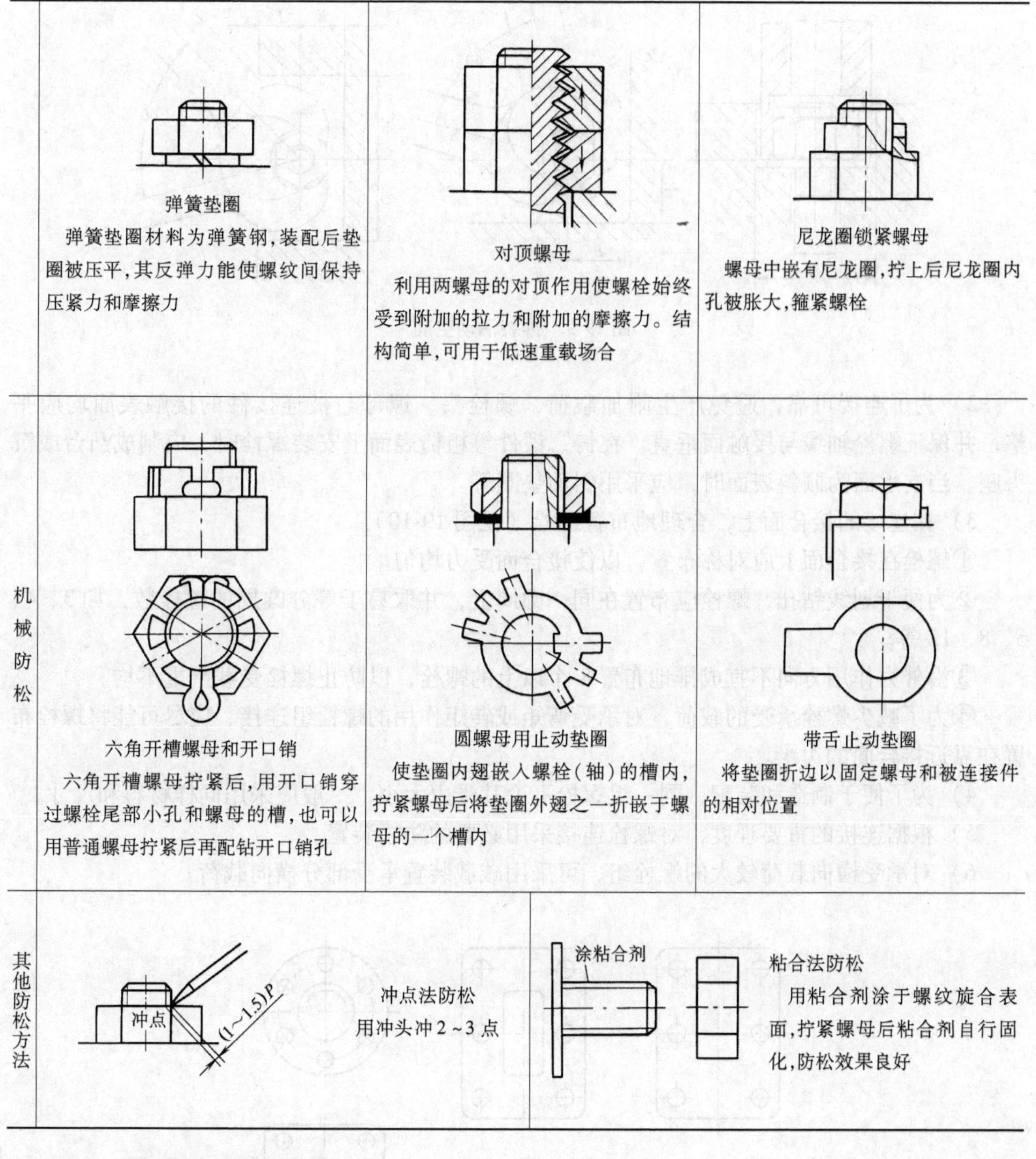

	弹簧垫圈 弹簧垫圈材料为弹簧钢,装配后垫圈被压平,其反弹力能使螺纹间保持压紧力和摩擦力	对顶螺母 利用两螺母的对顶作用使螺栓始终受到附加的拉力和附加的摩擦力。结构简单,可用于低速重载场合	尼龙圈锁紧螺母 螺母中嵌有尼龙圈,拧上后尼龙圈内孔被胀大,箍紧螺栓
机械防松	六角开槽螺母和开口销 六角开槽螺母拧紧后,用开口销穿过螺栓尾部小孔和螺母的槽,也可以用普通螺母拧紧后再配钻开口销孔	圆螺母用止动垫圈 使垫圈内翅嵌入螺栓(轴)的槽内,拧紧螺母后将垫圈外翅之一折嵌于螺母的一个槽内	带舌止动垫圈 将垫圈折边以固定螺母和被连接件的相对位置
其他防松方法	冲点 (1~1.5)P 冲点法防松 用冲头冲2~3点	涂粘合剂 粘合法防松 用粘合剂涂于螺纹旋合表面,拧紧螺母后粘合剂自行固化,防松效果良好	

19.3.4 螺栓组连接的设计

大多数情况下的螺栓连接都是成组使用的。设计螺栓组连接时，通常先选定螺栓的数目及布置形式，然后再确定螺栓的直径。

螺栓组连接结构设计就是确定连接接合面的几何形状和螺栓的布置形式，使各螺栓和连接接合面的受力均匀，便于加工和装配。为了获得合理的螺栓组连接结构，应注意以下几个问题：

1）为了装拆方便，应留有装拆紧固件的空间，如螺栓与箱体、螺栓与螺栓的扳手活动空间（见图 19-9），紧固件装拆时的活动空间等。

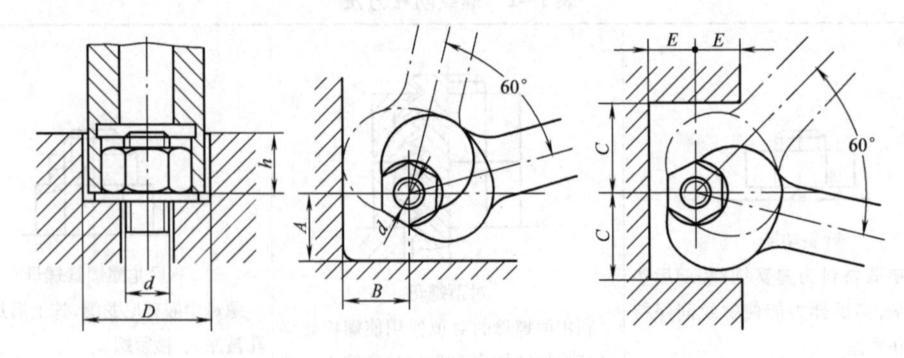

图 19-9　拆装活动空间

2）为了连接可靠，避免产生附加载荷，螺栓头、螺母与被连接件的接触表面均应平整，并保证螺栓轴线与接触面垂直。在铸、锻件等粗糙表面上安装螺栓时，应制成凸台或沉头座。当支承面为倾斜表面时，应采用斜面垫圈等。

3）在连接的接合面上，合理地布置螺栓（见图 19-10）。

①螺栓在接合面上应对称布置，以使接合面受力均匀。

②为便于划线钻孔，螺栓应布置在同一圆周上，并取易于等分圆周的螺栓数，如 3、4、6、8、12 等。

③沿外力作用方向不宜成排地布置 8 个以上的螺栓，以防止螺栓受载严重不均。

④为了减少螺栓承受的载荷，对承受弯矩或转矩作用的螺栓组连接，应尽可能将螺栓布置在靠近接合面的边缘。

4）为了便于制造和装配，同一组螺栓不论其受力大小，一般应采用同样材料和尺寸。

5）根据连接的重要程度，对螺栓连接采用必要的防松装置。

6）对承受横向载荷较大的螺栓组，可采用减载装置承受部分横向载荷。

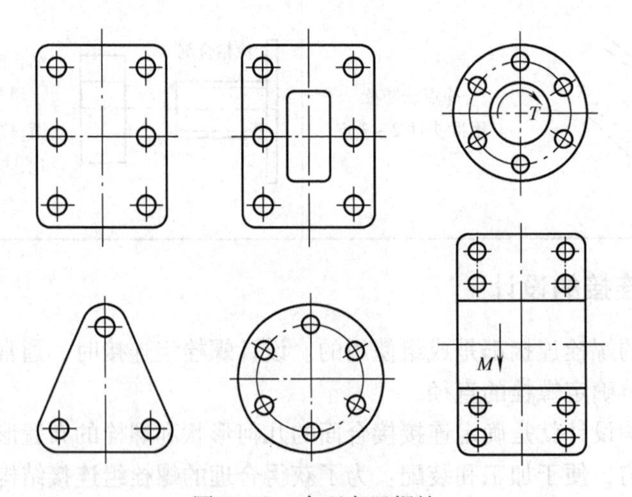

图 19-10　合理布置螺栓

19.4　销连接简介

销连接通常用于固定零件之间的相对位置（见图 19-11）；也有用于轴毂或其他零件的连接（见图 19-12），以传递不大的载荷；还可作为安全装置中的过载剪断元件（见图 19-13）。

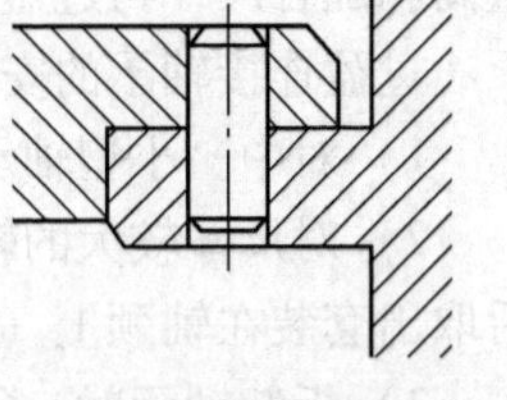

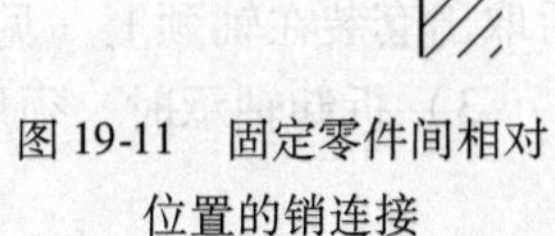

图 19-11　固定零件间相对位置的销连接

按销形状的不同，可分为圆柱销、圆锥销和开口销等。销的材料多为 35、45 钢。

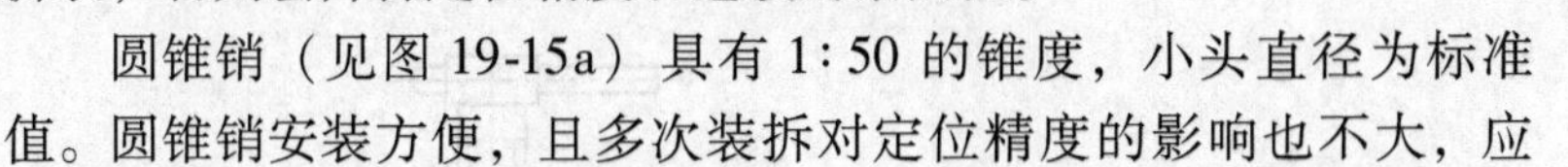

圆柱销（见图 19-14）靠微量的过盈固定在孔中，它不宜经常拆装，否则会降低定位精度和连接的紧固性。

圆锥销（见图 19-15a）具有 1∶50 的锥度，小头直径为标准值。圆锥销安装方便，且多次装拆对定位精度的影响也不大，应用较广。为确保销安装后不致松脱，圆锥销的尾端可制成开口的，如图 19-15b 所示的开尾圆锥销。为便于销的拆卸，圆锥销的上端也可做成带内、外螺纹的，如图 19-15c 所示的内螺纹圆锥销和图 19-15d 所示的螺尾圆锥销。

开口销常用低碳钢丝制成，是一种防松零件。

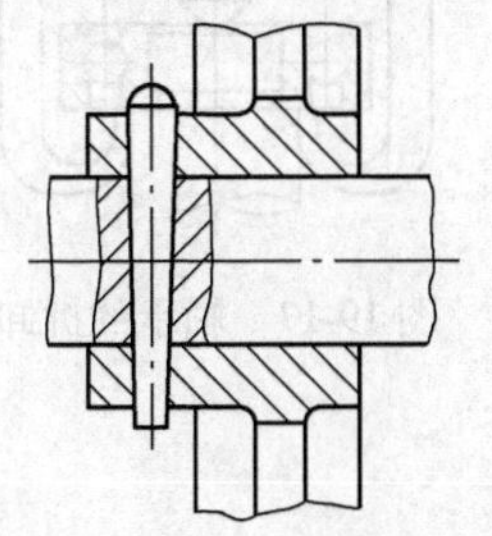

图 19-12　轴毂间的销连接

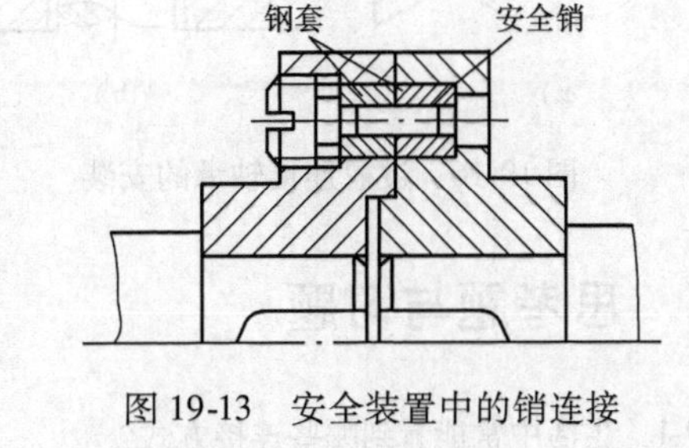

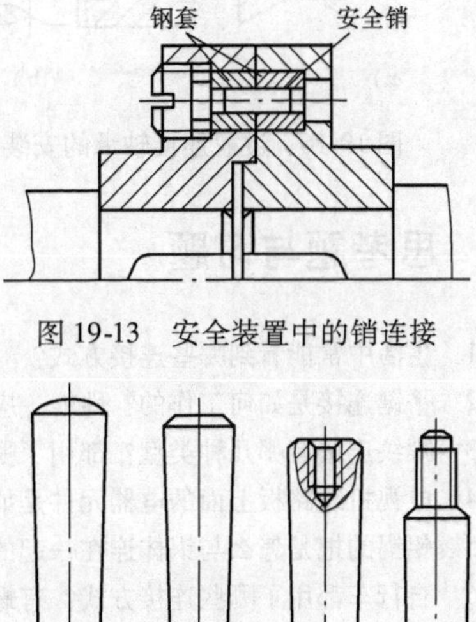

图 19-13　安全装置中的销连接

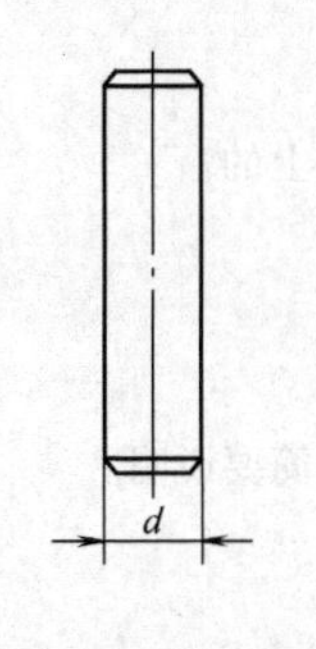

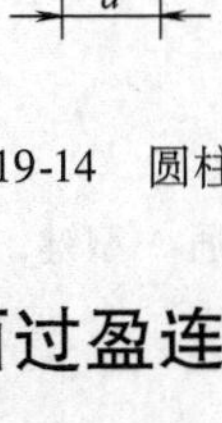

图 19-14　圆柱销

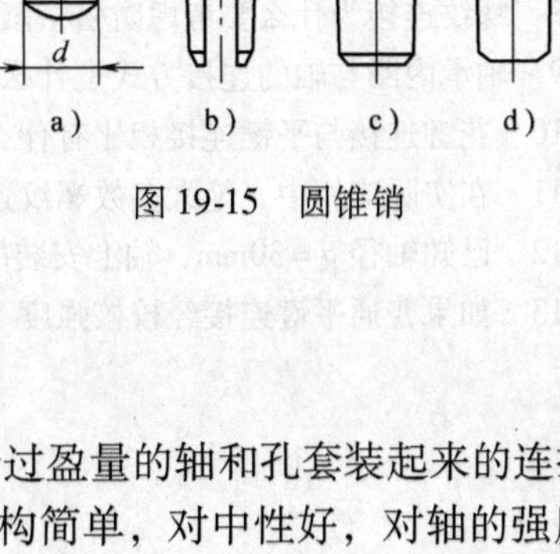

图 19-15　圆锥销

19.5　圆柱面过盈连接

过盈连接是利用材料的弹性变形，把具有一定配合过盈量的轴和孔套装起来的连接。工作时，靠配合面上的摩擦力来传递载荷。过盈连接的结构简单，对中性好，对轴的强度削弱少，在冲击和振动载荷下工作可靠，但装拆困难，对配合尺寸的精度要求高，多用于受冲击载荷的零件与轴的连接，如某些齿轮、车轮和飞轮等的轴毂连接。

圆柱面过盈连接的装配可采用压入法或温差法。用压入法装配不可避免地会使被连接零件的配合表面受到擦伤，从而降低连接的紧固性，故压入法一般只适用于配合尺寸和过盈量都较小的连接。用温差法装配，被连接零件的配合表面不会引起损伤，故常用于要求配合质量高和配合尺寸与过盈量都较大的连接，如轴承与轴的配合，如图 19-16 所示。

过盈连接轴承的安装与拆卸：

1）对中、小型轴承，可在内圈端面加垫后，用锤子轻轻打入（见图 19-16a）。

2）对尺寸较大的轴承，可在压力机上压入，或把轴承放在油里加热至 80～100℃，然后取出套装在轴颈上（见图 19-16b）。

3）拆卸轴承时，须用特制的拆卸工具（见图 19-17）。

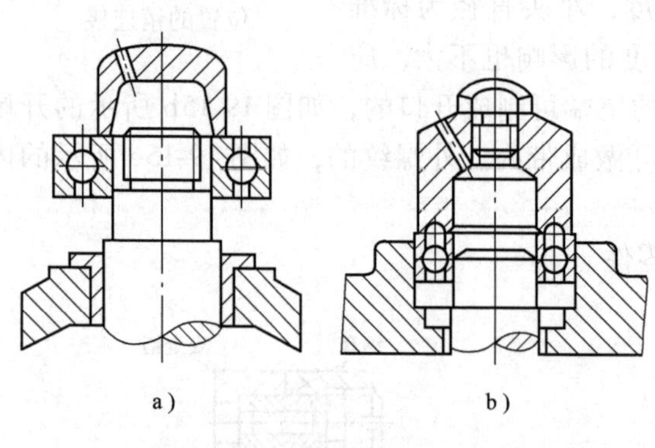

图 19-16　过盈连接轴承的安装

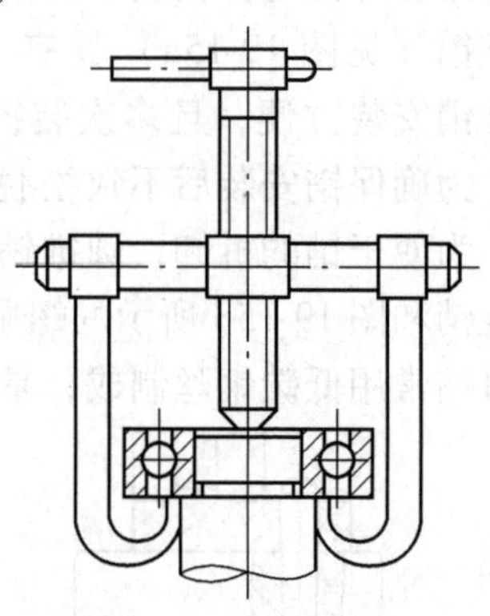

图 19-17　轴承的拆卸

19.6　思考题与习题

19-1　生活中常能看到哪些连接方式？

19-2　平键连接是如何工作的？性能、应用特点是什么？

19-3　螺纹连接有哪几种类型？都用了哪些螺纹连接件？如何装拆？

19-4　电视机线路板上面的电器元件是如何固定的？机壳又是如何装上的？

19-5　铝锅的把是怎么与锅体连在一起的？

19-6　自行车都用了哪些连接方式？有螺纹连接吗？

19-7　销连接有哪几种？如何应用？

19-8　螺纹连接为什么要考虑防松？画出三种常用的防松实例，并做简要说明。

19-9　轴承内圈与轴的连接方式是什么？如何装拆？

19-10　花键连接与平键连接相比有什么特点？

19-11　在实际应用中，绝大多数螺纹连接都要预紧，预紧的目的是什么？

19-12　已知轴径 $d=30$mm，轴上安装的齿轮宽度 $B=60$mm，请选一普通 A 型键，并写出该键的标记。

19-13　如果普通平键连接经校核强度不够，可采取哪些措施来解决？

第 20 章　轴　　承

学习目标：了解滚动轴承的类型和代号，能正确选择轴承的类型；能根据轴承的工作情况，正确选择轴承的类型及进行合理的组合设计。了解滚动轴承的寿命计算和静载荷计算；了解非液体摩擦滑动轴承的结构、材料及其润滑。

20.1　概述

轴承是用来支承轴及轴上零、部件，并承受其载荷，保证轴的旋转精度，减少转轴与支承之间的摩擦和磨损。根据轴承工作时的摩擦性质不同，轴承分为滑动轴承和滚动轴承两大类。其中滑动轴承根据润滑状态又分为非液体摩擦滑动轴承和液体摩擦滑动轴承。液体摩擦滑动轴承又分为液体动压轴承和液体静压轴承。

滑动轴承和滚动轴承各有其优缺点和适用场合。目前在机器中，滚动轴承的应用较滑动轴承广泛。这主要是因为，滚动轴承在较大的转速范围内摩擦损失较小，对起动状态没有特殊要求，工作时的维护要求不高。由于滚动轴承是由专业工厂生产并已实现高度标准化，因此选用滚动轴承对机器的设计、使用、制造和维护都带来了很大方便。

但是，由于滑动轴承具有一些独特的优点，因此，在不少场合仍得到广泛的应用：

1）当要求轴承的直径方向很小时，一般的滚动轴承就不宜采用。

2）当承受很大的振动和冲击载荷时，滚动轴承由于是高副接触，对振动冲击特别敏感而不适用。

3）因装配原因而必须做成剖分式轴承（如连杆大端轴承）时，只能用滑动轴承。

4）对特重型的、单批或批量很少的轴承，定制滚动轴承成本将很高。

5）工作转速特别高或要求回转精度特别高时，滚动轴承达不到要求，只能采用液体或气体润滑的高精度动压或静压滑动轴承。

20.2　非液体摩擦滑动轴承

20.2.1　滑动轴承的主要类型及其结构

滑动轴承按照其所承受载荷方向可分为径向轴承和推力轴承。

1. 径向轴承

径向滑动轴承一般由轴承座、轴瓦（轴套）和润滑装置组成。

（1）整体式轴承　图 20-1a 所示为典型的整体式滑动轴承。它由轴承座和轴套组成。整体式滑动轴承结构简单，成本低，但无法调节轴径和轴承孔之间的间隙，当套筒磨损到一定程度后必须更换；此外在装拆时必须作轴向移动，有时很不方便。故多用于轻载、低速、间歇工作而且不经常装拆的场合。

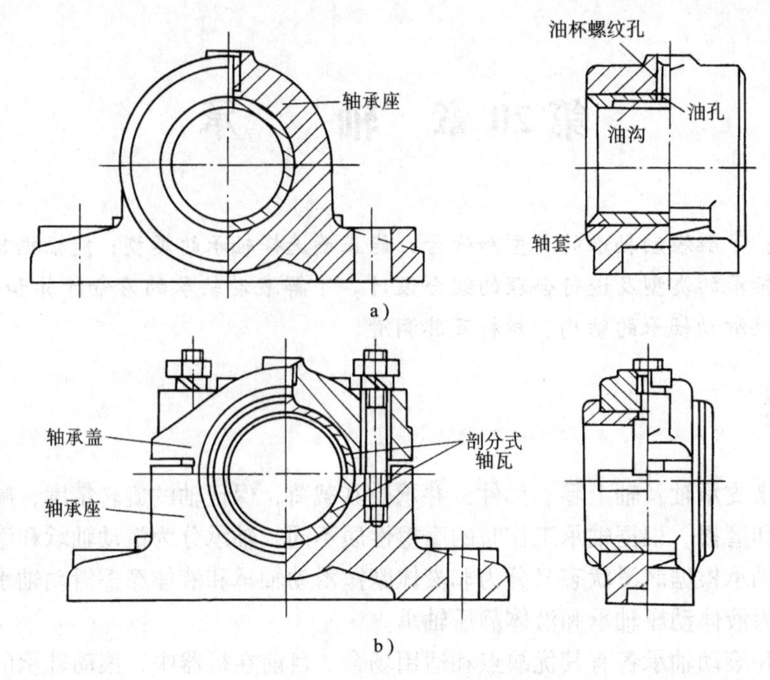

图 20-1　滑动轴承的基本结构

（2）剖分式轴承　图 20-1b 所示为典型的剖分式滑动轴承。它由轴承座、轴承盖、剖分的上、下轴瓦、螺栓等组成。为了使润滑油能够均匀地分布在整个工作表面上，一般在轴瓦不承受载荷的表面开出油沟和油孔。轴承盖和轴承座的剖分面做成阶梯形定位止口，这样在安装时容易对中，并可承受剖分面方向的径向分力，保证连接螺栓不受横向载荷。由于在轴承盖和轴承座靠近中心处的剖分面间放有垫片，这样，当轴瓦工作面磨损后，适当地减少垫片，并进行刮瓦，就可调节轴颈和轴瓦间的间隙。采用剖分式滑动轴承，装拆很方便。

（3）带锥形表面轴套的轴承　带锥形表面轴套的轴承其轴套有外锥面（见图 20-2a）及内锥面（见图 20-2b）两种结构。可以用轴套上两端的螺母使轴套沿轴向移动，以调整轴承间隙的大小。

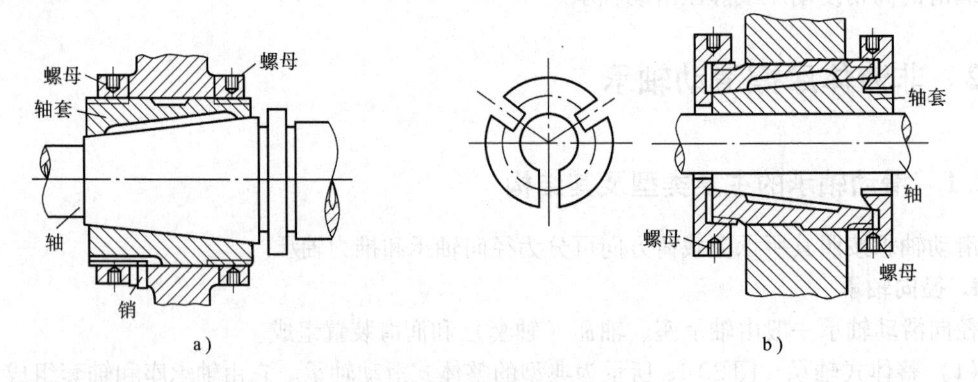

图 20-2　带锥形表面轴套的轴承

2. 推力轴承

推力轴承用来承受轴向载荷。当与径向轴承联合使用时，可以承受复合载荷。如图 20-3

所示，它由轴承座和推力轴颈组成。轴颈结构形式有实心式、单环式、空心式和多环式等几种。由于支承面上离中心越远处，其相对滑动速度越大，因而磨损也较快。故实心轴颈端面上的压力分布极不均匀，靠近中心处的比压很高。因此一般机器上大多采用空心轴颈和多环轴颈。多环轴颈不仅能承受较大的轴向载荷，还可以承受双向的轴向载荷。

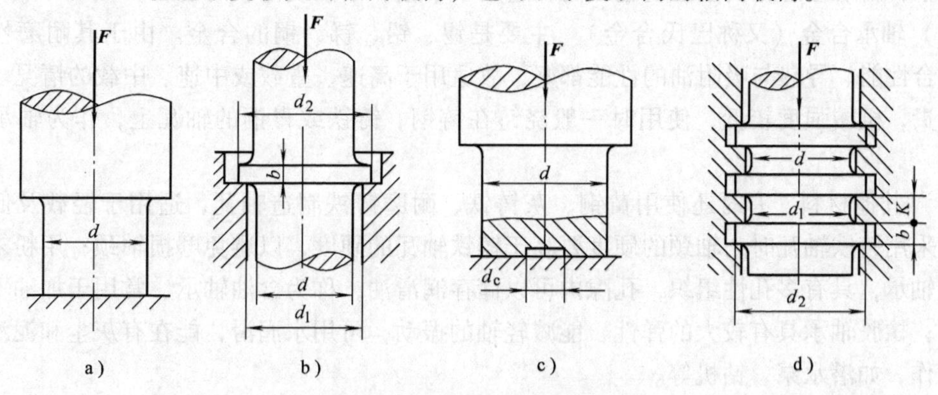

图 20-3 普通推力轴承简图

a）实心式 b）单环式 c）空心式 d）多环式

20.2.2 轴瓦结构

轴瓦是滑动轴承中直接与轴颈接触的零件，其结构对轴承性能有很大的影响。为使轴瓦既有一定的强度，又具有良好的减摩性，同时节约贵重材料，降低成本，常在轴瓦表面浇铸一层减摩性好的材料（如轴承合金），称为轴承衬。为使轴承衬与轴瓦结合牢固，可在轴瓦基体内壁制出沟槽，如图 20-4 所示。

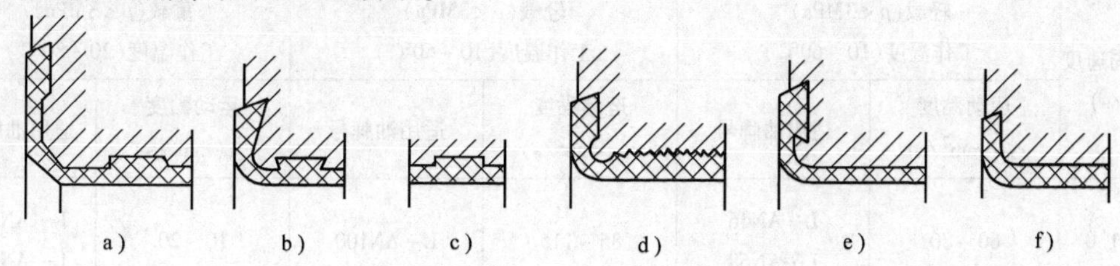

图 20-4 轴瓦与轴承衬的结合形式

为了将润滑油引入轴承，并均匀流到整个工作表面，轴瓦上开有供油孔、油沟。油孔和油沟应开在非承载区，否则会降低油膜承载能力。油孔和油沟的分布形式如图 20-5 所示。

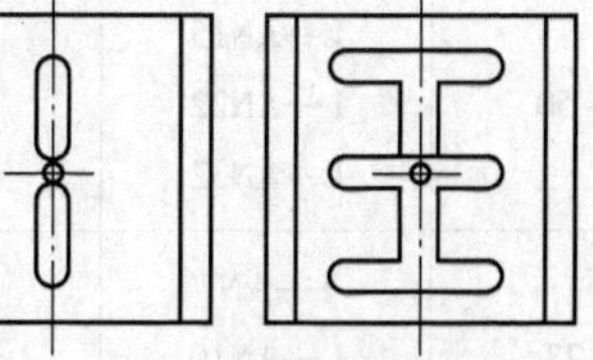
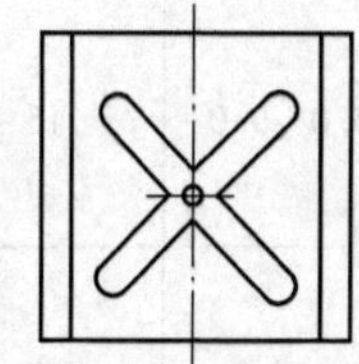

图 20-5 油孔和油沟

20.2.3 滑动轴承材料

轴承盖及轴承座一般不与轴颈直接接触，只起支承轴瓦的作用，常用灰铸铁制造。在载荷很大及有冲击载荷时，采用铸钢。

轴瓦直接与轴颈接触，主要失效形式是磨损，也会发生胶合及疲劳破坏。故要求轴瓦的材料要摩擦系数小、耐磨性好、抗胶合，并且具有足够的疲劳强度和必要的塑性，良好的工艺性和经济性。

常用的轴瓦材料有：青铜、轴承合金、黄铜、灰铸铁等。

（1）青铜　主要是铜与锡、铅或铝的合金。其中以铸锡锌铅青铜应用最多。青铜的摩擦系数小，耐磨性好，机械强度也较高，适用于中速、中载或重载的场合。

（2）轴承合金（又称巴氏合金）　主要是锡、铅、锑、铜的合金。由于其耐磨性、塑性、跑合性能、导热与吸附油的性能都好，故适用于高速、重载或中速、中载的情况。但它价格较贵，机械强度较低，使用时一般浇铸在铸钢、铸铁或青铜的轴瓦上，作为轴承衬使用。

（3）其他材料　有时还使用黄铜、灰铸铁、耐磨铸铁制造轴瓦，适用于轻载及低速场合。在采用铸铁轴瓦时，轴颈的硬度要高于铸铁轴瓦的硬度，以避免磨损轴颈；用粉末冶金制成的轴承，具有多孔性组织，孔隙内可以储存润滑油，称为含油轴承，常用于加油不方便的地方；橡胶轴承具有较大的弹性，能减轻轴的振动，可用水润滑，能在有灰尘和泥沙的环境中工作，如潜水泵、钻机等。

20.2.4　滑动轴承的润滑

润滑的目的是减少摩擦和磨损，同时还可起到冷却、吸振、防尘、防锈等作用。

润滑剂有润滑油、润滑脂、固体润滑剂、气体润滑剂四种。常用的是润滑油和润滑脂。

润滑油的选用主要是指润滑油黏度的选择，应考虑轴承的载荷、速度、工作温度、摩擦表面状况以及润滑方式等条件，可参考表20-1。

表 20-1　滑动轴承常用润滑油选择

轴颈圆周速度 v/(m/s)	轻载($p<3$MPa) 工作温度(10~60℃)		轻载($p<3$MPa) 工作温度(10~60℃)		重载($p<3$MPa) 工作温度(20~80℃)	
	运动黏度 v_{40}(mm²/s)	适用油牌号	运动黏度 v_{40}(mm²/s)	适用油牌号	运动黏度 v_{40}(mm²/s)	适用油牌号
0.3~1.0	60~80	L—AN46 L—AN68	85~115	L—AN100	10~20	L—AN100 L—AN150
1.0~2.5	40~80	L—AN46 L—AN68	65~90	L—AN100 L—AN150	—	—
5.0~9.0	15~50	L—AN15 L—AN22 L—AN32	—	—	—	—
>9.0	5~22	L—AN7 L—AN10 L—AN15	—	—	—	—

为了获得良好的润滑效果，除了正确选择润滑剂外，还应选用合适的润滑方法和润滑装置。润滑油的供给可以是间歇的或连续的。间歇供油润滑直接由人工用油壶向油杯中注油

（见图 20-6），适用于低速、轻载和不重要的轴承。连续供油有以下几种方法：

（1）滴油润滑　图 20-7a 所示为芯捻油杯，利用纱线的毛细管作用把油引到轴承中。图 20-7b 为针阀式注油油杯，用手柄控制针阀运动，使油孔关闭或开启，用调节螺母控制供油量。

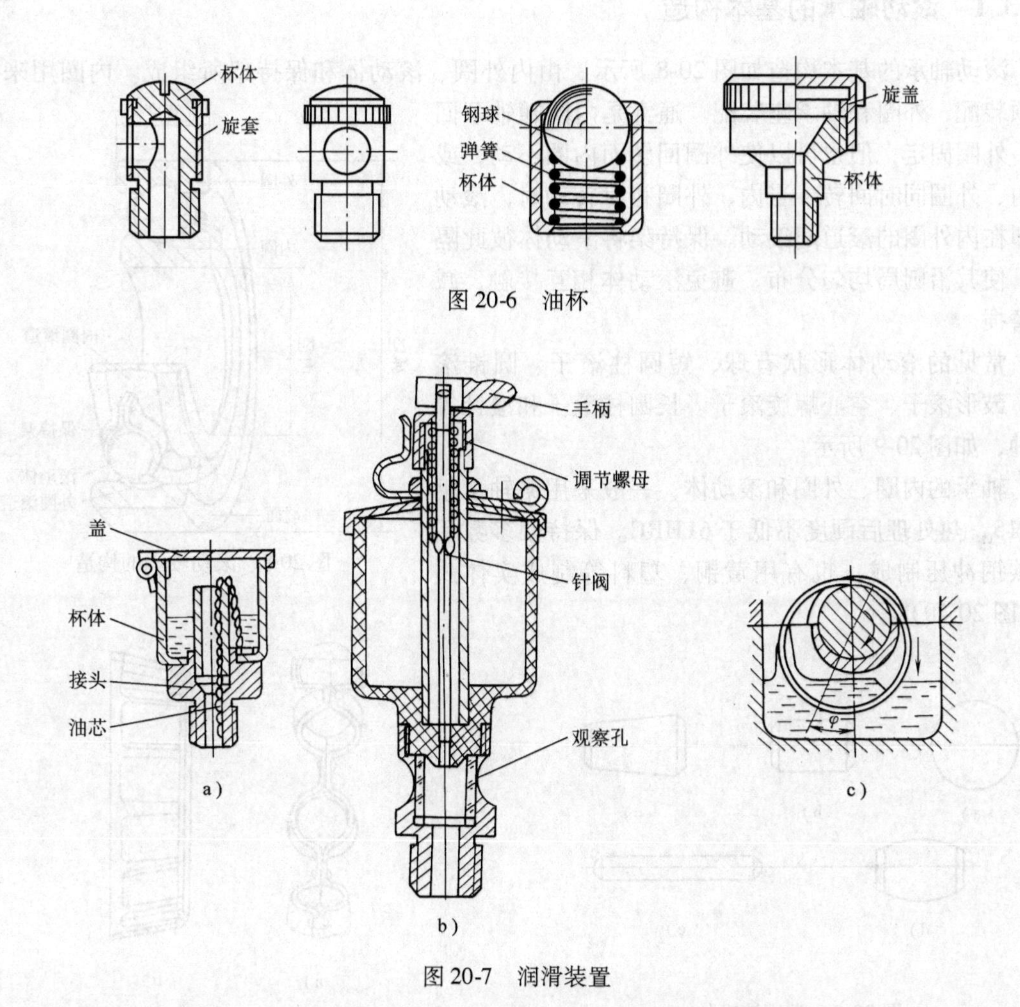

图 20-6　油杯

图 20-7　润滑装置

（2）飞溅润滑　通常利用传动齿轮或甩油环（见图 20-7c）将油池中的润滑油飞溅到箱体内壁上，再由油沟导入轴承中进行润滑。

（3）压力循环润滑　利用油泵将具有一定压力的润滑油经油路导入轴承进行润滑，供油量充足，润滑可靠，并有冷却和冲洗轴承作用，但结构复杂，成本高。常用于高速、重载和载荷变化较大的轴承中。

润滑脂主要用于轴颈速度小于 2m/s、难以经常供油或摆动工作情况下。钙基润滑脂应用最广，但它在 100℃附近开始稠度急剧降低，因此只能在 60℃下使用；钠基润滑脂滴点高，一般用在 120℃以下，但怕水；锂基润滑脂有一定的抗水性和较好的稳定性，适用于 −20 ~ 120℃。脂润滑只能间歇供给。

20.3 滚动轴承

20.3.1 滚动轴承的基本构造

滚动轴承的基本构造如图 20-8 所示，由内外圈、滚动体和保持架所组成。内圈用来和轴颈装配，外圈和轴承座装配。通常是内圈随轴颈回转，外圈固定，但也可以使外圈回转而内圈不动，或是内、外圈同时回转。当内、外圈相对转动时，滚动体即在内外圈的滚道间滚动。保持架将滚动体彼此隔开，使其沿圆周均匀分布，避免滚动体相互接触，减少磨损。

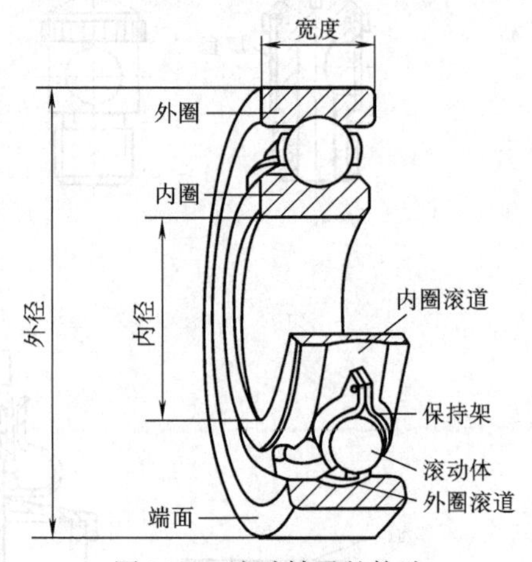

图 20-8　滚动轴承的构造

常见的滚动体形状有球、短圆柱滚子、圆锥滚子、鼓形滚子、空心螺旋滚子、长圆柱滚子和滚针等七种，如图 20-9 所示。

轴承的内圈、外圈和滚动体，一般采用铬轴承钢 GCr15，热处理后硬度不低于 61HRC。保持架多数用低碳钢冲压制成，也有用黄铜、塑料等制成实体式（见图 20-10）。

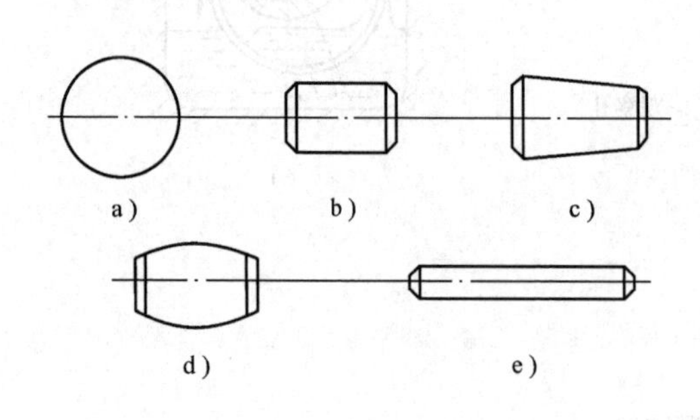

图 20-9　常用滚动体

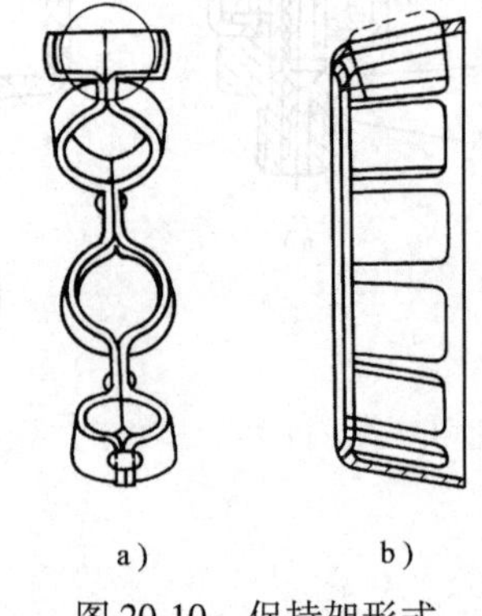

图 20-10　保持架形式

20.3.2 滚动轴承的主要类型

滚动轴承类型较多，可以适应各种机械装置的多种要求。按滚动体的形状不同可分为球轴承和滚子轴承。球形滚动体与内、外圈之间是点接触，滚子滚动体与内、外圈是线接触。在相同条件下，球轴承制造方便、价格低、运转时摩擦损耗少，但承载能力和抗冲击能力不如滚子轴承。按滚动体的列数，滚动轴承分为单列、双列和多列。

按轴承所能承受的载荷方向或公称接触角的不同可分为：

（1）向心轴承　主要承受径向载荷，其公称接触角 $0° \leqslant \alpha \leqslant 45°$。按公称接触角 α 的不同，又分为径向接触轴承（如深沟球轴承、圆柱滚子轴承等），公称接触角 $\alpha = 0°$，如图 20-11a 所示；向心角接触轴承（如角接触球轴承、圆锥滚子轴承等），公称接触角 $0° < \alpha \leqslant$

45°，如图 20-11c 所示。

（2）推力轴承　主要承受轴向载荷，其公称接触角 $45° < \alpha \leqslant 90°$，如图 20-11b 所示。其中，轴向接触轴承（如推力球轴承、推力圆柱滚子轴承等），$\alpha = 90°$，推力角接触轴承（如推力角接触球轴承、推力调心滚子轴承等），$45° < \alpha < 90°$。

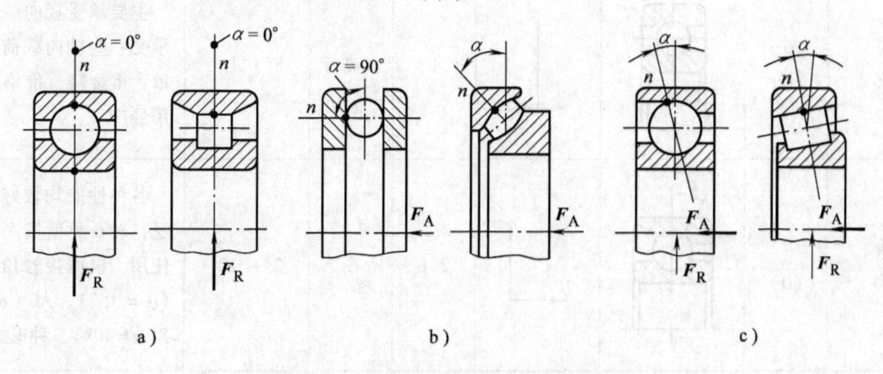

图 20-11　角接触轴承的接触角 α

常用滚动轴承的类型、特性及应用见表 20-2。

表 20-2　常用滚动轴承的类型、性能和应用

<table>
<tr><th colspan="2">类型 名称</th><th>类型 代号</th><th>简图内部结构代号</th><th>承受载荷方向能力</th><th>相对价格</th><th>极限转速</th><th>允许内外圈偏转角</th><th>特点及应用</th></tr>
<tr><td colspan="2">调心球轴承</td><td>1[①]
(1)</td><td></td><td></td><td>1.8</td><td>中</td><td>3°</td><td>有自动调心作用，用于轴弯曲变形大及两轴承轴线不能精确对中的支承</td></tr>
<tr><td colspan="2">调心滚子轴承</td><td>2
(3)</td><td></td><td></td><td>4.4</td><td>低</td><td>1° ~ 2.5°</td><td>特性应用同 1 类型，但承载能力大，价格也贵</td></tr>
<tr><td colspan="2">圆锥滚子轴承</td><td>3
(7)</td><td></td><td></td><td>1.7</td><td>中</td><td>2′</td><td>特点与角接触球轴承类似，但承载能力大，内外圈可分离，间隙易调整，极限转速较低。成对使用</td></tr>
<tr><td rowspan="2">推力球轴承</td><td>推力球轴承</td><td rowspan="2">5
(8)</td><td></td><td></td><td>1.1</td><td>低</td><td>≈0°</td><td>只能承受纯单向轴向载荷，套圈可分离。适用于转速较低、仅有轴向载荷的轴</td></tr>
<tr><td>双向推力球轴承</td><td></td><td></td><td>1.8</td><td>低</td><td>≈0°</td><td>受双向轴向载荷</td></tr>
</table>

（续）

类型 名称	类型 代号	简图内部结构代号	承受载荷方向能力	相对价格	极限转速	允许内外圈偏转角	特点及应用
深沟球轴承	6 (0)	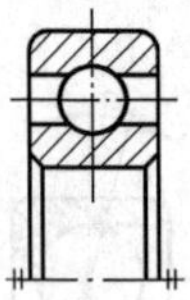		1	高	8′ ~ 16′	主要承受径向载荷，也能承受一些轴向载荷。结构简单，重量轻，价格便宜，应用最广
角接触球轴承	7 (0)	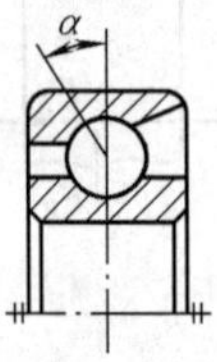		2.1	高	2′ ~ 10′	各种性能均较好，应用广泛，较6类型贵。通常成对使用。根据接触角不同有C（$\alpha=15°$）、AC（$\alpha=25°$）、B（$\alpha=40°$）三种形式
圆柱滚子轴承：外圈无挡边圆柱滚子轴承	N (2)	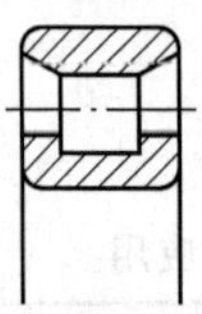					
圆柱滚子轴承：内圈无挡边圆柱滚子轴承	NU (32)	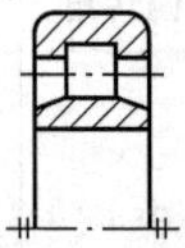		2	高	2′ ~ 4′	用于轴刚性大而要求径向尺寸小的条件，允许内、外圈轴向游动
圆柱滚子轴承：内圈单挡边圆柱滚子轴承	NJ (42)	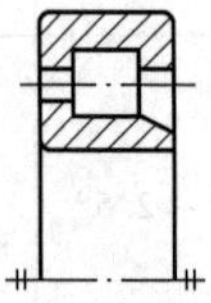					
滚针轴承	NA (4)	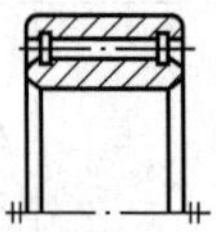		1.2	低	0°	用于径向尺寸受严格限制的场合

① 为了便于新、旧国标代号对照，括号中标出的是旧代号。

20.3.3 滚动轴承的代号

为了简明地表示轴承的类型、尺寸、技术要求以及一些特殊的结构和性能，标准“GB/T272—1993 滚动轴承　代号方法”和“JB/T2974—2004 滚动轴承　代号方法的补充规定”规定了用一组字母和数字组成的代号来表征每一个轴承。

轴承代号由前置代号、基本代号和后置代号组成，顺序排列。

1. 前置代号

前置代号为轴承分部件代号：当轴承的某些分部件具有某些特点时，就在基本代号的前面加上用字母表示的前置代号。例如，L 表示可分离轴承的可分离内圈或外圈，LNU207 即表示内圈是可分离的 NU207 轴承；R 表示不带可分离内圈或外圈，RNU207 即表示无内圈的 NU207 轴承。

2. 基本代号

基本代号由轴承的类型代号、尺寸系列代号和内径代号构成，一般最多为五位，排列见表 20-3。

表 20-3 滚动轴承基本代号的构成

基本代号				
五	四	三	二	一
基本代号	尺寸系列代号		内径代号	
	宽度系列代号	直径系列代号		

（1）内径代号 从 04 到 96 时，乘以 5 即为轴承内径尺寸，代表 $d = 20 \sim 480\text{mm}$。00、01、02 和 03 则分别代表内径尺寸为 10mm、12mm、15mm、17mm。内径小于 10mm 和大于 500mm 的轴承，其内径表示方法可参看 GB/T272—1993。

（2）尺寸系列代号 尺寸系列代号由轴承的宽度（推力轴承为高度）系列代号和直径系列代号组合而成。

直径系列代号是指对应于同一内径尺寸的一系列宽度尺寸，分为 8、0、1、2、3、4、5、6 等系列，宽度依次增大。当宽度系列代号为 0 时，多数轴承在代号中可不标出，但圆锥滚子轴承不可省略，例如 6205 是 6（0）205 的省略，但 30205 则未省略。当组合的直径系列代号是 0，宽度系列代号是 1 时，此宽度系列代号 1 在轴承代号中可不标出，例如 6008 是 6（1）008 的省略。

推力轴承的高度系列代号依次为 7、9、1、2。表 20-4 表示轴承尺寸系列代号。

表 20-4 轴承尺寸系列代号

直径系列		向心轴承								推力轴承			
		宽度系列代号								高度系列代号			
		8	0	1	2	3	4	5	6	7	9	1	2
		宽度尺寸依次递增								宽度尺寸依次递增			
		尺寸系列代号											
外径尺寸依次递增	7	—	—	17	—	37	—	—	—	—	—	—	—
	8	—	08	18	28	38	48	58	68	—	—	—	—
	9	—	09	19	29	39	49	59	69	—	—	—	—
	0	—	00	10	20	30	40	50	60	70	90	10	—
	1	—	01	11	21	31	41	51	61	71	91	11	—
	2	82	02	12	22	32	42	52	62	72	92	12	22
	3	83	03	13	23	33	—	—	—	73	93	13	23
	4	—	04	—	24	—	—	—	—	74	94	14	24
	5	—	—	—	—	—	—	—	—	—	95	—	—

3. 后置代号

轴承的后置代号是用字母和数字等表示轴承的内部结构特点、公差等级、游隙，以及一些特殊要求等。后置代号的内容很多，但并不都经常用到，下面介绍几种常用代号。

（1）内部结构代号　同一类型轴承有不同的内部结构时，用规定的字母表示其差别。例如，角接触球轴承分别用 C、AC、B 代表三种不同的公称接触角 $\alpha=15°、25°、40°$。又如，用 E 表示加强型。

（2）公差等级代号　所谓公差等级代号，即是不同的尺寸精度和旋转精度的特殊组合。对于公差等级符合标准规定的 2 级、4 级、5 级、6x 级、6 级和 0 级的轴承，其公差等级代号分别为：/P2、/P4、/P5、/P6x、/P6、/P0，按上列顺序依次从高级到低级。其中，0 级为普通级，在轴承代号中不标出。6x 仅用于圆锥滚子轴承。

（3）游隙代号　对于游隙符合标准规定的 1 组、2 组、0 组、3 组、4 组、5 组的轴承，其游隙代号分别为：/C1、/C2、（0 组不标出）、/C3、/C4、/C5，径向间隙按上列顺序由小到大。目前工程实践中越来越普遍使用的游隙是 3 组。

后置代号还可能有其他项目，但较少用到，详细可查看 GB/T 272—1993 及有关标准。

代号举例：

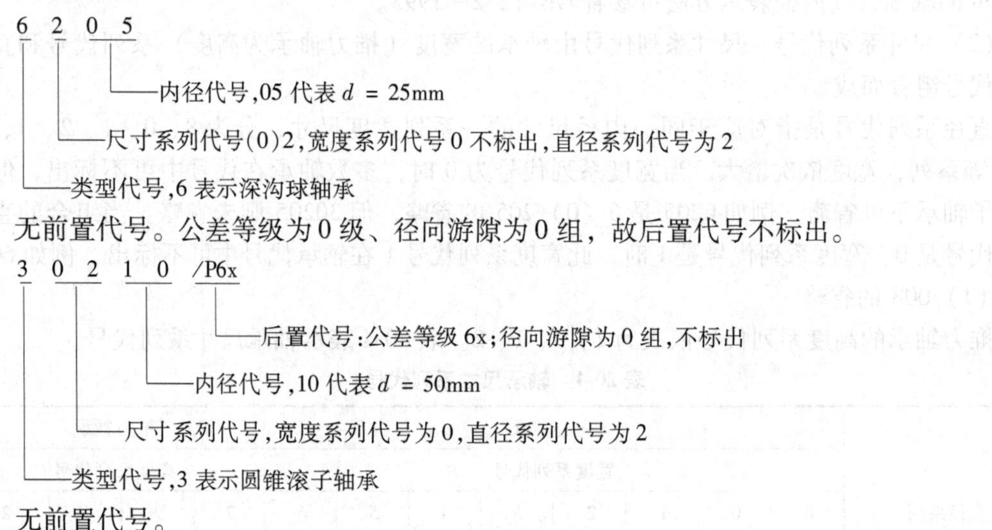

无前置代号。

20.4　滚动轴承工作情况分析及计算

20.4.1　滚动轴承的主要失效形式和计算准则

1. 接触疲劳破坏

滚动轴承工作时，在滚动体、内圈及外圈的接触表面将产生接触应力。轴承元件在周期性变化的接触应力重复作用下，经过一定的循环次数后，就可能在内、外圈滚道表面或滚动体表面发生点蚀。轴承出现点蚀后，将引起噪声和振动，并导致旋转精度的丧失和工作温度升高，从而影响机器的正常工作，这时，轴承就失去了工作能力。

对于润滑良好、工作转速而又长期运转的滚动轴承，其计算准则是为了防止点蚀破坏而进行接触疲劳承载能力计算。

2. 塑性变形

当轴承承受连续载荷或间断载荷不旋转时，以及轴承在载荷作用下缓慢旋转（短时间有明显过载）时，或虽受正常载荷，但在转动一周内的某处，短时承受大的冲击载荷的情况，会在滚动体与套圈滚道接触处产生塑性变形。对于这类工作条件，其计算准则是静强度计算。

除了上述两种常见的失效形式外，还有一些特殊情况下的失效形式。对于高速轴承，可能由于离心力而引起保持架破坏；对于密封不良、处于尘埃磨粒工作环境下的轴承，则可能因磨粒磨损而引起失效。

20.4.2　滚动轴承的寿命计算

1. 基本概念

（1）轴承寿命　轴承中任一滚动体或内、外圈滚道上出现疲劳点蚀前所经历的总转数，或在一定转速下的工作小时数称为轴承寿命。

（2）额定寿命　一批同样的轴承，在相同条件下运转，其中 90% 的轴承不发生疲劳点蚀破坏时相应总转数，或在一定转速下的工作小时数称为额定寿命，用符号 L 来表示，单位是 10^6r。

（3）额定动载荷　轴承在额定寿命为 10^6r 时所能承受的最大载荷，称为额定动载荷，用符号 C 表示。额定动载荷，对于径向接触轴承，是指大小和方向恒定的径向载荷，称为径向额定动载荷，用 C_r 表示；对于推力轴承，是指中心轴向载荷，称为轴向额定动载荷，用 C_a 表示；对于角接触球轴承和圆锥滚子轴承，是指使套圈产生纯径向位移的径向分量，也用 C_r 表示。

2. 滚动轴承的寿命计算公式

实验结果表明，滚动轴承的极限载荷与额定寿命 L 之间的关系，其函数方程式为

$$P^{\varepsilon}L = 常数 \tag{20-1}$$

式中　ε——轴承寿命指数；球轴承 $\varepsilon=3$，滚子轴承 $\varepsilon=10/3$。

当 $L=10^6$r 时，有

$$P^{\varepsilon}L = C^{\varepsilon}10^6 \tag{20-2}$$

式中　P——当量动载荷（N）；

C——额定动载荷（N）；

L——额定寿命（r）。

对于不同的已知条件，式（20-2）可有不同的计算形式。

1）当已知轴承型号及其所具有的基本额定动载荷和工作载荷时，可计算出该轴承可能达到的工作基本额定寿命 L

$$L = \left(\frac{C}{P}\right)^{\varepsilon} \times 10^6 \tag{20-3}$$

习惯上寿命是用小时 L_h 表示的，而 $L=60nL_h$，故上式可改写为

$$L_h = \left(\frac{C}{P}\right)^{\varepsilon}\frac{10^6}{60n} = \left(\frac{C}{P}\right)^{\varepsilon}\frac{16670}{n} \tag{20-4}$$

2）当已知轴承的工作载荷，给定了预期的基本额定寿命 L' 时，就可算出为了达到这一预期寿命 L'，对轴承所要求的工作基本额定动载荷 C' 为

$$C' = P\sqrt[\varepsilon]{\frac{L'}{10^6}\left(\frac{C}{P}\right)^{\varepsilon} \times 10^6} \tag{20-5}$$

或

$$C' = P\sqrt[\varepsilon]{\frac{L'_{\mathrm{h}}}{16670}} \tag{20-6}$$

式中　n——轴承转速（r/min）；

L'_{h}——轴承预期的基本额定寿命（h），见表 20-5。

表 20-5　轴承预期寿命 L'_{h} 的推荐值

使用条件	预期寿命/h
不经常使用的仪器、设备	500 ~ 3000
短期或间歇使用的机械，中断使用不致引起严重后果的，如手动机械、农业机械、装配吊车、自动送料装置	4000 ~ 8000
间歇使用的机械、中断使用能引起严重后果的，如发电站辅助设备、流水作业的传动装置、带式输送机、车间吊车	8000 ~ 14000
每天 8 小时工作，但经常不是满载荷使用，如电动机、压碎机、起重机和一般机械	10000 ~ 25000
每天 8 小时工作，满载荷使用，如机床、木材加工机械、工程机械、印刷机械、离心机	20000 ~ 30000
24 小时连续工作的机械，如空气压缩机、水泵、电动机、纺织机械	50000 ~ 60000
24 小时连续工作、中断使用将引起严重后果的机械，如纤维和造纸机械、电站主要设备、给排水设备、矿用泵、矿用通风机	100000 ~ 200000

从手册中选择适当的轴承型号，只要所具有的基本额定动载荷 C 不小于由式（20-6）所算得的工作基本额定动载荷 C'，即 $C \geqslant C'$，则该轴承就能保证所预期的基本额定寿命 L'_{h}。

20.4.3　滚动轴承的当量动载荷

由于在规定额定动载荷 C 时是对应于特定的理想载荷条件，但轴承实际所受工作载荷有时是同时承受径向和轴向的复合载荷，这就需要将实际的复合载荷换算成理想的假想载荷。在这个假想载荷作用下，轴承的寿命和在实际工作载荷下的寿命相同，该假想载荷称为当量动载荷，用符号 P 表示。考虑到实际工作时可能受有冲击载荷，故在计算当量动载荷公式中要引进冲击载荷系数 f_{p}，则式成为

$$P = f_{\mathrm{p}}(XF_{\mathrm{r}} + YF_{\mathrm{a}}) \tag{20-7}$$

式中　P——当量动载荷（N）；

F_{r}——径向载荷（N）；

F_{a}——轴向载荷（N）；

f_{p}——冲击载荷系数，见表 20-6；

X——径向系数，见表 20-7；

Y——轴向系数，见表 20-7。

表 20-6　冲击载荷系数 f_p

载荷性质	举例	f_P
无冲击或轻微冲击	电动机、汽轮机、通风机、水泵	1.0～1.2
中等冲击	车辆、机床、传动装置、起重机、冶金设备、内燃机、减速器	1.2～1.8
强烈冲击	破碎机、轧钢机、石油钻井、振动筛	1.8～3.0

表 20-7　当量动载荷的 X、Y 值

轴承类型		F_a/C_{0r}	e	单列轴承				双列轴承(或成对安装单列轴承)			
				$F_a/F_r>e$		$F_a/F_r\leqslant e$		$F_a/F_r>e$		$F_a/F_r\leqslant e$	
				X	Y	X	Y	X	Y	X	Y
深沟球轴承		0.014	0.19		2.30				2.3		
		0.028	0.22		1.99				1.99		
		0.056	0.26		1.71				1.71		
		0.084	0.28		1.55				1.55		
		0.11	0.30	0.56	1.45	1	0	0.56	1.45	1	0
		0.17	0.34		1.31				1.31		
		0.28	0.38		1.15				1.15		
		0.42	0.42		1.04				1.04		
		0.56	0.44		1.00				1.00		
角接触球轴承	$\alpha=15°$	0.015	0.38		1.47				2.39		1.65
		0.029	0.40		1.40				2.28		1.57
		0.058	0.43		1.30				2.11		1.46
		0.087	0.46		1.23				2.00		1.38
		0.12	0.47	0.44	1.19	1	0	0.72	1.93	1	1.34
		0.17	0.50		1.12				1.82		1.26
		0.29	0.55		1.02				1.66		1.14
		0.44	0.56		1.00				1.63		1.12
		0.58	0.56		1.00				1.63		1.12
	$\alpha=25°$	—	0.68	0.41	0.87	1	0	0.67	1.41	1	0.92
	$\alpha=40°$	—	1.14	0.35	0.57	1	0	0.57	0.93	1	0.55
圆锥滚子轴承		—	$1.5\tan\alpha$	0.4	$0.4\cot\alpha$	1	0	0.67	$0.67\cot\alpha$	1	$0.45\cot\alpha$
调心球轴承		—	$1.5\tan\alpha$	—	—	—	—	0.65	$0.65\cot\alpha$	1	$0.42\cot\alpha$

注：1. C_{0r} 为径向基本额定静载荷，由产品目录查出。

2. e 为判别轴向载荷 F_a 对当量动载荷 P 影响程度的参数。

20.4.4　向心角接触轴承的轴向载荷 F_a 的确定

计算向心角接触轴承的当量动载荷时，式（20-7）中的轴向载荷 F_a 并不等于轴向外力 F_A，其大小和方向应该根据整个轴上所有轴向载荷之间的平衡条件来决定。

1. 约束力的作用点

由于向心角接触轴承的结构特点，使滚动体与套圈滚道接触点的法线和轴承径向平面之

间有一个接触角 α，当受到径向载荷 F_r 时，受载滚动体的约束力不是在轴承宽度中间的径向平面内，而是如图 20-12a 所示作用在接触点法线方向，并和轴线交于点 K 处。该 K 点与轴承外圈宽端面的距离 a 可由机械零件手册中查得。但是，当两轴承间距较大时，在工程计算中也可近似地用轴承宽度中点作为约束力的作用点，以使计算简化。

2. 内部轴向力 F_S

向心角接触轴承受到径向载荷 F_r 后，将引起受载区各承载滚动体接触点处的约束力 F_i（$i=0, 1, 2, \cdots$），如图 20-12 所示。这些约束力沿 F_r 方向的分量之和与 F_r 相平衡，如图 20-12b 所示；轴向分力之和 $\sum F\sin\alpha$ 称为内部轴向力，用符号 F_S 表示。F_S 力的方向由接触角的方向来判定，例如图 20-12a 中为向右。

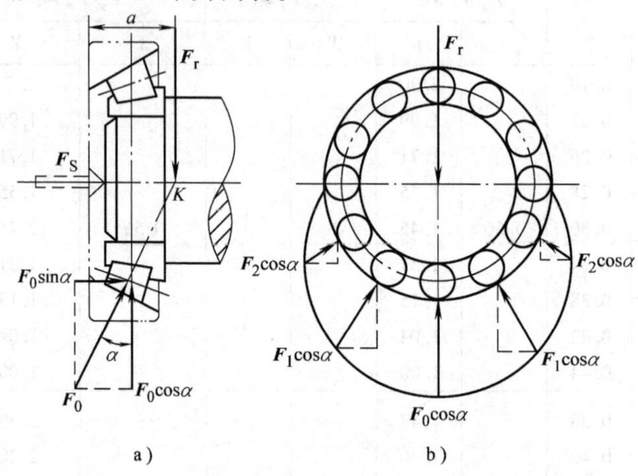

图 20-12　向心角接触轴承的内力平衡示意图

对于半圈滚动体受载的向心角接触轴承，其内部轴向力可按表 20-8 中的公式计算。

表 20-8　向心角接触轴承内部轴向力 F_S 的计算公式

轴承类型	角接触球轴承			圆锥滚子轴承
	70000C 型（$\alpha=15°$）	70000AC 型（$\alpha=25°$）	70000B 型（$\alpha=40°$）	30000 型
F_S	eF_r	$0.68F_r$	$1.14F_r$	$F_r/(2Y)$

根据上述分析，在设计计算时要注意以下几点：

1）角接触轴承即使是受纯径向载荷 F_r，也会引起内部轴向力 F_S。

2）内部轴向力从外圈滚道作用到滚动体后，将使滚动体和内圈一起发生轴向移动趋势，从而导致滚动体数目减少，各接触点上载荷和应力增大而使轴承实际寿命低于计算寿命。为了保证角接触轴承在产生内部轴向力后仍能尽可能维持理想的受载条件，应在同一轴上的两个支点处用成对轴承相反方向安装，并在安装时使轴向游隙在允许范围内尽量取得小些。

3）内部轴向力最终要作用到轴上，因此在计算轴上两个支承处的轴向载荷时，要将内部轴向力的影响一起考虑进去。

3. 向心角接触轴承轴向载荷 F_a 的计算

由上述分析可知，向心角接触轴承的轴向载荷应根据整个轴上所有轴向力（轴向外力

F_A、轴承内部轴向力 F_{S1}、F_{S2}）之间的平衡关系确定两个轴承最终受到轴向载荷 F_{a1} 和 F_{a2}。

在图 20-13a 中，以两个向心角接触轴承正装（又称“面对面”安装）为例进行分析。设轴承径向载荷 F_{r1} 和 F_{r2} 及轴向力 F_A 均为已知。按两种可能的情况进行分析。

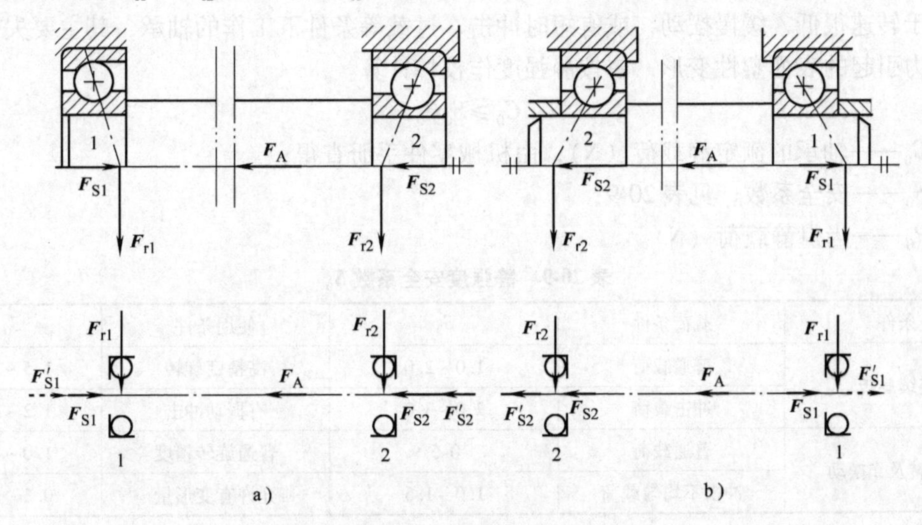

图 20-13 向心角接触轴承轴向载荷

1）如果 $F_{S2}+F_A>F_{S1}$，轴有向左移动的趋势，使轴承 1 被压紧，轴承 2 被放松。由于轴承座使左端轴承 1 的外圈受有轴向约束，故轴承 1 有来自左端向右的轴向约束力 F'_{S1}（如图虚线力），以阻止轴向左移动。根据受力平衡关系，得

$$F'_{S1}=(F_{S2}+F_A)-F_{S1}$$

因此，轴承 1 所承受的总轴向力 F_{a1} 为 F_{S1} 与 F'_{S1} 之和，轴承 2 则只受到自身的内部轴向力 F_{S2}，即

$$F_{a1}=F_{S1}+F'_{S1}=F_{S1}+[(F_{S2}+F_A)-F_{S1}]=F_{S2}+F_A$$

$$F_{a2}=F_{S2}$$

2）如果 $F_{S2}+F_A<F_{S1}$，轴有向右移动的趋势，使轴承 2 被压紧，轴承 1 被放松。故轴承 2 有来自右端向左的轴向约束力 F'_{S2}。根据受力平衡关系，得

$$F'_{S2}=F_{S1}-(F_{S2}+F_A)$$

因此，轴承 2 所承受的总轴向力 F_{a2} 为 F_{S2} 与 F'_{S2} 之和，轴承 1 则只受到自身的内部轴向力 F_{S1}，即

$$F_{a2}=F_{S2}+F'_{S2}=F_{S2}+[F_{S1}-(F_{S2}+F_A)]=F_{S1}-F_A$$

$$F_{a1}=F_{S1}$$

以上分析与轴承的安装方式无关。若为反装（“背对背”）方式（见图 20-13b），当受有图示方向轴向力 F_A 时，只要将图中两个轴承的内部轴向力 F_{S1}、F_{S2} 矢量方向画正确，分析步骤、方法是相同的。

因此，角接触轴承轴向载荷 F_a 的计算方法可归纳如下：

①判定轴上全部轴向力合力（$F_{S1}+F_{S2}+F_A$）的指向，确定哪一个轴承被压紧，哪一个轴承被放松。

②被放松端轴承的轴向载荷是其自身的内部轴向力；被压紧端轴承的轴向载荷等于除自

身内部轴向力以外的其他所有轴向力的代数和。

20.4.5　滚动轴承静强度计算

对于转速很低，缓慢摆动，或有短时冲击、过载等条件下工作的轴承，其主要失效形式是静应力引起的表面塑性变形，应按静强度作校核计算。

$$C_0 \geqslant S_0 P_0 \tag{20-8}$$

式中　C_0——轴承的额定静载荷（N），由机械零件手册查得；

S_0——安全系数，见表20-9；

P_0——当量静载荷（N）。

表20-9　静强度安全系数 S_0

条件	载荷条件	S_0	使用条件	S_0
连续旋转	普通载荷	1.0～2.0	高精度旋转	1.5～2.5
	冲击载荷	2.0～3.0	有振动冲击	1.2～2.5
不旋转及作摆动	普通载荷	0.5	普通旋转精度	1.0～1.2
	冲击不均匀载荷	1.0～1.5	允许有变形量	0.3～1.0

对于仅受径向载荷的圆柱滚子轴承，其径向当量静载荷为

$$P_{0r} = F_r \tag{20-9a}$$

对于仅受中心轴向载荷的推力轴承，其轴向当量静载荷为

$$P_{0A} = F_A \tag{20-9b}$$

对于向心球轴承和圆锥滚子轴承，其径向当量静载荷为

$$P_{0r} = X_0 F_r + Y_0 F_A \tag{20-9c}$$

系数 X_0 和 Y_0 见表20-10。

表20-10　当量静载荷计算的系数 X_0、Y_0

轴承类型	代号	单列轴承		双列轴承（或成对使用）	
		X_0	Y_0	X_0	Y_0
调心球轴承	10000	—	—	1	0.44cotα
调心滚子轴承	20000	—	—	1	0.44cotα
圆锥滚子轴承	30000	0.5	0.22cotα	1	0.44cotα
深沟球轴承	60000	0.6	0.5	—	—
角接触球轴承	70000C	0.5	0.46	1	0.92
	70000AC	0.5	0.38	1	0.76
	70000B	0.5	0.26	1	0.52

例20-1　有一圆柱齿轮减速器齿轮轴，如图20-14所示，两个支点都使用6310深沟球轴承，轴的转速为 $n = 540\text{r/min}$，已知轴承1承受径向载荷 $F_{r1} = 9500\text{N}$，轴承2承受径向载荷 $F_{r2} = 8000\text{N}$，轴上的轴向外载荷 $F_A = 4600\text{N}$，试计算轴承的工作寿命。设轴承的冲击载荷系数为 F_p。

解 轴承寿命计算公式为

$$L_{h10}=\left(\frac{C}{P}\right)^{\varepsilon}\frac{10^6}{60n}=\left(\frac{C}{P}\right)^{\varepsilon}\frac{16670}{n}$$

（1）查机械零件手册，6310轴承所具有的径向基本额定动载荷 $C_r=61800\text{N}$，对于球轴承，$\varepsilon=3$。

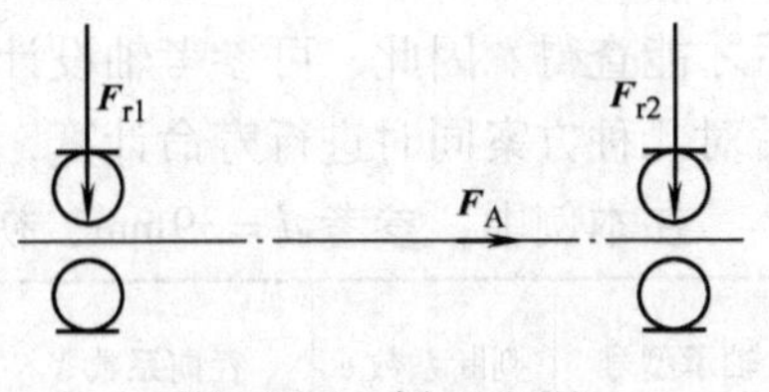

图20-14 例20-1图

（2）计算轴承1的工作寿命。

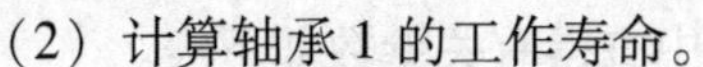

1）由于结构设计上的保证，使轴向外力 F_A 作用在轴承2上，轴承1不受轴向力，故 $P_{r1}=F_{r1}=9500\text{N}$。

2）轴承1的工作寿命为

$$L_{h1}=\left(\frac{C_r}{P_r}\right)^{\varepsilon}\frac{16670}{n}=\left(\frac{61800}{9500}\right)^3\times\frac{16670}{540}\text{h}=8489\text{h}$$

（3）计算轴承2的工作寿命。

1）查机械零件手册，6310轴承所具有的径向基本额定静载荷 $C_{0r}=38000\text{N}$。

2）计算 F_a/C_{0r}，确定系数 e

$$\frac{F_a}{C_{0r}}=\frac{4600}{38000}=0.12$$

由此，用插入法查表20-5，得 $e=0.307$。

3）确定当量动载荷的计算公式并计算 P_{r2}，因为

$$\frac{F_{a2}}{F_{r2}}=\frac{4600}{8000}=0.575>e$$

又根据表20-7，$X=0.56$，利用插入法，根据 e 查得 $Y=1.43$。

故 $$P_{r2}=f_p(XF_{r2}+YF_{a2})=(0.56\times8000+1.43\times4600)\text{N}=11058\text{N}$$

4）轴承2的工作寿命为

$$L_{h2}=\left(\frac{C_r}{P_{r2}}\right)^{\varepsilon}\frac{16670}{n}=\left(\frac{61800}{11058}\right)^3\times\frac{16670}{540}\text{h}=5388.6\text{h}$$

例20-2 有一锥齿轮减速器输入轴，如图20-15a所示。已算得齿轮的圆周力和径向力的合力 $F_R=2318\text{N}$，轴向载荷 $F_A=397\text{N}$，方向如图20-15b所示。齿轮平均分度圆直径 $d_m=80\text{mm}$，转速 $n=970\text{r/min}$。近似地取轴承径向约束力 F_r 的作用点在轴承宽度中点，两轴承中点跨距 $L=120\text{mm}$，齿轮宽度中点到轴承2中点距离 $l=60\text{mm}$。要求轴承的预期寿命 $L_h'=20000\text{h}$，中等冲击载荷，要求直径在30mm左右。试选定轴承型号。

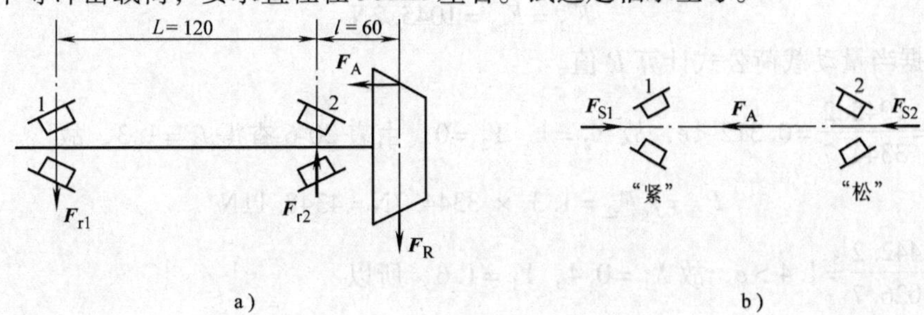

图20-15 例20-2图

解　(1) 选择轴承类型和型号。

锥齿轮轴要求能调整轴向位置，同时因受有轴向载荷，故习惯上选用向心角接触轴承。由于轴承寿命计算过程中要用到 X、Y、C_{0r}、e 等参数，而这些参数都要在选定轴承型号以后才能查得。因此，可参考轴设计已确定的轴颈直径大致范围，在几种轴承型号中预选，然后对几种方案同时进行寿命计算，在基本额定寿命允许的前提下选定一种型号。

在本例中，参考 $d=39\text{mm}$，初选三种型号，并由手册中查得有关参数如下表。

轴承型号	判断系数 e	径向系数 X		轴向系数 Y		径向基本额定动载荷 C_r/N	径向基本额定静载荷 C_{0r}/N
7206C	0.46	1	0.44	0	1.23	23000	15000
30206	0.37	1	0.4	0	1.6	43200	50500
30306	0.31	1	0.4	0	1.9	59000	63000

下面以 30206 轴承为例进行计算。

(2) 计算径向约束力（即轴承径向载荷）。

轴承 2 的径向载荷

$$F_{r2}=\frac{F_R(L+l)-F_A\dfrac{d_m}{2}}{L}=\frac{2318\times(120+60)-397\times\dfrac{80}{2}}{120}\text{N}=3344.7\text{N}$$

轴承 1 的径向载荷

$$F_{r1}=3344.7\text{N}-2318\text{N}=1026.7\text{N}$$

(3) 按寿命计算选择轴承型号。

1）计算内部轴向力

$$F_{S2}=\frac{F_{r2}}{2Y}=\frac{3344.7}{2\times1.6}\text{N}=1045.2\text{N}$$

$$F_{S1}=\frac{F_{r1}}{2Y}=\frac{1026.7}{2\times1.6}\text{N}=320.8\text{N}$$

2）确定轴承的轴向载荷。由于 $F_{S2}+F_A=1045.2\text{N}+397\text{N}=1442.2\text{N}>F_{S1}=320.8\text{N}$，故轴承 1 被压紧，轴承 2 被放松，如图 20-15b 所示。所以

$$F_{a1}=F_{S2}+F_A=1442.2\text{N}$$

$$F_{a2}=F_{S2}=1045.2\text{N}$$

3）根据当量动载荷公式计算 P 值。

因 $\dfrac{F_{a2}}{F_{r2}}=\dfrac{1045.2}{3344.7}=0.312<e$，故 $X_2=1$，$Y_2=0$，由表 20-6 查得 $f_p=1.3$，故

$$P_{r2}=f_pF_{r2}=1.3\times3344.7\text{N}=4348.11\text{N}$$

又 $\dfrac{F_{a1}}{F_{r1}}=\dfrac{1442.2}{1026.7}=1.4>e$，故 $X_1=0.4$，$Y_1=1.6$，所以

$$P_{r1}=f_p(XF_{r1}+YF_{a1})=1.3\times(0.4\times1026.7+1.6\times1442.2)\text{N}=3533.74\text{N}$$

4）计算工作所需要的径向基本额定动载荷。滚子轴承 $\varepsilon=10/3$

$$C_r' = P_{r2}\sqrt[\varepsilon]{\frac{nL_h'}{16670}} = 4348.11\text{N} \times \sqrt[10/3]{\frac{970 \times 20000}{16670}} = 36146\text{N}$$

30206 轴承 $C_r = 43200\text{N}$，$C_r' < C_r$，故能保证预期额定寿命。

（4）方案比较。将另两种方案也分别进行计算，三种方案结果如下表：

轴承型号	F_{r2}/N	F_{r2}/N	F_{S2}/N	F_{S1}/N	F_{a2}/N	F_{a1}/N	e	Y	P_{r2}/N	P_{r1}/N	工作所需基本额定动载荷 C_r'/N	轴承具有的基本额定动载荷 C_r/N
7206C	3344.7	1026.7	1337.9	410.7	1337.9	1774.9	0.46	1.23	4348.1	2986.9	45736	23000
30206	3344.7	1026.7	1045.2	320.8	1045.2	1442.2	0.37	1.6	4348.1	3533.7	36146	43200
30306	3344.7	1026.7	880.2	270.2	880.2	1277.2	0.31	1.9	4348.1	2837.3	36146	59000

从表列结果看，三种方案中，7206C 不能保证所需的预期寿命，而 30206 轴承更经济合理。

20.5 滚动轴承的合理选用

滚动轴承类型选择应考虑的因素有：

1）载荷大小、方向和性质。

2）轴承的转速。

3）对轴承性能的特殊要求或限制，如调心要求、游隙调整要求、轴向游动要求、支承刚度要求等。

4）安装轴承的空间尺寸范围。

5）经济性。

轴承类型选择问题，有时是正确与错误的问题，有时是合理与不合理的问题，有时对同一设计任务可有多种选择方案。下面介绍在选择轴承类型时的一些习惯考虑。

1）在载荷不特别大、尺寸没有严格限制以及没有特殊性能要求的情况下，一般优先考虑采用 6 类轴承。因为这种轴承价格便宜，既可承受径向载荷又可承受一定的轴向载荷，极限转速较高，摩擦系数小。

2）在径向载荷比较大或承受冲击载荷而尺寸要求比较紧凑的情况下，可考虑用滚子轴承，因为线接触的滚子轴承比点接触的球轴承承载能力较高。但滚子轴承的极限转速不高，摩擦系数大，价格较贵。

3）当轴承所受轴向力和径向力都比较大时，可考虑选用 3 类型或 7 类型。有时在受纯轴向力而 5 类型因受极限转速限制不能用时，可用 7 类型。3 类型比 7 类型更适宜于中速、重载，特别是轴向力较大的条件。

4）当支承要求刚度较大时，可采用 7 类型或 3 类型成对相反方向安装在一个支承点，并用预紧方法提高其刚度。

5）调心轴承（1 类型和 2 类型）、滚针轴承和一般在需要用到该轴承的特点时考虑选用。例如，当径向尺寸受到特别苛刻限制时可用滚针轴承；当调心要求高时要用调心轴承；推力轴承则用于受纯轴向力或与 6 类型或 N 型轴承组合使用。

6）有些类型轴承由于其结构特点而具有某些特定功能。例如，3 类型轴承由于外圈可分离，因此可用于要求有较大轴向游隙调整的场合；N 型和 NU 型轴承由于有一个套圈的滚道没有侧向挡边，故适宜于要求内、外圈有相对游隙处。

7）若同时受有很大的径向载荷和轴向载荷，而对轴承的径向尺寸有限制，则可以在同一支点处用一个 6 类型或 N 型轴承和一个推力轴承分别承担径向载荷和轴向载荷。

20.6　滚动轴承的组合设计

为了保证轴承正常工作，除了合理地选择轴承类型、尺寸外，还应正确地进行轴承的组合设计，处理好轴承与其相邻零件之间的关系。也就是必须解决支承的结构形式、轴承组合的调整、轴承的配合与装拆，以及润滑与密封等问题。

20.6.1　支承的结构形式

机器中轴的位置是靠轴承来定位的，当轴工作时，既要防止轴向窜动，又要保证滚动体不至于因轴受热膨胀而卡住。轴两端的支承结构最常用的有以下几种形式：

（1）两端单向固定　在这种轴承组合结构中，每个支承点用一个轴承，各自限制轴的一个方向移动，这样对于整个轴系而言，两个方向都受到了轴向定位。

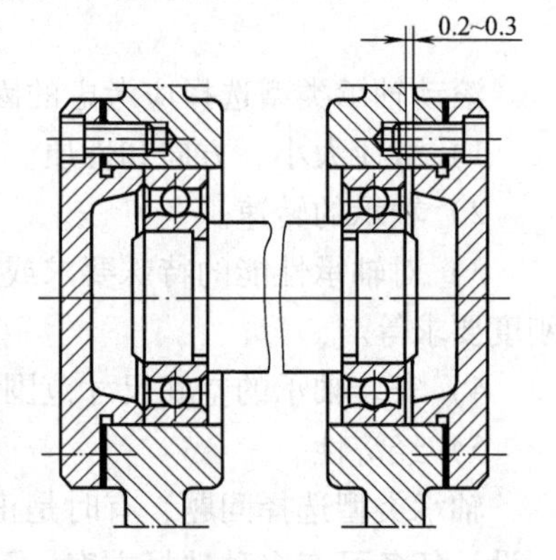

图 20-16　深沟球轴承的两端固定

在图 20-16 中，两个支承处各采用一个深沟球轴承，分别靠轴承端盖内侧窄端面顶住轴承外圈端面起轴向固定作用。为了补偿轴向的热伸长，在一端的外圈和端盖间留有轴向补偿间隙 c，一般取 $c=0.2\sim0.3$mm。这种支承结构简单，安装调整方便，适用于支承跨距不大和温差不大的场合。

另一种常用的方法是用一对相同的向心角接触轴承分别置于两个支承处。由于这类轴承的内部间隙可以调整，故只需在安装时调整垫片，保证必要的轴向游隙，而不必在轴承外圈端面留出间隙。按轴承的配置方式，这类结构又可分为正装和反装两种。图 20-17a 所示为正装或正排列式（“面对

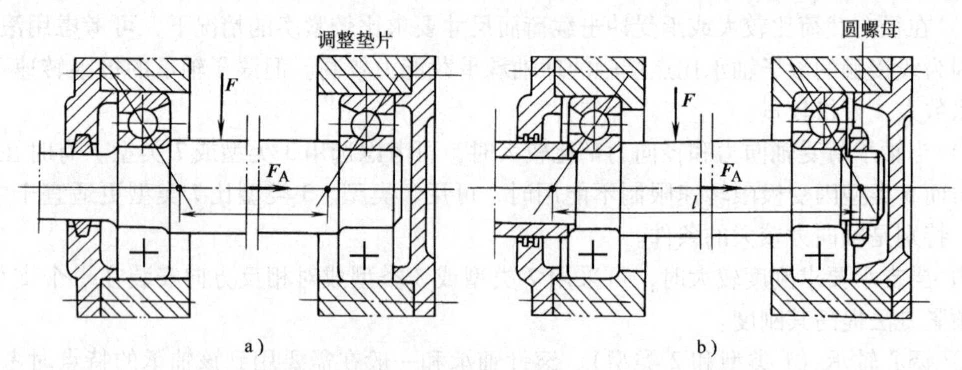

图 20-17　向心角接触轴承的两端单向固定

a）正排列　b）反排列

面”），用改变调整垫片厚度的方法可以调整外圈的轴向位置，以保证轴向游隙。这种支承的特点是箱体座孔加工方便，结构简单，装配、调整也较方便，适用于轻载高速、支承跨距较小的场合（一般跨距小于300mm）。图20-17b所示为反装式或反排列式（“背对背”），两个轴承外圈内侧固定，外圈外侧与端盖窄端面处留有较大轴向间隙，因此允许轴有较大的热伸长移动，但这种形式使箱体座孔加工复杂，装配也不方便。

（2）一端双向固定，一端游动　这种支承形式是，一个支点处的轴承内、外圈双向固定，另一个支点处的轴承可以轴向游动（通常是受载较小的轴承），以适应轴的热伸长。这种结构特别适用于温度变化大和轴跨距大的场合。

图20-18是这类支承最简单的结构。左端用一个深沟球轴承，其内、外圈双向固定，从而使整个轴得到双向定位，右端轴承外圈和座孔采用间隙配合，其两端面都没有约束，从而保证轴系的轴向游动。

（3）两端游动支承　图20-19为两端游动支承结构，两个支承点都采用N0000型轴承，内、外圈都实行轴向固定，滚子可相对于外圈滚道作轴向游动。这种结构适用于轴可能发生设计时无法预期的左右移动情况，例如人字齿轮主动轴，由于螺旋角在加工时无法达到左右完全相等，则在啮合时会有左右窜动。但需注意，与其相啮合的齿轮轴必须双向固定，以保证两轴的轴向定位。

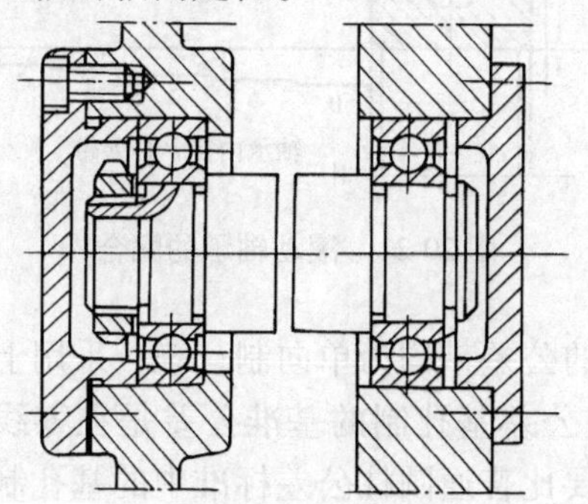

图20-18　一端双向固定，一端游动

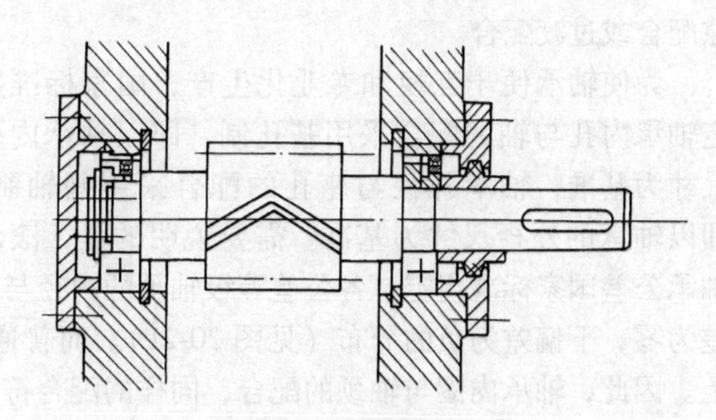

图20-19　两端游动支承

20.6.2　轴承组合的调整

1. 轴向间隙的调整

轴承在装配时，一般要留有适当间隙，以利于轴承的正常运转，常用的调整方法有：

1）调整垫片，垫片的厚度从0.02～0.5mm多种，通过增减垫片厚度使轴承获得所需间隙。

2）调整环，调整环的厚度可以在装配时配作。

3）调节螺钉和调整端盖，这两种方法用于角接触轴承的轴向间隙调整。

2. 轴向位置的调整

由于轴上零件尺寸误差积累，有可能使轴上的传动件不能处于正确的位置。因此，对于含有锥齿轮、蜗杆蜗轮这些对轴向位置要求较高的轴承组合，必须考虑轴向位置调整的问题。轴向位置的调整也可用调整垫片来实现。

对于蜗杆传动，为了正确啮合，要求蜗轮的中间平面通过蜗杆轴线，故应在装配时调整蜗轮的轴向位置（见图 20-20a）。对于锥齿轮传动，两齿轮的节锥点必须重合，因此要求两齿轮轴都能进行轴向调整（见图 20-20b）。

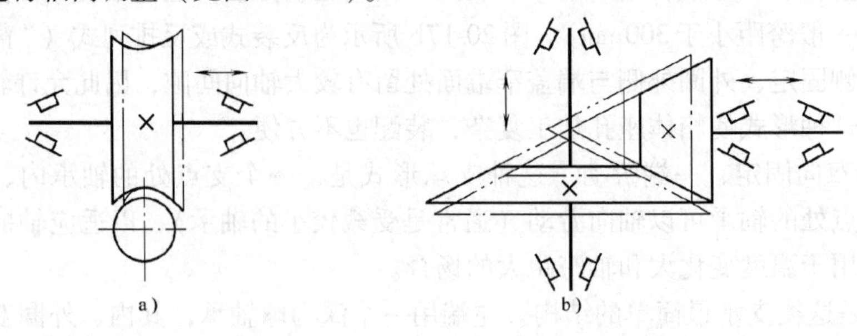

图 20-20　轴上零件轴向位置的调整

20.6.3　滚动轴承的配合

滚动轴承的配合是指内圈与轴颈、外圈与轴承座孔的配合。这些配合的松紧将直接影响到轴承游隙的大小，而游隙的大小又关系到轴承的运转精度和寿命高低。一般与旋转套圈（多数为内圈）的配合应保证过盈量，与不转的套圈应保证间隙配合或过渡配合。

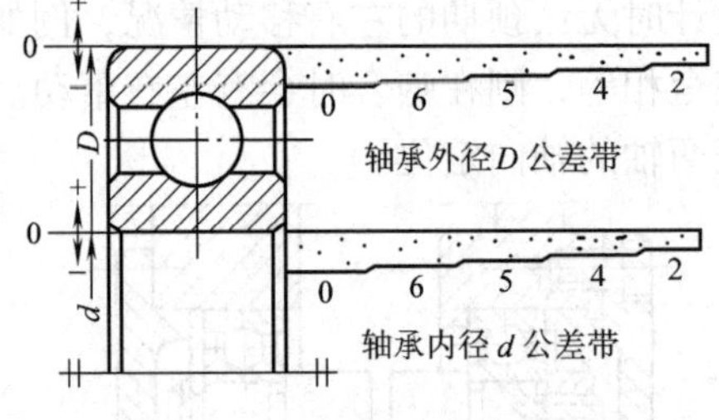

图 20-21　滚动轴承的配合

为使轴承便于互换和专业化生产，国家标准规定轴承内孔与轴的配合采用基孔制，即以轴承内孔尺寸为基准；轴承外径与座孔的配合采用基轴制，即以轴承的外径尺寸为基准。需要说明的是，滚动轴承公差国家标准规定，各公差等级轴承的内径与外径的公差带均为单向制，统一采用上偏差为零，下偏差为负的分布（见图 20-21）。而普通圆柱公差基孔制的基准公差是在零线以上。因此，轴承内圈与轴颈的配合，同样的配合符号，要比普通圆柱公差标准中的基孔制配合紧得多。例如，按普通圆柱公差属于过渡配合，但在轴承配合中实际上内圈与轴颈是有过盈量的。

各种工作条件下的轴承配合及其公差带见 GB/T 275—1993，可查阅机械设计手册。

20.6.4　滚动轴承的安装与拆卸

滚动轴承是一种精密部件，因而安装和拆卸时方法要规范，否则会使轴承精度降低。

对于内外圈不可分离的轴承，通常是先安装配合较紧的内圈。小轴承可用软锤轻轻均匀敲击套圈装入，尺寸大的轴承或生产批量大时可用压力机将轴承压入，禁止用重锤直接打击轴承。压装时，要垫一软金属材料（铜或软钢）做的套管，顶在轴承内圈或外圈的端面上。

对于尺寸较大且配合较紧的轴承，安装阻力很大，常采用加热安装的方法。热装前把轴承或分离型轴承的套圈放入油箱中均匀加热至 80～100℃，然后取出迅速装到轴上。

不可分离型轴承的拆卸，多是将轴承与轴一起从轴承座中取出，然后用压力机将轴承从轴上卸下，或者用专用工具来拆卸轴承。分离型轴承内圈的拆卸方法与不可分离型轴承相同，外圈的拆卸可用压力机或螺钉顶出，或用专用工具拉出。为了便于拆卸，座孔的结构应留出拆卸高度和宽度，也可以在壳体上制出供拆卸用的螺孔。

20.6.5　滚动轴承的润滑与密封

1. 滚动轴承的润滑

滚动轴承润滑的主要作用在于减小运动表面的摩擦与磨损，防止工作表面锈蚀，减小工作时的振动和噪声，带走摩擦热从而降低工作温度等。

常用的滚动轴承润滑剂为润滑脂和润滑油两种。具体选择可按速度因数 dn 值来定（d 为轴承内径，n 为轴承转速），见表 20-11。

表 20-11　选择润滑方式的 dn 值界限　（单位：10^4mm · r/min）

轴承类型	脂润滑	油润滑			
		油浴	滴油	喷油	油雾
60000	16	25	40	60	>60
10000	16	25	40	—	—
N0000	12	25	40	60	>60
20000	8	12	—	25	—
70000	16	25	40	60	>60
30000	10	16	23	30	—
50000	4	6	12	15	—

润滑脂因不易流失，故便于密封和维护，且一次填充润滑脂可运转较长时间。滚动轴承中润滑脂的加入量一般应是轴承空隙体积的 1/2 ~ 2/3，装脂过多，不但浪费，而且会引起轴承内部摩擦增大，工作温度升高，影响轴承的正常工作。

润滑油的优点是比润滑脂的摩擦阻力小，散热效果好，主要用于高速或工作温度较高的轴承。有时轴承速度和工作温度虽然不高，但在轴承附近具有润滑油源（如减速器内本来就有润滑齿轮的油），也可采用油润滑。用润滑油润滑，油量也不宜过多，如果采用浸油润滑，则油面高度不超过最低滚动体的中心，以免产生过大的搅油损失和发热。高速轴承通常采用滴油或喷雾方法润滑。

2. 滚动轴承的密封

密封是为了防止外界的灰尘、水分等侵入轴承，并阻止润滑剂的泄漏。常用的密封装置有两类：接触式密封（见图 20-22）和非接触式密封（见图 20-23）。

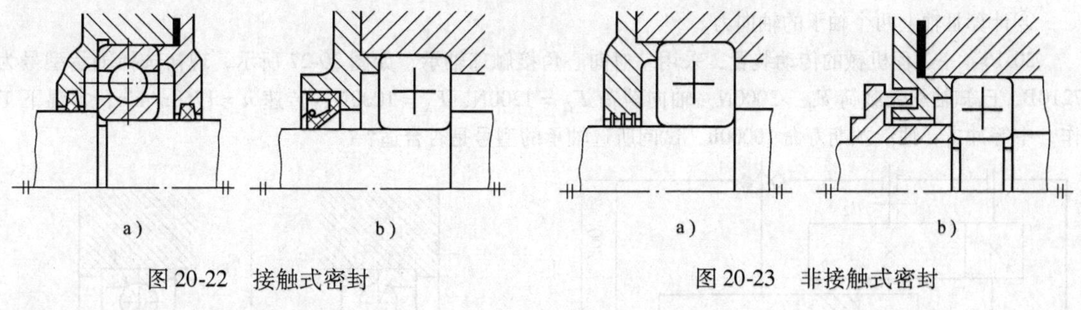

图 20-22　接触式密封　　图 20-23　非接触式密封

20.7　思考题与习题

20-1　滑动轴承适用于哪些场合？它有哪些类型？各有何特点？

20-2　滑动轴承常用的材料有哪些？

20-3　滑动轴承的润滑方式与装置有哪些？

20-4　滚动轴承的主要类型有哪些？如何选择轴承类型？

20-5　什么是额定动载荷？什么是当量动载荷？两者有何关系？

20-6　试说明角接触轴承内部轴向力 F_s 产生的原因及其方向的判断方法。

20-7　在进行滚动轴承组合设计时，应考虑哪些问题？

20-8　滚动轴承的润滑方式如何确定？

20-9　轴承和轴、轴承座的配合是如何规定的？

20-10　轴承常用的密封方式有几种？为什么需要密封？

20-11　说明下列几个轴承代号的含义：32210、61725、7216、N2330。

20-12　有一 7208C 轴承，受径向载荷 $F_r = 7250\text{N}$，轴向载荷 $F_A = 1800\text{N}$，转速 $n = 120\text{r/min}$，有轻度冲击，试计算该轴承的基本额定寿命。

20-13　如图 20-24 所示的两对轴承组合，已知 $F_{r1} = 7500\text{N}$，轴向载荷 $F_{r2} = 15000\text{N}$，$F_A = 3000\text{N}$，转速 $n = 1500\text{r/min}$，轴承预期寿命 $[L_h] = 10000\text{h}$，载荷平稳，室温。试分别按 33000 型和 70000 型选择轴承型号。

20-14　如图 20-25 所示，轴承支承在两个 $\alpha = 25°$ 的角接触球轴承上。轴承径向载荷作用点假设取在轴承宽度中点，间距为 240mm，轴上载荷 $F = 2800\text{N}$，$F_A = 750\text{N}$，方向和位置如图所示。试计算轴承所受轴向载荷 F_{aC}、F_{aD}。

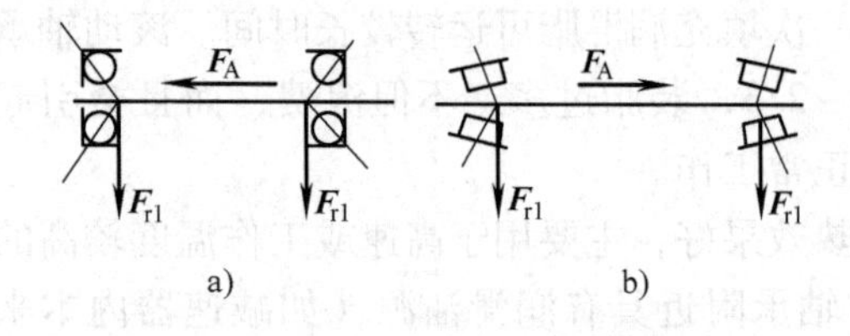

图 20-24　题 20-13 图

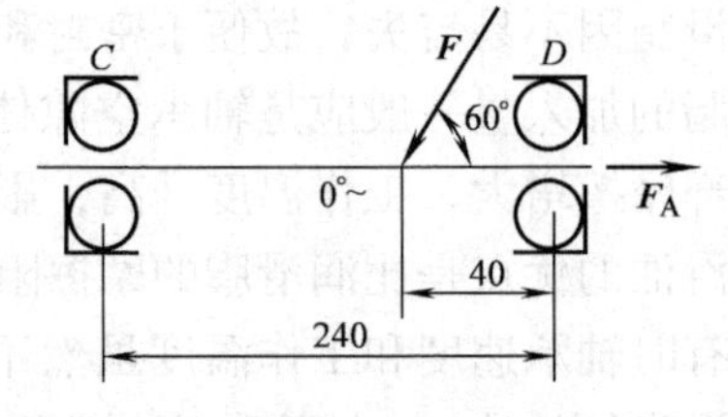

图 20-25　题 20-14 图

20-15　图 20-26 所示为两级斜齿圆柱齿轮减速器，已知Ⅱ轴的转向如图所示，齿轮 4 的分度圆直径 $d_1 = 40\text{mm}$，轴齿上的轴向力 $F_{a4} = 500\text{N}$，径向力 $F_{r4} = 600\text{N}$，圆周力 $F_{t4} = 800\text{N}$，Ⅲ轴上的轴承型号为 7209AC。

①使Ⅱ轴上两个齿轮的轴向力方向相反，齿轮 2 的螺旋线方向应为何旋向？

②指出Ⅲ轴上轴承的安装方式。

③计算Ⅲ轴上两个轴承的轴向力。

20-16　一工程机械的传动装置，采用一对向心角接触球轴承，如图 20-27 所示，现初选择轴承型号为 7210B，已知轴承受载荷 $F_{r1} = 3000\text{N}$，轴向载荷 $F_{r2} = 1200\text{N}$，$F_A = 1000\text{N}$，转速 $n = 1750\text{r/min}$，常温下工作，中等冲击，轴承预期寿命 10000h，试问所选轴承的型号是否合适？

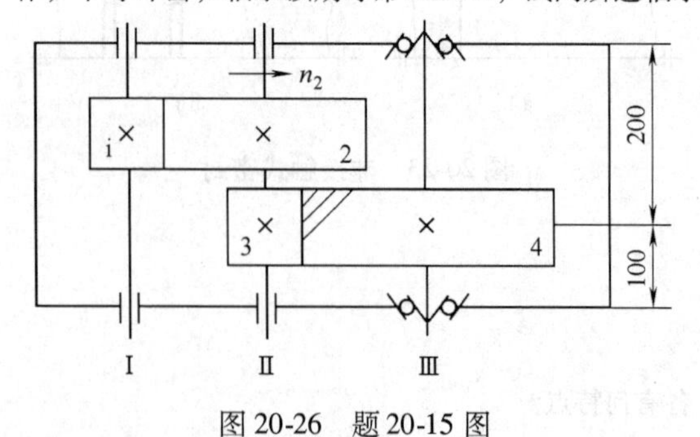

图 20-26　题 20-15 图

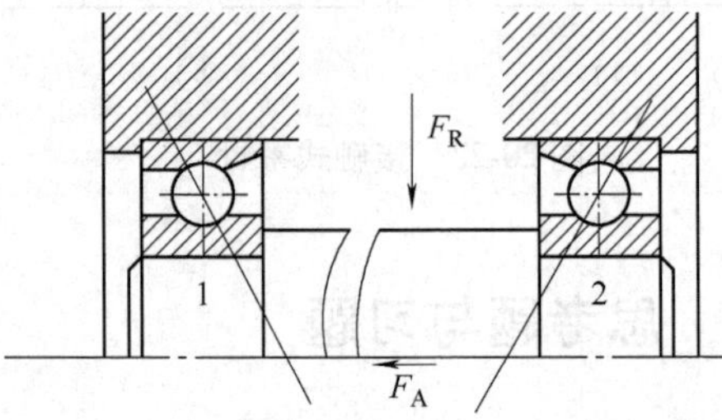

图 20-27　题 20-16 图

第 21 章　轴

学习目标：了解轴的功用、分类、材料及其选取等一般知识；理解在进行轴的结构设计时应尽量减少应力集中，以提高其疲劳强度；掌握轴的直径的初步估算方法，不同类型的轴的强度计算和轴的结构设计的一般方法，从实例分析中学习分析问题和解决问题的方法。

21.1　概述

21.1.1　轴的用途及分类

轴是组成机器的主要零件之一。作回转运动的零件（例如齿轮、蜗轮等），都必须安装在轴上才能实现运动及动力的传递，大多数轴还起着传递转矩的作用。因此轴的主要功用是支承回转零件及传递运动和动力。

按照轴的承载情况，可将其分为：

（1）转轴　工作中既承受弯矩又承受转矩的轴（见图 21-1 中的轴），这类轴在各种机器中最为常见，如机床的主轴，减速器轴等。

（2）心轴　只承受弯矩而不承受转矩的轴。心轴又分为转动心轴（见图 21-2a）和固定心轴（见图 21-2b）两种。

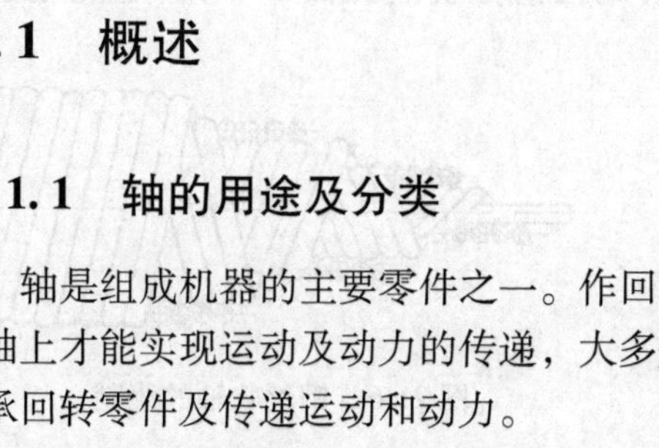

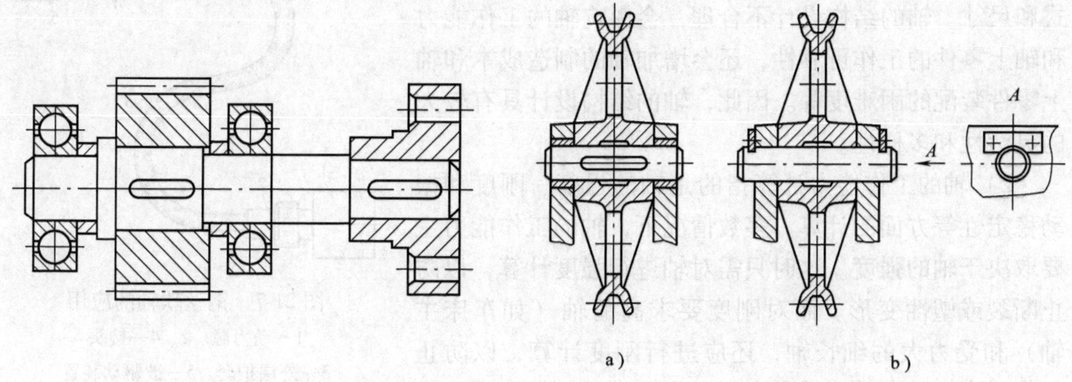

图 21-1　支承齿轮的转轴

图 21-2　支承滑轮的心轴
a）转动心轴　b）固定心轴

（3）传动轴　只承受转矩而不承受弯矩（或弯矩很小）的轴。如汽车传动轴（见图 21-3）。

按照轴的轴线形状，轴还可分为曲轴（见图 21-4）和直轴两大类。曲轴是专用零件，主要用于作往复运动的机械中。直轴根据外形的不同，可分为光轴（见图 21-2 中的轴）和阶梯轴（见图 21-1 中的轴）两种。光轴形状简单，加工容易，应力集中源少，但轴上的零件不易装配及定位；阶梯轴则正好与光轴相反。因此光轴主要用于心轴和传动轴，阶梯轴则常用于转轴。

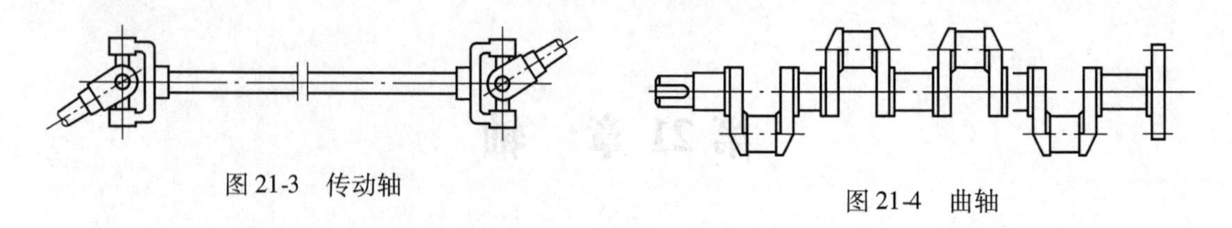
图 21-3　传动轴

图 21-4　曲轴

直轴一般都制成实心的。在那些由于机器结构的要求而需在轴上装配其他零件或者减小轴的重量且具有特别重大作用的场合，则将轴制成空心的（见图 21-5）。

此外，还有一种钢丝软轴，又称钢丝挠性轴。它是由多组钢丝分层卷绕而成的（见图 21-6），具有良好的挠性，可以把回转运动灵活地传到任何位置（见图 21-7）。它能用于受连续振动的场合，具有缓和冲击的作用。

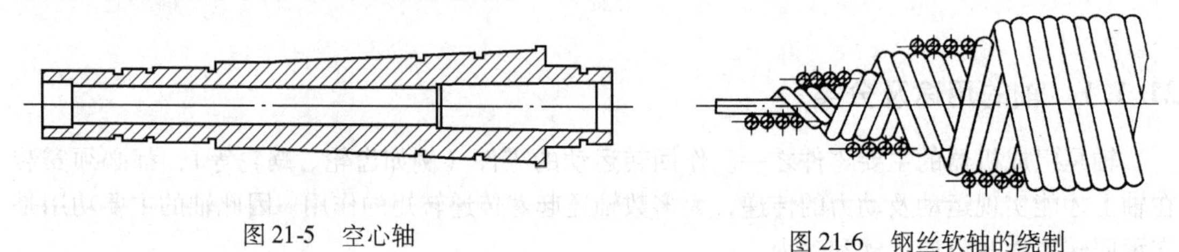
图 21-5　空心轴

图 21-6　钢丝软轴的绕制

21.1.2　轴设计的主要内容

轴的设计也和其他零件的设计相似，包括结构设计和工作能力计算两方面的内容。

1）轴的结构设计是根据轴上零件的安装、定位以及轴的制造工艺等方面的要求，合理地确定轴的结构形式和尺寸。轴的结构设计不合理，会影响轴的工作能力和轴上零件的工作可靠性，还会增加轴的制造成本和轴上零件装配的困难度等。因此，轴的结构设计具有较大的灵活性和多样性。

2）轴的工作能力计算指的是轴的强度、刚度和振动稳定性等方面的计算。多数情况下，轴的工作能力主要取决于轴的强度。这时只需对轴进行强度计算，以防止断裂或塑性变形。而对刚度要求高的轴（如车床主轴）和受力大的细长轴，还应进行刚度计算，以防止工作时产生过大的弹性变形。对高速运转的轴，还应进行振动稳定性计算，以防止发生共振而破坏。

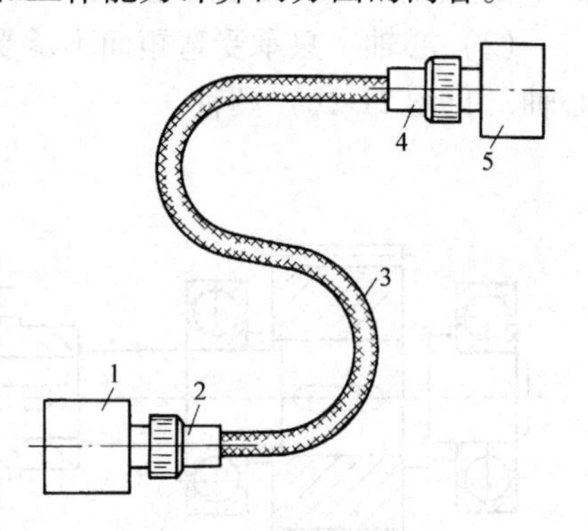

图 21-7　钢丝软轴的应用

1—动力源　2、4—接头

3—外层护套　5—被驱动装置

21.1.3　轴的材料

由于轴工作时产生的应力多为变应力，所以轴的失效一般为疲劳断裂，因此轴的材料应具有足够的疲劳强度、较小的应力集中敏感性，同时还必须满足刚度、耐磨性、耐蚀性要求，并具有良好的加工工艺性。

轴的材料主要采用碳素钢和合金钢。尺寸较小的钢轴毛坯可以用轧制圆钢车制，尺寸较大的轴应该用锻造毛坯。铸造毛坯应用很少。

碳素钢比合金钢价廉，对应力集中的敏感性较低，同时也可以用热处理或化学热处理的方法提高其耐磨性和抗疲劳强度，所以应用较为广泛。常用的碳素钢有30、40、45、和50钢，其中最常用的是45钢。不重要的或受力较小的轴以及一般传动轴可以用Q235和Q255。

合金钢比碳素钢具有更高的力学性能和更好的淬火性能。因此，在传递大功率，并要求减小尺寸与重量，提高轴颈的耐磨性，以及处于高温或低温条件下工作的轴，常采用合金钢。常用的合金钢有12CrNi2、12CrNi3、20Cr、40Cr、35CrMo和37SiMn2MoV等。

必须指出：在一般工作温度下（低于200℃），各种碳素钢和合金钢的弹性模量均相差不多，因此在选择钢的种类和决定钢的热处理方法时，所根据的是强度与耐磨性，而不是轴的弯曲或扭转刚度。在这种情况下，当轴的刚度不够时应采用适当增大轴径的方法来提高轴的刚度。

各种热处理（如高频感应加热淬火、渗碳、氮化、碳氮共渗等）以及表面强化处理（如喷丸、滚压等），对提高轴的抗疲劳强度都有着显著的效果。

轴也可以采用高强度铸铁和球墨铸铁来做，它们的毛坯是铸造成形的。这些材料具有价廉、良好的吸振性和耐磨性，以及对应力集中的敏感性较低等优点，可用于制造外形复杂的轴。但是铸造轴的品质不易控制，可靠性较差。

轴的常用材料及其主要力学性能见表21-1。

表21-1　轴的常用材料及其主要力学性能

材料牌号	热处理	毛坯直径 d/mm	硬度 HBW	抗拉强度 σ_b/MPa	屈服极限 σ_s/MPa	弯曲疲劳极限 σ_{-1}/MPa	备注
Q235A	—	—	—	440	240	200	用于不重要或载荷不大的轴
Q275A	—	—	190	520	280	220	
35	正火		143～187	520	270	250	用于一般轴
45	正火	≤100	170～217	600	300	275	用于较重要的轴，应用最广
	调质	≤200	217～255	640	360	300	
40Cr	调质	≤100	241～286	750	550	350	用于载荷较大而无很大冲击的轴
35SiMn 45SiMn	调质	≤100	229～286	800	520	400	性能接近于40Cr，用于中、小型轴
40MnB	调质	≤200	241～286	750	500	335	性能接近于40Cr，用于重载荷的轴
35CrMo	调质	≤100	207～269	750	550	390	用于重载荷的轴
20Cr	渗碳淬火回火	≤60	表面 56～62HRC	650	400	280	用于要求强度、韧性及耐磨性均较好的轴
QT600-3	—	—	190～270	600	370	215	用于制造复杂外形的轴
QT800-2	—	—	245～335	800	480	290	

21.2 轴的结构设计

轴的结构设计包括定出轴的合理外形和全部结构尺寸。

轴的结构主要取决于以下因素：轴的毛坯种类，轴在机器中的安装位置及形式；轴上零件的类型、尺寸、数量以及和轴连接的方法；载荷的性质、大小、方向及分布情况；轴的加工工艺等。

由于影响轴的结构因素较多，且其结构形式又要随着具体情况的不同而异，所以轴没有标准的结构形式。设计时，必须针对不同情况进行具体的分析。但是，不论何种具体条件，轴的结构都应满足：轴和装在轴上的零件要有准确的工作位置；轴上的零件应便于装拆和调整；轴应具有良好的制造工艺性等。

轴主要由轴颈、轴头、轴身三部分组成：轴上被支承的部分称为轴颈（见图 21-8 中①、③所在处），安装轮毂的部分称为轴头（见图 21-8 中②、⑤所在处），连接轴颈和轴头的部分称为轴身（见图 21-8 中④所在处）。轴颈和轴头的直径应该按规范取圆整尺寸，特别是装滚动轴承的轴颈必须按轴承的内径选取。下面讨论轴的结构设计中要解决的几个主要问题。

21.2.1 拟定轴上零件的装配方案

拟定轴上零件的装配方案是进行轴的结构设计的前提，它决定着轴的基本形式。所谓装配方案，就是预定出轴上主要零件的装配方向、顺序和相互关系。例如图 21-8 中的装配方案是：齿轮、套筒、右端轴承、轴承端盖、半联轴器依次从轴的右端向左安装，左端只装轴承及其端盖。这样就对各轴段的粗细顺序作了初步安排。拟定装配方案时，一般应考虑几个方案，进行分析比较与选择。

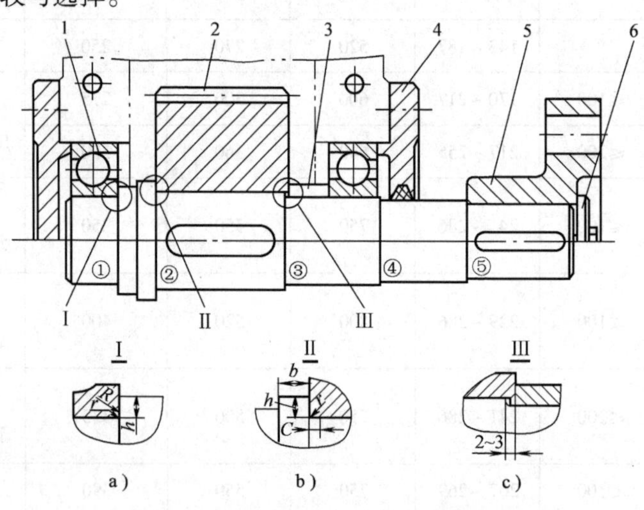

图 21-8 轴上零件装配与轴的结构示例

1—滚动轴承 2—齿轮 3—套筒 4—轴承端盖 5—半联轴器 6—轴端挡圈

21.2.2 轴上零件的定位

为了防止轴上零件受力时发生沿轴向或周向的相对运动，轴上零件除了有游动或空转的要求外，都必须进行轴向和周向定位，以保证其准确的工作位置。

1. 零件的轴向定位

零件在轴上的轴向定位是为了保证零件有确定的工作位置，防止零件沿轴向移动并承受轴向力。

零件的轴向定位方式很多，各有特点，常见的轴向定位有轴肩、套筒、轴端挡圈、轴承端盖（见图21-8）和圆螺母等来。

1）轴肩定位结构简单，定位可靠，不需附加零件，能承受较大的轴向力。但采用轴肩就必然会使轴的直径加大，而且轴肩处将因截面突变而引起应力集中。此外，轴肩过多时也不利于加工。所以，轴肩定位多用于轴向力较大的场合。定位轴肩的高度 h 一般取为 $h=(0.07\sim0.1)d$，d 为与零件相配处的轴的直径，单位为mm。滚动轴承的定位轴肩（如图21-8中的轴肩①）高度必须低于轴承内圈端面的高度，以便拆卸轴承，轴肩的高度可查手册中轴承的安装尺寸。为了使零件能靠紧轴肩而得到准确可靠的定位，轴肩处的过渡圆角半径 r 必须小于与之相配的零件毂孔端部的圆角半径 R 或倒角尺寸 C（见图21-8a、b）。轴和零件上的倒角和圆角尺寸的常用范围见表21-2。非定位轴肩是为了加工和装配方便而设置的，其高度没有严格的规定，一般取为1～2mm。

表21-2 零件倒角 C 与圆角半径 R 的推荐值 （单位：mm）

直径 d	>6～10		>10～18	>18～30	>30～50		>50～80	>80～120	>120～180
C 或 R	0.5	0.6	0.8	1.0	1.2	1.6	2.0	2.5	3.0

2）套筒定位（见图21-8）结构简单，定位可靠，轴上不需开槽、钻孔和切制螺纹，因而不影响轴的疲劳强度，一般用于轴上两个零件之间的定位。如两零件的间距较大时，不宜采用套筒定位，以免增大套筒的重量及材料用量。因套筒与轴的配合较松，如轴的转速很高时，也不宜采用套筒定位。

3）轴端挡圈适用于固定轴端零件，可以承受较大的轴向力。轴端挡圈可采用单螺钉固定（见图21-8），为了防止轴端挡圈转动造成螺钉松脱，可加圆柱销锁定轴端挡圈（见图21-9a），也可采用双螺钉加止动垫片防松（见图21-9b）等固定方法。

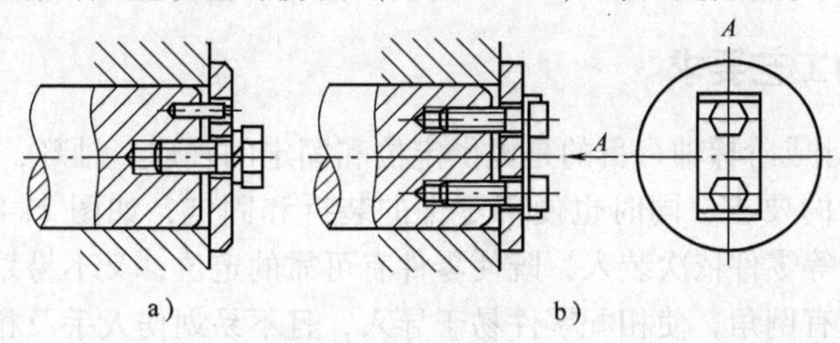

图21-9 轴端挡圈定位

4）圆螺母定位（见图21-10）可承受大的轴向力，但轴上螺纹处有较大的应力集中，会降低轴的疲劳强度，故一般用于固定轴端的零件，有双圆螺母（见图21-10a）和圆螺母与止动垫圈（见图21-10b）两种形式。当轴上两零件间距离较大不宜使用套筒定位时，也常采用圆螺母定位。

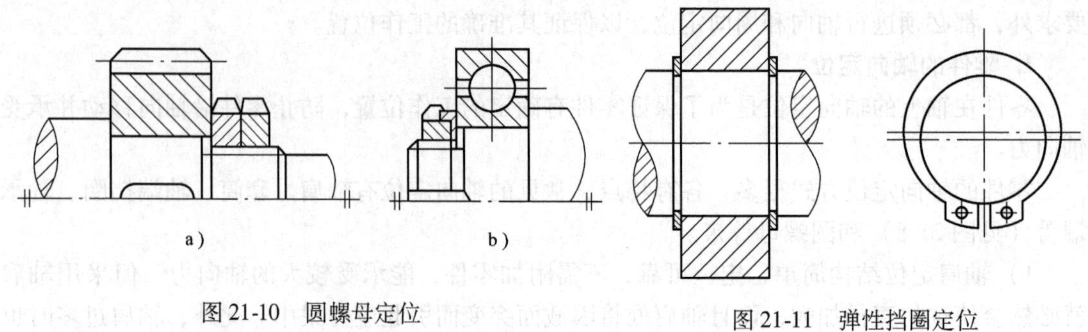

图 21-10　圆螺母定位

a) 双圆螺母　b) 圆螺母与止动垫圈

图 21-11　弹性挡圈定位

5) 利用弹性挡圈（见图 21-11）、紧定螺钉及锁紧挡圈（见图 21-12）等进行轴向定位，只适用于零件上的轴向力不大之处。

紧定螺钉和锁紧挡圈常用于光轴上零件的定位。此外，对于承受冲击载荷和同心度要求较高的轴端零件，也可采用圆锥面定位（见图 21-13）。

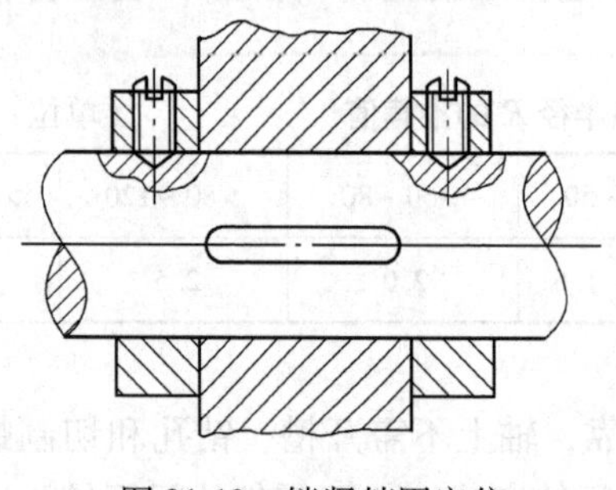

图 21-12　锁紧挡圈定位

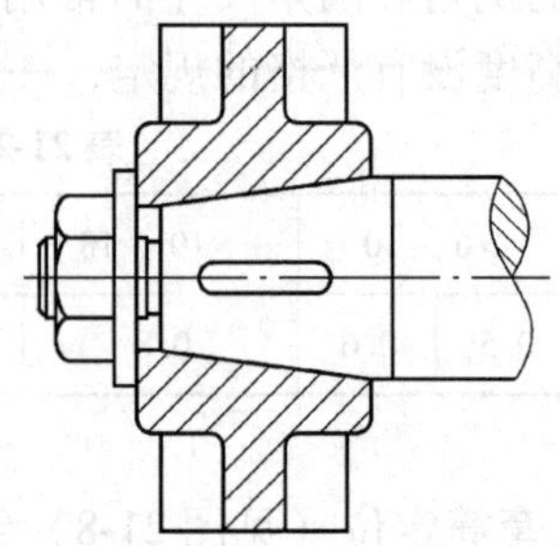

图 21-13　圆锥面定位

2. 零件的周向定位

周向定位的目的是为了传递运动和转矩，以防止轴上零件与轴发生相对转动。常用的周向定位零件有键、花键、销、紧定螺钉以及过盈配合等，其中紧定螺钉只用在传力不大之处。

21.2.3　轴结构的工艺要求

1) 一般将轴设计成阶梯轴，目的是提供定位和固定的轴肩、轴环，区别不同的精度和表面粗糙度以及配合的要求，同时也便于零件的装拆和固定，如图 21-8 所示，可将齿轮、套筒、轴承、轴承盖等零件依次装入，既使零件有可靠的定位，又不易划伤配合表面。轴的两端和各阶梯端面应有倒角，使相配零件易于导入，且不易划伤人手及相配零件。

2) 轴上要求磨削的表面，如与滚动轴承配合处，需在轴肩处留出砂轮越程槽，如图 21-14a 所示，砂轮边缘可磨削到轴肩端部，保证了轴肩的垂直度。对于轴上需车削螺纹的部分，应具有退刀槽，以保证车削时能退刀，如图 21-14b 所示。对于轴上有不只一个键槽时，为加工方便，应使键槽在同一侧母线上，如

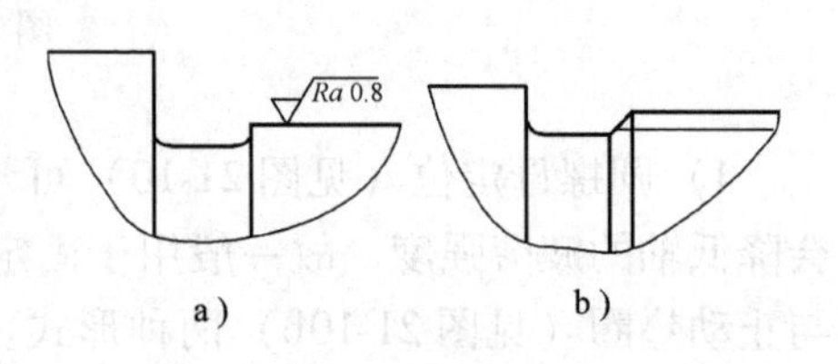

图 21-14　砂轮越程槽和螺纹退刀槽

图 21-8 所示。另外，键槽尺寸应按标准设计。

轴的两端可采用中心孔作为加工和测量基准。

关于砂轮越程槽、螺纹退刀槽、键槽、中心孔的尺寸可参阅有关手册。

3）轴的直径除了应满足强度和刚度的要求外，还应注意应尽量采用标准直径（表 14-3），另外与滚动轴承配合处，必须符合滚动轴承内径的标准系列；螺纹处的直径应符合螺纹标准系列；安装联轴器处的轴径应按联轴器孔径设计。

表 21-3　标准直径（摘自 GB/T 2822—2005）　　（单位 mm）

10	11	12	14	16	18	20	22	25	28	30	32	36
40	45	50	56	60	63	71	75	80	85	90	95	100

轴段长度应小于相配零件的宽度，以保证定位和固定可靠，如图 21-10 所示齿轮宽度应大于相配轴段长度。另外，应考虑旋转零件与箱体或支架等固定件之间应留有适当距离，以免旋转时相碰。

21.2.4　提高轴的强度的常用措施

轴和轴上零件的结构、工艺以及轴上零件的安装布置等对轴的强度有很大的影响，所以应在这些方面予以充分考虑，以利提高轴的承载能力，减小轴的尺寸和机器的重量，降低制造成本。

1. 合理布置轴上零件以减小轴的载荷

为了减小轴所承受的弯矩，传动件应尽量靠近轴承，并尽可能不采用悬臂的支承形式，力求缩短支承跨距及悬臂长度等。当转矩由一个传动件输入，而由几个传动件输出时，为了减小轴上的转矩，应将输入件放在中间，而不要置于一端。如图 21-15a 所示，轴上作用的最大转矩为 T_1+T_2，如把输入轮布置在两输出轮之间（见图 21-15b），则轴所受的最大转矩为 T_1。

2. 改进轴上零件的结构以减小轴的载荷

图 21-16 所示为起重机卷筒机构的两种不同设计方案。图 21-16a 的方案是大齿轮和卷筒联在一起，转矩经大齿轮直接传给卷筒，这样卷筒轴只受弯矩而不受转矩作用，在起重同样载荷时，轴的直径可比图 21-16b 中的轴径小。

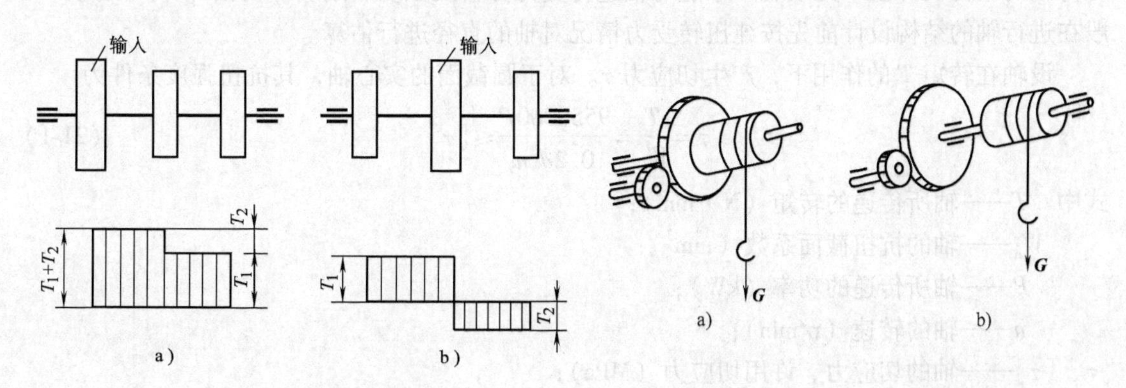

图 21-15　轴上零件的布置
a）不合理的布置　b）合理布置

图 21-16　卷筒的轮毂结构

3. 改进轴的结构以减小应力集中的影响

轴通常是在变应力条件下工作的，轴的截面尺寸发生突变处要产生应力集中，轴的疲劳破坏往往在此处发生。由于阶梯轴各轴段的剖面是变化的，在各轴段过渡处必然存在应力集中，而降低轴的疲劳强度。为了减少应力集中，常将过渡处制成适当大的圆角，并应尽量避免在轴上开孔或开槽，必要时可采用减载槽、中间环或凹切圆角等结构（见图 21-17）。采用这些方法也可避免轴在热处理时产生淬火裂纹的危险。

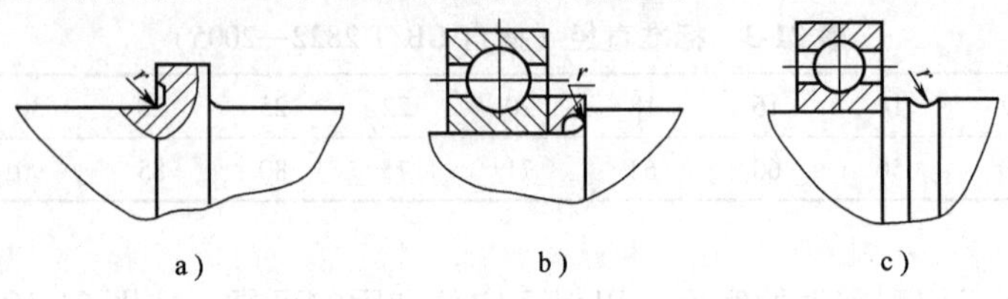

图 21-17　减载结构
a）凹切圆角　b）隔离环　c）减载槽

4. 改进轴的表面质量以提高轴的疲劳强度

轴的表面粗糙度和表面强化处理方法也会对轴的疲劳强度产生影响。轴的表面越粗糙，疲劳强度就越低。因此，应合理减小轴的表面及圆角处的加工粗糙度值。当采用对应力集中甚为敏感的高强度材料制作轴时，表面质量尤应予以注意。

表面强化处理的方法有：表面高频感应加热淬火等热处理；表面渗碳、碳氮共渗、氮化等化学热处理；碾压、喷丸等强化处理。通过碾压、喷丸进行表面强化处理时，可使轴的表层产生预压应力，从而提高轴的抗疲劳能力。

21.3　轴的强度计算

21.3.1　轴的扭转强度计算

开始设计轴时，通常还不知道轴上零件的位置及支点位置，无法确定轴的受力情况，只有待轴的结构设计基本完成后，才能对轴进行受力分析及强度、刚度等校核计算。因此，一般在进行轴的结构设计前先按纯扭转受力情况对轴的直径进行估算。

设轴在转矩 T 的作用下，产生切应力 τ。对于圆截面的实心轴，其抗扭强度条件为

$$\tau = \frac{T}{W_n} = \frac{9550000P}{0.2d^3 n} \leqslant [\tau] \tag{21-1}$$

式中　T——轴所传递的转矩（N · mm）；
W_n——轴的抗扭截面系数（mm^3）；
P——轴所传递的功率（kW）；
n——轴的转速（r/min）；
τ、$[\tau]$——轴的切应力、许用切应力（MPa）；
d——轴的估算直径（mm）。

轴的设计计算公式为

$$d \geqslant \sqrt[3]{\frac{T}{0.2[\tau]}} = \sqrt[3]{\frac{9550000P}{0.2[\tau] \cdot n}} = A_0 \sqrt[3]{\frac{P}{n}} \tag{21-2}$$

式中，$A_0 = \sqrt[3]{9550000/0.2[\tau]}$，常用材料的［$\tau$］值、$A_0$ 值见表21-4。［τ］值、A_0 值的大小与轴的材料及受载情况有关。当作用在轴上的弯矩比转矩小，或轴只受转矩时，［τ］取较大值，A_0 取较小值；反之，［τ］取较小值，A_0 取较大值。

表21-4 轴常用几种材料的［τ］及 A_0 值

轴的材料	Q235、20	Q275、35	45	40Cr、35SiMn、38SiMnMo
$[\tau]$/MPa	15～25	20～35	25～45	35～55
A_0	149～126	135～112	126～103	127～97

由式（21-2）求出的直径值，需圆整成标准直径，并作为轴的最小直径。对于直径 $d>$ 100mm 的轴，轴上有一个键槽，可将算得的最小直径增大3%；有两个键槽可增大7%。对于直径 $d \leqslant 100$mm 的轴，有一个键槽时，轴径增大5%～7%；有两个键槽时，应增大10%～15%。

21.3.2 轴的弯扭合成强度计算

完成轴的结构设计后，作用在轴上外载荷（转矩和弯矩）的大小、方向、作用点、载荷种类及支点反力等就已确定，可按弯扭合成的理论进行轴危险截面的强度校核。

进行强度计算时，通常把轴当作置于铰链支座上的梁，作用于轴上零件的力作为集中力，其作用点取为零件轮毂宽度的中点。支点反力的作用点一般近似地取在轴承宽度的中点上。具体的计算步骤如下：

1）画出轴的空间力系图。将轴上作用力分解为水平面分力和垂直面分力，并求出水平面和垂直面上的支点反力。

2）分别作出水平面上的弯矩（M_H）图和垂直面上的弯矩（M_V）图。

3）计算出合成弯矩 $M = \sqrt{{M_H}^2 + {M_V}^2}$，绘出合成弯矩图。

4）作出转矩（T）图。

5）计算当量弯矩。$M_e = \sqrt{M^2 + (\alpha T)^2}$，绘出当量弯矩图。式中 α 为考虑弯曲应力与扭转切应力循环特性的不同而引入的修正系数。通常弯曲应力为对称循环变化应力，而扭转切应力随工作情况的变化而变化。对于不变转矩取 $\alpha = \frac{[\sigma_{-1}]}{[\sigma_{+1}]} \approx 0.3$；对于脉动循环转矩取 $\alpha = \frac{[\sigma_{-1}]}{[\sigma_0]} \approx 0.6$；对于对称循环转矩取 $\alpha = 1$。其中 $[\sigma_{-1}]_b$、$[\sigma_0]_b$、$[\sigma_{+1}]_b$ 分别为对称循环、脉动循环及静应力状态下材料的许用弯曲应力，其值见表21-5。

对正反转频繁的轴，可将转矩 T 看成是对称循环变化。当不能确切知道载荷的性质时，一般轴的转矩可按脉动循环处理。

6）校核危险截面的强度。根据当量弯矩图找出危险截面，进行轴的强度校核，其公式为

$$\sigma_e = \frac{M_e}{W} = \frac{\sqrt{M^2 + (\alpha T)^2}}{0.1d^3} \leqslant [\sigma_{-1}]_b \tag{21-3}$$

式中 W——轴的抗弯截面系数（mm^3）；

M——轴所受弯矩（N · mm）；

T——轴所受转矩（N · mm）；

M_e——当量弯矩（N · mm）；

d——轴的直径（mm）；

α_e——当量弯曲应力（MPa）；

$[\sigma_{-1}]_b$——对称循环变应力时轴的许用弯曲应力（MPa）。

表 21-5　轴的许用弯曲应力　　（单位：MPa）

材料	σ_b	$[\sigma_{+1}]_b$	$[\sigma_0]_b$	$[\sigma_{-1}]_b$
碳素钢	400	130	70	40
	500	170	75	45
	600	200	95	55
	700	230	110	65
合金钢	800	270	130	75
	900	300	140	80
	1000	330	150	90
铸钢	400	100	50	30
	500	120	70	40

21.3.3　轴的刚度计算

轴受载荷的作用后会发生弯曲、扭转变形，如变形过大会影响轴上零件的正常工作，例如装有齿轮的轴，如果变形过大会使啮合状态恶化。因此，对于有刚度要求的轴，必须要进行轴的刚度校核计算。轴的刚度有弯曲刚度和扭转刚度两种，下面分别讨论这两种刚度的计算方法。

1. 轴的弯曲刚度校核计算

应用材料力学的计算公式和方法算出轴的挠度 y 或转角 θ，并使其满足下式

$$y \leqslant [y], \theta \leqslant [\theta]$$

2. 轴的扭转刚度校核计算

应用材料力学的计算公式和方法求出轴的扭转角 φ，并使其满足下式

$$\varphi \leqslant [\varphi]$$

式中，$[y]$、$[\theta]$、$[\varphi]$ 分别为轴的许用挠度、许用偏转角、许用扭转角，其值可查有关技术资料。

21.4　轴的设计

通常，对于一般轴的设计方法有类比法和设计计算法两种。

21.4.1 类比法

这种方法是根据轴的工作条件，选择与其相似的轴进行类比及结构设计，画出轴的零件图。用类比法设计轴一般不进行强度计算。由于完全依靠现有资料及设计者的经验进行轴的设计，设计结果比较可靠、稳妥，同时又可加快设计进程，因此类比法较为常用，但有时这种方法也会带有一定的盲目性。

21.4.2 设计计算法

用设计计算法设计轴的一般步骤为：

1）根据轴的工作条件选择材料，确定许用应力。

2）按扭转强度初步估算出轴所需的最小直径 d_{min}。

3）设计轴的结构，绘制出轴的结构草图。具体包括以下几点：

①根据工作要求确定轴上零件的位置和固定方式。

②确定各轴段的直径，然后按轴上零件的装配方案和定位要求，从 d_{min} 处起逐一确定各轴段的直径。有配合要求的轴段，应尽量采用标准直径。安装标准件（如滚动轴承、联轴器、密封圈等）。

③确定各轴段的长度。

④根据有关设计手册确定轴的结构细节，如圆角、倒角、越程槽等的尺寸。

4）按弯扭组合变形进行轴的强度校核。首先对轴上传动零件进行受力分析，画出轴的弯矩图和转矩图，判断危险截面，然后对轴的危险截面进行强度校核。若危险截面强度不够或强度裕度不大，则必须重新修改轴的结构并校核，直到设计出较为合理的轴的结构。因此，轴的设计过程是反复、交叉进行的。

5）绘制出轴的零件图。需要指出的是：

①一般情况下设计轴时不必进行轴的刚度、振动、稳定性等校核。如需进行轴的刚度校核时，也只作轴的弯曲刚度校核。

②对用于重要场合的轴、高速转动的轴应采用疲劳强度校核计算方法进行轴的强度校核。具体内容可查阅机械设计方面的有关资料。

例 21-1 设计图 21-18 所示的斜齿圆柱齿轮减速器的从动轴（Ⅱ轴）。已知传递功率 $P=8\text{kW}$，从动齿轮的转速 $n=280\text{r/min}$，分度圆直径 $d=265\text{mm}$，圆周力 $F_t=2059\text{N}$，径向力 $F_r=763.8\text{N}$，轴向力 $F_a=405.7\text{N}$。齿轮轮毂宽度为 60mm，工作时单向运转，采用深沟球轴承。

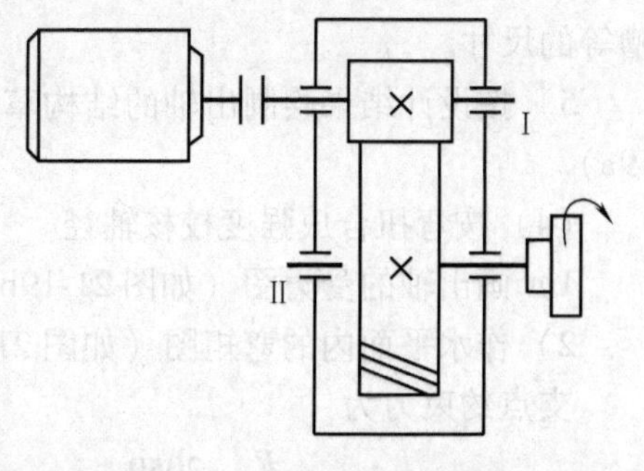

图 21-18 单级齿轮减速器简图

解 （1）选择轴的材料，由已知条件知减速器传递的功率不大，又对材料无特殊要求，故选用 45 钢并经调质处理。由表 21-1 查得抗拉强度 $\sigma_b=640\text{MPa}$，再由表 21-5 得许用弯曲应力 $[\sigma_{-1}]_b=65\text{MPa}$。

（2）按扭转强度估算轴径。抗拉根据表 21-4 得 $A_0=126\sim103$。又由式（21-2）得

$$d \geqslant A_0 \sqrt[3]{\frac{P}{n}} = (103 \sim 126)\sqrt[3]{\frac{8\text{kW}}{280\text{r/min}}} = 31.5 \sim 38.5\text{mm}$$

考虑到轴的最小直径处要安装联轴器，该轴段应有键槽存在，故将估算直径加大5% ~ 7%，并圆整，取 $d = 35\text{mm}$。

(3) 设计轴的结构并绘制结构草图。由于设计的是单级减速器，可将齿轮布置在箱体内部中央，将轴承对称安装在齿轮两侧，轴的外伸端安装半联轴器。

1) 确定轴上零件的位置和固定方式。要确定轴的结构形状，必须先确定轴上零件的装拆顺序和固定方式。参考图 21-8 所示结构，确定齿轮从轴的右端装入，齿轮的左端用轴肩（或轴环）定位，右端用套筒定位。齿轮的周向固定采用平键连接。轴承对称安装于齿轮的两侧，其轴向用轴肩定位，周向采用过盈配合定位。

2) 确定各轴段的直径。如图 21-19a 所示，轴段①（外伸端）直径最小，$d_1 = 35\text{mm}$；考虑到要对安装在轴段①上的联轴器进行定位，轴段②上应有轴肩，同时为能很顺利地在轴段②上安装轴承，轴段②必须满足轴承内径的标准，故取轴段②的直径 $d_2 = 40\text{mm}$；同样的方法确定轴段③、④的直径 $d_3 = 45\text{mm}$、$d_4 = 55\text{mm}$；为了便于拆卸左轴承，可查出 6208 型滚动轴承的安装高度为 3.5mm，取 $d_5 = 47\text{mm}$。

3) 确定各轴段的长度。齿轮轮毂宽度为 60mm，为保证齿轮固定可靠，轴段③的长度应略短于齿轮轮毂宽度，取为 58mm；为保证齿轮端面与箱体内壁不相干涉，齿轮端面与箱体内壁间应留有一定的间距，取该间距为 15mm；为保证轴承安装在箱体轴承座孔中（轴承宽度为 18mm），并考虑轴承的润滑，取轴承端面距箱体内壁的距离为 5mm，所以轴段④的长度取为 20mm，轴承跨距 $l = 118\text{mm}$；根据箱体结构及联轴器距轴承盖要有一定距离的要求，取 $l' = 75\text{mm}$；查阅有关的联轴器手册取 $l'' = 70\text{mm}$。轴与齿轮、轴与联轴器均采用平键连接。

4) 确定轴的结构细节，如圆角、倒角、退刀槽等的尺寸。

5) 按设计结果绘制出轴的结构草图（见图 21-19a）。

(4) 按弯扭合成强度校核轴径。

1) 画出轴的受力图（如图 21-19b 所示）。

2) 作水平面内的弯矩图（如图 21-19c 所示）。

支点约束力为

$$F_{HA} = F_{HB} = \frac{F_t}{2} = \frac{2059}{2}\text{N} = 1030\text{N}$$

Ⅰ-Ⅰ截面处的弯矩为

$$M_{H\text{I}} = 1030\text{N} \times \frac{118\text{mm}}{2} = 60770\text{N} \cdot \text{mm}$$

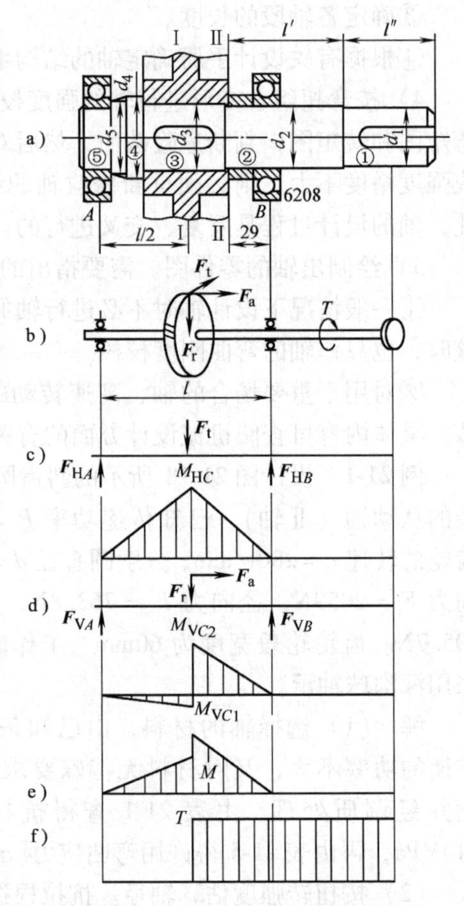

图 21-19　减速器从动轴设计

Ⅱ-Ⅱ面处的弯矩

$$M_{HⅡ}=1030\text{N}\times29\text{mm}=29870\text{N}\cdot\text{mm}$$

3）作垂直面内的弯矩图（见图21-19d），支点约束力为

$$F_{VA}=\frac{F_r}{2}-\frac{F_a d}{2l}=\frac{763.8\text{N}}{2}-\frac{405.7\text{N}\times265\text{mm}}{2\times118\text{mm}}=-73.65\text{N}$$

$$F_{VB}=F_r-F_{VA}=(763.8-(-73.65))\text{N}=837.5\text{N}$$

Ⅰ-Ⅰ截面左侧弯矩为

$$M_{VⅠ左}=F_{VA}\frac{l}{2}=-73.65\text{N}\times\frac{118\text{mm}}{2}=-4345\text{N}\cdot\text{mm}$$

Ⅰ-Ⅰ截面右侧弯矩为

$$M_{VⅠ右}=F_{VA}\frac{l}{2}+\frac{F_a d}{2}=-73.65\text{N}\times\frac{118\text{mm}}{2}+\frac{405.7\text{N}\times265\text{mm}}{2}=49410\text{N}\cdot\text{mm}$$

Ⅱ-Ⅱ截面处的弯矩为

$$M_{VⅡ}=F_{VB}\cdot29=837.5\text{N}\times29\text{mm}=24287.5\text{N}\cdot\text{mm}$$

4）作合成弯矩图（见图21-19e）。

$$M=\sqrt{M_H^2+M_V^2}$$

Ⅰ-Ⅰ截面：

$$M_{Ⅰ左}=\sqrt{M_{VⅠ左}^2+M_{HⅠ}^2}=\sqrt{(-4345)^2+(60770)^2}\text{N}\cdot\text{mm}=60925\text{N}\cdot\text{mm}$$

$$M_{Ⅰ右}=\sqrt{M_{VⅠ右}^2+M_{HⅠ}^2}=\sqrt{(49410)^2+(60770)^2}\text{N}\cdot\text{mm}=78322\text{N}\cdot\text{mm}$$

Ⅱ-Ⅱ截面：

$$M_{Ⅱ}=\sqrt{M_{VⅡ}^2+M_{HⅡ}^2}=\sqrt{(24287.5)^2+(29870)^2}\text{N}\cdot\text{mm}=39776\text{N}\cdot\text{mm}$$

5）作转矩图（见图21-19f）。

$$T=9.55\times10^6\frac{P}{n}=9.55\times10^6\times\frac{8}{280}\text{N}\cdot\text{mm}=272857\text{N}\cdot\text{mm}$$

6）求当量弯矩。因减速器工作时作单向运转，故可认为转矩为脉动循环变化，修正系数α为0.6 。

Ⅰ-Ⅰ截面：

$$M_{eⅠ}=\sqrt{M_{Ⅰ右}^2+(\alpha T)^2}=\sqrt{78322^2+(0.6\times272857)^2}\text{N}\cdot\text{mm}=181485\text{N}\cdot\text{mm}$$

Ⅱ-Ⅱ截面

$$M_{eⅡ}=\sqrt{M_{Ⅱ}^2+(\alpha T)^2}=\sqrt{39776^2+(0.6\times272857)^2}\text{N}\cdot\text{mm}=168477\text{N}\cdot\text{mm}$$

7）确定危险截面及校核强度。由图21-19可以看出，截面Ⅰ-Ⅰ、Ⅱ-Ⅱ所受转矩相同，但弯矩$M_{eⅠ}>M_{eⅡ}$，且轴上还有键槽，故截面Ⅰ-Ⅰ可能为危险截面。但由于轴径$d_3>d_2$，故也应对截面Ⅱ-Ⅱ进行校核。

Ⅰ-Ⅰ截面：

$$\sigma_{eⅠ}=\frac{M_{eⅠ}}{W}=\frac{181485\text{N}\cdot\text{mm}}{0.1d_3^3}=\frac{181485\text{N}\cdot\text{mm}}{0.1\times45^3\text{mm}^3}=19.9\text{MPa}$$

Ⅱ-Ⅱ截面：

$$\sigma_{e\text{II}}=\frac{M_{e\text{II}}}{W}=\frac{168477\text{N}\cdot\text{mm}}{0.1d_2^3}=\frac{168477\text{N}\cdot\text{mm}}{0.1\times40^3\text{mm}^3}=26.3\text{MPa}$$

查表21-5得$[\sigma_{-1}]_b=65\text{MPa}$，满足$\sigma_e\leqslant[\sigma_{-1}]_b$，故设计的轴有足够强度，并有一定裕量。

（5）修改轴的结构。因所设计轴的强度裕度不大，此轴不必再作修改。

（6）绘制轴的零件图（见图21-20）。

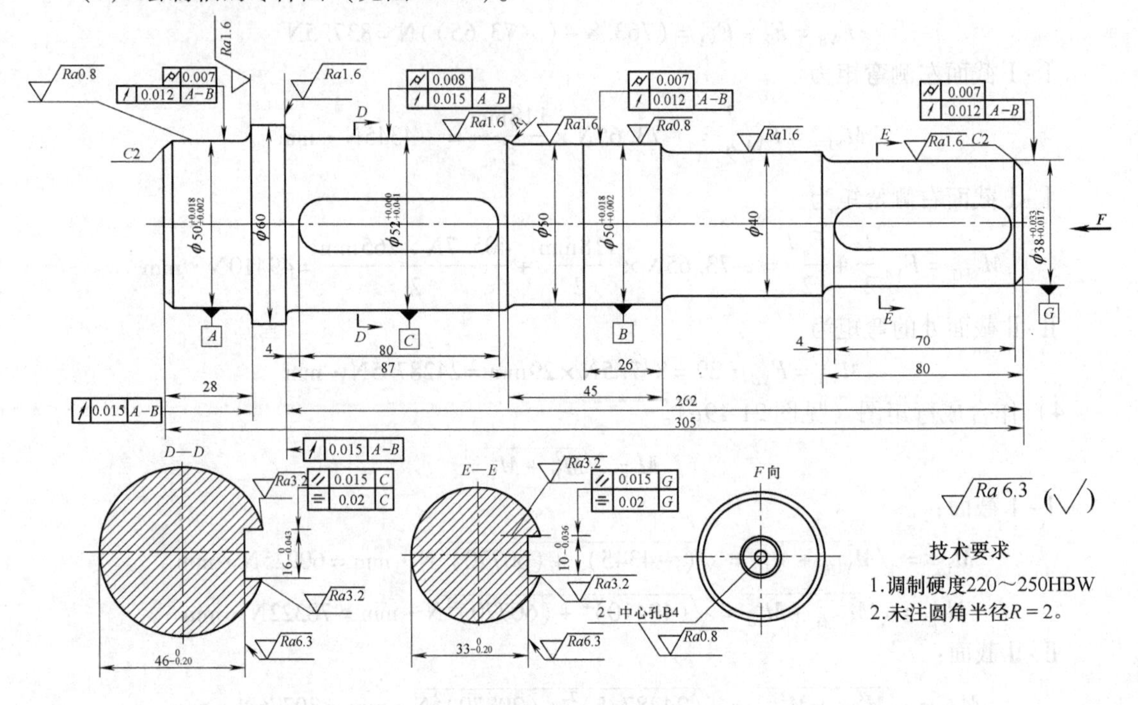

图21-20　轴零件工作图

21.5　思考题与习题

21-1　按承受载荷的情况，轴分为哪几类？一般机械传动装置中常用的轴是哪一类？

21-2　自行车的前轴、中轴和后轴各属什么类型？

21-3　试分析轴的主要失效形式？在选择轴的材料时应注意什么问题？

21-4　若轴的强度不足或刚度不足时，可分别采取哪些措施？

21-5　轴上零件的轴向定位方式有几种，各有何特点？为什么要轴向定位？轴上零件的周向定位方式有几种？

21-6　开始设计轴时，一般按扭转强度初步计算轴的最小直径，为什么？

21-7　有一传动轴，材料为45钢，调质处理。轴传递的功率$P=3\text{kW}$，转速$n=260\text{r/min}$，试求该轴的直径。

21-8　已知一传动轴在直径$d=55\text{mm}$处受不变的转矩$T=15\times10^3\text{N}\cdot\text{m}$和弯矩$M=7\times10^3\text{N}\cdot\text{m}$作用，轴的材料为45钢，调质处理，问该轴能否满足强度要求？

21-9　设计图21-21所示的某搅拌机用单级斜齿圆柱齿轮减速器的低速轴。已知轴的转速$n=140\text{r/min}$，传递的功率$P=5\text{kW}$。轴上齿轮的参数为：齿数$z=58$，法向模数$m_n=3\text{mm}$，分度圆螺旋角$\beta=11°17'13''$，齿宽及轮毂宽$b=70\text{mm}$。

21-10　图21-22为几种轴上零件的轴向定位和固定方式，试指出其设计错误，并画出改正图。

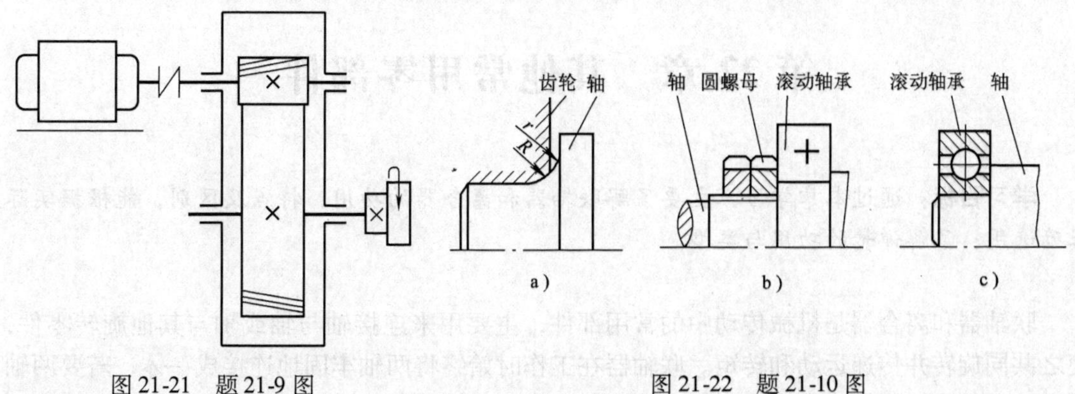

图21-21　题21-9图　　　　图21-22　题21-10图

21-11　将图21-23a中所示齿轮、双圆螺母和6205型轴承分别安装在图21-23b所示轴的A、B、C三段上，试拟定①A段d_1，R、l，B；②段螺纹大径和螺距；③C段R；④过渡部分s、d_2、d_3。

20-12　指出图21-24中轴的结构有哪些不合理的地方，并画出改正后的轴结构图。

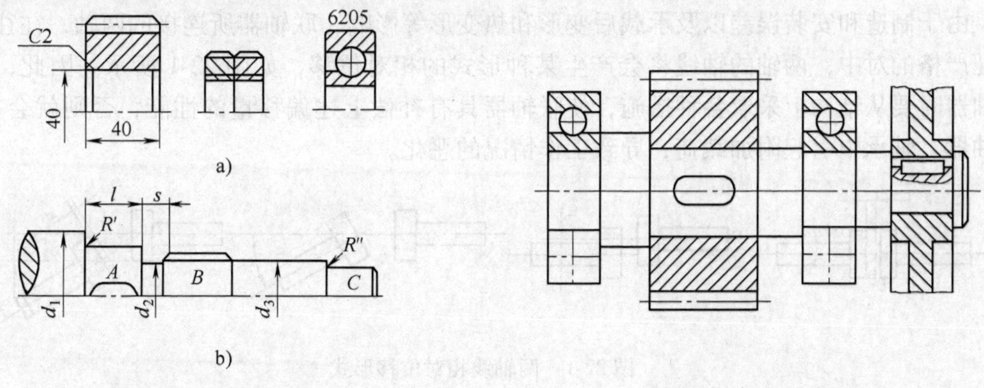

图21-23　题21-11图　　　　图21-24　题21-12图

第22章　其他常用零部件

学习目标：通过本章学习，主要了解联轴器和离合器的功用、特点及区别，能根据实际正确选用；了解弹簧的功用与类型。

联轴器和离合器是机械传动中的常用部件，主要用来连接轴与轴或轴与其他旋转零件，使之共同旋转并传递运动和转矩。联轴器在工作时始终将两轴牢固地连接成一体，若要两轴分离，必须停机拆卸；离合器则可在机器运转中，根据工作需要随时将两轴接合或分离。

22.1　联轴器

由于制造和安装误差以及承载后变形和热变形等影响，联轴器所连接的两轴，往往不能保证严格的对中，两轴的轴线将会产生某种形式的相对位移，如图22-1所示。因此，设计联轴器时要从结构上采取各种措施，使联轴器具有补偿上述偏移量的性能，否则就会在轴、联轴器、轴承中引起附加载荷，导致工作情况的恶化。

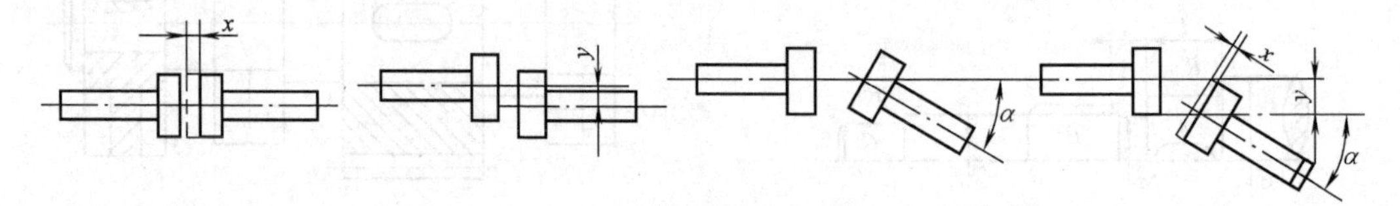

图22-1　两轴线相对位移形式

联轴器根据有无补偿相对位移的能力，可分为刚性联轴器和挠性联轴器两大类。刚性联轴器用于两轴严格对中并在工作中不发生相对位移的地方，如凸缘联轴器、套筒联轴器、夹壳联轴器。挠性联轴器用于轴线偏斜或在工作时可能发生位移的场合。根据有无弹性元件及弹性元件材料的不同，挠性联轴器又分为无弹性元件联轴器、金属弹性元件联轴器和非金属弹性元件联轴器。

22.1.1　刚性联轴器

刚性联轴器具有结构简单、成本低廉的优点。常用的有凸缘联轴器、套筒联轴器。

凸缘联轴器是应用最广泛的刚性联轴器（见图22-2）。它是由两个带有凸缘的半联轴器所组成，半联轴器分别用键与轴连接，并用一组螺栓将它们连接在一起，凸缘联轴器的对中方法有两种：

1）用具有凸肩的半联轴器与具有凹槽的半联轴器相嵌合而对中（见图22-2a），其对中精度高。采用普通螺栓连接，靠两半联轴器结合面间的摩擦力矩来传递转矩。

2）用铰制孔用螺栓对中（见图22-2b），靠螺栓杆承受挤压与剪切来传递转矩。当要求两轴分离时，只需卸下螺栓即可，不用移动轴，因此装卸比前者简便。

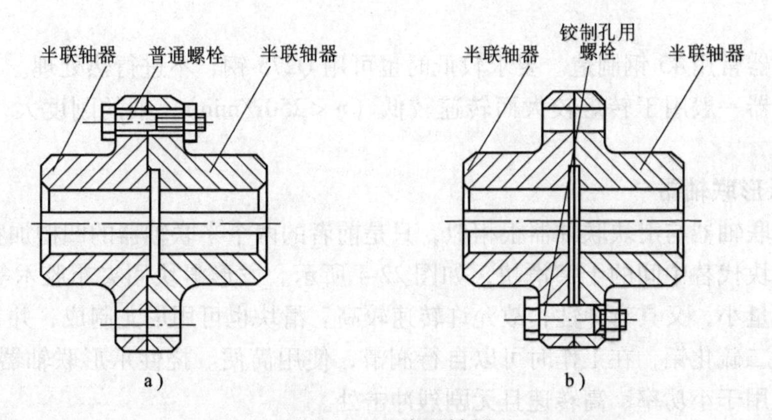

图 22-2　凸缘联轴器

凸缘联轴器的材料有 35、45 钢或 ZG310-570。当外缘圆周速度 $v \leqslant 30\mathrm{m/s}$ 时，可采用 HT200 等灰铸铁。

凸缘联轴器对被连接的两轴对中要求很高，两轴间的任何位移都将在机件中引起附加载荷，使工作情况恶化。但由于其构造简单、成本低、可传递较大的转矩，故适用于连接低速、大转矩、振动小、刚性大的短轴。

22. 1. 2　无弹性元件挠性联轴器

无弹性元件挠性联轴器因其元件间能作相对移动，故可补偿被连接两轴间的位移。常用的有以下几种。

1. 滑块联轴器

它由两个端面沿径向开有很宽凹槽的半联轴器和一个两面具有相互垂直的凸榫的中间滑块组成（见图 22-3），滑块上的凸榫分别与两个半联轴器的凹槽相嵌合。由于凸榫可在凹槽中滑动，故可补偿两轴间的位移。

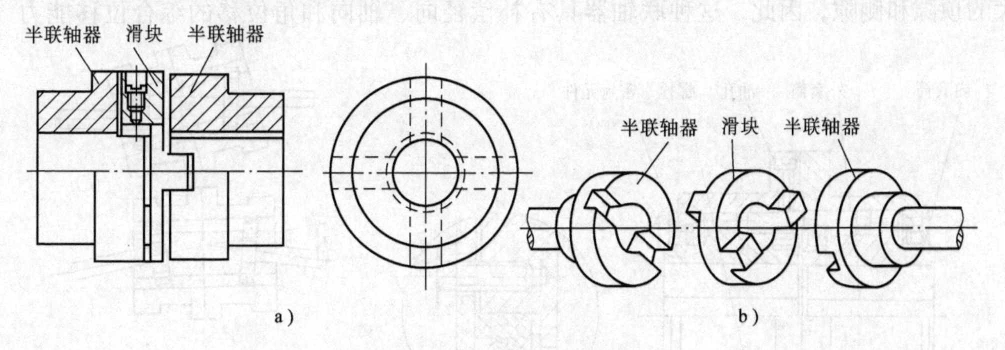

图 22-3　滑块联轴器

因为中间滑块与两个半联轴器组成移动副，不会发生相对转动，故工作时两个半联轴器，即主动轴与从动轴的角速度相等。当两轴在有相对位移的情况下工作时，滑块将会产生较大的离心力，从而使动载荷增大，磨损加快，因此其工作转速不能大于规定值。为了减少摩擦和磨损，除将工作面进行热处理以提高硬度外，使用时应特别注意在滑块的油孔中注油进行润滑。

滑块联轴器常用45 钢制造。要求较低时也可用 Q275 钢，不进行热处理。

这种联轴器一般用于转矩较大而转速较低（$n<250$r/min），轴的刚度大，且无剧烈冲击处。

2. 挠性爪形联轴器

挠性爪形联轴器与滑块联轴器很相似，只是前者的两个半联轴器的凹槽加宽，以不带有凸榫的方形滑块代替中间的十字滑块，如图 22-4 所示。方形滑块用夹布胶木等轻质材料制成，由于其质量小，又具有弹性，故允许转速较高。滑块也可用尼龙制成，并在配制时加入少量的石墨或二硫化钼，在工作时可以自行润滑，使用简便。挠性爪形联轴器的结构简单，尺寸紧凑，适用于小功率、高转速且无剧烈冲击处。

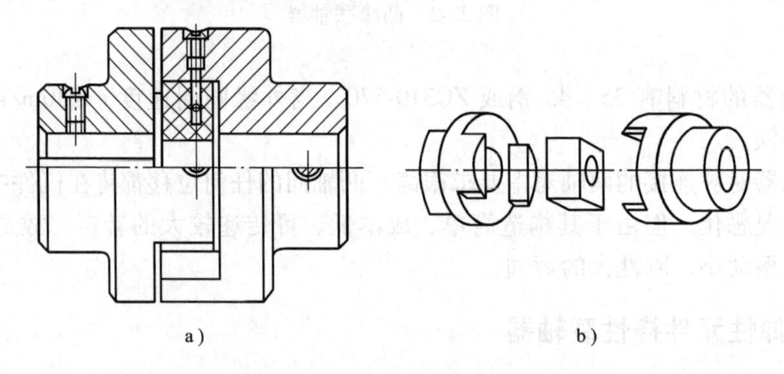

图 22-4　挠性爪形联轴器

3. 齿式联轴器

如图 22-5a 所示，齿式联轴器由两个带有内齿及凸缘的外套筒和两个带有外齿的内套筒所组成。两个内套筒分别用键与两轴连接，两个外套筒用螺栓联成一体，依靠内、外齿相啮合以传递转矩。由于外齿的齿顶制成球面，球面中心在齿轮轴线上，且内、外齿啮合时具有较大的顶隙和侧隙，因此，这种联轴器具有补偿径向、轴向和角位移的综合位移能力（见

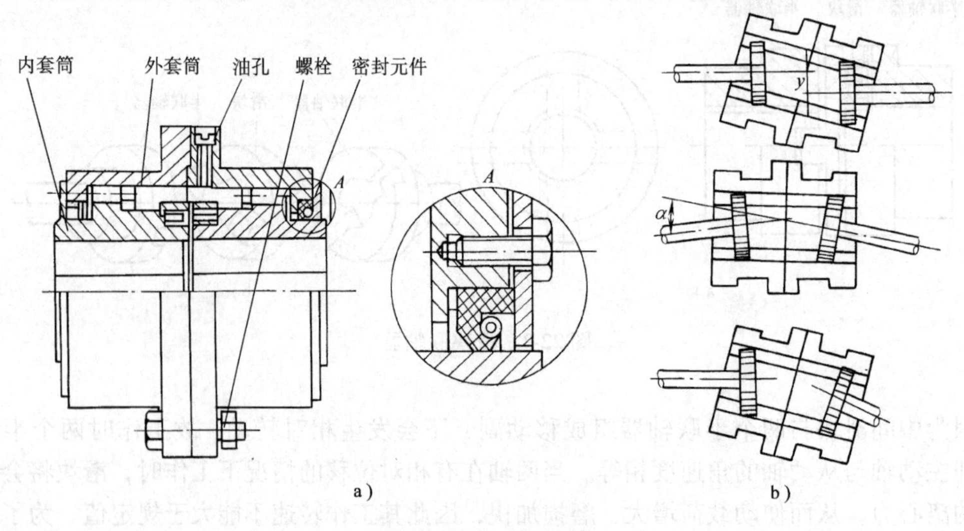

图 22-5　齿式联轴器

图 22-5b）。为了减少磨损，可由油孔注入润滑油，并在内、外套筒之间装密封元件，以防止润滑油泄漏。

齿式联轴器的齿廓为渐开线，啮合角为 20°，齿数取 30～80，材料一般用 45 钢或 ZG310—570。这种联轴器能传递很大的转矩，安装精度要求不高，并允许有较大的位移量，但制造成本高，质量较大，在重型机械中应用广泛。

4. 万向联轴器

万向联轴器由两个叉形接头、一个中间连接件和两个轴销组成（见图 22-6a）。两轴销互相垂直并分别将两个叉形接头与中间件连接起来，构成铰链连接。这种联轴器允许两轴间有较大的夹角 α，最大可达 45°。在机器运转过程中，即使夹角发生改变，仍可正常传动。但 α 当过大时，传动效率降低。

万向联轴器的主要零件通常采用 40Cr 或 40CrNi 等合金钢制造，以获得较高的耐磨性及小的径向尺寸。

万向联轴器的主要缺点是：当主动轴以等角速度 ω_1 回转时，从动轴角速度 ω_2 将发生周期性变化，因而工作时将引起附加动载荷。为了消除这一缺点，常将万向联轴器成对使用，如图 22-6b 所示。而成对使用和安装时必须保证：

1） 主动轴、从动轴与中间轴之间的夹角相等，既 $\alpha_1=\alpha_3$（见图 22-7）。

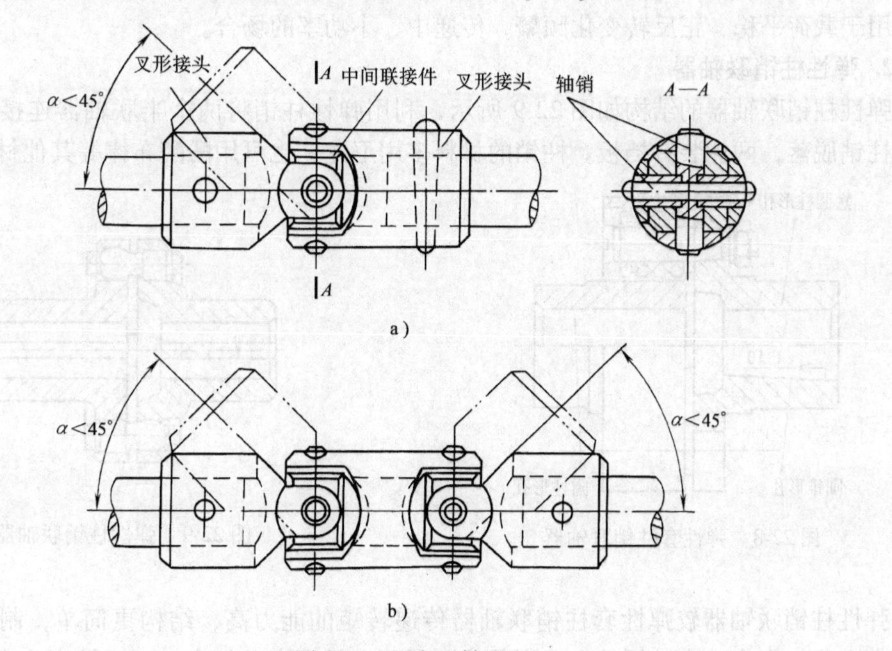

图 22-6　万向联轴器

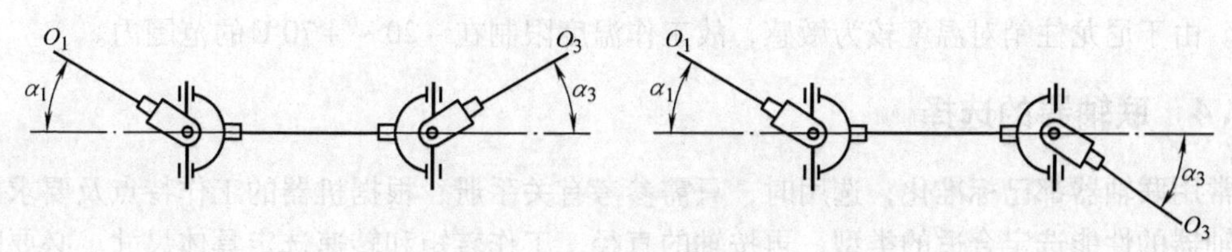

图 22-7　双万向联轴器

2）中间轴两端的叉形接头位于同一平面内。

这种双万向联轴器，能使主、从动轴的角速度恒相等，即 $\omega_1=\omega_3$。

万向联轴器具有结构紧凑，维护方便，被连接两轴间的夹角较大并可在运动中变化等优点，故在机床、汽车、建筑机械、轧钢机械等传动系统中被广泛应用。

22.1.3　有弹性元件挠性联轴器

有弹性元件挠性联轴器因其装有弹性元件，不仅可以补偿两轴间的相对位移，而且具有缓和冲击、消减振动的能力，因而广泛应用于转速较高、载荷变动较大和有冲击时，或起动频繁和经常反向转动的两轴间的连接。

制造弹性元件的材料有金属和非金属两种。金属材料（主要是各种弹簧）的特点是强度高，尺寸小，寿命长，结构较复杂。非金属材料的特点是质量小，结构简单，价格便宜，缓冲减振能力强。

1. 弹性套柱销联轴器

这种联轴器的构造与凸缘联轴器相似，只是用套有弹性套的柱销代替了连接螺栓，如图22-8所示。弹性套常用耐油橡胶制成，利用其弹性变形来补偿两轴间的相对位移、缓和冲击和吸收振动。这种联轴器制造容易，装拆方便，成本较低，但弹性套易磨损，寿命较短。它适用于载荷平稳，正反转变化频繁，传递中、小功率的场合。

2. 弹性柱销联轴器

弹性柱销联轴器的结构如图22-9所示，利用弹性柱销将两个半联轴器连接起来。为了防止柱销脱落，两侧装有挡板。柱销的材料多用尼龙，也可用酚醛布棒等其他材料制造。

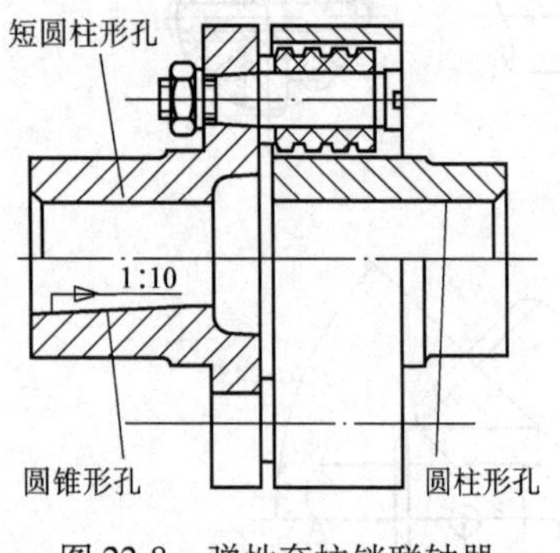

图22-8　弹性套柱销联轴器

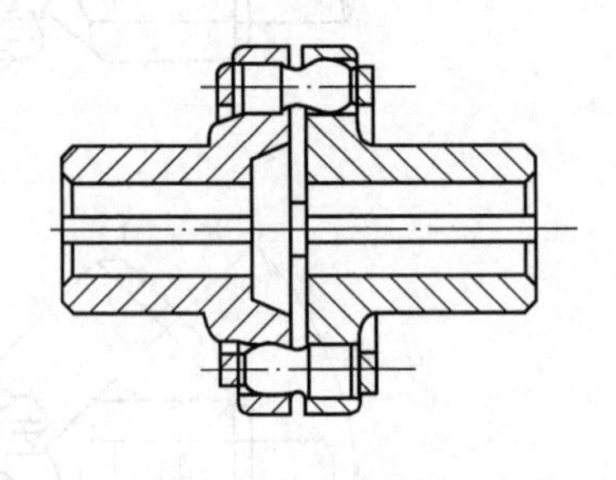

图22-9　弹性柱销联轴器

弹性柱销联轴器较弹性套柱销联轴器传递转矩的能力高，结构更简单，制造、安装方便，寿命长，也有一定的缓冲和吸振能力。适用于轴向窜动较大，正反转变化或起动频繁的场合。由于尼龙柱销对温度较为敏感，故工作温度限制在 -20 ~ +70℃的范围内。

22.1.4　联轴器的选择

常用联轴器都已标准化，选用时，只需参考有关手册，根据机器的工作特点及要求，结合联轴器的性能选定合适的类型，再按轴的直径、工作转矩和转速选定具体尺寸。必要时应对某些易损零件作强度验算。

1. 类型选择

类型选择的原则是使用要求和类型特性一致。一般对能精确对中、低速、刚性大的短轴可选用刚性联轴器；否则选用具有补偿能力的无弹性元件挠性联轴器；对于传递转矩较大的重型机械，则可选用齿轮联轴器；对于高速有振动的轴，应选用有弹性元件的挠性联轴器；对于轴线相交的两轴，则应选用万向联轴器。

2. 型号、尺寸选择

类型选定后，可根据轴的直径、计算转矩和转速从机械设计手册中选择型号和尺寸。选择时应满足的条件是：联轴器的轴孔直径应和轴径相匹配；计算转矩和转速不得超过联轴器的许用最大转矩和许用最高转速。计算转矩由下式确定

$$T_C = K_A \cdot T \tag{22-1}$$

式中　T——名义转矩，即稳定状态下联轴器传递的转矩（N · mm）；

K_A——工作情况系数，用来考虑机器起动时的动载荷和工作中可能出现的过载现象，其值见表 22-1。

表 22-1　工作情况系数 K_A

工作机		K_A			
		原动机			
分类	工作情况及举例	电动机、汽轮机	四缸和四缸以上内燃机	双缸内燃机	单缸内燃机
Ⅰ	转矩变化很小，如发电机、小型通风机、小型离心泵	1.3	1.5	1.8	2.2
Ⅱ	转矩变化小，如透平压缩机、木工机床、输送机	1.5	1.7	2.0	2.4
Ⅲ	转矩变化中等，如搅拌机、增压泵、有飞轮的压缩机、冲床	1.7	1.9	2.2	2.6
Ⅳ	转矩变化和冲击载荷中等，如织布机、水泥搅拌机、拖拉机	1.9	2.0	2.4	2.8
Ⅴ	转矩变化和冲击载荷大，如造纸机、挖掘机、起重机、碎石机	2.3	2.5	2.8	3.2
Ⅵ	转矩变化大并有极强烈的冲击载荷，如压延机、无飞轮的活塞泵、重型初轧机	3.1	3.3	3.6	4.0

22.2　离合器

离合器主要用于在机器运转过程中随时将主、从动轴接合或分离。离合器按其工作原理可分为啮合式和摩擦式；按控制方式可分为操纵式和自动式两类。操纵式离合器需要借助于人力或动力（如机械、液压、气压、电磁等）进行操纵；自动式离合器不需要外来操纵，可在一定条件下实现自动分离和接合，如安全离合器、离心离合器和超越离合器。

下面分别介绍操纵式离合器中常用的牙嵌离合器和摩擦离合器，自动式离合器中应用较多的超越离合器。

22.2.1　牙嵌离合器

牙嵌离合器由两个端面上带牙的半离合器组成（见图 22-10）。其中一个半离合器固定在主动轴上，另一个半离合器用导向键或花键与从动轴连接，并可通过操纵机构使其作轴向

移动，以实现接合或分离。为使两个半离合器能准确对中，在主动轴端的半离合器上固装一个对中环，从动轴端可在对中环内自由转动。

牙嵌离合器常用的牙形有矩形、梯形、锯齿形等各种形式。矩形牙不便于接合与分离，牙侧磨损后无法补偿其间隙，但能传递正反两个方向的转矩，无轴向分力，使用较少；梯形牙强度高，可以双向工作，且能自行补偿由于磨损造成的牙侧间隙，避免因牙侧间隙产生的冲击，故应用较广；锯齿形牙的强度最高，能传递更大的转矩，但只能单向工作。离合器牙数一般在 3 ~60。

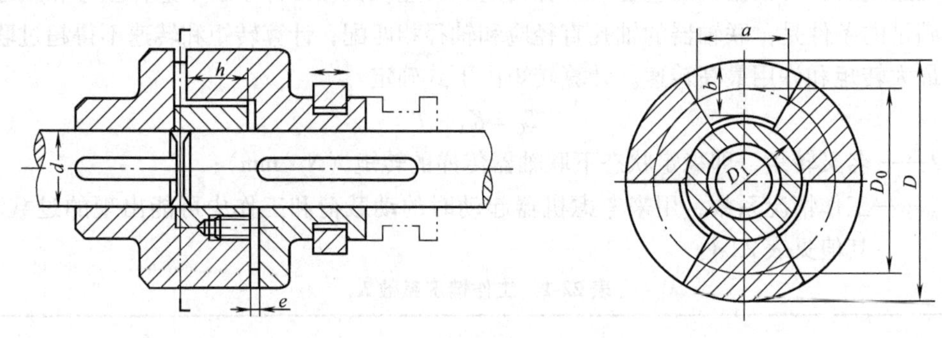

图 22-10　牙嵌离合器

牙嵌离合器结构简单，连接后两轴同速旋转，没有滑动。但离合器的嵌入动作应在两轴停止转动或转速较低时进行，否则牙受到冲击容易损坏。一般用于转矩不大、低速结合的场合。

22. 2. 2　圆盘摩擦离合器

圆盘摩擦离合器是利用主、从动盘接触面间产生的摩擦力矩来传递转矩的。与牙嵌离合器比较，其主要优点是：可以在任何转速下接合；可以用改变摩擦面间压力的方法来调节从动轴的加速时间，保证起动平稳没有冲击；过载时摩擦面间发生打滑，可以防止损坏其他零件。其缺点是外廓尺寸较大，在接合、分离过程中要产生滑动摩擦，故磨损和发热量较大。温度过高会引起摩擦系数改变，严重时还可能导致摩擦盘胶合和塑性变形。

圆盘摩擦离合器有单盘和多盘两种形式。

1. 单盘摩擦离合器

如图 22-11 所示，在主动轴和从动轴上分别安装主动摩擦盘和从动摩擦盘，操纵滑环可以使从动摩擦盘沿从动轴移动。接合时，通过操纵系统使从动盘压向主动盘，利用产生的摩擦力将转矩和运动传递给从动轴。这种装置结构最简单，但摩擦力受到限制，很少使用。

2. 多盘摩擦离合器

如图 22-12 所示，其中一组外摩擦片和外套形成花键连接，另一组内摩擦片和内套也为花键连接。外套、内套分别固定在主、从动轴上。两组摩擦片交错排列。图 22-12 所示为离合器处于接合状态时的情况，此时摩擦片相互紧压在一起，随同主动轴和外套一起旋转的外摩擦片通过摩擦力将运动和转矩传递给内摩擦片，使内套和从动轴旋转。将操纵滑环向右拨动，杠杆在弹簧的作用下将摩擦片放松，则可分离两轴。螺母用来调节摩擦片间的压力。这种离合器径向尺寸小，结构紧凑，调节简单且适用的载荷范围大，所以，广泛应用于机床变速箱、飞机、汽车及器重机等设备中。

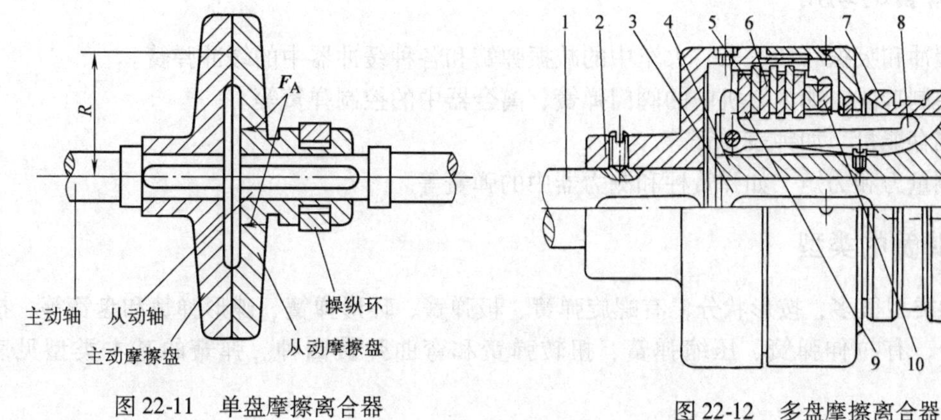

图 22-11　单盘摩擦离合器

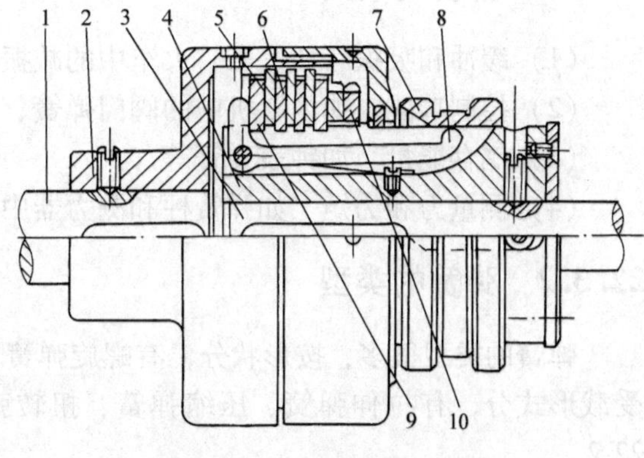

图 22-12　多盘摩擦离合器

22.2.3　超越离合器

超越离合器又称定向离合器，是一种自动离合器。图 22-13 所示为常用的滚柱式超越离合器，它由爪轮、套筒、滚柱、弹簧顶杆等组成。如果爪轮为主动件并作顺时针方向回转时，滚柱受摩擦力作用被楔紧在爪轮和套筒间，从而带动套筒一起回转，离合器即进入接合状态。当爪轮反向回转时，滚柱即被推到空隙较宽的部分而不再楔紧，这时离合器处于分离状态。因此，超越离合器只能传递单向转矩。这种离合器可在机械中用来防止逆转及完成单向传动。

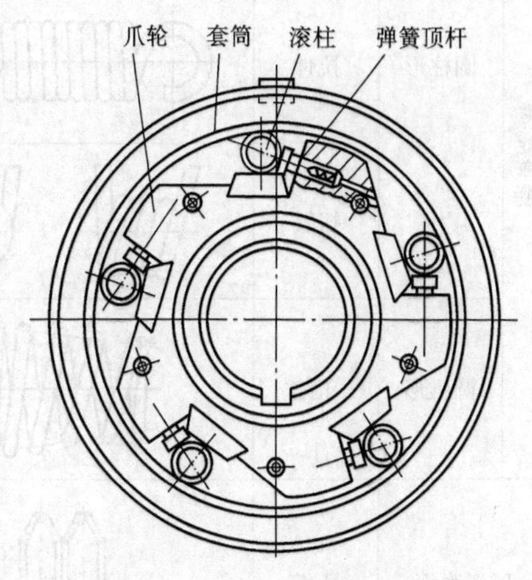

图 22-13　滚柱式超越离合器

如果在套筒随爪轮旋转的同时，套筒又从另一运动系统获得转向相同但转速较大的运动时，离合器也将处于分离状态，爪轮与套筒各以自己的转速旋转，互不相干。当套筒转速低于爪轮时，离合器又接合起来。爪轮和套筒均可作为主动件，但无论哪一个是主动件，当从动件转速超过主动件时，从动件均不可能反过来驱动主动件。这种作用称为超越作用。内燃机等的起动装置即是利用了从动件可以超越出动件这种特性。

滚柱超越离合器的材料常用轴承钢或渗碳钢，表面硬度 60HRC 以上，以保证离合器有良好的耐磨性和接触强度。

滚柱超越离合器尺寸小，接合和分离平稳、无噪声，可用于高速传动，但制造精度要求高。

*22.3　弹簧

弹簧是机械设备中广泛使用的一种弹性元件。它可以在载荷作用下产生较大的弹性变形，而随着载荷的卸除，其变形消失，恢复原状。

22.3.1　弹簧的功用

（1）缓冲和吸振　如汽车、火车中的减振弹簧和各种缓冲器中的缓冲弹簧。

（2）控制功能　如内燃机中的阀门弹簧、离合器中的控制弹簧等。

（3）储存能量　如钟表弹簧等。

（4）测量力和力矩　如弹簧秤和测力器中的弹簧等。

22.3.2　弹簧的类型

弹簧的类型很多，按形状分，有螺旋弹簧、板弹簧、环形弹簧、碟形弹簧和盘簧等；按受载形式分，有拉伸弹簧、压缩弹簧、扭转弹簧和弯曲弹簧四种。弹簧的基本类型见表22-2。

表 22-2　弹簧的基本类型和特点

类型		承载形式	简图	特点及应用
螺旋弹簧	圆柱形	压缩	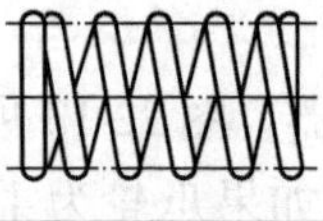	刚度稳定,结构简单,制造方便。应用范围最广,适用于各种机械
		拉伸	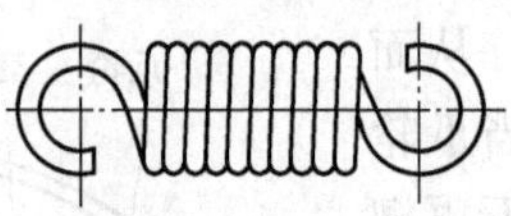	
		扭转	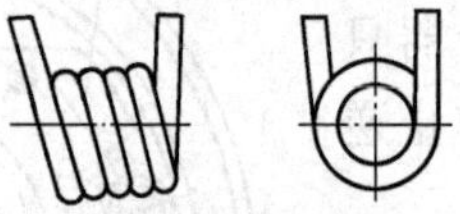	主要用于各种装置中的压紧和储能
	圆锥形	压缩	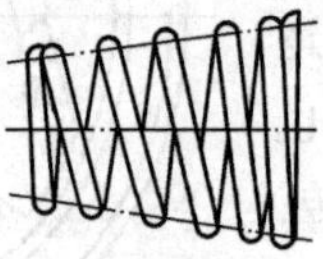	稳定性好,结构紧凑,刚度随载荷而变化,多用于需承受较大载荷和减振的场合
碟形弹簧		压缩	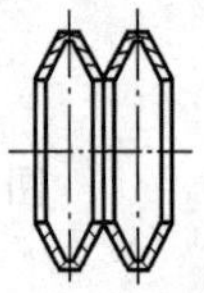	刚度大,缓冲吸振能力强,适用于载荷很大而弹簧轴向尺寸受到限制的地方。具有变刚度的特性
环形弹簧		压缩	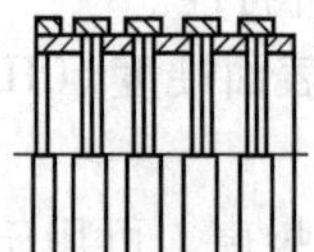	能吸收较多能量,有很高的缓冲和吸振能力,用于重型设备的缓冲装置
平面涡卷弹簧		扭转	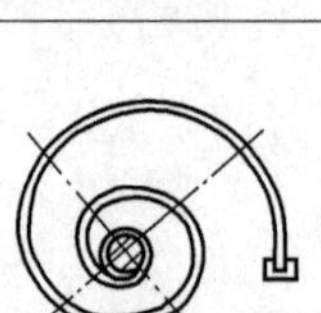	变形角大,能储存的能量大,轴向尺寸小,多用作仪器、钟表中的储能弹簧

（续）

类型	承载形式	简图	特点及应用
板弹簧	弯曲		缓冲和减振性能好，多板弹簧减振能力强。主要用于汽车、拖拉机、火车车辆的悬挂装置

22.3.3　弹簧的材料和制造

1. 弹簧的材料

弹簧在机器中起着重要的作用，通常承受交变载荷和冲击载荷，另外又要求有较大的变形，故弹簧材料应具有较高的弹性极限、屈服极限和疲劳强度，一定的冲击韧性、塑性和良好的热处理性能。

常用的弹簧材料有优质碳素钢、合金钢、不锈钢和铜合金等。优质碳素弹簧钢丝（65钢、70钢和85钢）按力学性能的不同，可分为Ⅰ、Ⅱ和Ⅱa、Ⅲ三组，Ⅰ组强度最高，常用于重要弹簧；Ⅱ和Ⅱa组强度中等（Ⅱa组较Ⅱ组塑性好），适用于一般弹簧；Ⅲ组强度最低，仅用于不重要的弹簧。

在选择材料时，应考虑弹簧的用途、重要性、工作条件、加工方法、热处理和经济性等诸多因素。如碳素弹簧钢的价格低，热处理后有较高的力学性能，但弹性极限较低，淬透性差，多用于受静载荷和有限作用次数变载荷的小弹簧；合金钢的强度高、弹性好、耐高温，适用于尺寸较大及承受冲击载荷的弹簧；不锈钢耐腐蚀、耐高温，适用于在腐蚀介质中工作的弹簧；铜合金的耐腐蚀和抗磁性好，但强度低，适用于受力较小而又要求有耐腐蚀和防磁的弹簧。

2. 弹簧的制造

螺旋弹簧的制造工艺包括：卷绕，两端面加工（压缩弹簧）或制作挂钩（拉伸弹簧和扭转弹簧），热处理和工艺实验。必要时，还要进行强压处理或喷丸处理。

弹簧的卷饶方法有冷卷和热卷两种，弹簧丝直径小于10mm时用冷卷法，反之，则用热卷法。冷卷是用已经过热处理的冷拉碳素弹簧钢丝在常温下卷绕，卷成后一般不再经淬火处理，只经低温回火以消除内应力。热卷需先加热（通常为800～1000℃，按弹簧丝直径大小决定），卷成后再经淬火和回火处理。

22.4　思考题与习题

22-1　联轴器与离合器有何区别与联系？

22-2　常用的联轴器有哪些类型？各有何特点？应用于哪些场合？

22-3　常用的离合器有哪些类型？各有何特点？应用于哪些场合？

22-4　弹簧的功用有哪些？它有哪些类型？

*第 23 章　机械的平衡与调整

学习目标：了解回转件平衡的目的与分类，回转件静平衡和动平衡的基本原理、计算与调整方法。

机械在运转时，作变速运动的构件将产生惯性力和惯性力偶。即使是绕固定轴线作等速转动的对称形构件（如飞轮、带轮等），如果质量分布不均匀，也将产生惯性力和惯性力偶。这些惯性力和惯性力偶势必在运动副中产生附加动载荷，从而使运动副中的摩擦力增加，磨损加剧，机械效率降低，使用寿命缩短。

为使运动副中的附加动载荷和机械的振动减小到允许的范围内，就必须合理分配机构中各构件的质量，使惯性力和惯性力偶得到平衡，这就是机械的平衡问题。

23.1　刚性回转件的静平衡

23.1.1　刚性回转件的静平衡计算

对于宽度不大的回转件（通常指直径与轴向宽度之比大于 5 的回转件），如齿轮、飞轮、砂轮等，其上所有的质量都可以近似看成分布在同一回转平面内。这类回转件的平衡属于静平衡。

如图 23-1 所示的回转件，其不平衡质量 m_1、m_2、m_3 位于同一回转平面内，它们的质心的向径分别为 $\boldsymbol{r}_1$、$\boldsymbol{r}_2$、$\boldsymbol{r}_3$。当回转件以角速度 ω 回转时，各质量所产生的惯性力，即离心力 $\boldsymbol{F}_1$、$\boldsymbol{F}_2$、$\boldsymbol{F}_3$ 分别为

$$\left.\begin{aligned}\boldsymbol{F}_1 &= m_1\boldsymbol{r}_1\omega^2\\ \boldsymbol{F}_2 &= m_2\boldsymbol{r}_2\omega^2\\ \boldsymbol{F}_3 &= m_3\boldsymbol{r}_3\omega^2\end{aligned}\right\}\tag{23-1}$$

离心力 $\boldsymbol{F}_1$、$\boldsymbol{F}_2$、$\boldsymbol{F}_3$ 构成一平面汇交力系，其汇交点位于回转件的轴心 O（图 23-1a）。

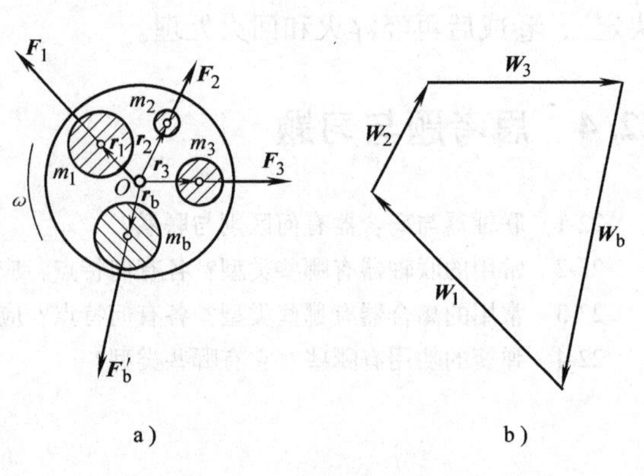

图 23-1　回转件静平衡计算

根据汇交力系的平衡条件，要使不平衡的回转件实现静平衡，只要在同一回转平面内选择适当位置，增加或减少适当质量 m_b，使这一质量产生的离心力 $\boldsymbol{F}_b$ 与回转件原有质量所产生的离心力 $\boldsymbol{F}_1$、$\boldsymbol{F}_2$、$\boldsymbol{F}_3$ 之和等于零，回转件就可平衡。这就是刚性回转件的静平衡原理。用公式表示为

$$\boldsymbol{F}_b + \boldsymbol{F}_1 + \boldsymbol{F}_2 + \boldsymbol{F}_3 = 0 \tag{23-2}$$

设 $\boldsymbol{r}_b$ 为平衡质量 m_b 的质心的向径，则 m_b 产生的离心力 $\boldsymbol{F}_b$ 为

$$\boldsymbol{F}_b = m_b \boldsymbol{r}_b \omega^2 \tag{23-3}$$

将式（23-1）、式（23-3）代入式（23-2）中，得

$$m_b \boldsymbol{r}_b \omega^2 + m_1 \boldsymbol{r}_1 \omega^2 + m_2 \boldsymbol{r}_2 \omega^2 + m_3 \boldsymbol{r}_3 \omega^2 = 0$$

消去式中公因子 ω^2，则

$$m_b \boldsymbol{r}_b + m_1 \boldsymbol{r}_1 + m_2 \boldsymbol{r}_2 + m_3 \boldsymbol{r}_3 = 0 \tag{23-4}$$

式中　m_b、$\boldsymbol{r}_b$——平衡质量与质心的向径。

各质量与其所在点的向径的乘积称为质径积（kg · mm），它表达了各质量所产生的离心惯性力的大小和方向。式（23-4）表明经平衡后的回转件其质心与回转中心重合，即 $\boldsymbol{r} = 0$。所以，在任何位置该回转件都保持平衡。

根据已知条件，式中只有 $m_b \boldsymbol{r}_b$ 为未知量，可用向量图解法求出，如图 23-1b 所示。根据已知的质径积 $m_i \boldsymbol{r}_i$（$i = 1, 2, 3, \cdots$），选取质径积比例尺

$$\mu_w = \frac{m_i r_i}{W_i} (\text{kg} \cdot \text{mm/mm}),$$

按向径 $\boldsymbol{r}_1$、$\boldsymbol{r}_2$、$\boldsymbol{r}_3$ 的方向分别作矢量 $\boldsymbol{W}_1$、$\boldsymbol{W}_2$、$\boldsymbol{W}_3$，分别代表质径积 $m_1 \boldsymbol{r}_1$、$m_2 \boldsymbol{r}_2$、$m_3 \boldsymbol{r}_3$，则封闭矢量 $\boldsymbol{W}_b$ 即代表平衡质量的质径积 $m_b \boldsymbol{r}_b$，其大小为 $m_b \boldsymbol{r}_b = \mu_w \boldsymbol{W}_b$，方向为 $\boldsymbol{W}_b$ 的指向。

求出 $m_b \boldsymbol{r}_b$ 后，根据回转件的具体结构，选定适当的 $\boldsymbol{r}_b$，平衡质量即随之确定。为减小 m_b，通常尽可能将 $\boldsymbol{r}_b$ 取大些。如果采用减去质量的办法进行平衡，则所去质量的质心应位于负 $\boldsymbol{r}_b$ 的矢端，即与 $\boldsymbol{r}_b$ 方向相反、大小相等的位置。

23.1.2　静平衡试验

对于轴向尺寸很小的回转件，一般只需进行静平衡试验校正。常用的设备为图 23-2 所示的导轨式静平衡架。试验时将回转件的轴支承于平衡架的钢制刃形导轨上。若回转件质心不在轴线的正下方，则重力将驱动其滚动，待其停止滚动时，回转件的质心必位于轴心的最下方。这时，可在轴心的正上方加一配重，再重复试验，加减配重，直至回转件在任何位置都能保持静止。为了消除轨道接触处滚动摩擦的影响，对出现的少量偏差可用反向滚动后再确定其质心的方法予以校正。

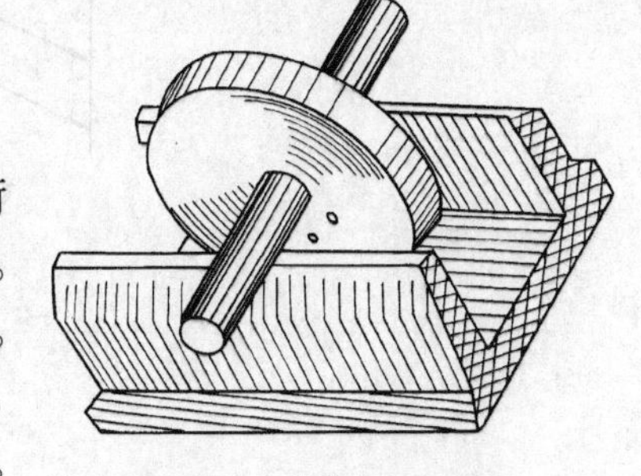

图 23-2　导轨式静平衡架

23.2　刚性回转件的动平衡

23.2.1　刚性回转件的动平衡计算

对于轴向尺寸较大的回转件，如曲轴、电动机和汽轮机转子，某些机床主轴，它们的质量分配在几个相互平行的回转平面内，如图 23-3a 所示。在这类回转件中，有的总质心位于回转轴线上，离心惯性力的合力为零；有的总质心不在回转轴线上，离心惯性力的合力不为零。所以，前者是静平衡的，后者却是静不平衡的。但两者在回转中，都会由于偏心质量所产生的离心惯性力 $\boldsymbol{F}_1$、$\boldsymbol{F}_2$ 不在同一回转面内而产生惯性力矩，使回转体在运动中显示出不

平衡，这种现象称为动不平衡，这类回转件称为动不平衡的回转件。

对于动不平衡回转件，由于其质量分布在不同的平面内，所以转动时所产生的离心力系为一空间力系。因此不能在用一个回转面内配重来解决其动不平衡问题。

根据力系等效原则，任意选择垂直于回转件轴线的两个平面（称为平衡面），将回转件各偏心质量所产生的离心惯性力向两平衡面内分解，在这两个平面内进行配重，使整个回转件获得平衡，即将空间力系的平衡问题转化为平面汇交力系的平衡问题来解决。这就是刚性回转件的动平衡原理。

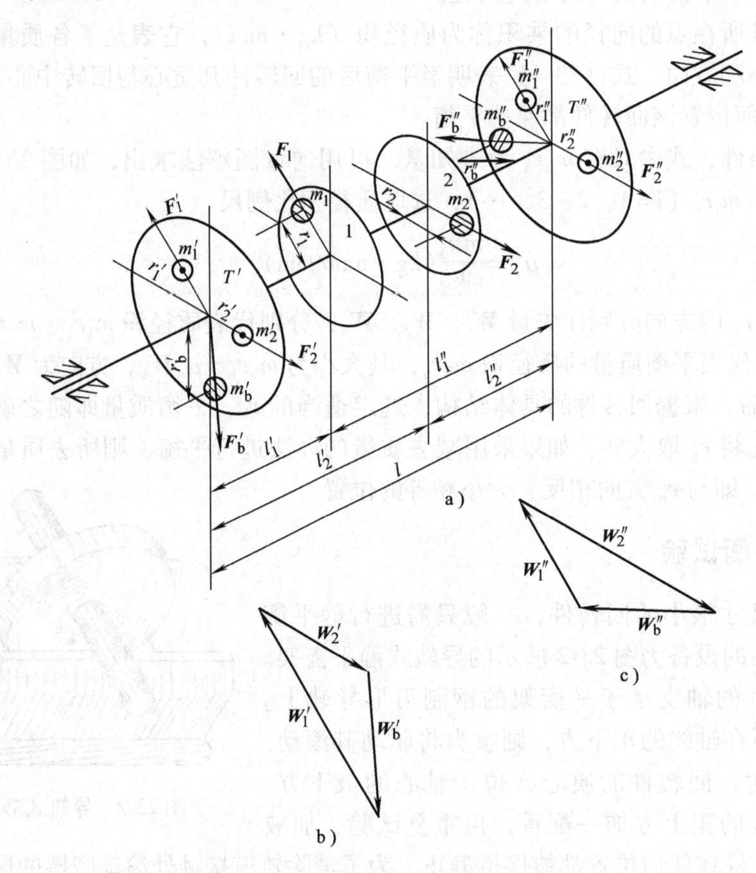

图 23-3　回转件的动平衡计算

如图 23-3a 所示，设回转件的不平衡质量分别为 m_1、m_2，对应分布在 1、2 两个互相平行的平面内，向径分别为 $\boldsymbol{r}_1$、$\boldsymbol{r}_2$。任意选定垂直于回转轴线的两个平面 T'_1 和 T'_2，并在这两个平面内分别用 m'_1、m''_1不平衡质量来代替回转平面 1 内的不平衡质量 m_1；同理，在这两个平面内分别用 m'_2、m''_2不平衡质量来代替回转平面 2 内的不平衡质量 m_2，且使它们的质心的向径分别为 $\boldsymbol{r}'_1=\boldsymbol{r}''_1=\boldsymbol{r}_1$，$\boldsymbol{r}'_2=\boldsymbol{r}''_2=\boldsymbol{r}_2$。

根据力学中平行力的合成与分解原理，回转件上的任一离心力如 $\boldsymbol{F}_1$ 可由分别作用在平面 T'_1 和 T'_2内的两个平行分力 $\boldsymbol{F}'_1$和$_1$来等效，且三力的关系如下：

$$\boldsymbol{F}'_1+\boldsymbol{F}''_1=\boldsymbol{F}_1$$

$$\boldsymbol{F}'_1 l'_1=\boldsymbol{F}''_1 l''_1$$

由于 $l = l_1' + l_1''$，所以以上两式可化为

$$\boldsymbol{F}_1' = \frac{l_1''}{l}\boldsymbol{F}_1,\ \boldsymbol{F}_1'' = \frac{l_1'}{l}\boldsymbol{F}_1$$

再以质径积表示惯性力，又可化为

$$m_1'\boldsymbol{r}_1' = \frac{l_1''}{l}m_1\boldsymbol{r}_1,\ m_1''\boldsymbol{r}_1'' = \frac{l_1'}{l}m_1\boldsymbol{r}_1$$

上式中只要选定回转半径 $\boldsymbol{r}_1'$ 和 $\boldsymbol{r}_1''$，就可求出 m_1' 和 m_1''。一般取 $\boldsymbol{r}_1' = \boldsymbol{r}_1'' = \boldsymbol{r}_1$，上式即为

$$m_1' = \frac{l_1''}{l}m_1,\ m_1'' = \frac{l_1'}{l}m_1$$

同理，不平衡质量 m_2 分别在 T_1 和 T_2' 平面内的代替质量的大小为

$$m_2' = \frac{l_2''}{l}m_2,\ m_2'' = \frac{l_2'}{l}m_2$$

经过这样替代，就把原回转件上分布在两个平行回转平面内的不平衡质量集中在 T_1' 和 T_2' 两个回转平面内，它们所引起的不平衡与替代前完全一样，只需分别对 T_1' 和 T_2' 两回转平面内的离心惯性力系进行平衡即可。由式（23-4）可列下式

T_1' 平面：　$$m_b'\boldsymbol{r}_b' + m_1'\boldsymbol{r}_1' + m_2'\boldsymbol{r}_2' = 0$$

T_2' 平面：　$$m_b''\boldsymbol{r}_b'' + m_1''\boldsymbol{r}_1'' + m_2''\boldsymbol{r}_2'' = 0$$

两平面汇交力系的向量图如图 23-3b、c 所示，由此分别求出质径积 $m_b\boldsymbol{r}_b''$ 和 $m_b''\boldsymbol{r}_b''$，选定 $\boldsymbol{r}_b'$、$\boldsymbol{r}_b''$，即可求得两个平面内的平衡质量 m_b' 和 m_b'' 的大小。

通过以上分析说明，对于动不平衡回转件，无论它在多少个不同的平行回转面内有多少个偏心质量，只要分别在适当的两个回转平面内进行配重，就能使它达到完全平衡。

由于动平衡同时满足静平衡的条件，所以获得动平衡的回转条件也必定是静平衡的，而静平衡的回转件却不一定是动平衡的。

23.2.2　动平衡试验

由动平衡原理可知，轴向宽度较大的回转件，只需在任意选定的两个平衡面内，分别加一适当的平衡质量，就可以达到动平衡。

回转件的动平衡试验在动平衡试验机上进行。动平衡试验机的基本原理是，当安装在动平衡试验机上的回转件转动时，因离心力的作用，使支承发生振动，因此可通过测量支承的振幅及其相位，来测定转子不平衡量的大小和方位。动平衡试验机种类很多，目前常用的是电测式动平衡试验机。其测试原理是，利用测振传感器将拾得的振动信号，通过电子线路加以处理放大，最后显示出被测转子的不平衡质径积的大小和方位。

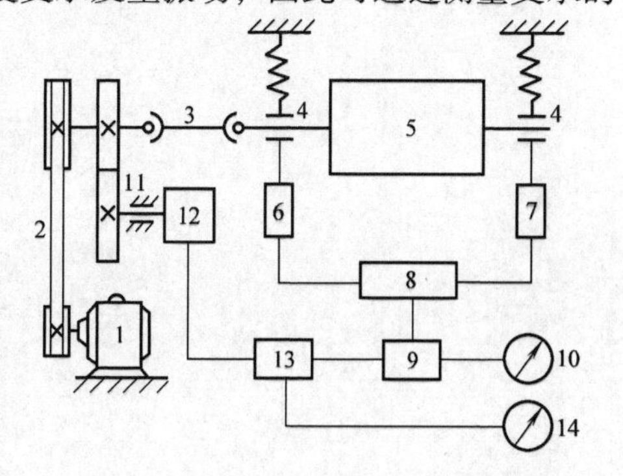

图 23-4　电测式动平衡试验机工作原理图

图 23-4 所示为一种电测式动平衡试验机的工作原理图。它由驱动系统、试件的支承系统和不平衡量的测量系统等三个主要部分组成。驱动系统由变速电动机 1 经 V 带传动 2 和万向联轴器 3，驱动安装在弹性支承架 4 上的回转件 5。支承系统，即弹

性支承架 4，能使回转件 5 在某一近似的平面内作微振动，以便于传感器 6 和 7 拾得振动信号。测量系统的任务是将传感器 6、7 拾得的振动信号，通过计算电路 8 进行处理，以消除两平衡校正面间的相互影响，然后经放大器 9 将信号放大，最后由仪表 10 指示出不平衡质径积的大小；同时，由一对等传动比的齿轮 11 带动的基准信号发生器 12 产生与试件转速同步的信号，并与放大器 9 输出的信号一起输入监相器 13，经处理后，在仪表 14 上指示出不平衡质径积的相位。

23.3　思考题与习题

23-1　如图 23-5 所示，圆盘上有三个偏心质量：$m_1=2\text{kg}$，$m_2=7\text{kg}$，$m_3=9\text{kg}$；$r_1=r_2=100\text{mm}$，$r_3=80\text{mm}$，各不平衡质量的方位如图所示。设平衡质量 m_b 的质心至回转轴线的距离为 $r_b=120\text{mm}$，试求平衡质量 m_b 的大小和方位。

23-2　如图 23-6 所示，高速水泵的凸轮轴是由三个互相错开 120°的偏心轮组成，每个偏心轮的质量为 0.4kg，其偏心距为 12.7mm，设在平衡平面 T' 和 T'' 内各装一个平衡质量 m_b' 和 m_b'' 使之平衡，其向径的大小均为 10mm，其他尺寸如图（单位：mm），试求 m_b' 和 m_b'' 的大小和方位。

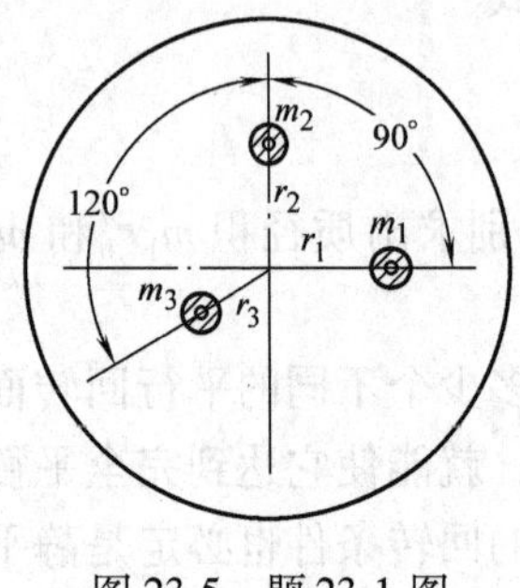

图 23-5　题 23-1 图

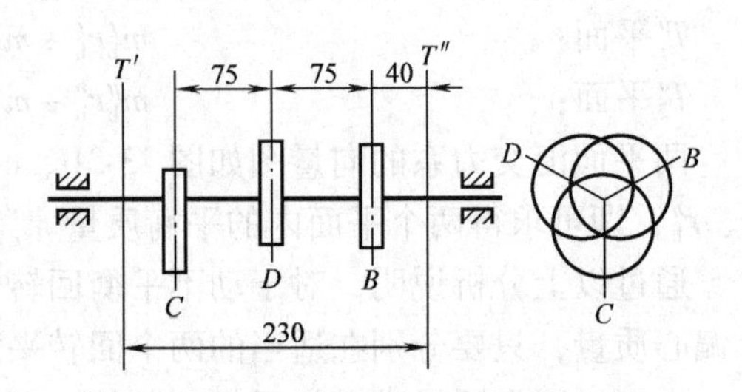

图 23-6　题 23-2 图

模块五 创新设计

*第24章 机械创新设计简介

学习目标：了解创新设计的基本概念和基本方法，了解常用创新技法在机械产品设计中的应用；学习和借鉴创新事例，培养创新意识，提高创新思维能力。

24.1 概述

中华民族是富有创造性的民族，我国古代的许多机械发明、使用和发展，都体现了我们民族的创造性，各种古代机械都是我国劳动人民在长期的生产实践活动中发明创造的，在当时，都领先于世界水平。翻开人类从使用简单的工具、刀耕火种、捕鱼狩猎，到学会播种、制陶炼铜等最初的农业技术和工匠技术，发展到今天的信息技术、航天技术等现代化高科技的历史长卷，人类文明史就是一部人类生生不息的创新发展史。可以这样说，创新是人类文明进步的原动力，是科技发展、经济增长和社会进步的源泉。

同样，对于一个个体的人来说，具有创新意识和创造能力也是非常重要的。从近些年人才市场的反馈信息来看，富于开拓型的创造性人才是市场上的“抢手货”。

纵观众多的创造发明，很多都是在前人成就的基础上完成的，因为任何一项技术，都不可能是完美无缺的。对缺点的分析及改进才是真正意义上的创新，而这需要有坚实的知识基础。这样的发明事例在任何时代都有，任何人都有机会成为一个具有创新能力的人。可以这样说，创造并非是少数杰出人才的专利，要相信人人都有创造力，人人都可以搞发明创造。正如我国著名教育家陶行知先生在《创造宣言》中所说的，“处处是创造之地，天天是创造之时，人人是创造之人。”

下面介绍几种常用的创新技法。

24.2 设问探求法

设问探求，顾名思义是对所看到某种事物提出问题，经过分析后，探求出新的构思。美国创造学家奥斯本在《发挥创造力》一书中提出从九个方面设问探求，给我们提供了创造活动最基本的思路。

1）现有的发明有无其他用途？能否稍加改进后获得更多的用途？

2）能否借用？有无类似的东西可借用，有无经验可借用，可否模仿等。

3）能否改变些什么？如形状、大小、形式、方法、颜色、声音、味道等。

4）能否扩大？如扩大使用范围、增加功能、延长寿命、提高强度及刚度、加倍尺寸等。

5）能否缩小？如缩小尺寸、微型化、变薄、变轻等。

6）能否替代？如采用其他工艺、其他元件、其他动力、其他材料、其他配方等。

7）能否重新调整？如调整顺序、工艺、方案、程序、速度等。

8）能否颠倒过来？如上下、左右、前后、正负、反向等。

9）能否组合？如结构组合、材料组合、方案组合、功能组合等。

上述的九个问题中，还可针对不同的事物，再提出新的更具体的设问，如对第6问，具体到汽车动力这个问题时，可提出的设问有：能否用电？能否用天然气？能否用太阳能？能否用氢气？等等。在不太会自觉地或不善于去思考问题时，用设问探求法可以提出问题，使人们能集中精力朝提示的目标和方向思考，避免或少走弯路。同时，也可以从多角度，多方位提示人们去进行发散思维，从而获得更多的创意。好的提问本身就是一种创造。

在第11章中，对于铰链四杆机构的各种变异机构产生的过程，都能从上述设问中得到启示，如运动副扩大，移动副代替转动副，低副变高副，增加移动副、减少转动副，构件调换等，通过这一系列的变化，得到了各种有不同运动形式、不同类型的新机构。

24.3 缺点列举及改进法

俗话说：金无足赤，人无完人。任何事物都不可能十全十美，总会存在这样或那样的缺点，如果通过有意识地找出现有事物的缺点，并提出改进意见，可能就会有新的发明和创造。

对高速运转的机构，其做往复运动和平面一般运动的构件及偏心的回转构件等，在运动中惯性力和惯性力矩较大，会产生振动和噪声，影响机构的运动精度。为克服惯性力，有人发明了如图24-1a所示的机构，将两个曲柄滑块机构巧妙地对称布置，由于两个共轴的曲柄滑块机构以A为对称点，每一瞬间所有的惯性力完全互相抵消，改善了机构的受力情况，达到了惯性力的平衡，从而减小了运转过程中的动载荷和振动。而图24-1b所示则是在两个并联的曲柄上对称地装上完全相同的惯性力配重，使活塞运动时产生的惯性力得到平衡，从而减轻了振动和噪声。

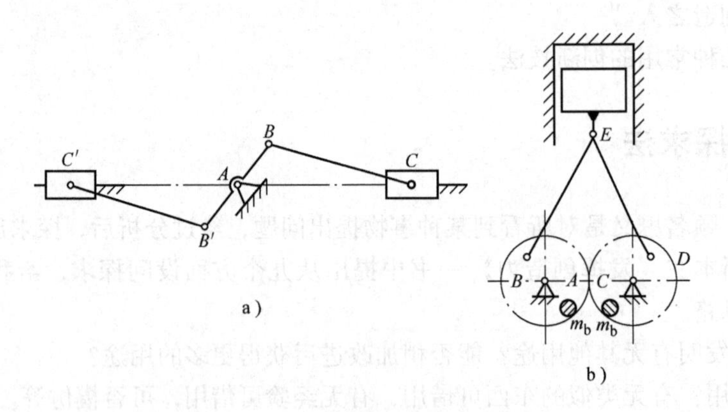

图24-1 对称布置的曲柄滑块机构

同样针对活塞式内燃机工作时活塞在气缸中做直线往复运动时的惯性力问题，德国人汪克尔发明了旋转活塞式内燃机（见图 24-2）。它由缸体 1 、转子 2（转子孔内有内齿轮）、外齿轮 3、吸气口 4、排气口 5、火花塞 6 组成。这种内燃机有许多优点：取消了曲柄滑块机构，易于实现高速化，零件数量比活塞式内燃机减少了 44%，重量下降，体积减小。但是它也有一个致命的缺点：这种内燃机的活塞和气缸不是圆形的，加工误差和非均匀性磨损导致密封不好。日本东泽工业公司购买了这项专利后，为解决这一问题，他们开始时按照习惯思维选用较硬的材料制作有关零部件，但事与愿违，材料硬度的提高反而加剧了活塞的磨损。这时，技术人员运用反向探求法，提出寻求较软的耐磨材料作为气缸衬里的设想，最终选择了石墨材料，较好地解决了磨损问题，使得这种新型发动机很快投入工业化生产，获得了很好的市场回报。

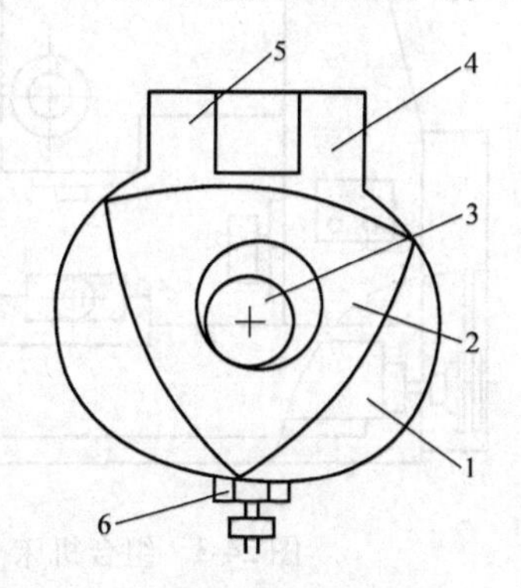

图 24-2　旋转活塞式内燃机简图

从上面的案例可以看出，事物的缺点并不可怕，相反地，还可能成为新的发明创造的源泉，同时，也可以看到，针对同样的问题，可以有多种不同的构思和创造，正所谓殊途同归。

24. 4　组合法

在创新活动中，采用全新的技术原理的创造发明，称为突破性创新；采用已有的技术并进行重新组合，形成一种具有新功能的新产品、新工艺、新材料的发明，则称为组合型创新。

人类数千年的发展文明史中所积累的各种成熟技术是全人类一笔巨大的共同财富，为实现某些新的功能，将这些成熟技术进行重新组合，形成新的技术，这样的创新活动，一开始就站在了一个较高的平台上，不需要花费较多的时间、人力和物力去开发专门的新技术，不要求发明者对所应用的每一种技术要素都具有高深的专门知识，应该说难度相对较低，而成功率则极高。即使采用的都是已有的技术，但若实现的功能是全新的，也同样可以创造奇迹。

美国的“阿波罗”登月计划是 20 世纪最伟大的科学成就之一，但是“阿波罗”宇宙飞船技术中没有一项是新的突破，都是现有技术的组合，同样在人类科学的发展史上书写了辉煌的一页。

组合的方式有很多种，常用的组合方式有：

（1）功能组合　在原有功能的基础上，通过组合增加一些新的功能，适应更多的功能要求。

集多种切削功能于一身的组合机床，如图 24-3 所示，可完成车、铣、钻三种加工，特别适用于小型企业、家庭工厂和修理服务行业。

生活中常用的多功能用品，如空调除了有基本的制热、制冷功能外，又不断推出除湿、换气、空气净化等功能，以满足现代社会人们对生活品质日益提高的需要；将人们日常生活中常用的必需品和工具集于一身，制成方便出差和旅游人的多用工具，如图 24-4 所示。

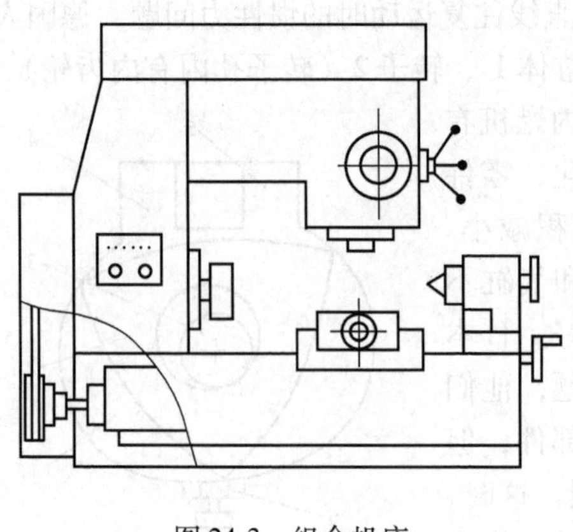

图 24-3　组合机床

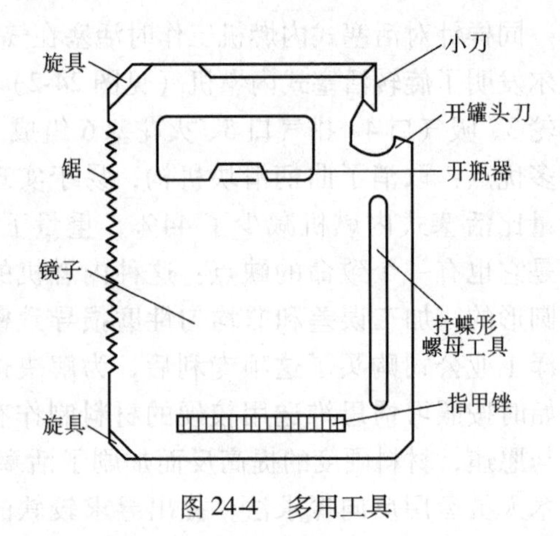

图 24-4　多用工具

（2）材料组合　例如带传动中带的材料是用化学纤维、橡胶和帆布进行组合，以满足抗拉、抗弯曲、耐磨及价廉的要求。

（3）同类组合　图 24-5 所示的机械传动中使用的双万向联轴器，既可实现在两个不平行轴之间的传动，又可实现瞬时传动比恒定的要求。带传动中采用的多楔带，如图 24-6b 所示，则是多根 V 带（见图 24-6a）的组合。图 24-7a 所示的插床主机构是由两个转动导杆机构组合而成的。

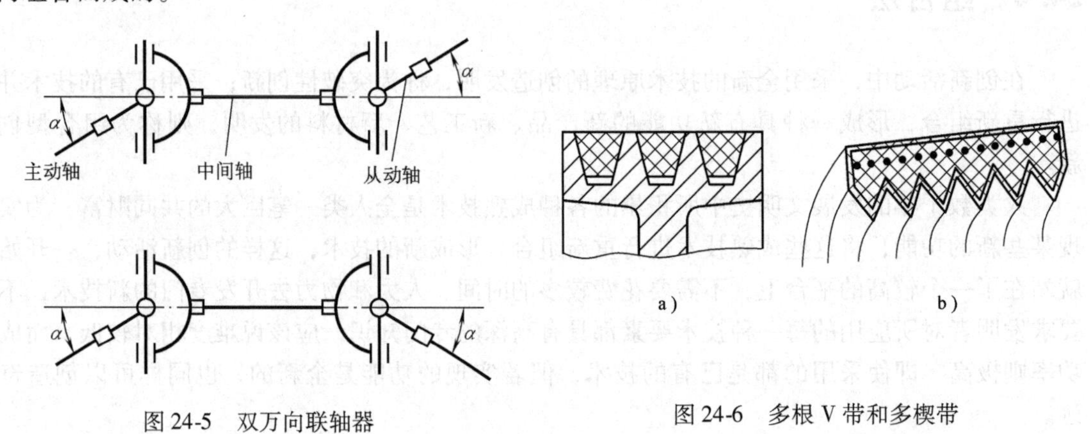

图 24-5　双万向联轴器

图 24-6　多根 V 带和多楔带

组合创新的例子在各种创造发明和机械设计中非常多，如在前面有关章节中介绍的平面连杆机构、凸轮机构、齿轮机构及间歇机构等基本机构，通过将它们进行不同的组合，就可以得到更多不同类型、不同功能的机构。图 24-7b 所示的牛头刨床主机构是由摆动导杆机构和曲柄滑块机构组合而成的，将主动构件的回转运动变为刨刀的往复直线切削运动。图 24-8 所示的齿轮-连杆间歇传动机构，常用于各种自动机自动线的送料装置。图 24-9 所示的平板印刷机上的凸轮-连杆吸纸机构，图 24-10 所示的用于机床分度补偿的蜗杆蜗轮-凸轮机构，都是不同机构有机组合后得到的新机构，可以满足不同机械的工作要求。

（4）技术组合　将机和电结合，在传统机械设备中采用机电一体化技术取代机械传动系统，通过微机控制来完成各种复杂的工艺动作和过程，使机械结构大大简化。例如，电脑缝纫机比传统的机械缝纫机可减少机械零件约 354 个；一台插齿机如果省去传动部分可减少

34% 的零部件。

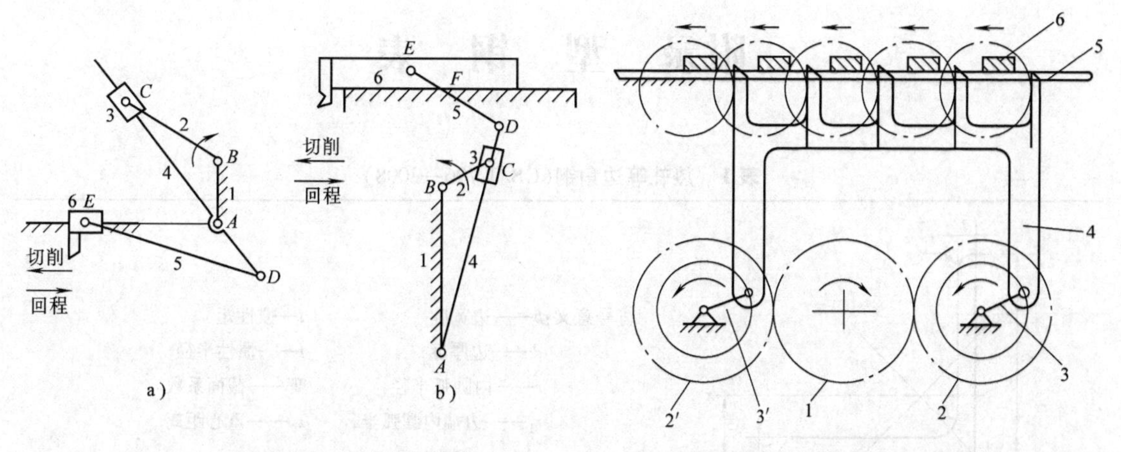

图 24-7　插床主机构和刨床主机构　　图 24-8　齿轮-连杆间歇传动机构

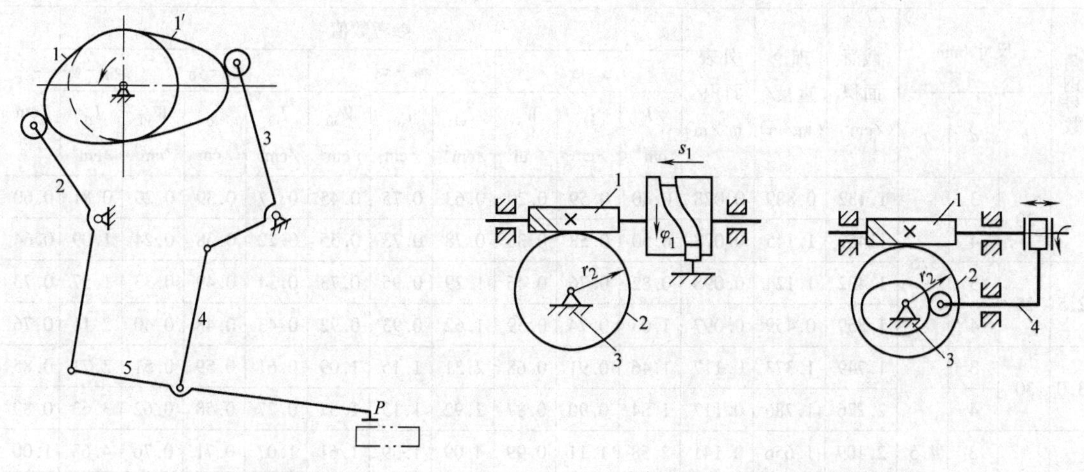

图 24-9　凸轮-连杆吸纸机构　　图 24-10　蜗杆蜗轮-凸轮机构

当超声波作为一种新技术出现后，与不同的技术组合就形成了各种实用技术，如用于机械加工的超声波切割技术，用于焊接的超声波钎焊技术，用于冶金行业的超声波粉末冶金烧结技术，用于检测技术的超声波金属探伤仪、超声波弹性模量检测仪等，当然用于其他行业的还有很多。相信随着科学技术的发展及社会的新的需求，还会有更多的不同技术组合的新技术出现。

附录　型　钢　表

表1　热轧等边角钢(GB/T 706—2008)

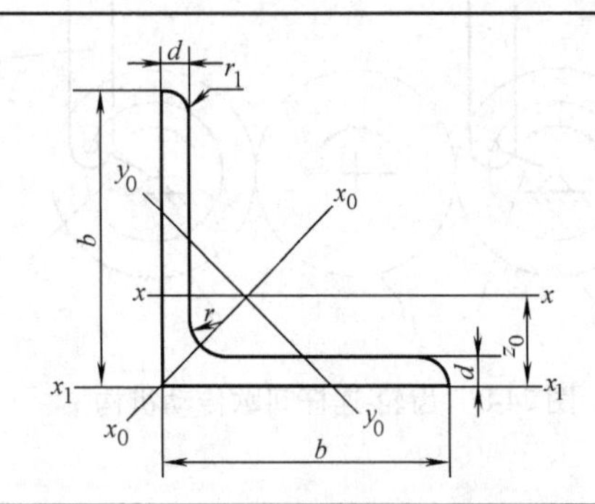

符号意义：b——边宽度　　　　I—惯性矩

d——边厚度　　　　i——惯性半径

r——内圆弧半径　　　　W——截面系数

r_1——边端内圆弧半径　　　　z_0——重心距离

角钢号数	尺寸/mm			截面面积/cm^2	理论重量/(kg/m)	外表面积/(m^2/m)	参考数值										z_0/cm
							$x-x$			x_0-x_0			y_0-y_0			x_1-x_1	
	b	d	r				I_x/cm^4	i_x/cm	W_x/cm^3	I_{x0}/cm^4	i_{x0}/cm	W_{x0}/cm^3	I_{y0}/cm^4	i_{y0}/cm	W_{y0}/cm^3	I_{x1}/cm^4	
2	20	3	3.5	1.132	0.889	0.078	0.40	0.59	0.29	0.63	0.75	0.45	0.17	0.39	0.20	0.81	0.60
		4		1.459	1.145	0.077	0.50	0.58	0.36	0.78	0.73	0.55	0.22	0.38	0.24	1.09	0.64
2.5	25	3		1.432	1.124	0.098	0.82	0.76	0.46	1.29	0.95	0.73	0.34	0.49	0.33	1.57	0.73
		4		1.859	0.459	0.097	1.03	0.74	0.59	1.62	0.93	0.92	0.43	0.48	0.40	2.11	0.76
3.0	30	3	4.5	1.749	1.373	0.117	1.46	0.91	0.68	2.31	1.15	1.09	0.61	0.59	0.51	2.71	0.85
		4		2.276	1.786	0.117	1.84	0.90	0.87	2.92	1.13	1.37	0.77	0.58	0.62	3.63	0.89
3.6	36	3		2.109	1.656	0.141	2.58	1.11	0.99	4.09	1.39	1.61	1.07	0.71	0.76	4.68	1.00
		4		2.756	2.163	0.141	3.29	1.09	1.28	5.22	1.38	2.05	1.37	0.70	0.93	6.25	1.04
		5		3.382	2.654	0.141	3.95	1.08	1.56	6.24	1.36	2.45	1.65	0.70	1.09	7.84	1.07
4.0	40	3	5	2.359	1.852	0.157	3.58	1.23	1.23	5.69	1.55	2.01	1.49	0.79	0.96	6.41	1.09
		4		3.086	2.422	0.157	4.60	1.22	1.60	7.29	1.54	2.58	1.91	0.79	1.19	8.56	1.13
		5		3.791	2.976	0.156	5.53	1.21	1.96	8.76	1.52	3.10	2.30	0.78	1.39	10.74	1.17
4.5	45	3		2.659	2.088	0.177	5.17	1.40	1.58	8.20	1.76	2.58	2.14	0.89	1.24	9.12	1.22
		4		3.486	2.736	0.177	6.65	1.38	2.05	10.56	1.74	3.32	2.75	0.89	1.54	12.18	1.26
		5		4.292	3.369	0.176	8.04	1.37	2.51	12.74	1.72	4.00	3.33	0.88	1.81	15.25	1.30
		6		5.076	3.985	0.176	9.33	1.36	2.95	14.76	1.70	4.64	3.89	0.88	2.06	18.36	1.33
5	50	3	5.5	2.971	2.332	0.197	7.18	1.55	1.96	11.37	1.96	3.22	2.98	1.00	1.57	12.50	1.34
		4		3.897	3.059	0.197	9.26	1.54	2.56	14.70	1.94	4.16	3.82	0.99	1.96	16.69	1.38
		5		4.803	3.770	0.196	11.21	1.53	3.13	17.79	1.92	5.03	4.64	0.98	2.31	20.90	1.42
		6		5.688	4.465	0.196	13.05	1.52	3.68	20.68	1.91	5.85	5.42	0.98	2.63	25.14	1.46

（续）

角钢号数	尺寸/mm			截面面积 /cm²	理论重量/ (kg/m)	外表面积/ (m²/m)	参考数值 $x-x$			x_0-x_0			y_0-y_0			x_1-x_1	z_0 /cm
	b	d	r				I_x /cm^4	i_x /cm	W_x /cm^3	I_{x0} /cm^4	i_{x0} /cm	W_{x0} /cm^3	I_{y0} /cm^4	i_{y0} /cm	W_{y0} /cm^3	I_{x1} /cm^4	
5.6	56	3	6	3.343	2.624	0.221	10.19	1.75	2.48	16.14	2.20	4.08	4.24	1.13	2.02	17.56	1.48
		4		4.390	3.446	0.220	13.18	1.73	3.24	20.92	2.18	5.28	5.46	1.11	2.52	23.43	1.53
		5		5.415	4.251	0.220	16.02	1.72	3.97	25.42	2.17	6.42	6.61	1.10	2.98	29.33	1.57
		6		8.367	6.568	0.219	23.63	1.68	6.03	37.37	2.11	9.44	9.89	1.09	4.16	46.24	1.68
6.3	63	4	7	4.978	3.907	0.248	19.03	1.96	4.13	30.17	2.46	6.78	7.89	1.26	3.29	33.35	1.70
		5		6.143	4.822	0.248	23.17	1.94	5.08	36.77	2.45	8.25	9.57	1.25	3.90	41.73	1.74
		6		7.288	5.721	0.247	27.12	1.93	6.00	43.03	2.43	9.66	11.20	1.24	4.46	50.14	1.78
		8		9.515	7.469	0.247	34.46	1.90	7.75	54.56	2.40	12.25	14.33	1.23	5.47	67.11	1.85
		10		11.657	9.151	0.246	41.09	1.88	9.39	64.85	2.36	14.56	17.33	1.22	6.36	84.31	1.93
7	70	4	8	5.570	4.372	0.275	26.39	2.18	5.14	41.80	2.74	8.44	10.99	1.40	4.17	45.74	1.86
		5		6.875	5.397	0.275	32.21	2.16	6.32	51.08	2.73	10.32	13.34	1.39	4.95	57.21	1.91
		6		8.160	6.406	0.275	37.77	2.15	7.48	59.93	2.71	12.11	15.61	1.38	5.67	68.73	1.95
		7		9.424	7.398	0.275	43.09	2.14	8.59	68.35	2.69	13.81	17.82	1.38	6.34	80.29	1.99
		8		10.667	8.373	0.274	48.17	2.12	9.68	76.37	2.68	15.43	19.98	1.37	6.98	91.92	2.03
7.5	75	5	9	7.412	5.818	0.295	39.97	2.33	7.32	63.30	2.92	11.94	16.63	1.50	5.77	70.56	2.04
		6		8.797	6.905	0.294	46.95	2.31	8.64	74.38	2.90	14.02	19.51	1.49	6.67	84.55	2.07
		7		10.160	7.976	0.294	53.57	2.30	9.93	84.96	2.89	16.02	22.18	1.48	7.44	98.71	2.11
		8		11.503	9.030	0.294	59.96	2.28	11.20	95.07	2.88	17.93	24.86	1.47	8.19	112.97	2.15
		10		14.126	11.089	0.293	71.98	2.26	13.64	113.92	2.84	21.48	30.05	1.46	9.56	141.71	2.22
8	80	5	9	7.912	6.211	0.315	48.79	2.48	8.34	77.33	3.13	13.67	20.25	1.60	6.66	85.36	2.15
		6		9.397	7.376	0.314	57.35	2.47	9.87	90.98	3.11	16.08	23.72	1.59	7.65	102.50	2.19
		7		10.860	8.525	0.314	65.58	2.46	11.37	104.07	3.10	18.40	27.09	1.58	8.58	119.70	2.23
		8		12.303	9.658	0.314	73.49	2.44	12.83	116.60	3.08	20.61	30.39	1.57	9.46	136.97	2.27
		10		15.126	11.874	0.313	88.43	2.42	15.64	140.09	3.04	24.76	36.77	1.56	11.08	171.74	2.35
9	90	6	10	10.637	8.350	0.354	82.77	2.79	12.61	131.26	3.51	20.63	34.28	1.80	9.95	145.87	2.44
		7		12.301	9.656	0.354	94.83	2.78	14.54	150.47	3.50	23.64	39.18	1.78	11.19	170.30	2.48
		8		13.944	10.946	0.353	106.47	2.76	16.42	168.97	3.48	26.55	43.97	1.78	12.35	194.80	2.52
		10		17.167	13.476	0.353	128.58	2.74	20.07	203.90	3.45	32.04	53.26	1.76	14.52	244.07	2.59
		12		20.306	15.940	0.352	149.22	2.71	23.57	236.21	3.41	37.12	62.22	1.75	16.49	293.76	2.67
10	100	6	12	11.932	9.366	0.393	114.95	3.10	15.68	181.98	3.90	25.74	47.92	2.00	12.69	200.07	2.67
		7		13.796	10.830	0.393	131.86	3.09	18.10	208.97	3.89	29.55	54.74	1.99	14.26	233.54	2.71
		8		15.638	12.276	0.393	148.24	3.08	20.47	235.07	3.88	33.24	61.41	1.98	15.75	267.09	2.76
		10		19.261	15.120	0.392	179.51	3.05	25.06	284.68	3.84	40.26	74.35	1.96	18.54	334.48	2.84

（续）

角钢号数	尺寸/mm			截面面积/cm^2	理论重量/(kg/m)	外表面积/(m^2/m)	参考数值										z_0/cm
							$x-x$			x_0-x_0			y_0-y_0			x_1-x_1	
	b	d	r				I_x/cm^4	i_x/cm	W_x/cm^3	I_{x0}/cm^4	i_{x0}/cm	W_{x0}/cm^3	I_{y0}/cm^4	i_{y0}/cm	W_{y0}/cm^3	I_{x1}/cm^4	
10	100	12	12	22.800	17.898	0.391	208.90	3.03	29.48	330.95	3.81	46.80	86.84	1.95	21.08	402.34	2.91
		14		26.256	20.611	0.391	236.53	3.00	33.73	374.06	3.77	52.90	99.00	1.94	23.44	470.75	2.99
		16		29.267	23.257	0.390	262.53	2.98	37.82	414.16	3.74	58.57	110.89	1.94	25.63	539.80	3.06
11	110	7	12	15.196	11.928	0.433	177.16	3.41	22.05	280.94	4.30	36.12	73.38	2.20	17.51	310.64	2.96
		8		17.238	13.532	0.433	199.46	3.40	24.95	316.49	4.28	40.69	82.42	2.19	19.39	355.20	3.01
		10		21.261	16.690	0.432	242.19	3.39	30.60	384.39	4.25	49.42	99.98	2.17	22.91	444.65	3.09
		12		25.200	19.782	0.431	282.55	3.35	36.05	448.17	4.22	57.62	116.93	2.15	26.15	534.60	3.16
		14		29.056	22.809	0.431	320.71	3.32	41.31	508.01	4.18	65.31	133.40	2.14	29.14	625.16	3.24
12.5	125	8	14	19.750	15.504	0.492	297.03	3.88	32.52	470.89	4.88	53.28	123.16	2.50	25.86	521.01	3.37
		10		24.373	19.133	0.491	361.67	3.85	39.97	573.89	4.85	64.93	149.46	2.48	30.62	651.93	3.45
		12		28.912	22.696	0.491	423.16	3.83	41.17	671.44	4.82	75.96	174.88	2.46	35.03	783.42	3.53
		14		33.367	26.193	0.490	481.65	3.80	54.16	763.73	4.78	86.41	199.57	2.45	39.13	915.61	3.61
14	140	10		27.373	21.488	0.551	514.65	4.34	50.58	817.27	5.46	82.56	212.04	2.78	39.20	915.11	3.82
		12		32.512	25.522	0.551	603.68	4.31	59.80	958.79	5.43	96.85	248.57	2.76	45.02	1099.28	3.90
		14		37.567	29.490	0.550	688.81	4.28	68.75	1093.56	5.40	110.47	284.06	2.75	50.45	1284.22	3.98
		16		42.539	33.393	0.549	770.24	4.26	77.46	1221.81	5.36	123.42	318.67	2.74	55.55	1470.07	4.06
16	160	10	16	31.502	24.729	0.630	779.53	4.98	66.70	1237.30	6.27	109.36	321.76	3.20	52.76	1365.33	4.31
		12		37.441	29.391	0.630	916.58	4.95	78.98	1455.68	6.24	128.67	677.49	3.18	60.74	1639.57	4.39
		14		43.296	33.987	0.629	1048.36	4.92	90.95	1665.02	6.20	147.17	431.70	3.16	68.24	1914.68	4.47
		16		49.067	38.518	0.629	1175.08	4.89	102.63	1865.57	6.17	164.89	484.59	3.14	75.31	2190.82	4.55
18	180	12	16	42.241	33.159	0.710	1321.35	5.59	100.82	2100.10	7.05	165.00	542.61	3.58	78.41	2332.80	4.89
		14		48.896	38.383	0.709	1514.48	5.56	116.25	2407.42	7.02	189.14	621.53	3.56	88.38	2723.48	4.97
		16		55.467	43.542	0.709	1700.99	5.54	131.13	2703.37	6.98	212.40	698.60	3.55	97.83	3115.29	5.05
		18		61.955	48.634	0.708	1875.12	5.50	145.64	2988.24	6.94	234.78	762.01	3.51	105.14	3502.43	5.13
20	200	14	18	54.642	42.894	0.788	2103.55	6.20	144.70	3343.26	7.82	236.40	863.83	3.98	111.82	3734.10	5.46
		16		62.013	48.680	0.788	2366.15	6.18	163.65	3760.89	7.79	265.93	971.41	3.96	123.96	4270.39	5.54
		18		69.301	54.401	0.787	2620.64	6.15	182.22	4164.54	7.75	294.48	1076.74	3.94	135.52	4808.13	5.62
		20		76.505	60.056	0.787	2867.30	6.12	200.42	4554.55	7.72	322.06	1180.04	3.93	146.55	5347.51	5.69
		24		90.661	71.168	0.785	3338.25	6.07	236.17	5294.97	7.64	374.41	1381.53	3.90	166.65	6457.16	5.87

注：截面图中的 $r_1=d/3$ 及表中 r 值，用于孔型设计，不作为交货条件。

表2　热轧不等边角钢（GB/T 706—2008）

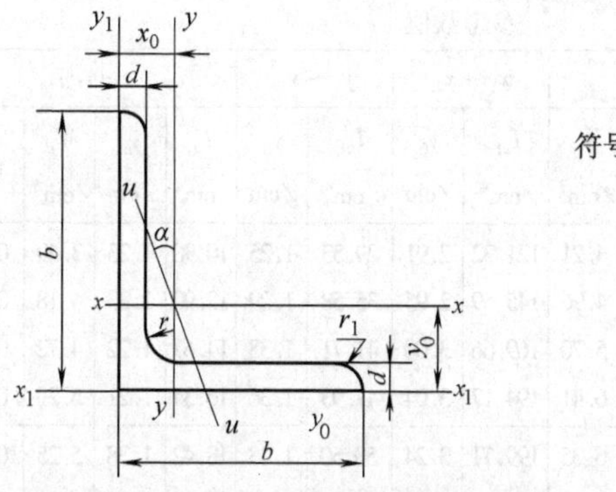

符号意义：B——长边宽度　　　b——短边宽度

d——边厚　　　r——内圆弧半径

r_1——边端内弧半径　　　x_0——重心坐标

y_0——重心坐标　　　I——惯性矩

i——惯性半径　　　W——截面系数

角钢号数	尺寸/mm				截面面积/cm^2	理论重量/(kg/m)	外表面积/(m^2/m)	参考数值													
								$x-x$			$y-y$			x_1-x_1		y_1-y_1		$u-u$			
	B	b	d	r				I_x/cm^4	i_x/cm	W_x/cm^3	I_y/cm^4	i_y/cm	W_y/cm^3	I_{x1}/cm^4	y_0/cm	I_{y1}/cm^4	x_0/cm	l_u/cm^4	i_u/cm	W_u/cm^3	tanα
2.5/1.6	25	16	3	3.5	1.162	0.912	0.080	0.70	0.78	0.43	0.22	0.44	0.19	1.56	0.86	0.43	0.42	0.14	0.34	0.16	0.392
			4		1.499	1.176	0.079	0.88	0.77	0.55	0.27	0.43	0.24	2.09	0.90	0.59	0.46	0.17	0.34	0.20	0.381
3.2/2	32	20	3		1.492	1.171	0.102	1.53	1.01	0.72	0.46	0.55	0.30	3.27	1.08	0.82	0.49	0.28	0.43	0.25	0.382
			4		1.939	1.22	0.101	1.93	1.00	0.93	0.57	0.54	0.39	4.37	1.12	1.12	0.53	0.35	0.42	0.32	0.374
4/2.5	40	25	3	4	1.890	1.484	0.127	3.08	1.28	1.15	0.93	0.70	0.49	5.39	1.32	1.59	0.59	0.56	0.54	0.40	0.385
			4		2.467	1.936	0.127	3.93	1.26	1.49	1.18	0.69	0.63	8.53	1.37	2.14	0.63	0.71	0.54	0.52	0.381
4.5/2.8	45	28	3	5	2.149	1.687	0.143	4.45	1.44	1.47	1.34	0.79	0.62	9.10	1.47	2.23	0.64	0.80	0.61	0.51	0.383
			4		2.806	2.203	0.143	5.69	1.42	1.91	1.70	0.78	0.80	12.13	1.51	3.00	0.68	1.02	0.60	0.66	0.380
5/3.2	50	32	3	5.5	2.431	1.908	0.161	6.24	1.60	1.84	2.02	0.91	0.82	12.49	1.60	3.31	0.73	1.20	0.70	0.68	0.404
			4		3.177	2.494	0.160	8.02	1.59	2.37	2.58	0.90	1.06	16.65	1.65	4.45	0.77	1.53	0.69	0.87	0.402
5.6/3.6	56	36	3	6	2.743	2.153	0.181	8.88	1.80	2.32	2.92	1.03	1.05	17.54	1.78	4.70	0.80	1.73	0.79	0.87	0.408
			4		3.590	2.818	0.180	11.45	1.78	3.03	3.76	1.02	1.37	23.39	1.82	6.33	0.85	2.23	0.79	1.13	0.408
			5		4.415	3.466	0.180	13.86	1.77	3.71	4.49	1.01	1.65	29.25	1.87	7.94	0.88	2.67	0.79	1.36	0.404
6.3/4	63	40	4	7	4.058	3.185	0.202	16.49	2.02	3.87	5.23	1.14	1.70	33.30	2.04	8.63	0.92	3.12	0.88	1.40	0.398
			5		4.993	3.920	0.202	20.02	2.00	4.74	6.31	1.12	2.71	41.63	2.08	10.86	0.95	3.76	0.87	1.71	0.396
			6		5.908	4.638	0.201	23.36	1.96	5.59	7.29	1.11	2.43	49.98	2.12	13.12	0.99	4.34	0.86	1.99	0.393
			7		6.802	5.339	0.201	26.53	1.98	6.40	8.24	1.10	2.78	58.07	2.15	15.47	1.03	4.97	0.86	2.29	0.389
7/4.5	70	45	4	7.5	4.547	3.570	0.226	23.17	2.26	4.86	7.55	1.29	2.17	45.92	2.24	12.26	1.02	4.40	0.98	1.77	0.410
			5		5.609	4.403	0.225	27.95	2.23	5.92	9.13	1.28	2.65	57.10	2.28	15.39	1.06	5.40	0.98	2.19	0.407
			6		6.647	5.218	0.225	32.54	2.21	6.95	10.62	1.26	3.12	68.35	2.32	18.58	1.09	6.35	0.93	2.59	0.404
			7		7.657	6.011	0.225	37.22	2.20	8.03	12.01	1.25	3.57	79.99	2.36	21.84	1.13	7.16	0.97	2.94	0.402
(7.5/5)	75	50	5	8	6.125	4.808	0.245	34.86	2.39	6.83	12.61	1.44	3.30	70.00	2.40	21.04	1.17	7.41	1.10	2.74	0.435
			6		7.260	5.699	0.245	41.12	2.38	8.12	14.70	1.42	3.88	84.30	2.44	25.37	1.21	8.54	1.08	3.19	0.435
			8		9.467	7.431	0.244	52.39	2.35	10.52	18.53	1.40	4.99	112.50	2.52	34.23	1.29	10.87	1.07	4.10	0.429
			10		11.590	9.098	0.244	62.71	2.33	12.79	21.96	1.38	6.04	140.80	2.60	43.43	1.36	13.10	1.06	4.99	0.423
8/5	80	50	5	8	6.375	5.005	0.255	41.96	2.56	7.78	12.82	1.42	3.32	85.21	2.60	21.06	1.14	7.66	1.10	2.74	0.388
			6		7.560	5.935	0.255	49.49	2.56	9.25	14.95	1.41	3.91	102.53	2.65	25.41	1.18	8.85	1.08	3.20	0.387
			7		8.724	6.848	0.255	56.16	2.54	10.58	16.96	1.39	4.48	119.33	2.69	29.82	1.21	10.18	1.08	3.70	0.384
			8		9.867	7.745	0.254	62.83	2.52	11.92	18.85	1.38	5.03	136.41	2.73	34.32	1.25	11.38	1.07	4.16	0.381

（续）

角钢号数	尺寸/mm				截面面积/ cm^2	理论重量/(kg/m)	外表面积/(m^2/m)	参考数值													
								$x-x$			$y-y$			x_1-x_1		y_1-y_1		$u-u$			
	B	b	d	r				I_x /cm^4	i_x /cm	W_x /cm^3	I_y /cm^4	i_y /cm	W_y /cm^3	I_{x1} /cm^4	y_0 /cm	I_{y1} /cm^4	x_0 /cm	I_u /cm^4	i_u /cm	W_u /cm^3	tanα
9/5.6	90	56	5	9	7.212	5.661	0.287	60.45	2.90	9.92	18.32	1.59	4.21	121.32	2.91	29.53	1.25	10.98	1.23	3.49	0.385
			6		8.557	6.717	0.286	71.03	2.88	11.74	21.42	1.58	4.96	145.59	2.95	35.58	1.29	12.90	1.23	4.18	0.384
			7		9.880	7.756	0.286	81.01	2.86	13.49	24.36	1.57	5.70	169.66	3.00	41.71	1.33	14.67	1.22	4.72	0.382
			8		11.183	8.779	0.286	91.03	2.85	15.27	27.15	1.56	6.41	194.17	3.04	47.93	1.36	16.34	1.21	5.29	0.380
10/6.3	100	63	6	10	9.617	7.550	0.320	99.06	3.21	14.64	30.94	1.79	6.35	199.71	3.24	50.50	1.43	18.42	1.38	5.25	0.394
			7		11.111	8.722	0.320	113.45	3.20	16.88	35.26	1.78	7.29	233.00	3.28	59.14	1.47	21.00	1.38	6.02	0.394
			8		12.584	9.878	0.319	127.37	3.18	19.08	39.39	1.77	8.21	266.32	3.32	67.88	1.50	23.50	1.37	6.78	0.391
			10		15.467	12.142	0.319	153.81	3.15	23.32	47.12	1.74	9.98	333.06	3.40	85.73	1.58	28.33	1.35	8.24	0.387
10/8	100	80	6	10	10.637	8.350	0.354	107.04	3.17	15.19	61.24	2.40	10.16	199.83	2.95	102.68	1.97	31.65	1.72	8.37	0.627
			7		12.301	9.656	0.354	122.73	3.16	17.52	70.08	2.39	11.71	233.20	3.00	119.98	2.01	36.17	1.72	9.60	0.626
			8		13.944	10.946	0.353	137.92	3.14	19.81	78.58	2.37	13.21	266.61	3.04	137.37	2.05	40.58	1.71	10.80	0.625
			10		17.167	13.476	0.353	166.87	3.12	24.24	94.65	2.35	16.12	333.63	3.12	172.48	2.13	49.10	1.69	13.12	0.622
11/7	110	70	6	10	10.637	8.350	0.354	133.37	3.54	17.85	42.92	2.01	7.90	265.78	3.53	69.08	1.57	25.36	1.54	6.53	0.403
			7		12.301	9.656	0.354	153.00	3.53	20.60	49.01	2.00	9.09	310.07	3.57	80.82	1.61	28.95	1.53	7.50	0.402
			8		13.944	10.946	0.353	172.04	3.51	23.30	54.87	1.98	10.25	354.39	3.62	92.70	1.65	32.45	1.53	8.45	0.401
			10		17.167	13.467	0.353	208.39	3.48	28.54	65.88	1.96	12.48	443.13	3.70	116.83	1.72	39.20	1.51	10.29	0.397
12.5/8	125	80	7	11	14.096	11.066	0.403	227.98	4.02	26.86	74.42	2.30	12.01	454.99	4.01	120.32	1.80	43.81	1.76	9.92	0.408
			8		15.989	12.551	0.403	256.77	4.01	30.41	83.49	2.28	13.56	519.99	4.06	137.85	1.84	49.15	1.75	11.18	0.407
			10		19.712	15.474	0.402	312.04	3.98	37.33	100.67	2.26	16.56	650.09	4.14	173.40	1.92	59.45	1.74	13.64	0.404
			12		23.351	18.330	0.402	364.41	3.95	44.01	116.67	2.24	19.43	780.39	4.22	209.67	2.00	69.35	1.72	16.01	0.400
14/9	140	90	8	12	18.038	14.160	0.453	365.64	4.50	38.48	120.69	2.59	17.34	730.53	4.50	195.79	2.04	70.83	1.98	14.31	0.411
			10		22.261	17.475	0.452	445.50	4.47	47.31	146.03	2.56	21.22	913.20	4.58	245.92	2.21	85.82	1.96	17.48	0.409
			12		26.400	20.724	0.451	521.59	4.44	55.87	169.79	2.54	24.95	1096.09	4.66	296.89	2.49	100.21	1.95	20.54	0.406
			14		30.456	23.908	0.451	594.10	4.42	64.18	192.10	2.51	28.54	1279.26	4.74	348.82	2.27	114.13	1.94	23.52	0.403
16/10	160	100	10	13	25.315	19.872	0.512	668.69	5.14	62.13	205.03	2.85	26.56	1362.89	5.24	336.59	2.28	121.74	2.19	21.92	0.390
			12		30.054	23.592	0.511	784.91	5.11	73.49	239.09	2.82	31.28	1635.56	5.32	405.94	2.36	142.33	2.17	25.79	0.388
			14		34.709	27.247	0.510	896.30	5.08	84.56	271.20	2.80	35.83	1908.50	5.40	476.42	2.43	162.23	2.16	29.56	0.385
			16		39.281	30.835	0.510	1003.04	5.05	95.33	301.60	2.77	40.24	2181.79	5.48	548.22	2.51	182.57	2.16	33.44	0.382
18/11	180	110	10	14	28.373	22.273	0.571	956.25	5.80	78.96	278.11	3.13	32.49	1940.40	5.89	447.22	2.44	166.50	2.42	26.88	0.376
			12		33.712	26.464	0.571	1124.72	5.78	93.53	325.03	3.10	38.32	2328.35	5.98	538.94	2.52	194.87	2.40	31.66	0.374
			14		38.967	30.589	0.570	1286.91	5.75	107.76	369.55	3.08	43.97	2716.60	6.06	631.95	2.59	222.30	2.39	36.32	0.372
			16		44.139	34.649	0.569	1443.06	5.72	121.64	411.85	3.06	49.44	3105.15	6.14	726.46	2.67	248.84	2.38	40.87	0.369
20/12.5	200	125	12		37.912	29.761	0.641	1570.90	6.44	116.73	483.16	3.57	49.99	3193.85	6.54	787.74	2.83	285.79	2.74	41.23	0.392
			14		43.867	34.436	0.640	1800.97	6.41	134.65	550.83	3.54	57.44	3726.17	6.62	922.47	2.91	326.58	2.73	47.34	0.390
			16		49.739	39.045	0.639	2023.35	6.38	152.18	615.44	3.52	64.69	4258.86	6.70	1058.86	2.99	366.21	2.71	53.32	0.388
			18		55.526	43.588	0.639	2238.30	6.35	169.33	677.19	3.49	71.74	4792.00	6.78	1197.13	3.06	404.83	2.70	59.18	0.385

注：1. 括号内型号不推荐使用。

2. 截面图中的 $r_1=d/3$ 及表中 r 值，用于孔形设计，不作为交货条件。

表3 热轧槽钢（GB/T 706—2008）

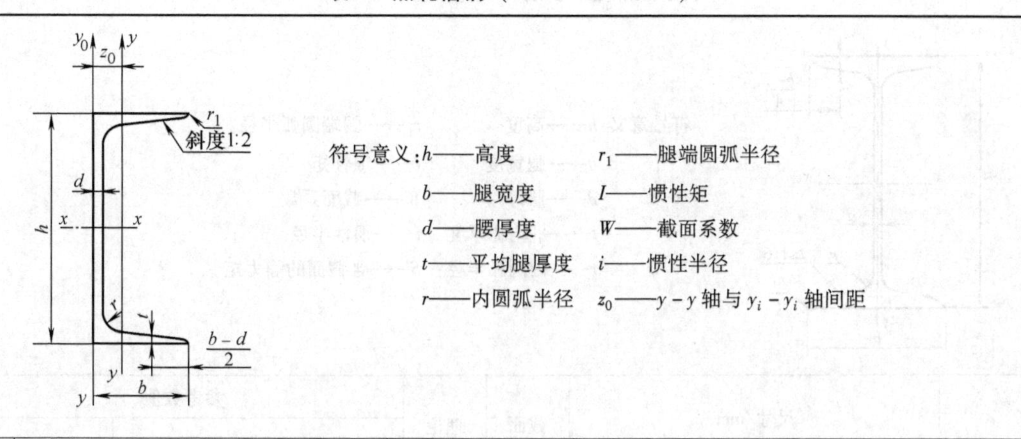

型号	尺寸/mm						截面面积 /cm²	理论重量/ (kg/m)	参考数值							
									$x-x$			$y-y$			y_1-y_1	z_0 /cm
	h	b	d	t	r	r_1			W_x /cm³	I_x /cm⁴	i_x /cm	W_y /cm³	I_y /cm⁴	i_y /cm	I_{y1} /cm⁴	
5	50	37	4.5	7	7.0	3.5	6.928	5.438	10.4	26.0	1.94	3.55	8.30	1.10	20.9	1.35
6.3	63	40	4.8	7.5	7.5	3.8	8.451	6.634	16.1	50.8	2.45	4.50	11.9	1.19	28.4	1.36
8	80	43	5.0	8	8.0	4.0	10.248	8.045	25.3	101	3.15	5.79	16.6	1.27	37.4	1.43
10	100	48	5.3	8.5	8.5	4.2	12.748	10.007	39.7	198	3.95	7.8	25.6	1.41	54.9	1.52
12.6	126	53	5.5	9	9.0	4.5	15.692	12.318	62.1	391	4.95	10.2	38.0	1.57	77.1	1.59
14a	140	58	6.0	9.5	9.5	4.8	18.516	14.535	80.5	564	5.52	13.0	53.2	1.70	107	1.71
14b	140	60	8.0	9.5	9.5	4.8	21.316	16.733	87.1	609	5.35	14.1	61.1	1.69	121	1.67
16a	160	63	6.5	10	10.0	5.0	21.962	17.240	108	866	6.28	16.3	73.3	1.83	144	1.80
16	160	65	8.5	10	10.5	5.0	25.162	19.752	117	935	6.10	17.6	83.4	1.82	161	1.75
18a	180	68	7.0	10.5	10.5	5.2	25.699	20.174	141	1270	7.04	20.0	98.6	1.96	190	1.88
18	180	70	9.0	10.5	10.5	5.2	29.299	23.000	152	1370	6.84	21.5	111	1.95	210	1.84
20a	200	73	7.0	11	11.0	5.5	28.837	22.637	178	1780	7.86	24.2	128	2.11	244	2.01
20	200	75	9.0	11	11.0	5.5	32.837	25.777	191	1910	7.64	25.9	144	2.09	268	1.95
22a	220	77	7.0	11.5	11.5	5.8	31.846	24.999	218	2390	8.67	28.2	158	2.23	298	2.10
22	220	79	9.0	11.5	11.5	5.8	36.246	28.453	234	2570	8.42	30.1	176	2.21	326	2.03
25a	250	78	7.0	12	12.0	6.0	34.917	27.410	270	3370	9.82	30.6	176	2.24	322	2.07
25b	250	80	9.0	12	12.0	6.0	39.917	31.335	282	3530	9.41	32.7	196	2.22	353	1.98
25c	250	82	11.0	12	12.0	6.0	44.917	35.260	295	3690	9.07	35.9	218	2.21	384	1.92
28a	280	82	7.5	12.5	12.5	6.2	40.034	31.427	340	4760	10.9	35.7	218	2.33	388	2.10
28b	280	84	9.5	12.5	12.5	6.2	45.634	35.823	366	5130	10.6	37.9	242	2.30	428	2.02
28c	280	86	11.5	12.5	12.5	6.2	51.234	40.219	393	5500	10.4	40.3	268	2.29	463	1.95
32a	320	88	8.0	14	14.0	7.0	48.513	38.083	475	7600	12.5	46.5	305	2.50	552	2.24
32b	320	90	10.0	14	14.0	7.0	54.913	43.107	509	8140	12.2	59.2	336	2.47	593	2.16
32c	320	92	12.0	14	14.0	7.0	61.313	48.131	543	8690	11.9	52.6	374	2.47	643	2.09
36a	360	96	9.0	16	16.0	8.0	60.910	47.814	660	11900	14.0	63.5	455	2.73	818	2.44
36b	360	98	11.0	16	16.0	8.0	68.110	53.466	703	12700	13.6	66.9	497	2.70	880	2.37
36c	360	100	13.0	16	16.0	8.0	75.310	59.118	746	13400	13.4	70.0	536	2.67	948	2.34
40a	400	100	10.5	18	18.0	9.0	75.068	58.928	879	17600	15.3	78.8	592	2.81	1070	2.49
40b	400	102	12.5	18	18.0	9.0	83.068	65.208	932	18600	15.0	82.5	640	2.78	1140	2.44
40c	400	104	14.5	18	18.0	9.0	91.068	71.488	986	19700	14.7	86.2	688	2.75	1220	2.42

表 4　热轧工字钢（GB/T 706—2008）

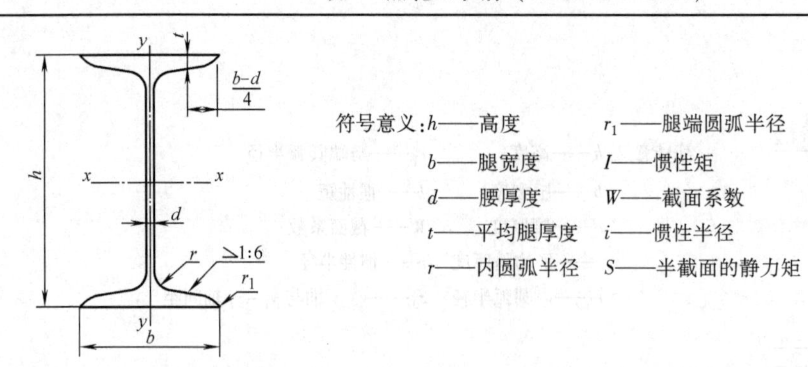

符号意义：h——高度　　r_1——腿端圆弧半径
b——腿宽度　　I——惯性矩
d——腰厚度　　W——截面系数
t——平均腿厚度　　i——惯性半径
r——内圆弧半径　　S——半截面的静力矩

型号	尺寸/mm						截面面积/cm²	理论重量/(kg/m)	参考数值					
									$x-x$			$y-y$		
	h	b	d	t	r	r_1			I_x/cm⁴	W_x/cm³	i_x/cm	I_y/cm⁴	W_y/cm³	i_y/cm
10	100	68	4.5	7.6	6.5	3.3	14.345	11.261	245	49.0	4.14	33.0	9.72	1.52
12.6	126	74	5.0	8.4	7.0	3.5	18.118	14.223	488	77.5	5.20	46.9	12.7	1.61
14	140	80	5.5	9.1	7.5	3.8	21.516	16.890	712	102	5.76	64.4	16.1	1.73
16	160	88	6.0	9.9	8.0	4.0	26.131	20.513	1130	141	6.58	93.1	21.2	1.89
18	180	94	6.5	10.7	8.5	4.3	30.756	24.143	1660	185	7.36	122	26.0	2.00
20a	200	100	7.0	11.4	9.0	4.5	35.578	27.929	2370	237	8.15	158	31.5	2.12
20b	200	102	9.0	11.4	9.0	4.5	39.578	31.069	2500	250	7.96	169	33.1	2.06
22a	220	110	7.5	12.3	9.5	4.8	42.128	33.070	3400	309	8.99	225	40.9	2.31
22b	220	112	9.5	12.3	9.5	4.8	46.528	36.524	3570	325	8.78	239	42.7	2.27
25a	250	116	8.0	13.0	10.0	5.0	48.541	38.105	5020	402	10.2	280	48.3	2.40
25b	250	118	10.0	13.0	10.0	5.0	53.541	42.030	5280	423	9.94	309	52.4	2.40
28a	280	122	8.5	13.7	10.5	5.3	55.404	43.492	7110	508	11.3	345	56.6	2.50
28b	280	124	10.5	13.7	10.5	5.3	61.004	47.888	7480	534	11.1	379	61.2	2.49
32a	320	130	9.5	15.0	11.5	5.8	67.156	52.717	11100	692	12.8	460	70.8	2.62
32b	320	132	11.5	15.0	11.5	5.8	73.556	57.741	11600	726	12.6	502	76.0	2.61
32c	320	134	13.5	15.0	11.5	5.8	79.956	62.765	12200	760	12.3	544	81.2	2.61
36a	360	136	10.0	15.8	12.0	6.0	76.480	60.037	15800	875	14.4	552	81.2	2.69
36b	360	138	12.0	15.8	12.0	6.0	83.680	65.689	16500	919	14.1	582	84.3	2.64
36c	360	140	14.0	15.8	12.0	6.0	90.880	71.341	17300	962	13.8	612	87.4	2.60
40a	400	142	10.5	16.5	12.5	6.3	86.112	67.598	21700	1090	15.9	660	93.2	2.77
40b	400	144	12.5	16.5	12.5	6.3	94.112	73.878	22800	1140	16.5	692	96.2	2.71
40c	400	146	14.5	16.5	12.5	6.3	102.112	80.158	23900	1190	15.2	727	99.6	2.65
45a	450	150	11.5	18.0	13.5	6.8	102.446	80.420	32200	1430	17.7	855	114	2.89
45b	450	152	13.5	18.0	13.5	6.8	111.446	87.485	33800	1500	17.4	894	118	2.84
45c	450	154	15.5	18.0	13.5	6.8	120.446	94.550	35300	1570	17.1	938	122	2.79
50a	500	158	12.0	20.0	14.0	7.0	119.304	93654	46500	1860	19.7	1120	142	3.07
50b	500	160	14.0	20.0	14.0	7.0	129.304	101.504	48600	1940	19.4	1170	146	3.01
50c	500	162	16.0	20.0	14.0	7.0	139.304	109.354	50600	2080	19.0	1220	151	2.96
56a	560	166	12.5	21.0	14.5	7.3	135.435	106.316	65600	2340	22.0	1370	165	3.18
56b	560	168	14.5	21.0	14.5	7.3	146.635	115.108	68500	2450	21.6	1490	174	3.16
56c	560	170	16.5	21.0	14.5	7.3	157.835	123.900	71400	2550	21.3	1560	183	3.16
63a	630	176	13.0	22.0	15.0	7.5	154.658	121.407	93900	2980	24.5	1700	193	3.31
63b	630	178	15.0	22.0	15.0	7.5	167.258	131.298	98100	3160	24.2	1810	204	3.29
63c	630	180	17.0	22.0	15.0	7.5	179.858	141.189	102000	3300	23.8	1920	214	3.27

注：截面图和表中标注的圆弧半径 r 和 r_1 值，用于孔型设计，不作为交货条件。

参 考 文 献

[1] 党锡康，等. 工程力学 [M]. 南京：东南大学出版社，1995.
[2] 杜建根，等. 机械工程力学 [M]. 北京：高等教育出版社，2001.
[3] 单祖辉，等. 材料力学（Ⅰ）[M]. 北京：高等教育出版社，1999.
[4] 单祖辉，等. 材料力学（Ⅱ）[M]. 北京：高等教育出版社，1999.
[5] 张秉荣，章剑青，等. 工程力学 [M]. 北京：机械工业出版社，2001.
[6] 苏炜，等. 工程力学 [M]. 武汉：武汉理工大学出版社，2002.
[7] 赵祥，等. 机械基础 [M]. 北京：高等教育出版社，2001.
[8] 陈庭吉，等. 机械设计基础 [M]. 2 版. 北京：机械工业出版社，2010.
[9] 陈立德，等. 机械设计基础 [M]. 2 版. 北京：高等教育出版社，2005.
[10] 邱宣怀，等. 机械设计 [M]. 北京：高等教育出版社，1997.
[11] 濮良贵，纪名刚，等. 机械设计 [M]. 北京：高等教育出版社，2003.
[12] 张久成，等. 机械设计基础 [M]. 2 版. 北京：机械工业出版社，2006.
[13] 胡家秀，等. 机械设计基础 [M]. 2 版. 北京：机械工业出版社，2008.
[14] 杨可桢，程光蕴，等. 机械设计基础 [M]. 4 版. 北京：高等教育出版社，1999.
[15] 冼健生，等. 机械设计基础学习指导书 [M]. 北京：中央广播电视大学出版社，1995.
[16] 郑文纬，等. 机械原理 [M]. 北京：高等教育出版社，1997.
[17] 郑志祥，等. 机械零件 [M]. 北京：高等教育出版社，2000.
[18] 李海萍. 基于 ProE 的圆柱凸轮轮廓曲线的参数化设计 [J]. 煤炭技术，2011（11）.
[19] 刘俊尧，等. 机械设计基础 [M]. 北京：化学工业出版社，2008.
[20] 王炳大，阙梅生，陈菊芳. 工程力学机械应用实例 [M]. 北京：中国劳动社会保障出版社，2000.